水利行政执法的思考与法律文书运用

刘朝军　主编

黄河水利出版社
·郑州·

内容提要

本书共分三篇，内容包括基础篇、程序篇和提高篇。基础篇由通用和专业的法律知识构成，以简短的问答题、案例、选择题等形式，使水行政执法人员在最短的时间内掌握必备的通用和专业的法律知识。程序篇选编不同性质的水事案卷，旨在解决文书制作不规范和执法程序错误的问题。提高篇是依据编者的执法经验和实践，对水行政执法一线中存在的复杂、疑难问题进行的法律思考，以便更好地解决实际问题。

本书可作为广大水政监察人员的参考用书，也可供相关专业师生参考使用。

图书在版编目(CIP)数据

水利行政执法的思考与法律文书运用/刘朝军主编．—郑州：黄河水利出版社，2014.7

ISBN 978-7-5509-0840-6

Ⅰ．①水…　Ⅱ．①刘…　Ⅲ．①水利系统-行政执法-研究-中国②水利系统-法律文书-研究-中国　Ⅳ．①D922.664　②D926.13

中国版本图书馆CIP数据核字(2014)第168393号

组稿编辑：贾会珍　电话：0371-66028027　E-mail：110885539@qq.com

出 版 社：黄河水利出版社

地址：河南省郑州市顺河路黄委会综合楼14层　邮政编码：450003

发行单位：黄河水利出版社

发行部电话：0371-66026940、66020550、66028024、66022620(传真)

E-mail：hhslcbs@126.com

承印单位：河南省邮电印刷厂

开本：787 mm×1 092 mm　1/16

印张：38.75

字数：943千字　印数：1—2 500

版次：2014年7月第1版　印次：2014年7月第1次印刷

定价：150.00元

《水利行政执法的思考与法律文书运用》编委会

主　编：刘朝军

编　委：贺　娟　侯俊山　尹中洲　关治华　张伟山

杨亚涛　文宗太　裴雪林　薛显允　吕祥杰

李化愚　马建新　常文霞　常全根　张　亮

李文中　王　锋

序

依法治国是社会文明进步的显著标志，是国家长治久安的重要保障，是建设中国特色社会主义经济、政治、文化，构建和谐社会的必然要求。依法行政是依法治国的一个重要方面，而严格依程序办案，规范文书制作，则是依法行政的基础或前提。

《中华人民共和国行政处罚法》第三条第二款规定，“没有法定依据或者不遵守法定程序的，行政处罚无效。”程序是依法行政的生命，对行政执法机关而言尤为重要。在执法实践中，一些行政执法部门往往只强调实体的合法、合理，而对行政执法程序却重视不够，一定程度上影响了行政相对人的合法权益，同时也是一些被诉案件败诉的重要原因。法律文书是行政机关在依法行政过程中，制作的具有法律效力的文书。法律文书的健全与否直接关系到行政机关行为是否有效及其产生的法律价值。

总的来说，绝大多数水行政执法人员能够正确依法行政，在水行政执法过程中，做到了事实清楚、证据确凿、适用依据准确、程序严谨、量罚适当、法律文书规范，树立了水行政执法的权威性，保证了水行政执法的公平、公正，为社会主义市场经济的顺利发展，营造了良好的水利安全环境。但也应当看到，还有个别水行政执法人员，法律素质、业务素质偏低，不重视或不熟悉依法办案，致使出现办案错误，甚至错案。

为适应市场经济形势下水行政工作的需要，提高广大水行政执法人员的执法水平和办案质量，安阳市水政监察支队刘朝军同志结合工作实践，勤于思考，理论联系实际，编写了《水利行政执法的思考与法律文书运用》一书。该书从提高广大水行政执法人员依法行政能力出发，具体阐述了制作各种水事违法案件从立案到结案法律文书的要求与注意事项，为广大水行政执法工作者提供了一个值得借签和仿效的范本。同时，该书通俗易懂，可读性强，尤其提高篇部分更具有较强的理论性、针对性和实用性。

我祝贺《水利行政执法的思考与法律文书运用》一书的编写完成，希望并相信本书对提高水行政执法人员的执法水平，起到重要作用。

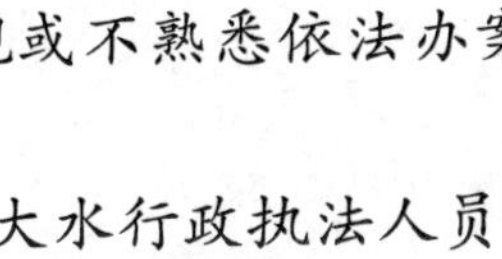

前　言

为了满足广大水行政执法人员学习和掌握水行政执法理论与实践的需要，进一步规范执法程序，正确使用法律文书，提高执法水平，真正做到依法行政，维护公民、法人及其他组织的合法权益和水利机构自身的合法权益，编者结合水利执法实践，编写了《水利行政执法的思考与法律文书运用》一书。

本书分为基础篇、程序篇、提高篇。基础篇由通用和专业的法律知识构成，以简短的问答题、案例、选择题等形式，使水行政执法人员在最短的时间内掌握必备的通用和专业的法律知识。程序篇选编9例不同性质的水事案卷，分别为水资源案卷3例、水工程案卷2例、河道案卷2例、水土保持案卷1例、取水许可案卷1例，旨在解决文书制作不规范和执法程序错误的问题。有个别案卷是实践中发生的真实案卷，编者做了较大的改动，目的是让同仁找出不妥之处，举一反三，更好地指导执法实践。提高篇是依据编者的执法经验和实践，对执法一线中存在的复杂、疑难问题进行的法律思考，以便更好地解决实际问题，同时也是综合素质更高的水行政执法人员学习交流的平台。

河南省水利厅王继元副厅长在百忙中为该书写了序，安阳市水利局局长郑国宏、副局长马荣洲同志对本书的设定和部分内容修改提出了指导意见。该书在编写过程中得到了河南省水利厅水政监察总队李建法总队长、张嘉俊书记、魏洪调研员、师现营副总队长、王学顺副总队长及洛阳市水务局肖振刚副局长的大力支持，在此一并表示衷心的感谢。

由于编者的法律知识和对法律理解能力有限，有些问题尚欠研究，书中难免出现一些缺点和疏漏，恳请有关专家、学者和广大水政监察人员批评指正。

编　者

2014年5月

目　录

基础篇

程序篇

提高篇

综合执法类

水资源类

水土保持

水工程类

其他类

基　础　篇

导 读

谈及办案，一些水行政执法人员感到“发怵”，不知道怎么去做。实际上，目前复杂的水事违法案件行为很多，案源也很多。

随着市场经济的发展，经济体制改革推动行政管理体制改革，水行政管理体制也在进行改革，执法重心下移。因此，进行办案的基础培训、提高办案水平就成了当务之急。我们不能观望、等待，错失良机。

水行政处罚是通过办案来实现的。作为水行政执法人员，不懂得办案，就像警察不懂得刑侦一样，是一个遗憾，会办案是职业的荣耀。

今后，水行政执法系统的基层人员主要分成两大部分：一部分进行一般性的管理工作，另一部分将走入专业办案队伍。当前我们特别需要培养一大批高素质的办案专家。办理水行政处罚案件，调查取证最辛苦，分析案情最困难，做出决定最关键；案件调查需要机敏，案情分析需要智慧，做出决定需要水平。

水行政执法要懂法。具体来说，懂法至少需要包括以下方面：

(1)了解法理学、行政法，例如，什么是法，为什么要实行法治？法的主要概念；法和道德、国家、政策、经济的关系等。深入地学习还应当了解法的演进过程。

(2)熟悉水行政管理的有关法律、法规、规章，了解相关的规范性文件、行政解释和司法解释，特别是要全面掌握、深刻理解与本职职能有关的那一部分内容。

(3)熟练掌握有关执法程序的规定。例如，水行政处罚程序、水行政许可程序等。对此的学习可能有一些困难，因为直到目前行政执法中尚没有一部程序法，行政执法的程序散见于有关法律、法规和规章。

(4)了解相关的法律。例如《中华人民共和国民法》(简称《民法》)，它对大部分水行政管理机关的业务是一个基础性的法律，《民法》关于法人财产权、法人资格的规定等；《中华人民共和国行政诉讼法》(简称《行政诉讼法》)，该法关系到行政机关具体行政行为的诉讼审查标准和方法等；《中华人民共和国民事诉讼法》(简称《民事诉讼法》)，其中一些内容是我们处理行政当事人有关问题的基本原则，例如关于处罚决定书送达时限的规定；《中华人民共和国刑法》(简称《刑法》)，该法关系到司法管辖与行政管辖的分工界限，例如关于经济犯罪的规定，涉及行政办案中的犯罪移交问题等。

就水行政处罚案件的办理来说，办理行政案件是一项实践性很强的业务，这有点像游泳。如果你不下水，则永远不可能学会游泳。所以：

第一，就是你必须去实践。也就是说，你必须去办理案件，在办理案件中掌握办案技巧。但是，办案往往涉及行政相对人的权益。你是合理地纠正和惩处违法行为还是侵害行政相对人的合法权益？在法制国家，行政相对人的权益主要靠法律规定来保障。也就是要有一个规矩，确定一个标准。这个规矩就是行政处罚的程序，这个标准就是行政处罚的法律依据，知道规矩懂得标准就需要学习理论。所以：

第二，就是你必须学习，也就是知道法律确定的规矩和标准。

那么，学习哪些理论呢？至少有三块：

一是实体法，主要是涉及水行政管理的法律、法规和规章，例如《中华人民共和国水法》

(简称《水法》)(法律)、《取水许可和水资源费征收管理条例》(法规)、《水行政处罚实施办法》(规章)。学习实体法的目的是明确什么是违法,以及是否能处罚,如何量罚。

二是办案程序,知道了程序就知道了办案的规矩,这就要学习有关法律,具体来说,就是学习《中华人民共和国行政处罚法》(简称《行政处罚法》)以及部门规章《水行政处罚实施办法》。

三是法理和行政解释、司法解释等。学习的目的是能够分析案件,判断案件性质,正确使用法律,提高办案效率,减少办案成本。

水行政执法办案程序中的二十个必须

细节决定成败,办案也是如此。在办案中,大原则、大方向往往容易引起执法人员的重视,而一些细节往往容易被忽略。有时,正是一个小细节出现差错,造成程序违法,而导致整个案件被推翻。以下一些细节,希望引起大家重视。

及时立案,做到两个“必须”。案源实时报告,时间必须在立案审批时间之前;接到投诉、申诉、举报、移送、交办材料的时间必须与案源实时报告的时间相一致,并从此时间起的7日内予以立案。

严谨签字,做到两个“必须”。凡是涉及执法人员签字的办案文书,必须由执法人员亲自签写,不得由他人代签;凡是涉及办案机构签字的办案文书,“办案机构意见”栏必须由办案机构负责人签写,不得由他人代签。

依法采取强制措施,做到五个“必须”。采取行政强制措施,必须坚持先审批、后实施的原则;对违法行为采取强制措施,如不能当场交付决定书,必须在实施后24小时内补办决定书并送达当事人;凡是法律、法规规定采取、解除行政强制措施由主要负责人审批的,必须由办案单位法定代表人审批,不得由分管领导代批;被解除行政强制措施的财物返还当事人,即使当事人不领取财物,也必须向当事人下达领取财物通知书;对被解除行政强制措施的财物,必须证明财物的流向。

合法告知,做到五个“必须”。对拟作出行政处罚的告知,必须告知当事人所依据的法律、法规条文的内容,不能只简单告知某条某款某项;对当事人的陈述和申辩,必须有当事人确认的文字记载;对救济途径的告知,没有复议前置规定的,必须同时告知复议权和诉讼权;告知复议权时,必须告知当事人有权向上一级主管部门或同级人民政府申请复议;对复议期限的告知,必须严格按照法律规定,复议期限为《中华人民共和国行政复议法》(简称《行政复议法》)规定的60日,诉讼期限为相应法律、法规规定的期限,无特别规定的,适用《行政诉讼法》规定的3个月。

规范取证,做到四个“必须”。所有证据必须由当事人或出证人签字确认;执法人员用文字形成的证据如需改动,必须有当事人或出证人在场并确认;复印、抄录证据时,必须注明出处、制作方法及过程;照片、影像等证据必须附注说明。

合理送达,做到两个“必须”。公告送达不得滥用,必须在所有送达方式无法实现时,才能采取公告送达方式;填写当事人接收文书的时间必须精确到小时。

执法文书的对象是当事人的,都必须填写《送达回证》。在下达执法文书时都必须有《送达回证》。收件人是单位的,单位的办公室人员及其他工作人员都可以签收,但必须加盖公章或收发章。原因:一是证明当事人是单位,二是避免以后扯皮。如不加盖公章,违法单位会说没有收到执法文书,当执法人员质证说贵单位有人签收,违法单位会说这个人不是我们单位的,或者说这个人是临时工等,所以要加盖公章或收发章;收件人是自然人的,由本人签收,本人不在,填写“外出、留置”。代收人据实填写。

注:水行政案件受理人必须全面准确地理解立案的条件,《水行政处罚实施办法》(水利部令第8号)第二十四条规定除依法可以当场作出行政处罚决定的以外,公民、法人或者其他组织有符合下列条件的违法行为的,水行政主管部门应当立案查处:(一)具有违反水法

规事实的;(二)依照法律、法规、规章的规定应当给予水行政处罚的;(三)属于水行政处罚机关管辖的;(四)违法行为未超过追究失效的。符合上述 4 个条件方可立案;否则不予立案。受理人可以是填表人,也可以不是填表人,但都必须签上姓名及年月日。《行政处罚法》第二十九条规定违法行为在两年内未被发现的,不再给予行政处罚,法律另有规定的除外。《水法》、《中华人民共和国水土保持法》(简称《水土保持法》)、《中华人民共和国防洪法》(简称《防洪法》)没有另行规定,因此水行政处罚追究时效为两年。一是什么时候下达《责令改正通知书》。下达《责令改正通知书》是行政机关的一种具体行政行为,下达它的前提是当事人确实存在违法事实,在调查取证前,甚至在立案前或者在水行政执法巡查时,只要当事人违法事实清楚,如不及时下达,当事人的违法行为不改正将会对水利工程、防汛等造成更大危害,也会对当事人自身也会造成更大损失。否则当事人认为这一行政行为侵犯了自身利益,引发行政诉讼,水行政主管部门极有可能败诉并赔偿损失。二是下达《责令改正通知书》不受"一般程序"的限制。行政机关在执法巡查中或接到他人举报,只要发现当事人的违法事实存在必须改正的,就可下达。当事人违法事实存在,下达《责令改正通知书》与否,是关乎行政机关作为不作为的一个法律凭证。如不及时下达,行政机关可能承担不利的后果。下达《责令改正通知书》可在下达《责令停止违法行为通知书》后进行,也可与其同时下达。

水行政执法人员法律知识、应知应会试题

1. 法律适用应当遵循哪些基本原则?

答:根据《中华人民共和国立法法》(简称《立法法》)的相关规定,法律适用应当遵循如下五个基本原则:一是上位法优于下位法原则;二是自治条例和单行条例、经济特区法规在本自治地方,本经济特区优先适用原则;三是特别规定优于一般规定原则;四是新的规定优于旧的规定原则;五是法律转致适用原则。

2. 实施行政处罚应当遵循哪些基本原则?

答:根据《中华人民共和国行政处罚法》的相关规定,行政处罚应当遵循如下五项基本原则:一是职权法定原则;二是公正、公开原则;三是处罚与教育相结合原则;四是陈述、申辩原则;五是行政救济原则。

3. 实施行政许可应当遵循哪些基本原则?

答:根据《中华人民共和国行政许可法》的相关规定,行政许可应当遵循如下五项基本原则:一是职权法定原则;二是公开、公平、公正原则;三是便民和效能原则;四是陈述、申辩原则;五是行政救济原则。

4. 先行登记保存证据措施是否属于行政强制措施?

答:否。先行登记保存证据措施是《行政处罚法》第三十七条第二款规定的一项行政措施。其与行政强制措施最大的区别为:行政强制措施是特定的法律、法规赋予特定机关对涉嫌特定的违法行为的特定当事人的特定物品进行暂时性控制的措施,先行登记保存证据措施则是在所有的行政处罚案件收集证据过程中均可适用的措施。

5. 证据复制(提取)单上照片显示的时间与执法人员签名的时间、当事人签名确认的时间是否要一致?

答:照片显示的时间与执法人员签名的时间应当一致;而照片的冲洗过程需要一定的时间,因此当事人在照片上签名确认的时间可在照片显示的时间之后。实践中,法院认可该照片的证据效力。当事人确认时,要将照片显示的内容表述清楚,包括照片提取的时间、照片反映的场所、照片上的物品名称及种类、现场检查的水利机关名称等。

6. 当事人接到告知听证通知后马上表示放弃要求听证的权利,但在三天内又反悔提出听证要求,水行政机关是否应当受理其听证申请?

答:是。只要当事人在接到告知听证的通知之日起三日内以书面或者口头的形式提出听证申请的,水行政机关均应当受理。

7. 听证后作出的行政处罚达到法定听证的条件,是否需要再次告知当事人听证的权利?

答:目前,《行政处罚法》以及其他法律没有规定是否举行二次听证,实践中,根据具体情况而定:一是如果听证后发回重新取证,办案机构根据新的事实和证据作出了新的处罚决定,并达到听证的标准的,应当告知当事人有听证的权利;二是如果听证后根据原有的事实和证据作出从轻或减轻的处罚决定,并达到听证的标准的,不必再告知当事人听证的权利;三是如果听证前违反了法定程序,听证会后走法定程序的,原事实和证据不变,不必再告知当事人听证的权利。

8.《行政处罚法》第四十二条规定的听证范围中的“等”以及法规条文中规定的“其他”等用语，是否属于不完全列举的例示性规定？

答：是。参照最高人民法院《关于审理行政案件适用法律规范问题的座谈会纪要》的规定，以“等”或“其他”等概括性用语表示的事项，均为明文列举的事项以外的事项，且其所概括的情形应为与列举事项类似的事项。

9. 行政相对人的行为发生在新法实施前，具体行政行为作出在新法实施后，适用旧法还是新法？

答：参照最高人民法院《关于审理行政案件适用法律规范问题的座谈会纪要》的规定，行政相对人的行为发生在新法实施前，具体行政行为的作出在新法实施后的法律适用原则是：程序问题适用新法规定，实体问题适用旧法规定，但有下列情形除外：一是法定原则，即法律、法规或规章另有规定的；二是从新兼从轻原则，即适用新法对保护行政相对人的合法权益更为有利的；三是从新原则，即按照具体行政行为的性质应当适用新法的实体规定。

10. 责令改正是否是行政处罚的种类？是否所有对当事人作出行政处罚时都应当一并责令当事人改正或者限期改正违法行为？

答：第一个问题，否。《行政处罚法》第八条未将责令改正列为行政处罚的种类，且在第二十三条将其规定为行政处罚的配套处理行为。

第二个问题，是。实施行政处罚时，如果具体的法律、法规和规章有责令改正的规定的，直接引用其规定；如没有，则引用《行政处罚法》第二十三条的规定。

11. 如何理解行政处罚法中的从轻处罚、减轻处罚和不予处罚？适用时应当注意什么内容？

答：从轻处罚，是指行政机关在法定的处罚种类和处罚幅度内，对违法行为人在几种可能的处罚种类中选择较轻的处罚种类或者在一种处罚种类的法定幅度内选择较低限进行处罚；减轻处罚，是指行政机关在法定的处罚种类以下和处罚幅度的最低限以下，对违法行为人适用行政处罚；不予处罚，是指行政机关依照法律、法规的规定，因为有法定事由存在，对本应给予处罚的违法行为人免除对其适用行政处罚。适用时，应当将从轻、减轻或不予处罚的情节在处罚决定书中的事实部分表述，并将《行政处罚法》第二十七条作为处罚的法律依据。

12. 鉴定结论的形式要求是什么？

答：参照《最高人民法院关于行政诉讼证据若干问题的规定》第十四条的规定，鉴定结论的形式要求包括：一是委托人和委托鉴定的事项；二是向鉴定部门提交的相关材料；三是鉴定的依据和使用的科学技术手段；四是鉴定部门和鉴定人鉴定资格的说明；五是有鉴定人的签名和鉴定部门的盖章；六是通过分析获得的鉴定结论，应当说明分析过程。

13. 水行政机关是否应当审查鉴定部门的鉴定结论？

答：是。参照《最高人民法院关于行政诉讼证据若干问题的规定》第六十二条的规定，水行政机关应当对鉴定结论尽到必要的注意义务，审查以下内容：一是鉴定人是否具备鉴定资格；二是鉴定程序是否严重违法；三是鉴定结论是否错误、不明确或内容不完整。

14. 法规规定罚款的幅度使用了“以上”、“以下”、“以内”、“超过”等用语，是否包括本数？

答：参照《中华人民共和国民法通则》、《中华人民共和国刑法》等法律的规定，使用“以上”、“以下”、“以内”的用语时，一般包括本数，法规明确规定不包括的除外。“超过”则不包括本数。

15.“责令停产停业”的性质是什么？

答：“责令停产停业”是《行政处罚法》第八条规定的一项行政处罚种类，其内涵是指具有合法的经营资格（即已取得营业执照）的当事人实施了严重的违法行为后，被行政机关处以的一项较严厉的行政处罚。当事人被“责令停产停业”后，被剥夺一切经营活动，包括违法经营和合法的经营活动。因此，实施这种行政处罚之前，必须根据《行政处罚法》第四十二条的规定告知当事人有申请举行听证的权利。

16.哪些情形下水行政机关应当对已立案的行政处罚案件进行销案处理？

答：两种情形的案件应当销案：一是违法事实不成立，二是已超过追责期限。

17.水行政执法人员在调查取证过程中，当事人拒绝到场、签名，或者无法找到当事人的，如何固定笔录或者其他材料的证据效力？

答：根据《最高人民法院关于行政诉讼证据若干问题的规定》第十五条的规定，在调查取证过程中，当事人拒绝到场、签名，或者无法找到当事人的，办案人员应当在笔录或者其他材料上注明原因，有当事人的高级管理人员或员工等其他人在现场的，可由其他人签名见证。

18.如何体现水行政机关对当事人在告知后提出的陈述、申辩事实、理由和证据进行复核？

答：办案机构在对当事人在告知后提出的陈述、申辩事实、理由和证据进行复核后，应当出具复核报告，作为证据，与其他案卷材料一并保存。

19.如何体现水行政机关采纳当事人在告知后提出的成立的陈述、申辩事实、理由和证据？

答：当事人在告知后提出的陈述、申辩事实、理由和证据成立的，水行政机关应当在行政处罚决定书中陈述其采纳当事人陈述、申辩的情况及理由。

20.某水行政机关仅因违反法定程序的行政处罚决定被上级机关（复议机关）撤销的，是否可以依照法定程序对当事人作出与原具体行政行为相同或者基本相同的具体行政行为？

答：是。仅因违反法定程序，被申请人的具体行政行为被行政复议机关撤销并被行政复议机关撤销并被责令重新作出具体行政行为的，重新作出具体行政行为时，依照法定程序可以对当事人作出与原具体行政行为相同或者基本相同的具体行政行为。

21.行政复议与行政诉讼有什么关系？

答：《中华人民共和国行政复议法》（简称《行政复议法》）第十六条规定了行政复议与行政诉讼的两个关系：一是法律、法规规定复议前置的，必须先复议后诉讼；二是人民法院已经受理行政诉讼的，申请人不得申请行政复议。

22.申请人既申请行政复议又提起行政诉讼的，应当如何处理？

答：根据《行政复议法》、《行政诉讼法》的有关规定，分两种情况处理：一是人民法院已受理的，复议机关不予受理行政复议。人民法院的受案通知是必要证据；二是人民法院尚未受理，或复议受理后发现申请人又向法院起诉且人民法院已受理的，应当给申请人一个选择的机会，如果选择复议，则要求其提交法院裁定撤回起诉的文书；如果申请人选择诉讼，则提出撤回复议的请求，复议机关终止复议。

23. 行政复议与信访有什么关系?

答:《信访条例》第十四条第二款规定,对依法应当通过诉讼、仲裁、行政复议等法定途径解决的投诉请求,信访人应当依照有关法律、行政法规规定的程序向有关机关提出。因此,应当通过行政复议解决的事项,不作为信访事项处理,通过转送复议机构依照行政复议途径处理;信访的处理意见,一般不属于行政复议的范围。

24. 行政复议与举报有什么关系?

答:根据《行政复议法》以及水利有关其他法律、法规的规定,水行政机关根据非利害关系人的举报作出的具体行政行为,该举报人不具复议资格,比如,职业举报人的举报,其不服行政机关作出的具体行政行为申请复议的,不予受理;利害关系人要求查处的投诉,纳入复议范围,主要把握两点:一是看投诉事项是否属于水行政机关的法定职责,如属于,应受理;二是投诉人与投诉事项是否有利害关系等。

25. 如何确定经上级批准作出的具体行政行为的被申请人?

答:《行政复议法实施条例》第十三条规定,下级行政机关依照法律、法规、规章的规定,经上级行政机关批准作出具体行政行为的,批准机关为被申请人。

26. 申请人提出行政复议申请的方式主要有哪几种?

答:根据《行政复议法实施条例》第十八条的规定以及《行政许可法》第二十九条的规定,申请人提出行政复议申请的方式有如下三种:一是当面提交;二是邮寄方式;三是通过电报、电传、传真、电子数据交换和电子邮件等方式。

27. 如何确定行政复议第三人?

答:《行政复议法》第十条第三款规定,行政复议第三人是与该具体行政行为有利害关系的人。复议机关根据具体的案情确定是否通知第三人参加行政复议;如果第三人要求参加行政复议,建议将其列为第三人参加行政复议。

28. 行政复议中对被申请人提交的证据有何要求?

答:行政复议中对被申请人提交的证据有四点要求:其一,《行政复议法》第二十三条规定,被申请人提交的所有证据均在该具体行政行为作出之前取得,并在法定期限内向复议机关提交;其二,《行政复议法》第二十四条规定,行政复议过程中,被申请人不得自行向申请人和其他有关组织或者个人收集证据;其三,参照《最高人民法院关于执行〈中华人民共和国行政诉讼法〉若干问题的解释》(简称《若干问题的解释》)第二十八条的规定,经复议机关准许,被申请人可以补充如下两项证据:一是在作出具体行政行为时已经收集证据,但因不可抗力等正当事由不能提供的;二是申请人或第三人在复议过程中,提出了其在被申请人实施行政行为过程中没有提出的反驳理由或者证据的;其四,《广东省行政处罚听证程序实施办法》第十九条规定,经听证的案件,证据必须在听证会上质证。

29. 信访人可以对哪些事项提出信访请求?

答:根据《信访条例》第十四条的规定,信访人可以对行政机关人员的职务行为提出信访请求;如果该职务行为依法应当通过诉讼、仲裁、行政复议等法定途径解决的投诉请求,则信访人应当通过有关法律、行政法规规定的程序向有关机关提出。

30. 信访人对信访事项的处理意见不服的,怎么办?

答:根据《信访条例》第三十五条的规定,信访人对信访事项的处理意见不服的,可以向一级行政机关申请复查;对复查意见不服的,可以向复查机关的上一级行政机关申请复核。

31. 信访人对哪些信访事项的处理意见可以提起行政复议或行政诉讼?

答:一般来说,信访事项的处理意见对信访人的权利义务产生实际影响的,如果信访人不服,可以提起行政复议或行政诉讼。

32. 对于书面信访事项,行政机关是否应当书面答复信访人?

答:是。《信访条例》第三十二条规定,行政机关应当依据有关法律、法规、规章及其他有关规定作出处理,并书面答复信访人。

33. 水行政执法管理部门对不予立案如何处理?

答:对于不予立案的投诉、举报、申诉,经水行政管理机关负责人批准后,由办案机构将结果告知具名的投诉人、申诉人、举报人。水行政管理机关应当将不予立案的相关情况作书面记录留存。这是关于不予立案的处理规定,包括告知和留档两项内容。

其中,不予立案告知的情形仅适用于投诉、举报、申诉场合。如果对其他机关移送的案件材料决定不予立案,应予退回;如果对上级交办的案件材料决定不予立案,应予报告,并等待上级决定。规定不予立案的告知,有两个理由:

第一,投诉、举报、申诉是法律赋予公民的权利。该权利不仅包括公民依法作为的权利,还包括公民依法获知其行为结果的权利。对于立案的,考虑到行政效率和行政成本问题,不必单行告知,只要在行政处罚决定作出时告知结果即可。而对于不予立案的,则需在作出不予立案决定后告知具名的投诉人、申诉人、举报人。

第二,在实践中,已有投诉人、申诉人、举报人以水行政管理机关不作为为由,提起行政复议或行政诉讼,要求对其投诉、申诉、举报行为作出反应并说明理由。在部分行政诉讼案件中,水行政管理机关败诉。因此,需要在程序制度中加以明确。

需要注意的是,法律没有规定告知的方式、时间等。在这种情况下,可以由办案机构根据实际情况决定。一般来讲,当事人要求有书面答复的,应予书面告知;无此要求的,可以口头告知。同时,告知应在不予立案决定作出后尽快进行;告知的内容应简明扼要,只要说明立案的理由不足或违法行为不成立即可。

34. 与水事违法案件立案制度有关的两个问题

问题一:水行政处罚一般程序从立案开始,那么,调查取证工作是否只有在立案之后进行才合法,才符合法定程序?

答:在这里,要区分立案前后的执法活动和工作。在立案之前,水行政管理机关依法行使监督检查权,制止和纠正轻微的违法行为,发现涉嫌违法案件的线索并决定是否立案处理。这一过程,必然与调查取证相联系。不过,我们在这种场合不使用调查取证这一术语,习惯上只是将其与立案后的案件办理结合起来,而称之为执法检查。在立案之后,需要继续进行的,按行政处罚的一般程序进行的执法检查,就是调查取证。因此,并非在立案之后水行政管理机关才能调查取证。在立案之前,水行政管理机关在市场监督检查中,同样可以依法行使调查取证权。

问题二:在立案之前所获的证据材料是否可以作为案件事实认定的依据?

答:这实际上是一个证据效力问题。在行政执法中,立案并不是调查程序的启动程序。在立案之前的调查可称之为初步调查阶段,在立案之后的调查为正式调查阶段。初步调查阶段完成的任务是证明涉嫌违法行为可能存在,需要通过正式立案以便进一步调查核实;立案后的调查,则必须以充分证据证明违法事实是否存在、证明是否需要实施行政处罚。立案的作用主要体现在督促水行政管理机关及时展开调查,并将不具备立案条件的案件排除在一般程序之外。

所以,只要在立案之前取得的证据符合法律的要求,且能够对所调查的事实起到证明作用,就可以作为最终认定案件事实的依据。

35. 证据的概念及特点。

答:证据,是指具有法定职权的人员依照法定的程序收集并审查核实,能够证明案件真实情况的依据。

证据的基本特点有:

①客观性:证据事实必须是伴随着案件的发生、发展的过程,而遗留下来的,不以人们的主观意志为转移而存在的事实。②关联性:证据必须同案件事实存在某种联系,并因此对证明案情具有实际意义。③合法性:收集证据的主体要合法,每个证据来源的程序要合法,证据具有合法形式。

36. 水行政复议机关在什么情况下可以决定撤销、变更或者确认水行政具体行政行为违法。

答:①主要事实不清、证据不足的;②适用依据错误的;③违反法定程序的;④超越或者滥用职权的;⑤具体行政行为明显不当的;⑥被申请人在收到申请书副本或者申请笔录复印件之日起十日内,没有提出书面答复,并提交当初作出具体行政行为的证据、依据和其他有关材料的,视为该具体行政行为没有证据、依据,决定撤销该具体行政行为。

37. 简述水行政复议机关作出维持决定的条件。

答:认定事实情况;证据确凿;适用依据正确;程序合法;内容适当。

38. 行政机关违反信息公开条例的规定哪些行为应当追究责任?

答:行政机关违反本条例的规定,有下列情形之一的,由监察机关、上一级行政机关责令改正;情节严重的,对行政机关直接负责的主管人员和其他直接责任人员依法给予处分;构成犯罪的,依法追究刑事责任:

(一)不依法履行政府信息公开义务的;

(二)不及时更新公开的政府信息内容、政府信息公开指南和政府信息公开目录的;

(三)违反规定收取费用的;

(四)通过其他组织、个人以有偿服务方式提供政府信息的;

(五)公开不应当公开的政府信息的;

(六)违反本条例规定的其他行为。

39. 行政处罚简易程序的适用范围?

答:违法事实确凿并有法定依据,对公民处以 50 元以下、对法人或者其他组织处以 1000 元以下罚款或者警告的行政处罚的,可以当场作出行政处罚决定。

40. 根据《河南省行政机关执法条例实施办法》的规定,河南省政府规定“较大数额罚款”是指哪些? 当事人要求举行听证的,行政机关要不要举行听证?

答:下列情形之一的罚款为较大数额罚款:①对非经营活动中的违法行为实施罚款一次达到或者超过 1000 元的;②对无违法所得的经营性违法行为实施罚款一次达到或者超过 10000 元的;③对有违法所得的经营性违法行为实施罚款一次达到或者超过 30000 元的。

根据第十九条的规定,当事人要求听证的,行政机关应当组织听证,指定本机关非参与本案调查的法制机构工作人员主持;法制机构工作人员是本案调查人员的,指定本机关其他非本案调查人员主持。

41. 根据《河南省行政执法责任追究试行办法》,行政执法机关的工作人员承担行政执法责任的形式有哪些?

答:①戒勉谈话、批评教育或者写出书面检查;②通报批评或者离岗培训;③收回《河南省行政执法证》;④调离执法岗位或者取消执法资格。

42. 什么是行政许可?

答:行政许可,是指行政机关根据公民、法人或者其他组织的申请,经依法审查,准予其从事特定活动的行为。

43. 哪些情况不应设定行政许可?

答:①公民、法人或者其他组织能够自主决定的;②市场竞争机制能够有效调节的;③行业组织或者中介机构能够自律管理的;④行政机关采用事后监督等其他行政管理方式能够解决的。

44. 什么是相对集中行政许可?

答:行政许可需要行政机关内设的多个机构办理的,该行政机关应当确定一个机构统一受理行政许可申请,统一送达行政许可决定。行政许可依法由地方人民政府两个以上部门分别实施的,本级人民政府可以确定一个部门受理行政许可申请并转告有关部门分别提出意见后统一办理,或者组织有关部门联合办理、集中办理。

45. 什么情况下注销行政许可?

答:有下列情形之一的,行政机关应当依法办理有关行政许可的注销手续:①行政许可有效期届满未延续的;②赋予公民特定资格的行政许可,该公民死亡或者丧失行为能力的;③法人或者其他组织依法终止的;④行政许可依法被撤销、撤回,或者行政许可证件依法被吊销的;⑤因不可抗力导致行政许可事项无法实施的;⑥法律、法规规定的应当注销行政许可的其他情形。

46. 行政机关对申请人提出的行政许可申请应当如何处理?

答:行政机关对申请人提出的行政许可申请,应当根据下列情况分别作出处理:①申请事项依法不需要取得行政许可的,应当即时告知申请人不受理;②申请事项依法不属于本行政机关职权范围的,应当即时作出不予受理的决定,并告知申请人向有关行政机关申请;③申请材料存在可以当场更正的错误的,应当允许申请人当场更正;④申请材料不齐全或者不符合法定形式的,应当当场或者在五日内一次告知申请人需要补正的全部内容,逾期不告知的,自收到申请材料之日起即为受理;⑤申请事项属于本行政机关职权范围,申请材料齐全、符合法定形式,或者申请人按照本行政机关的要求提交全部补正申请材料的,应当受理行政许可申请。

47. 行政机关对行政许可申请进行审查后,应当如何作出决定?

答:申请人的申请符合法定条件、标准的,行政机关应当依法作出准予行政许可的书面决定。行政机关依法作出不予行政许可的书面决定的,应当说明理由,并告知申请人享有依法申请行政复议或者提起行政诉讼的权利。

48. 根据《行政许可法》的规定,哪些国家机关有权设定行政许可?

答:全国人大及其常委会,国务院,省、自治区、直辖市人大及其常委会,省、自治区、直辖市人民政府，依照《行政许可法》规定的权限可以设定行政许可。

49. 被许可人有哪些行为，行政机关应当依法给予行政处罚；构成犯罪的，依法追究刑事责任？

答：①涂改、倒卖、出租、出借行政许可证件，或者以其他形式非法转让行政许可的；②超越行政许可范围进行活动的；③向负责监督检查的行政机关隐瞒有关情况、提供虚假材料或者拒绝提供反映其活动情况的真实材料的；④法律、法规、规章规定的其他违法行为。

50. 哪些证据材料不能作为定案依据？

答：①严重违反法定程序收集的证据材料；②以偷拍、偷录、窃听等手段获取侵害他人合法权益的证据材料；③以利诱、欺诈、胁迫、暴力等不正当手段获取的证据材料；④当事人无正当事由超出举证期限提供的证据材料；⑤在中华人民共和国领域以外或者在中华人民共和国香港特别行政区、澳门特别行政区和台湾地区形成的未办理法定证明手续的证据材料；⑥当事人无正当理由拒不提供原件、原物，又无其他证据印证，且对方当事人不予认可的证据的复制件或者复制品；⑦被当事人或者他人进行技术处理而无法辨明真伪的证据材料；⑧不能正确表达意志的证人提供的证言；⑨不具备合法性和真实性的其他证据材料。

51.《行政复议法》、《行政诉讼法》为什么确立被申请人、被告负举证责任原则？

答：被告负举证责任是由于：①行政机关有调查取证的主动权，在证据的收集和提供方面明显处于优势。②具体行政行为大都基于行政机关的单方面的意思表示而成立，相对人难以提供足以证明行政机关具体行政行为违法的各种证据。③可以促进行政机关严格依法行政，以尽可能减少行政争议及行政案件的数量，提高执法水平。

52. 试述我国宪法的基本原则。

答：宪法的基本原则是指人们在制定和实施宪法过程中必然遵循的最基本的准则，是贯穿立宪和行宪的基本精神。

（1）人民主权原则。主权是指国家的最高权力。人民主权是指国家中绝大多数拥有国家的最高权力。

（2）基本人权原则。人权是指作为一个人所应该享有的权利。

（3）法治原则。法治是相对于人治而言的，它是指统治阶级按民主原则把国家事务法律化、制度化，并严格依法进行管理的一种方式。

（4）权力制约原则。权力制约原则是指国家权力的各部分之间相互监督、彼此牵制，以保障公民权利的原则。

53. 请结合行政处罚工作实际，谈谈在实施行政处罚工作中如何遵守保障当事人权利的原则？

答：处罚相对人权利保障原则是指设定与实施行政处罚应当保障被处罚相对人的合法权益，不得剥夺限制或侵犯相对人的合法权益，行政处罚应当在充分保障相对人行使这些权利的前提条件下作出和实施。充分保证当事人的陈述、申辩权。

54. 请结合行政处罚工作实际，谈谈如何贯彻执行对行政处罚进行监督制约的原则？

答：①要严格执行执法责任制和执法过错追究制。②在办案中要公开、透明，接受社会监督，聘请社会监督员对执法行为进行监督。③所有案件集体讨论，杜绝“人情案”、“关系案”这一“顽症”。④加强“八小时”外的监督，延伸监督工作的时效性。

55. 请结合河南省《行政执法人员文明执法规范》和工作实际，谈谈执法人员实施行政

执法行为应当注意哪些问题?

答:执法人员实施行政执法行为应当遵守下列要求:

(1)在法定职责范围内实施,不越权执法、滥用职权。

(2)依照法定时限和要求实施,不推诿、拖延或者变相拖延。

(3)清正廉洁,不徇私枉法、以权谋私、利用职权吃拿卡要和私分财物。

(4)不以各种名义索取或者接受请托人、中间人的宴请、礼品、礼金、礼券以及消费性的娱乐活动。

(5)不酒后执法、野蛮执法及刁难、报复行政相对人。

(6)不得以利诱、欺诈、胁迫、暴力等不正当手段收集证据,不得指派无行政执法资格的人员进行调查取证。

(7)不参与涉黄、涉赌、涉毒和封建迷信活动。

(8)没有法律明确授权并经法定程序,不得搜查、检查公民的身体和物品,不得进入公民住宅进行搜查、检查。

(9)依法接受监督,认真纠正违法或者不适当的行政行为。

56. 论述错案责任的划分及如何预防错案的发生?

答:错案划分:①行政执法人员当场作出的具体行政行为构成错案的,追究该执法人员的责任。②经审核、批准作出的具体行政行为,由于案件承办人的过错导致审核人、批准人失误发生错案的,追究承办人的责任;由于审核人的过错导致批准人失误发生错案的,追究审核人的责任;由于批准人的过错发生错案的,追究批准人的责任;承办人、审核人、批准人均有过错发生的错案,同时追究承办人、审核人、批准人的责任。③经集体讨论作出具体行政行为发生错案的,作出决定的行政机关负责人负主要责任,主张错误意见的其他人员负次要责任,主张正确意见的人员不负责任。④因非法干预导致错案发生的,追究干预者的责任。

预防错案的发生:一要强化人权保障意识;二要严格按照办案程序办案,确保程序公正;三要严把证据关,重视相关证据的收集。

57. 行政处罚与行政强制等行为如何识别?

答:行政处罚是对权利的直接的不可逆性的处分,对权利的处分,并且是最终处分,不是中间性的处分。行政强制措施则是对权利的限制,而且是临时性限制,是中间行为,不具有制裁性,与行为是否违法没有必然联系。行政强制执行则是对不履行行政处罚决定书的强制实现,其对权利的剥夺本质上仍然源于行政处罚决定的法律效果和效力。

——行政处罚针对的是违法行为,行政强制措施可以针对合法行为或者法律性质不确定的行为。采取行政处罚与行政强制措施所要求的证据证明力也不相同,行政处罚要求的证据证明力高,尤其是证据关联性、因果关系的判断要求具有高度盖然性,而行政强制措施则要求较低的证据因果关系,就可对涉嫌违法或者带来不利社会秩序的物品、人身进行限制。

——单方强制是行政行为的主要特征,但是有“强制”字样的行政行为名称,未必都是行政强制。例如,《卖淫嫖娼人员收容教育办法》的“收容教育”以及劳动教养,被称为“强制性教育措施”,实质是行政处罚,它们是对权利自由的剥夺,不是行政强制措施。

——责令改正。按照《行政处罚法》,责令改正不属于行政处罚的类型。有的责令改正属于是辅助性行政行为，不对相对人的权利义务产生实际影响，类似于告诫。有的属于行政命令，不予改正的，被予以行政强制。

——行政命令是一种独立的行政行为类型。例如，责令产品召回，是具体行政行为，是对权利义务产生直接影响的行政命令，不是行政强制措施。

——收缴、销毁既不是行政强制措施，也不是行政处罚，而是行政强制执行。它们与没收不同，没收是行政处罚。需要特别注意的是，行政强制措施的显著特征之一是暂时性，而行政强制执行则是终局性的，而非暂时性的。

——行政处罚与行政强制措施之间貌似泾渭分明，实有不少模糊之处。例如，在《治安管理处罚法》中，行政拘留是剥夺人身自由的一种行政处罚形态，但在海关进出境和集会示威游行执法中，拘留也是行政强制措施的一种方式。

58. 县卫生局以经营发霉变质食品为由处以蒋某罚款3000元，蒋某不服，向人民法院起诉。诉讼期间被告拒不举证，也不出庭应诉。至一审法院审结前，被告始终未能提供作出行政行为的规范性文件和事实证据。一审法院以事实不清、证据不足为由作出撤销具体行政行为的判决。被告不服提起上诉。上诉期间，上诉人向二审法院提供了作出处罚决定所依据的规范性文件和事实依据。

问：(1)一审法院的判决是否正确？为什么？

(2)二审法院能否接受上诉人在二审期间提供的新证据？

(3)二审法院能否依据新证据直接改判本案？

(1)答：正确。按照最高人民法院关于执行《行政诉讼法》若干问题的解释第二十六条的规定，在行政诉讼中，被告对其作出的具体行政行为承担举证责任。被告应当在收到起诉状副本之日起10日内提交答辩状，并提供作出具体行政行为时的证据、依据；被告不提供或者无正当理由逾期提供的，应当认定该具体行政行为没有证据、依据。

(2)答：不能。最高人民法院关于执行《行政诉讼法》若干问题的解释第二十八条规定，被告在作出具体行政行为时已经收集证据，但因不可抗力等正当事由不能提供的，经人民法院准许可以补充相关的证据。本案中，被告不存在不可抗力等正当事由。

(3)答：不能。根据《最高人民法院关于行政诉讼证据若干问题的规定》第七条的规定，原告或者第三人在第一审程序中无正当事由未提供而在第二审程序中提供的证据，人民法院不予接纳。

59. 2012年个体户李某与某镇政府签订了对1000亩荒滩50年承包经营的合同，并规定李某每年上缴承包费10万元。2003年底镇政府要求李某每年上缴承包费增加到30万元，否则终止合同，李某不同意。镇政府于2004年3月20日单方撤销了该承包合同，3月28日李某知道这一事实，并于2004年5月22日向上级行政机关提出复议申请，5月27日，上级机关发出受理通知，并向李某收取5000元的复议费，李某收到通知后处于等待状态，6月10日，李某尚未等到复议决定，便决定向人民法院提出起诉。

问：(1)该纠纷是否属于行政复议的范围？

(2)李某申请行政复议的期限是否有效？

(3)李某于6月10日向法院提起诉讼，法院是否受理？

(1)答：该纠纷属于行政复议范围。《行政复议法》规定，公民、法人或者其他组织，认为行政机关关于变更农业承包合同，侵犯其合法权益的，可以申请行政复议。

(2)答:李某申请行政复议的期限有效。法律规定,申请人可以自知道该具体行政行为之日起60日内提出复议申请。

(3)答:李某向法院提出诉讼,法院不予受理。因公民、法人申请行政复议,行政复议机关已经依法受理的,或者法律规定应先申请行政复议的,在法定复议期限内不得向人民法院提起诉讼。本例中,李某的行政复议申请已受理,复议机关还没作出决定,且在60天的复议期内。

60. 国家某粮库管理员发现库内温度过高,粮食有发霉的危险,向粮库主任报告了情况,并建议批准开启通风设备。主任听后毫不理睬,更未采取防止霉烂措施。管理员再向主任提此险情,主任嫌他"太麻烦",将其调离库管组。数日后,主任到库中察看,发现几乎整库粮食霉烂,造成100余万元损失。

问题:(1)粮库主任构成何罪?

(2)为什么?

(1)答:玩忽职守罪。

(2)答:因为粮库主任玩忽职守行为致使公共财产、国家和人民利益遭受重大损失的,严重不负责任,应当履行且有条件、有能力履行职责,但违背职责没有履行,违反职责规定,马虎草率大意。不正确履行职责的行为。

61. 公民王某在非经营活动中有违法行为,两个区属执法机关都认为自己对王某的违法行为有权处罚,两个部门为了争处罚权,在王某不知的情况下分别作出罚款2000元和1000元的处罚决定。请分析两个执法机关的行为是否合法?为什么?

答:不合法。根据《行政处罚法》规定:①对管辖发生争议的,报请共同的上一级行政机关指定管辖。②对当事人的同一个违法行为,不得给予两次以上罚款的行政处罚。③行政机关在作出行政处罚决定之前,应当告知当事人作出行政处罚决定的事实、理由及依据,并告知当事人依法享有的权利。

62. 某单位在研究行政处罚案件时,办案人员甲故意隐瞒部分证据,造成事实不清。其他负责人建议进一步调查后再作处理。该单位主要领导人乙,认为根据当前工作实际,这类违法现象比较严重,给予一定的行政处罚估计不会错。这时,上级业务领导部门的丙某打来电话,要求该案从严处罚。因此,该案给予了较重的处罚。最后经过复查,该案是一个错案,国家依法给予了赔偿。你认为该案应如何追究错案责任?

答:根据《河南省行政机关执法条例实施办法》的规定,该案应当追究以下责任人的责任:①追究案件承办人甲的责任。甲故意隐瞒部分证据,造成事实不清。由于案件承办人的过错导致审核人、批准人失误发生错案的,追究承办人的责任。②追究主要领导人乙的责任。乙没有听取其他负责人建议进一步调查后再作处理。由于批准人的过错发生错案的,追究批准人的责任。③追究上级业务领导部门丙的责任。因非法干预导致错案发生的,追究干预者的责任。

63. 某县城为了整治城区交通秩序,提高工作效率,成立了整治城区交通秩序工作领导小组,下设办公室,办公室由公安、交通、城建、工商等部门抽调的人员组成,并规定行政拘留、罚款等行政处罚一律以该办公室名义实施。请分析,某县城的做法是否合法?为什么?

答:不合法。①限制人身自由的行政处罚权只能由公安机关行使。②受委托组织在委托范围内,以委托行政机关名义实施行政处罚。

64. 某行政执法部门怀疑张某院内有违禁物品，于是派一个年轻的执法人员在深夜翻墙进入张某院内，把张某物品作为证据搬走。时间过了一个月，某行政执法部门既不退回物品，也不做处理决定。某行政执法部门执法程序是否合法？为什么？

答：不合法。①行政机关在调查或者进行检查时，执法人员不得少于两人，并应当向当事人或者有关人员出示证件。②在证据可能灭失或者以后难以取得的情况下，经行政机关负责人批准，可以先行登记保存，并应当在七日内及时作出处理决定，在此期间，当事人或者有关人员不得销毁或者转移证据。

65. 某县城管部门执法人员赵某，认为公民李某有违法行为要罚款50元，并开据了当场行政处罚决定书，要求李某当场缴纳罚款。李某不服，要求赵某出示执法证件并说明罚款的理由。赵某说我有执法证件就是不让你看，你告到哪儿今天都得罚你，并拒绝听取李某的申辩。李某又提出要罚款单据。赵某说给你罚款单据也不能报销，你把50元钱给我算了。李某只好缴了50元罚款离去。请分析执法人员的执法行为是否合法？为什么？

答：不合法。①行政机关在调查或者进行检查时，执法人员不得少于两人，并应当向当事人或者有关人员出示证件。②当场作出行政处罚决定，有下列情形之一的，执法人员可以当场收缴罚款：（一）依法给予二十元以下的罚款的……；③当事人有权进行陈述和申辩。行政机关必须充分听取当事人的意见，对当事人提出的事实、理由和证据，应当进行复核。④行政处罚决定书应当在宣告后当场交付当事人；当事人不在场的，行政机关应当在七日内依照《民事诉讼法》的有关规定，将行政处罚决定书送达当事人。⑤要文明执法。

66. 水行政执法人员问：在查处擅自打井取水违法案件中，在调查取证时，根据《水行政处罚实施办法》，一般采取对当事人违法打井设备进行异地保存。但《水行政处罚实施办法》第二十八条规定，水行政处罚机关对先行登记保存的证据，必须在七日内作出处理决定。对违法打井设备一般不需要进行检验或鉴定，如果退还当事人，可能会引起当事人继续实施违法行为。为有利于案件的处理，需要扣押、查封违法设备，依法作出扣押、查封的处理决定，而《行政处罚法》、《水行政处罚实施办法》、《水法》又未明确规定扣押、查封程序，针对这种情况，对违法设备进行扣押、查封的程序如何操作？由哪个部门作出决定？扣押、查封的违法设备可以抵缴罚款吗？

答：一、《行政处罚法》第三十七条第二款规定，行政机关在收集证据时，可以采取抽样取证的方法；在证据可能灭失或者以后难以取得的情况下，经行政机关负责人批准，可以先行登记保存，并应当在七日内及时作出处理决定，在此期间，当事人或者有关人员不得销毁或者转移证据。《水行政处罚实施办法》第二十八条也作了相应规定。法律和水利部规章规定的都是在证据可能灭失或者以后难以取得的情况下，经行政机关负责人批准，可以先行登记保存，当事人擅自打井取水违法事实清楚，不存在证据可能灭失或者以后难以取得的情况，所以，不必采取先行登记保存的措施。这里要特别注意，《行政处罚法》规定的是先行登记保存，不是扣押、查封。

二、扣押、查封都是行政强制措施，对当事人违法打井的设备，《水法》没有作出扣押、查封规定，水利部门没有这项职权。《取水许可和水资源费征收管理条例》第四十九条规定，有未取得取水申请批准文件擅自建设取水工程或者设施的，责令停止违法行为，限期补办有关手续；逾期不补办或者补办未被批准的，责令限期拆除或者封闭其取水工程或者设施，逾期不拆除或者不封闭其取水工程或者设施的，由县级以上地方人民政府水行政主管部门或者流域管理机构组织拆除或者封闭，所需费用由违法行为人承担，可以处5万元以下罚款，本条规定可以封闭取水工程或者设施，这里的设施，指的是取水工程设施，而不是指打井的设备。所以，水行政主管部门无权对当事人打井设备实施扣押、查封，否则就是违法行政。水行政执法人员询问的“对违法设备进行扣押、查封的程序如何操作，由哪个部门作出决定”就不存在。

三、“扣押、查封的违法设备可以抵缴罚款吗”？前面说到不能扣押、查封。我们假定可以扣押、查封，那能否抵缴罚款呢？也是不可以的。这里存在一个概念问题，扣押、查封是行政强制措施，不是行政处罚。也就是说，不能把扣押、查封等同于没收。所以，扣押、查封的违法设备是不能抵缴罚款的。

67.《防洪法》对河道、湖泊管理范围内作了哪些禁止性规定？

答：责令停止违法行为，排除阻碍或采取其他补救措施，可以处5万元以下罚款。

68.水行政执法人员问：我们以前查处的河道内的违法采砂案件，都是适用的《中华人民共和国河道管理条例》第二十五条、第四十四条。在给当事人下《听证告知书》时，其中拟给予的内容写的是：①限期采取补救措施；②罚款2万元。这样写可以吗？或者不加“限期”二字，直接这样写：①采取补救措施；②罚款2万元。亦或者写与下面告知的期限一致：①限三日内采取补救措施；②罚款2万元。哪种下法好一些？

答：一、听证告知书是水行政机关对当事人给予较重处罚时下达的文书。根据《水行政处罚实施办法》（水利部令第8号）第三十四条的规定，对公民处以5000元以上罚款、对法人或其他组织处以5万元以上罚款才适用听证程序。来函中没有说明当事人是公民还是法人，如果是法人，罚款2万元就不适用听证程序。

二、本案如果当事人是公民，必须适用听证程序。拟处罚的内容就只写罚款2万元，也就是说，准备给予什么处罚就写什么处罚内容。

三、采取补救措施是水利部门对当事人的另一个具体行政行为，需下达《责令采取补救措施通知书》，《河道管理条例》第四十四条中没有“限期”二字，最好与法规表述一致。执法实践中，很多执法人员把所有的行政行为都写进某一个文书中是不妥的。

69.案情：1997年11月，某省政府所在地的市政府决定征收含有某村集体土地在内的地块作为旅游区用地，并划定征用土地的四至界线范围。2007年，市国土局将其中一地块与甲公司签订《国有土地使用权出让合同》。2008年12月16日，甲公司获得市政府发放的第1号《国有土地使用权证》。2009年3月28日，甲公司将此地块转让给乙公司，市政府向乙公司发放第2号《国有土地使用权证》。后，乙公司申请在此地块上动工建设。2010年9月15日，市政府张贴公告，要求在该土地范围内使用土地的单位和个人，限期自行清理农作物和附着物设施，否则强制清理。2010年11月，某村得知市政府给乙公司颁发第2号《国有土地使用权证》后，认为此证涉及的部分土地仍属该村集体所有，向省政府申请复议要求撤销该土地使用权证。省政府维持后，某村向法院起诉。法院通知甲公司与乙公司作为第三人参加诉讼。

在诉讼过程中，市政府组织有关部门强制拆除了征地范围内的附着物设施。某村为收集证据材料，向市国土局申请公开1997年征收时划定的四至界线范围等相关资料，市国土局以涉及商业秘密为由拒绝提供。

问：(1)市政府共实施了多少个具体行政行为？哪些属于行政诉讼受案范围？

(2)如何确定本案的被告、级别管辖、起诉期限？请分别说明理由。

(3)甲公司能否提出诉讼主张？如乙公司经合法传唤无正当理由不到庭，法院如何处理？

(4)如法院经审理发现市政府发放第1号《国有土地使用权证》的行为明显缺乏事实根据，应如何处理？

(5)市政府强制拆除征地范围内的附着物设施应当遵循的主要法定程序和执行原则是什么？

(6)如某村对市国土局拒绝公开相关资料的决定不服，向法院起诉，法院应采用何种方式审理？如法院经审理认为市国土局应当公开相关资料，应如何判决？

答：(1)4个，具体为：征收含有某村集体土地在内的地块的行为，向甲、乙两公司发放《国有土地使用权证》的行为，发布公告要求使用土地的单位和个人自行清理农作物和附着物设施的行为。上述行为均属于行政诉讼受案范围。

(2)被告为市政府。根据《行政诉讼法》第二十五条的规定，经复议的案件，复议机关决定维持原具体行政行为的，原机关为被告。复议机关改变原行为的，复议机关为被告。本案中，省政府维持了市政府的决定，故市政府为被告。

中级人民法院管辖。本案的被告为县级以上人民政府，根据《关于行政案件管辖若干问题的规定》第一条的规定，应由中级法院管辖。

某村应当在收到省政府复议决定书之日15日内向法院起诉。因为本案是经过复议起诉的，应适用复议后起诉期限。同时，《土地管理法》等法律未对此种情形下的起诉期限作出特别规定，故应适用《行政诉讼法》第三十八条第二款规定的一般起诉期限。

(3)作为第三人，甲公司有权提出与本案有关的诉讼主张。乙公司经合法传唤无正当理由不到庭，不影响法院对案件的审理。

(4)法院应不予认可。发放第1号《国有土地使用权证》的行为不属于本案的审理裁判对象，但构成本案被诉行政行为的基础性、关联性行政行为，根据《关于审理行政许可案件若干问题的规定》第七条的规定，法院对此行为不予认可。

(5)按照《行政强制法》第四章规定，市政府采取强制执行措施应当遵循事先催告当事人履行义务，当事人有权陈述、申辩，行政机关应当充分听取当事人意见，书面决定强制执行并送达当事人，与当事人可达成执行协议；不得在夜间或法定节假日实施强制执行，不得对居民生活采取停水、停电、停热、停气等方式迫使当事人执行等程序和执行原则。

(6)法院应当视情况采取适当的审理方式，以避免泄露涉及商业秘密的政府信息。法院应当撤销或部分撤销不予公开决定，并判决市国土局在一定期限公开。尚需市国土局调查、裁量的，判决其在一定的期限内重新答复。

70.《行政处罚法》规定，违法行为在两年内未被发现的，不再给予行政处罚。法律另有规定的除外。前款规定的期限，从违法行为发生之日起计算；违法行为有连续或者继续状态的，从行为终了之日起计算。这是《行政处罚法》关于时效的规定。如何理解？

答：《行政处罚法》中规定的时效，是指对违法行为人的违反行政管理秩序的行为追究行政责任、给予行政处罚的有效期限。这一规定包括以下几层涵义：

(1)在该违法行为发生后的两年内，对该违法行为有处罚权的行政机关未发现这一违反行政管理秩序的事实，在规定的两年超过后，无论在何时发现了这一违法事实，对当时的违法行为人不再给予行政处罚。

(2)如果违反行政管理秩序的行为在行为发生的两年内已被行政机关发现,但违法行为人在两年内未被查获或者违法行为人逃避处罚,在两年后行政机关将其查获,仍应当依法给予行政处罚。

(3)时效的规定期限是从违法行为发生之日起就开始计算的。"违法行为发生之日"是指违法行为完成或者停止之日。如,运输违禁品,在路途上用了五天时间,应当以最后一天将违禁品转交他人起开始计算追诉期限。

(4)对于违法行为有连续或者继续状态的,从行为终了之日起计算。这里的"连续"状态是指违法行为人连续实施同一种违法行为,基于同一个违法故意,连续实施了数个独立的行政违法行为,这些违法行为触犯的是同一个行政处罚法规定。如某违法行为人连续多次出售损害人体健康的豆猪肉,这一出售豆猪肉的行为违反了食品卫生法的有关规定,由于多次出售,这一违法行为就是处于"连续"状态的,对于这种违法行为追诉时效的计算,就要从其最后一个违法行为实施完毕时计算,也就是从最后一次出售豆猪肉的时间计算,对这一连续性的违法行为合并处罚。

(5)对于大多数行政处罚案件来说,《行政处罚法》规定了追诉时效为两年,同时也明确规定在行政处罚时效问题上"法律另有规定的除外"。这是由于考虑到违反行政管理秩序的违法行为十分复杂,行政违法案件又千差万别,作出这样灵活的规定有利于行政处罚的有效执行。

《行政处罚法》关于时效的规定,有很积极的现实意义,一方面是对于未过追诉时效的违反行政管理秩序的行为必须依法追究其行政责任,给予行政处罚,体现了执法的严肃性。另一方面是对于违法行为已经过了追诉时效期限的,不应再追究其行政责任,不再给予行政处罚。如果在调查中,发现违法行为人的违法行为已超过了追诉时效,应采取相应的措施,终止调查,撤销案件或者作出不予行政处罚的决定,体现了行政处罚的教育与处罚相结合的原则。

71.行为人的一个行为既违反行政法中某个法条的规定,同时又触犯刑法的某个法条规定,从而构成行政违法行为与犯罪的竞合。在实践中,一行为同时触犯了行政法和刑法的情况大量存在,如偷水、走私、破坏公共秩序等行政违法行为等,在行为构成犯罪的同时还触犯有关行政法的规定。发生行政违法行为和犯罪竞合的实施处罚大致有以下几种情况:

(1)单处刑罚。即对一行政违法行为已构成犯罪的,只由司法机关给以刑事处罚,行政机关不得就同一事实重复处罚。这实际上也是"一事不再罚"原则的具体体现。对于给予刑罚就足以达到惩处和预防行政犯罪的目的的,就没有必要再由行政机关予以有关行政处罚。

(2)刑罚与行政处罚双重适用。即对行为人除由司法机关予以刑罚处罚外,有关行政机关还应予以行政处罚。这主要是因为:一方面,行政犯罪具有触犯刑法和行政法的双重性,行为人也就应当相应承担刑事责任和行政责任;另一方面,刑罚与行政处罚的种类及功能的差异决定了在适用刑罚的同时还必须适用行政处罚以弥补刑罚的不足。刑法规定的主刑和附加刑的种类和范围相对比较狭窄,主要是人身罚和财产罚。仅适用刑法规定的刑罚在有些情况下不足以消除违法行为人犯罪的全部危害后果,也不足以彻底纠正行政违法行为,在这样的情况下,在适用刑罚的同时并处一定的行政处罚有利于更好地打击犯罪,纠正行政违法行为，因此是十分必要的，在实践中也切实可行。如：对于偷税、抗税的违法行为，刑法只规定违反税收法规，偷税、抗税情节严重的，除按照税收法规补税并且可以罚款外，对直接责任人员，处3年以下有期徒刑或者拘役，而依照有关税务法规的规定，对于有偷税、抗税行为的人，行政机关还可以吊销其营业执照。在这种情况下，如果只对违法者处以限制人身自由的刑罚，还不足以挽回其给国家和人民造成的损失，因而可以并处吊销营业执照的行政处罚，以解决刑罚所不能解决的问题。对于刑罚和行政处罚并处的问题，有些是法律、法规有明确规定，如：刑法规定，违反海关法规，进行走私，情节严重的，除按照海关法规没收走私物品并且可以罚款外，处三年以下有期徒刑或者拘役，可以并处没收财产。更多的情况是法律、法规没有明确规定是单处还是并处，这就需要执法人员在司法实践中灵活掌握。如产品质量法规定，销售失效、变质产品的，责令停止销售，没收违法销售的产品和违法所得，并处违法所得1倍以上5倍以下的罚款，可以吊销营业执照；构成犯罪的，依法追究刑事责任。依据这一规定，对于销售失效、变质产品情节严重构成犯罪的行为，应给以刑事处罚，同时在必要的情况下也可给予吊销营业执照的行政处罚。当然，这一行政处罚必须是为了解决刑事处罚所无法解决的问题而作出的。也就是说，一行政违法行为触犯了刑律，如果刑罚已对违法者作出了限制人身自由的处罚，关于限制人身自由的行政处罚就应当免除；如果刑罚已对违法者作出了财产方面的处罚，如罚金，关于财产方面的行政处罚，如罚款就应当免除。

72. **从重处罚是指行政机关在法定的处罚方式和幅度内，对行政违法行为人在数种处罚方式中选择较严厉的处罚方式或者在某一处罚方式允许的幅度内选择上限或者接近于上限进行的处罚。**

行政处罚法没有对行政处罚的从重情节作出明确规定，是考虑到行政违法达到一定的严重程度往往触犯了刑律，会受到刑事法律的制裁，而且在实践中，违法情节严重需要从重给予行政处罚还是构成犯罪需要给予刑事处罚的情况比较复杂，因此暂未作规定。由行政执法机关在实践中，根据违法事实的具体情节和构成要件的不同，认定是行政违法，还是犯罪，适当考虑运用行政处罚或者移送司法机关进行刑事处罚。

73. **免予处罚是指行政机关依照法律、法规的规定，考虑到有法定的特殊情况存在，对本应给予处罚的违法行为人免除对其适用行政处罚。它与不予处罚的规定有本质的区别。**

不予处罚是针对违法事实不构成行政处罚意义的违法，本不应该处罚而不对行为人进行处罚的情况；而免予处罚是针对违法事实已构成行政违法而只是由于考虑到有特殊情况存在，如：情节显著轻微等，不再科处行政处罚的情况。我们在适用行政处罚时，应当认真区分免予处罚和不予处罚，才能准确地运用好这两种手段。

从轻处罚，是指行政机关在法定的处罚方式和处罚幅度内，对行政违法行为人在几种可能的处罚方式内选择较低的处罚方式，或者在一种处罚方式下在允许的幅度内选择幅度的较低限进行处罚。当然，从轻处罚也不是绝对要适用最轻的处罚方式，更不是一定要在幅度最低限进行处罚，行政机关要综合考虑其违法情节，同时针对违法者的具体情况，如：是否属于未成年人，是否有受他人胁迫实施违法行为的因素，违法后是否有主动消除、减轻违法行为危害后果或者配合行政机关查处违法行为有立功表现等，作出如何从轻处罚的具体决定。

减轻处罚，是指行政机关在法定的处罚方式和处罚幅度最低限以下，对违法行为人适用行政处罚。在处罚的程度上，它介于从轻处罚和免予处罚之间。具体地说，减轻处罚有两种情况，一种情况是：行政机关在法定的处罚方式以下对违法者实施处罚。另一种情况是：行政机关在法定的处罚幅度最低限以下实施处罚。如:根据反不正当竞争法规定,投标者串通投标、抬高标价或者压低标价;投标者和招标者相互勾结,以排挤竞争对手公平竞争的,其中标无效。监督检查部门可以根据情节处以1万元以上20万元以下的罚款。对于触犯这一规定,又有减轻处罚情节的违法者,行政执法部门可以对其处以1万元以下的罚款,这种减轻处罚,是在法定的“1万元以上20万元以下”的罚款幅度最低限以下给予的处罚。

当然必须指出,实施行政处罚有一个基本的前提,即以过罚相当为原则,即行政处罚要与违法行为的事实、性质、情节以及社会危害程度相当。因此,我们在运用从轻、减轻处罚的手段时,要注意综合考虑违法者违法行为的具体情况以及悔罪情节,对于有些法定只能从轻处罚而不能减轻处罚的,不能给予减轻处罚,更不能免予处罚。

对违法行为人给予行政处罚是行政机关执行贯彻法律的一个重要手段,为了维护行政管理秩序,对少数违法者依法实施行政处罚是十分必要的。但处罚不是目的,是为了纠正违法行为,在处罚的同时对违法者进行教育。基于这一考虑,《行政处罚法》规定了对于违反行政管理秩序的行为在几种情况下行政机关可以依法给予从轻处罚或者减轻处罚。《行政处罚法》规定,已满14周岁不满18周岁的人实施违法行为的,从轻或者减轻行政处罚。同时还规定,当事人有下列情形之一的,应当在法定的范围内从轻或者减轻行政处罚:

(1)主动消除或者减轻违法行为危害后果的;

(2)受他人胁迫有违法行为的;

(3)配合行政机关查处违法行为有立功表现的;

(4)其他依法从轻或者减轻行政处罚的。

违法行为轻微并及时纠正,没有造成危害后果的,不予行政处罚。

74.《行政处罚法》规定,行政处罚决定书应当在宣告后当场交付当事人;当事人不在场的,行政机关应当在7日内依照《民事诉讼法》的有关规定,将行政处罚书送达当事人。

行政机关作出行政处罚决定后,应当向当事人当场宣布。当场可以是行政机关派人到当事人的所在单位向当事人宣告行政处罚决定,也可以通知当事人到行政机关,听取行政机关宣告行政处罚决定。行政机关到当事人所在单位宣告行政处罚决定时当事人不在场的,或者经通知当事人拒不到行政机关的,行政机关可以将行政处罚决定书送达当事人。《行政处罚法》规定,送达方式依照《民事诉讼法》有关规定执行。同时规定行政机关应当在7日内将行政处罚决定书送达当事人。

民事诉讼法规定的送达方式可以归纳为以下5种,即直接送达、留置送达、转交送达、委托送达、邮寄送达和公告送达。

直接送达也称交付送达,是指送达机关派专人将应送达的文书直接交付给受送达人。送达机关在民事诉讼中是人民法院,而在行政处罚时是行政机关。送达机关直接送达时,如遇受送达人不在,可以交付给和他同住的成年家属签收。如果受送达人已向送达机关指定代收人的,交代收人签收,同样视为直接送达。

留置送达是指受送达人无正当理由而拒绝接受送达文书的,送达机关可以依照《民事诉讼法》,邀请有关基层组织或者所在单位的代表到场,说明情况,在送达回证上记明拒收事由和日期,由送达人、见证人签名或者盖章,把送达文书留在受送达人的住所,即视为已经送达。

委托送达是指直接送达确有困难的,如受送达人不居住在送达机关的辖区内,送达机关可以委托受送达人居住地的机关代为送达。

转交送达是指如果受送达人是军人,可以通过其部队的政治机关转交;如果受送达人是被监禁的,可以通过其所在的监狱或者劳动教养单位转交。代为转交的机关、单位收到送达文书后,必须立即交受送达人签收,以在送达回证上的签收日期为送达日期。

邮寄送达即通过邮寄方式将送达文书送达受送达人的一种方式。依照《民事诉讼法》的规定,直接送达确有困难的,可以邮寄送达。送达机关如通过邮寄送达,应当将送达文书交邮局以挂号信寄出,挂号的回执为送达凭证,回执上收件人的签收日期即为送达日期。

公告送达是将送达文书公诸于世的一种送达方式。此种送达方式适用于受送达人下落不明或者用其他方式无法送达的。其方法有张贴广告、登报、广播等。《民事诉讼法》规定,自发出公告之日起,经过60日,即视为送达。公告送达,还应当在案卷中记明原因和经过。

75. 行政机关在审查、批准当事人要求暂缓履行或者分期履行罚款的处罚决定时,应当严格把握哪两点?

答:(1)对当事人的申请一定要严格审查。对当事人当前的财产状况及是否有履行能力一定要调查清楚,否则放纵违法行为将会严重影响行政机关执法的严肃性。这是因为,如果当事人事实上没有什么经济困难,有履行罚款决定的能力,却想利用《行政处罚法》的这一规定,逃避交纳罚款的义务而提出延期或分期履行罚款的申请,此时如果行政机关不作严格审查就批准其申请的话,就势必会损害了行政处罚决定的严肃性,客观上也放纵了违法行为,使当事人觉得有空子可钻,从而逃避交纳罚款的义务。反之,如果当事人确有经济困难,无力履行罚款决定,向行政机关提出暂缓或分期履行罚款的申请,而行政机关不作仔细调查,就驳回了当事人的申请,这也侵害了当事人的合法权益,使他们觉得行政机关不讲情理,影响行政机关的形象。所以行政机关必须对当事人的申请作出严格审查,在调查研究的基础上作出是否批准申请的决定。

(2)暂缓履行或分期履行并不等于不履行。对确有经济困难的当事人,经行政机关批准,可以暂缓或分期履行罚款的义务。一旦当事人有了履行能力,就应当按照行政处罚决定的要求,履行罚款义务。行政机关也应当督促当事人在有了履行能力的情况下,及时履行交纳罚款的义务,否则就会影响行政机关执法的严肃性。行政处罚法没有规定行政机关可以撤销已经作出的罚款决定的行政处罚,这是因为行政处罚具有的确定性,行政处罚依法作出后,非经法律规定的程序不得随意变更与撤销。

76. 新《水土保持法》有哪些重要的规定?

答:新《水土保持法》认真贯彻落实科学发展观,注重以新的理念为指导,充分体现人与自然和谐的思想,将近年来党和国家关于生态建设的方针、政策以及各地的成功做法和实践以法律形式确定下来。原《水土保持法》有6章42条,新《水土保持法》共7章60条,增加了“规划”一章和18条规定,总体上可以用“五个强化”来概括:

第一,强化了政府和部门责任。一是要求将水土保持工作纳入本级国民经济和社会发展规划,并安排专项资金开展水土流失防治;二是在水土流失重点预防区和重点治理区实行地方政府水土保持目标责任制和考核评价制度;三是进一步明确了水行政主管部门和其他相关部门的职责。

第二,强化了规划的法律地位。一是新法增设了“规划”一章,就规划的编制主体、批准程序、种类、内容、编制、实施等作出了具体规定;二是将水土保持规划作为水土流失预防和治理、水土保持方案编制、水土保持补偿费征收的依据。三是要求基础设施建设、矿产资源开发等规划中要提出水土流失预防和治理的对策、措施。

第三,强化了预防保护制度。一是将预防为主、保护优先作为水土保持工作的指导方针;二是增加了对一些容易导致水土流失、破坏生态环境的行为予以禁止或者限制的规定;三是完善了水土保持方案制度、监测制度和验收制度,强化了人为水土流失的预防和管控。

第四,强化了综合治理措施。一是明确在水土流失重点治理区实施国家水土保持重点工程建设;二是明确水土保持投入保障机制;三是明确了在不同水土流失类型区的技术路线;四是引导和鼓励国内外单位和个人投资、捐资或者以其他方式参与水土流失治理;五是鼓励和支持保护性耕作、能源替代以及生态移民等有利于水土保持的行为。

第五,强化了法律责任。针对原《水土保持法》有关法律责任的规定过于原则、不全面、处罚力度不够的问题,新《水土保持法》加大了对各种水土保持违法行为的处罚力度,增加了法律责任的种类,增强了法律执行的可操作性。

77. 新《水土保持法》关于生产建设项目水土保持方案审批的规定与原法有什么区别?

答: 区别主要体现在两个方面:一是新《水土保持法》明确规定水行政主管部门“审批”水土保持方案,代替了原法规定的水行政主管部门“审查”水土保持方案;二是新法明确规定水土保持方案审批是水行政主管部门一项独立的行政许可事项。

78. 新《水土保持法》对单独设立的水土保持机构职责有哪些规定?

答: 新《水土保持法》借鉴原法实施条例的规定,明确县级以上地方人民政府根据当地实际情况确定的负责水土保持工作的机构,行使本法规定的水行政主管部门水土保持工作的职责。

79. 新《水土保持法》中的水政监督检查与“水政”有何关系?

答:新《水土保持法》第四十四条、第四十五条中的水政监督检查人员是水行政监督检查人员的简称。在全国人大常委会审议期间,法律委、法工委为规范用词起见,将新法中水行政简称水政,但与我们常说的“水政”(水政监察)不是一回事。

80. 新《水土保持法》是如何规定生产建设项目水土保持方案和监测资质管理的?

答:一是新《水土保持法》规定编制生产建设项目水土保持方案应当具备相应技术条件,即应由具备相应资质的单位编制水土保持方案,根据国务院文件精神和水利部文件的规定,水土保持方案编制资质由中国水土保持学会负责管理;二是开展生产建设项目监测工作应当具备水土保持监测资质,水土保持监测资质颁发是水利部的一项行政许可事项。

81. 新《水土保持法》是如何加强法律责任的?

答:新《水土保持法》通过完善法律责任种类、增加处罚手段、提高处罚力度、增强可操作性,重点解决了守法成本高、违法成本低的问题。

一是增加了处罚手段。新《水土保持法》增加了滞纳金制度、行政代履行制度、查扣违法机械设备制度,强化了对单位(法人)、直接负责的主管人员和其他直接责任人员的违法责任追究制度等。

二是提高了处罚力度。新《水土保持法》显著提高了罚款的标准,加重了违法成本,罚款限额由原《水土保持法》的 1 万元提高到了 50 万元,对在水土保持方案确定的专门存放地以外的区域倾倒砂、石、土、矸石、尾矿、废渣等的,按照倾倒数量可处每立方米 10 元以上 20 元以下的罚款。

三是增强了可操作性。新《水土保持法》规定罚款等处罚措施可由水行政主管部门直接进行,减少了环节,提高了效率。

82. 怎样处理水事纠纷?

答:省辖市、县(市、区)之间发生水事纠纷,应本着互让互谅、团结协作的原则,通过协商或调解解决,协商、调解不成的,由共同的上一级人民政府或其水行政主管部门处理。

83. 单位和个人如何取得取水权?

答:直接从河道、水库或者地下取用水资源的单位和个人,必须按照国家和本省有关规定,向水行政主管部门申请领取取水许可证,并缴纳水资源费,取得取水权,家庭生活和零星散养、圈养畜禽饮用等少量取水的除外。

84. 防洪规划如何定义?

答:防洪规划是指为防治某一流域、河段或者区域的洪涝灾害而制定的总体部署,包括国家确定的重要江河、湖泊的流域防洪规划,其他江河、河段、湖泊的防洪规划以及区域防洪规划。

85. 水行政主管部门及其执法人员进行监督检查时,有权采取哪些措施?

答:(1)要求被检查单位提供有关文件、证照、资料;

(2)要求被检查单位就执行本办法的有关问题作出说明;

(3)进入被检查单位的生产场所进行调查;

(4)责令被检查单位停止违反本办法的行为,履行法定义务。

86. 在地下水限制开采区内,确需取用地下水的,须经什么部门批准?

答:须经省水行政主管部门批准。

87. 在河道管理范围内进行采砂活动的,须向什么部门申请办理采砂许可证?

答:在河道管理范围内进行采砂活动的,必须按照国家有关规定向有管辖权的水行政主管部门申请办理采砂许可证。

88. 防洪工作应当遵循的原则是什么?

答:防洪工作实行全面规划、统筹兼顾、预防为主、综合治理、局部利益服从全局利益的原则。

89. 在什么情况下,有关县级以上人民政府防汛指挥机构可以宣布进入紧急防汛期?

答:当江河、湖泊的水情接近保证水位或者安全流量,水库水位接近设计洪水位,或者防洪工程设施发生重大险情时。

90. 对河道、湖泊范围内阻碍行洪的障碍物,按照什么原则进行清除?

答:按照"谁设障、谁清除"的原则。

91. 有堤防的河道、湖泊,其管理范围是什么?

答:有堤防的河道、湖泊,其管理范围为两岸堤防之间的水域、沙洲、滩地、行洪区和堤防及护堤地。

92. 哪些对象应列为防洪重点?

答:大中城市,重要的铁路、公路干线,大型骨干企业,应当列为防洪重点。

93. 发生洪涝灾害后,有关人民政府应当做好哪些工作?

答:发生洪涝灾害后,有关人民政府应当组织有关部门、单位做好灾区的生活供给、卫生防疫、救灾物资供应、治安管理、学校复课、恢复生产和重建家园等救灾工作以及所管辖地区的各项水毁工程设施修复工作。

94. 在紧急防汛期，防汛指挥机构根据防汛抗洪的需要，有权在其管辖范围内做好哪些工作？

答：在紧急防汛期，防汛指挥机构根据防汛抗洪的需要，有权在其管辖范围内调用物资、设备、交通运输工具和人力，决定采取取土占地、砍伐林木、清除阻水障碍物和其他必要的紧急措施；必要时，公安、交通等有关部门按照防汛指挥机构的决定，依法实施陆地和水面交通管制。

95. 适用法律、法规、规章，应当遵循哪些原则？

答：(1)上位法优于下位法。

(2)同一机关制定的法律、行政法规、地方性法规、规章，特别规定与一般规定不一致的，适用特别规定；

(3)同一机关制定的法律、行政法规、地方性法规、规章，新的规定与旧的规定不一致的，适用新的规定；

(4)法律、法规、规章规定的其他原则。

96. 法律、法规、规章规定可以单处也可以并处时，如何使用？

答：法律、法规、规章规定可以单处也可以并处的，违法行为事实、性质、情节和社会危害程度较轻的适用单处，违法行为事实、性质、情节和社会危害程度较重的适用并处。

97. 申请取水应当提交哪些材料？

答：(1)申请书；

(2)与第三者利害关系的相关说明；

(3)属于备案项目的，提供有关备案材料；

(4)国务院水行政主管部门规定的其他材料。

98. 制定水资源费征收标准，应当遵循哪些原则？

答：(1)促进水资源的合理开发、利用、节约和保护；

(2)与当地水资源条件和经济社会发展水平相适应；

(3)统筹地表水和地下水的合理开发利用，防止地下水过量开采；

(4)充分考虑不同产业和行业的差别。

99. 建设项目中取水事项有哪些变更情形的，建设单位应当重新进行建设项目水资源论证，并重新申请取水？

答：(1)取水量或者取水用途发生较大改变的；

(2)取水水源或者取水地点发生较大改变的；

(3)退水地点、退水量或者退水方式发生改变的；

(4)退水中所含主要污染物及污水处理措施发生变化的。

100. 取水单位或者个人超年度取水计划取水的水资源费征收标准是什么？(《河南省取水许可和水资源费征收管理办法》第二十八条，主要考察取水单位或者个人超年度取水计划取水的水资源费征收标准)

答：凡超批准取水量10%(含10%)以内的，其超过部分按水资源费征收标准加1倍征收；超批准取水量10%～20%(含20%)的，其超过部分按水资源费征收标准加2倍征收；超批准取水量20%～30%(含30%)的，其超过部分按水资源费征收标准加3倍征收；超批准取水量30%以上的,其超过部分按水资源费征收标准加4倍征收。

101. 哪些情形不需要申请领取取水许可证?

答:(1)农村集体经济组织及其成员使用本集体经济组织的水塘、水库中的水的;

(2)家庭生活和零星散养、圈养畜禽饮用等少量取水的;

(3)为保障矿井等地下工程施工安全和生产安全必须进行临时应急取(排)水的;

(4)为消除对公共安全或者公共利益的危害临时应急取水的;

(5)为农业抗旱和维护生态与环境必须临时应急取水的。

102. 某县医院根据上级文件的规定和主管部门批准,向县邮电局申请开通"120"急救电话,县邮电局拒绝开通,致使县医院购置的急救车辆和其他设施至今不能正常运转,而遭受损失。县医院遂以县邮电局为被告向县法院提起诉讼,请求判令县邮电局立即履行开通"120"急救电话的职责,并赔偿县医院的经济损失。县邮电局辩称:"120"急救电话属于全社会,不属于县医院。根据文件的规定,县邮电局确对本县开通"120"急救电话承担义务,但是不承担对某一医院开通"120"急救电话的义务。原告申办"120"急救电话,不符合文件的规定,请求法院驳回县医院诉讼请求。县人民法院经审理查明:医疗机构申请开通"120"急救电话的程序是:经当地卫生行政部门指定并提交书面报告,由地、市卫生行政部门审核批准后,到当地邮电部门办理"120"急救电话开通手续。原告县医院是一所功能较全、急诊科已达标的二级甲等综合医院,具备设置急救中心的条件。县卫生局曾指定县医院开办急救中心,开通"120"急救电话。县医院向被告县邮电局提交了开通"120"急救专用电话的报告,县邮电局也为县医院安装了"120"急救电话,但是该电话一直未开通。县医院曾数次书面请求县邮电局开通"120"急救电话,县邮电局仍拒不开通。

问:(1)本案县医院与县邮电局之间的争议属于民事争议还是行政争议?为什么?

(2)原告的赔偿请求应否得到支持?为什么?

(3)如果法院判令县邮电局自判决生效之日起15天内为原告开通"120"急救电话,县邮电局拒不开通,法院可以采取哪些措施?

(1)答:属于行政争议。因为根据文件的规定,县邮电局对本县开通"120"急救电话承担义务,因此邮电局在本案中属于经授权而成为行政主体的被告,本案中的争议涉及公共利益,邮电局对"120"电话的管理具有行政管理性质。

(2)答:赔偿请求不应得到支持。根据文件规定,安装"120"电话的目的是实现一种公共利益,而不是为医院设定一种财产权,邮电局安装"120"电话的义务所对应的权利并非医院的财产权,因而医院不可因邮电局违背此法定义务而要求赔偿。

(3)答:本题中如果县邮电局拒绝为原告开通"120"急救电话,法院可依法采取如下措施:①对县邮电局按日处以50元至一百元罚款;②向县邮电局的主管机关或者监察、人事机关提出司法建议;③拒不履行判决情节严重的,依法追究主管人员和直接责任人员的刑事责任。

103. 我是安阳市殷都区的农民,我想在自家田地人工打井用作浇灌田地允许吗?需要什么条件吗?有什么相关政策吗?

答:按照2002年修订的《中华人民共和国水法》,水资源属于国家所有,由国务院代表国家行使所有权,凡是直接从江河、湖泊或者地下取水的单位和个人,都应该按照国务院规定,申请领取取水许可证,并向国家缴纳水资源费,才能取得取水权。颁发取水许可证和征收水资源费,是国家作为公共管理者和资源所有人,对有限自然资源开发利用进行调节的一种行政管理措施,任何单位和个人都必须自觉遵守和执行。

按照有关规定并结合咨询情况,《河南省取水许可和水资源费征收管理办法》第六条明确了不需要领取取水许可证和缴纳水资源的几种例外情况:(一)农村集体经济组织及其成员使用本集体经济组织的水塘、水库中的水的;(二)为家庭生活和零星散养、圈养畜禽饮用年取水1000立方米以下的;(三)为保障矿井等地下工程施工安全和生产安全必须临时应急取(排)水的(矿井日常疏干排水除外);(四)为消除对公共安全或者公共利益的危害临时应急取水的;(五)为农业抗旱和维护生态与环境必须临时应急取水的。前款第(三)项、第(四)项规定的取水,应当及时报县级以上水行政主管部门备案;第(五)项规定的取水,应当经县级以上水行政主管部门同意。除此以外,其他利用取水工程或者设施直接从江河、湖泊或者地下取用水资源的,都必须申请取水许可证,并依法缴纳水资源费。

依照法规政策规定:允许农民在自家田地人工打井用作浇灌田地,但必须到县级以上水行政主管部门办理相关取水许可手续,办理取水许可证后方可打井取水灌溉。目前,河南省暂未出台相关农业取水缴纳水资源费的政策规定,可暂不缴纳水资源费。

依据相关法律法规规定,申办取水许可证需提交以下材料:

(1)申请书;

(2)属于备案项目的,提供有关备案材料;

(3)国务院水行政主管部门规定的其他材料(国务院水行政主管部门规定的其他材料包括:①取水单位或者个人的法定身份证明文件(营业执照复印件、法人代表身份证复印件各两份);②有利害关系第三者的承诺书或者其他文件;③建设项目水资源论证报告书的审查意见;④不需要编制建设项目水资源论证报告书的,应当提交建设项目水资源论证表;⑤利用已批准的入河排污口退水的,应当出具具有管辖权的县级以上地方人民政府水行政主管部门或者流域管理机构的同意文件);

(4)建设项目需要取水的,申请人还应当提交由具备建设项目水资源论证资质的单位编制的建设项目水资源论证报告书。论证报告书应当包括取水水源、用水合理性以及对生态与环境的影响等内容;

(5)由代理人来办理取水许可的,由本单位出具委托代理书,代理人身份证明文件(身份证复印件一份);

(6)土地证明材料;

(7)材料真实性保证书;

(8)所有复印件必须单位盖公章。

104. 案情:甲市人民政府在召集有关职能部门、城市公共交通运营公司(以下简称城市公交公司)召开协调会后,下发了甲市人民政府《会议纪要》,明确:城市公交公司的运营范围界定在经批准的城市规划区内;城市公交公司在城市规划区内开通的线路要保证正常运营,免缴交通规费;在规划区范围内,原由交通部门负责的对城市公交公司违法运营的查处,交由建设部门负责。《会议纪要》下发后,甲市城区交通局按照《会议纪要》的要求,中止了对城市公交公司违法运营的查处。

田某、孙某和王某是经交通部门批准的三家运输经营户,他们运营的线路与《会议纪要》规定免缴交通规费的城市公交公司的两条运营线路重叠,但依《会议纪要》,不能享受免

缴交通规费的优惠。三人不服,向法院提起诉讼,要求撤销《会议纪要》中关于城市公交公司免缴交通规费的规定,并请求确认市政府《会议纪要》关于中止城区交通局对城市公交公司违法运营查处的内容违法。

问:(1)甲市人民政府《会议纪要》所作出的城市公交公司免缴交通规费的内容是否属于行政诉讼受案范围?为什么?

(2)田某、孙某和王某三人是否具有原告资格?为什么?

(3)田某、孙某和王某三人提出的确认甲市人民政府中止城区交通局对城市公交公司违法运营查处的内容违法的请求,是否属于法院的审理范围?为什么?

(1)答:属于受案范围。本案中《会议纪要》作出的规定属于具体行政行为。

(2)答:具有原告资格。甲市人民政府的决定直接影响到了三人的公平竞争权。具体行政行为涉及公民、法人或者其他组织公平竞争权的,可以提起行政诉讼。

(3)答:不属于。该请求涉及甲市人民政府对建设局和交通局的职能调整,属于政府对行政机关之间的职权分配,不属于司法审查的范围。

105.案情:因某市某区花园小区进行旧城改造,区政府作出《关于做好花园小区旧城改造房屋拆迁补偿安置工作的通知》(简称《通知》),王某等205户被拆迁户对该《通知》不服,向区政府申请行政复议,要求撤销该《通知》。区政府作出《行政复议告知书》,告知王某等被拆迁户向市政府申请复议。市政府作出《行政复议决定书》,认为《通知》是抽象行政行为,裁定不予受理复议申请。王某等205户被拆迁户不服市政府不予受理复议申请的决定,向法院提起诉讼。一审法院认为,在非复议前置前提下,当事人对复议机关不予受理决定不服而起诉,要求法院立案受理缺乏法律依据,裁定驳回原告起诉。

问:(1)本案是否需要确定诉讼代表人?如何确定?

(2)行政诉讼中以复议机关为被告的情形主要包括哪些?

(3)若本案原告不服一审裁定,提起上诉的主要理由是什么?

(4)如果二审法院认为复议机关不予受理行政复议申请的理由不成立,应当如何判决?

(5)本案一、二审法院审理的对象是什么?为什么?

(6)若本案原告不服一审裁定提起上诉,在二审期间市政府会同区政府调整了补偿标准,上诉人申请撤回上诉,法院是否应予准许?理由是什么?

(1)答:本案需要确定诉讼代表人。根据法律规定,同案原告为五人以上时,应当推选一至五名诉讼代表人参加诉讼,在指定期限内未选定的,人民法院可以依职权指定。

(2)答:行政诉讼中以复议机关为被告的情形主要包括:

①复议机关改变原行政行为,原告不服复议决定的;

②复议机关在复议期限内未作出复议决定,原告不服的;

③复议机关拒绝受理复议申请或者不予答复,原告不服的。

(3)答:主要理由是:复议机关不受理复议申请的行为是行政机关的一项具体行为,无论是否属于行政复议前置的情形,只要原告不服该复议决定,均可以起诉,法院应予受理。

(4)答:如果二审法院认为复议机关不予受理行政复议申请的理由不成立,应当作出撤销“不予受理决定书”,判令复议机关受理复议申请。

(5)答:本案一、二审法院审理的对象是市政府不予受理复议申请的决定。因为原告起诉要求撤销的就是该决定,故法院应当以该决定作为合法性审查的对象。

（6）答：若本案原告上诉后市政府会同区政府调整了补偿标准，上诉人可以申请撤回上诉，法院经审查，若认为该市、区政府调整补偿标准的行为不违反法律法规的禁止性规定，不超越或放弃职权，不损害公共利益和他人合法权益，申请撤回上诉是上诉人的真实意思表示，第三人无异议的，法院应予准许。

106. 案情：2006 年 10 月 11 日晚，王某酒后在某酒店酗酒闹事，砸碎店里玻璃数块。此时某区公安分局太平派出所民警任某、赵某执勤路过酒店，任某等人欲将王某带回派出所处理，王某不从，与任某发生推搡。双方在扭推过程中，王某被推倒，头撞在水泥地上，当时失去知觉，送往医院途中死亡，后被鉴定为颅内出血死亡。2006 年 12 月 20 日，王某之父申请国家赔偿。

问：（1）公安机关是否应当对王某的死亡承担国家赔偿责任？为什么？

（2）王某的父亲是否有权以自己的名义提出国家赔偿请求？

（3）本案请求国家赔偿的时效如何计算？

（4）本案国家赔偿义务机关是谁？

（5）若本案公安机关需承担赔偿责任，赔偿方式和标准是什么？

（6）如果公安机关对受害人赔偿后，对民警如何处理？

（7）若王某的父亲获得国家赔偿，他能否再要求民警任某承担刑事附带民事责任？

（1）答：公安机关应当对王某的死亡承担国家赔偿责任。因为公安民警在执行职务过程中与王某发生推搡致王某摔倒死亡，未尽到合理注意义务，其行为构成违法，王某虽也有过错，但不能免除国家赔偿责任，符合国家赔偿责任构成要件，国家应当承担赔偿责任。

（2）答：王某的父亲有权以自己名义提出国家赔偿请求。因为国家赔偿法规定：受害的公民死亡，其继承人和其他有扶养关系的亲属有权要求赔偿。

（3）答：本案请求国家赔偿的时效应当自民警执行职务的行为被依法确认为违法之日起两年。

（4）答：某区公安分局。

（5）答：赔偿方式为支付被害人死亡赔偿金和丧葬费，总额为国家上年度职工年平均工资的 20 倍；对死者生前抚养的无劳动能力的人还应当支付生活费，标准参照当地民政部门有关生活救济规定办理，被抚养人是未成年人的，支付到 18 周岁为止，其他无劳动能力的人支付到死亡时止。

（6）答：如果公安机关对受害人赔偿后，若认为民警犯有重大过失，可以责令该民警承担部分或全部赔偿费用。

（7）答：不能。

107. 案情：高某系 A 省甲县个体工商户，其持有的工商营业执照载明经营范围是林产品加工，经营方式是加工、收购、销售。高某向甲县工商局缴纳了松香运销管理费后，将自己加工的松香运往 A 省乙县出售。当高某进入乙县时，被乙县林业局执法人员拦截。乙县林业局以高某未办理运输证为由，依据 A 省地方性法规《林业行政处罚条例》以及授权省林业厅制定的《林产品目录》（该目录规定松香为林产品，应当办理运输证）的规定，将高某无证运输的松香认定为“非法财物”，予以没收。高某提起行政诉讼要求撤销没收决定，法院予以受理。

有关规定：

《森林法》及行政法规《森林法实施条例》涉及运输证的规定如下：除国家统一调拨的木材外，从林区运出木材，必须持有运输证，否则由林业部门给予没收、罚款等处罚。

A 省地方性法规《林业行政处罚条例》规定，对规定林产品无运输证的，予以没收。

问：(1)如何确定本案的管辖法院？如高某经过行政复议再提起诉讼，如何确定管辖法院？

(2)如高某在起诉时一并提出行政赔偿请求，法院应如何立案？对该请求可否进行单独审理？

(3)省林业厅制定的《林产品目录》的性质是什么？可否适用于本案？理由是什么？

(4)高某运输的松香是否属于"非法财物"？理由是什么？

(5)①法院审理本案时应如何适用法律、法规？理由是什么？

②依《行政处罚法》，法律、行政法规对违法行为已经作出行政处罚规定，地方性法规需要作出具体规定的，应当符合什么要求？本案《林业行政处罚条例》关于没收的规定是否符合该要求？

(1)答：本案的被诉行政行为由乙县林业局作出，故乙县法院具有管辖权。如高某经过行政复议提起行政诉讼，复议机关改变原处罚决定的，复议机关所在地的基层法院也有管辖权。

(2)答：法院应当对撤销没收决定请求与赔偿请求分别立案；可以根据具体情况对行政赔偿的请求进行单独审理或对两项请求合并审理。

(3)答：省林业厅制定的《林产品目录》是根据地方性法规授权制定的规范性文件，在行政诉讼中不属于法院应当依据或者参照适用的规范，但可以作为证明被诉行政行为合法的事实依据之一。

(4)答：高某运输的松香不是"非法财物"。因为高某具有加工、收购、销售松香的主体资格，也向甲县工商局缴纳了松香运销管理费，因此对该批松香享有合法所有权，不能将该批松香认定为"非法财物"予以没收。

(5)答：①《森林法》及《森林法实施条例》均未将木材以外的林产品的无证运输行为纳入行政处罚的范围，也未规定对无证运输其他林产品的行为给予没收处罚。A 省地方性法规《林业行政处罚条例》的有关规定，扩大了《森林法》及其实施条例关于应受行政处罚行为以及没收行为的范围，不符合上位法。根据行政诉讼法律适用规则，法院应当适用《森林法》及《森林法实施条例》。

②按照《行政处罚法》的规定，法律、行政法规对违法行为已经作出行政处罚规定，地方性法规需要作出具体规定的，必须在法律、行政法规规定的给予行政处罚的行为、种类和幅度的范围内规定。本案《林业行政处罚条例》关于没收的规定超出了《森林法》及《森林法实施条例》行政处罚行为、种类和幅度的范围，不符合有关要求。

108. 原告某特钢厂位于某镇东北部，按河道水系划分，属某河主要支流泓清河的支流小铜孔河(现在该河已成为 1.5～2 米的水沟)流域。离该厂北部约 0.5 千米的小铜孔村中有两座蓄水量约 15000 立方米的塘坝(当地老百姓称湾或大坑)，二级分干工程从原告的厂区和宿舍区内穿过约 1.72 千米。根据有关部门提供的统计资料表明，原告 1997 年度产值为 41196.60 万元。1998 年 4 月被告某市水利水产局根据该厂去年产值的 1% 征收河道工程维护管理费 411.96 万元。某特钢厂认为市水利局的行政征收行为属于无法律规定的乱收

费，遂向法院提起行政诉讼。

问：某市水利水产局对维护管理费的征收是否属于乱收费？

答：所谓行政征收，是指“行政主体凭借国家行政权，根据国家和社会公共利益的需要，依法向行政相对人强制地、无偿地征集一定数额金钱或实物的行政行为”。合法的行政征收应符合以下条件：①行政征收的目的、原则是合法的；②行政征收权的设定是合法的；③行政征收的内容及范围是合法的；④行政征收的主体是合法的；⑤行政征收的运作（如征收额度的计算方式）是合法的，等等。因而要判断上述案例中某市水利水产局对维护管理费征收是否属乱收费，应参照合法行政征收的条件，并依据法律的具体规定作出判断。

行政征收是行政机关依职权行使的行政行为，其特征主要包括以下几个方面：①行政征收的主体是特定的，只有行政机关和法律、法规授权的组织才有权实施行政征收行为，而且行政相对人必须是负有行政法上缴纳义务的公民、法人和其他组织；②无偿取得，行政征收的本质在于行政机关以强制方式无偿取得行政相对人的金钱和财物；③单方的行政行为，行政征收是行政机关针对公民、法人和其他组织行使的单方行政行为。由于行政征收是国家以强制力无偿地参与公民、法人和其他组织的收入分配，取得财政收入，其宗旨是增加国家国库收入，以维持国家对社会公共事业和重点建设项目的投入。因而行政征收的征收依据、种类、数额由行政法律规范具体规定，行政相对人必须配合和服从行政机关的征收行为。

《中华人民共和国河道管理条例》第三十九条规定：“受益范围明确的堤防、护岸、水闸和排涝工程，河道主管机关可以向受益的工商企业等单位和农户收取河道工程修建维护管理费，其标准应当根据工程修建和维护管理费确定。收费的具体标准和计算办法由省政府另行规定。”上述法规和规章，对收取河道工程修建维护管理费作了原则规定和授权，应认定该种收费是有法律依据的，而不是市水利水产局自行设定的不合理收费。某省人民政府制定的《某省河道工程维护管理费征收和使用管理办法》第四条规定：“河道防洪工程体系受益保护范围，由市人民政府（地区行署）根据河道防洪、排水现状或设计标准确立，并报省人民政府备案。”该办法第十三条规定：“各市人民政府（地区行署）可依据办法结合所辖河道（包括中、小型河道）的具体情况制定实施细则。”根据上述规定，某市人民政府制定了《某市实施〈某省河道工程维护管理费征收和使用管理办法〉细则》，该细则第五条规定：“维护管理费征收标准为工商企业和经济组织及个体工商户按上报数据为准。”第六条规定：“中央、省、市属工商企业和其他经济组织应缴纳的维护管理费，由市水利局负责征收。”该办法第二条第三款还规定：“本细则划定的受益保护范围内的乡镇（办事处）中，某些企业或行政村明显不受益的，所在县市区水利行政主管部门要根据实际情况不受益的，所在县市区水利行政主管部门要根据实际情况测定，并报县市区政府批准。”

上述行政法规和规章及有关规范性文件及事实均表明：第一，征收河道工程维护管理费是有法律明确规定的，并非无法可依或市水利水产局自行设立的收费项目；第二，某市人民政府根据省人民政府的授权，有权划定受益范围和标准；第三，某市人民政府制定的细则中关于收费标准，没有超出省政府的有关规定（省政府规定是按上年产值或者上年经营业务收入的2%或者2.7%征收）且低于省政府的规定；第四，某市水利水产局是某市河道主管机关，有依法征收河道工程维护管理费的职权，市水利水产局征收河道工程维护管理费主体资格适格且依据充分；第五，市水利水产局管理的二级干渠从某特钢厂厂区和宿舍区通过，该水渠对于蓄洪、滞洪和排洪起到了明显的作用，某特钢厂受益是明显的。因此，某市水利水产局对维护管理费的征收不属于乱收费，人民法院应维持市水利水产局的行政征收行为。

109. 如何判别某个规范性文件是属于行政法规还是属于部门规章问题?

答：当前的水行政执法办案工作中，除法律外，还会经常适用到院部门规章。依照《中华人民共和国立法法》第七十九条第二款的规定，行政法规的效力高于部门规章。因此，正确判别某个规范性文件是属于行政法规还是属于部门规章，对于水行政管理机关依法行政而言至关重要。但是一些执法人员在这方面存在认识上的误区。

《立法法》第六十一条规定："行政法规由总理签署国务院令公布。"第七十六条第一款规定："部门规章由部门首长签署命令予以公布。"于是，一些执法人员得出这样的结论：以国务院令公布的才是行政法规，以部门令公布的都是部门规章。实际上，行政法规的类型不仅仅只有国务院令这一种，以部门令公布的规范性文件有时属于行政法规，这涉及我国立法程序的沿革问题。具体地说，《立法法》施行以前(即2000年7月1日以前)，我国行政法规的制定和公布均遵循《行政法规制定程序暂行条例》(2002年1月1日后被国务院令第321号公布的《行政法规制定程序条例》代替)。该暂行条例第十五条规定："经国务院常务会议审议通过或者经国务院总理审定的行政法规，由国务院发布，或者由国务院批准、国务院主管部门发布。"因此，当时的行政法规实行双轨制。2004年5月18日，《最高人民法院关于审理行政案件适用法律规范问题的座谈会纪要》(法[2004]96号，以下简称《纪要》)也明确提出："考虑建国后我国立法程序的沿革情况，现行有效的行政法规有以下三种类型：一是国务院制定并公布的行政法规；二是立法法施行以前，按照当时有效的行政法规制定程序，经国务院批准、由国务院部门公布的行政法规，但在《立法法》施行以后，经国务院批准、由国务院部门公布的规范性文件，不再属于行政法规；三是在清理行政法规时由国务院确认的其他行政法规。"

110. 行政强制分哪两大类?

答：行政强制可分为行政强制措施和行政强制执行。

行政强制措施是指行政机关在行政管理过程中，为制止违法行为、防止证据损毁、避免危害发生、控制危险扩大等情形，依法对公民的人身自由实施暂时性限制，或者对公民、法人或者其他组织的财产实施暂时性控制的行为。

行政强制执行是指行政机关或者行政机关申请人民法院，对不履行行政决定的公民、法人或者其他组织，依法强制履行义务的行为。

111. 案情：2011年6月，王某向其所在的某市某区文化局申请办理经营2台电子游戏机的文化经营许可证，6月12日，该区文化局批准了王某经营2台电子游戏机的申请，发给王某文化经营许可证，有效期至2011年12月30日。在此期间，王某扩大经营至5台游戏机，但未缴管理费。2011年12月25日，王某书面申请办理经营5台电子游戏机的文化许可证，但未获批准。

2012年9月17日，由某区文化局副局长宋某带队会同苏家湾派出所、苏家湾工商所、苏家湾税务所等单位联合对文化市场进行执法检查，文化局要求王某交付经营5台电子游戏机的管理费3250元，王某当即交付500元，开出尚欠2750元的欠条一张。后来，某区文化局又作出处理决定，令王某停止营业，至缴清所欠费用及补办经营手续后，方可继续经营。与此同时，在王某对面开电子游戏厅的宋某的妻子虽然也存在增加游戏机数量且未办理文化经营许可证的情况，在执法检查中却未受到任何处理。

王某对此不服,向该区人民法院提起诉讼。在起诉状中,王某称文化局副局长宋某的妻子在该区经营另一家电子游戏厅,效益没有他经营的游戏厅好,宋某有借机整他之嫌。宋某应该回避而没有回避,违反法定程序,该决定应予以撤销。

问:王某的诉讼请求能否得到人民法院的支持?

答:行政机关的行政行为必须依法定的程序作出,并体现出公正与公平的原则。要判断上述案例中王某的诉讼请求能否得到人民法院的支持,不仅应看行政机关作出的行政行为是否依据了法定程序,而且还要看其作出的行政行为是否体现了公正与公平的原则。

法律的正义只有通过公开、公正的程序才能得到真正的实现。因为,公开、公正的程序是正确认定事实,正确选择和适用法律,从而作出正确判断的根本保证。因此,程序公开、公正的原则是现代行政程序的基本要求,是现代行政民主化的必然要求。行政公开、公正的原则要求行政机关在实施行政行为过程中,必须在程序上公开、平等对待各方当事人,必须排除各种可能导致不平等或不公正的因素。程序公开、公正的原则是通过回避制度,听取当事人的陈述与申辩制度,调查取证制度等一系列客观制度来保障的。其中,回避制度是保证程序公开、公正的一个非常重要的制度。英国行政法上著名的"自然正义"原则被归结为两个规则:①任何人不应是涉及自己的案件的法官;②任何人都不能在不给予公平的审判机会之前受到惩罚。第一条规则被用于实施公平程序时就产生了回避制度。在行政程序中,同行政相对方或行政事项有利害关系的公务员必须避免参与有关行政行为,以确保行政行为形式上的公正性。

我国《行政处罚法》第三十七条明确规定,在行政机关调查或者进行检查取证时,执法人员与当事人有直接利害关系的,应当回避。所谓有直接利害关系,主要是指执法人员是本案当事人或者是本案当事人的近亲属;执法人员与当事人有其他关系可能影响案件公正处理的,如执法人员与本案当事人是老同学、老同事、老上级、老朋友或者与当事人有过恩怨关系,这些关系都可能影响公正执法。上述案例中,文化局副局长宋某妻子的游戏厅在王某对面,二者存在竞争关系,并且宋某妻子的游戏厅也存在增加游戏机数量且未办理文化经营许可证的情形,但在执法检查中未受到相应的处理。宋某作为执法人员在处理王某违法经营一案中,与该案有直接利害关系,应当回避而没有回避,违背了《行政处罚法》第三十七条明确规定的回避原则,构成行政程序违法,人民法院应依法撤销该处理决定。

112. **案情:韩某在某检疫局缴纳入境的棉短绒检疫费过程中,因对检疫管理费和劳务费不理解,要求检疫人员出示收费依据和开具收费单。检疫人员对韩某解释说这些费用我们有权利自行收取,韩某对此解释不满,声称如果没有文件规定的收费依据就拒绝缴纳。这时,检疫局的工作人员莫某指责韩某:"你什么态度?坐车买票,吃饭交钱你懂不懂?这收费和坐车、吃饭一个道理!"韩某说:"你说的这是什么话?"韩某与莫某随后发生了争执,争执中双方都出言不逊。经检疫局其他人劝说,双方停止争执。随后,检疫局以韩某拒绝缴纳检疫费用,威胁辱骂检疫人员,干扰检疫人员执行公务,违反了《中华人民共和国进出境动植物检疫法》第九条、第三十九条第二款的规定为由,依照《中华人民共和国进出境动植物检疫法行政实施办法》作出处罚决定:①责令韩某作出深刻的书面检查,并在公开场合向检疫人员道歉;②对韩某从重处以人民币1000元的罚款,并将该处罚决定张贴于有关部门的门前。韩某对该处罚决定不服,向人民法院提起行政诉讼。对于本案应如何处理,存在不同的看法:一种意见认为,在我国,由于法律法规对行政收费的程序没有明确规定,所以享有收**

费职权的行政机关可以自主决定行政收费的程序。因为行政收费是一种依职权的、具有强制性的具体行政行为，所以在收费中是否必须告知相对人收费依据、是否听取相对人的意见，可由行政机关自主决定。另一种意见认为，行政机关实施收费行为，属于行政征收的一种。作为一种具体行政行为，应遵循最基本的行政程序要求，其中必然包括告知程序和听取相对人意见程序。行政机关违反这些程序所实施的行为，属于程序违法。

问：本案涉及的程序问题是，检疫机关在实施收费行为时，是否应告知相对人收费的依据并听取相对人的陈述和申辩？

答：该案涉及的行政收费属于行政征收的一种。行政征收是指行政主体凭借国家行政权，根据国家和社会公共利益的需要，依法向行政相对人强制地、无偿地征集一定数额金钱或实物的具体行政行为。行政征收直接指向的是行政相对人的经济利益，其强制性和无偿性决定了其对相对人的权益始终都具有侵害性。行政收费往往以公权力的名义干涉个人财产的所有权，而保护个人财产权是宪政的基石之一，是各国宪法的中心内容。私有财产被视为个人自由和自治的基础。确认财产权是划定一个保护我们免予压迫的私人领域的第一步。对私有财产的承认是阻止或防止国家政府强制与专断的基本条件。如果不存在这样一种确获保障的私人领域，那么强制与专断就不仅会存在，而且会成为司空见惯的现象。换句话说，如果财产权与物质财富处于某个机构或某个人排他性的控制之下，个人自由将不复存在。在最早的宪法性文件——1215 年的《自由大宪章》第三十九条规定，“任何自由人，如未经其同级贵族之依法裁判，皆不得被逮捕、监禁、没收财产、剥夺法律保护权、流放或加以任何其他损害。”1789 年法国《人权和公民权利宣言》第十七条庄严宣布：“财产是神圣不可侵犯的权利，除非当合法认定的公共利益需要时，且在公平和予以事先赔偿的条件下，任何人的财产不得受到剥夺。”1791 年美国宪法第五条修正案规定：“不经正当程序，不得剥夺任何人的生命、自由或者财产。不给予公平赔偿，私有财产不得充作公用。”我国《宪法》第十三条也规定：“国家保护公民的合法收入、储蓄、房屋和其他合法财产的所有权。”在征收程序中，听取行政相对人意见是不可缺少的一个程序。英国行政法中有一条著名原则——自然正义原则（Natural Justice），这项原则的其中一项要求就是，对相对人的权益作出具有损害性的决定之前，必须听取相对人的意见。这项原则现在已经被各国在立法中广泛接受。行政收费作为一种对行政相对人的权益造成损害的行为，理应遵循听取相对人意见这一基本的程序要求。虽然我国由于立法方面的原因缺少对行政收费程序的规定，但结合行政处罚程序及其他有关具体行政行为程序的规定，我们认为，行政收费必须遵循一般的程序要求。

听取相对人意见，包括听取相对人的陈述和申辩。行政主体拟实施一定行政行为，在告知相对人后，相对人可能认为相应行为违法、不当，根本不应实施；也可能认为相应行为虽应实施，但所持事实、法律依据不当；或者认为行政行为虽不存在瑕疵，但对行为实施时间、地点、方法有所建议、要求。无论属何种情况，行政主体都应认真听取相对人的意见，并加以认真的、充分的考虑。如其合理，应予以采纳；如不合理，虽不应采纳，但应向相对人予以解释、说明。

结合本案，我们认为，韩某在缴纳检疫费用之前，要求检疫机关告知收费依据并开具收费单据的要求是合理的。行政相对人有权要求行政机关告知作出具体行政行为的事实和法律依据。检疫机关对于韩某正常的询问与申辩，应予以充分考虑，进行复核，合理的予以采纳，不合理的给出不予采纳的理由。同时，检疫机关还应告知韩某不服此收费行为可采取的救济措施,如复议、起诉等。但检疫机关不但没有履行告知韩某收费依据的法定职责,而且将韩某正常的询问和申辩行为视为干扰检疫人员执行公务,并予以重罚。这就从根本上违反了听取相对人的陈述和申辩的程序要求。检疫机关又根据这一违反程序的行为对韩某作出行政处罚决定,这一决定不但程序违法,而且缺乏事实和法律、法规依据,构成滥用职权。根据《行政诉讼法》第五十四条第二款的规定,人民法院对检疫局滥用职权作出的行政处罚决定应判决撤销。

113. 案情:某市因创建国家卫生城市,集贸市场工作格外繁忙,一天晚6点,市工商行政管理局工作人员张某加班整治市场秩序。在巡查过程中,发现一经营户许某在摊外设点经营,遂责令其改正,但等他转了一圈回来,发现该经营户照样乱堆乱放,张某遂叫协管员王某拿来一本简易程序处罚决定书和现场笔录,对其处以100元罚款,张某、王某、许某分别在上面签了名。处理完这件事后,张某与协管员王某继续巡查市场,发现许某仍在摊外设点经营,妨碍交通,张某再次上前劝阻,许某竟对其污言秽语,张某遂上前将其营业执照予以收缴,许某不肯,双方发生厮打。这时王某喊来其他协管员,将许某架走,张某派人将许某看在办公室里,不许其走动,直至深夜大家结束工作才放其回去吃晚饭。许某以市工商局实施行政处罚程序违法并非法限制人身自由为由,向人民法院提起行政诉讼。

该案首先涉及几个实体法上的问题。第一,市工商局工作人员张某对许某实施的罚款和收缴营业执照的处罚行为是否违反了《行政处罚法》中的一事不再罚原则?一种意见认为,不违反一事不再罚原则。因为《行政处罚法》规定,对当事人的同一个违法行为,不得给予两次以上罚款的行政处罚。本案第一个行政处罚是罚款,第二个行政处罚是收缴营业执照,不违反《行政处罚法》的规定。另一种意见认为,《行政处罚法》中一事不再罚原则并不限于对同一违法行为,不得给予两次以上的罚款的处罚,而且也应给予其他形式的处罚。也就是说,对同一行为,只可以给予一个处罚,而不能再给予其他形式的处罚。第二,工商行政管理机关有无限制公民人身自由的权力?对此问题,大家没有争议。工商行政管理机关没有限制人身自由的权力。我们在这里重点要讨论的是本案涉及的程序问题。

问:本案中,工商行政管理机关作出的两个处罚行为,都是以简易程序作出的,对此两种处罚行为,是否可以适用简易程序?

答:本案涉及的行政处罚是简易程序和一般程序的适用问题。根据《行政处罚法》第三十三条的规定,适用简易程序必须符合一定的条件:①违法事实确凿;②有法定依据;③较小数额罚款或者警告的行政处罚。这里所指的较少数额罚款,是指对公民处以50元以下,对法人或者其他组织处以1000元以下罚款。只有在满足上述条件的情况下,行政机关才可以适用简易程序对违法的相对人实施行政处罚,即行政机关执法人员不必适用调查取证程序,也不必更换时间和地点,可以立即当场予以处罚。对不符合简易程序适用条件的行政处罚案件,行政机关只能按照一般程序进行处罚。一般程序的步骤包括:①立案。行政机关对于属于本机关管辖范围内并在追究时效内的行政违法行为或重大违法嫌疑情况,行政机关认为有调查处理必要的,应当正式立案。②调查。行政机关在立案后,应当对案件进行全面调查,对主要事实、情节和证据进行查对核实,取得必要证据,并查证有关应依据的行政法律规范。③决定。行政机关在案件调查终结后,应当由承办人员填写《案件处理意见申报表》,向有裁决权的行政机关汇报案件情况和有关处理意见,送行政机关首长审批。④制作处罚决定书。行政机关负责人经过对调查结果的审查,作出给予行政处罚的决定的,应拟制盖有作出行政处罚决定的行政机关印章的行政处罚决定书。⑤说明理由并告知权利。行政机关在作出行政处罚决定之前,应当告知当事人作出行政处罚决定的事实、理由及依据,并告知当事人依法享有的权利。⑥当事人陈述和申辩。行政机关必须充分听取当事人的意见,对当事人提出的事实、理由和证据,应当进行复核。当事人提出的事实、理由和证据成立的,行政机关应当采纳,不得因当事人申辩而加重处罚。⑦正式裁决。调查终结后,行政机关负责人经审查,认定违法嫌疑人违法事实成立,即作出处罚决定。⑧行政处罚决定书的送达。行政机关作出行政处罚决定书后,应当依照民事诉讼法的有关规定,将决定书送达当事人。

以上是《行政处罚法》规定的行政处罚的一般程序。在此程序中,如果行政机关作出责令停产停业、吊销许可证或者执照、较大数额罚款等行政处罚,根据该法第四十二条的规定,还可以适用听证程序。

具体到本案看,第一,对许某处以100元罚款适用简易程序是错误的。因为根据《行政处罚法》规定,对公民处以50元以下罚款才适用简易程序;此案应适用一般程序来处理,执法人员应有两人以上,王某系协管员,没有执法资格。因此,此案实际上仅有张某一个工商机关工作人员执法,这是不符合法定程序的。张某在处理此案时让王某在笔录和处罚决定书上作为执法人员签字也是错误的。第二,收缴营业执照作为一种严厉的行政处罚,作出必须适用严格的程序,王某在没有法定依据的情况下适用简易程序收缴经营户的营业执照是严重违反处罚程序的行为。据此,我们认为,法院应判决撤销市工商行政管理局作出的对许某处以100元罚款的行为和收缴其营业执照的行为。

114. 案情:1986年,何某以3600元价款购买了某县房管所公房两间,合同、公证等手续齐全。因原临时住户王某、李某无理占住不腾房,致使何某8年时间还没有住进去。某县城乡建设环境保护局(系某县房管所的上级主管局,以下简称城建局)于1994年4月23日作出了《关于何某所购房管所公房与王某、李某因管理房产权纠纷的处理决定》(以下简称《决定》)。其主要内容是:①我局维护县长办公会决议,何某所购房买卖成立,应予承认;②王某、李某应在接到通知15日内搬离,否则后果自负。该《决定》于次日送达,王某、李某在法定期限既没有提起行政复议,也没有向法院起诉。

由于该《决定》没有得到执行,何某于1997年1月8日以腾房案起诉,状告某县房管所,要求交付所购房屋,王某、李某作为第三人参加诉讼。在该案尚未作出判决之前,王某、赵某(王某岳父)于1997年2月25日提起行政诉讼,状告某县城建局,要求撤销1994年4月23日作出的行政《决定》,何某作为第三人参加诉讼。

在此行政诉讼中,经多次合法传唤,作为被告的某县城建局既不到庭,又不举证,意在败诉。在这种情况下,第三人列举了原、被告恶意串通的诸多事实后,交出7份确凿原始书证,充分证明被告某县城建局作出《决定》的行政行为是合法的。

本案在审理中,围绕该案原、被告勾结串通,被告故意不出庭、不举证的情况,对第三人何某所举7份确凿原始书证,应否作为定案依据的问题存在两种不同的意见。

第一种意见认为,第三人何某所举7份确凿原始书证不应作为定案依据。原因是行政诉讼法有关条款明确规定"被告负有举证责任",没有规定让第三人举证。因此,本案第三人何某所举7份确凿原始书证不具有法律效力,故不应作为定案依据。

第二种意见认为,第三人何某所举7份确凿原始书证应作为定案依据。原因是行政诉讼法虽然没有明确规定让第三人举证,但从一些条款内容规定中可以明显看出,第三人不但

有责任、有权力举证，而且第三人举证符合行政诉讼法合法性审查原则规定。本案第三人何某举出7份确凿原始书证，能证明某县城建局当时作出的《决定》是合法的，证据合法有效，应作为定案的法律依据。

问：行政诉讼中第三人举证确凿应否作为定案依据？

答：在行政诉讼活动中，对于举证责任，一般要求由被告承担。在本案中，第三人出示了证据，其举证是否具有法律效力，产生了两种不同的意见。一般认为，强调被告“负有举证责任”并不影响第三人举证。

《行政诉讼法》第三十二条规定：“被告对作出的具体行政行为负有举证责任，应当提供作出该具体行政行为的证据和所依据的规范性文件。”这条规定的宗旨是强调被告的举证责任，但并不能够理解为第三人不能举证。

《行政诉讼法》明确规定被告“负有举证责任”，基于两方面的原因：其一，从立法角度看，有利于促使行政机关依法行使行政职权，防止滥罚无辜。其二，从原、被告及第三人的举证能力看，被告行政机关对自己作出的具体行政行为始终处于主动和主导地位，在证据的收集和提供方面明显处于优势。尤其在涉及一些专业技术比较强的，如环境保护、发明专利等行政案件中，原告往往因知识水平、技术手段等方面的欠缺而难以举证。另外，我国公民、法人或者其他组织的行政法律意识不强、对行政管理法规的熟悉程度远远不够、举证的能力差、行政机关的优先权等因素也制约了行政相对人的举证责任能力。

因此，法律规定让被告行政机关负举证责任是与客观情况相符合的。法律强调被告的举证责任，并不意味着第三人不能举证，更非即使举证确凿也不应作为定案依据。

举证是第三人的责任和权利。《行政诉讼法》第三十四条规定：“人民法院有权要求当事人提供或补充证据。人民法院有权向有关行政机关及其他组织、公民调取证据。”从这条规定中我们不难看出，第三人也有责任向人民法院提供证据。因为，第三人是当然的诉讼当事人，如果第三人无责任向人民法院提供证据，人民法院就不能实现“有权要求当事人向法院提供或补充证据”。

《行政诉讼法》第七条规定：“当事人在行政诉讼中的法律地位平等。”所谓当事人在行政诉讼中的法律地位平等，是指无论是原告、被告还是第三人，在行政诉讼中都享有同等的陈述、举证、辩论、上诉、申诉等法律权利。如果第三人举证确凿，法院因其是第三人而不予采纳，这就产生了法律规定上的平等而实际执行上的不平等，这违背了立法的初衷和原意，诉讼当事人的权利就得不到法律的支持和保障，影响了法律的权威性。

第三人举证符合合法性审查原则规定。《行政诉讼法》第五条规定：“人民法院审理行政案件，对具体行政行为是否合法进行审查。”这条规定指明了《行政诉讼法》的基本原则是合法性审查原则，它要求法院在行政审判过程中要始终贯彻这一基本原则，并体现在行政审判的各个环节上。要清楚行政机关的具体行政行为是否合法，就要围绕行政行为是否合法收集证据，让证据来说话。如何收集证据，一靠诉讼当事人即原告、被告及第三人举证，二靠法院以职权要求当事人提供、补充证据或调取证据。不论是通过什么方式收集的证据，也不论是何人提供的证据，只要有助于法院查清事实真相，能证明行政机关的行政行为合法与否，法院就要依法采信，并应以此作为判决维持还是撤销行政机关具体行政行为的法律依据。

本案第三人何某能举出7份确凿原始书证，能充分说明某县城建局作出的《决定》是合法的，法院就要依法作出维持合法《决定》的判决，维护第三人何某的合法权益。

综上所述，在行政诉讼过程中，原、被告恶意串通，被告拒不到庭，又不举证，意在败诉，会损害第三人权益。在这种特殊情况下，第三人若能举出确凿证据，能证明行政机关的具体行政行为是合法的，法院就应依法采纳。这样判决的好处是既符合行政诉讼法合法性审查原则规定，也有利于保证行政诉讼正常开展。

115. 案情：2010 年 3 月 3 日，因村民单房宅基地用地需调用朱某用的土地 35 平方米，但经过协商未果。于是，崇明县候家镇人民政府做出调整土地使用权决定书。

原告诉称：原告所做的侯府处〔2010〕字第 1 号调整土地使用权决定书，将原告历年耕种的自留地调给朱某使用，给原告夫妇的生产和生活带来不便，侵犯了原告的合法权益，而且在处理决定书中适用法律不当。

被告自 2010 年 3 月 29 日收到行政诉状副本和应诉通知书后，在法定期间未向法院提交答辩状。

第三人供述：第三人的建房用地及建房手续合法齐全。原告不服政府调整土地使用权决定的行为侵犯了第三人的合法权益。

一审判决认为：被告侯家镇人民政府于 2010 年 3 月 1 日所做的侯府处〔2010〕字第 1 号调整土地使用权决定的具体行政行为没有证据、依据，判决撤销该处理决定。

一审判决后，原告不服，向上海市第二中级人民法院提起上诉。上诉人诉称：侯家镇人民政府做出的调整土地使用权处理决定没有证据。原审法院认定事实不清，请求撤销原审法院判决。被上诉人则辩称：其所做的具体行政行为有证据，也有依据，且符合法定程序。

上海市第二中级人民法院根据上述事实和证据认为：被上诉人收到起诉状副本及应诉通知书后，应当在指定期间向法院提供其做出具体行政行为时的证据、依据。按照《最高人民法院关于执行〈中华人民共和国行政诉讼法〉若干问题的解释》第二十六条第二款关于"被告应当在收到起诉状副本之日起十日内提交答辩状，并提供做出具体行政行为时的证据、依据；被告不提供或者无正当理由不逾期提供的，应当认定该具体行政行为没有证据、依据"的规定，判决撤销具体行政行为并无不当，驳回上诉请求。

问：被告未提供做出具体行政行为时的证据，该具体行政行为是否有效力？

答：行政诉讼举证责任，是指当事人对法律规定的事项或者当事人自己提出的主张，应当举出证据加以证明，否则将承担败诉的风险及不利法律后果的制度。根据《行政诉讼法》的规定，在行政诉讼中，对具体行政行为的合法性由被告承担举证责任；对具体行政行为合法性以外的问题，实行"谁主张，谁举证"。

行政诉讼中举证责任制度具有以下特点：①举证责任的主体是行政机关。《行政诉讼法》第三十二条规定：对被告作出的具体行政行为负有举证责任，应当提供作出该具体行政行为的证据和所依据的规范性文件。《行政诉讼法》之所以这样规定，原因在于：行政机关应当先取证后裁决，以证据证明具体行政行为的事实，以法律为依据作出处理决定，而不能在没有证据的情况下，对相对人做出具体行政行为。而且，在行政法律关系中，行政机关处于主动地位，其实施行为时一般无须征得公民、法人或者其他组织的同意，具有主动执法的权力，根据权利义务平等的原则，行政机关应当负有举证的义务，这样才能体现双方当事人平等的法律地位。②行政诉讼中行政机关其举证责任的内容包括：被告作为或不作为的事实根据；被告做出具体行政行为的法律法规等规范性文件；行政机关在作出具体行政行为时必须遵守以事实为根据，以法律为准绳，按照先取证后裁判的行政程序来行使职权的程序和证据。③被告进行举证有时效的限制。最高人民法院《解释》第二十六条规定：被告应当在收到起诉状副本之日起10日内提交答辩状，并提出具体行政行为时的证据、依据。第三十一条规定：被告在二审过程中向法庭提交在一审过程中没有提交的证据，不能作为二审法院撤销或者变更一审裁判的根据。

人民法院在行政审判中审查认定行政机关具体行政行为合法的条件是：事实是否清楚、证据是否确凿，是否符合法定程序。根据《中华人民共和国行政诉讼法》第五十二条的规定，人民法院审理行政案件，首先，要审查行政机关据以做出具体行政行为的事实是否清楚；其次，审查其做出具体行政行为的法律依据是否恰当。

本案中，被告侯家镇人民政府在一审开庭审判时，应当依据《行政诉讼法》关于行政诉讼中被告即行政机关应该按期向人民法院提供做出具体行政行为时的证据和依据，但被告没有向法院进行提交。因此，一审法院按照《最高人民法院关于执行〈中华人民共和国行政诉讼法〉若干问题的解释》第二十六条第二款关于"被告应当在收到起诉状副本之日起十日内提交答辩状，并提供做出具体行政行为时的证据、依据；被告不提供或者无正当理由不逾期提供的，应当认定该具体行政行为没有证据、依据"的规定，认定被告做出具体行政行为时没有证据和依据，判决撤销侯家镇人民政府对原告作出的处理决定。

二审中，上海市第二中级人民法院也认定：侯家镇人民政府对其在收到起诉状副本之日起十日内没有向上海市崇明县人民法院提供做出具体行政行为的证据，其"具体行政行为没有证据、依据"，判决侯家镇人民政府驳回上诉。

116. 刘某参加考试并取得《医师资格证书》。后市卫生局查明刘某在报名时提供的系虚假材料，于是向刘某送达《行政许可证件撤销告知书》。刘某提出听证申请，被拒绝。市卫生局随后撤销了刘某的《医师资格证书》。下列哪些选项是正确的？

A. 市卫生局有权撤销《医师资格证书》

B. 撤销《医师资格证书》的行为应当履行听证程序

C. 市政府有权撤销《医师资格证书》

D. 市卫生局撤销《医师资格证书》后，应依照法定程序将其注销

答案：ACD

解析：《行政许可法》第六十九条第一款规定，有下列情形之一的，作出行政许可决定的行政机关或者其上级行政机关，根据利害关系人的请求或者依据职权，可以撤销行政许可：(一)行政机关工作人员滥用职权、玩忽职守作出准予行政许可决定的；(二)超越法定职权作出准予行政许可决定的；(三)违反法定程序作出准予行政许可决定的；(四)对不具备申请资格或者不符合法定条件的申请人准予行政许可的；(五)依法可以撤销行政许可的其他情形。刘某提供虚假报名材料报名参加考试的行为，属于不具备申请资格或者不符合法定条件，所以作出行政许可决定的机关——市卫生局有权撤销其《医师资格证书》，另外，该条规定作出行政许可决定的行政机关的上级行政机关也有权撤销刘某的《医师资格证书》。本案中市卫生局的上级行政机关是市政府，所以市政府也有权撤销《医师资格证书》。此外，符合《行政许可法》第六十九条第一款规定的情形的，行政机关可以依职权撤销行政许可，而不需要履行听证程序，所以AC是正确的，B是错误的。根据《行政许可法》第七十条第(四)项的规定，行政许可依法被撤销、撤回，或者行政许可证件依法被吊销的，行政机关应当依法办理有关行政许可的注销手续。所以刘某的《医师资格证书》在被卫生局撤销后应依法注销。所以 D 是正确的。所以本题的正确选项是 ACD。

117. 县烟草专卖局发现刘某销售某品牌外国香烟，执法人员表明了自己的身份，并制作了现场笔录。因刘某拒绝签名，随行电视台记者张某作为见证人在笔录上签名，该局当场制作《行政处罚决定书》，没收 15 条外国香烟。刘某不服该决定，提起行政诉讼。诉讼中，县烟草专卖局向法院提交了现场笔录、县电视台拍摄的现场录像、张某的证词。下列哪些选项是正确的?

A. 现场录像应当提供原始载体

B. 张某的证词有张某的签字后，即可作为证人证言使用

C. 现场笔录必须有执法人员和刘某的签名

D. 法院收到县烟草专卖局提供的证据应当出具收据，由经办人员签名或盖章

答案：AD

解析：《行政诉讼证据规定》第十二条规定，根据《行政诉讼法》第三十一条第一款第(三)项的规定，当事人向人民法院提供计算机数据或者录音、录像等视听资料的，应当符合下列要求：(一)提供有关资料的原始载体，提供原始载体确有困难的，可以提供复制件；(二)注明制作方法、制作时间、制作人和证明对象等；(三)声音资料应当附有该声音内容的文字记录。所以现场录像应提供原始载体，所以 A 是正确的。《行政诉讼证据规定》第十三条规定，根据《行政诉讼法》第三十一条第一款第(四)项的规定，当事人向人民法院提供证人证言的，应当符合下列要求：(一)写明证人的姓名、年龄、性别、职业、住址等基本情况；(二)有证人的签名，不能签名的，应当以盖章等方式证明；(三)注明出具日期；(四)附有居民身份证复印件等证明证人身份的文件。根据该条的规定，张某的证词不一定要有其签字才能作为证人证言，也可以采取盖章等其他的方式证明，所以 B 是错误的。《行政诉讼证据规定》第十五条规定，根据《行政诉讼法》第三十一条第一款第(七)项的规定，被告向人民法院提供的现场笔录，应当载明时间、地点和事件等内容，并由执法人员和当事人签名。当事人拒绝签名或者不能签名的，应当注明原因。有其他人在现场的，可由其他人签名。法律、法规和规章对现场笔录的制作形式另有规定的，从其规定。C 项中表述的现场笔录必须有执法人员的签名，是不符合第十五条的规定的，所以 C 项是错误的。《行政诉讼证据规定》第二十条规定，人民法院收到当事人提交的证据材料，应当出具收据，注明证据的名称、份数、页数、件数、种类等以及收到的时间，由经办人员签名或者盖章。所以 D 项是正确的。综上，本题的正确答案是 AD。

118. 运输公司指派本单位司机运送白灰膏。由于泄漏，沿途路面大面积严重污染。司机发现后立即向公司汇报。该公司即组织人员清扫被污染路面。下列哪些选项是正确的?

A. 路面被污染的沿途三个区的执法机关对本案均享有管辖权，如发生管辖权争议，由三个区的共同上级机关指定管辖

B. 对该运输公司应当依法从轻或者减轻行政处罚

C. 本案的违法行为人是该运输公司

D. 本案的违法行为人是该运输公司和司机

答案：ABC

解析：《行政处罚法》第二十条规定，行政处罚由违法行为发生地的县级以上地方人民政府具有行政处罚权的行政机关管辖。法律、行政法规另有规定的除外。第二十一条规定，对管辖发生争议的，报请共同的上一级行政机关指定管辖。因为司机在运输途中，对沿途的路面都造成了污染，所以沿途三个区的执法机关都享有管辖权。对于执法机构的管辖争议，根据第二十一条的规定，应由共同上一级行政机关指定，所以A项是正确的。《行政处罚法》第二十七条第(一)项规定，当事人有下列情形之一的，应当依法从轻或者减轻行政处罚:(一)主动消除或者减轻违法行为危害后果的;本案中，运输公司在污染事故发生后立即组织清扫，主动减轻路面被污染的后果，因此根据《行政处罚法》第二十七条的规定，应当对运输公司从轻或减轻处罚。所以B项是正确的。本案中，司机受单位的指派运送白石膏，其行为属于职务行为，并不是司机个人行为，因此本案的违法行为人应是运输公司，而不是司机个人，所以C项是正确的，D项是错误的。

119. 根据《行政许可法》的规定，下列关于行政许可的撤销、撤回、注销的哪些说法是正确的?

A. 行政许可的撤销和撤回都涉及被许可人实体权利

B. 规章的修改可以作为行政机关撤回已经生效的行政许可的理由

C. 因行政机关工作人员滥用职权授予的行政许可被撤销的，行政机关应予赔偿

D. 注销是行政许可被撤销和撤回后的法定程序

答案:ABD

解析:《行政许可法》第八条、第六十九条都规定了这样的原则:已生效的行政许可变更、撤销、撤回，损害被许可人的合法权益的，被许可人可以获得补偿或赔偿，由此可以看出，行政许可的撤销和撤回都涉及被许可人的实体权利，A正确，应选。第八条规定，行政许可所依据的法律、法规、规章修改或者废止，或者准予行政许可所依据的客观情况发生重大变化的，为了公共利益的需要，行政机关可以依法变更或者撤回已经生效的行政许可。由此给公民、法人或者其他组织造成财产损失的，行政机关应当依法给予补偿。B正确，应选。第六十九条规定，有下列情形之一的，作出行政许可决定的行政机关或者其上级行政机关，根据利害关系人的请求或者依据职权，可以撤销行政许可:(一)行政机关工作人员滥用职权、玩忽职守作出准予行政许可决定的……被许可人的合法权益受到损害的，行政机关应当依法给予赔偿。C中间缺少"被许可人合法权益受到损害"的条件，即在行政机关和当事人都存在过错时，对于相对人非法获得的利益，不予保护。C错误，不选。第七十条第(四)项规定，有下列情形之一的，行政机关应当依法办理有关行政许可的注销手续:(四)行政许可依法被撤销、撤回，或者行政许可证件依法被吊销的。D正确，应选。

120. 根据《最高人民法院关于行政诉讼证据若干问题的规定》，在第二审程序中，对当事人依法提供的新证据，法庭应当进行质证。这里新证据是指:

A. 在一审程序中应当准予延期提供而未获准许的证据

B. 当事人在一审程序中依法申请调取而未获准许，人民法院在二审程序中调取的证据

C. 原告或者第三人提供的在举证期限届满后发现的证据

D. 原告或第三人在诉讼过程中提出的其在被告实施行政行为过程中所没有反驳的证据

答案:ABC

解析:根据《最高人民法院关于行政诉讼证据若干问题的规定》第五十条的规定，在第二审程序中，对当事人依法提供的新的证据，法庭应当进行质证；当事人对第一审认定的证据仍有争议的，法庭也应当进行质证。第五十二条，本规定第五十条和第五十一条中的"新的证据"是指以下证据：（一）在第一审程序中应当准予延期提供而未获准许的证据；（二）当事人在第一审程序中依法申请调取而未获准许或者未取得，人民法院在第二审程序中调取的证据；（三）原告或者第三人提供的在举证期限届满后发现的证据。选项 ABC 正确。根据该规定第七条第二款，原告或者第三人在第一审程序中无正当事由未提供而在第二审程序中提供的证据，人民法院不予接纳。据此，原告或者第三人在第二审程序中提出其在行政程序中没有提出的反驳的证据的，人民法院不予接纳，当然谈不上质证的问题。据此，选项 D 不应选。

121. 根据《行政处罚法》的规定，下列哪些说法是正确的？

A. 违法行为轻微，及时纠正没有造成危害后果的，应当依法减轻对当事人的行政处罚

B. 行政机关使用非法定部门制发的罚款单据实施处罚的，当事人有权拒绝处罚

C. 对情节复杂的违法行为给予较重的行政处罚，应由行政机关的负责人集体讨论决定

D. 除当场处罚外，行政处罚决定书应按照民事诉讼法的有关规定在 7 日内送达当事人

答案：BC

解析：根据《行政处罚法》第二十七条的规定，当事人有下列情形之一的，应当依法从轻或者减轻行政处罚：（一）主动消除或者减轻违法行为危害后果的；（二）受他人胁迫有违法行为的；（三）配合行政机关查处违法行为有立功表现的；（四）其他依法从轻或者减轻行政处罚的。违法行为轻微并及时纠正，没有造成危害后果的，不予行政处罚。据此，选项 A 错误。根据《行政处罚法》第五十六条的规定，行政机关对当事人进行处罚不使用罚款、没收财物单据或者使用非法定部门制发的罚款、没收财物单据的，当事人有权拒绝处罚，并有权予以检举。上级行政机关或者有关部门对使用的非法单据予以收缴销毁，对直接负责的主管人员和其他直接责任人员依法给予行政处分。选项 B 正确。根据《行政处罚法》第三十八条第二款的规定，对情节复杂或者重大违法行为给予较重的行政处罚，行政机关的负责人应当集体讨论决定。选项 C 正确。根据《行政处罚法》第四十条的规定，行政处罚决定书应当在宣告后当场交付当事人；当事人不在场的，行政机关应当在 7 日内依照《民事诉讼法》的有关规定，将行政处罚决定书送达当事人。选项 D 中"除当场处罚外"错误，应当是"除在宣告后当场交付当事人外"。

122. 某市建筑材料厂超标准排放污水违反了《中华人民共和国水污染防治法》，该市环境保护局对其处以 2 万元的罚款。在规定期间内该厂既不缴纳罚款也未向法院提起诉讼，该市环境保护局向法院申请强制执行。下列哪些说法是正确的？

A. 市环境保护局应当自罚款决定生效之日起 90 日向法院提起执行申请

B. 市环境保护局如有理由认为某市建筑材料厂逃避执行的，可以在提出执行申请之前要求法院采取财产保全措施

C. 市环境保护局应当向法院提供某市建筑材料厂财产状况的材料

D. 人民法院在强制执行此罚款决定前，应当对罚款决定是否合法进行审查

答案：BCD

解析：根据《最高人民法院关于执行〈中华人民共和国行政诉讼法〉若干问题的解释》第八十八条的规定，行政机关申请人民法院强制执行其具体行政行为，应当自被执行人的法定起诉期限届满之日起180日内提出。选项A中的申请执行期限的起算点（罚款决定生效之日）和长度（90日）都是错误的。根据《最高人民法院关于执行〈中华人民共和国行政诉讼法〉若干问题的解释》第九十一条、第九十二条和第九十三条的规定，选项B、C、D正确。

123. 某公司准备在某市郊区建一座化工厂，向某市规划局、土地管理局、环境保护局和建设局等职能部门申请有关证照。下列哪些说法是正确的？

A. 某公司应当对其申请材料实质内容的真实性负责

B. 某市人民政府应当组织上述四个职能部门联合为某公司办理手续

C. 拟建化工厂附近居民对核发该项目许可证照享有听证权利

D. 如果某公司的申请符合条件，某市人民政府相关职能部门应在45个工作日内为其办结全部证照

答案：AC

解析：根据《行政许可法》第三十一条的规定，申请人申请行政许可，应当如实向行政机关提交有关材料和反映真实情况，并对其申请材料实质内容的真实性负责。行政机关不得要求申请人提交与其申请的行政许可事项无关的技术资料和其他材料。选项A正确。根据《行政许可法》第二十六条第二款的规定，行政许可依法由地方人民政府两个以上部门分别实施的，本级人民政府可以确定一个部门受理行政许可申请并转告有关部门分别提出意见后统一办理，或者组织有关部门联合办理、集中办理。市政府可以组织上述四个职能部门联合办理，也可以确定一个部门统一办理，还可以组织上述四个职能部门集中办理。选项B中的“应当”二字错误。建设化工厂直接涉及附近居民的重大利益，根据《行政许可法》第四十七条的规定，行政许可直接涉及申请人与他人之间重大利益关系的，行政机关在作出行政许可决定前，应当告知申请人、利害关系人享有要求听证的权利；申请人、利害关系人在被告知听证权利之日起5日内提出听证申请的，行政机关应当在20日内组织听证。申请人、利害关系人不承担行政机关组织听证的费用。选顶C正确。根据《行政许可法》第四十二条第二款的规定，行政许可采取统一办理或者联合办理、集中办理的，办理的时间不得超过45日。题干中并未明确采取上述方式办理，而且第四十二条第二款规定的45日可以延长15日。据此，选项D错误。

124. 甲厂经某市采砂许可证的法定发放机关地质矿产局批准取得了为期5年的采砂许可证，并经某区水电局等部门批准，在区江河管理站划定的区域内采砂。后因缴纳管理费问题与水电局发生纠纷。随后，该水电局越权向乙厂颁发了采砂许可证，准予乙厂在甲厂已被划定的区域内采砂。下列说法正确的是：

A. 根据甲厂的申请，某市地质矿产局可以撤销水电局发给乙厂的采砂许可证

B. 水电局应当撤销给乙厂发放的采砂许可证

C. 若乙厂的采砂许可证被撤销，发放许可证的水电局应承担乙厂相应的经济损失

D. 甲厂可以要求水电局赔偿因向乙厂颁发许可证给自己造成的经济损失

答案：ABCD

解析：《行政许可法》第七条规定，公民、法人或者其他组织对行政机关实施行政许可，享有陈述权、申辩权；有权依法申请行政复议或者提起行政诉讼；其合法权益因行政机关违法实施行政许可受到损害的，有权依法要求赔偿。《行政许可法》第二十二条规定，行政许可由具有行政许可权的行政机关在其法定职权范围内实施。《行政许可法》第六十九条规定,有下列情形之一的,作出行政许可决定的行政机关或者其上级行政机关,根据利害关系人的请求或者依据职权,可以撤销行政许可:①行政机关工作人员滥用职权、玩忽职守作出准予行政许可决定的;②超越法定职权作出准予行政许可决定的;③违反法定程序作出准予行政许可决定的;④对不具备申请资格或者不符合法定条件的申请人准予行政许可的;⑤依法可以撤销行政许可的其他情形。被许可人以欺骗、贿赂等不正当手段取得行政许可的,应当予以撤销。依照前两款的规定撤销行政许可,可能对公共利益造成重大损害的,不予撤销。”“依照本条第一款的规定撤销行政许可,被许可人的合法权益受到损害的,行政机关应当依法给予赔偿。依照本条第二款的规定撤销行政许可的,被许可人基于行政许可取得的利益不受保护。《行政许可法》第七十六条规定,行政机关违法实施行政许可,给当事人的合法权益造成损害的,应当依照《国家赔偿法》的规定给予赔偿。

125. 某县公安局以郭某因邻里纠纷殴打并致邱某轻微伤为由,对郭某作出拘留10天的处罚。郭某向法院提起诉讼。某县公安局向法院提交了处罚的主要证据,华某和邱某舅舅叶某二人的证言及该县中心医院出具的邱某的伤情证明。下列说法正确的是:

A. 华某的证言的证明效力优于叶言的证言

B. 某县公安局申请华某出庭作证,应当在开庭前提出

C. 若华、叶二人的证言相互矛盾,法庭应判决撤销某县公安局的处罚决定

D. 若一审法庭未通知邱某参加诉讼,二审法院应将案件发回重审

答案:ACD

解析:A对,《最高人民法院关于行政诉讼证据若干问题的规定》第六十三条规定,证明同一事实的数个证据,其证明效力一般可以按照下列情形分别认定:……(七)其他证人证言优于与当事人有亲属关系或者其他密切关系的证人提供的对该当事人有利的证言。B错,《最高人民法院关于行政诉讼证据若干问题的规定》第四十三条规定,当事人申请证人出庭作证的,应当在举证期限届满前提出,并经人民法院许可。人民法院准许证人出庭作证的,应当在开庭审理前通知证人出庭作证。当事人在庭审过程中要求证人出庭作证的,法庭可以根据审理案件的具体情况,决定是否准许以及是否延期审理。C对,主要证据不足意味着行政机关在查清案件基本情况或在没有充分证据证明的情况下就作出具体行政行为,具体行政行为缺乏事实基础,人民法院有权予以撤销。D对,《最高人民法院关于执行〈中华人民共和国行政诉讼法〉若干问题的解释》第七十一条第一款规定,原审判决遗漏了必须参加诉讼的当事人或者诉讼请求的,第二审人民法院应当裁定撤销原审判决,发回重审。

126. 关于行政处罚和刑罚的折抵,下列说法正确的是:

A. 行政拘留可以折抵拘役

B. 行政拘留可以折抵有期徒刑

C. 没收违法所得可以折抵没收财产

D. 罚款可以折抵罚金

答案:ABD

解析:《行政处罚法》第二十八条规定,违法行为构成犯罪,人民法院判处拘役或者有期徒刑时,行政机关已经给予当事人行政拘留的,应当依法折抵相应刑期。违法行为构成犯罪,人民法院判处罚金时,行政机关已经给予当事人罚款的,应当折抵相应罚金。

127. 卫生防疫站对王某经营的餐馆进行卫生检查,发现厨师在操作间未戴帽子,备用餐

具有油腻及小飞虫,当场制作了检查笔录。两天后对王某处以200元罚款。王某不服,向法院起诉,卫生防疫站向法院提供了检查笔录。下列何种说法是正确的?

A. 检查笔录应至少有两名执法人员的签名

B. 检查笔录应加盖卫生防疫站的公章

C. 检查笔录必须有当事人的签名

D. 法院对检查笔录进行审查时,制作笔录的执法人员必须出庭

答案:A

解析:A正确,根据《行政处罚法》第三十七条的规定,行政机关在调查或者进行检查时,执法人员不得少于两人,并应当向当事人或者有关人员出示证件。当事人或者有关人员应当如实回答询问,并协助调查或者检查,不得阻挠。询问或者检查应当制作笔录。B、C项错误,根据《行政证据规定》第十五条的规定,根据《行政诉讼法》第三十一条第一款第(七)项的规定,被告向人民法院提供的现场笔录,应当载明时间、地点和事件等内容,并由执法人员和当事人签名。当事人拒绝签名或者不能签名的,应当注明原因。有其他人在现场的,可由其他人签名。法律、法规和规章对现场笔录的制作形式另有规定的,从其规定。D错误,根据《行政证据规定》第四十四条的规定,有下列情形之一的,原告或者第三人可以要求相关行政执法人员作为证人出庭作证:①对现场笔录的合法性或者真实性有异议的;②对扣押财产的品种或者数量有异议的;③对检验的物品取样或者保管有异议的;④对行政执法人员的身份的合法性有异议的;⑤需要出庭作证的其他情形。注意:并不是“必须出庭”。

128. 在某法院受理的一起交通处罚案件中,被告提供了当事人闯红灯的现场笔录。该现场笔录载明了当事人闯红灯的时间、地点和拒绝签名的情况,但没有当事人的签名,也没有其他证人签名。原告主张当时不在现场,并有一朋友为其出庭作证。根据原被告双方提供的证据,法院应如何认定?

A. 法院可以认定原告闯红灯

B. 法院可以认定原告没有闯红灯

C. 法院对原告是否闯红灯无法认定

D. 法院需进一步调查后再作认定

答案:A

解析:《最高人民法院关于行政诉讼证据若干问题的规定》第十五条规定:“根据行政诉讼法第三十一条第一款第(七)项的规定,被告向人民法院提供的现场笔录,应当载明时间、地点和事件等内容,并由执法人员和当事人签名。当事人拒绝签名或者不能签名的,应当注明原因。有其他人在现场的,可由其他人签名。法律、法规和规章对现场笔录的制作形式另有规定的,从其规定。”题干中的现场笔录尽管没有当事人或证人的签名,但并不影响其证据的效力。根据《最高人民法院关于行政诉讼证据若干问题的规定》第七十一条第二项的规定,与一方当事人有亲属关系或者其他密切关系的证人所作的对该当事人有利的证言不能单独作为定案依据,因此题干中原告朋友的证言不具有证据效力,故选A。

129. 延期、分期缴纳罚款在具体实践中如何操作?

答:当事人确有经济困难、需要延期或者分期缴纳罚款的,应当提出书面申请。经水行政管理机关负责人批准后,由办案机构以办案机关的名义,书面告知当事人延期或者分期的期限。这是依据《行政处罚法》作出的。《行政处罚法》第五十二条规定:“当事人确有经济困难，需要延期或者分期缴纳罚款的，经当事人申请和行政机关批准，可以暂缓或者分期缴纳。”

（一）规定延期、分期缴纳罚款的意义

在正常的罚款收缴程序之外，可能出现当事人因特定情形无法按时履行缴纳罚款义务的情况。例如，当事人遭受火灾、水灾等突发灾害，希望能够延期或者分期缴纳罚款。在这种情况下，当事人不是主观上拒绝接受处罚、不履行缴纳罚款义务，而是客观上存在实际困难，无法按时履行缴纳罚款的义务。

鉴于此，行政机关应当将这种情形与当事人故意拒绝或者拖延履行义务的行为加以区分，允许确有经济困难的当事人暂缓或者分期履行缴纳罚款义务。对于当事人有履行能力却不履行缴纳罚款义务的行为，行政机关应当依法采取强制执行措施，迫使当事人履行法定义务，以达到行政处罚的目的。

允许确有经济困难的当事人延期或者分期缴纳罚款，充分体现《行政处罚法》坚持处罚与教育相结合，教育公民、法人或者其他组织自觉守法的原则与精神，也彰显坚持“实事求是，一切从实际出发”的原则和精神。对于确有经济困难的当事人，如果轻率采取强制执行措施，不仅没有可执行标的，执行措施无法落实，还很容易扩大应予执行的标的。这样的结果不仅损害行政处罚的权威性和有效性，也不利于和谐社会的建立和发展。

（二）延期、分期缴纳罚款的申请和批准

（1）申请。

当事人申请延期或者分期缴纳罚款应向作出行政处罚决定的水行政管理机关提交书面申请，载明不能按时缴纳罚款的原因，附以必要的证明材料，同时，提出具体的延期或者分期缴纳罚款要求。

（2）审查、批准。

水行政管理机关审查当事人的申请，除应对书面文字材料认真审查外，还必须合理判断当事人是否具有履行缴纳罚款义务的能力。必要时，水行政管理机关应进行实际调查，既要实施好《行政处罚法》，又要防止当事人利用法律、法规逃避及时履行缴纳罚款的义务。

水行政管理机关经过审查，如果认为当事人申请延期或者分期缴纳罚款的理由不成立，应予驳回；如果认为当事人的申请理由成立，应作出批准予以延期或者分期缴纳罚款的决定。批准决定应以决定书的形式，经水行政管理机关负责人批准后，由办案机构以办案机关的名义作出，送达当事人及收款银行。收款银行应依照行政机关作出的决定书收缴罚款。

需要强调的是，法律、法规及规章所规定的暂缓履行或分期履行缴纳罚款义务是有条件的。所以，当事人一旦有了履行能力，就应当按照行政机关的决定缴纳罚款。行政机关发现当事人有履行能力却故意拖延履行，违反行政机关作出的延期或分期履行缴纳罚款决定的，可以依法采取强制执行措施。

130. 行政诉讼中不能作为定案依据的鉴定结论是什么？

答：为了构建实质平等的行政诉讼程序，保护公民、法人和其他组织的合法权益，维护当事人正当的诉讼权利，支持和促进行政机关依法行政，进一步完善我国的行政诉讼制度，要求人民法院在处理案件中，一定要严格审核、认定证据。由于鉴定结论是具有专业知识的技术人员所做的结论，与其他证据相比，其可靠性较大。因此，鉴定结论往往成为审判人员在审查证据时忽视的空区。

是不是所有鉴定结论都能作为行政诉讼中的定案依据呢？答案是否定的，为了揭出原委，首先就要弄清楚什么是鉴定结论，它是如何形成的，以及它有哪些特征？

鉴定结论，也叫鉴定人意见，其书面表现形式为鉴定结论书或鉴定人意见书。它是由具有科学、技术、工艺等专门知识的人，根据司法机关的指派和聘请，对诉讼案件中需要解决的某些专门性问题进行分析、鉴别后所提供的结论性意见。这种鉴定结论是鉴定人在分析研究案件的有关材料之后，对案件中的特定问题所作出的判断。所以，鉴定结论都是鉴定人提供的判断性意见，它作为一种独立的证据有以下几个特点：

一、鉴定人对案件中的专门性问题进行鉴定后提出的结论性意见。在鉴定结论中，鉴定人不仅要叙述依据鉴定材料所观察到的事实，而且必须分析研究这些事实，并以此为基础提出结论性意见。

二、鉴定人将自己的专门知识用于分析、研究案内有关专门性问题的结果。

三、鉴定人对案件中应予查明的案件事实中的一些专门性问题所作的结论。

四、鉴定结论是证据材料的一种，是否能够作为定案的依据，要经过法官的审查、判断。

《最高人民法院关于行政诉讼证据若干问题的规定》第六十二条规定，对被告在行政程序中采纳的鉴定结论，原告或者第三人提出证据证明有下列情形之一的，人民法院不予采纳：（一）鉴定人不具备鉴定资格；（二）鉴定程序严重违法；（三）鉴定结论错误、不明确或者内容不完整。这一规定是确定哪些鉴定结论不能作为行政诉讼定案证据的法律依据。

从行政诉讼对证据的要求上看，行政诉讼是以对被诉具体行政行为进行合法性审查为核心的诉讼，在对证据的审查、认证方面与刑事、民事诉讼有明显的区别，它是审查被告作出具体行政行为认定的事实和所依据的证据，也就是说行政诉讼审查的鉴定结论必须是在行政程序中已经被被告作为认定事实依据，它产生于行政程序阶段。但在诉讼过程中，原告申请进行鉴定的，是否准许应由人民法院决定。如在行政诉讼附带赔偿案件中，原告提出被告工作人员将其致残，请求鉴定伤残等级，而在行政处理程序中，原告未提出鉴定申请。所以，就不可能有鉴定，而该伤残等级又直接关系到赔偿标准，对这样的申请，人民法院就应当准许。除此之外，在诉讼阶段产生的鉴定结论人民法院不予采纳。

那么，涉及鉴定结论本身的证明力问题，即鉴定人的资格问题，鉴定的程序问题，鉴定结论的质量问题这三个方面的问题，则是人民法院对该鉴定结论是否采纳的法定情形。它包括：

（1）鉴定人不具备鉴定资格，其鉴定结论不能采纳。这是对鉴定人资格作出必要的合法性审查。

首先，鉴定人的技术职称是否达到了法律规定的条件，将直接影响到鉴定结论能否被人民法院采纳。如果没有达到，该鉴定结论则不能作为人民法院定案的依据。例如，2011 年 6 月，某市工商局处罚某粮店以不合格产品冒充合格产品销售粮食，证据当中提供了粮食检测机构的鉴定意见，但无法提供鉴定机构及鉴定人鉴定资质的证明。因此，它的鉴定结论不能被采纳，也就是不能被确认为合法有效的证据，最终该处罚决定失去了鉴定结论这一证据，从而导致不合格产品难以确认，最终该处罚决定被撤销。

同时，鉴定结论的取得还需判明是否合法，有无法定的和酌定的回避情形。例如，有无亲属朋友关系，有无请客送礼，行政机关在委托鉴定过程中是否有诱导和提出主导意见等违法行为的存在。

(2)鉴定人具备了鉴定人的资格,还需要在具有鉴定资格的鉴定部门所做的鉴定才具有法律效力;否则,也不能被采纳。《行政诉讼法》规定,科学技术鉴定由鉴定部门依法进行。它不是个人行为,而是机构行为。因此,鉴定部门的资格合法是鉴定人资格合法的基础和必要条件。我国目前已有法定鉴定部门包括公安、司法系统的专门鉴定部门和经授权建立的专门或兼职的鉴定部门,只有出自这样的部门,鉴定人作出的鉴定结论才能被人民法院采纳,才能作为法院定案的依据,否则同样不会作为法院定案的依据。

(3)鉴定程序严重违法的鉴定结论不能采纳。违法是指违反法定程序进行鉴定的情形。它包括:①指定或委托与本案有利害关系的鉴定部门或鉴定人;②鉴定人的人数未达到法律要求;③使用的鉴定技术或方法、设备等被明令禁止或淘汰,取样程序或数量等不符合法律规定;④鉴定结论形式要件不符合法律规定,如未盖鉴定部门和鉴定人、复核人名章等。一个正确的鉴定结论,不但要求内容正确,还要求程序合法,否则,也将承担败诉的法律后果。例如:某县技术监督局接群众举报,查封了该县卷烟销售公司五个委托经销点的红公主香烟673条。某县技术监督局从其查封的3个经销点的香烟中抽样6条送省烟草质量监督检测站检测,结果鉴定为"假冒伪劣香烟"。某县技术监督局依照某省《产品质量监督管理条例》的有关规定作出了处罚决定。某县卷烟销售公司不服,向某县人民法院提起诉讼,请求撤销该处罚决定。经法院审理查明,技术监督局送检的6条香烟是从三个经销点查取的,该局抽样时,未与被查处人卷烟公司共同办理封鉴手续,送检时也由该局单方进行。虽然送检的6条香烟被检测为假劣香烟,但因该证据的取得违反法定程序,使得在以下三方面缺乏证明力:一是不能完全证明省烟草质量检测站检测的香烟就是技术监督局从三个经销点查取抽样的香烟;二是不能证明三个经销点被查封的香烟都是假劣香烟;三是不能证明虽被查封但未抽样送检的其他两个经销点的香烟也属假劣香烟。据此,被告提供的检测结论,由于程序不合法而不具有可采性,最终法院撤销了该处罚决定。因此,违反法定程序的鉴定结论也不能作为法院定案的依据。

(4)鉴定依据的证据材料不确实、不充分的以及鉴定结论错误、不明确或者内容不完整的不能采纳。

法律规定,鉴定结论应以书面形式提供,其中包括绪论、检验、论证和结论四个部分。法律要求鉴定结论要如实地反映鉴定过程,鉴定方法、鉴定结论根据。否则也不能采纳。

例如:某美术学院学生李某与同学王某在李家看录像时突然断电,李某出门检查电路时,某派出所两名民警闯入李家,以李某传播淫秽录像为由,将李某和王某强行拘留,处罚中,有关部门出具了淫秽物品的鉴定结论,并没收了李家的电视机、录像机和录像带。李不服提出申诉,某市公安局维持了分局的裁决。李遂向法院起诉,并申请对录像带是否是淫秽物品进行重新鉴定。鉴定机关根据李某重新鉴定的申请,依据李、王的口供重新做出了鉴定。但是,鉴定虽然说明了检验申请的内容、依据(李、王口供描述的内容)、淫秽录像范围、论证过程等,却没有最后的鉴定结论(也许是因为重新鉴定部门无法下结论)。经法院审查,派出所将录像带收缴后就被某区公安局集中销毁,原鉴定结论依据的证据是被刑讯逼供的李某、王某的口供。在法院审理时李某提出自己看的是美术教学录像带,不是淫秽物品,由于被告提供不出来录像带,鉴定机关仅依据李、王的口供做出的鉴定结论,属鉴定所依据的材料不充分;而且,由于重新鉴定的内容又缺少结论一项,属内容不完整。因此,鉴于原鉴定依据的证据材料不确实、不允分的无法采纳和重新鉴定的内容不完整,也不能采纳(这两个问题中存在一方面问题就无法采纳)，法院最终撤销了该裁决。因此，鉴定依据的证据材料不确实、不充分的，以及鉴定结论错误、不明确或者内容不完整的，是人民法院不能作为定案依据的又一种情形。

最后，需要指出，审查判断鉴定结论，必须结合案内其他证据综合分析，对比研究。把这些证据与鉴定结论综合分析，既能对其他证据进行鉴别，也有利于发现鉴定结论的问题，对其作出正确的判断。当在对比分析中发现矛盾后，一定要查清楚是鉴定结论有问题，还是其他证据有虚假。总之，鉴定结论合法性审查，是人民法院对证据审查的一种，无论是形式要件的审查，还是实质要件的审查，都要认真对待，不要过于迷信鉴定结论，鉴定结论是否准确、合法、有效。

131. 在水行政执法实践中容易混淆的法律概念是什么?

答：在行政执法实践中，经常需要制作各类法律文书，这就要求执法人员准确把握法律概念，正确使用相关的表述用语，以避免混淆概念或者词不达意。

(1)“法律”与“法规”。

“法律”与“法规”之间的关系是从属关系，即大与小和谁产生谁的关系。“法规”包括行政法规、地方性法规，本书仅以行政法规(简称“法规”)为例，进行对比分析。总的来说，“法律”与“法规”的区别有3点。

一是制定和发布的机关不同。“法律”是由全国人大及其常委会根据宪法精神制定并发布的法律文件，带有战略性与全局性特点，具有普遍指导意义。“法规”是经全国人大授权，由国务院依据相关法律精神，根据经济社会发展实际制定，并报请全国人大备案后所发布的。

二是制定的依据不同。制定“法律”的依据是宪法。制定“法规”的依据是“法律”。

三是审核通过的机关不同。“法律”是由全国人大及其常委会审核通过的。“法规”是由国务院法制机构审核通过的。

(2)“规定”与“约定”。

“规定”是法律和法规中的共用词，“约定”是合同中使用的词。二者的区别有4点。

一是出处不同。“规定”出自由权力机关或权力机关的执行机关颁布的法律、法规，而“约定”则出自当事人双方签订的合同。

二是适用对象不同。“规定”适用于所有当事人，而“约定”则仅仅适用于签订合同的当事人。

三是效力不同。“规定”具有普遍约束力和强制执行力，不能变通、协商。在“约定”方面，根据《合同法》的规定，签订合同的当事人无法达成一致意见时，对于合同中所约定的事项可以协商解决，予以变通执行。

四是有效期限不同。法律、法规中所说的“规定”，非经宣布废除，则永远有效，具有反复使用性。而合同中的“约定”，在完全履行合同约定内容后会自行失效，不具有反复使用性。

(3)“根据”与“依据”。

“根据”是原原本本对照法律条款，对违法行为予以明确界定。“依据”是综合多部法律对同一违法行为的原则性规定，在充分考虑案件具体情况后，适用其中的部分规定，对违法行为予以定性。二者的区别有3点。

一是适用法律的单一程度不同。“根据”一般适用于一部法律、法规或者一个条文。而“依据”则适用于多部法律、法规中的多个条文,或者适用于同一部法律、法规中的多个条文,适用法律的单一程度低于“根据”情形中的单一程度。

二是自由裁量的范围不同。“根据”一般适用于考虑因素不多、自由裁量的范围或者幅度不大,甚至不涉及自由裁量事项的案件处理。“依据”则适用于考虑因素较多、自由裁量的范围或者幅度较大的案件处理。

三是内涵和外延不同。“根据”突出了所适用法律、法规中条文的内涵特征,即法律条文自身的内在规定性、实质性、指向性、单一性。“依据”突出了所适用法律、法规中的条文的外延特征,即该条文与其他条文的外在联系性、相关性、协调性、合成性。弄清“根据”与“依据”的区别,对于准确适用法律、法规中的条文,针对违法行为的社会危害程度、持续时间、违法行为人的认错态度等因素,进行准确定性量罚至关重要。

(4)“处罚告知”与“处罚决定告知”。

“处罚告知”与“处罚决定告知”同属案件处理的最后阶段。二者的区别有4点。

一是告知的先后顺序不同。“处罚告知”在前,“处罚决定告知”在后。

二是告知针对的内容不同。“处罚告知”在处罚建议审批后履行,告知针对的是处罚建议的审批内容。而“处罚决定告知”在正式的行政处罚决定审批后履行,告知针对的是正式的行政处罚决定。

三是告知内容的可改变性不同。“处罚告知”的内容可以改变,而“处罚决定告知”的内容则不能改变。

四是当事人的权利行使情况不同。“处罚告知”旨在充分听取当事人对拟处罚内容的陈述意见,若当事人的陈述意见合法、合理、合情,则“处罚告知”的内容可作适当调整。“处罚决定告知”则意味着已履行了处罚告知程序,充分听取了当事人的陈述意见,其中包含了是否采纳当事人的陈述意见等内容,因此具有不再听取当事人原有陈述意见或者其他陈述意见的明确特征。

132. A市张某到C市购货,因质量问题,张某拒绝支付全部货款,双方发生纠纷后货主即向公安机关告发。C市公安机关遂以诈骗嫌疑将张某已购货物扣留,并对张某采取留置盘问审查措施。两天后释放了张某,但并未返还所扣财物。张某欲提起行政诉讼。根据案情回答下列问题。

(1)哪些法院对此案有管辖权?

A. C市基层人民法院 **B. C市中级人民法院**

C. A市基层人民法院 **D. A市中级人民法院**

答案:AC

解析:《最高人民法院关于执行〈中华人民共和国行政诉讼法〉若干问题的解释》第九条第二款规定:“行政机关基于同一事实既对人身又对财产实施行政处罚或者采取行政强制措施的,被限制人身自由的公民、被扣押或者没收财产的公民、法人或者其他组织对上述行为均不服的,既可以向被告所在地人民法院提起诉讼,也可以向原告所在地人民法院提起诉讼,受诉人民法院可一并管辖。”据此,公安机关在本案中既扣留张某的货物,又对张某采取留置盘问审查,限制其人身自由,张某起诉,原告所在地人民法院和被告所在地人民法院都可管辖,C市人民法院在被告所在地,A市人民法院在原告所在地,对本案都有管辖权。本案不属于《行政诉讼法》第十四条规定的中级人民法院一审管辖的案件:"中级人民法院管辖下列第一审行政案件:(一)确认发明专利权的案件、海关处理的案件;(二)对国务院各部门或者省、自治区、直辖市人民政府所作的具体行政行为提起诉讼的案件;(三)本辖区内重大、复杂的案件。"因此 AC 为正确选项。

(2)如张某寻求救济,下列哪种说法是正确的?

A. 张某可直接向法院起诉

B. 张某可先提起复议,对复议决定不服再起诉

C. 张某只能申请复议,不能提起行政诉讼

D. 张某既可以直接起诉,也可以先经复议,对复议决定不服再起诉。

答案:ABD

解析:《行政诉讼法》第三十七条规定:"对属于人民法院受案范围的行政案件,公民、法人或者其他组织可以先向上一级行政机关或者法律、法规规定的行政机关申请复议,对复议不服的,再向人民法院提起诉讼;也可以直接向人民法院提起诉讼。法律、法规规定应当先向行政机关申请复议,对复议不服再向人民法院提起诉讼的,依照法律、法规的规定。"《行政复议法》第五条规定:"公民、法人或者其他组织对行政复议决定不服的,可以依照行政诉讼法的规定向人民法院提起行政诉讼,但是法律规定行政复议决定为最终裁决的除外。"可见,对具体行政行为不服,可以不经复议而直接起诉是原则,必须经复议才能起诉是例外;诉讼终局是原则,复议终局是例外,那么既然法律、法规未规定对这种限制人身自由的行政强制措施不服时,须先经复议,那当事人就有权选择复议或诉讼。选 ABD 三项。

(3)如果法院受理起诉,可能作出的是何种判决?

A. 维持判决　　B. 撤销判决

C. 赔偿判决　　D. 确认判决

答案:BD

解析:根据《行政诉讼法》第五十四条第二项的规定:"具体行政行为有下列情形之一的,判决撤销或者部分撤销,并可以判决被告重新作出具体行政行为:①主要证据不足的;②适用法律、法规错误的;③违反法定程序的;④超越职权的;⑤滥用职权的"。本案行政机关扣留张某的货物属于滥用职权,依法应予以撤销,故选 B;对张某采取的留置审查措施也是违法,但该行为已经解除,已不具有可撤销内容,根据《最高人民法院关于执行〈中华人民共和国行政诉讼法〉若干问题的解释》第五十七条第二款的规定:"有下列情形之一的,人民法院应当作出确认被诉具体行政行为违法或者无效的判决……被诉具体行政行为违法,但不具有可撤销内容的……"法院应当作出确认判决,故选 D。

133. 某村村民吴某因家里人口多,住房紧张向乡政府提出建房申请。经乡政府土地管理员刘某批准后,即开始划线动工。周围左邻申某与右邻崔某发现吴某占用了自己使用多年的宅基地,即同吴某交涉。吴某申辩说建房是按批准文件划线动工,不同意改变施工计划。据此请回答下列问题。

(1)如申某与崔某申请复议,应当向下列什么机关提出?

A. 乡政府　　B. 县政府

C. 县政府土地管理局　　D. 县政府法制局

答案:BC

解析:《行政复议法》第十三条规定:“对地方各级人民政府的具体行政行为不服的,向上一级地方人民政府申请行政复议。对省、自治区人民政府依法设立的派出机关所属的县级地方人民政府的具体行政行为不服的,向该派出机关申请行政复议。”本题中,批准行为的主体是乡政府,而其行使的职权是土地管理权。县政府是上一级政府,而县土地管理局是主管土地行政的政府工作部门,都可以作复议机关。本题中,不可能由乡政府自己复议,由法制局复议也没有相应的法律规定。因此,本题的正确答案是BC。

(2)经过复议后,谁有可能作为原告提起行政诉讼?

A.如果维持原决定,申某有权提起行政诉讼

B.如果维持原决定,崔某有权提起行政诉讼

C.如果改变原决定,吴某有权提起行政诉讼

D.如果改变原决定,土地管理员刘某有权提起行政诉讼

答案:ABC

解析:根据《最高人民法院关于执行〈中华人民共和国行政诉讼法〉若干问题的解释》第十三条的规定:“有下列情形之一的,公民、法人或者其他组织可以依法提起行政诉讼:(一)被诉的具体行政行为涉及其相邻权或者公平竞争权的;(二)与被诉的行政复议决定有法律上利害关系或者在复议程序中被追加为第三人的;(三)要求主管行政机关依法追究加害人法律责任的;(四)与撤销或者变更具体行政行为有法律上利害关系的。”因为申某、崔某作为复议申请人要求改变原行政许可,如果复议维持原决定,二人自可提起行政诉讼。而依上述第二项的规定,如果复议机关改变了原行政许可,吴某与被诉的行政复议决定有法律上的利害关系,也具有行政主体资格。即ABC项可选。

(3)如果提起行政诉讼。法院对此事应如何处理?

A.受理,因属于行政诉讼的受案范围

B.不受理,因土地权属纠纷属于民事纠纷

C.受理,可以行政诉讼附带解决权届纠纷

D.受理,但只解决行政纠纷,对于权属纠纷,告知当事人提起民事诉讼

答案:AC

解析:根据《行政诉讼法》第十一条的规定:“人民法院受理公民、法人和其他组织对下列具体行政行为不服提起的诉讼:……(八)认为行政机关侵犯其他人身权、财产权的。”本案属于行政诉讼的受案范围,因此A项正确。《最高人民法院关于执行〈中华人民共和国行政诉讼法〉若干问题的解释》第六十一条规定:“被告对平等主体之间民事争议所作的裁决违法,民事争议当事人要求人民法院一并解决相关民事争议的,人民法院可以一并审理。”本案中乡政府的具体行政行为即属于实质上是对吴、申、崔三人宅基地使用权的一种裁决,因此法院可以一并解决相关民事争议。因此C也正确

134.关于聘任制公务员,下列做法正确的是( )。

A.某县保密局聘任两名负责保密工作的计算机程序员

B.某县财政局与所聘任的一名精算师实行协议工资制

C.某市林业局聘任公务员的合同期限为十年

D.某县公安局聘任网络管理员的合同需经上级公安机关批准

答案:B

解析:选项 A 错误。《公务员法》第九十五条规定,机关根据工作需要,经省级以上公务员主管部门批准,可以对专业性较强的职位和辅助性职位实行聘任制。前款所列职位涉及国家秘密的,不实行聘任制。据此可知,涉及国家秘密的职位,不实行聘任制。

选项 B 正确。《公务员法》第九十八条第三款规定,聘任制公务员按照国家规定实行协议工资制,具体办法由中央公务员主管部门规定。

选项 C 错误。《公务员法》第九十八条第二款规定,聘任合同期限为一年至五年。聘任合同可以约定试用期,试用期为一个月至六个月。据此可知,聘任合同期限为 1 年至 5 年,不能为十年。

选项 D 错误。《公务员法》第九十七条第二款规定,聘任合同的签订、变更或者解除,应当报同级公务员主管部门备案。据此可知,聘任合同应当报同级公务员主管部门备案,无需经上级机关批准。

135. 张某通过房产经纪公司购买王某一套住房并办理了转让登记手续,后王某以房屋买卖合同无效为由,向法院起诉要求撤销登记行为。行政诉讼过程中,王某又以张某为被告就房屋买卖合同的效力提起民事诉讼。下列选项正确的是( )。

A. 本案行政诉讼中止,等待民事诉讼的判决结果

B. 法院可以决定民事与行政案件合并审理

C. 如法院判决房屋买卖合同无效,应当判决驳回王某的行政诉讼请求

D. 如法院判决房屋买卖合同有效,应当判决确认转让登记行为合法

答案:A

解析:选项 A 正确。本题中,王某向法院请求撤销房屋转让登记的理由是买卖合同无效。同时,王某提起民事诉讼的诉讼请求是确认房屋买卖合同的效力。据此可知,行政案件的审判须以民事诉讼的裁判结果为依据,在民事诉讼审结之前,行政诉讼应当中止。

选项 B 错误。本题中,民事诉讼不是因行政行为的违法而导致的赔偿诉讼,不是行政诉讼附带民事赔偿诉讼的情况,行政诉讼与民事诉讼是两个独立的诉讼,不能合并审理。

选项 C 错误。房屋登记机关是根据买卖合同作出了转让登记的具体行政行为,如法院判决房屋买卖合同无效,则作出该具体行政行为的主要证据就不复存在了,在此情形下,法院应当判决撤销该转让登记行为,而不是“驳回王某的诉讼请求”。

选项 D 错误。本案中,如法院判决房屋买卖合同有效,则该转让登记行为合法,但王某的诉讼请求是要求法院撤销登记行为,属于变更判决,而确认合法则为确认判决,与王某的诉讼请求不符,故法院不能作出确认合法的判决。

136. 2006 年 5 月 9 日,县公安局以甲偷开乙的轿车为由,向其送达 1000 元罚款的处罚决定书。甲不服,于同月 19 日向市公安局申请行政复议。6 月 8 日,复议机关同意甲撤回复议申请。6 月 20 日,甲就该处罚决定向法院提起行政诉讼。下列说法正确的是( )。

A. 对甲偷开的轿车县公安局可以扣押

B. 如甲能够证明撤回复议申请违背其真实意思表示,可以同一事实和理由再次对该处罚决定提出复议申请

C. 甲逾期不缴纳 1000 元罚款,县公安局可以每日按罚款数额的 3% 加处罚款

D. 法院不应当受理甲的起诉

答案:BC

解析：选项A错误。《治安管理处罚法》第八十九条第一款规定，公安机关办理治安案件，对与案件有关的需要作为证据的物品，可以扣押；对被侵害人或者善意第三人合法占有的财产，不得扣押，应当予以登记。对与案件无关的物品，不得扣押。本题中，轿车为被侵害人乙所有，县公安局不得扣押。

选项B正确。《行政复议法实施条例》第三十八条第二款规定，申请人撤回行政复议申请的，不得再以同一事实和理由提出行政复议申请。但是，申请人能够证明撤回行政复议申请违背其真实意思表示的除外。

选项C正确。《行政处罚法》第五十一条第（一）项规定，当事人到期不缴纳罚款的，作出行政处罚决定的行政机关可以每日按罚款数额的3%加处罚款。

选项D错误。《行政诉讼法解释》第三十五条规定，法律、法规未规定行政复议为提起行政诉讼必经程序，公民、法人或者其他组织向复议机关申请行政复议后，又经复议机关同意撤回复议申请，在法定起诉期限内对原具体行政行为提起诉讼的，人民法院应当依法受理。本题不属于复议前置的案件，甲撤回复议申请后，在法定起诉期限内对原具体行政行为提起诉讼的，人民法院应当依法受理。

137. 甲驾车在某路段行驶时，与乙驾驶的车辆相刮，致使甲的车受损，甲下车对乙进行殴打造成乙轻微伤后驾车离去。公安机关为查处此案，对甲进行传唤，甲却回避。公安机关为使甲来接受调查，将甲的汽车扣留。公安机关的扣车行为属于下列哪项？

A. 行政强制执行　　B. 行政征收

C. 行政处罚　　D. 行政强制措施

答案：D

解析：行政强制执行与行政强制措施的区别在于：①行政强制执行的目的是义务的履行，以义务人不履行义务为前提；而行政强制措施目的在于使当事人的人身与财产保持一定状态，从而预防、制止违法行为或危险状态的发生，或保全证据等，它不以义务人不履行义务为必要的前提。②行政强制执行的主体包括行政机关和人民法院；而行政强制措施的主体只有行政主体。③行政强制执行的类型包括代执行、执行罚，对人身的直接强制，如强制传唤、强制拘留，对财产的直接强制，如对腐烂变质食品强制销毁；而行政强制措施包括对人身强制，如强制扣留、强制搜查、强制隔离、强制治疗等，对住宅的即时强制检查、搜查，对财产的当场查封、扣押、冻结等。本题中，公安机关的扣车行为属于行政强制措施，即A项错误，D项正确。

行政征收，是指行政机关根据法律的规定强制地、无偿地向行政相对人征集一定数额的金钱或实物的行政行为。本题不属行政征收，故B项错误。

行政处罚，是指享有行政处罚权的行政机关或法律、法规授权的组织，对违反行政法律规范、依法应当给予处罚的行政相对人所实施的法律制裁行为。包括警告、罚款，没收违法所得和没收非法财物，责令停产停业，暂扣或者吊销许可证、暂扣或者吊销执照，行政拘留及法律、行政法规规定的其他行政处罚等。本题均不属于上述类型，故C项错误。

138. 赵某是某中学的教师，一天晚上去朋友孙某家去做客。正好当时某区公安分局因为一件治安案件要对孙某进行拘留。因赵某要求公安人员出示证件而发生争执，随公安机关一同去的一人指认赵某也与治安案件有关，公安人员遂将赵某也强行带走。到公安局后，赵某辩解称自己是教师，与此事无关时，遭到公安人员殴打。后来经公安机关与赵某所在学

校联系，才知道弄错了，于次日下午将赵某释放。经医院鉴定，赵某伤情为轻伤。随后，赵某以某区公安分局采取非法强制措施并对其殴打造成人身伤害为由，要求国家赔偿。下列说法中不正确的是哪项？

A. 赵某如果请求赔偿，应当先向赔偿义务机关即某区公安分局提出

B. 赵某对公安局违法采取强制措施的行为可以要求赔偿

C. 赵某可以对公安机关工作人员殴打等暴力行为提起行政赔偿

D. 赵某可以直接向法院提起民事诉讼，要求公安机关工作人员赔偿损失

答案：D

解析：《国家赔偿法》第九条规定：赔偿义务机关对依法确认有本法第三条、第四条规定的情形之一的，应当给予赔偿。赔偿请求人要求赔偿应当先向赔偿义务机关提出，也可以在申请行政复议和提起行政诉讼时一并提出。所以 A 项的说法正确。

《国家赔偿法》第三条规定：行政机关及其工作人员在行使行政职权时有下列侵犯人身权情形之一的，受害人有取得赔偿的权利：①违法拘留或者违法采取限制公民人身自由的行政强制措施的；②非法拘禁或者以其他方法非法剥夺公民人身自由的；③以殴打等暴力行为或者唆使他人以殴打等暴力行为造成公民身体伤害或者死亡的；④违法使用武器、警械造成公民身体伤害或者死亡的；⑤造成公民身体伤害或者死亡的其他违法行为。所以，根据第①项的规定，B 项的说法正确，根据第③项的规定，C 项的说法也是正确的。

公安人员是在行使公务时与赵某发生的纠纷，因此属于行政诉讼的范畴，D 项表述错误，依题意，应当选。

139. 什么叫行政强制？

答：行政强制是指对违反行政法律规范或者不履行生效的行政决定的行政管理相对人的人身权、财产权和其他权利予以限制或者处分，直接执行或者迫使当事人履行由具体行政行为所确定的法律上的义务。

140. 对《行政强制法》的适用是怎样规定的？

答：《行政强制法》第三条规定："行政强制的设定和实施，适用本法。"也就是说，对行政强制措施和行政强制执行的设定和实施，都要依据《行政强制法》。

但同时有两个例外：①发生或者即将发生自然灾害、事故灾难、公共卫生事件或者社会安全事件等突发事件，行政机关采取应急措施或者临时措施，依照有关法律、行政法规的规定执行。②行政机关采取金融业审慎监管措施、进出境货物强制性技术监控措施，依照有关法律、行政法规的规定执行。

141. 行政机关对违法行为可以不采取行政强制措施的前提条件是什么？

答：违法行为情节显著轻微或者没有明显社会危害的，可以不采取行政强制措施。

142. 行政机关实施行政强制措施应当遵守哪些程序性规定？

答：行政机关实施行政强制措施应当遵守下列规定：①实施前须向行政机关负责人报告并经批准；②由两名以上行政执法人员实施；③出示执法身份证件；④通知当事人到场；⑤当场告知当事人采取行政强制措施的理由、依据以及当事人依法享有的权利、救济途径；⑥听取当事人的陈述和申辩；⑦制作现场笔录，现场笔录由当事人和行政执法人员签名或者盖章，当事人拒绝的，在笔录中予以注明；⑧当事人不到场的，邀请见证人到场，由见证人和行政执法人员在现场笔录上签名或者盖章；⑨法律、法规规定的其他程序。

依照法律规定实施限制公民人身自由的行政强制措施，除应当履行上述规定的程序外，还应当遵守下列规定：①当场告知或者实施行政强制措施后立即通知当事人家属实施行政强制措施的行政机关、地点和期限；②在紧急情况下当场实施行政强制措施的，在返回行政机关后，立即向行政机关负责人报告并补办批准手续；③法律规定的其他程序。

143. 查封、扣押由哪个行政机关实施？

答：查封、扣押应当由法律、法规规定的行政机关实施，其他任何行政机关或者组织不得实施。

144. 实施查封、扣押的行政强制措施时有哪些限制性规定？

答：查封、扣押限于涉案的场所、设施或者财物，不得查封、扣押与违法行为无关的场所、设施或者财物；不得查封、扣押公民个人及其所扶养家属的生活必需品。

当事人的场所、设施或者财物已被其他国家机关依法查封的，不得重复查封。

145. 对查封、扣押财产的期限是怎样规定的？

答：查封、扣押的期限不得超过三十日；情况复杂的，经行政机关负责人批准，可以延长，但是延长期限不得超过三十日。法律、行政法规另有规定的除外。

对物品需要进行检测、检验、检疫或者技术鉴定的，查封、扣押的期间不包括检测、检验、检疫或者技术鉴定的期间。

146. 行政机关对查封、扣押的场所、设施或财产的保管责任是怎样规定的？

答：①对查封、扣押的场所、设施或者财物，行政机关应当妥善保管，不得使用或者损毁；造成损失的，应当承担赔偿责任。②对查封的场所、设施或者财物，行政机关可以委托第三人保管，第三人不得损毁或者擅自转移、处置。因第三人的原因造成的损失，行政机关先行赔付后，有权向第三人追偿。③因查封、扣押发生的保管费用由行政机关承担。

147. 在哪些情形下，行政机关应当及时作出解除查封、扣押决定？

答：有下列情形之一的，行政机关应当及时作出解除查封、扣押决定：①当事人没有违法行为；②查封、扣押的场所、设施或者财物与违法行为无关；③行政机关对违法行为已经作出处理决定，不再需要查封、扣押；④查封、扣押期限已经届满；⑤其他不再需要采取查封、扣押措施的情形。

解除查封、扣押应当立即退还财物；已将鲜活物品或者其他不易保管的财物拍卖或者变卖的，退还拍卖或者变卖所得款项。变卖价格明显低于市场价格，给当事人造成损失的，应当给予补偿。

148. 行政机关在作出强制执行决定前，应当做好哪些工作？

答：①行政机关作出强制执行决定前，应当事先以书面形式催告当事人履行义务。催告书上应当载明当事人履行义务的期限、方式以及当事人依法享有的陈述权和申辩权。催告书应当直接送达当事人。当事人拒绝接收或者无法直接送达当事人的，应当依照《民事诉讼法》的有关规定送达。②当事人收到催告书后有权进行陈述和申辩。行政机关应当充分听取当事人的意见，对当事人提出的事实、理由和证据，应当进行记录、复核。当事人提出的事实、理由或者证据成立的，行政机关应当采纳。

149. 在什么情况下行政机关可以强制执行？

答：①行政机关依法作出行政决定后，当事人在行政机关决定的期限内不履行义务的，具有行政强制执行权的行政机关可以依照《行政强制法》的规定强制执行。②经催告，当事人逾期仍不履行行政决定，且无正当理由的，行政机关可以作出强制执行决定。③在催告期间，对有证据证明有转移或者隐匿财物迹象的，行政机关可以作出立即强制执行决定。

150. 行政强制执行在什么情形下要终结执行？

答：行政强制执行有下列情形之一的，终结执行：①公民死亡，无遗产可供执行，又无义务承受人的；②法人或者其他组织终止，无财产可供执行，又无义务承受人的；③执行标的灭失的；④据以执行的行政决定被撤销的；⑤行政机关认为需要终结执行的其他情形。

151. 在强制执行中或执行完毕后，据以执行的行政决定被撤销、变更或者错误的，应如何处理？

答：在执行中或执行完毕后，据以执行的行政决定被撤销、变更，或者执行错误的，应当恢复原状或者退还财物；不能恢复原状或者退还财物的，依法给予赔偿。

152. 在什么情况下行政机关可以与当事人达成执行协议？

答：实施行政强制执行，行政机关可以在不损害公共利益和他人合法权益的情况下，与当事人达成执行协议。执行协议可以约定分阶段履行；当事人采取补救措施的，可以减免加处的罚款或者滞纳金。

执行协议应当履行。当事人不履行执行协议的，行政机关应当恢复强制执行。

153. 对行政机关的行政强制执行有哪些禁止性规定？

答：①行政机关不得在夜间或者法定节假日实施行政强制执行。但是，情况紧急的除外。②行政机关不得对居民生活采取停止供水、供电、供热、供燃气等方式迫使当事人履行相关行政决定。

154. 对违法的建筑物、构筑物、设施等应当如何处理？

答：对违法的建筑物、构筑物、设施等需要强制拆除的，应当由行政机关予以公告，限期当事人自行拆除。当事人在法定期限内不申请行政复议或者提起行政诉讼，又不拆除的，行政机关可以依法强制拆除。

155. 行政机关在什么情况下可以加处罚金或滞纳金？

答：①行政机关依法作出金钱给付义务的行政决定，当事人逾期不履行的，行政机关可以依法加处罚款或者滞纳金。加处罚款或者滞纳金的数额不得超出金钱给付义务的数额。②行政机关依法实施加处罚款或者滞纳金超过三十日、经催告当事人仍不履行的，具有行政强制执行权的行政机关可以强制执行。

156. 没有行政强制执行权的行政机关在什么情况下可以将查封、扣押的财物依法拍卖抵缴罚款？

答：没有行政强制执行权的行政机关应当申请人民法院强制执行。但是，当事人在法定期限内不申请行政复议或者提起行政诉讼、经催告仍不履行的，在实施行政管理过程中已经采取查封、扣押措施的行政机关，可以将查封、扣押的财物依法拍卖抵缴罚款。

157. 什么情况下适用代履行？

答：代履行是指义务人逾期不履行行政法义务，由他人代为履行可以达到相同目的的，行政机关可以自己代为履行或者委托第三人代为履行，向义务人征收代履行费用的强制执行制度。

代履行主要适用于该行政法义务属于可以由他人代替履行的作为义务，例如排除障碍、强制拆除等。对于不能够由他人替代的义务和不作为义务，特别是与人身有关的义务，不能适用代履行。

158. 代履行应当遵守哪些规定?

答:代履行应当遵守下列规定:①代履行前送达决定书,代履行决定书应当载明当事人的姓名或者名称、地址,代履行的理由和依据、方式和时间、标的、费用预算以及代履行人;②代履行三日前,催告当事人履行,当事人履行的,停止代履行;③代履行时,作出决定的行政机关应当派员到场监督;④代履行完毕,行政机关到场监督的工作人员、代履行人和当事人或者见证人应当在执行文书上签名或者盖章。⑤代履行不得采用暴力、胁迫以及其他非法方式。

159. 代履行的费用由谁承担?

答:代履行的费用按照成本合理确定,由当事人承担。但是,法律另有规定的除外。

160. 在什么情况下,行政机关可以立即实施代履行?

答:需要立即清除道路、河道、航道或者公共场所的遗洒物、障碍物或者污染物,当事人不能清除的,行政机关可以决定立即实施代履行;当事人不在场的,行政机关应当在事后立即通知当事人,并依法作出处理。

161. 没有行政强制执行权的行政机关在什么情况下可以申请人民法院强制执行?

答:当事人在法定期限内不申请行政复议或者提起行政诉讼,又不履行行政决定的,没有行政强制执行权的行政机关可以自期限届满之日起三个月内,依法向人民法院申请强制执行。

行政机关申请人民法院强制执行前,应当催告当事人履行义务。催告书送达十日后当事人仍未履行义务的,行政机关可以向所在地有管辖权的人民法院申请强制执行;执行对象是不动产的,向不动产所在地有管辖权的人民法院申请强制执行。

162. 人民法院在受理和裁定行政机关强制执行申请时要遵循哪些规定?

答:①人民法院接到行政机关强制执行的申请,应当在五日内受理。②人民法院对行政机关强制执行的申请进行书面审查,对符合本法第五十五条规定,且行政决定具备法定执行效力的,除本法第五十八条规定的情形外,人民法院应当自受理之日起七日内作出执行裁定。③人民法院应当自受理之日起三十日内作出是否执行的裁定,裁定不予执行的,应当说明理由,并在五日内将不予执行的裁定送达行政机关。

163. 行政机关对人民法院不予受理或不予执行的裁定有异议的怎么办?

答:行政机关对人民法院不予受理的裁定有异议的,可以在十五日内向上一级人民法院申请复议,上一级人民法院应当自收到复议申请之日起十五日内作出是否受理的裁定。

行政机关对人民法院不予执行的裁定有异议的,可以自收到裁定之日起十五日内向上一级人民法院申请复议,上一级人民法院应当自收到复议申请之日起三十日内作出是否执行的裁定。

164. 在什么情形下,人民法院作出裁定前可以听取被执行人和行政机关的意见?

答:人民法院发现有下列情形之一的,在作出裁定前可以听取被执行人和行政机关的意见:①明显缺乏事实根据的;②明显缺乏法律、法规依据的;③其他明显违法并损害被执行人合法权益的。

165. 在什么情况下行政机关可以申请人民法院立即执行?

答:因情况紧急,为保障公共安全,行政机关可以申请人民法院立即执行。经人民法院院长批准,人民法院应当自作出执行裁定之日起五日内执行。

166. 行政机关向人民法院申请强制执行的费用由谁承担?

答:行政机关申请人民法院强制执行,不缴纳申请费。强制执行的费用由被执行人承担。

人民法院以划拨、拍卖方式强制执行的,可以在划拨、拍卖后将强制执行的费用扣除。

167. 行政机关实施行政强制有哪些情形之一的,要依法追究责任?

答:行政机关实施行政强制,有下列情形之一的,由上级行政机关或者有关部门责令改正,对直接负责的主管人员和其他直接责任人员依法给予处分,违法行为构成犯罪的,依法追究刑事责任:①没有法律、法规依据的;②改变行政强制对象、条件、方式的;③违反法定程序实施行政强制的;④违反本法规定,在夜间或者法定节假日实施行政强制执行的;⑤对居民生活采取停止供水、供电、供热、供燃气等方式迫使当事人履行相关行政决定的;⑥有其他违法实施行政强制情形的。

168. 对行政机关违反《行政强制法》的哪些行为要依法追究责任?

答:违反《行政强制法》规定,行政机关有下列情形之一的,由上级行政机关或者有关部门责令改正,对直接负责的主管人员和其他直接责任人员依法给予处分,违法行为构成犯罪的,依法追究刑事责任:①扩大查封、扣押、冻结范围的;②使用或者损毁查封、扣押场所、设施或者财物的;③在查封、扣押法定期间不作出处理决定或者未依法及时解除查封、扣押的;④在冻结存款、汇款法定期间不作出处理决定或者未依法及时解除冻结的。

169. 甲向法院提起行政诉讼,诉称某市水利局水行政执法人员在他不在家的情况下,撬锁对其租住的房屋的自备井进行检查,之后未采取任何保护措施即离开,致使其丢失现金5000 元,要求被告赔偿损失。甲向法院提供了其工资收入证明、银行取款凭单复印件、家中存有现金的同乡证言和房东听到其丢失现金的证言。下列说法哪一个是正确的?

A. 上述证据均系直接证据

B. 银行取款凭单复印件应加盖银行的印章

C. 房东的证言必须有房东的签名和租房协议原件

D. 上述证据在开庭审理前提交法院才有效

答案:B

解析:直接证据是能够单独直接证明案件主要事实的证据,上述证据都不能单独直接证明甲丢失现金是执法人员未采取保护措施即离开所造成的,所以都不是直接证据。根据《行政诉讼证据规定》第十条的规定,当事人向人民法院提供由有关部门保管的书证原件的复制件、影印件或者抄录件的,应当注明出处,经该部门核对无异后加盖其印章。所以,甲提的银行取款凭单复印件应当加盖银行印章。《行政诉讼证据》第十三条规定:“根据行政诉讼法第三十条第一款第(四)项的规定,当事人向人民法院提供证人证言的,应当符合下列要求:(一)写明证人的姓名、年龄、性别、职业、住址等基本情况;(二)有证人的签名,不能签名的,应当以盖章等方式证明;(三)注明出具日期;(四)附有居民身份证复印件等证明证人身份的文件。”因此,房东的证言必须有房东的签名,不要求有租房协议原件。

170. 某市某区公安分局认定赵某有嫖娼行为,对其处以拘留 15 天、罚款 3000 元的处罚。赵某不服申请复议,市公安局维持了原处罚决定。赵某提起行政诉讼。在第一审程序中,原处罚机关认定赵某有介绍嫖娼行为,将原处罚决定变更为罚款 1000 元。赵某对改变

后的处罚决定仍不服。下列说法哪些是正确的?

A. 法院应继续审理原处罚决定

B. 法院应审理改变后的处罚决定

C. 审理原处罚决定还是改变后的处罚决定由法院决定

D. 原告对原处罚决定不申请撤诉的,法院应当对原处罚决定作出相应判决

答案:BD

解析:《行诉解释》第五十条规定:"被告在一审期间改变被诉具体行政行为的,应当书面告知人民法院。原告或者第三人对改变后的行为不服提起诉讼的,人民法院应当就改变后的具体行政行为进行审理。被告改变原具体行政行为,原告不撤诉,人民法院经审查认为原具体行政行为违法的,应当作出确认其违法的判决;认为原具体行政行为合法的,应当判决驳回原告的诉讼请求。原告起诉被告不作为,在诉讼中被告作出具体行政行为,原告不撤诉的,参照上述规定处理。"

171. **某街道接连发生自行车失窃案,某公安分局接到王某报案,说曾看见刘某偷车,经调查,修车人马某也说刘某曾向其兜售自行车。于是,某公安分局传唤刘某进行讯问,刘某矢口否认,遭到干警殴打,刘某遂承认偷车。公安分局对刘某作出拘留15日、罚款200元的处罚。然后在刘某家中抄出尚未出售的自行车一辆。刘某经复议后又起诉,请问,以下哪些可以作为维持该处罚决定的证据使用?**

A. 王某的证言　　**B. 马某的证言**

C. 刘某的口供　　**D. 查抄的自行车**

答案:AB

解析:因为王某和马某的证言是在处罚作出前提取的,并且是合法提取的,所以可作为维持处罚决定的证据。而刘某的口供是非法取得的,不能作为维持处罚决定的证据。而自行车是在行政处罚决定作出后才查抄出的,所以也不能作为维持处罚决定的证据。

172. **一小区已建有A幼儿园,为满足需要,某区人民政府拟在该小区内再建一所幼儿园。张某和李某先后向某区人民政府提出申请,张某获批准。下列哪一种说法是正确的?**

A. 某区人民政府必须在受理李某和张某的申请之日起20日内作出批准与否的决定

B. 某区人民政府按照张某和李某申请的先后顺序作出批准决定是不合法的

C. 李某有权对某区人民政府批准张某申请的行为提起行政诉讼

D. A幼儿园有权对某区人民政府批准再建幼儿园的决定提起行政诉讼

答案:C

解析:根据《行政许可法》第四十二条第一款的规定:A的选项说得太绝对,没有考虑延长的情况,故A不选。《行政许可法》第57条规定:"有数量限制的行政许可,两个或者两个以上申请人的申请均符合法定条件、标准的,行政机关应当根据受理行政许可申请的先后顺序作出准予行政许可的决定。但是,法律、行政法规另有规定的,依照其规定。"故区政府的做法是合法的,B不选。《高法行诉解释》第十三条规定:"有下列情形之一的,公民、法人或者其他组织可以依法提起行政诉讼:(一)被诉的具体行政行为涉及其相邻权或者公平竞争权的;……"区政府对张某的许可可能侵犯李某的公平竞争权,李某有权对该许可行为提起行政诉讼,故选C。政府批准建幼儿园的行为不必然影响A幼儿园的权益,故不选D。

173. **秦某租住江某房屋,后伪造江某的身份证和房屋所有权证,将房屋卖给不知情的吴**

某。房屋登记部门办理过户时未发现材料有假，便向吴某发放了房屋所有权证。江某发现房屋被卖时秦某已去向不明。江某以登记错误为由，提起行政诉讼要求撤销登记。下列哪些选项是正确的？

A. 法院应判决房屋登记部门撤销颁发给吴某的房屋所有权证

B. 吴某是善意第三人，房屋登记部门不应当撤销给吴某颁发的房屋所有权证

C. 江某应当先申请行政复议，对复议决定不服的，才能向法院起诉

D. 江某提起行政诉讼最长期限是20年，自房屋登记机关作出过户登记之日起计算

答案：AD

解析：《行政诉讼法》第五十四条第二项规定："具体行政行为有下列情形之一的，判决撤销或者部分撤销，并可以判决被告重新作出具体行政行为：①主要证据不足的；②适用法律、法规错误的；③违反法定程序的；④超越职权的；⑤滥用职权的。"本题中，房屋登记部门办理过户所依据的主要证据即秦某所提供的江某的身份证和房屋所有权证，而这两个证件均系秦某伪造的，因此房屋登记部门办理过户登记的主要证据不足，法院应当判决判决房屋登记部门撤销颁发给吴某的房屋所有权证。A项正确，而B项错误。《行政诉讼法》第三十七条第二款规定："法律、法规规定应当先向行政机关申请复议，对复议不服再向人民法院提起诉讼的，依照法律、法规的规定。"据此，复议前置案件以法律、法规的规定为必要条件。《行政复议法》第三十条第一款规定："公民、法人或者其他组织认为行政机关的具体行政行为侵犯其已经依法取得的土地、矿藏、水流、森林、山岭、草原、荒地、滩涂、海域等自然资源的所有权或者使用权的，应当先申请行政复议，对行政复议决定不服的，可以依法向人民法院提起行政诉讼。"本题中，秦某是认为房屋登记机关的过户登记侵犯了其房屋所有权，而非侵犯自然资源所有权或者使用权案件，因此并不适用本款规定的复议前置规定。因此，C项错误。《行政诉讼法解释》第四十二条规定："公民、法人或者其他组织不知道行政机关作出的具体行政行为内容的，其起诉期限从知道或者应当知道该具体行政行为内容之日起计算。对涉及不动产的具体行政行为从作出之日起超过20年、其他具体行政行为从作出之日起超过5年提起诉讼的，人民法院不予受理。"由于本题涉及房屋这一不动产，因此江某提起行政诉讼最长期限是20年，自房屋登记机关作出过户登记之日起计算。D项正确。

174. 市城市规划局批准建设的居住小区整体结构设计违反了国家的有关法律规定，给原告甲村的利益造成严重损害，但是房屋及其配套设施等已经建成交付使用。撤销批准建设的具体行政行为将会给公共利益造成重大损失，人民法院应当如何处理？

A. 判决确认被诉具体行政行为违法

B. 判决被告对原告承担赔偿责任

C. 责令被诉行政机关采取相应的补救措施

D. 维持被诉具体行政行为

答案：ABC

解析：《行诉解释》第五十八条："被诉具体行政行为违法，但撤销该具体行政行为将会给国家利益或者公共利益造成重大损失的，人民法院应当作出确认被诉具体行政行为违法的判决，并责令被诉行政机关采取相应的补救措施；造成损害的，依法判决承担赔偿责任。"

175. 某县环保局与水利局在联合执法过程中，发现某化工厂排污口建在行洪通道上，并对下游河水造成污染，遂联合作出责令该厂限期拆除其排污口的决定。某县水利局工作人

员田某向该厂送达决定书时，遭到该厂职工围攻而受伤。该厂不服，以某县水利局为被告向法院提起行政诉讼。下列哪一选项是正确的？

A. 法院应当通知某化工厂变更被告

B. 某县水利局可以对田某被打一事提起反诉

C. 田某可以成为本案的第三人

D. 若法院追加且某化工厂同意，某县环保局为本案的被告

答案：D

解析：本案中，该厂对处罚决定不服，应当以某县环保局和水利局为共同被告提起诉讼，所以，本案不是变更被告的问题，而是追加被告的问题。故A项说法错误，不当选。某化工厂提起的是针对某县环保局和水利局联合执法行为的行政诉讼。行政诉讼中审理的对象是行政机关具体行政行为的合法性问题，所以不存在就民事侵权问题的反诉。故B项说法错误，不当选。行政诉讼中的第三人必须是与提起诉讼的具体行政行为有利害关系的其他公民、法人或者其他组织，或者是应当被追加为被告而原告不同意的行政机关。本案中，某县水利局工作人员田某向该厂送达决定书时，遭到该厂职工围攻而受伤。田某是代表某县水利局在行使行政管理职能，其自身的民事主体身份为行政机关的执法职能所吸收。所以，田某受伤不是普通的民事侵权案件，而是行政执法管理活动中作为行政相对人的化工厂与作为行政主体的县水利局之间的行政案件。而田某作为水利局的职工，在法院审理水利局行政执法行为是否合法的案件中，不具有第三人的资格。故C选项说法错误，不当选。第二十五条规定："公民、法人或者其他组织直接向人民法院提起诉讼的，作出具体行政行为的行政机关是被告。经复议的案件，复议机关决定维持原具体行政行为的，作出原具体行政行为的行政机关是被告；复议机关改变原具体行政行为的，复议机关是被告。两个以上行政机关作出同一具体行政行为的，共同作出具体行政行为的行政机关是共同被告。由法律、法规授权的组织所作的具体行政行为，该组织是被告。由行政机关委托的组织所作的具体行政行为，委托的行政机关是被告。行政机关被撤销的，继续行使其职权的行政机关是被告。"本案中，某县环保局与水利局在联合执法过程中，发现某化工厂排污口建在行洪通道上，并对下游河水造成污染，遂联合作出责令该厂限期拆除其排污口的决定。可见，某县环保局和水利局作出了责令该厂限期拆除排污口决定的具体行政行为，依法应当作为行政诉讼中的共同被告。又依据上引《行政诉讼法解释》第二十三条的具体规定可知，"应当追加被告而原告不同意追加的，人民法院应当通知其以第三人的身份参加诉讼"。可见，若法院追加且某化工厂同意，某县环保局为本案的被告。故D选项说法正确，当选。

176. **田某对某市房管局向李某核发房屋所有权证的行为不服，以自己是房屋所有权人为由请求法院判决撤销某市房管局的发证行为。田某向法院提交了房屋所有权证，李某向法院提交了该房屋买卖合同，某市房管局向法院提交了李某的房屋产权登记申请、契税完税证等证据。下列哪一说法是正确的？**

A. 房屋所有权证、房屋买卖合同、房屋产权登记申请、契税完税证均系书证

B. 李某可以在一审庭审结束前向法院提交房屋买卖合同

C. 田某向法院提交其房屋所有权证是承担举证责任的表现

D. 法院在收到被告提交的证据后应当出具收据，加盖法院印章和经办人员印章

答案：A

解析:A 对,书证是指以文字、符号、图形所记载或表示的内容、含义来证明案件事实的证据。B 错,《行政证据规定》第七条规定:“原告或者第三人应当在开庭审理前或者人民法院指定的交换证据之日提供证据。因正当事由申请延期提供证据的,经人民法院准许,可以在法庭调查中提供。逾期提供证据的,视为放弃举证权利。”“原告或者第三人在第一审程序中无正当事由未提供而在第二审程序中提供的证据,人民法院不予接纳。”D 错,《行政证据规定》第二十条规定:人民法院收到当事人提交的证据材料,应当出具收据,注明证据的名称、份数、页数、件数、种类等以及收到的时间,由经办人员签名或者盖章。C 错,在我国,《行政诉讼法》确立了被告行政机关在行政诉讼中承担主要举证责任的基本原则,根据行政证据规定,行政诉讼中原告提供证据仅限于下列情形:①公民、法人或者其他组织向人民法院起诉时,应当提供其符合起诉条件的相应的证据材料;②在起诉被告不作为的案件中,原告应当提供其在行政程序中曾经提出申请的证据材料;③在行政赔偿诉讼中,原告应当对被诉具体行政行为造成损害的事实提供证据……

177. 依据行政诉讼的有关规定,下列哪一证据材料在原告不能自行收集,但能够提供确切线索时,可以申请人民法院调取?

A. 涉及公共利益的证据材料 **B. 涉及个人隐私的证据材料**

C. 涉及中止诉讼事项的证据材料 **D. 涉及回避事项的证据材料**

答案:B

解析:《行政证据规定》第二十三条第一款规定,原告或者第三人不能自行收集,但能够提供确切线索的,可以申请人民法院调取下列证据材料:①由国家有关部门保存而须由人民法院调取的证据材料;②涉及国家秘密、商业秘密、个人隐私的证据材料;③确因客观原因不能自行收集的其他证据材料。故选 B。

178. 王某擅自使用机动渔船渡客。渔船行驶过程中,被某港航监督站的执法人员发现,当场对王某作出罚款 50 元的行政处罚,并立即收缴了该罚款。关于缴纳罚款,下列哪一做法是正确的?

A. 执法人员应当自抵岸之日起 2 日内将罚款缴至指定银行

B. 执法人员应当自抵岸之日起 5 日内将罚款缴至指定银行

C. 执法人员应当自抵岸之日起 2 日内将罚款缴至所在行政机关,由行政机关在 2 日内缴付指定银行

D. 执法人员应当自抵岸之日起 2 日内将罚款缴至所在行政机关,由行政机关在 5 日内缴付指定银行

答案:C

解析:《行政处罚法》第五十条规定,执法人员当场收缴的罚款,应当自收缴罚款之日起 2 日内,缴至行政机关;在水上当场收缴的罚款,应当自抵岸之日起 2 日内缴至行政机关;行政机关应当在 2 日内将罚款缴付指定的银行。

179. 某工商局在办理完毕某企业变更法定代表人登记 1 年之后,发现办理登记的工作人员由于工作疏忽未认真核实有关材料,作出了错误的变更登记。在这种情况下,工商局应当如何处理?

A. 撤销变更登记,恢复到原来的登记状态

B. 吊销企业法人营业执照

C. 撤销企业法人营业执照，对于由此给企业造成的损失予以适当赔偿

D. 注销企业法人营业执照，给予企业适当补偿

答案：A

解析：行政行为的撤销是指对违法或不当但已生效的行政行为依法使其失去法律效力，恢复行政行为作出前的状态；吊销企业法人营业执照是对严重违反工商行政管理秩序的企业给予的一种行政处罚；注销企业法人营业执照并不是行政处罚措施，只是消灭企业法人资格的一个正常程序，行政机关可以依申请进行。本题中企业并没有违法行为，不能吊销企业执照，行政机关的错误变更登记是由于工作人员的疏忽所致，消除这一错误的行政行为只需撤销变更登记，恢复到原来的状态即可，因此选 A。

180. 潘某不服某水利局的行政处罚决定向法院提起诉讼。诉讼过程中，水利局撤销了原处罚决定，潘某遂向法院申请撤诉，法院作出准予撤诉的裁定。一周后，水利局又以同一事实和理由作出了与原处罚决定相同的决定。下列哪一种说法是正确的？

A. 潘某可以撤回撤诉申请，请求法院恢复诉讼，继续审理该案

B. 潘某可以对法院所作的准予撤诉裁定提出上诉

C. 潘某可以申请再审，请求法院撤销准予撤诉的裁定

D. 潘某可以对水利局新的处罚决定提起诉讼

答案：D

解析：在本案中，法院已经作出准予撤诉的裁定，诉讼已经结束，当然没有恢复诉讼的问题。恢复诉讼的前提是中止诉讼。据此，选项 A 错误。根据《最高人民法院关于执行〈中华人民共和国行政诉讼法〉若干问题的解释》第六十三条的规定，只有对不予受理、驳回起诉和管辖异议的裁定才可上诉，对其他裁定均不可上诉。据此，选项 B 错误。根据《最高人民法院关于执行〈中华人民共和国行政诉讼法〉若干问题的解释》第三十六条第二款的规定，准予撤诉的裁定确有错误，原告申请再审的，人民法院应当通过审判监督程序撤销原准予撤诉的裁定，重新对案件进行审理。据此，选项 C 从程序意义上具有一定正确性，但从实体意义上讲，准予撤诉的裁定没有什么“错误”，选项 C 存在实体缺陷。水利局又作出新的处罚，对该处罚，潘某当然可以起诉。据此，选项 D 正确。特别注意：选项 D 不违反《最高人民法院关于执行〈中华人民共和国行政诉讼法〉若干问题的解释》第三十六条第一款的规定，因为选项 D 中，潘某起诉的对象是新处罚，而非原处罚。

181. 根据《行政许可法》的规定，下列有关行政许可的审查和决定哪一种说法是正确的？

A. 对行政许可申请人提交的申请材料的审查，均应由行政机关两名以上工作人员进行

B. 行政机关作出准予行政许可决定和不予行政许可决定，均应采用书面形式

C. 行政机关作出准予行政许可决定后，均应向申请人颁发加盖本行政机关印章的行政许可证件

D. 所有的行政许可均在全国范围内有效

答案：B

解析：根据《行政许可法》第三十四条第三款，进行实质审查必需两名以上工作人员进行；如果进行形式审查，只需一名即可。据此，选项 A 错误。根据《行政许可法》第三十八条的规定，选项 B 正确。根据《行政许可法》第三十九条第一款，行政机关作出准予行政许可的决定,并不都需要颁发行政许可证件。据此,选项C错误。

根据《行政许可法》第四十一条的规定,法律、行政法规设定的行政许可,其适用范围没有地域限制的,申请人取得的行政许可在全国范围内有效。①法律、行政法规设定的行政许可,其适用范围有地域限制的,申请人取得的行政许可在特定地域范围内有效;②省级地方性法规和省级政府规章设定的行政许可,申请人取得的行政许可仅在该省、自治区、直辖市范围内有效;③较大的市地方性法规设定的行政许可,申请人取得的行政许可仅在该较大的市范围内有效。据此,选项D错误。

182. 关于行政许可程序,下列哪一选项是正确的?

A. 对依法不属于某行政机关职权范围内的行政许可申请,行政机关作出不予受理决定,应向当事人出具加盖该机关专用印章和注明日期的书面凭证

B. 行政许可听证均为依当事人申请的听证,行政机关不能主动进行听证

C. 行政机关作出的准予行政许可决定,除涉及国家秘密的,均应一律公开

D. 所有的行政许可适用范围均没有地域限制,在全国范围内有效

答案:A

解析:根据《行政许可法》第三十二条的规定,申请事项依法不属于本行政机关职权范围的,应当即时作出不予受理的决定,并告知申请人向有关行政机关申请;行政机关受理或者不予受理行政许可申请,应当出具加盖本行政机关专用印章和注明日期的书面凭证。A正确。

《行政许可法》第四十六条规定,法律、法规、规章规定实施行政许可应当听证的事项,或者行政机关认为需要听证的其他涉及公共利益的重大行政许可事项,行政机关应当向社会公告,并举行听证。B说行政机关不能主动听证是错误的。

《行政许可法》第四十条规定,行政机关作出的准予行政许可决定,应当予以公开,公众有权查阅。第五条第二款规定,行政许可的实施和结果,除涉及国家秘密、商业秘密或者个人隐私的外,应当公开。C将涉及商业秘密和个人隐私的情况排除,是错误的。

《行政许可法》第四十一条规定,法律、行政法规设定的行政许可,其适用范围没有地域限制的,申请人取得的行政许可在全国范围内有效。这一规定强调了前提是法律、行政法规设定的行政许可,而非所有的行政许可,所以D错误。

183. 刘某因超载被公路管理机关执法人员李某拦截,李某口头作出罚款200元的处罚决定,并要求当场缴纳。刘某要求出具书面处罚决定和罚款收据,李某认为其要求属于强词夺理,拒绝听取其申辩。关于该处罚决定,下列哪些说法是错误的?

A. 该处罚决定不成立,刘某可以拒绝

B. 该处罚决定违法,刘某缴纳罚款后可以申请复议或者提起诉论

C. 该处罚决定不成立,刘某缴纳罚款后可以申请复议或者提起诉讼

D. 该处罚决定无效,刘某可以拒绝

答案:BD

解析:《行政处罚法》第三十二条规定:"当事人有权进行陈述和申辩。行政机关必须充分听取当事人的意见,对当事人提出的事实、理由和证据,应当进行复核;当事人提出的事实、理由或者证据成立的,行政机关应当采纳。行政机关不得因当事人申辩而加重处罚。"第四十九条规定:"行政机关及其执法人员当场收缴罚款的,必须向当事人出具省、自治区、直辖市财政部门统一制发的罚款收据;不出具财政部门统一制发的罚款收缴的,当事人有权拒绝缴纳罚款。”《行政处罚法》第三条第二款规定:“没有法定依据或者不遵守法定程序的,行政处罚无效。”据此,排除AC。.

184. 关于行政处罚和行政许可行为,下列哪些说法是不正确的?

A. 行政处罚和行政许可的设定机关均应定期对其设定的行政处罚和行政许可进行评价

B. 法律、法规授权的具有管理公共事务职能的组织,可依授权行使行政处罚权和行政许可权

C. 行政机关委托实施行政处罚和行政许可的组织应当是依法成立的管理公共事务的事业组织

D. 行政机关依法举行听证的,应当根据听证笔录作出行政处罚决定和行政许可决定

答案:ACD

解析:A错,根据《行政许可法》第二十条,行政处罚法没有相关规定。B对,《行政许可法》第二十三条,《行政处罚法》第十七条。C错,《行政许可法》第二十四条,《行政处罚法》第十八条。D错,《行政许可法》第四十八条,《行政处罚法》第四十三条、第三十八条。

185. 某市技术监督局根据举报,对力青公司进行突击检查,发现该公司正在生产伪劣产品,立即查封了厂房和设备,事后作出了没收全部伪劣产品并处罚款的决定。力青公司既不申请行政复议,也不提起行政诉讼,且逾期拒绝履行处罚决定。对于力青公司拒绝履行处罚决定的行为,技术监督局可以采取下列哪些措施?

A. 申请人民法院强制执行

B. 将查封的财物拍卖抵缴罚款

C. 通知银行将力青公司的存款划拨抵缴罚款

D. 每日按罚款数额的百分之三加处罚款

答案:AD

解析:《行政处罚法》第五十一条规定,当事人逾期不履行行政处罚决定的,作出行政处罚决定的行政机关可以采取下列措施:①到期不缴纳罚款的,每日按罚款数额的百分之三加处罚款;②根据法律规定,将查封、扣押的财物拍卖或者将冻结的存款划拨抵缴罚款;③申请人民法院强制执行。

186. 某县公安局因彭某拒绝缴纳罚款,将彭某汽车扣押。一个月后,该局通知彭某将汽车领回,但该车在扣押期间被使用,因发生交通事故遭到部分损坏。下列哪些说法是正确的?

A. 某县公安局的扣车行为是一种行政强制措施

B. 某县公安局的扣车行为应当有法律、行政法规或者地方性法规的授权,否则构成违法

C. 某县公安局退回被扣的汽车即可视为对扣车行为违法性的确认

D. 某县公安局应满足彭某提出赔偿其汽车维修费、养路费和汽车停运期间的收入损失的要求

答案:AB

解析:行政强制措施,是指行政主体为了实现一定的行政目的,依法定的权限和程序,对特定人或特定物，作出的以限制权利和科以义务为内容的、临时性的强制行为。行政强制执行，是指行政主体，对逾期不履行具体行政行为确定的义务的相对人，依法定的权限和程序，强制其履行义务或者达到与履行义务相同状态的措施。县公安局的扣车行为并不能强制彭某缴纳罚款义务的履行或达到履行义务相同的状态，因此不属于行政强制执行，而属于行政强制措施。

不管是行政强制措施，还是行政强制执行，都必须由享有强制执行权的机关采取。根据《最高人民法院关于执行〈中华人民共和国行政诉讼法〉若干问题的解释》第八十七条的规定，只有法律、法规（包括行政法规、地方性法规）才有权授予行政机关强制执行权。据此，选项 B 正确。

县公安局退回被扣的汽车，可以认定为解除行政强制措施。行政强制措施具有目的性和临时性，目的实现即应解除。所以，解除行政强制措施，并不意味着先前采取的行政强制措施违法，也可能意味着目的已经实现，或行政机关认为没有必要采取强制措施。据此，选项 C 错误。

县公安局在扣车期间使用该车，属于违法行为，县公安局依法对事故损坏应当承担行政赔偿义务。但是，扣车期间该车的养路费和停运收入损失是否赔偿，取决于县公安局的扣车行为是否合法。根据《行政处罚法》第五十一条第二项的规定，当事人不履行罚款决定的，作出罚款决定的机关有权依法扣押财物。这意味着，本案中县公安局的扣车行为合法，当然也就没有赔偿该车的养路费和停运收入损失的问题。综上，选项 D 错误。

187. 根据《行政处罚法》的规定，下列哪些说法是正确的？

A. 违法行为轻微，及时纠正没有造成危害后果的，应当依法减轻对当事人的行政处罚

B. 行政机关使用非法定部门制发的罚款单据实施处罚的，当事人有权拒绝处罚

C. 对情节复杂的违法行为给予较重的行政处罚，应由行政机关的负责人集体讨论决定

D. 除当场处罚外，行政处罚决定书应按照民事诉讼法的有关规定在 7 日内送达当事人

答案：BC

解析：根据《行政处罚法》第二十七条第二款的规定，违法行为轻微并及时纠正，没有造成危害后果的，不予行政处罚。据此，选项 A 错误。根据《行政处罚法》第五十六条，选项 B 正确。根据《行政处罚法》第三十八条第二款，选项 C 正确。根据《行政处罚法》第四十条，选项 D 中“除当场处罚外”错误，应当是“除在宣告后当场交付当事人外”。

188. 根据《中华人民共和国水法》的规定，开发、利用水资源，应当坚持什么原则？

答：开发、利用水资源，应当坚持兴利与除害相结合，兼顾上下游、左右岸和有关地区之间的利益，充分发挥水资源的综合效益，并服从防洪的总体安排。

189. 水事违法案件处理程序包括哪些内容？

答：①受理；②立案；③调查；④告知（听证）；⑤处理（处罚）；⑥执行；⑦结案。

190.《防洪法》对河道、湖泊管理范围内作了哪些禁止性规定？

答：在河道、湖泊管理范围内禁止建设妨碍行洪的建筑物、构筑物，倾倒垃圾、渣土，从事影响河势稳定、危害河岸堤防安全和其他妨碍河道行洪的活动。禁止在行洪河道内种植阻碍行洪的林木和高秆作物。

191. 未经批准擅自取水或者未依照批准的取水许可规定条件取水的，应该怎么处理？

答：由县级以上人民政府水行政主管部门或者流域管理机构依据职权，责令停止违法行为，限期采取补救措施，处二万元以上十万元以下的罚款；情节严重的，吊销其取水许可证。

192. 防汛的工作方针是什么？

答：安全第一，常备不懈，以防为主，全力抢险。

193. 防洪法和对河道、湖泊管理范围及其界定是如何规定的？

答：有堤防的河道、湖泊，其管理范围为两岸堤防之间的水域、沙洲、滩地、行洪区和堤防及护堤地；无堤防的河道、湖泊，其管理范围为历史最高洪水位或者设计洪水位之间的水域、沙洲、滩地和行洪区。

194. 我国河道管理主体对河道管理的内容有哪些？

答：禁止在河道管护范围内从事乱开发建设、乱挖滥采砂石、乱占管护范围内土地、乱倒垃圾、乱排污水的“五乱”现象。其核心内容是河道内从事建设和生产的各项活动都必须符合防洪规划的要求，不得影响河势稳定，危害堤防安全，妨碍行洪和输水，不得影响水质和破坏生态环境，同时不得影响第三者利益。

195. 在洪泛区、蓄滞洪区内建设非防洪建设项目，《防洪法》作了哪些规定？

答：在洪泛区、蓄滞洪区内建设非防洪建设项目，应当就洪水对建设项目可能产生的影响和建设项目对防洪可能产生的影响作出评价，编制洪水影响评价报告，提出防御措施。建设项目可行性研究报告按照国家规定的基本建设程序报请批准时，应当附具有关水行政主管部门审查批准的洪水影响评价报告。

在蓄滞洪区内建设的油田、铁路、公路、矿山、电厂、电信设施和管道，其洪水影响评价报告应当包括建设单位自行安排的防洪避洪方案。建设项目投入生产或者使用时，其防洪工程设施应当经水行政主管部门验收。

在蓄滞洪区内建造房屋应当采用平顶式结构。

196. 什么是防洪区？

答：防洪区是指洪水泛滥可能淹及的地区，分为洪泛区、蓄滞洪区和防洪保护区。

197. 什么是水工程？

答：水工程是指在江河、湖泊和地下水源上开发、利用、控制、调配和保护水资源的各类工程。

198. 案情：2010 年 8 月 23 日，河南省安阳市水利局接到举报：境内安阳河河道里有大量垃圾。水利局立即派水政监察员赶往现场调查取证，经现场勘验，弃渣量为 860 立方米。安阳市水利局认为当事人的河道弃渣行为已经违反了《防洪法》第二十二条第二款的规定。垃圾是谁倒在河里的呢？这要从 2009 年初说起。安阳某陶瓷有限公司为清理生产过程中产生的废渣料和生活垃圾，与某村委会协商签订了垃圾占地协议。协议约定由该村委会指定倒渣地点，陶瓷有限公司支付垃圾占地款 10000 元，期限为一年。随后，该公司与村民燕某签订了垃圾清运协议，要求其将废渣、生活垃圾运至规定地点，并每月支付清运费 3300 元。从 2009 年 5 月起，燕某每天负责将陶瓷有限公司的废渣、垃圾运出并倒在村委会指定的安阳河河西该村段。针对违法事实，安阳市水利局根据《防洪法》第五十六条第（二）项的规定，分别作出对陶瓷有限公司处以 40000 元罚款，对燕某处以 8000 元罚款，责令限期清除弃渣的行政处罚决定。处罚决定作出后，燕某不服，随即向安阳市市人民政府申请行政复议。理由是：陶瓷有限公司雇他为其拉运废渣及垃圾，地点也是指定好的，并不是他私拉乱倒，所以不应该承担责任。

对此，安阳市水利局认为，燕某受雇于陶瓷有限公司清运垃圾，将860立方米垃圾在汛期倾倒在河道中。虽弃渣地点为某陶瓷有限公司认定，但燕某是直接行为人，且与陶瓷有限公司均为独立主体，根据《防洪法》的规定，对倾倒垃圾者进行处罚并无不当。依据《防洪法》等法律、法规的规定，复议机关维持了安阳市水利局作出的处罚决定。燕某在法定期限内没有提起行政诉讼，也不履行处罚决定，安阳市水利局申请法院强制执行。在燕某清除了倾倒于河道内的废渣、垃圾，并缴纳罚款后，此案结案。

法条链接：《防洪法》第二十二条第二款规定：禁止在河道、湖泊管理范围内建设妨碍行洪的建筑物、构筑物，倾倒垃圾、渣土，从事影响河势稳定、危害河岸堤防安全和其他妨碍河道行洪的活动。第五十六条规定：在河道、湖泊管理范围内倾倒垃圾、渣土，从事影响河势稳定、危害河岸堤防安全和其他妨碍河道行洪的活动的，责令停止违法行为，排除阻碍或者采取其他补救措施，可以处五万元以下的罚款。

问：(1)您认为安阳市水利局对燕某做出的行政处罚决定是否合适及理由？

(2)在本案中，陶瓷有限公司有无责任及理由？

(3)怎样才能避免此类案件的发生？

(1)答：对燕某的处罚是正确的，因为燕某是违法行为的直接实施人。他的行为违反了《防洪法》第二十二条第二款“禁止在河道、湖泊管理范围内建设妨碍行洪的建筑物、构筑物，倾倒垃圾、渣土，从事影响河势稳定、危害河岸堤防安全和其他妨碍河道行洪的活动”的规定，按照《防洪法》第五十六条第二项的规定，应对其处以罚款。

(2)答：对陶瓷有限公司所作出的处罚值得商榷。因为虽然渣土是陶瓷有限公司在生产过程中产生的，但是陶瓷有限公司与某村签订了垃圾占地协议书，并由该村指定了倒渣地点。陶瓷有限公司为处理生产中产生的渣土，只是与村委会签订了渣土占地协议，并没有直接实施违法行为，且渣土倾倒地点是由村委会指定的，故因地点选取而造成的违法事实，不应当由陶瓷有限公司承担相应责任。所以说应对燕某进行处罚，不应对陶瓷有限公司处罚。

(3)答：从此案中可以看出，加大水法律、法规的宣传力度是一项非常重要的工作，做好普法工作更是当务之急。要使人民群众更多地了解和掌握水法律、法规，知道哪些行为是被禁止的，哪些行为属于违法行为，并树立起自觉守法的意识，此类案件才可能避免发生。

199. 某县进行水利执法大检查，该县水利局执法人员发现甲未经批准擅自取水，对甲口头作出罚款100元的处罚，并要求甲当场缴纳罚款。甲向执法人员询问处罚的理由和依据，执法人员说理由和依据可以在缴纳罚款后到水利局去问，并不再听取甲的申辩。

问：该行政处罚在程序上存在哪些不合法之处？

答：①两名执法人员不应当口头作出罚款决定。

②在本案中，执法人员不能适用简易程序，当场作出罚款100元的决定。

③执法人员不能当场向当事人收缴罚款。

④甲向执法人员询问处罚的理由和依据，执法人员不应不告知。

⑤执法人员不应不听取当事人的申辩。

200. 我国的基本国情水情是什么？

答：人多水少，水资源时空分布不均。

201. 我国水利改革发展要努力走出一条什么样的道路？

答：中国特色水利现代化的道路。

202. 要合理调整城市居民生活用水价格,稳步推行什么制度?

答:阶梯式水价制度。

203. 开发利用水资源应当首先满足什么用水?

答:城乡居民生活用水。

204. 建设项目的节水设施没有建成或者没有达到国家规定的要求,擅自投入使用的,可以处多少元罚款?

答:五万元以上十万元以下。

205.《中华人民共和国水法》所称水资源是指什么?

答:地表水和地下水。

206. 水的主要用途有哪些?

答:生活用水、生产用水、生态用水。

207. 什么是干旱、半干旱地区增加抗旱水源的有效途径?

答:集蓄雨水。

208. 健全基层水利服务体系,要以什么为单元,健全基层水利服务机构?

答:乡镇或小流域。

209. 实施最严格的水资源管理制度应确立的三条红线是什么?

答:(1)水资源开发利用控制红线。

(2)用水效率控制红线。

(3)水功能区限制纳污红线。

210. 你知道"天上下雨地下留"这句话形容的是山丘区群众最常用的什么水利设施吗?

答:旱井水窖。

211. 水利行业精神是什么?

答:献身、负责、求实。

212. 水利改革发展的一个总目标是什么?

答:力争通过5年到10年努力,从根本上扭转水利建设明显滞后的局面。

213.《中华人民共和国水法》规定,国家对水资源依法实行什么制度?

答:取水许可和水资源有偿使用制度。

214.《中华人民共和国水法》规定,国家对水资源实行什么管理体制?

答:流域管理与行政区域管理相结合的管理体制。

215. 有堤防的河道,其管理范围如何确定?

答:有堤防的河道,其管理范围为两岸堤防之间的水域、沙洲、滩地(包括可耕地)、行洪区、两岸堤防及护堤地。

216. 在防洪工程设施保护范围内,禁止进行哪些危害防洪工程设施安全的活动?

答:爆破、打井、采石、取土。

217. 对河道、湖泊范围内阻碍行洪的障碍物,由防汛指挥机构按照什么原则责令限期清除?

答:"谁设障、谁清除"的原则。

218. 因生产、经营需要,确需占用河道堤防工程的单位和个人,必须经河道主管机关批准,并应当缴纳什么费?

答:河道堤防工程占用补偿费。

219. 哪些对象应列为防洪重点?

答:大中城市,重要的铁路、公路干线,大型骨干企业,应当列为防洪重点。

220. 无堤防的河道,其管理范围根据什么确定?

答:无堤防的河道,其管理范围根据历史最高洪水位或者设计洪水位确定。

221.《取水许可和水资源费征收管理条例》所称取水是指什么?

答:利用取水工程或者设施直接从江河、湖泊或者地下取用水资源。

222.《取水许可和水资源费征收管理条例》规定,取水许可证有效期限一般为几年?最长不超过几年?

答:一般为五年,最长不超过十年。

223. 地区之间在防汛抗洪方面发生的水事纠纷,由什么部门处理。

答:由发生纠纷地区共同的上一级人民政府或其授权的主管部门处理。

224. 国家对河道管理实行什么原则?

答:按水系统一管理和分级管理相结合的原则。

225. 在河道管理范围内,水域和土地的利用应当符合什么要求?

答:江河行洪、输水和航运的要求。

226. 水资源费和超计划加收水资源费由哪个部门负责征收?

答:水行政主管部门。

227. 开发、利用、节约、保护、管理水资源和防治水害的基本依据是什么?

答:水资源规划。

228. 筹集防洪费用的原则是什么?

答:政府投入同受益者合理承担相结合。

229. 水土保持法指的"四荒"是什么?

答:荒山、荒沟、荒丘、荒滩。

230. 水利改革发展的基本原则是什么?

答:一要坚持民生优先,二要坚持统筹兼顾,三要坚持人水和谐,四要坚持政府主导。

231. 中央明确支持的山丘区"五小水利工程"是什么?

答:小水窖、小水池、小塘坝、小泵站、小水渠。

232. 需要直接从江河、湖泊或者地下取用水资源的单位和个人,怎样取得取水权?

答:应向水行政主管部门或者流域管理机构申领取水许可证,并缴纳水资源费,取得取水权。

233.《中华人民共和国水法》第四十七条规定:国家对用水实行什么制度?

答:国家对用水实行总量控制和定额管理相结合的制度。

234.《水行政处罚实施办法》规定,制作调查笔录中,被调查人拒绝签名或者盖章的,水政监察人员应当怎么办?

答:应当有两名以上水政监察人员在笔录上注明情况并签名。

235. 水行政处罚的种类有哪些?

答:警告、罚款、吊销许可证、没收非法所得以及法律、法规规定的其他水行政处罚。

236. 当事人要求听证的,应当怎么办?

答:当事人要求听证的,可以在听证告知书的送达回证上签署意见,也可以在收到告知书三日内以其他书面方式向水行政处罚机关提出听证要求。

237.《取水许可和水资源费征收管理条例》规定的申请取水应当提交哪些材料?

答:①申请书;②与第三者利害关系的相关说明;③属于备案项目的,提供有关备案材料;④国务院水行政主管部门规定的其他材料。

238.单位之间、个人之间、单位与个人之间发生水事纠纷,如当事人不愿协商或者协商不成,该怎么办?

答:如当事人不愿协商或者协商不成,可以申请县级以上地方人民政府或者其授权的部门调解,也可以直接向人民法院提起民事诉讼。县级以上地方人民政府或者其授权的部门调解不成的,当事人可以向人民法院提起民事诉讼。在水事纠纷解决前,当事人不得单方面改变现状。

239.哪些情形下水行政机关应当对已立案的行政处罚案件进行销案处理?

答:两种情形的案件应当销案:一是违法事实不成立,二是已超过追责期限。

240.在地下水限制开采区内,确需取用地下水的,须经哪个部门批准?

答:须经省级水行政主管部门批准。

241.在河道管理范围内进行采砂活动的,需向什么部门申请办理采砂许可证?

答:在河道管理范围内进行采砂活动的,必须按照国家有关规定向有管辖权的水行政主管部门申请办理采砂许可证。

242.水行政处罚决定书送达的方式有哪几种?

答:①直接送达;②留置送达;③委托送达;④邮寄送达;⑤公告送达;⑥转交送达。

243.我国"法制宣传日"是哪一天?

答:每年的12月4日

244."世界水日"和"中国水周"的时间是哪一天?

答:每年3月22日是"世界水日",3月22日至28日为"中国水周"。

245.《中华人民共和国水法》制定的目的是什么?

答:为了合理开发、利用、节约和保护水资源,防治水害,实现水资源的可持续利用,适应国民经济和社会发展的需要,制定水法。

246.国家对河道采砂实行什么制度?

答:河道采砂许可制度。

247.对河道、湖泊管理范围内阻碍行洪的障碍物,责令限期清除而逾期不清除的,依法如何处理?

答:由防汛指挥机构组织强行清除,所需费用由设障者承担。

248.《中华人民共和国水法》对水资源的所有权是如何规定的?

答:水资源属于国家所有。水资源的所有权由国务院代表国家行使。农村集体经济组织的水塘和由农村集体经济组织修建管理的水库中的水,归各该农村集体经济组织使用。

249.《中华人民共和国水法》中的水工程定义是什么?

答:《水法》所称水工程,是指在江河、湖泊和地下水源上开发、利用、控制、调配和保护水资源的各类工程。

250.对可能出现垮坝的水库,大坝主管部门应当组织有关单位事先制订什么方案?

答：应急抢险和居民临时撤离方案。

251. 水资源紧缺地区应当限制哪些产业？

答：耗水量高的工业、农业和服务业。

252. 堤防防汛水位分哪三级？

答：设防水位、警戒水位、保证水位。

253. 河道采砂准采证是否可跨年使用？

答：河道采砂准采证一年一审批，不得跨年使用。

254. 洪水等级划分标准有哪些？

答：①一般洪水；②较大洪水；③大洪水；④特大洪水。

255. 对于"先行登记保存"性质如何认定？

答：学术界与实践中均存在较大分歧。理论上，虽然其与查封、扣押有诸多类似之处，但从执法实践和公平、效率的角度出发，暂不将之纳入强制措施其列，而仅作为行政处罚中的一个中间环节处理比较适宜。

256.《中华人民共和国水法》规定，开发、利用水资源应当坚持什么原则？

答：开发、利用水资源，应当坚持兴利与除害相结合，兼顾上下游、左右岸和有关地区之间的利益，充分发挥水资源的综合效益，并服从防洪的总体安排。

257.《中华人民共和国水法》规定，拒不缴纳、拖延缴纳或者拖欠水资源费的，应承担什么法律责任？

答：拒不缴纳、拖延缴纳或者拖欠水资源费的，由县级以上人民政府水行政主管部门或者流域管理机构依据职权，责令限期缴纳；逾期不缴纳的，从滞纳之日起按日加收滞纳部分千分之二的滞纳金，并处应缴或者补缴水资源费一倍以上五倍以下的罚款。

258. 未经批准擅自取水或者未依照批准的取水许可规定条件取水的，应该怎么处理？

答：由县级以上人民政府水行政主管部门或者流域管理机构依据职权，责令停止违法行为，限期采取补救措施，处二万元以上十万元以下的罚款；情节严重的，吊销其取水许可证。

259.《中华人民共和国水法》的适用范围是什么？

答：在中华人民共和国领域内开发、利用、节约、保护、管理水资源，防治水害，适用本法。

260. 农村集体经济组织修建水库应当经哪个部门批准？

答：应当经县级以上地方人民政府水行政主管部门批准。

261. 造成水土流失应负什么责任？

答：造成水土流失危害的，有责任排除危害，并对直接受到损害的单位和个人赔偿损失。

262. 在什么情况下，县级以上人民政府防汛指挥机构可以宣布进入紧急防汛期？

答：当江河、湖泊的水情接近保证水位或者安全流量，水库水位接近设计洪水位，或者防洪工程设施发生重大险情时。

263. 矿山企业把尾矿垃圾排入行洪河道内，造成该河道淤积、堵塞，应当怎么处理？

答：水行政主管部门应责令其停止违法行为，限期清除所排尾矿垃圾，并可处 5 万元以下罚款。

264. 2011 年中央一号文件的主题是什么？

答：加快水利改革发展。

265. 2011 年中央一号文件中提到从哪几方面全面加快水利基础设施建设？

答:一是继续实施大江大河治理;二是加强水资源配置工程建设;三是搞好水土保持和水生态保护;四是合理开发水能资源;五是强化水文气象和水利科技支撑。

266. 什么是水功能区?

答:水功能区是指为满足水资源合理开发、利用、节约和保护的需求,根据水资源的自然条件和开发利用现状,按照流域综合规划、水资源保护和经济社会发展要求,依其主导功能划定范围并执行相应水环境质量标准的水域。

267. 计划用水单位增加用水计划应当同时符合哪些条件?

答:(1)生产经营发展需要;

(2)已采取相应的节水措施;

(3)水的重复利用率、用水定额达到规定的行业标准。

268. 计划用水单位应当在每年的什么时候申报下一年度用水计划?

答:每年的10月31日前。

269. 城市居民水费由哪几项构成?

答:水费、城市附加费、污水处理费、水资源费。

270. 我国对水实行什么样的制度?

答:我国对水实行总量控制和定额管理相结合的制度。

271. 什么是节水"三同时"制度?

答:节水"三同时"是指新建、扩建、改建建设项目,应当制订节水措施方案,配套建设节水设施。节水设施应当与主体工程同时设计、同时施工、同时投入使用。

272. 举世闻名的"人工天河"红旗渠位于河南省安阳市西部山丘区林州市境内,红旗渠精神激励着我们每一个人。请问红旗渠精神的内涵是什么?

答:自力更生、艰苦创业、团结协作、无私奉献。

273. 水土保持"三同时"制度是指什么?

答:《中华人民共和国水土保持法》规定,生产建设项目中的水土保持设施,应当与主体工程同时设计、同时施工、同时投入使用。

274. 请问水土流失重点防治分区的"三区"是指哪"三区"?

答:重点治理区、重点监督区和重点预防保护区。

275. 请问《中华人民共和国水土保持法》赋予水利部门的"三项权力"是什么?

答:审批权、收费权、监督检查权。

276. 开办生产建设项目或者从事其他生产建设活动造成水土流失,不进行治理的,如何处理?

答:由县级以上人民政府水行政主管部门责令限期治理;逾期仍不治理的,县级以上人民政府水行政主管部门可以指定有治理能力的单位代为治理,所需费用由违法行为人承担。

277.《中华人民共和国水法》规定,水政监督检查人员在履行监督检查职责时,有权采取什么措施?

答:(1)要求被检查单位提供有关文件、证照、资料;

(2)要求被检查单位执行《水法》的有关问题作出说明;

(3)进入被检查单位的生产场所进行调查;

(4)责令被检查单位停止违反水法的行为,履行法定义务。

278.《行政强制法》规定:在什么情况下行政机关可以强制执行?

答:①行政机关依法作出行政决定后,当事人在行政机关决定的期限内不履行义务的,具有行政强制执行权的行政机关可以依照《行政强制法》的规定强制执行。②经催告,当事人逾期仍不履行行政决定,且无正当理由的,行政机关可以作出强制执行决定。③在催告期间,对有证据证明有转移或者隐匿财物迹象的,行政机关可以作出立即强制执行决定。

279.《中华人民共和国水法》规定,吊销取水许可证的行政处罚由谁实施?

答:吊销取水许可证的行政处罚由县级以上人民政府水行政主管部门或流域管理机构实施。

280. 擅自在饮用水水源保护区内设置排污口的可处多少罚款?

答:擅自在饮用水水源保护区内设置排污口的可以处五万元以上十万元以下罚款。

281. 在水文测验河段保护范围内,从事影响水文监测和危害监测设施安全的爆破、打井、采石、取土、挖沙、淘金等活动的,水行政主管部门应如何处理?

答:处一千元以上五千元以下罚款。

282. 在汛期,哪些部门应当按照各自职责,及时向有关防汛指挥机构提供天气、水文等实时信息和风暴潮预报?

答:气象、水文、海洋等部门。

283. 在洪泛区、蓄滞洪区内建设非防洪建设项目,未编制洪水影响评价报告的,给予什么处罚?

答:责令限期改正;逾期不改正的,处五万元以下罚款。

284. 国家工作人员拒不执行防御洪水方案、防汛抢险指令或者蓄洪方案、措施、汛期调度运用计划等防汛调度方案的,给予什么处罚?

答:构成犯罪的,依法追究刑事责任;尚不构成犯罪的,给予行政处分。

285. 从事工程建设,占用农业灌溉水源,或者对原有灌溉用水有不利影响的,建设单位应当承担什么责任?

答:建设单位应当采取相应的补救措施;造成损失的,依法给予补偿。

286.《中华人民共和国水法》规定,在饮用水水源保护区内设置排污口的,应承担什么法律责任?

答:在饮用水水源保护区内设置排污口的,由县级以上地方人民政府责令限期拆除、恢复原状;逾期不拆除、不恢复原状的,强行拆除、恢复原状,并处五万元以上十万元以下的罚款。

287. 在不同行政区域边界的河流上建设水资源开发、利用项目,应该由谁批准?

答:由有关县级以上地方人民政府报共同的上一级人民政府水行政主管部门或流域管理机构批准

288. 生产、销售或者在生产经营中使用国家明令淘汰的落后的、耗水量高的工艺、设备和产品的,应该怎样处理?

答:由县级以上地方人民政府经济综合主管部门责令停止生产、销售或者使用,处二万元以上十万元以下的罚款。

289. 使用水工程供应的水,应当按照国家规定向供水单位缴纳水费。供水价格怎么确定?

答:应当按照补偿成本、合理收益、优质优价、公平负担的原则确定。

290. 当事人对水行政处罚不服的,有哪些救济途径?

答:当事人可以向作出处罚决定的上一级机关申请行政复议,或者直接向人民法院提起行政诉讼。

291. 在紧急防汛期,哪个部门有权在管辖范围内调用物资、设备、交通运输工具和人力?

答:只有防汛指挥机构有权调用。

292. 实行水行政处罚,纠正违法行为,应当坚持什么原则?

答:应当坚持处罚与教育相结合,教育公民、法人或者其他组织自觉守法的原则。

293. 请问违反《中华人民共和国水土保持法》第五十三条规定的哪些行为?由县级以上人民政府水行政主管部门责令停止违法行为,限期补办手续;逾期不补办手续的,处五万元以上五十万元以下的罚款;对生产建设单位直接负责的主管人员和其他直接责任人员依法给予处分。

答:(1)依法应当编制水土保持方案的生产建设项目,未编制水土保持方案或者编制的水土保持方案未经批准而开工建设的;

(2)生产建设项目的地点、规模发生重大变化,未补充、修改水土保持方案或者补充、修改的水土保持方案未经原审批机关批准的;

(3)水土保持方案实施过程中,未经原审批机关批准,对水土保持措施作出重大变更的。

294. 从事防洪活动,《中华人民共和国水法》和《中华人民共和国防洪法》都有规定的,如何适用?

答:依照《防洪法》的规定执行。

295. 某房地产开发公司未经水行政主管部门批准擅自取用地下水,既未安装计量设施也未缴纳水资源费,水行政执法人员依法对其进行查处。

问:(1)对上述违法行为水行政执法人员应该如何处理?

(2)如该房地产开发公司想要取用地下水需办理哪些手续?

(1)答:水行政执法人员应该责令某房地产开发公司停止违法取用地下水行为,限期采取补救措施,处二万元以上十万元以下的罚款。

(2)答:某房地产开发公司应当办理取水许可手续,安装取水计量设施,足额缴纳水资源费。

296. 随着城镇化建设的加快,城市居住人口不断增加,经济活动不断繁荣,但是由此也产生了很多的建筑和生活垃圾,个别建设单位和居民无视有关规定,在河道管理范围内建设妨碍行洪的建筑物,堆放或倾倒垃圾、渣土等阻碍行洪物体;还有的擅自在河道管理范围内从事工程设施建设活动。

问:根据《中华人民共和国防洪法》上述行为如何处理?

答:(1)建设妨碍行洪的建筑物,堆放或倾倒垃圾、渣土等阻碍行洪物体的,责令停止违法行为,排除阻碍或者采取其他补救措施,可以处五万元以下的罚款。

(2)擅自在河道管理范围内从事工程设施建设活动的,责令停止违法行为,补办审查同意或者审查批准手续;工程设施建设严重影响防洪的,责令限期拆除,逾期不拆除的,强行拆除,所需费用由建设单位承担;影响行洪但尚可采取补救措施的,责令限期采取补救措施,可以处一万元以上十万元以下的罚款。

297. 行政处罚当事人要求听证的，应当怎么办？

答：当事人要求听证的，可以在听证告知书的送达回证上签署意见，也可以在收到告知书三日内以其他书面方式向水行政处罚机关提出听证要求。

298. 建设项目的节水设施没有建成或者没有达到国家规定的要求，擅自投入使用的，应怎样处罚？

答：建设项目的节水设施没有建成或者没有达到国家规定的要求，擅自投入使用的，由县级以上人民政府有关部门或者流域管理机构依据职权，责令停止使用，限期改正，处五万元以上十万元以下的罚款。

299. 行政机关进行行政处罚时没有法定依据或者不遵守法定程序的法律后果是什么？

答：没有法定依据或者不遵守法定程序的行政处罚无效。

300. 实施行政处罚受委托组织必须符合什么条件？

答：受委托组织必须符合以下条件：

(1)依法成立的管理公共事务的事业组织；

(2)具有熟悉有关法律、法规、规章和业务的工作人员；

(3)对违法行为需要进行技术检查或者技术鉴定的，应当有条件组织进行相应的技术检查或者技术鉴定。

301. 对当事人的同一个违法行为，不得给予几次以上罚款的行政处罚？

答：对当事人的同一个违法行为，不得给予两次以上罚款的行政处罚。

302. 当事人在什么情形下，应当依法从轻或者减轻行政处罚？

答：当事人有下列情形之一的，应当依法从轻或者减轻行政处罚：

(1)主动消除或者减轻违法行为危害后果的；

(2)受他人胁迫有违法行为的；

(3)配合行政机关查处违法行为有立功表现的；

(4)其他依法从轻或者减轻行政处罚的。

303. 行政处罚法规定，法律另有规定的除外，违法行为在几年内未被发现的，不再给予行政处罚？

答：违法行为在两年内未被发现的，不再给予行政处罚。

304. 行政机关在收集证据时，可以采取抽样取证的方法；在证据可能灭失或者以后难以取得的情况下，经行政机关负责人批准，可以先行采取什么措施，并应当在几日内及时作出处理决定？

答：可以先行登记保存，七日内及时作出处理决定。

305. 行政机关作出什么行政处罚决定之前，应当告知当事人有要求举行听证的权利？

答：责令停产停业、吊销许可证或者执照、较大数额罚款等行政处罚。

306. 当场作出行政处罚决定，在什么情形下，执法人员可以当场收缴罚款？

答：当场作出行政处罚决定，有下列情形之一的，执法人员可以当场收缴罚款：

(1)依法给予二十元以下的罚款的；

(2)不当场收缴事后难以执行的。

307.《中共中央国务院关于加快水利改革发展的决定》明确新形势下水利的地位和作

用是什么？

答：水利是现代农业建设不可或缺的首要条件，是经济社会发展不可替代的基础支撑，是生态环境改善不可分割的保障系统，具有很强的公益性、基础性、战略性。加快水利改革发展，不仅事关农业农村发展，而且事关经济社会发展全局；不仅关系到防洪安全、供水安全、粮食安全，而且关系到经济安全、生态安全、国家安全。要把水利工作摆上党和国家事业发展更加突出的位置，着力加快农田水利建设，推动水利实现跨越式发展。

308. 未经批准利用河道、国有水库从事养殖、旅游、餐饮等活动的，给予什么处罚？

答：责令限期改正；逾期不改正的，处以一百元以上五百元以下罚款。情节严重，造成严重后果的，处以五百元以上五千元以下罚款。

309. 在干旱和半干旱地区开发、利用水资源，应当充分考虑什么用水的需要？

答：生态环境用水。

310. 跨流域调水，应当怎样防止对生态环境造成破坏？

答：跨流域调水，应当进行全面规划和科学论证，统筹兼顾调出和调入流域的用水需要，防止对生态环境造成破坏。

311. 南水北调中线工程在河南省经过哪些地市？

答：南阳、平顶山、许昌、郑州、焦作、新乡、鹤壁、安阳等八个地市。

312. 不同行政区域之间发生水事纠纷，发生哪些行为的，负有责任的主管人员和其他直接责任人员将受到行政处分？

答：（1）拒不执行水量分配方案和水量调度预案的；

（2）拒不服从水量统一调度的；

（3）拒不执行上一级人民政府的裁决的；

（4）在水事纠纷解决前，未经各方达成协议或者上一级人民政府批准，单方面违反本法规定改变水的现状的。

313. "世界水日"的宗旨是什么？

答：解决与饮用水供应有关的问题；增进公众对保护水资源和饮用水供应的重要性的认识；通过组织"世界水日"活动加强各国政府、国际组织、非政府机构和私营部门的参与和合作。

314.《取水许可和水资源费征收管理条例》对未安装计量设施的取水情况怎么处理？

答：第460号令第五十三条规定：未安装计量设施的，责令限期安装，并按照日最大取水能力计算的取水量和水资源费征收标准计征水资源费，处5000元以上2万元以下罚款；情节严重的，吊销取水许可证。

315. 在地下水严重超采区，经哪个部门批准，可以划定地下水禁止开采或者限制开采区？

答：经省、自治区、直辖市人民政府批准，可以划定禁止开采或者限制开采区。

316. 国家厉行节约用水，大力推行节约用水，具体有哪些措施？

答：具体措施有：推广节约用水新技术、新工艺，发展节水型工业、农业、服务业，建立节水型社会。

317. 以水为主要原料生产饮料、纯净水等产品的企业应当采取节水措施，提高水的利用率。生产后的什么应当回收利用，不得直接排放？

答:尾水。

318. 我国政府走向法治化的前提和基础是什么?

答:政府职能转变和行政管理体制改革。

319. 依法行政的基本要求是什么?

答:①合法行政;②合理行政;③程序正当;④高效便民;⑤诚实守信;⑥权责统一。

320.《全面推进依法行政实施纲要》要求,要减少行政执法层次,适当下移执法重心,对与人民群众日常生活、生产直接相关的行政执法活动,主要由那两级行政执法机关行使?

答:市、县两级。

321. 行政机关举行听证后,应当根据什么作出行政许可决定?

答:听证笔录。

322. 依法行政的基本内容是什么?

答:①行政主体合法;②行政权的取得和行使合法;③行使行政权必须承担相应的责任,权责统一。

323.《全面推进依法行政实施纲要》提出转变政府职能,深化行政管理体制改革的任务是什么?

答:①依法界定和规范政府职能;②合理划分和依法规范行政机关的职能和权限;③完善依法行政的财政保障机制;④改革行政管理方式;⑤推进政府信息公开。

324. 推进政府信息公开的要求是什么?

答:(1)行政机关应当为公众查阅政府信息提供便利条件;

(2)对公开的政府信息,公众有权查阅;

(3)涉及国家秘密和依法受到保护的商业秘密、个人隐私的信息不公开。

325. 合理行政的要求是什么?

答:(1)行政机关实施行政管理,应当遵循公平、公正原则,平等对待行政管理相对人,不偏私、不歧视;

(2)行政机关行使自由裁量权应当符合法律目的;

(3)行政机关行使自由裁量权采取的措施和手段应当必要、适当;

(4)行政机关实施行政管理可以采用多种方式实现行政目的的,应当避免采用损害当事人权益的方式。

326. 取水为什么要缴纳水资源费?

答:我国《宪法》第九条、《水法》第三条都规定,水资源属于国家所有。既然属于国家所用,国家就必须运用行政手段对水资源进行调控和配置,保障有关社会主体使用和经营。而运用行政手段的方式就是建立水资源有偿使用制度,因为这样不仅可以体现水资源的国家所有权,而且可以促进合理高效地使用水资源,避免浪费。水资源有偿使用制度是《水法》确立的一项基本管理制度。征收水资源费对国家而言,是对水资源配置进行行政干预,是用经济手段调节水资源分配和使用,是水资源所有权的价值体现,也是实现政府职能的一种手段。对取水户而言,向取水单位和个人收取水资源费,就授予取水人特定的权力,并且这种权力要受到国家保障,同时还可以有效地促进水资源的节约和保护。

327. 处罚无证取水是否应当追缴水资源费?

答:在具体的执法实践中,无证取水是一种常见的水行政违法行为,这种违法行为常常伴随着违法行为人没有缴纳水资源费的情形。据了解,绝大多数水行政机关在查处此类行政案件时,仅仅只对无证取水行为加以处罚,未追缴行为人的水资源费,并且在是否应当追缴水资源费问题上存在很大争议。

持不应当追缴水资源费的有三种不同的意见。一种是同一违法行为说;另一种为重违法行为吸收轻违法行为说;还有一种为水资源费纳费主体说。

持同一违法行为说的同志认为,无证取水行为人只实施了一个违法行为,即取水行为,无论有证无证,缴费未缴费,均因这一个违法行为而起。依据《行政处罚法》第二十四条所确定的一事不再罚原则,水行政机关不应当再追缴水资源费。

持重违法行为吸收轻违法行为说的同志认为,在查处无证取水案件中,无证取水是一种重的违法行为,而未缴水资源费则是相对较轻的违法行为,故根据法律中的吸收原则,应当忽略轻违法行为,无须再追缴水资源费。

持水资源费纳费主体说的同志认为,水资源费的纳费主体只能是有取水许可证的取水户,水资源费的征收也只能针对持证主体进行。对无证取水用户征费,与《水法》第四十八条明文规定的合法取水相悖,有收费即为许可的嫌疑,处罚其无证取水行为时,存在违反行政处罚合理性原则的障碍;对无证取水者追缴水资源费,岂不是追认其无证取水行为合法?故不应追缴水资源费。

本书认为,上述三种观点均有失偏颇,未能正确把握法律,处罚无证取水,应当依法追缴水资源。

第一,追缴水资源费,不违反一事不再罚原则。追缴水资源费,是一种行政征收行为,是水行政机关依法无偿和强制地向公民、法人或其他组织征收钱物的具体行为,不是行政处罚,何来违反一事不再罚原则?

第二,追缴水资源费,不违反法律的吸收原则。法律的吸收原则,是指在某个违法事实中,存在两个以上违法行为,这两个以上违法行为之间有吸收关系,即前行为是后行为发展的所经阶段,后行为是前行为发展的当然结果。适用法律吸收原则的重要前提是违法事实构成中的两个以上违法行为,都是同一违法行为人,且行为都应受到法律制裁。在处罚无证取水后,追缴水资源费,不违反吸收原则。因无证取水行为主体,在未接到水资源费缴纳通知单之前,末缴纳水资源费的行为,不是违法行为。因国务院令第 460 号《取水许可和水资源费征收管理条例》第三十三条明文规定,取水审批机关确定水资源费缴纳数额后,应当向取水单位或者个人送达水资源费缴纳通知单,取水单位或者个人应当自收到缴纳通知单之日起 7 日内办理缴纳手续。

第三,无证取水主体也是取水主体,依法应当缴纳水资源费。①从《水法》第四十八条“直接从江河、湖泊或者地下取用水资源的单位和个人,应当按照国家取水许可制度和水资源有偿使用制度的规定,向水行政主管部门或者流域管理机构申请领取取水许可证,并缴纳水资源费,取得取水权。但是,家庭生活和零星散养,圈养畜禽饮用等少量取水的除外”叙述中,依据“水资源有偿使用制度”字面意思,应认为在实践中,不应区分有证无证情形,只要使用水资源,就应有偿,就应缴费。②依据国务院令第 460 号《取水许可和水资源费征收管理条例》第二十八条第一款“取水单位或者个人应当缴纳水资源”,无证取水主体也是取水主体,当然应当缴纳水资源费。

第四，对无证取水违法行为人实施行政处罚后，追缴水资源费不构成对无证取水这一违法行为的合法性追认。因处罚行为已经确认了无证取水的违法性，并且依法制裁了行为当事人。同时，笔者赞同主体说的另一个观点，在未依法确认无证取水行为违法之前，收取水资源费，是一种错误的行为，有程序上的违法性，存在收费即为许可的嫌疑。

第五，不对无证取水主体追缴水资源费，只收持证取水主体水资源费，直接违反了国务院令第460号《取水许可和水资源费征收管理条例》第八条“取水许可和水资源费征收管理制度的实施应当遵循公开、公平、公正、高效和便民的原则”的规定，这对持证合法取水主体而言绝对是不公平的。

第六，不对无证取水主体追缴水资源费，可能会出现取水单位或个人恶意违法现象，对违法取水主体的行政处罚行为不能起到制裁作用。目前，对无证取水行为处罚的最高限额，依《水法》规定为十万元。而现实中，年缴水资源费十万元以上的取水主体比比皆是，若不对无证取水主体追缴水资源费，必然有可能出现有的取水主体以自愿承受十万元罚款的代价，换取免缴十万元以上的水资源费的利益，那我们的管理体制岂不乱套？

综上所述，笔者认为，水行政机关在处罚无证取水时，应当向违法行为人追缴水资源费。

328. 如何思考《行政强制法》的几个具体实践问题？

(1)如何送达行政强制法律文书？

答：按照《行政强制法》的规定，行政机关实施行政强制措施程序前，要通知当事人到场，告知当事人理由、依据、权利、救济途径，听取当事人陈述和申辩，现场笔录由当事人签名；行政机关催告当事人履行义务前，要求当事人陈述和申辩，并听取当事人的意见；强制执行决定送达当事人，要按照《民事诉讼法》的有关规定进行送达。

从目前行政强制的实践来看，要按照上述规定，由当事人到场配合行政机关开展强制措施或者接受法律文书送达比较困难，因为强制措施或者强制执行对当事人不利，当事人避而不见的现象时有发生。在这样的情况下，由于行政强制的决定无法送达给当事人，该行政强制决定也就不能生效，法律规定的程序也就不能启动。如果按照《民事诉讼法》的规定进行公告送达，但公告送达具有较长的期限(要60天)，这对于注重效率、需要及时处理的违反行为来说，显然过于漫长。

我们建议：对行政强制法律文书送达情形进行细化和明确。

(2)如何进行行政强制执行？

答：①强制执行难问题。《行政强制法》第十三条规定，行政强制执行由法律设定，法律没有规定行政机关强制执行的，作出行政决定的行政机关应当申请人民法院强制执行。因此，《行政强制法》实施后，大量行政强制决定将由行政机关申请人民法院强制执行，人民法院强制执行的案件越来越多，难度越来越大。很多行政机关申请法院执行的案件，事实上处在没有执行或者无法执行的状态。

我们建议：人民法院作为行政强制执行主体时，应当由人民法院组织执行。但是，鉴于人民法院的执行力量有限，对确需行政机关配合执行的，可以由人民法院牵头，行政机关参加的执行模式，执行的后果由人民法院承担。

②代履行问题。《行政强制法》对行政强制执行的限制非常严格，规定只有法律才能设定行政强制执行，法律没有规定行政机关强制执行的，作出行政决定的行政机关应当申请人

民法院强制执行。但同时,《行政强制法》也给这个严格的规定开了一个小小的“口子”,即代履行。行政机关依法作出要求当事人履行排除妨碍、恢复原状等义务的行政决定,当事人逾期不履行,经催告仍不履行,其后果已经或者将危害交通安全、造成环境污染或者破坏自然资源的,行政机关可以代履行,或者委托没有利害关系的第三人代履行。这意味着,行政机关采用代履行方法强制执行,无须法律再赋权。但如何界定违法行为后果“已经或者将危害交通安全、造成环境污染或者破坏自然资源”,即代履行认定的“度”在行政执法实践中难以把握,现在已经出现部分行政机关为了实施强制执行而把代履行作为一个“筐”,只要发生类似情况均认定为代履行,进而强制执行。

我们的做法:在清理过程中重点强化两个基本点:一是细化其后果已经或者将危害交通安全、造成环境污染或者破坏自然资源的各种具体情形,防止行政机关和执法人员任意解释甚至是曲解法定情形;二是同市中级法院沟通衔接,具体确认代履行的适用情形,明确代履行的相关主体及权限。

③加处罚款执行问题。行政机关因行政相对人的违法行为对其处以罚款,行政相对人在法定期限内未申请复议,又未提起诉讼,到期又未自觉履行,行政机关根据《行政处罚法》第五十一条第(一)项的规定是可以加处罚款。加处罚款作为行政强制执行措施,在没有其他强制措施相辅助的情况下,无法迫使相对人履行义务的。

我们建议:制定统一的行政强制执行方面的规定,落实相应的配套制度,规范行政强制执行的程序、措施,完善行政强制执行的法律责任和救济途径等。

329. 市林业局接到关于孙某毁林采矿的举报,遂致函当地县政府,要求调查。县政府召开专题会议,形成会议纪要:由县林业局、矿产资源管理局与安监局负责调查处理。经调查并与孙某沟通,三部门形成处理意见,要求孙某合法开采,如发现有毁林或安全事故,将依法查处。再次接到举报后,三部门共同发出责令孙某立即停止违法开采,对被破坏的生态进行整治的通知。

请回答第 1 ~ 2 题。

(1)责令孙某立即停止违法开采的性质是( )。

A. 行政处罚 **B. 行政强制措施**

C. 行政征收 **D. 行政强制执行**

答案:A

解析:本题考核行政处罚、行政强制措施、行政强制执行的区别。《行政处罚法》第八条规定,行政处罚的种类:(一)警告;(二)罚款;(三)没收违法所得、没收非法财物;(四)责令停产停业;(五)暂扣或者吊销许可证、暂扣或者吊销执照;(六)行政拘留;(七)法律、行政法规规定的其他行政处罚。据此可知,责令孙某立即停止违法开采的性质属于行政处罚种类中的“责令停产停业”。根据《行政强制法》第九条的规定,行政强制措施的种类:(一)限制公民人身自由;(二)查封场所、设施或者财物;(三)扣押财物;(四)冻结存款、汇款;(五)其他行政强制措施。据此可知,上述五种行政强制措施中没有“责令停止”相关违法行为的种类。因此,按照法条规定来讲,正确答案应该是 A。

(2)就上述事件中的行为的属性及是否属于行政诉讼受案范围,下列说法正确的是( )。

A. 市林业局的致函不具有可诉性 **B. 县政府的会议纪要具有可诉性**

C. 三部门的处理意见是行政合同行为　　　　D. 三部门的通知具有可诉性

答案:AD

解析:本题考核行政诉讼的受案范围。

选项 A 正确。市林业局的致函行为不属于具有拘束的具体行政行为,不具有可诉性。

选项 B 错误。县政府的会议纪要不属于具有拘束的具体行政行为,不具有可诉性。

选项 C 错误。行政合同行为的双方当事人是行政主体和行政相对人,三部门的处理意见不是行政合同行为。

选项 D 正确。三部门的通知对是具体行政行为,且会对孙某的权利义务产生实际影响,具有可诉性。

330. 甲市某县公安局以李某涉嫌盗窃罪为由将其刑事拘留,经县检察院批准逮捕,县法院判处李某有期徒刑 6 年,李某上诉,甲市中级法院改判无罪。李某被释放后申请国家赔偿,赔偿义务机关拒绝赔偿,李某向甲市中级法院赔偿委员会申请作出赔偿决定。下列选项正确的是( )。

A. 赔偿义务机关拒绝赔偿的,应书面通知李某并说明不予赔偿的理由

B. 李某向甲市中级法院赔偿委员会申请作出赔偿决定前,应当先向甲市检察院申请复议

C. 对李某申请赔偿案件,甲市中级法院赔偿委员会可指定一名审判员审理和作出决定

D. 如甲市中级法院赔偿委员会作出赔偿决定,赔偿义务机关认为确有错误的,可以向该省高级法院赔偿委员会提出申诉

答案:AD

解析:选项 A 正确。《国家赔偿法》第二十三条第三款规定,赔偿义务机关决定不予赔偿的,应当自作出决定之日起十日内书面通知赔偿请求人,并说明不予赔偿的理由。

选项 B 错误。《国家赔偿法》第二十四条第二款、第三款规定,赔偿请求人对赔偿的方式、项目、数额有异议的,或者赔偿义务机关作出不予赔偿决定的,赔偿请求人可以自赔偿义务机关作出赔偿或者不予赔偿决定之日起三十日内,向赔偿义务机关的上一级机关申请复议。赔偿义务机关是人民法院的,赔偿请求人可以依照本条规定向其上一级人民法院赔偿委员会申请作出赔偿决定。本案的赔偿义务机关是法院,赔偿请求人可以直接向其上一级人民法院赔偿委员会申请作出赔偿决定。

选项 C 错误。《国家赔偿法》第二十九条第一款、第二款规定,中级以上的人民法院设立赔偿委员会,由人民法院三名以上审判员组成,组成人员的人数应当为单数。赔偿委员会作赔偿决定,实行少数服从多数的原则。

选项 D 正确。《国家赔偿法》第三十条第一款,赔偿请求人或者赔偿义务机关对赔偿委员会作出的决定,认为确有错误的,可以向上一级人民法院赔偿委员会提出申诉。

331. 村民甲、乙因自留地使用权发生争议,乡政府作出处理决定,认定使用权归属甲。乙不服,向县政府申请复议,县政府以甲、乙二人争议属于农村土地承包经营纠纷,乡政府无权作出处理决定为由,撤销乡政府的决定。甲不服,向法院起诉。下列说法正确的是( )。

A. 县政府撤销乡政府决定的同时应当确定系争土地权属

B. 甲的代理人的授权委托书应当载明委托事项和具体权限

C. 本案被告为县政府

D. 乙与乡政府为本案的第三人

答案:BC

解析:选项 A 错误。县政府撤销乡政府决定的同时不需要确定系争土地权属。选项 B 正确。《行政复议法实施条例》第十条规定,申请人、第三人可以委托 1 至 2 名代理人参加行政复议。申请人、第三人委托代理人的,应当向行政复议机构提交授权委托书。授权委托书应当载明委托事项、权限和期限。公民在特殊情况下无法书面委托的,可以口头委托。口头委托的,行政复议机构应当核实并记录在卷。申请人、第三人解除或者变更委托的,应当书面报告行政复议机构。选项 C 正确。《行政诉讼法》第二十五条第二款规定,经复议的案件,复议机关决定维持原具体行政行为的,作出原具体行政行为的行政机关是被告;复议机关改变原具体行政行为的,复议机关是被告。本案中复议机关改变了原具体行政行为,因此甲不服向法院起诉的,复议机关县政府为被告。选项 D 错误。《行政诉讼法》第二十七条规定,同提起诉讼的具体行政行为有利害关系的其他公民、法人或者其他组织,可以作为第三人申请参加诉讼,或者由人民法院通知参加诉讼。乙是本案的第三人,但是乡政府不是本案的第三人。

332. 案情:因某市某区花园小区进行旧城改造,区政府作出《关于做好花园小区旧城改造房屋拆迁补偿安置工作的通知》,王某等 205 户被拆迁户对该通知不服,向区政府申请行政复议,要求撤销该通知。区政府作出《行政复议告知书》,告知王某等被拆迁户向市政府申请复议。市政府作出《行政复议决定书》,认为通知是抽象行政行为,裁定不予受理复议申请。王某等 205 户被拆迁户不服市政府不予受理复议申请的决定,向法院提起诉讼。一审法院认为,在非复议前置前提下,当事人对复议机关不予受理决定不服而起诉,要求法院立案受理缺乏法律依据,裁定驳回原告起诉。

问:(1)本案是否需要确定诉讼代表人?如何确定?

(2)行政诉讼中以复议机关为被告的情形主要包括哪些?

(3)若本案原告不服一审裁定,提起上诉的主要理由是什么?

(4)如果二审法院认为复议机关不予受理行政复议申请的理由不成立,应当如何判决?

(5)本案一、二审法院审理的对象是什么?为什么?

(6)若本案原告不服一审裁定提起上诉,在二审期间市政府会同区政府调整了补偿标准,上诉人申请撤回上诉,法院是否应予准许?理由是什么?

(1)答:本案需要确定诉讼代表人。按照《最高人民法院关于执行 <行政诉讼法> 若干问题的解释》,同案原告为五人以上,应当推选一至五名诉讼代表人参加诉讼,在指定期限内未选定的,人民法院可以依职权指定。

(2)答:行政诉讼中以复议机关为被告的情形主要包括:

①复议机关改变原行政行为,原告不服复议决定的;

②复议机关在复议期限内未作出复议决定,原告不服的;

③复议机关拒绝受理复议申请或者不予答复,原告不服的。

(3)答:若本案原告不服一审裁定,提起上诉的主要理由是:复议机关不受理复议申请的行为是行政机关的一项具体行为,无论是否属于行政复议前置的情形,只要原告不服该复议决定，均可以起诉，法院应予受理。

（4）答：如果二审法院认为复议机关不予受理行政复议申请的理由不成立，应当作出撤销“不予受理决定书”，判令复议机关受理复议申请。

（5）答：本案一、二审法院审理的对象是市政府不予受理复议申请的决定。因为原告起诉要求撤销的就是该决定，故法院应当以该决定作为合法性审查的对象。

（6）答：若本案原告上诉后市政府会同区政府调整了补偿标准，上诉人可以申请撤回上诉，法院经审查，若认为该市、区政府调整补偿标准的行为不违反法律法规的禁止性规定，不超越或放弃职权，不损害公共利益和他人合法权益，申请撤回上诉是上诉人的真实意思表示，第三人无异议的，法院应予准许。

333. 某行政机关负责人孙某因同时违反财经纪律和玩忽职守被分别给予撤职和记过处分。下列说法正确的是（　　）：

A. 应只对孙某执行撤职处分　　**B. 应同时降低孙某的级别**

C. 对孙某的处分期为36个月　　**D. 解除对孙某的处分后，即应恢复其原职务**

答案：AB

解析：《行政机关公务员处分条例》第二十条规定，有下列行为之一的，给予记过、记大过处分；情节较重的，给予降级或者撤职处分；情节严重的，给予开除处分：（一）不依法履行职责，致使可以避免的爆炸、火灾、传染病传播流行、严重环境污染、严重人员伤亡等重大事故或者群体性事件发生的；（二）发生重大事故、灾害、事件或者重大刑事案件、治安案件，不按规定报告、处理的；（三）对救灾、抢险、防汛、防疫、优抚、扶贫、移民、救济、社会保险、征地补偿等专项款物疏于管理，致使款物被贪污、挪用，或者毁损、灭失的；（四）其他玩忽职守、贻误工作的行为。第二十四条规定，违反财经纪律，挥霍浪费国家资财的，给予警告处分；情节较重的，给予记过或者记大过处分；情节严重的，给予降级或者撤职处分。由此，对孙某的行为给予撤职和记过处分是正确的。第十条规定，行政机关公务员同时有两种以上需要给予处分的行为的，应当分别确定其处分。应当给予的处分种类不同的，执行其中最重的处分；应当给予撤职以下多个相同种类处分的，执行该处分，并在一个处分期以上、多个处分期之和以下，决定处分期。由此A正确。《中华人民共和国公务员法》第五十八条第三款规定，受撤职处分的，按照规定降低级别。由此，B正确，当选；第五十八条第二款规定，受处分的期间为：警告，六个月；记过，十二个月；记大过，十八个月；降级、撤职，二十四个月。由此，C错误，不当选；第五十九条第二款规定，解除处分后，晋升工资档次、级别和职务不再受原处分的影响。但是，解除降级、撤职处分的，不视为恢复原级别、原职务。由此，D错误，不当选。本题正确答案是AB。

334. 关于水行政处罚案件结案标准的问题？

答：由于大多数案件水利部门都无强制执行权，所以对当事人不能按期履行处罚决定书内容的案件，在复议、诉讼和催告履行期届满后，我们均及时向有管辖权的法院申请强制执行，但由于法院担心案件执行率问题，常常不出具案件受理通知书，致使水行政处罚案卷中缺少法院受理的书面凭证，行政权向司法权移交的书证缺失。办案人员对结案标准的认识存在分歧，一种意见认为，只有法院将行政处罚（处理）决定书载明的内容全部执行完，该案件才能结案；另一种意见认为，只要行政机关按期向法院申请强制执行，法院受理，行政权向司法权移交就认为可以结案。

335.《行政许可法》第五条规定，行政许可的实施应当公开。这里的“公开”具体指什么？

答：行政许可实施过程的“公开”，是指行政机关实施行政许可的活动，除涉及国家秘密、商业秘密和个人隐私的外，都要公开。根据行政许可法的规定，实施行政许可的公开包括：①实施行政许可的主体以及统一受理行政许可申请、统一送达行政许可决定的机构名称要公开；②有关行政许可事项、依据、条件、数量、程序、期限的规定以及需要申请人提交的全部材料的目录和申请书示范文本要公开；③行政机关在审查行政许可申请过程中听取利害关系人意见以及举行听证、招标、拍卖、考试、考核、检验、检测、检疫，要公开进行；④行政机关作出的准予行政许可的决定要予以公开，公众有权查阅。

336. 小煤矿的关闭、各种营运车辆的取缔是否适用信赖保护原则？

答：对依法取得采矿许可的小煤矿、依法取得营运许可的车辆，如果行政机关实施行政许可依据的法律、法规、规章或者被许可人取得行政许可所依据的客观情况发生重大变化，为了公共利益的需要，可以依法撤回小煤矿的采矿许可证、车辆的营运证。由此对被许可人造成财产损失的，作出撤回决定的行政机关应当依法给予补偿。

337. 根据水利部关于整顿和规范取水许可的文件，某市水行政主管部门按照市政府的部署，将该市 180 个取水许可压缩到 80 个，这一行为是否属于撤回行政许可？水行政主管部门是按照先来后到的原则还是按取水许可条件的优劣决定哪些单位或个人予以保留？不予保留的，是否给予补偿？

答：对依法取得取水行政许可的单位或个人，行政机关不得擅自撤销行政许可。根据公共利益的需要，行政机关依法撤回没有违法行为的被许可人取得的行政许可的，对被许可人因此受到的财产损失应当依法给予补偿。

338. 现行部门规章、规范性文件设立的行政许可确需保留，但一时又难以制定法律、行政法规的，如何处理？

答：对国务院部门规章、规范性文件设定的行政许可事项，属于《行政许可法》第十二条规定的事项并且确需保留的，国务院部门应当提出意见报国务院行政审批制度改革工作领导小组办公室，经审核后确定予以保留的，按照规定程序由国务院发布决定予以设定。

339. 提请国务院发布决定设定行政许可的事项是否应当包括实施机关、条件、程序、期限等内容？

答：根据《行政许可法》的规定，设定行政许可应当规定行政许可的实施机关、条件、程序、期限。原则上，提请国务院发布决定设定行政许可，国务院决定中应当包括行政许可的实施机关、条件、程序、期限。部门规章可以对有关条件、程序、期限等作具体规定。

340. 省级人民政府规章设定的临时性行政许可，实施满一年后仍需继续实施的，在相应的地方性法规出台前的效力如何认定？

答：根据《行政许可法》的规定，省级人民政府规章设定的临时性行政许可，实施满一年后需要继续实施的，应当提请本级人民代表大会及其常务委员会制定地方性法规。省级人民代表大会及其常务委员会认为不需要制定地方性法规，或者制定了地方性法规但未设定行政许可的，省级人民政府规章设定的行政许可停止实施。

341.《行政许可法》第十四条、第十五条中规定的"尚未制定法律"、"尚未制定法律、行政法规"以及"尚未制定法律、行政法规和地方性法规"是指具体事项范畴,还是指整个领域?

答:《行政许可法》第十四条、第十五条中规定的"尚未制定法律"、"尚未制定法律、行政法规"以及"尚未制定法律、行政法规和地方性法规"的事项限于《行政许可法》第十二条规定可以设定行政许可的事项。

"尚未制定法律"、"尚未制定法律、行政法规"以及"尚未制定法律、行政法规和地方性法规"有两种情况:一是,对某一事项是否设定行政许可,上位法立法时没有考虑到这个问题,下位法可以根据实际情况,在不违反行政许可法有关规定的前提下,设定行政许可;二是,对某一事项是否设定行政许可,上位法立法时已经考虑,其立法精神、立法原则要求对该事项不设定行政许可的,则下位法不得设定行政许可。

342.《行政许可法》第三十八条规定,申请人的申请符合法定条件、标准的,行政机关应当依法作出准予行政许可的书面决定。法定条件、标准是否包括部门规章中的条件?

答:根据《行政许可法》第十六条的规定,部门规章可以在法律、行政法规设定的行政许可事项范围内,对实施该行政许可作出具体规定。部门规章对行政许可条件作出的规定未超出法律、行政法规的授权范围,或者没有在法律、行政法规规定以外增设其他条件的,部门规章规定的条件可以作为行政许可决定的法定条件。

343. 法律、行政法规没有明确规定某一事项实行行政许可制度,只规定×方面的管理办法、制度由国务院×部门制定。部门规章可否就某方面的管理设定行政许可事项?

答:法律、行政法规只授权部门制定有关管理办法、制度的,不能视为法律、行政法规授权部门规章设定行政许可。

344. 法律、行政法规明确规定:某一事项由×部门审批。该部门可否将行政许可事项部分委托其下级行政机关实施,即由下级行政机关初审、再由该部门终审?

答:法律、行政法规设定了一道行政许可,部门将初审权委托给下级行政机关,同时保留最终决定权,实际上是增加了一道行政许可,不符合行政许可法的规定。

345. 规范性文件对上位法设定的行政许可是否有规定权?

答:规范性文件可以在上位法设定的行政许可事项范围内,对实施该行政许可作出具体规定。但是,规范性文件对实施上位法作出的具体规定,不得增设行政许可;对行政许可条件作出的具体规定,不得增设违反上位法的其他条件。

346. 如果法律、行政法规设定行政许可所依据的客观情况发生变化,可否由部门规章在原上位法设定行政许可事项的基础上增设行政许可事项?

答:根据《行政许可法》第十六条的规定,部门规章可以在法律、行政法规设定的行政许可事项范围内,对实施该行政许可作出具体规定。法律、行政法规设定行政许可所依据的客观情况发生变化,确需增设行政许可的,应当依照法定程序修改法律、行政法规。

347. 目前,行政许可实施主体中的事业单位,如果没有法律、法规的明确授权,应当如何处理?

答:根据《行政许可法》第二十三条的规定,行政许可可以由法律、法规授权的具有管理公共事务职能的组织在法定授权范围内实施。没有法律、法规授权,事业单位不得以自己的名义实施行政许可。

348.《行政许可法》第三十八条第二款规定,行政机关依法作出不予行政许可的书面决定的,应当说明理由。行政机关能否口头说明理由?

答:根据《行政许可法》第三十八条第二款的规定,行政机关依法作出不予行政许可的书面决定的,应当在书面决定中说明理由。

349. 行政许可法颁布实施后还能不能搞年检?

答:根据《行政许可法》第六十二条的规定,行政机关不能对所有的事项进行年检。行政机关可以根据法律、行政法规的规定,对直接关系公共安全、人身健康、生命财产安全的重要设备、设施进行定期检验。

350. 实施行政许可和对行政许可事项进行监督检查的收费项目,是否属于行政许可规定的清理范围?

答:根据《行政许可法》和《国务院关于贯彻实施〈中华人民共和国行政许可法〉的通知》的有关规定,有关行政许可的规定,包括有关实施行政许可的费用、对行政许可事项监督检查的费用有关的规定都必须进行清理。

351. 会签其他部门时如何计算行政许可期限?

答:在实施行政许可过程中,会签其他部门属于行政机关之间的内部工作程序。对申请人来说,行政许可的期限仍然适用《行政许可法》有关期限的规定。

按照《国务院关于克服官僚主义进一步转变工作作风提高办事效率有关问题的通报》(国发〔1999〕9 号)的要求,各部门之间征求意见或者会签文件时,协办部门必须在 7 个工作日内予以答复,否则视为失职。

352. 咨询评估、评审的时间是否计入许可期限内?

答:根据《行政许可法》第四十五条的规定,行政机关作出行政许可决定,如果依法需要进行咨询评估、评审的,咨询评估、评审所需时间可以不计算在《行政许可法》第四章第三节规定的期限内,但行政机关应当将所需时间书面告知申请人。

353. 打捆上报项目的许可期限如何计算?

答:根据《行政许可法》的立法精神,无论行政许可申请的方式如何(单独提出申请,还是打捆提出申请),行政机关实施行政许可的期限都适用《行政许可法》有关期限的规定。

354. 行政许可决定由一个行政机关作出,但执行及监督检查在其他部门,如何界定各方监督责任?

答:行政机关对行政许可事项的后续监管工作,应当按照法律、法规规定的职责范围,履行监督管理职责。同时,被许可人在作出行政许可决定的行政机关管辖区域外违法从事行政许可事项活动的,违法行为发生地的行政机关应当依法将被许可人的违法事实、处理结果抄告作出行政许可决定的行政机关。

此外,对国务院部门实施的行政许可,法律、行政法规没有明确规定实施监督的机关的,国务院部门可以在职责范围内就上下级之间的监督职责作出划分。

355. 为什么要开展水平衡测试工作?

答:水平衡测试是对用水单位进行科学管理的有效方法,也是进一步做好城市节约用水工作的基础。任何一个用水单位都存在着水量平衡关系,通过对用水单位的实际测试,确定各种用水，如取水、用水、重复利用水、耗水、排水、漏水等参数的水量值，根据其平衡关系分析用水合理程度，称之为水平衡测试。

为了在城市节水管理工作中推广应用这一科学的管理方法，1990 年全国能源基础与管理标准委员会发布国家标准《企业水平衡与测试通则》（GB/T12452—90）。于 2004 年 9 月 1 日起实施的《河南省节约用水管理条例》也在第二十条明确规定：达到国家规定标准的用水单位，应当按有关规定进行水平衡测试，水平衡测试的结果应当报送有关水行政主管部门和其他有关部门。用水单位按规定进行水平衡测试已经成为法定义务。

356. 水平衡测试的目的是什么？

答：水平衡测试是用水单位加强用水科学管理，最大限度地节约用水和合理用水的一项基础工作。它涉及用水单位管理的各个方面，同时也表现出较强的综合性、技术性。通过水平衡测试应达到以下目的：

（1）掌握单位用水现状，用水总量和各用水单元之间的定量关系。

（2）为制订科学合理的用水定额和年度用水计划指标提供了较准确的基础。

（3）建立健全用水单位用水档案，提高单位管理人员的节水意识和节水管理水平。

（4）通过合理化分析，找出节水潜力，根据实际条件，制订切实可行的节水技术、管理措施和合理用水规划。

（5）促使用水单位节水、节支，为城市可持续发展作出贡献。

357. 世界水日和中国水周的来历？

答：1993 年 1 月 18 日，第四十七届联合国大会作出决议，确定每年的 3 月 22 日为世界水日。决议的主要内容如下：

回顾联合国环境与发展大会通过的《二十一世纪议程》第十八章的有关条款，考虑到虽然一切社会和经济活动都极大地依赖于淡水的供应量和质量，但人们并未普遍认识到水资源开发对提高经济生产力、改善社会福利所起的作用；还考虑到随着人口增长和经济发展，许多国家将很快陷入缺水的困境，经济发展将受到限制；进一步考虑到推动水的保护和持续性管理需要地方一级、全国一级、地区间、国际间的公众意识。

（1）根据《二十一世纪议程》第十八章所提出的建议，从 1993 年开始，确定每年的 3 月 22 日为世界水日。

（2）请各国根据各自的国情，在这一天就水资源保护与开发和实施《二十一世纪议程》所提出的建议，开展一些具体的活动，如出版、散发宣传品、举行会议、圆桌会议、研讨会、展览会等，以提高公众意识。

（3）请秘书长就联合国秘书处尽目前可能的条件，且在不影响现行活动的情况下，以任何方式与方法帮助各国组织世界水日活动，提出建议，集中在一个与水资源保护有关的特定主题，作出必要的部署，并保证活动的成功。

（4）建议可持续发展委员会在执行其任务时把实施《二十一世纪议程》第十八章放在优先地位。

1988 年《中华人民共和国水法》颁布后，水利部即确定每年的 7 月 1 日至 7 日为中国水周，考虑到世界水日与中国水周的主旨和内容基本相同，故从 1994 年开始，把中国水周的时间改为每年的 3 月 22 日至 28 日，时间的重合使宣传活动更加突出世界水日的主题。

358. **立法法**

各种立法效力与监督见下表。

各种立法的效力与监督

<table>
<tr><th colspan="2">文本与效力</th><th>批准与备案</th><th>改变与撤销</th><th colspan="2">冲突与适用</th></tr>
<tr><td>法律</td><td>低于宪法</td><td rowspan="6">批准问题：
①自治区条例报全国人大常委会批准；
②较大市法规、自治州县条例报省级人大常委会批准

备案问题：
①备案找上级；
②人大不备案；
③批准当备案；
④规章有例外</td><td rowspan="6">①领导关系：若两机关为领导关系，则上级既可撤销也可改变下级立法；
②监督关系：若两机关为监督关系，则上级只能撤销不能改变下级立法；
③授权关系：若两机关为授权关系，则上级可撤销下级立法乃至撤销授权；
④批准关系：经批准的立法视为批准者的立法对待（审查结果仅为撤销）</td><td rowspan="6">①特别法优于一般法；
②新法优于旧法；
③法不溯及既往，但有利溯及除外；
④新一般规定与旧特别规定冲突的，由制定机关裁决（制定机关为某级人大的，则替换为其常委会）</td><td rowspan="6">①授权制定的行政法规或经济特区法规与法律冲突无法决定适用的，由全国人大常委会裁决；
②部门规章之间、部门规章与地方政府规章之间冲突的，由国务院裁决；
③地方性法规与部门规章冲突，国务院可决定适用地方性法规，适用部门规章的则应提请全国人大常委会裁决；
④省政府规章与较大市法规冲突，省级人大常委会处理</td></tr>
<tr><td>行政法规</td><td>低于宪法、法律</td></tr>
<tr><td>地方性法规</td><td>低于宪法、法律、行政法规、上级地方法规</td></tr>
<tr><td>部门规章</td><td>低于宪法、法律、行政法规</td></tr>
<tr><td>地方性规章</td><td>低于宪法、法律、行政法规、本级以上地方法规、上级地方规章</td></tr>
<tr><td>自治条例单行条例与经济特区法规</td><td>类似本级地方性法规，但可对上位法做变通规定并在本区域内优先适用</td></tr>
</table>

我国《种子法》规定，违法经营、推广应当审定而未经审定通过的种子的，可以处以 1 万元以上 5 万元以下的罚款。某省政府在其制定的《某省种子法实施办法》中规定，违法经营、推广应当审定而未经审定通过的种子的，可以处以 3 万元以上 5 万元以下的罚款。下列说法正确的是（ ）？

A. 《某省种子法实施办法》超越了《种子法》的规定，无效

B. 《某省种子法实施办法》没有超越《种子法》的规定，有效

C. 国务院如果认为《某省种子法实施办法》超越了《种子法》的规定，有权予以撤销

D. 受处罚人不服处罚申请行政复议的同时，可以对《某省种子法实施办法》一并请求审查

答案：（A C）

359. **某省道路交通管理部门在解决机动车超载的执法检查活动中，个别行政执法人员，让运煤的车主先缴一个月的超载罚款，理由是，免得天天停车检查、缴罚款费事，当地群众称之为“罚款买月票”。**

请回答：这种做法是否合法？为什么？

答:这是违法行为。《行政处罚法》规定,行政机关实施行政处罚时,应当责令当事人改正或者限期改正。纠正、预防行政违法,维护良好的社会管理秩序,是实施行政处罚的目的。如果当事人缴了罚款,可以"买到违法权",就背离实施行政处罚的根本目的。

360. 某商品批发市场管理处的人员接到举报,反映徐某经营的摊位销售假冒伪劣商品。市场管理处人员经过调查,发现徐某销售的商品质量低劣,遂根据《某省商品批发市场管理条例》的有关规定扣押了徐某尚未销售的商品,并处以500元的罚款。

问:(1)本案中涉及到几种行政行为?(2)根据我国现有法律规定,本案中查封的行为应遵守哪些程序规定?

(1)答:涉及两种行政行为:行政强制中的行政强制措施和行政处罚措施。

(2)答:根据《行政强制法》的规定,查封行为应遵守的程序有:

①实施前须向行政机关负责人报告并经批准;

②由两名以上行政执法人员实施;

③出示执法身份证件;

④通知当事人到场;

⑤当场告知当事人采取行政强制措施的理由、依据以及当事人依法享有的权利、救济途径;

⑥听取当事人的陈述和申辩;

⑦制作现场笔录;

⑧现场笔录由当事人和行政执法人员签名或者盖章,当事人拒绝的,在笔录中予以注明;

⑨当事人不到场的,邀请见证人到场,由见证人和行政执法人员在现场笔录上签名或者盖章;

⑩制作并当场交付扣押决定书和清单,扣押清单一式两份,由当事人和行政机关分别保存。

361. 郭甲是运煤司机,一日运煤经过309国道某交通检查站时,执勤人员宋丙(身着交通警察制服,佩戴执勤袖章)向郭甲走过来,递给了郭甲一张处罚决定书,说:"交20块钱再走。"郭甲接过处罚决定书,见上面印的全部内容是:根据有关规定,罚款20元。决定书印着某省某市交通大队的印章。郭甲对宋丙说:"为什么要罚我?"宋丙说:"你超载。"郭甲辩称:"我只拉半车煤,怎么就超载?"宋丙不耐烦地说:"让你交你就交,罗嗦什么。"郭甲说:"不说清楚,我就不交。"这时,宋丙又递过一张处罚决定书,并说:"就你这态度,再罚20块。"郭甲怕争辩下去,又要罚款,只好交了40块钱离去,宋丙未出具收据。

请回答:本案中的行政处罚行为哪些地方违反《行政处罚法》的规定?

答:本案中交通检查站执勤人员宋丙对司机郭甲所实施的罚款的行政处罚违反了《行政处罚法》的规定,具体体现在以下几个方面:

(1)罚款决定没有事实根据。行政机关实施行政处罚,是以当事人确实存在违法行为为前提的,违法行为的构成又以存在违法事实为条件。因此,作出行政处罚,必须首先查明当事人是否有违法事实。《行政处罚法》第三十条明确规定,对于违反行政管理秩序的行为,依法应当给予行政处罚的,行政机关必须查明事实;违法事实不清,不得给予行政处罚。本案中宋丙对郭甲所实施的罚款行为,没有对事实进行查实,是在没有事实依据的情况下作出的处罚。

(2)未向当事人郭甲说明理由和告知权利,直接给予处罚。《行政处罚法》第三十一条规定,行政机关在作出行政处罚决定之前,应当告知当事人作出处罚决定的事实、理由及依据,并告知当事人依法所享有的权利。本案中宋丙未对郭甲说明任何事项,就直接交付了罚款决定书。

(3)不听取郭甲的陈述和申辩。根据《行政处罚法》第六条和第三十二条的规定,当事人有权进行陈述和申辩。行政机关必须充分听取当事人的意见,对当事人提出的事实、理由和证据, 应当进行复核;当事人提出的事实、理由或者证据成立的,行政机关应当采纳;行政机关不得因为当事人申辩而加重处罚。本案中宋丙不仅不听取郭甲的申辩,反而因郭甲的申辩对其加罚 20 元。

(4)处罚决定书的内容不符合《行政处罚法》的规定,《行政处罚法》第三十四条第二款对当场处罚的处罚书应载明的事项作了具体规定。当场处罚的行政处罚决定书应当载明当事人的违法行为、行政处罚依据、罚款数额、时间、地点以及行政机关名称,并由执法人员签名或者盖章。本案是适用简易程序,即当场处罚程序进行的罚款,其处罚决定书只有罚款数额和行政机关印章两项,其他事项没有载明;处罚决定书中"根据有关规定"字样不能作为处罚依据,处罚依据应明确具体,写明根据哪部法律、法规的哪一条款。

(5)实施处罚没有告知当事人复议与诉讼的权利和对行政处罚不服,当事人有权申请复议或者起诉。在处罚过程中,执法人员应告知当事人申请复议和起诉的权利,以及申请复议或者提起诉讼的期限。《行政处罚法》第三十九条规定,行政处罚决定书中应载明不服行政处罚决定,申请复议或者提起行政诉讼的途径和期限。本案中行政处罚决定书中没有载明此项内容,宋丙也未口头告知郭甲。

(6)当场收缴罚款未向当事人郭甲出具收据。《行政处罚法》第四十九条规定,行政机关及其执法人员当场收缴罚款的,必须向当事人出具省、自治区、直辖市财政部门统一制发的罚款收据;否则,当事人有权拒绝缴纳罚款。本案中宋丙收缴了郭甲当场缴纳的 40 元罚款后,未向郭甲出具省级财政部门统一制发的收据。

362. 如何认定水事违法主体?

答:快速准确地认定水事违法主体,是水事违法案件调查取证的主线之一,也是行政处罚阶段及执行阶段的主要依据。对违法主体的认定,直接影响行政案件处理是否正确、合法,意义重大。

《水行政处罚实施办法》第二条规定,公民、法人或者其他组织违反水行政管理秩序的行为,依法应当给予水行政处罚。由此看出,水事违法行为的主体包括公民个人、法人及其他组织,在特殊情况下,还包含其他主体。笔者结合工作实际,总结梳理出快速准确认定违法主体的经验。

(1)对公民、个体工商户和法人的认定。

水利部门发现公民个人实施违反水事管理秩序行为后,需进行两个认定:一是姓名认定;二是责任能力认定,涉及公民年龄、精神状态两个方面。年龄上,根据《行政处罚法》第二十五条的规定,不满 14 周岁有违法行为的,不予行政处罚,责令监护人加以管教;已满 14 周岁不满 18 周岁有违法行为的,从轻或者减轻行政处罚。精神状态方面,根据《行政处罚法》第二十六条的规定,精神病人因不能辨认或不能控制自己行为的,违反水事管理秩序,可以不予处罚。行政相对人的精神状态可通过走访调查、专业机构鉴定等形式予以确定。

涉及水事违法行为的个体工商户,依据最高人民法院《关于适用〈中华人民共和国民事诉讼法〉若干问题的意见》第四十六条的规定:“在诉讼中,个体工商户以营业执照上登记的业主为当事人。有字号的,应在法律文书中注明登记的字号。营业执照上登记的业主与实际经营者不一致的,以业主和实际经营者为共同诉讼人。”参照这一规定,例如,王某经营一家煤矸石销售站,未经批准擅自在洙赵新河管理范围内建设永久性建筑物,水行政监察人员下达执法文书时,应以王某为违法当事人,并注明某煤矸石销售站的字号。若实际经营者不是王某,还应将其两人列为共同违法当事人。

在我国,法人主要有企业法人和非企业法人之分。企业法人作为违反水事管理秩序的主体,可通过查看工商行政管理部门颁发的企业营业执照,或到工商行政管理部门查询企业登记信息进行认定。非企业法人,分为机关事业单位法人和社会团体法人两类,前者认定可到机构编制部门查看机构登记名称、法定代表人等信息,后者可到民政部门社会组织登记处查看团体名称、法定代表人、批准成立文件等。

(2)对其他组织的认定。

行政法中目前没有对“其他组织”作出规定,根据最高人民法院《关于贯彻执行〈中华人民共和国行政诉讼法〉若干问题的意见(试行)》第一百一十四条的规定:“人民法院审理行政案件,除依照行政诉讼法的规定外,对本规定没有规定的,可以参照民事诉讼法的有关规定。”据此规定,其他组织是指合法成立,有一定的组织机构和财产,但又不具备法人资格的组织。

因此,在水事违法主体中,可能涉及其他组织的主要有:依法登记领取营业执照的私营独资企业、合伙组织;依法登记领取营业执照的合伙型联营企业;依法登记领取我国营业执照的中外合作经营企业、外资企业;经民政部门核准登记领取社会团体登记证的非法人社会团体;法人依法设立并领取营业执照的分支机构;中国人民银行、各专业银行设在各地的分支机构;中国人民保险公司设在各地的分支机构;经核准登记领取营业执照的乡镇、街道、村办企业等。其他组织相对于公民或者个人、法人等其他主体而言,比较复杂,应当要求被处罚主体提供营业执照、批准文件、登记证书等证明其主体地位的材料,认真审查,作出正确判断。

(3)对特殊主体的认定。

水事违法案件中还存在一些特殊主体,如工程建设指挥部、筹备中的机构、企业挂靠承包、无照经营行政相对人等。近年查处的水事违法案件中,这一类的水事违法主体出现的次数最多,相较公民、法人及其他组织认定也更复杂。

对特殊主体的认定,其一是工程建设指挥部。梳理近几年的水事违法案件发现,一些政府工程涉及违法水事管理秩序,成为查处的一大难题。一方面,水行政执法人员经常受到各种行政干预、请托说情困扰。另一方面,这类机构多是地方政府为加强项目建设管理,抽调相关部门工作人员组建的临时性机构,违法主体的认定存在较大困难。

并非所有的指挥部都适合作为水行政处罚的对象,处罚主体的选择主要取决于工程建设指挥部的法律地位。对于行政机关或项目法人依法设立,并登记注册领取营业执照的指挥部,有自己的名字,具有独立承担责任的主体资格和能力,可以直接对其进行处罚。但还有一些工程指挥部是由行政机关或项目法人非法设立,或虽依法设立但未领取营业执照。

这类情况下,应以设立该分支机构的法人为当事人,而工程建设指挥部由于不具有独立的主体地位,不能成为行政法律关系的主体,应以设立工程建设指挥部的项目法人或行政机关为处罚对象。

其二,对于筹备中的机构,未经成立就开始运行的,即使存在固定的场所,有具体的职能,但其权限职责仅限定在与筹备工作有关的范围,没有履行法定的设立程序,也就没有取得实施筹备工作以外事项的资格,不具有独立承担法律责任的能力,对其实施违法行为应由该筹备机构的上级部门承担法律责任。

其三,企业挂靠、承包的特殊主体,挂靠人和承包人如若出现违反水行政管理秩序的行为,在进行行政处罚时应当将被挂靠、承包企业作为处罚的对象。

其四,对无照经营者,水行政执法人员应以实际经营者作为处罚相对人,依照有关水法律法规予以处罚,同时还应就其无照经营行为移送工商行政管理部门查处。

水事违法行为主体的认定比较复杂,水行政执法人员应遵循法律规范有关主体的界定标准,将工作做细、做实,多调查,多询问,准确认定违法行为主体,做到依法行政。

363. 水利行政强制实施如何执行?

答:《中华人民共和国行政强制法》(简称《行政强制法》)在一定程度上约束了行政机关的行政行为,保护了行政相对人的合法权益。目前,我国水法规中也规定了几种行政强制措施和行政强制执行,笔者结合《行政强制法》,梳理了水法规中行政强制的有关规定,归纳总结实施水行政强制的程序及实施所需注意的问题。

一、水行政强制的实施程序

(1)查封、扣押。

《水土保持法》第四十四条规定:"被检查单位或者个人拒不停止违法行为,造成严重水土流失的,报经水行政主管部门批准,可以查封、扣押实施违法行为的工具及施工机械、设备等。"查封、扣押属于同一类行政强制措施,查封一般指对财物就地封存,扣押则是将财物转移至异地封存。

查封、扣押措施应严格按照《行政强制法》规定的程序实施。第一,在实施前应向行政机关负责人报告并经批准。第二,要制作查封、扣押决定书和清单,当场交由当事人,由当事人和行政机关分别保存。第三,通知当事人到场,将查封、扣押决定书当场送达当事人,并当场告知当事人采取行政强制措施的理由、依据以及当事人依法享有的权利、救济途径。第四,听取当事人陈述和申辩,并制作现场笔录。第五,将查封、扣押场所、设施或者财物予以妥善保管,也可委托第三方负责保管。

(2)排除妨碍、恢复原状。

《水法》第六十五条、第六十七条,《防洪法》第四十二条、第五十八条分别就排除妨碍、恢复原状做出了具体的规定。这一行政强制执行方式在水利法律法规上,基本都表现为"强制拆除"。其程序如下:首先,水行政主管部门发现水事违法行为后,依据《水法》、《防洪法》的有关规定,责令当事人停止违法行为,排除妨碍、恢复原状。其次,水行政主管部门在作出行政强制执行的决定前,应当事先催告当事人履行义务,告知当事人权利,并充分听取当事人的意见。最后,经催告,当事人仍逾期不履行行政决定,且无正当理由的,可以作出行政强制执行的决定。

需要注意的是,对违法建筑物、构筑物、设施进行拆除的,还应当在催告之前由水行政主管部门作出公告,限期当事人自行拆除,并给予充分的救济权利,才可依法强制拆除。

(3)代履行。

《防洪法》第五十七条、《水土保持法》第五十五条规定了代履行制度。代履行是指行政相对人逾期不履行行政决定所确定的义务,而该义务由他人代为履行,也可达到相同的目的,水行政主管部门可以自己代为履行或者委托第三方代为履行,并由行政相对人承担履行义务所需费用的强制执行方式。

根据《行政强制法》的规定,代履行应当遵守 4 个程序和步骤:首先,作出并送达代履行决定书。其次,代履行 3 日前催告当事人履行。再次,实施代履行,并由作出决定的行政机关指派工作人员到场监督。最后,制作代履行执行文书。

同时,对于需要立即清除河道内的遗洒物、障碍物或污染物,行政相对人不具备履行能力或者由于不在场的情况而不能履行,为了立即应对出现的紧急情况或危险状态,水行政主管部门可以当即决定实施代履行。

(4)加处罚款、滞纳金。

《水法》第七十条、《水土保持法》第五十七条规定了加处罚款和滞纳金的制度。其程序是:首先,水行政主管部门作出缴纳水资源费或水土保持设施补偿费的行政决定。当事人逾期不履行的,可以收取滞纳金,并加处罚款。其次,水行政主管部门实施加处罚款、滞纳金超过 30 日,催告当事人履行法定义务。再次,催告后,当事人仍不履行的,水行政主管部门可以申请人民法院强制执行,包括应该缴纳的水资源费或水土保持补偿费、滞纳金以及加处的罚款。

二、水行政强制应注意的问题

(1)行政强制主体。

《行政强制法》第十七条规定:“行政强制措施应当由行政机关具备资格的行政执法人员实施,其他人员不得实施。”本条对行政强制措施的实施主体从两个方面进行了严格规范:一是行政机关是实施行政强制措施的唯一主体,不得委托给其他行政机关、组织或个人。目前,各地水政监察大队多属事业单位性质,受水行政机关委托行使处罚权,但不能行使行政强制权力。二是代表行政机关实施行政强制措施的,必须是具备行政执法资格的行政执法人员,其他人员不得实施。因此,水行政强制措施应由取得执法资格的水政监察人员实施。

(2)查封、扣押与先行登记保存的关系。

《中华人民共和国行政处罚法》第三十七条对“先行登记保存”证据的规定,与《水土保持法》第四十四条有关“查封、扣押”的规定相似,容易被混为一谈。但其实二者有很大区别。

首先,二者性质不同。“先行登记保存”是一种证据保全措施,而“查封、扣押”则是一种行政强制措施。前者不但在水土保持行政执法中存在,还在河道、水利工程、水资源行政执法中大量存在,是水行政处罚中收集、固定证据的一种方式。后者是水行政主管部门为防治水土流失,依据水土保持法对行政相对人的财产采取的强制措施。

其次,二者目的不同。“先行登记保存”的目的是保全证据。“查封、扣押”的目的是制止可能存在的违法事实、行为和潜在危害的扩大,保证水行政执法的顺利实现。

最后,二者法律后果不同。“查封、扣押”是行政强制措施,是一个独立的具体行政行为，因可能产生严重的法律后果而属于可诉行为。“先行登记保存”只是具体行政行为的一个环节，当事人对“先行登记保存”的异议只能向执法机关提出申辩。

364. 河道管理者的责任与义务是什么？

答：每年全国河道内都会发生大量的人员溺水死亡事故。这不仅给家庭带来了灾难，也给河道管理者带来了相应的法律风险与经济损失。事故发生后，受害人家属多以河道管理者未尽到必要的安全保障义务而提起诉讼，要求其承担侵权责任。为了避免不该出现的损失，河道管理者应认真对待安全保障义务，清楚所管理河道的实际情况，从而做好相应的风险防范。

管理者应分清承担义务的河道。什么是安全保障义务？《中华人民共和国侵权责任法》第三十七条规定，宾馆、商场、银行、车站、娱乐场所等公共场所的管理人或者群众性活动的组织者，未尽到安全保障义务，造成他人损害的，应当承担侵权责任。因第三人的行为造成他人损害的，由第三人承担侵权责任；管理人或者组织者未尽到安全保障义务的，承担相应的补充责任。根据该规定，安全保障义务指的是行为人基于诚实、信用原则产生的对与其有一定的“社会接触”的不特定的社会公众的人身和财产安全，所负担的保护和关照的法定义务。

河道管理者是否应当承担安全保障义务不能一概而论，应该具体情况具体分析。《中华人民共和国侵权责任法》要求承担安全保障义务的管理者应是公共场所的管理人。对于河道是否是公共场所，《中华人民共和国河道管理条例》没有作出明确规定，《中华人民共和国侵权责任法》也未给予界定。

广东省东莞市第一人民法院法官黄薇在《从溺水案件谈侵权责任法中的安全保障义务》中提出，《中华人民共和国侵权责任法》中的公共场所可以理解为对外开放、允许社会公众自由进出，并可在其内参加或从事与该公共场所宗旨有关的活动的场所。同时她认为一个区域能否成为公共场所，要看是否符合对外性、管理性和地域特定性三个基本特征。

我国范围内的河道大都符合对外性、管理性的特征，关于地域特定性要具体情况具体分析。如果河道处于位置偏僻、人迹罕至的地方，且人流量较小，那么就不符合地域特定性的特征，不属于公共场所。水利部《关于对黄河主河道是否为公共场所等问题的批复》支持了这个观点。该批复指出，《中华人民共和国河道管理条例》第二条规定，本条例适用于中华人民共和国领域内的河道(包括湖泊、人工水道、行洪区、蓄洪区、滞洪区)。其中，行洪区和人工河道是属于作为行洪输水通道的河道，其功能是行洪输水，不是供行人使用的通道，也不同于通常意义上的车站、码头、民用航空站等供公众活动和集散的公共场所。黄河治导线范围内的区域是黄河主河道，是行洪输水通道。河道主管机关在主河道内从事挖河疏浚工作，是为了保证行洪的通畅，没有设置明显标志和采取安全措施防止他人损害的义务。因此，包括黄河主河道在内的河道不宜认定为公共场所。

从案例分析，多地人民法院在判决中也认为位置偏僻、人迹罕至且人流量较小的河道不属于公共场所。2002 年 10 月 9 日，河南省洛阳市中级人民法院在洛民终字〔2002〕第 1367 号民事判决书认定，黄河主河道的功能是为了河流的行洪输水，不是供公众活动和集散的公共场所。2004 年 12 月 1 日，河南省焦作市中级人民法院在焦民终字〔2004〕第 884 号民事判决书中指出，事故发生的地点在沁河河道范围内，而河道的功能是为了河流的行洪输水，不是供公众活动和集散的公共场所。在此情形下，要求河道管理者承担与公共场所管理者相同的保障义务,没有法律依据。

如果河道位于人群密集、人流量较大的地方,就符合地域特定性的特征,属于公共场所。同时,法律不禁止公众对河道在一定范围内有利用和通行等行为,这就要求河道管理者对进入河道活动的人员有责任依法进行管理。此时,河道管理者基于河道对不特定的人群构成了安全威胁,而需要承担相应的保障责任,做好风险防范工作。

一是消除河道自然风险的责任。河道管理者对河道设施的管理是法定义务,对有缺陷的设施应及时维修,不能及时维修的,应设立相应的警示标志,提示设施因缺陷而存在的风险。由于设施缺陷的风险属当事人难以预见的内容,如果河道管理者不设警示标志,对当事人因该风险受到的伤害应承担相应的赔偿责任。

二是消除河道人为风险的责任。人类活动造成河道自然状况发生变化,产生不确定的风险。受经济利益的驱使,人们开发利用河道的活动越来越多,主要包括挖砂、淘金、修建养殖设施或码头等活动。河道管理者应依法管理涉河开发利用建设活动,对产生风险的,应及时要求有关责任主体消除风险。如果因河道管理者管理疏忽,或处理不及时,未在合理期限内消除河道中的人为风险,对当事人因该风险受到的伤害应承担相应的民事赔偿责任。

三是实施告知行为的责任。对于成为公共场所的河道而言,管理者应当提示告知存在的潜在危险和危险因素(如告知水深不要靠近)。如果没有尽到上述三种管理责任和注意义务,造成损害结果的,要依其过错程度承担相应的民事责任。

综上所述,无论是否承担安全保障义务,从加强河道管理的角度来看,河道管理者都要进一步明确河道、水库和水塘的所有人、使用人和管理人,明确管理的权利、义务和责任,保证河道、水库和水塘正常的维护和管理;要在危险的河道、水库和水塘周边,加装能够足以防止少年不慎落水的防护栏杆、危险标志牌等;对存在溺水安全隐患的河道、水库和水塘周边要安排人员经常开展巡查,采取有效措施防止危险的发生;要结合水法宣传、学校暑期安全教育等形式,积极开展宣传、教育活动,提高沿河群众对该问题的重视程度。

程　序　篇

未编报水土保持方案擅自开工建设行政处罚案件

【案情简介】:2013 年 4 月 1 日,水政监察支队执法人员在日常巡查中发现安阳市城建建筑材料有限责任公司未经水行政主管部门批准,擅自在龙泉镇王村动工建设。经调查,该单位法人代表张某,从 2013 年 3 月开始动工建设。该单位位于龙安区龙泉镇王村,属于丘陵地带,在建项目东边界 200 米,南边界 150 米,西边界 195 米,北边界 156 米。该行为违反了《中华人民共和国水土保持法》第二十五条的规定。安阳市水利局于 2013 年 4 月 2 日向该单位下达《责令停止违法行为通知书》后,该单位依然我行我素,并没停止违法行为或者采取必要的防护措施。因为新《中华人民共和国水土保持法》是 2013 年 3 月 1 日开始实施,《河南省水行政处罚裁量标准》对新的《中华人民共和国水土保持法》处罚标准未进行细化。2013 年 4 月 14 日,在水政监察支队会议室,相关人员经过仔细认真的讨论,达成了以下几点意见:①该厂位于丘陵区,同时也在省人民政府划分的河南省水土流失重点治理区。②该单位明知在该地区开工建设需要编制水土保持方案,但在下达了相关文书后,该单位至今未履行编制水土保持方案的法定义务。上述违法行为有询问笔录、现场(检查)笔录、视听资料为证。根据《中华人民共和国水土保持法》第五十三条的规定,违反本法规定的有下列行为之一的,由县级以上人民政府水行政主管部门责令停止违法行为,限期补办手续;逾期不补办手续的,处五万元以上五十万元以下的罚款;对生产建设单位直接负责的主管人员和其他直接责任人员依法给予处分:"(一)依法应当编制水土保持方案的生产建设项目,未编制水土保持方案或者编制的水土保持方案未经批准而开工建设的……"建议对该单位处理如下:①责令立即停止违法建设行为;②限七日内到安阳市水利局补办水土保持相关手续;③罚款人民币叁拾万元整。

附:

未编报水土保持方案擅自开工建设行政处罚案件卷宗

河南省水事违法案件卷宗

<table>
<tr><td colspan="5" align="right">豫水(安)立字〔2013〕第04号</td></tr>
<tr><td>案由</td><td colspan="4">未编报水土保持方案擅自开工建设行政处罚案</td></tr>
<tr><td rowspan="2">当事人</td><td>名称或姓名</td><td colspan="3">安阳市城建建设有限责任公司</td></tr>
<tr><td>地址或住址</td><td colspan="3">安阳市红旗路北段</td></tr>
<tr><td>立案日期</td><td>2013年4月1日</td><td>结案日期</td><td colspan="2">2013年5月4日</td></tr>
<tr><td>处罚(理)决定</td><td colspan="4">(1)编报水土保持方案;
(2)罚款人民币叁拾万元整</td></tr>
<tr><td>复议决定</td><td colspan="4">无</td></tr>
<tr><td>法院判决(裁定)</td><td colspan="4">无</td></tr>
<tr><td>归档日期</td><td>2013年5月6日</td><td>归档编号</td><td colspan="2">10</td></tr>
<tr><td>保存年限</td><td>10年</td><td>承办人</td><td colspan="2">崔某　张某</td></tr>
<tr><td colspan="2">本卷内的文书共计　24　页</td><td>立卷人</td><td colspan="2">崔某</td></tr>
</table>

卷宗目录

序号	文书名称	文号	页码
01	行政处罚委托书		
02	水事违法案件立案呈批表	安水立字〔2013〕第04号	
03	案件承办人行政执法证复印件		
04	调查(询问)通知书	安水调字〔2013〕第04号	
05	送达回证		
06	现场(检查)笔录		
07	调查(询问)笔录		
08	当事人提供的相关证件		
09	证据材料及现场照片		
10	责令停止水事违法行为通知书	安水停字〔2013〕第04号	
11	送达回证		
12	案件调查终结报告		
13	安阳市水利局行政处罚案件法律审核意见书	安水罚审字〔2013〕第04号	
14	水行政处罚听证告知书	安水罚听告字〔2013〕第04号	
15	送达回证		
16	水行政处罚事先告知书	安水罚先告字〔2013〕第04号	
17	送达回证		
18	重大复杂案件集体讨论笔录		
19	行政处罚审批表		
20	水行政处罚决定书	安水罚决字〔2013〕第04号	
21	送达回证		
22	银行代收罚款票据		
23	安阳市水利局对安阳市城建建设有限责任公司的复函		
24	行政处罚案件结案审批表		
25	行政处罚案件结案报告		

行政处罚委托书

根据《中华人民共和国行政处罚法》第十八条、第十九条,《河南省行政机关执法条例》第十条,《水行政处罚实施办法》第十条、第十一条、第十二条的规定,经安阳市水利局与安阳市水政监察支队研究,现由安阳市水利局委托安阳市水政监察支队实施:行政处罚种类:(1)①警告;②罚款;③吊销许可证;④没收非法所得;⑤法律法规规定的其他水行政处罚。(2)其他相关权限。委托期限自 2013 年 1 月 1 日始至 2013 年 12 月 31 日止。

委托期间,安阳市水政监察支队必须以安阳市水利局的名义,在委托权限范围内实施行政处罚,并接受安阳市水利局的监督,由此产生的法律后果,由安阳市水利局承担。安阳市水政监察支队不得将委托事项再委托。

委托机关(印章)　　　　受委托单位(印章)

2013 年 1 月 1 日　　　　2013 年 1 月 1 日

水事违法案件立案呈批表

安水立字〔2013〕第04号

<table>
<tr><td>案　　由</td><td colspan="6">未编报水土保持方案擅自开工建设</td></tr>
<tr><td>发案地点</td><td colspan="4">龙安区龙泉镇王村</td><td>发案时间</td><td>2013年4月1日</td></tr>
<tr><td rowspan="3">当事人</td><td>单位名称</td><td colspan="3">安阳市城建建设有限责任公司</td><td>法定代表人</td><td>张某</td></tr>
<tr><td>个人姓名</td><td></td><td>性别</td><td></td><td>职业</td><td></td></tr>
<tr><td>联系地址</td><td colspan="3">安阳市红旗路北段</td><td>电话</td><td>159××××××××</td></tr>
<tr><td>案件来源</td><td colspan="6">2013年4月1日自查</td></tr>
<tr><td>案情简介及立案理由</td><td colspan="6">2013年4月1日，水政监察支队执法人员在日常巡查中，发现安阳市城建建设有限责任公司在建项目未编制水土保持方案，也未经水行政主管部门审批，擅自在龙安区龙泉镇王村动工建设。该行为违反了《中华人民共和国水土保持法》第二十五条第一款的规定
主办人:崔某　　协办人:张某</td></tr>
<tr><td>案件承办人意见</td><td colspan="6">建议立案查处
主办人(签字):崔某　　协办人(签字):张某　　2013年4月1日</td></tr>
<tr><td>支队负责人审查意见</td><td colspan="6">同　　意
负责人(签字):刘某　　2013年4月1日</td></tr>
<tr><td>机关法制机构审核意见</td><td colspan="6">同　　意
负责人(签字):刘某　　2013年4月1日</td></tr>
<tr><td>机关负责人意见</td><td colspan="6">同意立案
负责人(签字):张某　　2013年4月1日</td></tr>
</table>

附:

案件承办人行政执法证复印件

调查(询问)通知书

安水调字〔2013〕第04号

安阳市城建建设有限责任公司:

你(单位)应于2013年4月4日10时到安阳市水利局水政监察支队三大队就你单位在龙安区龙泉镇在建项目,没有编制水土保持方案,也未经水行政主管部门审批擅自开工建设一案接受调查(询问),逾期不到的,我局将依法进行处理。

携带材料:(1)营业执照复印件;

(2)法人代表身份证复印件;

(3)征(占)地的基本情况;

(4)如有委托代理人的,携带授权委托书和代理人的身份证复印件。

联系人:崔某

联系电话:369××××

联系地址:安阳市安钢大道369号

安阳市水利局(盖章)

2013年4月1日

送 达 回 证

单位盖章

受送达人	安阳市城建建设有限责任公司		
送达地点	该厂区办公室		
送达文书	送达人	收到日期	受送达人 签名或盖章
调查(询问)通知书 安水调字〔2013〕 第04号	崔某 张某	2013年4月2日10时	郭某
		年 月 日 时	
		年 月 日 时	
		年 月 日 时	
备 注	2013年4月2日,郭某接受该文书(郭某负责办公室) 郭某身份证号码		

注:(1)如受送达人不在,将文件交与他的成年家属、近邻、工作机关或受送达人居住地的乡(镇)政府、村民委员会或街道办事处代收。

(2)如系代收,代收人应在"受送达人"栏内签名或盖章,并注明与受送达人的关系。

现场(检查)笔录

被调(检)查单位名称：安阳市城建建设有限责任公司

地址：安阳市红旗路北段

被询问人姓名：张某　性别：男　年龄：47　职务：总经理

调(检)查时间：2013 年 4 月 1 日 10 时 56 分至 11 时 35 分

调(检)查地点：安阳市城建建设有限责任公司新建厂区内

调(检)查人员姓名：崔某　记录人：张某

调(检)查记录：2013 年 4 月 1 日上午，水政监察支队行政执法人员崔某、张某出示过行政执法证件后(亮证)，对正在建设中的安阳市城建建设有限责任公司进行现场勘验、拍照，经检查：(1)该单位厂区位置位于龙安区龙泉镇王村，单位东边界 200 米，南边界 150 米，西边界 195 米，北边界 156 米。(2)安阳市城建建设有限责任公司法定代表人：张某，具有独立法人资格。(3)安阳市城建建设有限责任公司在建项目属丘陵区，现场检查时正在施工。

被调(检)查人签名或盖章：张某

被调查人拒签事由：

调(检)查人签名或盖章：崔某　张某

见证人签名或盖章并注明身份：王某

2013 年 4 月 1 日

安阳市城建建设有限责任公司

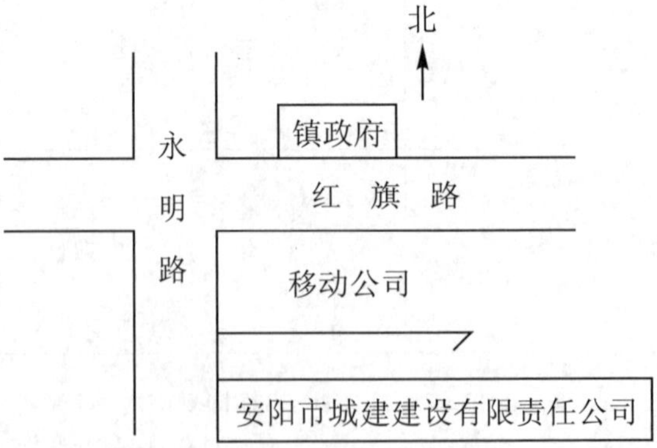

当事人签字：张某(捺手印)

调查(询问)笔录

询问时间：2013 年 4 月 4 日 10 时 10 分至 10 时 47 分

询问地点：水政监察支队询问调查室

被询问单位名称：安阳市城建建设有限责任公司

法定代表人(负责人)：张某 电话：

被询问人姓名：张某 性别：男 年龄：35 电话：137××××××××

所在单位：安阳市城建建设有限责任公司

询问人：崔某 执法证件名称：行政执法证 执法证件号：豫 G012-056

记录人：罗某 执法证件名称：行政执法证 执法证件号：豫 G0124-108

询问内容：

我们是安阳市水利局水政执法人员(亮证),现对你单位未编报水土保持方案,也未经水行政主管部门批准,擅自开工建设情况进行询问,请你如实回答。

问:你对我们执法身份是否有异议?是否申请回避?

答:没有异议,也不申请回避。

问:请谈一下你单位的注册全称及单位法定代表人的姓名?

答:我单位全称为安阳市城建建设有限责任公司,公司法定代表人张某。

问:请说一下你个人的情况简介?

答:我叫张某,主要负责办公室工作。

问:请谈一下你单位是什么时间开工建设的?预计什么时候完工?

答:我单位是于 2012 年 5 月初和朋友搞好的预算,2013 年 3 月开始动工建设,预计 2013 年年底完工。

问:请谈一下你单位的位置和单位总面积?

答:单位位于在龙安区龙泉镇王村,单位东边界 200 米,南边界 150 米,西边界 195 米,北边界 156 米。

问:你单位在开工建设前有没有向水行政主管部门申请编报水土保持方案?

答:没有申请编报。

问:你单位在丘陵区没有编报水土保持方案,擅自开工建设已违反《中华人民共和国水土保持法》第二十五条第一款的规定,造成水土流失,将承担法律责任,你有什么情况要讲的吗?

答:我不知道在丘陵区搞建设前还要办理手续,既然已经触犯了法律,我会接受处理的,希望念我不懂法律第一次遇见这样的事,能否给个宽大政策来处理,我一定会积极配合你们的工作。

问:以上记录是否属实?

答:看过,询问笔录上述内容,记录属实。

张某 捺手印

被询问人阅核后签注“询问笔录上述内容,记录属实。”

被询问人签字:张某 (捺手印) 2013 年 4 月 4 日

拒绝签字的理由:

询问人签字:崔某 2013 年 4 月 4 日

记录人签字:罗某 2013 年 4 月 4 日

附：

安阳市城建建设有限责任公司营业执照复印件

安阳市城建建设有限责任公司授权委托书

安阳市城建建设有限责任公司法定代表人身份证复印件

证据材料

现场照片

张某于2013年4月4日拍摄

责令停止水事违法行为通知书

安水停字〔2013〕第04号

安阳市城建建设有限责任公司：

经查，你单位在龙安区龙泉镇王村在建项目，没有编制水土保持方案，也未经水行政主管部门审批，擅自开工建设一案。违反了《中华人民共和国水土保持法》第二十五条第一款："在山区、丘陵区、风沙区以及水土保持规划确定的容易发生水土流失的其他区域开办可能造成水土流失的生产建设项目，生产建设单位应当编制水土保持方案，报县级以上人民政府水行政主管部门审批，并按照经批准的水土保持方案，采取水土流失预防和治理措施。没有能力编制水土保持方案的，应当委托具备相应技术条件的机构编制。"根据《中华人民共和国水土保持法》第五十三条的规定，违反本法规定的有下列之一的，由县级以上人民政府水行政主管部门责令停止违法行为，限期补办手续；逾期不补办手续的，处五万元以上五十万元以下的罚款；对生产建设单位直接负责的主管人员和其他直接责任人员依法给予处分：（一）依法应当编制水土保持方案的生产建设项目，未编制水土保持方案或者编制的水土保持方案未经批准而开工建设的；（二）生产建设项目的地点、规模发生重大变化，未补充、修改水土保持方案或者补充、修改的水土保持方案未经原审批机关批准的；（三）水土保持方案实施过程中，未经原审批机关批准，对水土保持措施作出重大变更的。根据《中华人民共和国水法》第六十条第四项、《河南省水政监察规定》第十五条第二款的规定，现责令立即停止违法建设行为，听候处理。否则，依法追究法律责任。

附：（1）现责令你单位七日内到安阳市水利局补办水土保持相关手续；

（2）携带材料：①营业执照复印件；②法人代表身份证复印件；③征（占）地的基本情况；④如有委托代理人的，携带授权委托书和代理人的身份证复印件。

安阳市水利局（盖章）

2013年4月4日

联系人：崔某

联系地址：安阳市安钢大道369号（安阳市水政监察支队）

联系电话：369××××

送达回证

单位盖章

<table>
<tr><td>受送达人</td><td colspan="4">安阳市城建建设有限责任公司</td></tr>
<tr><td>送达地点</td><td colspan="4">该厂区办公室</td></tr>
<tr><td colspan="2">送达文书</td><td>送达人</td><td>收到日期</td><td>受送达人签名或盖章</td></tr>
<tr><td colspan="2">责令停止水事违法行为通知书
安水停字〔2013〕第 04 号</td><td>崔某
徐某</td><td>2013 年 4 月 4 日 11 时</td><td>郭某</td></tr>
<tr><td colspan="2"></td><td></td><td>年 月 日 时</td><td></td></tr>
<tr><td colspan="2"></td><td></td><td>年 月 日 时</td><td></td></tr>
<tr><td colspan="2"></td><td></td><td>年 月 日 时</td><td></td></tr>
<tr><td>备注</td><td colspan="4">2013 年 4 月 4 日，郭某接受该文书（负责办公室）
郭某身份证号码</td></tr>
</table>

注：(1)如受送达人不在，将文件交与他的成年家属、近邻、工作机关或受送达人居住地的乡（镇）政府、村民委员会或街道办事处代收。

(2)如系代收，代收人应在“受送达人”栏内签名或盖章，并注明与受送达人的关系。

案件调查终结报告

当事人的基本情况：安阳市城建建设有限责任公司

公司法定代表人：张某　地址：安阳市红旗路北段

调查时间：2013 年 4 月 1 日至 2013 年 4 月 13 日

调查人员签名：崔某　罗某

当事人违法的证据：(1)当事人询问笔录一份；

(2)现场检查笔录一份；

(3)视听资料。

违法行为等次：根据你单位违法行为的事实、性质、情节、社会危害程度和相关证据。依照《河南省水行政处罚裁量标准》将其性质、情节定性为一般。

应受行政处罚的依据和种类：2013 年 4 月 1 日，水政监察支队三大队执法人员在日常巡查中，发现安阳市城建建设有限责任公司在建项目未编制水土保持方案，也未经水行政主管部门审批，擅自在龙安区龙泉镇王村动工建设。该行为违法了《中华人民共和国水土保持法》第二十五条第一款："在山区、丘陵区、风沙区以及水土保持规划确定的容易发生水土流失的其他区域开办可能造成水土流失的生产建设项目，生产建设单位应当编制水土保持方案，报县级以上人民政府水行政主管部门审批，并按照经批准的水土保持方案，采取水土流失预防和治理措施。没有能力编制水土保持方案的，应当委托具备相应技术条件的机构编制……"的规定。我单位于 2013 年 4 月 2 日向该单位下达了《责令停止违法行为通知书》，根据现场勘验，该单位在建项目东边界 200 米，南边界 150 米，西边界 195 米，北边界 156 米。根据《中华人民共和国水土保持法》第五十三条的规定，违反本法规定的有下列行为之一的，由县级以上人民政府水行政主管部门责令停止违法行为，限期补办手续；逾期不补办手续的，处五万元以上五十万元以下的罚款；对生产建设单位直接负责的主管人员和其他直接责任人员依法给予处分：(一)依法应当编制水土保持方案的生产建设项目，未编制水土保持方案或者编制的水土保持方案未经批准而开工建设的的规定。

行政处罚建议：(1)责令立即停止违法建设行为；(2)限七日内到安阳市水利局补办水土保持相关手续；(3)罚款人民币叁拾万元整。

水政监察机构负责人意见：同意

尹某　2013 年 4 月 13 日

机构法制负责人意见：同意

侯某　2013 年 4 月 13 日

安阳市水利局行政处罚案件法律审核意见书

安水罚审字〔2013〕第04号

<table>
<tr><td>案件名称</td><td colspan="3">安阳市城建建设有限责任公司在建项目未报批水土保持方案,也未经水行政主管部门审批</td></tr>
<tr><td>承办单位名称</td><td>安阳市水政监察
支队三大队</td><td>负责人姓名</td><td>张某</td></tr>
<tr><td>主办人员姓名</td><td>崔某</td><td>协办人员姓名</td><td>张某</td></tr>
<tr><td>报送时间</td><td>2013年4月15日</td><td>报送人姓名</td><td>崔某</td></tr>
<tr><td>审核人姓名</td><td>刘某</td><td>审核时间</td><td>2013年4月15日</td></tr>
<tr><td>法制机构审核意见</td><td colspan="3">事实清楚,证据确凿充分,定性准确,程序合法

同意处罚

负责人签名:刘某　　2013年4月15日</td></tr>
<tr><td>主办人员
签收</td><td colspan="3">崔某　　2013年4月15日</td></tr>
</table>

本意见书一式两份,一份留存归档,一份连同案卷材料退回办案机构作为指导案件办理的依据入卷归档。

水行政处罚听证告知书

安水罚听告字〔2013〕第04号

安阳市城建建设有限责任公司：

经查，你单位未编报水土保持方案，也未经水行政主管部门批准，擅自在龙泉镇王村（属于丘陵区）动工建设。上述行为违反了《中华人民共和国水土保持法》第二十五条第一款："在山区、丘陵区、风沙区以及水土保持规划确定的容易发生水土流失的其他区域开办可能造成水土流失的生产建设项目，生产建设单位应当编制水土保持方案，报县级以上人民政府水行政主管部门审批，并按照经批准的水土保持方案，采取水土流失预防和治理措施。没有能力编制水土保持方案的，应当委托具备相应技术条件的机构编制……"的规定。

违法行为等次：根据你单位违法行为的事实、性质、情节、社会危害程度和相关证据，你单位的违法行为等次属于一般。

拟给予处罚的依据和种类：本机关根据《中华人民共和国水土保持法》第五十三条的规定违反本法规定的："有下列行为之一的，由县级以上人民政府水行政主管部门责令停止违法行为，限期补办手续；逾期不补办手续的，处五万元以上五十万元以下的罚款；对生产建设单位直接负责的主管人员和其他直接责任人员依法给予处分：（一）依法应当编制水土保持方案的生产建设项目，未编制水土保持方案或者编制的水土保持方案未经批准而开工建设的；（二）生产建设项目的地点、规模发生重大变化，未补充、修改水土保持方案或者补充、修改的水土保持方案未经原审批机关批准的；（三）水土保持方案实施过程中，未经原审批机关批准，对水土保持措施作出重大变更的"的规定，本机关拟对你单位作出下列行政处罚：（1）责令立即停止违法建设行为；（2）限七日内到安阳市水利局补办水土保持相关手续；（3）罚款人民币叁拾万元整

申请听证的期限：如你单位要求听证，应当自收到本告知书之日起三日内向我局提出申请。逾期视为放弃听证权利。

安阳市水利局（盖章）
2013年4月15日

联系人：崔某
联系电话：369××××
联系地址：安钢大道东段路南（安阳市水政监察支队）

送达回证

单位盖章

<table>
<tr><td>受送达人</td><td colspan="3">安阳市城建建设有限责任公司</td></tr>
<tr><td>送达地点</td><td colspan="3">该厂区办公室</td></tr>
<tr><td>送达文书</td><td>送达人</td><td>收到日期</td><td>受送达人签名
或盖章</td></tr>
<tr><td>水行政处罚听证告知书
安水罚听告字〔2013〕第 04 号</td><td>崔某
徐某</td><td>2013 年 4 月
15 日 10 时</td><td>郭某</td></tr>
<tr><td></td><td></td><td>年　月　日　时</td><td></td></tr>
<tr><td></td><td></td><td>年　月　日　时</td><td></td></tr>
<tr><td></td><td></td><td>年　月　日　时</td><td></td></tr>
<tr><td>备　注</td><td colspan="3">郭某系安阳市城建建设有限责任公司办公室工作人员
身份证号码</td></tr>
</table>

注:(1)如受送达人不在,将文件交与他的成年家属、近邻、工作机关或受送达人居住地的乡(镇)政府、村民委员会或街道办事处代收。

(2)如系代收,代收人应在“受送达人”栏内签名或盖章,并注明与受送达人的关系。

水行政处罚事先告知书

安水罚先告字〔2013〕第04号

安阳市城建建设有限责任公司：

你单位因在龙安区龙泉镇王村在建项目未报批水土保持方案，也未经水行政主管部门批准擅自开工建设的行为，违法了《中华人民共和国水土保持法》第二十五条第一款："在山区、丘陵区、风沙区以及水土保持规划确定的容易发生水土流失的其他区域开办可能造成水土流失的生产建设项目，生产建设单位应当编制水土保持方案，报县级以上人民政府水行政主管部门审批，并按照经批准的水土保持方案，采取水土流失预防和治理措施。没有能力编制水土保持方案的，应当委托具备相应技术条件的机构编制"的规定。

从你单位违法行为的事实、性质、情节、社会危害程度和证据看，你单位的违法行为属于一般。

根据《中华人民共和国水土保持法》第五十三条："有下列行为之一的，由县级以上人民政府水行政主管部门责令停止违法行为，限期补办手续；逾期不补办手续的，处五万元以上五十万元以下的罚款；对生产建设单位直接负责的主管人员和其他直接责任人员依法给予处分：（一）依法应当编制水土保持方案的生产建设项目，未编制水土保持方案或者编制的水土保持方案未经批准而开工建设的；（二）生产建设项目的地点、规模发生重大变化，未补充、修改水土保持方案或者补充、修改的水土保持方案未经原审批机关批准的；（三）水土保持方案实施过程中，未经原审批机关批准，对水土保持措施作出重大变更的"，本机关拟对你单位作出下列行政处罚：（1）责令立即停止违法建设行为；（2）限七日内到安阳市水利局补办水土保持相关手续；（3）罚款人民币叁拾万元整。

根据《行政处罚法》第三十二条的规定，你单位可以自收到本告知书起三日内到安阳市水利局进行陈述、申辩，逾期不陈述、申辩的，视为放弃陈述和申辩的权利。

安阳市水利局（盖章）

2013年4月22日

送达回证

单位盖章

<table>
<tr><td>受送达人</td><td colspan="3">安阳市城建建设有限责任公司</td></tr>
<tr><td>送达地点</td><td colspan="3">该厂区办公室</td></tr>
<tr><td>送达文书</td><td>送达人</td><td>收到日期</td><td>受送达人签名或盖章</td></tr>
<tr><td>行政处罚事先告知书
安水罚先告字〔2013〕
第04号</td><td>崔某
徐某</td><td>2013 年 4 月 22 日 10 时</td><td>郭某</td></tr>
<tr><td></td><td></td><td>年　月　日　时</td><td></td></tr>
<tr><td></td><td></td><td>年　月　日　时</td><td></td></tr>
<tr><td></td><td></td><td>年　月　日　时</td><td></td></tr>
<tr><td>备　注</td><td colspan="3">郭某系安阳市城建建设有限责任公司办公室工作人员
身份证号码</td></tr>
</table>

注:(1)如受送达人不在,将文件交与他的成年家属、近邻、工作机关或“受送达人”居住地的乡(镇)政府、村民委员会或街道办事处代收。

(2)如系代收,代收人应在“受送达人”栏内签名或盖章,并注明与受送达人的关系。

重大复杂案件集体讨论笔录

时　间：2013 年 4 月 23 日 8 时 20 分至 8 时 55 分

地　点：安阳市水利局水政科二楼会议室

集体讨论案由：安阳市城建建设有限责任公司在建项目未报批水土保持方案，也未经水行政主管部门审批

主持人：刘某　职务：科长　记录人：张某　职务：大队长

参加人：侯某、尹某、刘某、李某、张某、崔某

案件承办人汇报案情及处理意见：2013 年 4 月 1 日，水政监察支队执法人员在日常巡查中发现安阳市城建建设有限责任公司未经水行政主管部门批准，擅自在龙泉镇王村动工建设。经调查，该单位法人代表张某，从 2013 年 3 月开始动工建设。该单位位于龙安区龙泉镇王村，属于丘陵地带，在建项目东边界 200 米，南边界 150 米，西边界 195 米，北边界 156 米。该行为违反了《中华人民共和国水土保持法》第二十五条的规定。我局于 2013 年 4 月 2 日向该单位下达《责令停止违法行为通知书》后，该单位依然我行我素，并没停止违法行为或者采取必要的防护措施。2013 年 4 月 14 日，在水政监察支队会议室，支队有关人员参加了此次会议，因为新《中华人民共和国水土保持法》是 2013 年 3 月 1 日开始实施，《河南省水行政处罚裁量标准》对新的《中华人民共和国水土保持法》处罚标准未进行细化。根据讨论，达成了以下几点意见：(1)该厂位于丘陵区，同时也在省人民政府划分的河南省水土流失重点治理区；(2)该单位明知在该地区开工建设需要编制水土保持方案，但在下达了相关文书后，该单位至今未履行编制水土保持方案的法定义务。上述违法行为有询问笔录、现场(检查)笔录、视听资料为证。根据《中华人民共和国水土保持法》第五十三条的规定，违反本法规定的有下列行为之一的，由县级以上人民政府水行政主管部门责令停止违法行为，限期补办手续；逾期不补办手续的，处五万元以上五十万元以下的罚款；对生产建设单位直接负责的主管人员和其他直接责任人员依法给予处分：“(一)依法应当编制水土保持方案的生产建设项目，未编制水土保持方案或者编制的水土保持方案未经批准而开工建设的……”建议对该单位处理如下：(1)责令立即停止违法建设行为；(2)限七日内到安阳市水利局补办水土保持相关手续；(3)罚款人民币叁拾万元整。

听证主持人汇报情况：当事人已放弃听证权利。

参加人员意见：

侯某：同意　　李某：同意

尹某：同意　　张某：同意

刘某：同意　　崔某：同意

结论性意见：安阳市城建建设有限责任公司在建项目未报批水土保持方案，也未经水行政主管部门审批。违反了《中华人民共和国水土保持法》第二十五条的规定。经过集体讨论研究，大家一致认为对该单位作出如下处罚：(1)责令立即停止违法建设行为；(2)限七日内到安阳市水利局补办水土保持相关手续；(3)罚款人民币叁拾万元整。

主管领导签名：同意

侯某　2013 年 4 月 12 日

行政机关负责人签名：同意

马某　2013 年 4 月 12 日

行政处罚审批表

当事人 基本情况	单位名称:安阳市城建建设有限责任公司 地　　址:安阳市红旗路北段 法定代表人姓名:张　某
当事人违法 的主要事实	经查,该单位自2011年3月以来在建项目未编制水土保持方案,也未经水行政主管部门审批,擅自在龙安区龙泉镇王村动工建设。该行为违反了《中华人民共和国水土保持法》第二十五条第一款的规定。
承办人 建　议	建议处罚 承办人签名:崔某　张某　　2013年4月29日
支队负责人审查意见	同　意 负责人:刘某　　2013年4月29日
法制机构 审核意见	该案件事实清楚、证据确凿充分、定性准确、程序合法、处罚适当,同意处罚。 同　意 负责人:刘某　　2013年4月29日
机关负责人 意　　见	同　意 负责人:马某　　2011年4月29日

水行政处罚决定书

安水罚决字〔2013〕第04号

被罚款人(单位)名称：安阳市城建建设有限责任公司

地　　址：安阳市红旗路北段

法定代表人或负责人：张某　职　务：总经理

本机关于2013年4月1日对你单位擅自开工建设一案立案调查。经查，该单位法人代表张某，从2013年3月以来未经水行政主管部门批准，擅自在龙安区龙泉镇王村开工建设。上述行为违反了《中华人民共和国水土保持法》第二十五条第一款“在山区、丘陵区、风沙区以及水土保持规划确定的容易发生水土流失的其他区域开办可能造成水土流失的生产建设项目，生产建设单位应当编制水土保持方案，报县级以上人民政府水行政主管部门审批，并按照经批准的水土保持方案，采取水土流失预防和治理措施。没有能力编制水土保持方案的，应当委托具备相应技术条件的机构编制”的规定。

违法的证据：(1)询问笔录；(2)现场检查笔录；(3)视听资料。

违法行为等次：根据你单位的违法事实、性质、情节、社会危害程度和相关证据，你单位的违法行为等次属于一般。

应受行政处罚的依据和种类：上述违法行为事实清楚，证据确凿充分。根据《中华人民共和国水土保持法》第五十三条：“有下列行为之一的，由县级以上人民政府水行政主管部门责令停止违法行为，限期补办手续；逾期不补办手续的，处五万元以上五十万元以下的罚款；对生产建设单位直接负责的主管人员和其他直接责任人员依法给予处分：(一)依法应当编制水土保持方案的生产建设项目，未编制水土保持方案或者编制的水土保持方案未经批准而开工建设的；(二)生产建设项目的地点、规模发生重大变化，未补充、修改水土保持方案或者补充、修改的水土保持方案未经原审批机关批准的；(三)水土保持方案实施过程中，未经原审批机关批准，对水土保持措施作出重大变更的。”本机关决定对你单位作出下列行政处罚：

(1)责令立即停止违法建设行为；

(2)限七日内到安阳市水利局补办水土保持相关手续；

(3)罚款人民币叁拾万元整。

行政处罚履行方式和期限：你单位应当自接到本决定书之日起十五日内将罚款缴至中国工商银行安阳市分行任一储蓄网点(银行罚款代码:43500021)。到期不缴纳的，每日按罚款数额的百分之三加处罚款。

不服行政处罚决定申请行政复议或提起行政诉讼的途径和期限：如不服本决定，可以自收到本决定书之日起六十日内向安阳市人民政府或河南省水利厅申请行政复议，或者在接到本决定书后三个月内直接向安阳市殷都区人民法院提起行政诉讼。逾期不申请行政复议、不向人民法院起诉又不履行本处罚决定的，我局将申请人民法院强制执行。

安阳市水利局(盖章)

2013年4月29日

送达回证

单位盖章

受送达人	安阳市城建建设有限责任公司		
送达地点	该厂区办公室		
送达文书	送达人	收到日期	受送达人签名或盖章
水行政处罚决定书 安水罚决字〔2013〕第04号	崔某 徐某	2013年4月29日10时	吴某
		年　月　日　时	
		年　月　日　时	
		年　月　日　时	
备　注	吴某系该单位工程办公室工作人员 身份证号码		

注：(1)如受送达人不在，将文件交与他的成年家属、近邻、工作机关或受送达人居住地的乡(镇)政府、村民委员会或街道办事处代收。

(2)如系代收，代收人应在"受送达人"栏内签名或盖章，并注明与受送达人的关系。

附：

银行代收罚款票据

安阳市水利局
关于对安阳市城建建设有限责任公司铸造基地建设项目水土保持方案的复函

安阳市城建建筑材料有限责任公司：

你公司《安阳市城建建设有限责任公司铸造基地建设项目水土保持方案报告书》收悉。依据水土保持法律法规及技术规范的有关规定，复函如下：

一、安阳市城建建筑材料有限责任公司基地建设项目位于安阳市龙安区，项目占地面积4.00 hm^2，项目总投资4001.5万元，建成后可年产件2.8万t。

二、报告书编制依据较充分，方案编制深度达到可行性研究阶段，与主题工程一致，符合要求。

三、同意水土流失预测内容、方法和结果，预测项目建设可能造成的水土流失量为630 t，损坏水土保持设施面积6.0 hm^2。

四、基本同意方案确定的防治目标。

五、基本同意方案界定的项目建设防治责任范围6.0 hm^2。

六、水土流失防治措施采取工程措施和植物措施相结合的防治方案基本可行。

七、同意水土保持投资估算编制的原则、依据和方法，该项目新增水土保持投资48.5万元，其中水土保持补偿费6.90万元。

八、建设单位在工程建设中要做好以下工作：

(1)按照批复的水土保持方案，做好水土保持设施后续设计；

(2)认真实施水土保持方案，落实水土保持"三同时"制度；

(3)加强施工管理，确保工程质量；

(4)项目竣工验收时，建设单位要按照《开发建设项目水土保持设施验收管理办法》的规定，及时申请水土保持方案审批部门参加验收水土保持设施。

安阳市水利局(盖章)

2013年4月28日

行政处罚案件结案审批表

行政处罚文书文号	安水罚决字〔2013〕第04号	发文日期	2013年4月29日
案　　由	未编报水土保持方案擅自开工建设	案件来源	自查
立案时间	2011年4月1日		
案件简要情况	2011年4月1日，水政监察支队执法人员在日常巡查中，发现安阳市城建建设有限责任公司在建项目未编制水土保持方案，擅自在龙安区龙泉镇王村动工建设。该行为违反了《中华人民共和国水土保持法》第二十五条第一款的规定。		
行政处罚内容	罚款人民币叁拾万元整。		
行政处罚执行情况	当事人已履行行政处罚决定。		
承办人意见	当事人已履行法定义务，建议结案。 承办人签名：崔某　张某　2013年5月4日		
承办机构审核意见	同意结案 负责人签名：刘某　2013年5月4日		
法制机构意见	同意结案 负责人签名：侯某　2013年5月4日		
机关负责人意见	同意结案 负责人签名：马某　2013年5月4日		

行政处罚案件结案报告

<table>
<tr><td rowspan="2">当事人</td><td>名　　称</td><td>安阳市城建建设
有限责任公司</td><td>法定代表人</td><td>张某</td></tr>
<tr><td>地　　址</td><td>文峰中路东段</td><td>电　　话</td><td>135××××××××</td></tr>
<tr><td>案　　由</td><td colspan="2">未编报水土保持方案
擅自开工建设</td><td>案件来源</td><td>自查</td></tr>
<tr><td>办案时间</td><td colspan="4">2013 年 4 月 1 日至 2013 年 5 月 4 日</td></tr>
<tr><td>行政处罚文书文号</td><td colspan="2">安水罚决字〔2013〕
第 04 号</td><td>结案日期</td><td>2013 年 5 月 4 日</td></tr>
<tr><td>案件简要情况</td><td colspan="4">2013 年 4 月 1 日，水政监察支队执法人员在日常巡查中，发现安阳市城建建设有限责任公司在建项目未编制水土保持方案，擅自在龙安区龙泉镇王村动工建设。该行为违反了《中华人民共和国水土保持法》第二十五条第一款的规定。</td></tr>
<tr><td>行政处罚内容</td><td colspan="4">罚款人民币叁拾万元整。</td></tr>
<tr><td>执行方式</td><td colspan="4">√按程序执行　□复议结案　□诉讼结案　□强制执行</td></tr>
<tr><td>执行结果</td><td colspan="4">缴纳罚款人民币叁拾万元整。</td></tr>
</table>

填表人：崔某　　　　2013 年 5 月 4 日

立卷、验卷情况记载

<table>
<tr><td>本案卷于____2013____年____5____月____9____日立卷。

本册连面带底共计____24____页，附证物袋____1____个，内装____2____件。

立卷人____崔某　　张某____</td></tr>
<tr><td>本案卷于____2013____年____5____月____9____日

经验查合格

检验人____刘某____</td></tr>
</table>

未按技术要求施工、设备未经检验进行施工的水利工程质量监督违法案件

【案情简介】:2011 年 5 月 3 日有关部门反映海南省大海水电工程有限公司(以下简称大海公司)在大南灌区技改工程中存在违法行为,我局于 5 月 4 日立案,当天对大海公司进行调查,大海公司于 2010 年 9 月 29 日和安阳市大南灌区续建配套与节水改造工程建设局签订了 2010 年度某标的施工协议书,工程总价 6470730.48 元,大海公司于 2010 年 11 月开始施工,项目经理沈某,项目对外协调经理穆某,监理单位大阳市大安工程咨询监理公司。在对大海公司施工的某标现场检查时发现大海公司存在以下违法行为:(1)在董车村西的 25 +936.5 段施工中将模板开孔排水;(2)在董车村西的 25 +936.5 段施工中渠道边坡坡脚与底板接缝和工程设计不符;(3)在西盖村北四支渠工地施工所用的混凝土配料机未经检验投入使用。上述行为违反了《建设工程质量管理条例》第二十八条“施工单位必须按照工程设计图纸和施工技术标准施工,不得擅自修改工程设计,不得偷工减料”和第二十九条“施工单位必须按照工程设计要求、施工技术标准和合同约定,对建筑材料、建筑构配件、设备和商品混凝土进行检验,检验应当有书面记录和专人签字;未经检验或者检验不合格的,不得使用”的规定。我局于 2011 年 5 月 6 日依法向大海公司下达了《责令改正通知书》(安水改字〔2011〕第 ZJ01 号)法律文书,要求大海公司于 2011 年 5 月 13 日前对西盖村北四支渠工地现场施工所用的混凝土配料机进行检验合格后再投入使用,并且根据施工技术标准对董车村西的 25 +936.5 段存在问题采取补救改正到位。由于大海公司在大南灌区技改工程施工中存在 3 处违法行为,并且《中华人民共和国水利行业标准》中对施工设备明确提出必须强制检定。《中华人民共和国工程建设标准强制性条文》水利工程部分也明确要求“严禁在模板上开孔赶水,带走灰浆”。上述违法行为事实清楚,证据确凿充分。根据《建设工程质量管理条例》第六十四条“违反本条例规定,施工单位在施工中偷工减料的,使用不合格的建筑材料、建筑构配件和设备的,或者有不按照工程设计图纸或者施工技术标准施工的其他行为的,责令改正,处工程合同价款百分之二以上百分之四以下的罚款;造成建设工程质量不符合规定的质量标准的,负责返工、修理,并赔偿因此造成的损失;情节严重的,责令停业整顿,降低资质等级或者吊销资质证书”和第六十五条“违反本条例规定,施工单位未对建筑材料、建筑构配件、设备和商品混凝土进行检验,或者未对涉及结构安全的试块、试件以及有关材料取样检测的,责令改正,处 10 万元以上 20 万元以下的罚款;情节严重的,责令停业整顿,降低资质等级或者吊销资质证书;造成损失的,依法承担赔偿责任”的规定,并参照河南省住房和城乡建设厅《建设工程质量管理条例》行政处罚裁量标准(水利厅未对建设工程处罚裁量细化),大海公司违法行为未造成危害后果,属于一般违法行为。

附:

未按技术要求施工、设备未经检验进行施工水利工程质量监督违法案件卷宗

河南省水事违法案件卷宗

豫水(安)立字〔2011〕第ZJ01号

<table>
<tr><td>案　　由</td><td colspan="3">未按技术要求施工、设备未经检验进行施工</td></tr>
<tr><td rowspan="2">当事人</td><td>名称或姓名</td><td colspan="2">海南省大海水电工程有限公司</td></tr>
<tr><td>地址或住址</td><td colspan="2">大阳市人民路33号</td></tr>
<tr><td>立案日期</td><td>2011年5月4日</td><td>结案日期</td><td>2011年6月1日</td></tr>
<tr><td>处罚(理)决定</td><td colspan="3">罚款人民币229414.6元</td></tr>
<tr><td>复议决定</td><td colspan="3"></td></tr>
<tr><td>法院判决(裁定)</td><td colspan="3"></td></tr>
<tr><td>归档日期</td><td>2011年6月1日</td><td>归档编号</td><td></td></tr>
<tr><td>保存年限</td><td>10年</td><td>承 办 人</td><td>张某　安某</td></tr>
<tr><td colspan="2">本卷内的文书共计　30张</td><td>立 卷 人</td><td>张某</td></tr>
</table>

卷宗目录

序号	文书名称	文号	页号
01	行政处罚委托书		
02	水事违法案件立案呈批表		
03	案件承办人行政执法证复印件		
04	现场(检查)笔录		
05	调查(询问)笔录		
06	当事人营业执照复印件		
07	当事人授权委托书		
08	法定代表人身份证复印件		
09	证据材料		
10	工程协议书		
11	现场照片		
12	责令改正通知书	安水改字〔2011〕第 ZJ01 号	
13	送达回证		
14	案件调查终结报告		
15	安阳市水利局行政处罚案件法律审核意见书	安水罚审字〔2011〕第 ZJ01 号	
16	水行政处罚事先告知书	安水罚先告字〔2011〕第 ZJ01 号	
17	水行政处罚事先告知书	安水罚先告字〔2011〕第 ZJ02 号	
18	水行政处罚听证告知书	安水罚听告字〔2011〕第 ZJ01 号	
19	水行政处罚听证告知书	安水罚听告字〔2011〕第 ZJ02 号	
20	送达回证		
21	当事人情况说明		
22	重大复杂案件集体讨论笔录		
23	行政处罚审批表		
24	水行政处罚决定书	安水罚决字〔2011〕第 ZJ01 号	
25	水行政处罚决定书	安水罚决字〔2011〕第 ZJ02 号	
26	送达回证		
27	银行代收罚款票据		
28	执法初步方案		
29	行政处罚案件结案审批表		
30	行政处罚案件结案报告		

行政处罚委托书

根据《中华人民共和国行政处罚法》第十八条、第十九条,《河南省行政机关执法条例》第十条,《水行政处罚实施办法》第十条、第十一条、第十二条的规定,经安阳市水利局与安阳市水政监察支队研究,现由安阳市水利局委托安阳市水政监察支队实施。行政处罚种类:(1)①警告,②罚款,③吊销许可证,④没收非法所得,⑤法律法规规定的其他水行政处罚;(2)其他相关权限。委托期限自 2011 年 1 月 1 日始至 2012 年 12 月 31 日止。

委托期间,安阳市水政监察支队必须以安阳市水利局的名义,在委托权限范围内实施行政处罚,并接受安阳市水利局的监督;由此产生的法律后果,由安阳市水利局承担。安阳市水政监察支队不得将委托事项再委托。

委托机关(印章)　　　　受委托单位(印章)

2011 年 1 月 1 日　　　　2011 年 1 月 1 日

水事违法案件立案呈批表

<table>
<tr><td>案　　由</td><td colspan="6">未按技术要求施工、设备未经检验进行施工</td></tr>
<tr><td>发案地点</td><td colspan="4">大南灌区续建配套节水改造 2010 年度某标段施工现场</td><td>发案时间</td><td>2011 年 5 月 4</td></tr>
<tr><td rowspan="3">当事人</td><td>单位名称</td><td colspan="3">海南省大海水电工程有限公司</td><td>法定代表人</td><td>张文</td></tr>
<tr><td>个人姓名</td><td>穆某</td><td>性别</td><td>男</td><td>职业</td><td>经理</td></tr>
<tr><td>联系地址</td><td colspan="3">海南省海县平高镇</td><td>电话</td><td>138××××××××</td></tr>
<tr><td>案件来源</td><td colspan="6">2011 年 5 月 4 日相关部门举报</td></tr>
<tr><td>案情简介及立案理由</td><td colspan="6">经查,海南省大海水电工程有限公司在安阳市大南灌区续建配套节水改造 2010 年度某标段施工期间,混凝土配料机未经检验投入使用,并且在施工期间向模板上开孔,其行为违反了《建设工程质量管理条例》第二十八条、二十九条的规定。</td></tr>
<tr><td>案件承办人意　　见</td><td colspan="6">建议立案查处
主办人:张某　协办人:安某　　2011 年 5 月 4 日</td></tr>
<tr><td>支队负责人审查意见</td><td colspan="6">同　意
负责人(签字):刘某　　2011 年 5 月 4 日</td></tr>
<tr><td>机关法制机构审核意见</td><td colspan="6">同　意
负责人(签字):刘某　　2011 年 5 月 4 日</td></tr>
<tr><td>机关负责人意见</td><td colspan="6">同　意
负责人(签字): 张某　　2011 年 5 月 4 日</td></tr>
</table>

附:

案件承办人行政执法证复印件

现场(检查)笔录

被调(检)查人姓名:穆某 年龄:　职业:

住址:海南省海县高平镇

被调(检)查单位名称:海南省大海水电工程有限公司

住址:大阳市人民路33号

被询问人姓名:穆某 性别:男 年龄:37 职务:

调(检)查时间:2011年5月4日16时15分至17时50分

调(检)查地点:大南灌区续建配套节水改造2010年度某标段工程工地

调(检)查人姓名:张某 证件名称:执法证 证件编号:G012-000

记录人员:安某 证件名称:执法证 证件编号:G012-001

调(检)查记录:2011年5月4日16时15分,我局执法人员张某、安某来到安阳市大南灌区续建配套节水改造2010年度某标段工程施工现场,向海南省大海水电工程有限公司职工穆某出示行政执法证表明身份后向其说明了来意,对现场施工情况进行了检查:

(1)在安阳市大南灌区续建节水配套节水改造2010年度某标段工程董车村段(桩号:25+936.5)渠道边坡坡脚与底板接缝与该工程设计不符。

(2)在该施工现场渠道边坡浇筑的混凝土模板上有开孔,在渠道边坡上未拆除的木板上也有开孔。

(3)安阳市大南灌区续建配套节水改造2010年度某标段工程承包人是海南省大海水电工程有限公司,法定代表人是张某,在海南省大阳市工商行政管理局注册登记。

(附图附后)

被调(检)查人员签名或盖章:穆某(捺指印)

被调查人员拒签事由:

调(检)查人员签名或盖章:张某　安某

见证人签名或盖章并注明其身份:

现场示意图

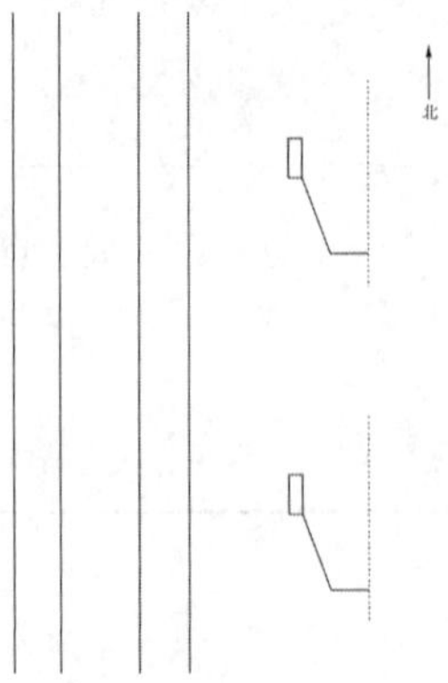

记录人:安某　　2011年5月4日

当事人:穆某(捺指印)　　2011年5月4日

调查(询问)笔录

询问时间：2011 年 5 月 5 日 16 时 50 分至 18 时 15 分

询问地点：安阳市水政监察支队调查询问室

被询问单位名称：海南省大海水电工程有限公司

法定代表人(负责人)：张某 电话：

被询问人姓名：穆某 性别：男 电话：138××××××××

所在单位： 住址：海南省大阳市海县高平镇

与本案关系：负责安阳市大南灌区续建配套节水改造2010年度某标段工程的对外协调工作

询问人：张某 证件名称：执法证 证件编号：G012-000

记录人：安某 证件名称：执法证 证件编号：G012-001

询问内容：

我们是安阳市水利局水政执法人员(亮证)，现对你单位在大南灌区施工情况进行询问，请你如实回答。

问：请说一下你的基本情况？

答：我叫穆某，是海南省大海水电工程有限公司的职工，负责河南省大南灌区续建配套节水改造2010年度某标段工程的对外协调工作。

问：请说一下你单位的全称和法定代表人？

答：全称是海南省大海水电工程有限公司，法定代表人是张某。

问：是你单位在河南省安阳市大南灌区续建配套节水改造2010年度某标段工程施工的吗？

答：是我单位承包的河南省安阳市大南灌区续建配套节水改造2010年度某标段工程，该工程师从2010年11月开始施工的。

问：请说一下你单位承包的河南省安阳市大南灌区续建配套节水改造2010年度某标段工程的项目经理？

答：该工程的项目经理是沈某

问：请说一下该工程的监理单位？

答：该工程的监理单位是大安监理公司。

问：请说一下你单位在河南省安阳市大南灌区续建配套节水改造2010年度Ⅱ标段工程董车西村25+936.5段施工中在模板上为什么凿孔？

答：我们在模板上凿孔主要是排气泡和混凝土浇筑后水分过大需要排水。

问：你单位在河南省安阳市大南灌区续建配套节水改造2010年度某标段工程的施工设备是否是经过相关部门的检验？

答：位于安阳市西盖村北四支渠工地的施工设备拌和配料机没有经过相关部门的检验。

问：请说一下你单位在安阳市殷都区郭家庄交通桥东侧渠道左岸的施工时间？

答：大约是从2010年4月20日开始施工的

问：施工时是否有三检表？

答：目前还没有三检表，因为不够一个单元不能作三检表。

问：请说一下你单位在河南省安阳市大南灌区续建配套节水改造2010年度某标段工程安阳市殷都区董车村西的25+936.5段施工的渠道内坡混凝土浇筑后渠道边坡坡脚及底板

接缝与设计图纸不符的情况?

答:由于原来的渠道高低不平,给我们施工带来了不便,致使混凝土浇筑后的渠道边坡坡脚及底板接缝与设计图纸不相符,我们随后会用切割机将其切平。

问:请说一下你单位承包的河南省安阳市大南灌区续建配套节水改造2010年度某标段工程的中标价?

答:投资是647万元。

问:询问笔录上述内容请你看一看,记录是否属实?

询问笔录上述内容记录属实。穆某(捺指印)

被询问人阅核后签注"询问笔录上述内容,记录属实。"

被询问人签字: 穆某(捺指印) 2011年5月5日

拒绝签字的理由:

询问人签字: 张某 2011年5月5日

记录人签字: 安某 2011年5月5日

附:

企业营业执照复印件

当事人授权委托书

海南省大海水电工程有限公司法定代表人身份证

证据材料

安阳市大南灌区续建配套节水改造2010年度工程某标段工程协议书

现场照片

责令改正通知书

安水改字[2011]第 ZJ01 号

海南省大海水电工程有限公司:

经查,你单位在安阳市大南灌区续建配套与节水改造2010年度某标段工程施工中有以下违法行为:(1)在董车西村的25+936.5段施工中将模板开孔排水;(2)在董车村西25+936.5段施工中渠道边坡坡脚与底板接缝和工程设计不符;(3)在西盖村北四支渠工地施工所用的混凝土配料机未经检验投入使用。上述行为违反了《建设工程质量管理条例》第二十八条"施工单位必须按照工程设计图纸和施工技术标准施工,不得擅自修改工程设计,不得偷工减料"和第二十九条"施工单位必须按照工程设计要求、施工技术标准和合同约定,对建筑材料、建筑构配件、设备和商品混凝土进行检验,检验应当有书面记录和专人签字;未经检验或者检验不合格的,不得使用"的规定。根据《建设工程质量管理条例》第六十四条"违反本条例规定,施工单位在施工中偷工减料的,使用不合格的建筑材料、建筑构配件和设备的,或者有不按照工程设计图纸或者施工技术标准施工的其他行为的,责令改正,处工程合同价款百分之二以上百分之四以下的罚款;造成建设工程质量不符合规定的质量标准的,负责返工、修理,并赔偿因此造成的损失;情节严重的,责令停业整顿,降低资质等级或者吊销资质证书"和第六十五条:"违反本条例规定,施工单位未对建筑材料、建筑构配件、设备和商品混凝土进行检验,或者未对涉及结构安全的试块、试件以及有关材料取样检测的,责令改正,处10万元以上20万元以下的罚款;情节严重的,责令停业整顿,降低资质等级或者吊销资质证书;造成损失的,依法承担赔偿责任。"的规定,现责令你单位于 2011 年 5 月 13 日前改正。

改正内容(措施):(1)对西盖村北四支渠工地现场施工所用的混凝土配料机进行检验合格后再投入使用;(2)根据施工技术标准对董车村西的25+936.5段存在问题采取补救改正到位。

2011年5月6日

联系人:张某

联系电话:3686111

联系地址:安钢大道东段路南

送达回证

单位盖章

<table>
<tr><td>受送达人</td><td colspan="3">海南省大海水电工程有限公司</td></tr>
<tr><td>送达地点</td><td colspan="3">水政监察支队办公室</td></tr>
<tr><td>送达文书</td><td>送达人</td><td>收到日期</td><td>受送达人签名
或盖章</td></tr>
<tr><td>责令改正通知书
安水改字〔2010〕第 ZJ01 号</td><td>张某
安某</td><td>2011 年 5 月 6 日 15 时</td><td>穆某</td></tr>
<tr><td></td><td></td><td>年　月　日　时</td><td></td></tr>
<tr><td></td><td></td><td>年　月　日　时</td><td></td></tr>
<tr><td></td><td></td><td>年　月　日　时</td><td></td></tr>
<tr><td>备 注</td><td colspan="3">穆某是海南省大海水电工程有限公司职工，负责河南省安阳市大南灌区续建配套节水改造 2010 年度某标段工程的对外协调工作</td></tr>
</table>

注：(1)如受送达人不在，将文件交与他的成年家属、近邻、工作机关或“受送达人”居住地的乡(镇)政府、村民委员会或街道办事处代收。

(2)如系代收，代收人应在“受送达人”栏内签名或盖章，并注明与受送达人的关系。

案件调查终结报告

当事人的基本情况：　海南省大海水电工程有限公司

公司法定代表人：　张某　　地址：大阳市人民路33号

调查时间：　2011　年　5　月　4　日至　2011　年　5　月　8　日

调查人（签字）：　张某　安某

当事人的违法证据：(1)调查笔录；(2)勘验笔录；(3)照片；(4)录像。

违法行为等次：根据你单位的违法事实、性质、情节、社会危害程度和相关证据，你单位的违法行为等次属于一般。

应受行政处罚的依据和种类：2011 年 5 月 3 日有关部门反映海南省大海水电工程有限公司（以下简称大海公司）在大南灌区技改工程中存在违法行为，我局于 5 月 4 日立案，当天对大海公司进行调查，案件基本情况如下：

大海公司于 2010 年 9 月 29 日和安阳市大南灌区续建配套与节水改造工程建设局签订了 2010 年度某标的施工协议书，工程总价 6470730.48 元，大海公司于 2010 年 11 月开始施工，项目经理沈某，项目对外协调经理穆某，监理单位大阳市大安工程咨询监理公司。在对大海公司施工的某标现场检查时发现大海公司存在以下违法行为：(1)在董车村西的 25 + 936.5 段施工中将模板开孔排水；(2)在董车村西的 25 + 936.5 段施工中渠道边坡坡脚与底板接缝和工程设计不符；(3)在西盖村北四支渠工地施工所用的混凝土配料机未经检验投入使用。上述行为违反了《建设工程质量管理条例》第二十八条“施工单位必须按照工程设计图纸和施工技术标准施工，不得擅自修改工程设计，不得偷工减料”和第二十九条“施工单位必须按照工程设计要求、施工技术标准和合同约定，对建筑材料、建筑构配件、设备和商品混凝土进行检验，检验应当有书面记录和专人签字；未经检验或者检验不合格的，不得使用”的规定。我局于 2011 年 5 月 6 日依法向大海公司下达了《责令改正通知书》（安水改字〔2011〕第 ZJ01 号）法律文书，要求大海公司于 2011 年 5 月 13 日前对西盖村北四支渠工地现场施工所用的混凝土配料机进行检验合格后再投入使用，并且《中华人民共和国水利行业标准》中对施工设备明确提出必须强制检定。《中华人民共和国工程建设标准强制性条文》水利工程部分也明确要求“严禁在模板上开孔赶水，带走灰浆”。上述违法行为事实清楚，证据确凿充分。根据《建设工程质量管理条例》第六十四条“违反本条例规定，施工单位在施工中偷工减料的，使用不合格的建筑材料、建筑构配件和设备的，或者有不按照工程设计图纸或者施工技术标准施工的其他行为的，责令改正，处工程合同价款百分之二以上百分之四以下的罚款；造成建设工程质量不符合规定的质量标准的，负责返工、修理，并赔偿因此造成的损失；情节严重的，责令停业整顿，降低资质等级或者吊销资质证书”和第六十五条“违反本条例规定，施工单位未对建筑材料、建筑构配件、设备和商品混凝土进行检验，或者未对涉及结构安全的试块、试件以及有关材料取样检测的，责令改正，处 10 万元以上 20 元以下的罚款；情节严重的，责令停业整顿，降低资质等级或者吊销资质证书；造成损失的，依法承担赔偿责任”的规定，并参照河南省住房和城乡建设厅《建设工程质量管理条例》行政处罚裁量标准（水利厅未对建设工程处罚裁量细化），大海公司违法行为未造成危害后果，属于一般违法行为。

行政处罚建议：

由于大海公司同时违反了《建设工程质量管理条例》第二十八条和第二十九条。根据《建设工程质量管理条例》第六十四条对大海公司罚款人民币 129414.6 元；第六十五条对大海公司罚款人民币 10 万元。以上两项违法行为对大海公司共计罚款人民币 229414.6 元。

水政监察机构负责人意见：同意

刘某　　2011 年 5 月 10 日

机关法制机构负责人意见：同意

刘某　　2011 年 5 月 10 日

安阳市水利局行政处罚案件法律审核意见书

安水罚审字〔2011〕第 ZJ01 号

案件名称	海南省大海水电工程有限公司 未按技术要求施工、设备未经检验进行施工		
承办单位名称	安阳市水政监察 支队一大队	负责人姓名	张某
主办人员姓名	张某	协办人员姓名	安某
报送时间	2010 年 5 月 14 日	报送人姓名	张某
审核人姓名	刘某	审核时间	2010 年 5 月 14 日
法制机构审核意见	事实清楚,证据确凿充分,定性准确,程序合法 同意处罚 负责人签名:刘某　　2010 年 5 月 14 日		
主办人员签收	张某　　2010 年 5 月 14 日		

本意见书一式两份,一份留存归档,一份连同案卷材料退回办案机构作为指导案件办理的依据入卷归档。

水行政处罚事先告知书

安水罚先告字〔2011〕第 ZJ01 号

海南省大海水电工程有限公司：

经查，你单位在安阳市大南灌区续建配套与节水改造 2010 年度某标段工程施工中有以下违法行为：(1)在董车村西的 25 + 936.5 段施工中将模板开孔排水；(2)在董车村西的 25 + 936.5段施工中渠道边坡坡脚与底板接缝和工程设计不符。上述行为违反了《建设工程质量管理条例》第二十八条“施工单位必须按照工程设计图纸和施工技术标准施工，不得擅自修改工程设计，不得偷工减料”的规定。

从你单位违法行为的事实、性质、情节、社会危害程度和证据看，你单位的违法行为等级属于一般。

根据《建设工程质量管理条例》第六十四条“违反本条例规定，施工单位在施工中偷工减料的，使用不合格的建筑材料、建筑构配件和设备的，或者有不按照工程设计图纸或者施工技术标准施工的其他行为的，责令改正，处工程合同价款百分之二以上百分之四以下的罚款；造成建设工程质量不符合规定的质量标准的，负责返工、修理，并赔偿因此造成的损失；情节严重的，责令停业整顿，降低资质等级或者吊销资质证书”的规定，本机关拟对你单位作出罚款人民币 129414.6 元的处罚。

根据《中华人民共和国行政处罚法》第三十二条的规定，你单位可以自收到本告知书之日起三日内到安阳市水利局进行陈述、申辩，逾期不陈述、申辩的视为放弃陈述、申辩权利。

安阳市水利局(盖章)

2011 年 5 月 12 日

联 系 人：张某

联系电话：369 × × × ×

联系地址：安钢大道东段路南(安阳市水政监察支队)

水行政处罚事先告知书

安水罚先告字〔2011〕第 ZJ02 号

海南省大海水电工程有限公司：

经查，你单位在安阳市大南灌区续建配套与节水改造 2010 年度某标段工程施工中在西盖村北四支渠工地现场施工用的混凝土配料机未经检验投入使用。上述行为违反了《建设工程质量管理条例》第二十九条"施工单位必须按照工程设计要求、施工技术标准和合同约定，对建筑材料、建筑构配件、设备和商品混凝土进行检验，检验应当有书面记录和专人签字；未经检验或者检验不合格的，不得使用"的规定。

从你单位违法行为的事实、性质、情节、社会危害程度和证据看，你单位的违法行为等级属于一般。

根据《建设工程质量管理条例》第六十五条"违反本条例规定，施工单位未对建筑材料、建筑构配件、设备和商品混凝土进行检验，或者未对涉及结构安全的试块、试件以及有关材料取样检测的，责令改正，处 10 万元以上 20 万元以下的罚款；情节严重的，责令停业整顿，降低资质等级或者吊销资质证书；造成损失的，依法承担赔偿责任"的规定，本机关拟对你单位作出罚款人民币 10 万元的处罚。

根据《中华人民共和国行政处罚法》第三十二条的规定，你单位可以自收到本告知书之日起三日内到安阳市水利局进行陈述、申辩，逾期不陈述、申辩的，视为放弃陈述、申辩的权利。

安阳市水利局（盖章）

2011 年 5 月 12 日

联 系 人：安某

电　　话：369 × × × ×

联系地址：安钢大道东段路南（安阳市水政监察支队）

水行政处罚听证告知书

安水听告字〔2011〕第 ZJ01 号

海南省大海水电工程有限公司：

经查，你单位在安阳市大南灌区续建配套与节水改造2010年度某标段工程施工中有以下违法行为：(1)在董车村西的25 +936.5段施工中将模板开孔排水；(2)在董车村西的25 +936.5段施工中渠道边坡坡脚与底板接缝和工程设计不符。上述行为违反了《建设工程质量管理条例》第二十八条“施工单位必须按照工程设计图纸和施工技术标准施工，不得擅自修改工程设计，不得偷工减料”的规定。

违法行为等次：根据你单位违法行为的事实、性质、情节、社会危害程度和相关证据，你单位的违法行为等次属一般违法行为。

拟给予处罚的依据和种类：本机关依照《建设工程质量管理条例》第六十四条“违反本条例规定，施工单位在施工中偷工减料的，使用不合格的建筑材料、建筑构配件和设备的，或者有不按照工程设计图纸或者施工技术标准施工的其他行为的，责令改正，处工程合同价款百分之二以上百分之四以下的罚款；造成建设工程质量不符合规定的质量标准的，负责返工、修理，并赔偿因此造成的损失；情节严重的，责令停业整顿，降低资质等级或者吊销资质证书”的规定，本机关拟对你单位做出下列行政处罚：

罚款人民币129414.6元。

申请听证的期限：如你单位要求听证，应当自收到本告知书之日起三日内向我局提出申请。逾期视为放弃听证权利。

安阳市水利局(盖章)
2011年5月12日

联 系 人：张某
联系电话：369××××
联系地址：安钢大道东段路南(安阳市水政监察支队)

水行政处罚听证告知书

安水罚听告字〔2011〕第 ZJ02 号

海南省大海水电工程有限公司：

经查，你单位在安阳市大南灌区续建配套与节水改造 2010 年度某标段工程施工中在西盖村北四支渠工地现场施工用的混凝土配料机未经检验投入使用。上述行为违反了《建设工程质量管理条例》第二十九条“施工单位必须按照工程设计要求、施工技术标准和合同约定，对建筑材料、建筑构配件、设备和商品混凝土进行检验，检验应当有书面记录和专人签字；未经检验或者检验不合格的，不得使用”的规定。

违法行为等次：根据你单位违法行为的事实、性质、情节、社会危害程度和相关证据，你单位的违法行为等次属一般违法行为。

拟给予处罚的依据和种类：本机关依照《建设工程质量管理条例》第六十五条“违反本条例规定，施工单位未对建筑材料、建筑构配件、设备和商品混凝土进行检验，或者未对涉及结构安全的试块、试件以及有关材料取样检测的，责令改正，处 10 万元以上 20 万元以下的罚款；情节严重的，责令停业整顿，降低资质等级或者吊销资质证书；造成损失的，依法承担赔偿责任”的规定，本机关拟对你单位作出下列行政处罚：

罚款人民币 10 万元的处罚。

申请听证的期限：如你单位要求听证，应当自收到本告知书之日起三日内向我局提出申请。逾期视为放弃听证权利。

安阳市水利局（盖章）

2011 年 5 月 12 日

联 系 人：张某

联系电话：369 × × × ×

联系地址：安钢大道东段路南（安阳市水政监察支队）

送达回证

单位盖章

受送达人	海南省大海水电工程有限公司		
送达地点	安阳市水政监察支队询问室		
送达文书	送达人	收到日期	受送达人签名或盖章
行政处罚事先告知书 安水罚先告字〔2010〕第 ZJ01 号	陈某 安某	2010 年 5 月 12 日 16 时	沈某
行政处罚事先告知书 安水罚先告字〔2010〕第 ZJ01 号	陈某 安某	2010 年 5 月 12 日 16 时	沈某
行政处罚听证告知书 安水罚听告字〔2010〕第 ZJ01 号	陈某 安某	2010 年 5 月 12 日 16 时	沈某
行政处罚听证告知书 安水罚听告字〔2010〕第 ZJ01 号	陈某 安某	2010 年 5 月 12 日 16 时	沈某
备 注	沈某是海南省大海水电工程有限公司任命的安阳市大南灌区续建配套节水改造 2010 年度工程某标段项目经理		

注:(1)如受送达人不在,将文件交与他的成年家属、近邻、工作机关或受送达人居住地的乡(镇)政府、村民委员会或街道办事处代收。

(2)如系代收,代收人应在"受送达人"栏内签名或盖章,并注明与受送达人的关系。

当事人情况说明

尊敬的安阳市水利局领导：

我公司2011年5月12日收到贵单位下发的《行政处罚事先告知书》，安水罚先告字〔2011〕第ZJ01、第ZJ02号。我公司组织项目部全体人员认真领会内容精神，现将具体情况汇报如下：

(1)2011年4月24日，质监站来我工地石渠渡槽施工现场进行检查时，提出董车村西的25+936.5段施工中有模板开孔排水现象。这一问题在当时由于聚到边坡施工非常困难，混凝土振捣过程气泡根本排不出来，导致已浇筑面积大面积出现了水、气泡，严重影响了工程的外观质量。为有效解决此问题，我项目部在施工现场个别部位做了试验，采取在保证混凝土强度等级等各项指标均合格的前提下，在模板个别部位开少量的1厘米圆形小孔助排积水，经试验，效果还比较理想，为保证工程的外观质量，结果导致出现违规行为。

(2)在董车村西25+936.5施工中，渠道边坡坡脚与底板接缝和工程设计不符的问题，由于原渠底基础高低不平，现状渠底高的地方就出现了上述问题。就此问题，我项目部马上向监理部汇报，并邀请监管局、设计院领导及相关专家到渡槽现场解决，制定出了解决办法，具体办法：考虑到边坡混凝土施工困难较大，先施工边坡混凝土衬砌，边坡施工完成后，在渠底混凝土衬砌时先将渠坡与渠底交汇处多出坡面边界线的混凝土，用切割机切掉，保证其顺直，达到设计要求。现边坡混凝土已施工完毕，正在按照预先制定的施工措施，对工程进行整修。

(3)在对前北四支渠上游延伸段拌和站所用混凝土配料机检查中，发现配料机未经检验部门检验就投入使用。当时我项目部投入的机械年初已进行了校验，由于当时工期紧、任务重，考虑到年初已校验，进入工地直接投入了使用，接到通知后，我单位立即停止使用，另采取其他机械投入施工。

(4)针对我项目部擅自开工的问题，4月24日，接到质检站下达暂停施工通知后，我项目部马上进行了全面的整改，并及时将整改方案及措施上报了监管局。施工前期，当地村民就提出必须将工程转让给当地村民实施，否则谁也干不成，在前期，我单位曾三次组织施工人员机械进入现场，都被非法撵出。为保证工程能够实施，我单位在多次协调未果的前提下，不得不将工程的劳务分包给当地施工人员，由于施工人员是当地的施工队，停工后，他们就将我项目部的车辆和人员强行扣留，还说如果不让他们干谁也干不成，并在未得到同意的情况下，强行开工。其实我项目部并不是不听质检站的话，是真的没有办法，望领导理解。我项目部将针对私自开工的工程部位，委托质检测站进行检验，如果不合格，将全部拆除。

出现上述问题我项目部有不可推卸的责任，望领导给我们一个改正的机会，圆满地将合格的工程交付使用。

海南省大海水电工程有限公司

2011年5月13日

重大复杂案件集体讨论笔录

时间： 2011 年 5 月 17 日 9 时 35 分至 10 时 55 分
地点： 安阳市水利局水政科二楼会议室
集体讨论案由：海南省大海水电工程有限公司未依技术要求施工、设备未经检验进行施工
主持人： 刘某 职务： 科长 记录人： 晁某 职务： 大队长
参加人： ××× ××× ××× ××× ××× ×××

案件承办人汇报案件情况：2011 年 5 月 3 日有关部门反映海南省大海水电工程有限公司(以下简称大海公司)在大南灌区技改工程中存在违法行为，我局于 5 月 4 日立案，当天对大海公司进行调查，案件基本情况如下：

海南省大海水电工程有限公司于 2010 年 9 月 29 日和安阳市大南灌区续建配套与节水改造工程建设局签订了 2010 年度某标的施工协议书，工程总价 6470730.48 元，海南省大海水电工程有限公司于 2010 年 11 月开始施工，项目经理沈某，项目对外协调经理穆某，监理单位大阳市大安工程咨询监理公司。在对海南省大海水电工程有限公司施工的二标现场检查时发现大海公司存在以下违法行为：(1)在董车村西的 25 + 936.5 段施工中将模板开孔排水；(2)在董车村西的 25 + 936.5 段施工中渠道边坡坡脚与底板接缝和工程设计不符；(3)在西盖村北四支渠工地施工所用的混凝土配料机未经检验投入使用。上述行为违反了《建设工程质量管理条例》第二十八条“施工单位必须按照工程设计图纸和施工技术标准施工，不得擅自修改工程设计，不得偷工减料。”和第二十九条：“施工单位必须按照工程设计要求、施工技术标准和合同约定，对建筑材料、建筑构配件、设备和商品混凝土进行检验，检验应当有书面记录和专人签字；未经检验或者检验不合格的，不得使用”的规定。我局于 2011 年 5 月 6 日依法向海南省大海水电工程有限公司下达了《责令改正通知书》(安水改字〔2011〕第 ZJ01 号)法律文书，要求海南省大海水电工程有限公司于〔2011〕年 5 月 13 日前对西盖村北四支渠工地现场施工所用的混凝土配料机进行检验合格后再投入使用，并且《中华人民共和国水利行业标准》中对施工设备明确提出必须强制检定。《中华人民共和国工程建设标准强制性条文》水利工程部分也明确要求“严禁在模板上开孔赶水，带走灰浆”。上述违法行为事实清楚，证据确凿充分。根据《建设工程质量管理条例》第六十四条“违反本条例规定，施工单位在施工中偷工减料的，使用不合格的建筑材料、建筑构配件和设备的，或者有不按照工程设计图纸或者施工技术标准施工的其他行为的，责令改正，处工程合同价款百分之二以上百分之四以下的罚款；造成建设工程质量不符合规定的质量标准的，负责返工、修理，并赔偿因此造成的损失；情节严重的，责令停业整顿，降低资质等级或者吊销资质证书”和第六十五条“违反本条例规定，施工单位未对建筑材料、建筑构配件、设备和商品混凝土进行检验，或者未对涉及结构安全的试块、试件以及有关材料取样检测的，责令改正，处 10 万元以上 20 万元以下的罚款；情节严重的，责令停业整顿，降低资质等级或者吊销资质证书；造成损失的，依法承担赔偿责任”的规定，并参照河南省住房和城乡建设厅《建设工程质量管理条例》行政处罚裁量标准(水利厅未对建设工程处罚裁量细化)，建议对该单位作

出如下处理：海南省大海水电工程有限公司违法行为未造成危害后果，属于一般违法行为，该单位同时违反了《建设工程质量管理条例》第二十八条和第二十九条的规定，根据《建设工程质量管理条例》第六十四条的规定，罚款人民币 129414.6 元；根据《建设工程质量管理条例》第六十五条的规定，罚款人民币 10 万元。以上两项违法行为对海南省大海水电工程有限公司共计罚款人民币 229414.6 元。

听证主持人汇报听证情况：当事人放弃听证权利

参加讨论人员意见：

结论性意见：由于海南省大海水电工程有限公司未按技术要求施工、设备未经检验进行施工，经集体讨论研究，一致同意对海南省大海水电工程有限公司共计罚款人民币 229414.6 元。

主管领导签名：

×××　　2011 年 5 月 17 日

行政机关负责人签名：

×××　　2011 年 5 月 17 日

行政处罚审批表

当事人 基本情况	单位名称:海南省大海水电有限公司 地　　址:海南省大阳市人民路33号 法定代表人姓名:张某
当事人违法 的主要事实	经查,海南省大海水电工程有限公司在安阳市大南灌区续建配套节水改造2010年度某标段施工期间,混凝土配料机未经检验投入使用,并且在施工期间向模板上开孔,其行为违反了《建设工程质量管理条例》第二十八条、第二十九条的规定。
承办人 建议	建议处罚 承办人签名:张某　安某　　2011年5月18日
承办机构 意　见	同　意 负责人:刘某　　2011年5月18日
法制机构 审核意见	该案件事实清楚、证据确凿充分、定性准确、程序合法、处罚适当,同意处罚。 同　意 负责人:刘某　　2011年5月18日
领导审批 意　见	同　意 领导签名:张某　　2011年5月18日

水行政处罚决定书

安水罚决字〔2011〕第 ZJ01 号

被处罚人(单位)名称：海南省大海水电工程有限公司

地　　址：海南省大阳市人民路 33 号

法定代表人或负责人：张某　　职 务：总经理

本机关于 2011 年 5 月 4 日对你单位安阳市大南灌区续建配套节水改造 2010 年度某标段违法施工一案立案调查。经查,你单位在施工中有以下违法行为:(1)在董车村西的 25 + 936.5 段施工中将模板开孔排水;(2)在董车村西的 25 + 936.5 段施工中渠道边坡坡脚与底板接缝和工程设计不符。上述行为违反了《建设工程质量管理条例》第二十八条"施工单位必须按照工程设计图纸和施工技术标准施工,不得擅自修改工程设计,不得偷工减料"的规定。

违法的证据:(1)调查笔录;(2)现场勘验笔录;(3)照片;(4)视听资料。

违法行为等次:根据你单位的违法事实、性质、情节、社会危害程度和相关证据,你单位的违法行为等次属于一般。

应受行政处罚的依据和种类:上述违法行为事实清楚,证据确凿充分。根据《建设工程质量管理条例》第六十四条"违反本条例规定,施工单位在施工中偷工减料的,使用不合格的建筑材料、建筑构配件和设备的,或者有不按照工程设计图纸或者施工技术标准施工的其他行为的,责令改正,处工程合同价款百分之二以上百分之四以下的罚款;造成建设工程质量不符合规定的质量标准的,负责返工、修理,并赔偿因此造成的损失;情节严重的,责令停业整顿,降低资质等级或者吊销资质证书"的规定,决定对你单位作出以下列行政处罚:

罚款人民币 129414.6 元。

行政处罚履行方式和期限:你单位应当自接到本决定书之日起十五日内将罚款缴至中国工商银行安阳市分行任一储蓄网点(银行罚款代码:43500021)。到期不缴纳的,每日按罚款数额的百分之三加处罚款。

不服行政处罚决定申请行政复议或提起行政诉讼的途径和期限:如不服本决定,可以自收到本决定书之日起六十日内向安阳市人民政府或河南省水利厅申请行政复议,或者在接到本决定书后三个月内直接向安阳市殷都区人民法院提起行政诉讼。逾期不申请行政复议、不向人民法院起诉又不履行本处罚决定的,我局将申请人民法院强制执行。

安阳市水利局(盖章)

2011 年 5 月 20 日

水行政处罚决定书

安水罚决字〔2011〕第 ZJ02 号

被处罚人(单位)名称：海南省大海水电工程有限公司

地　　址：海南省大阳市人民路 33 号

法定代表人或负责人：张某　职 务：总经理

本机关于 2011 年 5 月 4 日对你单位安阳市大南灌区续建配套节水改造 2010 年度某标段违法施工一案立案调查。经查,你单位在施工中在西盖村北四支渠工地现场施工用的混凝土配料机未经检验投入使用。上述行为违法行为违反了《建设工程质量管理条例》第二十九条“施工单位必须按照工程设计要求、施工技术标准和合同约定,对建筑材料、建筑构配件、设备和商品混凝土进行检验,检验应当有书面记录和专人签字;未经检验或者检验不合格的,不得使用”的规定。

违法的证据:(1)调查笔录;(2)现场勘验笔录;(3)照片;(4)视听资料。

违法行为等次:根据你单位的违法事实、性质、情节、社会危害程度和相关证据,你单位的违法行为等次属于一般。

应受行政处罚的依据和种类:上述违法行为事实清楚,证据确凿充分。根据《建设工程质量管理条例》第六十五条“违反本条例规定,施工单位未对建筑材料、建筑构配件、设备和商品混凝土进行检验,或者未对涉及结构安全的试块、试件以及有关材料取样检测的,责令改正,处 10 万元以上 20 万元以下的罚款;情节严重的,责令停业整顿,降低资质等级或者吊销资质证书;造成损失的,依法承担赔偿责任”的规定,决定对你单位作出下列行政处罚:

罚款人民币 10 万元。

行政处罚履行方式和期限:你单位应当自接到本决定书之日起十五日内将罚款缴至中国工商银行安阳市分行任一储蓄网点(银行罚款代码:43500021)。到期不缴纳的,每日按罚款数额的百分之三加处罚款。

不服行政处罚决定申请行政复议或提起行政诉讼的途径和期限:如不服本决定,可以自收到本决定书之日起六十日内向安阳市人民政府或河南省水利厅申请行政复议,或者在接到本决定书后三个月内直接向安阳市殷都区人民法院提起行政诉讼。逾期不申请行政复议、不向人民法院起诉又不履行本处罚决定的,我局将申请人民法院强制执行。

安阳市水利局(盖章)

2011 年 5 月 20 日

送达回证

单位盖章

受送达人	海南省大海水电工程有限公司		
送达地点	安阳市水政监察支队询问室		
送达文书	送达人	收到日期	受送达人签名或盖章
水行政处罚决定书 安水罚决字〔2010〕第ZJ01号	张某 安某	2011年5月20日17时	沈某
水行政处罚决定书 安水罚决字〔2010〕第ZJ02号	张某 安某	2011年5月20日17时	沈某
		年 月 日 时	
		年 月 日 时	
备 注	沈某是海南省大海水电工程有限公司任命的安阳市大南灌区续建配套节水改造2010年度工程某标段项目经理		

注:(1)如受送达人不在,将文件交与他的成年家属、近邻、工作机关或受送达人居住地的乡(镇)政府、村民委员会或街道办事处代收。

(2)如系代收,代收人应在"受送达人"栏内签名或盖章,并注明与受送达人的关系。

附:

银行代收罚款票据

对大南干渠某标段施工承包单位质量执法初步方案

2011 年 4 月 20 日，质监站、建管局与执法人员 6 人在实际施工人员带领下，到现场检查。在上游施工点，渠道混凝土护坡已暂停施工，发现已浇筑部分质量较差，但现场已进入料斗的砂有大量树根，两种砂（河砂和人工砂）均未经检验。在下游施工点，正在浇筑施工，开仓前未冲洗干净，工人向准备入仓的混凝土料上泼水，采用模板上凿孔排除仓内泌水，正在施工的仓位无“三检”资料和经监理批准的开仓证，已经浇筑完成的 150 余单元中均未完成质量评定。监督人员要求中标单位承诺人员亲笔签到，发现项目经理、技术负责人和质检员均未到岗。这些行为严重违犯了国务院《建设工程质量管理条例》（下称《条例》）和水利部《水利工程质量管理规定》（令 7 号）（下称《规定》）的规定，涉嫌转包工程、不按设计文件和施工技术标准施工、使用未经检验的建筑材料。鉴于上述情况无法保证工程质量，质监站按有关规定，在现场口头要求立即暂停施工，22 日又下达《质量监督检查结果通知书》。但是，27 日质监站再度检查时发现要求停工的部分在质监人员走后并未停止施工，又擅自完成约 450 米的护坡浇筑，态度恶劣。

一、违法行为

（1）中标人海南省大海水电工程有限公司将承包的工程转包给他人施工。

（2）施工单位不按照设计图纸和施工技术标准施工。

①渠道边坡坡脚与底板接缝与设计不符；

②开仓前未对仓内基础面冲洗干净；

③入仓前往混凝土料上加水；

④在模板上开孔排水；

⑤未按规定自检并记录，未经监理签署开仓许可即进行混凝土浇筑等。

（3）施工单位未对建筑材料检测即用于施工。

二、违反的法规

（1）《条例》第二十五条第三款：施工单位不得转包或者违法分包工程；《规定》第三十二条：施工单位不得将其承接的水利建设项目的主体工程进行转包。

（2）《条例》第二十八条第一款：施工单位必须按照工程设计图纸和施工技术标准施工，不得擅自修改工程设计，不得偷工减料。《规定》第三十一条：施工单位必须依据国家、水利行业有关工程建设法规、技术规程、技术标准的规定以及设计文件和施工合同的要求进行施工，并对其施工的工程质量负责。第三十三条：施工单位要推行全面质量管理，建立健全质量保证体系，制定和完善岗位质量规范、质量责任及考核办法，落实质量责任制。在施工过程中要加强质量检验工作，认真执行“三检制”，切实做好工程质量的全过程控制。

（3）《条例》第二十九条：施工单位必须按照工程设计要求、施工技术标准和合同约定，对建筑材料、建筑构配件、设备和商品混凝土进行检验，检验应当有书面记录和专人签字；未经检验或者检验不合格的，不得使用。《规定》第三十六条：建筑材料和工程设备的质量由采购单位承担相应责任。凡进入施工现场的建筑材料和工程设备均应按有关规定进行检验。经检验不合格的产品不得用于工程。（以上所提施工技术标准详见SL 176—2007《水利水电工程施工质量检验与评定规程》、《强制性条文》及规范U盘）

三、处罚依据

（1）《条例》第六十二条第一款：违反本条例规定，承包单位将承包的工程转包或者违法分包的，责令改正，没收违法所得，对勘察、设计单位处合同约定的勘察费、设计费25%以上50%以下的罚款；对施工单位处工程合同价款0.5%以上1%以下的罚款；可以责令停业整顿，降低资质等级；情节严重的，吊销资质证书。

（2）《条例》第六十四条：违反本条例规定，施工单位在施工中偷工减料的，使用不合格的建筑材料、建筑构配件和设备的，或者有不按照工程设计图纸或者施工技术标准施工的其他行为的，责令改正，处工程合同价款2%以上4%以下的罚款；造成建设工程质量不符合规定的质量标准的，负责返工、修理，并赔偿因此造成的损失；情节严重的，责令停业整顿，降低资质等级或者吊销资质证书。

（3）《条例》第六十五条：违反本条例规定，施工单位未对建筑材料、建筑构配件、设备和商品混凝土进行检验，或者未对涉及结构安全的试块、试件以及有关材料取样检测的，责令改正，处10万元以上20万元以下的罚款；情节严重的，责令停业整顿，降低资质等级或者吊销资质证书；造成损失的，依法承担赔偿责任。《规定》第四十四条第一款：勘测设计、施工、监理单位有下列行为之一的，根据情节轻重，予以通报批评、降低资质等级直至收缴资质证书，经济处理按合同规定办理，触犯法律的，按国家有关法律处理。第七款：（六）使用未经检验或检验不合格的建筑材料和工程设备，或在工程施工中粗制滥造、偷工减料、伪造记录的。

四、调查取证

（一）工程转包

应证明中标单位没有履行在工程现场的管理义务：承诺的管理人员未到岗，实际管理人员非中标单位人员。

（1）检查合同承包主体是否变更？到建设单位查明合同原件。

（2）核查中标承诺人员是否到岗（过去已下有关通知）；现场管理人员和技术人员的隶属关系：身份证、工作证、户口地址、职称证、注册单位、其他可证明身份的文件等。

（3）核查用于施工的搅拌机、挖掘机等主要设备所属单位。

（二）不按照设计图纸或者施工技术标准施工

（1）4月20日现场质监站、建管局、监理和施工人员车上开会记录。

（2）4月22日质监通知书。

（3）再次到现场做勘验笔录（相机）。

(4)查验4月22日材料取样检测结果及实际检验日期,调查相应工程实际施工日期。

(5)就质监通知内容,对有关人员做询问笔录。

(6)再次查验资料。

(7)再次查验是否已有经监理签发的施工方案。

(三)材料未经检验用于施工

物证:到3月浇筑施工的22+996附近拍照已施工部位和堆积砂的种类,并结合检查上下游砂石实物种类;

书证:查该段浇筑记录时间;查该段材料检验单时间及是否两种砂两个单子(结合检查下游检验单);质监通知;

询问:石渡槽首砂料种类有几种(实际两种)?何时送检?何人见证?何人取样?浇筑何时开工?

安阳市水利局(盖章)

二〇一一年五月二日

行政处罚案件结案审批表

<table>
<tr><td>行政处罚
文书文号</td><td>安水罚决字〔2011〕第 ZJ01 号
安水罚决字〔2011〕第 ZJ02 号</td><td>发文日期</td><td>2011 年 5 月 20 日</td></tr>
<tr><td>案　　由</td><td>未按技术要求施工,设备
未经检验进行施工</td><td>案件来源</td><td>举报</td></tr>
<tr><td>立案时间</td><td colspan="3">2011 年 5 月 4 日</td></tr>
<tr><td>案件简要情况</td><td colspan="3">经查,海南省大海水电工程有限公司在安阳市大南灌区续建配套节水改造 2010 年度某标段施工期间,混凝土配料机未经检验投入使用,并且在施工期间向模板上开孔,其行为违反了《建设工程质量管理条例》第二十八条、第二十九条的规定</td></tr>
<tr><td>行政处罚内容</td><td colspan="3">罚款人民币 229414.6 元</td></tr>
<tr><td>行政处罚执行情况</td><td colspan="3">当事人已履行行政处罚决定</td></tr>
<tr><td>承 办 人
意 见</td><td colspan="3">当事人已履行法定义务,建议结案
承办人签名　张某　安某　　2011 年 6 月 1 日</td></tr>
<tr><td>承办机构
审核意见</td><td colspan="3">同意结案
负责人签名　刘某　　2011 年 6 月 1 日</td></tr>
<tr><td>法制机构
意　　见</td><td colspan="3">同意结案
负责人签名　刘某　　2011 年 6 月 1 日</td></tr>
<tr><td>机关负责人
意　　见</td><td colspan="3">同意结案
负责人签名　张某　　2011 年 6 月 1 日</td></tr>
</table>

行政处罚案件结案报告

<table>
<tr><td rowspan="2">当事人</td><td>名　称</td><td>海南省大海水电工程有限公司</td><td>法定代表人</td><td>张文</td></tr>
<tr><td>地　址</td><td>海南省大阳市人民路33号</td><td>电 话</td><td>××××××××</td></tr>
<tr><td>案　　由</td><td colspan="2">未按技术要求施工、设备未经检验进行施工</td><td>案件来源</td><td>自查</td></tr>
<tr><td>办案时间</td><td colspan="4">2011年5月4日至2011年5月28日</td></tr>
<tr><td>行政处罚文书文号</td><td colspan="2">安水罚决字〔2011〕第ZJ01号
安水罚决字〔2011〕第ZJ02号</td><td>结案日期</td><td>2011年6月1日</td></tr>
<tr><td>案件简要情况</td><td colspan="4">经查,海南省大海水电工程有限公司在安阳市大南灌区续建配套节水改造2010年度某标段施工期间,混凝土配料机未经检验投入使用,并且在施工期间向模板上开孔,其行为违反了《建设工程质量管理条例》第二十八条、第二十九条的规定。</td></tr>
<tr><td>行政处罚内　　容</td><td colspan="4">罚款人民币229414.6元</td></tr>
<tr><td>执行方式</td><td colspan="4">√按程序执行　□复议结案　□诉讼结案　□强制执行</td></tr>
<tr><td>执行结果</td><td colspan="4">缴纳罚款229414.6元</td></tr>
</table>

填表人:安某　　　　　　　　　　　　2011年6月1日

立卷、验卷情况记载

<table>
<tr><td>

本案卷于____2011____年____6____月____1____日立卷

本册连面带底共计____30____页，附证物袋________个，

内装______________________________件。

立卷人____张某____

</td></tr>
<tr><td>

本案卷于____2011____年____6____月____2____日

经验查合格

检验人____刘某____

</td></tr>
</table>

保平发展有限责任公司未经水行政主管部门批准，擅自在开发区海河大道武夷西路的本单位院内取用地下水案件

【案情简介】:2010 年 4 月 1 日上午 10 时群众举报后查实,保平发展有限责任公司擅自在位于安阳市开发区海河大道武夷西路的本单位院内取用地下水,在该单位内办公楼南侧有一眼水井,装有取水设施,管径 1 吋,没有计量设施,抽水管为铁管,现场检查时,正在取用地下水,取水用途为生产生活。有现场勘验笔录、调查笔录、视听资料为证。1 吋铁管每小时取水能力为 0.7 立方米,日最大取水能力为 16.8 立方米。由于该单位在公共供水覆盖范围内并且目前仍未停止取用地下水,依据《中华人民共和国水法》第六十九条的规定、《河南省水行政处罚自由裁量权适用规则》第八条、《河南省水行政处罚裁量标准》第六十九条的规定,建议:(1)责令停止取用地下水;(2)补缴水资源费,水资源费补缴标准为:每立方米 1.6 元;(3)罚款人民币二万元。

附:

保平发展有限责任公司未经水行政主管部门批准擅自在开发区海河大道武夷西路的本单位院内取用地下水案件卷宗

河南省水事违法案件卷宗

豫水(安)立字〔2010〕002 号

<table>
<tr><td>案由</td><td colspan="4">擅自取用地下水</td></tr>
<tr><td rowspan="2">当事人</td><td>名称或姓名</td><td colspan="3">保平发展有限责任公司</td></tr>
<tr><td>地址或住址</td><td colspan="3">开发区海河大道武夷西路</td></tr>
<tr><td>立案日期</td><td colspan="2">2010 年 4 月 1 日</td><td>结案日期</td><td>2010 年 7 月 15 日</td></tr>
<tr><td>处罚(理)决定</td><td colspan="4">(1)责令停止取用地下水;
(2)罚款人民币二万元;
(3)补缴水资源费</td></tr>
<tr><td>复议决定</td><td colspan="4">维持处罚决定</td></tr>
<tr><td>法院判决(裁定)</td><td colspan="4">无</td></tr>
<tr><td>归档日期</td><td>2010 年 7 月 28 日</td><td>归档编号</td><td colspan="2"></td></tr>
<tr><td>保存年限</td><td>10 年</td><td>承办人</td><td colspan="2">郝某　路某</td></tr>
<tr><td colspan="2">本卷内的文书共计　29　张</td><td>立卷人</td><td colspan="2">郝某</td></tr>
</table>

卷宗目录

序号	材料名称	文书编号	页数
01	水事违法案件立案呈批表	安水立字〔2010〕002 号	
02	案件承办人行政执法证复印件		
03	调查(询问)通知书	安水调字〔2010〕002 号	
04	送达回证		
05	勘验笔录		
06	调查(询问)笔录		
07	证照复印件		
08	责令停止水事违法行为通知书	安水停字〔2010〕第 002 号	
09	送达回证		
10	水事违法案件集体研究笔录		
11	案件调查终结报告		
12	安阳市水利局行政处罚案件法律审核意见书	安水罚审字〔2010〕002 号	
13	安阳市水利局关于限期缴纳水资源费的通知书	安水缴通字〔2010〕002 号	
14	水行政处罚事先告知书	安水罚先告字〔2010〕002 号	
15	送达回证		
16	陈述申辩笔录		
17	水行政违法当事人陈述申辩审查表		
18	行政处罚审批表		
19	水行政处罚决定书	安水安水罚决字〔2010〕002 号	
20	安阳市水利局关于限期缴纳水资源费的决定书	安水限缴字〔2010〕002 号	
21	送达回证		
22	安阳市人民政府行政复议受理通知书(二)	安政复〔2010〕54 号	
23	行政复议答复书		
24	安阳市人民政府行政复议决定书	安政复决〔2010〕54 号	
25	罚款和行政事业性收费票据		
26	封井照片		
27	行政处罚案件结案审批表		
28	行政处罚案件结案报告		

水事违法案件立案呈批表

安水立字〔2010〕002 号

<table>
<tr><td>案由</td><td colspan="6">擅自取水</td></tr>
<tr><td>发案地点</td><td colspan="3">开发区海河大道武夷西路</td><td colspan="2">发案时间</td><td>2010 年 4 月 1 日</td></tr>
<tr><td rowspan="3">当事人</td><td>单位名称</td><td colspan="2">保平发展有限责任公司</td><td colspan="2">法定代表人</td><td>张某</td></tr>
<tr><td>个人姓名</td><td></td><td>性别</td><td></td><td>职业</td><td></td></tr>
<tr><td>联系地址</td><td colspan="2">开发区海河大道武夷西路</td><td>电话</td><td colspan="2">×××××××</td></tr>
<tr><td>案件来源</td><td colspan="6">2010 年 4 月 1 日上午 10 时群众举报</td></tr>
<tr><td>案情简介及立案理由</td><td colspan="6">经查,保平发展有限责任公司未经水行政主管部门批准,擅自在开发区海河大道武夷西路的本单位院内取用地下水,其行为涉嫌违反了《中华人民共和国水法》第四十八条的规定。</td></tr>
<tr><td>案件承办人意　　见</td><td colspan="6">建议立案查处
主办人(签字):郝某　　协办人(签字):路某　　2010 年 4 月 1 日</td></tr>
<tr><td>支队负责人审查意见</td><td colspan="6">拟同意立案调查,请审核
负责人(签字):刘某　　2010 年 4 月 1 日</td></tr>
<tr><td>机关法制机构审核意见</td><td colspan="6">拟同意,请局长审批
负责人(签字):刘某　　2010 年 4 月 1 日</td></tr>
<tr><td>机关负责人意见</td><td colspan="6">同　意
负责人(签字):马某　　2010 年 4 月 1 日</td></tr>
</table>

附:

案件承办人员行政执法证复印件

调查(询问)通知书

安水调字〔2010〕002 号

保平发展有限责任公司:

你单位应于 2010 年 4 月 3 日 9 时到安阳市水利局水政监察支队二大队就你单位在开发区海河大道武夷西路的本单位院内取用地下水一案接受调查(询问),逾期不到的,我水行政主管部门将依法进行处理。

携带材料:(1)营业执照复印件;

(2)取水许可证及水资源费缴纳凭证

安阳市水利局(盖章)

2010 年 4 月 2 日

联系人:郝某

联系电话:369 × × × ×

联系地址:安阳市安钢大道 369 号

送达回证

单位盖章

<table>
<tr><td>案由</td><td colspan="4">擅自取用地下水</td></tr>
<tr><td>受送达人</td><td colspan="4">保平发展有限责任公司</td></tr>
<tr><td>送达地点</td><td colspan="4">办公楼接待大厅</td></tr>
<tr><td colspan="2">送达文书</td><td>送达人</td><td>收到日期</td><td>受送达人签名或盖章</td></tr>
<tr><td colspan="2">调查(询问)通知书安水调字〔2010〕002号</td><td>郝某
路某</td><td>2010年4月
2日10时</td><td>李楠</td></tr>
<tr><td colspan="2"></td><td></td><td>年 月 日 时</td><td></td></tr>
<tr><td colspan="2"></td><td></td><td>年 月 日 时</td><td></td></tr>
<tr><td colspan="2"></td><td></td><td>年 月 日 时</td><td></td></tr>
<tr><td>备　注</td><td colspan="4">李楠是接待大厅接待人员</td></tr>
</table>

注:(1)如受送达人不在,将文件交与他的成年家属、近邻、工作机关或受送达人居住地的乡(镇)政府、村民委员会或街道办事处代收。

(2)如系代收,代收人应在"受送达人"栏内签名或盖章,并注明与受送达人的关系。

勘验笔录

案　　由　保平发展有限责任公司擅自取水

勘验时间　2010 年 4 月 2 日 9 时 00 分至 9 时 35 分

勘验地点　安阳市开发区海河大道武夷西路

勘验对象　取用水情况

应邀参加人或见证人

勘验人：郝某　执法证件名称：行政执法证　执法证件号：G012 - 122

勘验人：路某　执法证件名称：行政执法证　执法证件号：G012 - 040

记录人：郝某　执法证件名称：行政执法证　执法证件号：G012 - 122

勘验情况记录：2010 年 4 月 2 日 9 时 00 分，我局水政执法人员郝某、路某对保平发展有限责任公司后勤部主任郭亮亮证表明身份后，对其单位取用水情况进行了检查，结果如下：

（1）保平发展有限责任公司位于安阳市开发区海河大道武夷西路，法定代表人张喜武，在我市公共供水范围内。

（2）在该单位内办公楼南侧有一眼水井，装有取水设施，管径 1 吋，没有计量设施，抽水管为铁管，现场检查时，正在取用地下水，取水用途为生产生活（有照片为证）。

被勘验单位签名或盖章：郭亮　　　　勘验人签名或盖章：郝某、路某

应邀参加人或见证人签名或盖章：张某　　　　2010 年 4 月 2 日

附图：

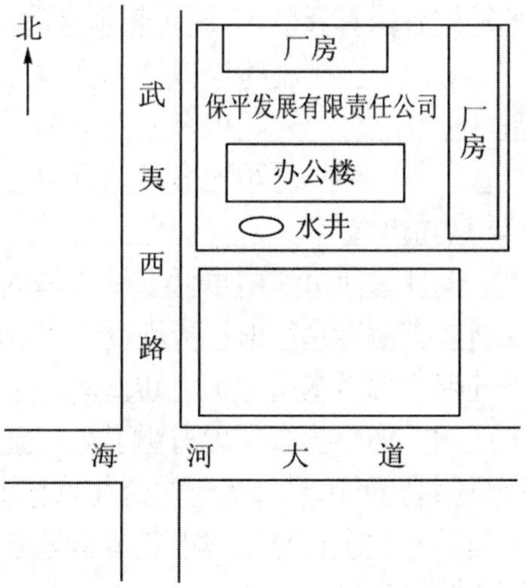

被勘验单位签名或盖章：郭亮　　　　勘验人签名或盖章：郝某、路某

应邀参加人或见证人签名或盖章：张某

2010 年 4 月 2 日

调查(询问)笔录

询问时间：2010年4月3日9时20分至10时15分

询问地点：安阳市水政监察支队办公室

被询问单位名称：保平发展有限责任公司

法定代表人(负责人)：张某

单位或住址：开发区海河大道武夷西路　电话：×××××××

询问人：郝某　执法证件名称：行政执法证　执法证件号：G012－122

询问人：路某　执法证件名称：行政执法证　执法证件号：G012－040

记录人：郝某　执法证件名称：行政执法证　执法证件号：G012－122

询问内容：

我们是安阳市水利局水行政执法人员，我是郝某，行政执法证号G012－122，这位是路某，行政执法证号G012－040，这是我们的执法证件，请你确认。现就你单位在开发区海河大道武夷西路的本单位院内取用地下水一案进行调查(询问)，根据《中华人民共和国行政处罚法》第三十七条的规定，你须配合，并如实回答询问。

问：首先请问你对我们的执法身份有无异议？是否申请回避？

答：没有异议，也不申请回避。

问：请说一下你个人的基本情况？

答：我叫郭亮，是保平发展有限责任公司行政部主任，负责公司行政管理。

问：请说一下你所在单位的全称、法定代表人是谁？

答：我单位的全称是保平发展有限责任公司，法人是张喜武。

被询问人签字：郭亮　2010年4月3日

询问人签字：郝某　路某　2010年4月3日

记录人签字：郝某　2010年4月3日

问：请你说一下你单位取用水情况？

答：我单位于2009年1月31日搬迁至安阳市开发区海河大道武夷西路安阳市高新区古新家具厂内，租赁安阳市高新区古新家具厂的厂房进行生产，在古新家具厂内有一眼原有水井，我单位目前使用这眼水井取用地下水用于生产和生活。

问：你单位是何时开始生产的？你单位有多少名职工？

答：我单位目前正在生产豆制品，每次只是泡一千公斤黄豆进行生产，有42名职工。

问：你单位目前生产的产品都是什么？使用的水井水泵是多大的？

答：是豆制品，使用的是1寸潜水泵。

问：你单位使用这眼水井是否办理了取水许可证？

答：我单位没有办理，我们租的安阳市高新区古新家具厂的水井。

问：你说的以上情况都属实吧？

答：属实。

问：请看一下以上记录是否有误？

答：看过，不错。

郭亮　　2010年4月3日

被询问人签字：　郭亮　　　　2010年4月3日

询问人签字：　郝某　路某　　　　2010年4月3日

记录人签字：　郝某　　　　2010年4月3日

附：

保平发展有限责任公司营业执照复印件

保平发展有限责任公司授权委托书

保平发展有限责任公司法定代表人身份证复印件

责令停止水事违法行为通知书

安水停字〔2010〕002 号

保平发展有限责任公司：

经查，你单位 2009 年 1 月 31 日以来，未经水行政主管部门批准擅自在开发区海河大道武夷西路的本单位院内取用地下水。该行为违反了《中华人民共和国水法》第四十八条第一款："直接从江河、湖泊或者地下取用水资源的单位和个人，应当按照国家取水许可制度和水资源有偿使用制度的规定，向水行政主管部门或者流域管理机构申请领取取水许可证，并缴纳水资源费，取得取水权。但是，家庭生活和零星散养、圈养畜禽饮用等少量取水的除外"的规定。根据《中华人民共和国水法》第六十九条："有下列行为之一的，由县级以上人民政府水行政主管部门或者流域管理机构依据职权，责令停止违法行为，限期采取补救措施，处二万元以上十万元以下的罚款；情节严重的，吊销其取水许可证：(一)未经批准擅自取水的；(二)未依照批准的取水许可规定条件取水的"的规定，现责令你单位立即停止违法行为，听候处理。否则，依法追究法律责任。

联系人：郝某　路某

联系地址：安阳市安钢大道 369 号

联系电话：369 × × × ×

安阳市水利局(盖章)

2010 年 4 月 6 日

送达回证

单位盖章

案由	擅自取用地下水		
受送达人	保平发展有限责任公司		
送达地点	该公司行政部		

送达文书	送达人	收到日期	受送达人签名或盖章
责令停止水事违法行为通知书 安水停字〔2010〕002 号	郝某 路某	2010 年 4 月 6 日 10 时	郭亮
		年 月 日 时	
		年 月 日 时	
		年 月 日 时	
备　注			

注:(1)如受送达人不在,将文件交与他的成年家属、近邻、工作机关或受送达人居住地的乡(镇)政府、村民委员会或街道办事处代收。

(2)如系代收,代收人应在“受送达人”栏内签名或盖章,并注明与受送达人的关系。

水事违法案件集体研究笔录

事　　由：保平发展有限责任公司擅自取用地下水

时　　间：2010 年 4 月 9 日 8 时 25 分至 9 时 15 分

地　　点：安阳市水政监察支队会议室

调 查 人：郝某　路某　记 录 人：郝某

参加人员：刘某　马某　张某

讨论内容：关于保平发展有限责任公司擅自取用地下水案件参会人员对以下几个方面进行了讨论：

一、案件主办人介绍案情：2010 年 4 月 1 日上午 10 时群众举报后查实，安阳市保平发展有限责任公司未经水行政主管部门批准，擅自在位于安阳市开发区海河大道武夷西路的本单位院内取用地下水，在该单位内办公楼南侧有一眼水井，装有取水设施，管径 1 吋，没有计量设施，抽水管为铁管，现场检查时，正在取用地下水，取水用途为生产生活。有现场勘验笔录、调查笔录、视听资料为证。1 吋铁管每小时取水能力为 0.7 立方米，日最大取水能力为 16.8 立方米。由于该单位在公共供水覆盖范围内并且目前仍未停止取用地下水，依据《中华人民共和国水法》第六十九条、《河南省水行政处罚自由裁量权适用规则》第八条、《河南省水行政处罚裁量标准》第六十九条的规定，建议：(1) 责令停止取用地下水；(2) 补缴水资源费，水资源费补缴标准为：每立方米 1.6 元；(3) 罚款二万元。

二、与会人员分别发表意见：

刘某：同意

张某：同意

马某：同意

讨论结果：由于该单位未经水行政主管部门批准，擅自取用地下水，经集体讨论研究，一致同意对该单位作出如下处理：(1) 责令停止取用地下水；(2) 补缴水资源费，水资源费补缴标准为：每立方米 1.6 元；(3) 罚款人民币二万元。

参加人员：刘某　张某　马某

案件调查终结报告

当事人的基本情况：保平发展有限责任公司

法定代表人：张某

单位地址：安阳市开发区海河大道武夷西路

调查时间：2010 年 4 月 1 日至 2010 年 4 月 10 日

调查人员签名：郝某　路某

当事人违法的证据：

(1)调查询问笔录一份；

(2)现场检查笔录一份；

(3)陈述申辩笔录一份；

(4)视听资料一份。

违法行为等次：该单位1吋铁管每小时取水能力0.7立方米，日最大取水能力为16.8立方米。从违法行为的事实、性质、情节、社会危害程度和证据看，属于轻微违法行为。

应受行政处罚的依据和种类：根据《中华人民共和国水法》第六十九条“有下列行为之一的，由县级以上人民政府水行政主管部门或者流域管理机构依据职权，责令停止违法行为，限期采取补救措施，处二万元以上十万元以下的罚款；情节严重的，吊销其取水许可证：(一)未经批准擅自取水的；(二)未依照批准的取水许可规定条件取水的”和《河南省水行政处罚裁量标准》“……(1)日最大取水能力为取地表水2千立方米以下或者地下水200立方米以下的，责令停止违法行为，限期采取补救措施，处2万元以上3万元以下罚款……”的规定。

行政处罚建议：

(1)责令停止取用地下水，补交水资源费；

(2)罚款人民币二万元。

办案人员签名：郝某　路某

2010年4月12日

水政监察机构负责人意见：同意　刘某

2010年4月12日

安阳市水利局行政处罚案件法律审核意见书

安水罚审字〔2010〕002 号

<table>
<tr><td>案件名称</td><td colspan="3">保平发展有限责任公司擅自取水</td></tr>
<tr><td>案情简介</td><td colspan="3">2010 年 4 月 1 日上午 10 时群众举报后查实，保平发展有限责任公司擅自在位于安阳市开发区海河大道武夷西路的本单位院内取用地下水，在该单位内办公楼南侧有一眼水井，装有取水设施，管径 1 吋，没有计量设施，抽水管为铁管，现场检查时，正在取用地下水，取水用途为生产生活。有现场勘验笔录、调查笔录、视听资料为证。1 吋铁管每小时取水能力为 0.7 立方米，日最大取水能力为 16.8 立方米。由于该单位在公共供水覆盖范围内并且目前仍未停止取用地下水，依据《中华人民共和国水法》第六十九条、《河南省水行政处罚自由裁量权适用规则》第八条、《河南省水行政处罚裁量标准》第六十九条的规定，建议：(1) 责令停止取用地下水；(2) 补缴水资源费，水资源费补缴标准为：每立方米 1.6 元；(3) 罚款人民币二万元。</td></tr>
<tr><td>承办单位名称</td><td colspan="3">安阳市水政监察支队二大队</td></tr>
<tr><td>主办人员姓名</td><td>×××</td><td>协办人员姓名</td><td>×××</td></tr>
<tr><td>报送时间</td><td>2010 年 4 月 12 日</td><td>审核时间</td><td>2010 年 4 月 13 日</td></tr>
<tr><td>法制机构审核意见</td><td colspan="3">该案件事实清楚、证据确凿充分、定性准确、程序合法、处罚适当，同意处罚

负责人签名：××× 2010 年 4 月 13 日</td></tr>
<tr><td>主办人员签收</td><td colspan="3"></td></tr>
</table>

本意见书一式两份，一份留存归档，一份连同案卷材料退回办案机构作为指导案件办理的依据入卷归档。

安阳市水利局关于限期缴纳水资源费的通知书

安水缴通字〔2010〕002 号

保平发展有限责任公司：

你单位自 2009 年 1 月 31 日以来在安阳市开发区海河大道武夷西路的本单位院内取用地下水，根据河南省行业用水定额标准，你单位取用地下水 3125 立方米。依据《中华人民共和国水法》、《取水许可和水资源费征收管理条例》、《河南省取水许可制度和水资源费征收管理办法》、《安阳市南水北调工程基金（资金）筹集和管理实施办法》等相关规定，你单位应缴纳水资源费五千元。现责令你单位七日内将上述款项缴到安阳市水资源管理委员会办公室。逾期缴纳，我局将依法处理。

附：取水量计算依据

单　　位：安阳市水利局

帐　　号：628220452588093001

开 户 行：中行安阳分行

地　　址：文峰立交桥西路南

联系电话：369 × × × ×　369 × × × ×

安阳市水利局（盖章）

2010 年 4 月 15 日

附：

取水量计算依据

从 2009 年 1 月 31 日至 2010 年 4 月 12 日共计 430 天，每天用一千公斤黄豆做豆腐，根据河南省行业用水定额标准定额值为 6 立方米水每吨黄豆，取水量计算为 430 × 6 = 2580 吨，应补缴水资源费为 2580 吨 × 1.6 = 4128 元；42 位工人取水量每日一顿饭按 30 升/人算取水水资源费为 42 × 430 × 0.03 × 1.6 吨 = 872 元，共计需补交 5000 元。

核算人：张某

水行政处罚事先告知书

安水罚先告字〔2010〕002 号

保平发展有限责任公司:

你单位自 2009 年 1 月 31 日以来,未经水行政主管部门批准擅自在开发区海河大道武夷西路的本单位院内取用地下水的行为,违反了《中华人民共和国水法》第四十八条第一款:"直接从江河、湖泊或者地下取用水资源的单位和个人,应当按照国家取水许可制度和水资源有偿使用制度的规定,向水行政主管部门或者流域管理机构申请领取取水许可证,并缴纳水资源费,取得取水权……"的规定。

从你单位违法行为的事实、性质、情节、社会危害程度和证据看,你单位的行为属于一般违法行为。

根据《中华人民共和国水法》第六十九条"有下列行为之一的,由县级以上人民政府水行政主管部门或者流域管理机构依据职权,责令停止违法行为,限期采取补救措施,处二万元以上十万元以下的罚款;情节严重的,吊销其取水许可证:(一)未经批准擅自取水的;(二)未依照批准的取水许可规定条件取水的"和《河南省水行政处罚裁量标准》"……(1)日最大取水能力为取地表水 2000 立方米以下或者地下水 200 立方米以下的,责令停止违法行为,限期采取补救措施,处 2 万元以上 3 万元以下罚款……"的规定,本机关拟对你单位作出:(1)责令停止取用地下水;(2)罚款人民币二万元的处罚。

根据《行政处罚法》第三十二条的规定,你单位可以自收到本告知书之日起三日内到安阳市水利局进行陈述、申辩,逾期不陈述、申辩的,视为放弃陈述、申辩的权利。

安阳市水利局(盖章)

2010 年 4 月 15 日

联系电话:3696222

联系人:郝某　路某

联系地址:安钢大道东段路南(市水政监察支队二大队)

送达回证

单位盖章

案由	擅自取用地下水		
受送达人	保平发展有限责任公司		
送达地点	行政部		

送达文书	送达人	收到日期	受送达人签名或盖章
水行政处罚事先告知书 安水罚先告字〔2010〕002 号	郝某 路某	2010 年 4 月 15 日 10 时	郭亮
安阳市水利局 关于限期缴纳水资源费的通知书 安水缴通字〔2010〕002 号	郝某 路某	2010 年 4 月 15 日 10 时	郭亮
		年　月　日　时	
		年　月　日　时	
		年　月　日　时	
备　注			

注:(1)如受送达人不在,将文件交与他的成年家属、近邻、工作机关或受送达人居住地的乡(镇)政府、村民委员会或街道办事处代收。

(2)如系代收,代收人应在"受送达人"栏内签名或盖章,并注明与受送达人的关系。

陈述申辩笔录

陈述申辩地址　安阳市水政监察支队二大队办公室

陈述申辩时间　2010　年　4　月　16　日　9　时　05　分至　9　时　30　分

陈述申辩人：　保平发展有限责任公司

执法人员：　郝某　执法证件名称：　行政执法证　执法证件号：　G012－122

执法人员：　路某　执法证件名称：　行政执法证　执法证件号：　G012－004

陈述申辩内容：　我叫郭亮，是保平发展有限责任公司行政部主任，负责公司行政管理。2010 年 4 月 15 日收到你局安水罚先告字〔2010〕002 号《水行政处罚事先告知书》后，今天受我单位委托向贵局进行陈述和申辩：我单位于 2009 年 1 月 31 日搬迁至安阳市开发区海河大道武夷西路安阳市高新区古新家具厂内，租赁安阳市高新区古新家具厂的厂房进行生产，我公司是租赁古新家具厂的场地，厂区内的基础及配套设施都是古新家具厂所有的，其中包括一口地下井，地下井在我公司租赁时就已经存在，地下井的产权归古新家具厂，因此贵局对我公司下达《水行政处罚事先告知书》在对应主体上应为古新家具厂。（附租赁协议）

陈述申辩人签名：　郭亮　2010 年 4 月 16 日

执法人员签名：　郝某　路某　2010 年 4 月 16 日

记录人员签名：　路某　2010 年 4 月 16 日

水行政违法当事人陈述申辩审查表

陈述申辩时间　2010年4月16日保平发展有限责任公司就安水罚先告字〔2010〕002号《水行政处罚事先告知书》进行了陈述和申辩。

主要陈述内容及要求：　保平发展有限责任公司是租赁古新家具厂的场地，厂区内的基础及配套设施都是古新家具厂所有的，其中包括一口地下井，地下井在该公司租赁时就已经存在，地下井的产权归古新家具厂，因此对该公司下达《水行政处罚事先告知书》，在对应主体上应为古新家具厂。（附租赁协议）

陈述后拟处理意见：　按照租赁协议，水井归古新家具厂所有，但由安阳市保平发展有限责任公司无偿使用和管理，水电费亦由其负责，因此安阳市保平发展有限责任公司是直接取用水资源的单位，是违法行为的主体，拟维持原处罚。

案件承办人：　郝某　路某

2010年4月17日

承办机构负责人意见：　同意

刘某　2010年4月17日

法制机构负责人意见：　同意

刘某　2010年4月17日

行政处罚审批表

案由	保平发展有限责任公司擅自取用地下水
法律文书 名称及文号	水行政处罚决定书 安水罚字〔2010〕002 号
案情简介	2010 年 4 月 1 日上午 10 时群众举报后查实，保平发展有限责任公司擅自在位于安阳市开发区海河大道武夷西路的本单位院内取用地下水，在该单位内办公楼南侧有一眼水井，装有取水设施，现场检查时，正在取用地下水，取水用途为生产生活。有现场勘验笔录、调查笔录、视听资料为证
承办人	建议处罚 郝某　路某
支队负责人 审查意见	拟同意，请审核 负责人：刘某　2010 年 4 月 21 日
机关法制机 构审核意见	主体认定正确，事实清楚，证据确凿，程序合法，适用法律适当，请审批 负责人：刘某　2010 年 4 月 21 日
机关负责人 意见	同　意 负责人：马某　2010 年 4 月 21 日
备　　注	

水行政处罚决定书

安水罚决字〔2010〕002 号

被处罚单位：保平发展有限责任公司

地址：安阳市开发区海河大道武夷西路

法定代表人或负责人：张某

本机关于2010年4月1日对保平发展有限责任公司擅自取水一案立案调查。经查，你单位于2009年1月31日以来实施了未经水行政主管部门批准，擅自在安阳市开发区海河大道武夷西路的本单位院内取用地下水的违法行为。

违法的证据：(1)调查询问笔录一份；(2)现场检查笔录一份；

(3)陈述申辩笔录一份；(4)视听资料一份

违法行为等次：从你单位违法行为的事实、性质、情节、社会危害程度和证据看，你单位的行为属于轻微违法行为。

应受行政处罚的依据和种类：上述违法行为事实清楚，证据确凿充分。根据《中华人民共和国水法》第六十九条“有下列行为之一的，由县级以上人民政府水行政主管部门或者流域管理机构依据职权，责令停止违法行为，限期采取补救措施，处二万元以上十万元以下的罚款；情节严重的，吊销其取水许可证：(一)未经批准擅自取水的；(二)未依照批准的取水许可规定条件取水的”和《河南省水行政处罚裁量标准》“……(1)日最大取水能力为取地表水2000立方米以下或者地下水200立方米以下的，责令停止违法行为，限期采取补救措施，处2万元以上3万元以下罚款……”的规定，决定对你单位作出如下行政处罚：

(1)责令停止取用地下水；(2)罚款人民币二万元。

行政处罚履行方式和期限：你单位应当自接到本决定书之日起十五日内将罚款缴至中国工商银行安阳市分行任一储蓄网点(账号：43500021)。到期不缴纳的，每日按罚款数额的百分之三加处罚款。

不服行政处罚决定申请行政复议或者提起行政诉讼的途径和期限：如不服本决定，可以自收到本决定书之日起六十日内向安阳市行政复议中心或河南省水利厅申请行政复议，也可自收到本决定书之日起三个月内向安阳市殷都区人民法院提起行政诉讼。逾期不申请行政复议、不向人民法院起诉又不履行本处罚决定的，我局将申请人民法院强制执行。

安阳市水利局(盖章)

2010年4月21日

安阳市水利局关于限期缴纳水资源费的决定书

安水限缴字〔2010〕002 号

保平发展有限责任公司：

你单位自 2009 年 1 月 31 日以来在安阳市开发区海河大道武夷西路的本单位院内取用地下水，根据河南省行业用水定额标准，你单位取用地下水3125 立方米。依据《中华人民共和国水法》、《取水许可和水资源费征收管理条例》、《河南省取水许可制度和水资源费征收管理办法》、《安阳市南水北调工程基金（资金）筹集和管理实施办法》等相关规定，你单位应缴纳水资源费 5000 元。现责令你单位七日内将上述款项缴到安阳市水资源管理委员会办公室。

如不服本决定，自收到本决定书之日起六十日内可依法向安阳市行政复议中心或河南省水利厅申请行政复议，也可自收到本决定书之日起三个月内向安阳市殷都区人民法院提起行政诉讼。

单　　位：安阳市水利局

账　　号：6282204525880093001

开 户 行：中行安阳分行

地　　址：文峰立交桥西路南

联系电话：369××××　369××××

安阳市水利局（盖章）

2010 年 4 月 21 日

送达回证

单位盖章

<table>
<tr><td>案由</td><td colspan="4">擅自取用地下水</td></tr>
<tr><td>受送达人</td><td colspan="4">保平发展有限责任公司</td></tr>
<tr><td>送达地点</td><td colspan="4">行政部</td></tr>
<tr><td colspan="2">送达文书</td><td>送达人</td><td>收到日期</td><td>受送达人签名或盖章</td></tr>
<tr><td colspan="2">水行政处罚决定书
安水罚决字〔2010〕002 号</td><td>郝某
路某</td><td>2010 年 4 月 21 日 10 时</td><td>郭亮</td></tr>
<tr><td colspan="2">安阳市水利局
关于限期缴纳水资源费的决定书
安水限缴字〔2010〕002 号</td><td>郝某
路某</td><td>2010 年 4 月 21 日 10 时</td><td>郭亮</td></tr>
<tr><td colspan="2"></td><td></td><td>年 月 日 时</td><td></td></tr>
<tr><td colspan="2"></td><td></td><td>年 月 日 时</td><td></td></tr>
<tr><td colspan="2"></td><td></td><td>年 月 日 时</td><td></td></tr>
<tr><td>备 注</td><td colspan="4"></td></tr>
</table>

注:(1)如受送达人不在,将文件交与他的成年家属、近邻、工作机关或受送达人居住地的乡(镇)政府、村民委员会或街道办事处代收。

(2)如系代收,代收人应在“受送达人”栏内签名或盖章,并注明与受送达人的关系。

安阳市人民政府行政复议受理通知书(二)

安政复〔2010〕54号

安阳市水利局:

保平发展有限责任公司不服你机关作出安水罚决字〔2010〕002号《水行政处罚决定书》提出的行政复议申请,我们依法已予受理。依照《中华人民共和国行政复议法》第二十三条的规定,现将行政复议申请书副本(口头申请笔录复印件)发送你机关,请你机关自收到申请书副本(口头申请笔录复印件)之日起10日内,对该行政复议申请提出书面答辩,并提交当初作出该具体行政行为的证据、依据和其他有关材料。

特此通知。

安阳市人民政府(盖章)
2010年5月25日

附行政复议申请书副本:

行政复议申请

申请人:保平发展有限责任公司
被申请人:安阳市水利局
申请:撤销安水罚决字〔2010〕002号

安阳市人民政府:

2010年4月21日安阳市水利局对我单位下达安水罚决字〔2010〕002号水行政处罚决定书,要求我单位停止取用地下水,并缴纳二万元罚款,我单位认为被处罚主体认定错误,理由如下:我单位于2009年1月31日搬迁至安阳市开发区海河大道武夷西路安阳市高新区古新家具厂内,租赁安阳市高新区古新家具厂的厂房进行生产,我公司是租赁古新家具厂的场地,厂区内的基础及配套设施都是古新家具厂所有的,其中包括一口地下井,地下井在我公司租赁时就已经存在,地下井的产权归古新家具厂,因此安阳市水利局对我公司下达《水行政处罚决定书》在对应主体上应为古新家具厂。(附租赁协议)

现我公司特申请行政复议,要求撤销安水罚决字〔2010〕002号《水行政处罚决定书》

申请人:保平发展有限责任公司
2010年5月20日

行政复议答复书

申请人:保平发展有限责任公司
法定代表人:张某
被申请人:安阳市水利局
法定代表人:江某

我单位于2010年5月25日收到你机关发送的《行政复议答复通知书》及行政复议申请书副本,现对被答复人不服答复人2010年4月对其下达的安水罚决字〔2010〕002号提出的复议请求和理由,现答复如下:

一、被答复人擅自取用地下水违法事实清楚,主体认定正确。

被答复人2009年1月31日以来未经水行政主管部门批准,擅自在本单位院内办公楼南侧取用地下水,该事实有现场勘验及调查笔录、录像等证据证实,被答复人对其擅自取水行为也予以认可,并提出补办取水申请。依据安阳高新区古新家具厂和被答复人签订的《房屋租赁合同》,水井产权虽归古新家具厂所有,但由被答复人无偿使用和管理,水电费也由被答复人自理。根据《中华人民共和国水法》第四十八条第一款"直接从江河、湖泊或者地下取用水资源的单位和个人,应当按照国家取水许可制度和水资源有偿使用制度的规定,向水行政主管部门或者流域管理机构申请领取取水许可证,并缴纳水资源费,取得取水权……",因此被答复人是法定的直接取水人,是违法行为的主体。

二、答复人对被答复人作出的《水行政处罚决定书》(安水罚决字〔2010〕002号),程序合法、证据确凿、适用法律法规正确、处罚适当,依法应予维持。

2010年4月2日上午,水政执法人员在巡查中发现被答复人未经水行政主管部门批准,擅自在本单位院内取用地下水,经立案后调查发现该水井装有取水设施,管径1吋,没有安装计量设施,现场检查时正在取用地下水,有勘验笔录、录像为证。4月2日对被答复人下达《调查询问通知书》和《关于限期提供取水许可证及缴费凭证的通知》后做了调查询问笔录,根据笔录显示被答复人的厂房租用的是安阳高新区古新家具厂,在厂区内有一眼原有水井,被答复人使用的就是这眼水井取用地下水用于生产和生活;另外根据该工作人员提供的《房屋租赁合同》也可证明这眼水井由被答复人无偿使用和管理,水电费自理。根据《中华人民共和国水法》第六十九条" 有下列行为之一的,由县级以上人民政府水行政主管部门或者流域管理机构依据职权,责令停止违法行为,限期采取补救措施,处二万元以上十万元以下的罚款;情节严重的,吊销其取水许可证:(一)未经批准擅自取水的;……"和《河南省水行政处罚自由裁量权适用规则》第八条、《河南省水行政处罚裁量标准》第六十九条规定,1吋铁管每小时取水能力0.7立方米,日最大取水能力为16.8立方米。从被答复人违法行为的事实、性质、情节、社会危害程度和证据看,该行为属于一般违法行为。答复人4月9日经过集体讨论后拟对其处(1)责令停止取用地下水;(2)罚款人民币二万元整的处罚。4月12日对被答复人下达安水罚先告字〔2010〕002号《水行政处罚事先告知书》,2010年4月

21 日送达安水罚决字〔2010〕002 号《水行政处罚决定书》。上述内容有调查询问笔录、陈述申辩笔录、勘验笔录、录像、送达回证、公证书等为证。

综上所述,答复人对被答复人所作出的《水行政处罚决定书》(安水罚决字〔2010〕002号)事实清楚、程序合法、证据确凿、适用法律法规正确、处罚适当,请复议机关审理,并依法予以维持。

此呈安阳市人民政府

被申请人:安阳市水利局
2010 年 5 月 30 日

附:全套卷宗 1 套共　张

安阳市人民政府行政复议决定书

安政复决【2010】54 号

申请人:保平发展有限责任公司
法定代表人:张某
被申请人:安阳市水利局
法定代表人:江某

申请人不服被申请人于2010 年4 月21 日作出安水罚决字〔2010〕002 号《水行政处罚决定书》提出的行政复议申请,我们依法受理后,依法向被申请人送达了行政复议申请书副本及行政复议案件受理通知书。2010 年6 月10 日,本机关召开了听证会,充分听取了双方当事人的意见。本案现已审查终结。

申请人称……(略)。

申请人提供的证据:房屋租赁合同;企业法人营业执照。

被申请人称:……(略)。

被申请人提供的证据……(略)。

被申请人查明的事实:经立案调查,申请人自2009 年1 月31 日以来,未经水行政主管部门批准,擅自在本单位院内取用地下水,有调查笔录、陈述申辩笔录、勘验笔录、视听资料为证。

本机关查明的事实与被申请人查明的事实一致。

本机关认为:……(略)经集体讨论,根据《行政复议法》第二十八条第一款第(一)项的规定,本机关决定:

维持被申请人作出的安水罚决字〔2010〕002 号《水行政处罚决定书》。

申请人如不服本决定,可在本决定书送达之日起十五日内已被申请人为被告依法向人民法院起诉。

安阳市人民政府(盖章)
2010 年6 月25 日

附：

罚款和行政事业性收费票据

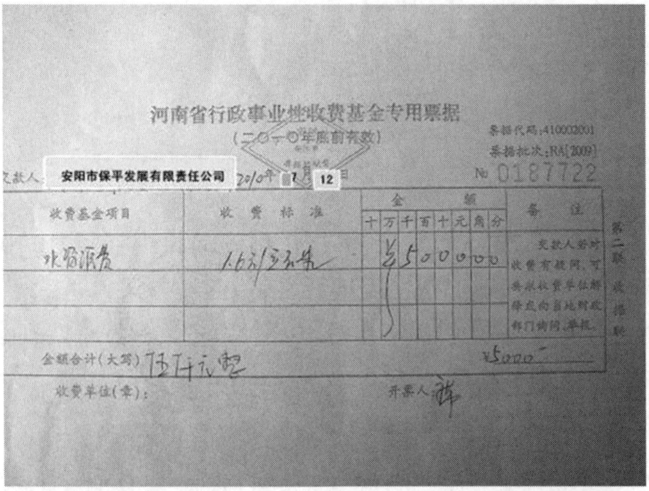

河南省行政事业性收费基金专用票据

（二〇一〇年底前有效）

票据代码：41000201

票据批次：RA[2009]

交款人：安阳市保平发展有限责任公司　2010年 7 月 12 日　№ 0187722

收费基金项目	收费标准	金额 十 万 千 百 十 元 角 分	备注
水资源费		¥5 0 0 0 0 0	交款人若对收费有疑问，可要求收费单位解释或向当地财政部门询问、举报。

金额合计（大写）伍仟元整　¥5000

收费单位（章）：　开票人：

第二联 收据联

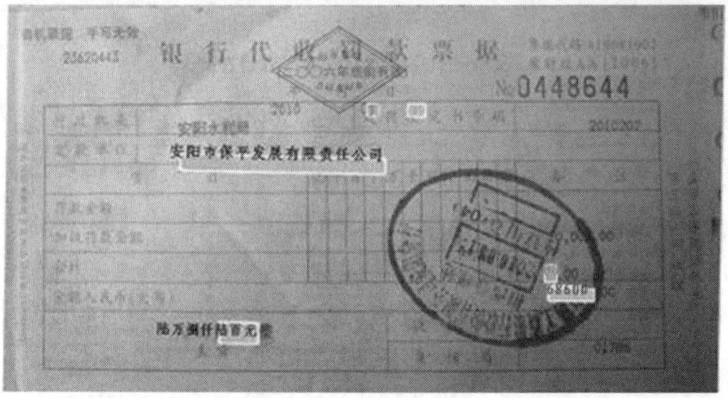

银行代收罚款票据

№0448644

安阳市保平发展有限责任公司

陆万捌仟陆百元整

68600

保平发展有限责任公司封井照片

行政处罚案件结案审批表

行政处罚 文书文号	安水罚决字〔2010〕002 号	发文日期	2010 年 4 月 21 日
案由	擅自取用地下水	案件来源	举报
立案时间	2010 年 4 月 1 日		
案件简要情况	经查,保平发展有限责任公司未经水行政主管部门批准,擅自在本单位院内取用地下水,其行为违反了《中华人民共和国水法》第四十八条第一款的规定。		
行政处罚内容	(1)责令停止取用地下水; (2)罚款人民币二万元		
行政处罚执行情况	(1)封填了水井; (2)补缴了水资源费; (3)缴纳了罚款		
承办人 意　见	该单位法定义务已履行,建议结案 承办人签名　郝某　路某　2010 年 7 月 15 日		
承办机构 审核意见	同　意 负责人签名　刘某　2010 年 7 月 15 日		
法制机构 意见	同　意 负责人签名　刘某　2010 年 7 月 15 日		
机关负责人 意见	同　意 负责人签名　马某　2010 年 7 月 15 日		

行政处罚案件结案报告

当事人	名　称	保平发展有限责任公司	法定代表人	张喜武
	地　址	开发区海河大道武夷西路	电话	2131888
案由	擅自取用地下水		案件来源	举报
办案时间	2010 年 4 月 1 日至 2010 年 4 月 21 日			
行政处罚文书文号	安水罚决字〔2010〕002 号		结案日期	2010 年 7 月 15 日
案件简要情况	经查，保平发展有限责任公司未经水行政主管部门批准，擅自在本单位院内取用地下水，其行为违反了《中华人民共和国水法》第四十八条第一款的规定。			
行政处罚内容	（1）责令停止取用地下水； （2）罚款人民币二万元； （3）补缴水资源费			
执行方式	□按程序执行√复议结案□诉讼结案□强制执行			
执行结果	（1）封填了水井；（2）补缴了水资源费；（3）缴纳了罚款			

填表人：　　　　2010 年 7 月 20 日

立卷、验卷情况记载

本案卷于____2010____年____7____月____21____日立卷。

本册连面带底共计__29__页，附证物袋____0____个，内装____0____件

立卷人郝某

本案卷于____2010____年____7____月____25____日

经验查合格

检验人____刘某____

未经水行政主管部门批准擅自扩大排污口行政处罚案件

【案情简介】:2013 年 9 月,豫北纺织有限责任公司未经水行政主管部门审查同意,擅自在万金南干渠违法扩建入河排污口,其位置于豫北纺织有限责任公司门口东北方向约 150 米处,排污口管径 50 厘米,当事人已承认违法事实,我局于 2013 年 9 月 2 日向该单位下达《责令停止违法行为通知书》,并要求该单位停止违法行为,规定期限内将排污口恢复原状。主要证据有:询问笔录、现场检查笔录、视听资料为证。该行为违反了《中华人民共和国水法》第三十四条第二款,依据《中华人民共和国水法》第六十七条第二款,该单位虽已经停止违法行为,但是没在规定期限内恢复排污口原状,结合《河南省水行政处罚裁量标准》中《中华人民共和国水法》第六十七条"违法行为情形和处罚标准:未经水行政主管部门或者流域机构审查同意,擅自在江河、湖泊新建、改建或者扩大排污口的……;(2)停止违法行为但未在规定的期限内恢复原状的,处 5 万元以上 7 万元以下的罚款"的规定。建议对该单位处理如下:(1)停止违法行为,限三日内将排污口恢复原状;(2)罚款人民币柒万元整。

附:

未经水行政主管部门批准擅自扩大排污口行政处罚案件卷宗

河南省水事违法案件卷宗

<table>
<tr><td colspan="5" align="right">豫水(安)立字〔2013〕第3号</td></tr>
<tr><td>案由</td><td colspan="4">未经水行政主管部门批准擅自扩大排污口</td></tr>
<tr><td rowspan="2">当事人</td><td>名称或姓名</td><td colspan="3">豫北纺织有限责任公司</td></tr>
<tr><td>地址或住址</td><td colspan="3">文峰中路东段</td></tr>
<tr><td>立案日期</td><td colspan="2">2013年9月1日</td><td>结案日期</td><td>2013年12月16日</td></tr>
<tr><td>处罚(理)决定</td><td colspan="4">(1)三日内将排污口恢复原状;
(2)罚款人民币柒万元整</td></tr>
<tr><td>复议决定</td><td colspan="4"></td></tr>
<tr><td>法院判决(裁定)</td><td colspan="4"></td></tr>
<tr><td>归档日期</td><td colspan="2">2013年9月29日</td><td>归档编号</td><td>50</td></tr>
<tr><td>保存年限</td><td colspan="2">10年</td><td>承办人</td><td>崔某　张某</td></tr>
<tr><td colspan="3">本卷内的文书共计　23页</td><td>立卷人</td><td>崔某　张某</td></tr>
</table>

卷宗目录

序号	文书名称	文号	页码
01	行政处罚委托书		
02	水事违法案件立案呈批表	安水立字〔2013〕第3号	
03	案件承办人行政执法证复印件		
04	现场(检查)笔录		
05	调查(询问)笔录		
06	当事人提供的相关证件		
07	证据材料及现场照片		
08	责令停止水事违法行为通知书	安水停字〔2013〕第3号	
09	送达回证		
10	案件调查终结报告		
11	安阳市水利局行政处罚案件法律审核意见书	安水罚审字〔2013〕第3号	
12	行政处罚听证告知书	安水罚听告字〔2013〕第3号	
13	送达回证		
14	行政处罚事先告知书	安水罚先告字〔2013〕第3号	
15	送达回证		
16	重大复杂集体讨论笔录		
17	行政处罚审批表		
18	水行政处罚决定书	安水罚决字〔2013〕第3号	
19	送达回证		
20	安阳市水利局履行行政处罚催告书	安水罚催字〔2013〕第3号	
21	送达回证		
22	行政处罚案件结案审批表		
23	行政处罚案件结案报告		

行政处罚委托书

根据《中华人民共和国行政处罚法》第十八条、第十九条，《河南省行政机关执法条例》第十条，《水行政处罚实施办法》第十条、第十一条、第十二条的规定，经安阳市水利局与安阳市水政监察支队研究，现由安阳市水利局委托安阳市水政监察支队实施：行政处罚种类：(1)①警告；②罚款；③吊销许可证；④没收非法所得；⑤法律法规规定的其他水行政处罚；(2)其他相关权限。委托期限自2013年1月1日始至2013年12月31日止。

委托期间，安阳市水政监察支队必须以安阳市水利局的名义，在委托权限范围内实施行政处罚，并接受安阳市水利局的监督；由此产生的法律后果，由安阳市水利局承担。安阳市水政监察支队不得将委托事项再委托。

委托机关(印章)　　　　受委托单位(印章)

2013年1月1日　　　　2013年1月1日

水事违法案件立案呈批表

安水立字〔2013〕第 3 号

<table>
<tr><td>案　　由</td><td colspan="6">未经水行政主管部门批准擅自扩大排污口</td></tr>
<tr><td>发案地点</td><td colspan="4">万金南干渠</td><td>发案时间</td><td>2013 年 9 月 1 日</td></tr>
<tr><td rowspan="3">当事人</td><td>单位名称</td><td colspan="3">豫北纺织有限责任公司</td><td>法定代表人</td><td>李某</td></tr>
<tr><td>个人姓名</td><td></td><td>性别</td><td></td><td>职业</td><td></td></tr>
<tr><td>联系地址</td><td colspan="3">文峰中路东段</td><td>电话</td><td>135××××××××</td></tr>
<tr><td>案件来源</td><td colspan="6">2013 年 9 月 1 日举报</td></tr>
<tr><td>案情简介及立案理由</td><td colspan="6">2013 年 9 月 1 日，我三大队执法人员接到群众举报，发现豫北纺织有限责任公司未经水行政主管部门审查同意，擅自在万金南干渠扩大排污口，该行为违法了《中华人民共和国水法》第三十四条第二款等法律法规的规定。</td></tr>
<tr><td>案件承办人意见</td><td colspan="6">建议立案查处
主办人：崔某　　协办人：张某　　2013 年 9 月 1 日</td></tr>
<tr><td>支队负责人审查意见</td><td colspan="6">同意
负责人（签字）：尹某　　2013 年 9 月 1 日</td></tr>
<tr><td>机关法制机构审核意见</td><td colspan="6">同意
负责人（签字）：侯某　　2013 年 9 月 1 日</td></tr>
<tr><td>机关负责人意见</td><td colspan="6">同意
负责人（签字）：马某　　2013 年 9 月 1 日</td></tr>
</table>

附：

案件承办人行政执法证复印件

现场(检查)笔录

被调(检)查单位名称：豫北纺织有限责任公司

地址：文峰中路东段

被询问人姓名：李某 性别：男 年龄：27 职务：

住址：安阳市人民大道69号

调(检)查时间：2013 年 9 月 1 日 15 时 20 分至 15 时 45 分

调(检)查地点：豫北纺织有限责任公司厂区内

调(检)查人员姓名：崔某 执法证件名称：行政执法证 执法证件号：豫 G012－056

记录人：张某 执法证件名称：行政执法证 执法证件号：豫 G012－028

调(检)查记录：2013年9月1日下午，安阳市水利局水行政执法人员：崔某、张某出示过行政执法证件后(亮证)，并说明来意，对豫北纺织有限责任公司擅自扩大入河排污口情况进行现场勘验、拍照，经检查：(1)该单位排污口位置位于豫北纺织有限责任公司东北方向约150米处一座桥下，该排污口现管径50厘米；(2)豫北纺织有限责任公司法定代表人李某，具有独立法人资格。

被调(检)查人签名或盖章：李某 (捺手印)

被调查人拒签事由：

调(检)查人签名或盖章：崔某 张某

见证人签名或盖章并注明身份：王某

2013年9月1日

附：

排污口地理位置图

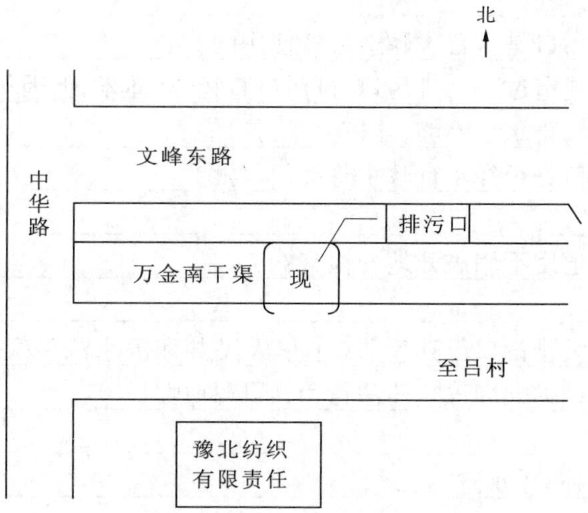

记录人：崔某

当事人签字：李某(捺手印)

调查(询问)笔录

询问时间: 2013 年 9 月 2 日 9 时 10 分至 9 时 57 分
询问地点: 水政监察支队询问调查室
被询问单位名称: 豫北纺织有限责任公司
法定代表人(负责人): 李某 电话: 135××××××××
被询问人姓名: 李某 性别: 男 年龄: 27
职务: 电话: 137××××××××
询问人: 崔某 证件名称: 行政执法证 执法证件号: 豫 G012-056
记录人: 罗某 证件名称: 行政执法证 执法证件号: 豫 G0124-108
询问内容:

我们是安阳市水利局水政执法人员(亮证),现对你单位扩大排污口情况进行询问,请你如实回答。

答:好,我知道了。

问:你对我们的身份是否有异议?

答:无异议。

问:请谈一下你单位的注册全称及单位法定代表人的姓名?

答:我单位全称是豫北纺织有限责任公司,公司法定代表人李某。

问:请说一下你个人的情况简介?

答:我叫李某,在豫北纺织有限责任公司办公室工作。

问:请谈一下你单位是什么时间开始改建入河排污口的?

答:我单位是2013年8月20几号开始设置的,具体到几号记不清楚了。

问:请谈一下你单位关于排污口的一些情况?

答:我单位应生产需要,需扩大排污口流量,来增加排水量,排污口现直径50厘米,通过管道埋管排入万金南干渠的。

问:你单位入河排污口是否首次建造或者使用的?

答:在五几年设置建造过一个排污口,排污口直径30厘米,但因年久失修,排污口堵塞,同时这几年又扩大规模,排水量不够,才扩大排污口的。

问:设置入河排污口是否经水行政主管部门审批?

答:没有。

问:入河排污口管道用不用破开地面检查?

答:不用。

问:你单位擅自扩大排污口已违反了《中华人民共和国水法》第三十四条的规定,扰乱了正常的排污口管理,请你立即停止违法行为,听候处理。

答:好,我知道了。

问:你还有什么要补充的吗?

答:没有了。

答:看过,询问笔录上述内容,记录属实。李某捺手印被询问人阅核后签注"询问笔录上述内容,记录属实。"

被询问人签字:李某　捺手印　　　　　　　2013 年 9 月 2 日

拒绝签字的理由:

询问人签字:崔某　　　　　　　　　　2013 年 9 月 2 日

记录人签字:罗某　　　　　　　　　　2013 年 9 月 2 日

附:

豫北纺织有限责任公司营业执照复印件

豫北纺织有限责任公司授权委托书

豫北纺织有限责任公司法定代表人身份证复印件

证据材料

现场照片

2013 年 9 月 2 日崔某于厂区外拍摄

责令停止水事违法行为通知书

安水停字〔2013〕第 3 号

豫北纺织有限责任公司：

经查，你单位未经水行政主管部门批准，擅自在万金南干渠扩大排污口一案。违反了《中华人民共和国水法》第三十四条第二款“在江河、湖泊新建、改建或者扩大排污口，应当经有管辖权的水行政主管部门或者流域管理机构同意，由环境保护行政主管部门对该建设项目的环境影响报告书进行审批”。《中华人民共和国水污染防治法》第十三条第二款“……在运河、渠道、水库等水利工程内设置排污口，应当经有关水利工程管理部门同意”。《中华人民共和国河道管理条例》第三十四条“向河道、湖泊排污的排污口的设置和扩大，排污单位在向环境保护部门申报之前，应当征得河道主管机关的同意”。《入河排污口监督管理办法》（水利部令第 22 号）的规定，根据《中华人民共和国水法》第六十条第（四）项、《河南省水行政监察规定》第十五条第二款的规定，现责令你单位立即停止违法行为，听候处理。否则，依法追究法律责任。

附：(1)立即停止违法行为；

(2)限你单位 3 日内将排污口恢复原状。

安阳市水利局（印章）

2013 年 9 月 2 日

送达回证

单位盖章

受送达人	豫北纺织有限责任公司		
送达地点	该厂区办公室		
送达文书	送达人	收到日期	受送达人签名或盖章
责令停止水事违法行为通知书 安水停字〔2013〕第3号	崔某 徐某	2013年9月2日11时	李某
		年 月 日 时	
		年 月 日 时	
		年 月 日 时	
备 注	李某系豫北纺织有限责任公司员工，主要负责办公室工作 身份证号码		

注：(1)如受送达人不在，将文件交与他的成年家属、近邻、工作机关或受送达人居住地的乡(镇)政府、村民委员会或街道办事处代收。

(2)如系代收，代收人应在"受送达人"栏内签名或盖章，并注明与受送达人的关系。

案件调查终结报告

当事人的基本情况：豫北纺织有限责任公司

法人代表人：李某　地址：文峰中路东段

调查时间：2013 年 9 月 1 日至 2013 年 9 月 10 日

调查人员签名：崔某　罗某

当事人违法的证据：(1)当事人询问笔录一份；

(2)现场检查笔录一份；

(3)视听资料。

违法行为等次：根据豫北纺织有限责任公司的违法事实，按规定停止违法行为，但未在规定时间内将排污口恢复原状。结合《河南省水行政处罚裁量标准》将其性质、情节定性为严重。

应受行政处罚的依据和种类：2013 年 9 月 1 日，接群众举报，称有人在万金南干渠修建排污口。经现场勘验和多方调查，修建排污口单位为豫北纺织有限责任公司，法人代表李某，因生产需要，未经水行政主管部门审查批准，擅自在原有排污口基础上扩大排污口，在落实基本情况后，我单位于 2013 年 9 月 2 日向该单位下达《责令停止违法行为通知书》，限 3 日内将排污口恢复原状，但该单位并没与按规定将排污口恢复原状。此行为违反了《中华人民共和国水法》第三十四条第二款“在江河、湖泊新建、改建或者扩大排污口，应当经有管辖权的水行政主管部门或者流域管理机构同意，由环境保护行政主管部门对该建设项目的环境影响报告书进行审批”。《中华人民共和国水污染防治法》第十三条第二款“……在运河、渠道、水库等水利工程内设置排污口，应当经有关水利工程管理部门同意”。《中华人民共和国河道管理条例》第三十四条“向河道、湖泊排污的排污口的设置和扩大，排污单位在向环境保护部门申报之前，应当征得河道主管机关的同意”。《入河排污口监督管理办法》(水利部令第22 号)规定。结合《水行政处罚裁量标准》中《中华人民共和国水法》第六十七条“违法行为情形和处罚标准：未经水行政主管部门或者流域管理机构审查同意，擅自在江河、湖泊新建、改建或者扩大排污口的……；(2)停止违法行为但未在规定的期限内恢复原状的，处 5 万元以上 7 万元以下罚款”的规定。

行政处罚建议：(1)停止违法行为，限三日内堵排污口恢复原状；(2)罚款人民币柒万元。

水政监察机构负责人意见：同意

尹某　2013 年 9 月 10 日

法制机构负责人意见：同意

侯某　2013 年 9 月 10 日

安阳市水利局行政处罚案件法律审核意见书

安水罚审字〔2013〕第3号

案件名称	豫北纺织有限责任公司未经水行政主管部门批准擅自扩大排污口		
承办单位名称	安阳市水政监察支队三大队	负责人姓名	张某
主办人员姓名	崔某	协办人员姓名	张某
报送时间	2013年9月13日	报送人姓名	崔某
审核人姓名	刘某	审核时间	2013年9月13日
法制机构审核意见	事实清楚，证据确凿充分，定性准确，程序合法 同意处罚 负责人签名：刘某　　2013年9月13日		
主办人员签收	张某　　2013年9月13日		

本意见书一式两份，一份留存归档，一份连同案卷材料退回办案机构作为指导案件办理的依据入卷归档。

行政处罚听证告知书

安水罚听告字〔2013〕第3号

豫北纺织有限责任公司：

经查，你单位未经水行政主管部门批准，擅自在文峰中路东段豫北纺织有限责任公司门口扩大排污口的行为。违反了《中华人民共和国水法》第三十四条第二款“在江河、湖泊新建、改建或者扩大排污口，应当经有管辖权的水行政主管部门或者流域管理机构同意，由环境保护行政主管部门对该建设项目的环境影响报告书进行审批”。《中华人民共和国水污染防治法》第十三条第二款“……在运河、渠道、水库等水利工程内设置排污口，应当经有关水利工程管理部门同意”。《中华人民共和国河道管理条例》第三十四条“向河道、湖泊排污的排污口的设置和扩大，排污单位在向环境保护部门申报之前，应当征得河道主管机关的同意”。

违法行为等次：根据你单位违法行为的事实、性质、情节、社会危害程度和相关证据，你单位的违法行为等次属于严重。

拟给予处罚的依据和种类：本机关依照《中华人民共和国水法》第六十七条第二款“未经水行政主管部门或者流域管理机构审查同意，擅自在江河、湖泊新建、改建或者扩大排污口的，由县级以上人民政府水行政主管部门或者流域管理机构依据职权，责令停止违法行为，限期恢复原状，处五万元以上十万元以下的罚款”和《河南省水行政处罚裁量标准》中《中华人民共和国水法》第六十七条“违法行为情形和处罚标准：未经水行政主管部门或者流域管理机构审查同意，擅自在江河、湖泊新建、改建或者扩大排污口的……；(2)停止违法行为但未在规定的期限内恢复原状的，处5万元以上7万元以下罚款”的规定，拟对你单位作出下列行政处罚：

(1)停止违法行为，限三日内将排污口恢复原状；

(2)罚款人民币柒万元。

申请听证的期限：如你单位要求听证，应当自收到本告知书之日起三日内向我局提出申请。逾期视为放弃听证权利。

安阳市水利局(盖章)

2013年9月13日

联系人：崔某

联系电话：369××××

联系地址：安钢大道东段路南

送达回证

单位公章

<table>
<tr><td>受送达人</td><td colspan="4">豫北纺织有限责任公司</td></tr>
<tr><td>送达地点</td><td colspan="4">该厂区办公室</td></tr>
<tr><td colspan="2">送达文书</td><td>送达人</td><td>收到日期</td><td>受送达人签名或盖章</td></tr>
<tr><td colspan="2">行政处罚听证告知书
安水罚听告字〔2013〕第3号</td><td>崔某
徐某</td><td>2013年9月13日10时</td><td>李某</td></tr>
<tr><td colspan="2"></td><td></td><td>年　月　日　时</td><td></td></tr>
<tr><td colspan="2"></td><td></td><td>年　月　日　时</td><td></td></tr>
<tr><td colspan="2"></td><td></td><td>年　月　日　时</td><td></td></tr>
<tr><td>备　注</td><td colspan="4">李某为豫北纺织有限责任公司办公室工作人员
身份证号码</td></tr>
</table>

注:(1)如受送达人不在,将文件交与他的成年家属、近邻、工作机关或受送达人居住地的乡(镇)政府、村民委员会或街道办事处代收。

(2)如系代收,代收人应在"受送达人"栏内签名或盖章,并注明与受送达人的关系。

行政处罚事先告知书

安水罚先告字〔2013〕第3号

豫北纺织有限责任公司：

你单位未经水行政主管部门审查同意，擅自在文峰中路东段豫北纺织有限责任公司门口扩大排污口的行为，违法了《中华人民共和国水法》第三十四条第二款"在江河、湖泊新建、改建或者扩大排污口，应当经有管辖权的水行政主管部门或者流域管理机构同意，由环境保护行政主管部门对该建设项目的环境影响报告书进行审批"。《中华人民共和国水污染防治法》第十三条第二款"……在运河、渠道、水库等水利工程内设置排污口，应当经有关水利工程管理部门同意"。《中华人民共和国河道管理条例》第三十四条"向河道、湖泊排污的排污口的设置和扩大，排污单位在向环境保护部门申报之前，应当征得河道主管机关的同意"。《入河排污口监督管理办法》（水利部令第22号）的规定。

从你单位违法行为的事实、性质、情节、社会危害程度和证据看，你单位的违法行为属于严重。

根据《中华人民共和国水法》第六十七条第二款"未经水行政主管部门或者流域管理机构审查同意，擅自在江河、湖泊新建、改建或者扩大排污口的，由县级以上人民政府水行政主管部门或者流域管理机构依据职权，责令停止违法行为，限期恢复原状，处五万元以上十万元以下的罚款"和《河南省水行政处罚裁量标准》中《中华人民共和国水法》第六十七条"违法行为情形和处罚标准：未经水行政主管部门或者流域管理机构审查同意，擅自在江河、湖泊新建、改建或者扩大排污口的……；（2）停止违法行为但未在规定的期限内恢复原状的，处5万元以上7万元以下罚款"的规定，本机关拟对你单位做出下列行政处罚：

（1）停止违法行为，限三日内将排污口恢复原状；

（2）罚款人民币柒万元整。

根据《行政处罚法》第三十二条的规定，你单位可以自收到本告知书起三日内到安阳市水利局进行陈述、申辩，逾期不陈述、申辩的，视为放弃陈述、申辩的权利。

安阳市水利局（盖章）

2013年9月17日

联系人：崔某

联系电话：369××××

联系地址：安钢大道东段路南

送达回证

单位公章

<table>
<tr><td>受送达人</td><td colspan="4">豫北纺织有限责任公司</td></tr>
<tr><td>送达地点</td><td colspan="4">该厂区办公室</td></tr>
<tr><td colspan="2">送达文书</td><td>送达人</td><td>收到日期</td><td>受送达人签名或盖章</td></tr>
<tr><td colspan="2">行政处罚事先告知书
安水罚先告字〔2013〕第3号</td><td>崔某
徐某</td><td>2013年9月17日10时</td><td>李某</td></tr>
<tr><td colspan="2"></td><td></td><td>年　月　日　时</td><td></td></tr>
<tr><td colspan="2"></td><td></td><td>年　月　日　时</td><td></td></tr>
<tr><td colspan="2"></td><td></td><td>年　月　日　时</td><td></td></tr>
<tr><td>备　注</td><td colspan="4">李某系豫北纺织有限责任公司办公室工作人员</td></tr>
</table>

注:(1)如受送达人不在,将文件交与他的成年家属、近邻、工作机关或受送达人居住地的乡(镇)政府、村民委员会或街道办事处代收。

(2)如系代收,代收人应在"受送达人"栏内签名或盖章,并注明与受送达人的关系。

重大复杂案件集体讨论笔录

时　间：2013 年 9 月 18 日 8 时 20 分至 8 时 55 分

地　点：安阳市水利局水政科二楼会议室

集体讨论案由：豫北纺织有限责任公司未经批准擅自扩大排污口

主持人：刘某　职务：科长　记录人：张某　职务：大队长

参加人：侯某　尹某　刘某　李某　张某　崔某　罗某

案件承办人汇报案情及处理意见：经调查，豫北纺织有限责任公司未经水行政主管部门审查同意，于 2013 年 9 月擅自在万金南干渠违法扩建入河排污口，其位置于豫北纺织有限责任公司门口东北方向约 150 米处，排污口管径 50 厘米，当事人已承认违法事实. 我单位已于 2013 年 9 月 2 日向该单位下达《责令停止违法通知书》，并要求该单位停止违法行为，规定期限内将排污口恢复原状。主要证据有：当事人询问笔录、现场检查笔录、视听资料为证。该单位的行为了违反了《中华人民共和国水法》第三十四条第二款，依据《中华人民共和国水法》第六十七条第二款，该单位虽已经停止违法行为，但是没在规定期限内恢复排污口原状，结合《河南省水行政处罚裁量标准》中《中华人民共和国水法》第六十七条"违法行为情形和处罚标准：未经水行政主管部门或者流域管理机构审查同意，擅自在江河、湖泊新建、改建或者扩大排污口的；(2)停止违法行为但未在规定的期限内恢复原状的，处 5 万元以上 7 万元以下罚款"的规定。建议对该单位处理如下：(1)停止违法行为，限三日内将排污口恢复原状；(2)罚款人民币柒万元整。

参加人员意见：

侯某：　同意

尹某：　同意

刘某：　同意

李某：　同意

张某：　同意

崔某：　同意

罗某：　同意

结论性意见：豫北纺织有限责任公司未经水行政主管部门批准，擅自扩大排污口，违反了《中华人民共和国水法》第三十四条第二款规定，依据《中华人民共和国水法》第六十七条第二款。经过集体讨论研究，大家一致认为对该单位作出：(1)限三日内将排污口恢复原状；(2)罚款人民币柒万元整。

听证会情况：当事人放弃听证权利。

主管领导签名：　同意

侯某　　2013 年 9 月 9 日

行政机关负责人签名：　同意

马某　　2013 年 9 月 9 日

行政处罚审批表

当事人 基本情况	单位名称:豫北纺织有限责任公司 地　　址:文峰大道东段 法定代表人姓名:李某
当事人违法 的主要事实	经查,发现豫北纺织有限责任公司未经水行政主管部门审查同意,擅自在万金南干渠扩大排污口,该行为违法了《中华人民共和国水法》第三十四条第二款等法律法规的规定。
承办人 建　议	建议处罚 承办人签名:崔某　张某　2013 年 9 月 21 日
支队负责人 审查意见	同意 负责人:刘某　2013 年 9 月 21 日
法制机构 审核意见	该案件事实清楚、证据确凿充分、定性准确、程序合法、处罚适当,同意处罚 同意 负责人:刘某　2013 年 9 月 21 日
机关负责人 意见	同意 负责人:张某　2013 年 9 月 21 日

水行政处罚决定书

安水罚决字〔2013〕第3号

被罚款人(单位)名称:　豫北纺织有限责任公司

地　　址:　文峰中路东段

法定代表人或负责人:　李某　　职　务:　厂长

本机关于2013年9月1日对豫北纺织有限责任公司擅自在文峰中路东段万金南干渠擅自扩大排污口一案进行立案调查。经查,该单位法人代表李某。排污口位置于豫北纺织有限责任公司门口东北方向约150米处,当事人已承认违法事实,我单位已于2013年9月2日向该单位下达《责令停止违法行为通知书》,并要求豫北纺织有限责任公司停止违法行为,并在规定期限内将排污口恢复原状。但豫北纺织有限责任公司虽停止了违法行为,但没在规定期限内将排污口恢复原状。该行为违反了《中华人民共和国水法》第三十四条第二款"在江河、湖泊新建、改建或者扩大排污口,应当经有管辖权的水行政主管部门或者流域管理机构同意,由环境保护行政主管部门对该建设项目的环境影响报告书进行审批"。

违法的证据:(1)询问笔录;(2)现场检查笔录;(3)视听资料。

违法行为等次:根据你单位的违法事实、性质、情节、社会危害程度和相关证据,你单位的违法行为等次属于严重。

应受行政处罚的依据和种类:上述违法行为事实清楚,证据确凿充分。根据《中华人民共和国水法》第六十七条第二款"未经水行政主管部门或者流域管理机构审查同意,擅自在江河、湖泊新建、改建或者扩大排污口的,由县级以上人民政府水行政主管部门或者流域管理机构依据职权,责令停止违法行为,限期恢复原状,处五万元以上十万元以下的罚款"和《河南省水行政处罚裁量标准》中"《中华人民共和国水法》第六十七条违法行为情形和处罚标准:未经水行政主管部门或者流域管理机构审查同意,擅自在江河、湖泊新建、改建或者扩大排污口的……;(2)停止违法行为但未在规定的期限内恢复原状的,处5万元以上7万元以下罚款"的规定,本机关决定对你单位作出下列行政处罚:

(1)停止违法行为,限三日内将排污口恢复原状;

(2)罚款人民币柒万元整。

行政处罚履行方式和期限:你单位应当自接到本决定书之日起十五日内将罚款缴至中国工商银行安阳市分行任一储蓄网点(银行罚款代码:43500021)。到期不缴纳的,每日按罚款数额的百分之三加处罚款。

不服行政处罚决定申请行政复议或提起行政诉讼的途径和期限:如不服本决定,可以自收到本决定书之日起六十日内向安阳市行政复议受理中心或河南省水利厅申请行政复议,或者在接到本决定书后三个月内直接向安阳市殷都区人民法院提起行政诉讼。逾期不申请行政复议、不向人民法院起诉又不履行本处罚决定的,我局将申请人民法院强制执行。

安阳市水利局(盖章)

2013年9月21日

送达回证

单位盖章

<table>
<tr><td>受送达人</td><td colspan="4">豫北纺织有限责任公司</td></tr>
<tr><td>送达地点</td><td colspan="4">该厂区办公室</td></tr>
<tr><td colspan="2">送达文书</td><td>送达人</td><td>收到日期</td><td>受送达人签名或盖章</td></tr>
<tr><td colspan="2">水行政处罚决定书
安水罚决字〔2013〕第3号</td><td>崔某
徐某</td><td>2013年9月21日10时</td><td>李某</td></tr>
<tr><td colspan="2"></td><td></td><td>年　月　日　时</td><td></td></tr>
<tr><td colspan="2"></td><td></td><td>年　月　日　时</td><td></td></tr>
<tr><td colspan="2"></td><td></td><td>年　月　日　时</td><td></td></tr>
<tr><td>备　注</td><td colspan="4">李某系豫北纺织有限责任公司办公室工作人员
身份证号码</td></tr>
</table>

注:(1)如受送达人不在,将文件交与他的成年家属、近邻、工作机关或受送达人居住地的乡(镇)政府、村民委员会或街道办事处代收。

(2)如系代收,代收人应在“受送达人”栏内签名或盖章,并注明与受送达人的关系。

安阳市水利局履行行政处罚催告书

安水罚催字〔2013〕第3号

豫北纺织有限责任公司：

本机关于2013年9月21日向你单位送达《水行政处罚决定书》（安水罚决字〔2013〕第3号），你单位在法定规定期限内未申请行政复议或者提出行政诉讼，又不履行本机关作出的行政决定。根据《中华人民共和国行政强制法》第四十五条“行政机关依法作出金钱给付义务的行政决定，当事人逾期不履行的，行政机关可以依法加处罚款或者滞纳金。加处罚款或者滞纳金的标准应当告知当事人。加处罚款或者滞纳金的数额不得超出金钱给付义务的数额”和第五十四条“行政机关申请人民法院强制执行前，应当催告当事人履行义务。催告书送达十日后当事人仍未履行义务的，行政机关可以向所在地有管辖权的人民法院申请强制执行；执行对象为不动产的，向不动产所在地有管辖权的人民法院申请强制执行”的规定，现依法向你单位催告，请你单位自收到催告书之日起十日内履行下列义务：

（1）停止违法行为，限三日内将排污口恢复原状；

（2）罚款人民币柒万元整，到期不缴纳罚款加处罚款柒万元整。（自2013年10月5日至2013年12月21日）

逾期仍未履行义务的，本机关将依法申请人民法院强制执行。

你单位在收到催告书后有权进行陈述和申辩。请你单位在收到本催告书之日起三日内提出陈述和申辩，逾期不陈述、申辩的，将视为放弃陈述和申辩的权利。

联系人：崔某
联系电话：369××××
联系地址：安钢大道东段路南

安阳市水利局（盖章）
2013年12月10日

送达回证

单位盖章

受送达人	豫北纺织有限责任公司		
送达地点	该厂区办公室		
送达文书	送达人	收到日期	受送达人签名或盖章
安阳市水利局履行行政处罚催告书 安水罚催字〔2013〕第3号	崔某 徐某	2013年12月10日10时	李某
		年 月 日 时	
		年 月 日 时	
		年 月 日 时	
备 注	李某系豫北纺织有限责任公司办公室工作人员 身份证号码		

注:(1)如受送达人不在,将文件交与他的成年家属、近邻、工作机关或受送达人居住地的乡(镇)政府、村民委员会或街道办事处代收。

(2)如系代收,代收人应在受送达人栏内签名或盖章,并注明与受送达人的关系。

行政处罚案件结案审批表

行政处罚文书文号	安水罚决字〔2013〕第3号	发文日期	2013年9月21日
案　　由	豫北纺织有限责任公司未经批准擅自扩大排污口	案件来源	举报
立案时间	2013年9月1日		
案件简要情况	2013年9月1日,我三大队执法人员接到群众举报,发现豫北纺织有限责任公司未经水行政主管部门审查同意,擅自在万金南干渠扩大排污口,该行为违法了《中华人民共和国水法》第三十四条第二款等法律法规的规定		
行政处罚内容	罚款人民币柒万元		
行政处罚执行情况	该单位在规定时间内未缴纳罚款		
承办人意见	建议结案 承办人签名:张某　安某　2013年12月13日		
承办机构审核意见	同意结案 负责人签名:刘某　2013年12月13日		
法制机构意　　见	同意结案 负责人签名:侯某　2013年12月13日		
机关负责人意　　见	同意结案 负责人签名:张某　2013年12月13日		

行政处罚案件结案报告

<table>
<tr><td rowspan="2">当事人</td><td>名称</td><td>豫北纺织有限责任公司</td><td>法定代表人</td><td>李某</td></tr>
<tr><td>地址</td><td>文峰中路东段</td><td>电　　话</td><td>135××××××××</td></tr>
<tr><td>案　由</td><td colspan="2">未经水行政主管部门批准擅自扩大排污口</td><td>案件来源</td><td>举报</td></tr>
<tr><td>办案时间</td><td colspan="4">2013年9月1日至2013年12月16日</td></tr>
<tr><td>行政处罚文书文号</td><td colspan="2">安水罚决字〔2013〕第3号</td><td>结案日期</td><td>2013年12月16日</td></tr>
<tr><td>案件简要情况</td><td colspan="4">2013年9月1日,我三大队执法人员接到群众举报,发现豫北纺织有限责任公司未经水行政主管部门审查同意,擅自在万金南干渠扩大排污口,该行为违法了《中华人民共和国水法》第三十四条第二款等法律法规的规定</td></tr>
<tr><td>行政处罚内容</td><td colspan="4">罚款人民币柒万元整</td></tr>
<tr><td>执行方式</td><td colspan="4">□按程序执行　□复议结案　□诉讼结案　√强制执行</td></tr>
<tr><td>执行结果</td><td colspan="4">缴纳罚款人民币柒万元整</td></tr>
</table>

填表人:崔某　　　　　　　　　　　　2013年12月17日

立卷、验卷情况记载

本案卷于 2013 年 9 月 29 日立卷。 本册连面带底共计 23 页，附证物袋 1 个，内装 2 件。 立卷人 崔某 张某
本案卷于 2013 年 9 月 29 日 经验查合格 检验人 刘某

汤阴县古贤乡北周流村村民吴华在汤河河堤违法建房案件

【案情简介】:汤阴县水务局于2009年8月4日对当事人吴华在汤河北周流村桥头东南堤防上建房一案进行了立案调查。经查,吴华从2009年3月起在汤河北周流村桥头东南堤防上建房共计361平方米。根据《中华人民共和国水法》第三十七条第二款“禁止在河道管理范围内建设妨碍行洪的建筑物、构筑物以及从事影响河势稳定、危害河堤安全和其他妨碍河道行洪的活动”的规定。根据《中华人民共和国水法》第六十五条“在河道管理范围内建设妨碍行洪的建筑物、构筑物或者从事影响河势稳定、危害河堤安全和其他妨碍河道行洪的,由县级以上人民政府水行政主管部门或流域管理机构依据职权,责令停止违法行为,限期拆除违法建筑物、构筑物,恢复原状;逾期不拆除、不恢复原状的,强行拆除,所需费用由违法单位或者个人负担,并处一万元以上十万元以下的罚款”的规定,根据《河南省水行政处罚裁量标准》,其违法等级属于严重,办案人员建议对吴华处以:(1)拆除建在河堤上的违法建筑物;(2)并处以陆万元罚款的行政处罚。

附:

汤阴县古贤乡北周流村村民吴华在汤河河堤违法建房案件卷宗

河南省水事违法案件卷宗

<table>
<tr><td colspan="4" align="right">豫水(汤水)立字〔2009〕第3号</td></tr>
<tr><td>案　由</td><td colspan="3">汤阴县古贤乡北周流村村民吴某在汤河河堤违法建房案</td></tr>
<tr><td rowspan="2">当事人</td><td>名称或姓名</td><td colspan="2">吴华</td></tr>
<tr><td>地址或住址</td><td colspan="2">汤阴县古贤乡北周流村</td></tr>
<tr><td>立案日期</td><td>2009 年 8 月 3 日</td><td>结案日期</td><td>2009 年 12 月 13 日</td></tr>
<tr><td>处罚(理)决定</td><td colspan="3">(1)限期拆除建在汤河河堤上的违法建筑物;
(2)并处陆万元罚款</td></tr>
<tr><td>复议决定</td><td colspan="3">维持处罚决定</td></tr>
<tr><td>法院判决(裁定)</td><td colspan="3">维持处罚决定</td></tr>
<tr><td>归档日期</td><td>2009 年 12 月 14 日</td><td>归档编号</td><td>第 200903 号</td></tr>
<tr><td>保存年限</td><td>10 年</td><td>承办人</td><td>黄某　闫某</td></tr>
<tr><td colspan="2">本卷内的文书共计　32 页</td><td>立卷人</td><td>李某</td></tr>
</table>

卷宗目录

序号	材料名称	文书编号	页数
01	水事违法案件立案呈批表	汤水立〔2009〕第03号	
02	案件承办人行政执法证复印件		
03	调查(询问)笔录		
04	现场(调查)笔录		
05	现场照片		
06	责令停止水事违法行为通知书	汤水停字〔2009〕第03号	
07	送达回证		
08	责令改正通知书	汤水改字〔2009〕第03号	
09	送达回证		
10	案件调查终结报告		
11	汤阴县水务局行政处罚案件法律审核意见书	汤水罚审字〔2010〕第03号	
12	水行政处罚事先告知书	汤水罚先告字〔2009〕第03号	
13	水行政处罚听证告知书	汤水罚听告字〔2009〕第03号	
14	送达回证		
15	重大水事违法案件领导集体讨论笔录		
16	行政处罚审批表		
17	水行政处罚决定书	汤水罚决字〔2009〕第03号	
18	送达回证		
19	复议申请		
20	汤阴县人民政府行政复议决定书	汤政复决〔2009〕13号	
21	行政起诉状		
22	行政答辩状		
23	河南省汤阴县人民法院行政判决书	汤行初字〔2009〕第7号	
24	上诉状		
25	河南省安阳市中级人民法院行政判决书	安行终字〔2009〕第95号	
26	汤阴县水务局履行行政决定催告书	汤水强催字〔2009〕第10号	
27	强制执行申请书	汤水申字〔2009〕第02号	
28	水事违法案件结案报告		

水事违法案件立案呈批表

汤水立〔2009〕第03号

<table>
<tr><td>案　由</td><td colspan="6">汤阴县古贤乡北周流村村民吴华在汤河河堤违法建房案</td></tr>
<tr><td>发案地点</td><td colspan="4">汤阴县古贤乡北周流村</td><td>发案时间</td><td>2009年8月3日</td></tr>
<tr><td rowspan="3">当事人</td><td>单位名称</td><td colspan="3"></td><td>法定代表人</td><td></td></tr>
<tr><td>个人姓名</td><td>吴华</td><td>性别</td><td>男</td><td>职业</td><td>农民</td></tr>
<tr><td>联系地址</td><td colspan="3">汤阴县古贤乡北周流村</td><td>电话</td><td>0372××××××××</td></tr>
<tr><td>案件来源</td><td colspan="6">群众举报</td></tr>
<tr><td>案情简介及立案理由</td><td colspan="6">2009年8月3日，古贤乡北周流村村民石某举报本村村民吴华在汤河北周流村桥头东南堤防上改扩建房屋，危害人民群众生命财产安全。其行为违反了《中华人民共和国水法》第三十七条第二款的规定，属违法行为。</td></tr>
<tr><td>案件承人意见</td><td colspan="6">建议立案查处
主办人：（签字）黄某　　协办人：（签字）闫某　　2009年8月3日</td></tr>
<tr><td>大队负责人审查意见</td><td colspan="6">拟同意立案查处
负责人（签字）：张某　　2009年8月3日</td></tr>
<tr><td>法制机构意见</td><td colspan="6">拟同意立案查处，请局长审核
负责人（签字）：张某　　2009年8月3日</td></tr>
<tr><td>机关负责人意见</td><td colspan="6">同意立案查处
负责人（签字）：罗某　　2009年8月3日</td></tr>
</table>

附：

案件承办人行政执法证复印件

调查(询问)笔录

询问时间：2009年8月4日9时30分至10时30分

询问地点：汤阴县古贤乡北周流村

被询问人姓名：吴华　性别：男　年龄：28岁　电话：

所在单位：无　住址：古贤乡北周流村

与本案关系：本人

询问人：黄某　证件名称：执法证　证件编号：豫G923－002

记录人：闫某　证件名称：执法证　证件编号：豫G923－012

询问内容：

问：我们是汤阴县水务局水行政执法人员，我是黄某，行政执法证号豫G923－002，这位是闫某，行政执法证号豫G923－012，这是我们的执法证件，请你确认。现就你在汤河河堤上违法建房一案进行调查(询问)，根据《中华人民共和国行政处罚法》第三十七条的规定，你须配合，并如实回答询问。首先请问你对我们的执法身份有无异议？是否申请回避？

答：没有异议，也不申请回避。

问：请说一下你个人的基本情况？

答：我叫吴华，是汤阴县古贤乡北周流村人，身份证号是××××××××××××××××××。

问：谈一下你在汤河北周流村南汤河河堤建房的情况？

答：我是2000年10月19日买的石某的房子，村长石某为中间人说合，桥东路南河堤上的房屋折价柒千五百元，卖给我。房子是新桥建成前就有的，地皮南北长18米(房前房后各3米，房屋南北长12米共18米)，东西宽9米。

问：翻新和新建的部分情况？

答：2009年3月建房时，原房屋西山墙向东退了半米，房顶都挑了，前墙往后退了半米，东山墙没拆除，直接往上垒的，二层是新搭楼板，原房顶拆除，后墙也拆除重建。

问：是否经水行政主管部门根据防洪要求进行审查？

答：没有。

问：《中华人民共和国防洪法》第二十七条明文规定，未经水行政主管部门根据防洪要求审查同意，建设单位不得在河道管理范围内建设施工，你知道吗？

答：不知道。

问：你是否知道此行为已违反《河南省水利工程管理条例》第二十一条第一款的规定？

答：以前不知道，现在知道了。

问：你翻新建房时有没有向水务部门申请过？

答：没有。

问：你建房有没有经其他部门批准或办理过建房手续？

答：都没有。

问：以上情况是否属实？

答：以上情况属实。

被询问人签字：吴华　2009年8月4日

拒绝签字的理由：

询问人签字：黄某　2009年8月4日

记录人签字：闫某　2009年8月4日

现场(检查)笔录

被调(检)查单位名称：

地址：

被询问人姓名：吴华　性别：男　年龄：28 岁　职务：村民

住址：汤阴县古贤乡北周流村

调(检)查时间：2009 年 8 月 4 日 10 时 50 分至 11 时 30 分

调(检)查地点：汤阴县古贤乡北周流村

调(检)查人姓名：黄某　证件名称：执法证　证件编号：豫 G923-002

记录人员：闫某　证件名称：执法证　证件编号：豫 G923-012

调(检)查记录：吴华所建房屋位于古贤乡北周流村东南汤河堤防上，房屋东南 9 米，南北 18 米，房屋今年翻新，扩建约 3 米，加上新建后的厕所，共计建筑面积 361 平方米。

（附图附后）

附：

现场示意图

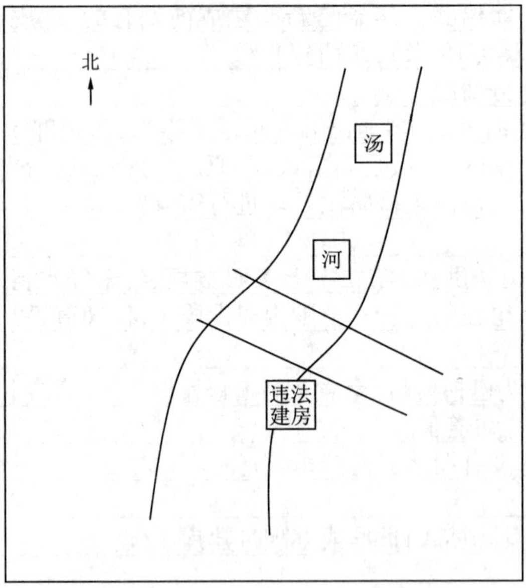

记录人：闫某　　2009 年 8 月 4 日

当事人：吴华　　2009 年 8 月 4 日

现场照片

建在汤河河堤上的违法建房,2009 年 8 月 4 日张某拍摄

建在汤河河堤上的违法建房

责令停止水事违法行为通知书

汤水停字〔2009〕第 03 号

吴华:

经查,你于 2009 年 3 月在古贤乡北周流村东南汤河堤防上违法建房。违反了《中华人民共和国水法》第三十七条第二款"禁止在河道管理范围内建设妨碍行洪的建筑物、构筑物以及从事影响河势稳定、危害河堤安全和其他妨碍河道行洪的活动"的规定,根据《中华人民共和国水法》第六十五条"在河道管理范围内建设妨碍行洪的建筑物、构筑物或者从事影响河势稳定、危害河堤安全和其他妨碍河道行洪的,由县级以上人民政府水行政主管部门或流域管理机构依据职权,责令停止违法行为,限期拆除违法建筑物、构筑物,恢复原状;逾期不拆除、不恢复原状的,强行拆除,所需费用由违法单位或者个人负担,并处一万元以上十万元以下的罚款"的规定,现责令立即停止违法行为,听候处理。否则,依法追究法律责任。

汤阴县水务局(盖章)

2009 年 8 月 4 日

联系人:黄某　闫某

联系电话:629 × × × ×

联系地址:汤阴县城政通路中段

送达回证

单位盖章

受送达人	吴华		
送达地点	汤阴县古贤乡北周流村		
送达文书	送达人	收到日期	受送达人签名或盖章
责令停止水事违法行为通知书 汤水停字〔2009〕第03号	黄某 闫某	2009年8月4日9时	吴华
		年　月　日　时	
		年　月　日　时	
备　注			

注：(1)如受送达人不在，将文件交与他的成年家属、近邻、工作机关或受送达人居住地的乡（镇）政府、村民委员会或街道办事处代收。

(2)如系代收，代收人应在“受送达人”栏内签名或盖章，并注明与受送达人的关系。

责令改正通知书

汤水改字〔2009〕第03号

吴华：

经查，你于2009年3月，在汤河北周流村东南汤河堤防上扩建房屋，长21米，宽8.5米，主建筑面积336平方米，附属建筑面积25平方米，共361平方米。该建筑危及堤防安全，属违章建筑。

违反了《中华人民共和国水法》第三十七条第二款“禁止在河道管理范围内建设妨碍行洪的建筑物、构筑物以及从事影响河势稳定，危害河堤安全和其他妨碍河道行洪的活动”的规定，根据《中华人民共和国水法》第六十五条“在河道管理范围内建设妨碍行洪的建筑物、构筑物或者从事影响河势稳定、危害河堤安全和其他妨碍河道行洪的，由县级以上人民政府水行政主管部门或流域管理机构依据职权，责令停止违法行为，限期拆除违法建筑物、构筑物，恢复原状；逾期不拆除、不恢复原状的，强行拆除，所需费用由违法单位或者个人负担，并处一万元以上十万元以下的罚款”的规定，现责令你于2009年 8 月9 日前改正。

改正内容（措施）：在责令期限内拆除建在汤河河堤上的违法建筑物。

汤阴县水务局（盖章）

2009年8月5日

联系人：黄某 闫某

联系电话：620××××

联系地址：汤阴县城政通路中段

送达回证

单位盖章

<table>
<tr><td>受送达人</td><td colspan="3">吴华</td></tr>
<tr><td>送达地点</td><td colspan="3">汤阴县古贤乡北周流村</td></tr>
<tr><td>送达文书</td><td>送达人</td><td>收到日期</td><td>受送达人签名或盖章</td></tr>
<tr><td>责令改正通知书
汤水改字〔2009〕第03号</td><td>黄某
闫某</td><td>2009年8月5日9时</td><td>吴华</td></tr>
<tr><td></td><td></td><td>年 月 日 时</td><td></td></tr>
<tr><td></td><td></td><td>年 月 日 时</td><td></td></tr>
<tr><td>备 注</td><td colspan="3"></td></tr>
</table>

注:(1)如受送达人不在,将文件交与他的成年家属、近邻、工作机关或受送达人居住地的乡(镇)政府、村民委员会或街道办事处代收。

(2)如系代收,代收人应在“受送达人”栏内签名或盖章,并注明与受送达人的关系。

案件调查终结报告

案由：汤阴县古贤乡北周流村村民吴华在汤河河堤违法建房案

当事人的基本情况：姓名：吴华 性别：男 年龄：28 岁

住址：汤阴县古贤乡北周流村

调查时间：2009 年 8 月 3 日至 2009 年 8 月 12 日

调查人（签字）：黄某 闫某

当事人的违法证据：

（1）文字材料（询问笔录、现场勘验笔录）；

（2）视听资料（照片）。

违法行为等次：根据该单位的违法事实、性质、情节、社会危害程度和相关证据，当事人的违法行为等次属于严重。

应受行政处罚的依据和种类：上述违法行为事实清楚，证据确凿充分。鉴于当事人在规定期限内不拆除、不恢复原状，根据《中华人民共和国水法》第六十五条“在河道管理范围内建设妨碍行洪的建筑物、构筑物或者从事影响河势稳定，危害河堤安全和其他妨碍河道行洪的，由县级以上人民政府水行政主管部门或流域管理机构依据职权，责令停止违法行为，限期拆除违法建筑物、构筑物，恢复原状；逾期不拆除、不恢复原状的，强行拆除，所需费用由违法单位或者个人负担，并处一万元以上十万元以下的罚款”的规定。

行政处罚建议：

（1）限期拆除建在汤河河堤上的违法建筑物；

（2）处以陆万元罚款。

水政监察机构负责人意见：建议依法予以处罚。

张某 2009 年 8 月 15 日

汤阴县水务局行政处罚案件法律审核意见书

汤水罚审字〔2010〕第3号

<table>
<tr><td>案件名称</td><td colspan="3">吴华在汤河河堤违法建房案</td></tr>
<tr><td>案情简介</td><td colspan="3">经查,吴华于2009年3月,在汤河北周流村东南汤河堤防上扩建房屋,长21米,宽8.5米,主建筑面积336平方米,附属建筑面积25平方米,共361平方米。该建筑危及堤防安全,属违章建筑。</td></tr>
<tr><td>承办单位名称</td><td colspan="3">汤阴县水政监察大队</td></tr>
<tr><td>主办人员姓名</td><td>×××</td><td>协办人员姓名</td><td>×××</td></tr>
<tr><td>报送时间</td><td>2009年8月16日</td><td>审核时间</td><td>2009年8月17日</td></tr>
<tr><td>审核意见
法制机构</td><td colspan="3">该案件事实清楚、证据确凿充分、定性准确、程序合法、处罚适当,同意处罚
负责人签名:××× 2009年8月17日</td></tr>
<tr><td>主办人员签收</td><td colspan="3"></td></tr>
</table>

本意见书一式两份,一份留存归档,一份连同案卷材料退回办案机构作为指导案件办理的依据入卷归档。

水行政处罚事先告知书

汤水罚先告字〔2009〕第03号

吴华：

本机关于2009年8月4日对你在汤河北周流村桥头东南堤防上建房一案进行了立案调查。经查，你从2009年3月起在汤河北周流村桥头东南堤防上建房共计361平方米。违反了《中华人民共和国水法》第三十七条第二款"禁止在河道管理范围内建设妨碍行洪的建筑物、构筑物以及从事影响河势稳定，危害河堤安全和其他妨碍河道行洪的活动"的规定。

违法的证据：(1)文字材料(询问笔录、现场勘验笔录)；(2)视听资料(照片)。

违法行为等次：根据你的违法事实、性质、情节、社会危害程度和相关证据，你的违法行为等次属于严重。

应受行政处罚的依据和种类：上述违法行为事实清楚，证据确凿充分。鉴于当事人在规定期限内不拆除、不恢复原状，根据《中华人民共和国水法》第六十五条"在河道管理范围内建设妨碍行洪的建筑物、构筑物或者从事影响河势稳定，危害河堤安全和其他妨碍河道行洪的，由县级以上人民政府水行政主管部门或流域管理机构依据职权，责令停止违法行为，限期拆除违法建筑物、构筑物，恢复原状；逾期不拆除、不恢复原状的，强行拆除，所需费用由违法单位或者个人负担，并处一万元以上十万元以下的罚款"的规定，根据《河南省水行政处罚裁量标准》，拟对你作出下列行政处罚：

(1)限期拆除建在汤河堤防上的违法建筑物；

(2)并处以陆万元罚款。

根据《中华人民共和国行政处罚法》第三十二条的规定，你可以自收到本告知书之日起三日内到汤阴县水务局进行陈述、申辩，逾期不陈述、申辩的，视为放弃陈述、申辩的权利。

汤阴县水务局(盖章)

2009年8月17日

联系人：黄某　闫某

联系电话：620××××

联系地址：汤阴县城政通路中段

水行政处罚听证告知书

汤水罚听告字〔2009〕第03号

吴华:

经查,你于2009年3月,在汤河北周流村桥头东南河堤上建房的行为,违反了《中华人民共和国水法》第三十七条第二款"禁止在河道管理范围内建设妨碍行洪的建筑物、构筑物以及从事影响河势稳定,危害河堤安全和其他妨碍河道行洪的活动"的规定。

违法行为等次:根据你的违法事实、性质、情节、社会危害程度和相关证据,你的违法行为等次属于严重。

应受行政处罚的依据和种类:本机关依照《中华人民共和国水法》第六十五条"在河道管理范围内建设妨碍行洪的建筑物、构筑物或者从事影响河势稳定,危害河堤安全和其他妨碍河道行洪的,由县级以上人民政府水行政主管部门或流域管理机构依据职权,责令停止违法行为,限期拆除违法建筑物、构筑物,恢复原状;逾期不拆除、不恢复原状的,强行拆除,所需费用由违法单位或者个人负担,并处一万元以上十万元以下的罚款"的规定,拟对你作出下列行政处罚:

(1)限期拆除建成在汤河河堤上的违法建筑物;

(2)并处以罚款陆万元整。

申请听证的期限:你有权在接到本告知书之日起3日内,以书面形式向本机关提出听证要求,逾期不提出的,视为放弃听证权利。

汤阴县水务局(盖章)

2009年8月17日

联系人:黄某　闫某

联系电话:620××××

联系地址:汤阴县城政通路中段

送达回证

单位盖章

受送达人	吴华		
送达地点	汤阴县古贤乡北周流村		
送达文书	送达人	收到日期	受送达人签名或盖章
水行政处罚事先告知书 汤水罚先告字〔2009〕第03号	黄某 闫某	2009年8月17日9时	吴华
水行政处罚听证告知书 汤水罚听告字〔2009〕第03号	黄某 闫某	2009年8月17日9时	吴华
		年 月 日 时	
备 注			

注:(1)如受送达人不在,将文件交与他的成年家属、近邻、工作机关或受送达人居住地的乡(镇)政府、村民委员会或街道办事处代收。

(2)如系代收,代收人应在“受送达人”栏内签名或盖章,并注明与受送达人的关系。

重大水事违法案件领导集体讨论笔录

案　　由：汤阴县古贤乡北周流村村民吴华在汤河河堤违法建房案

时　　间：2009 年 8 月 24 日 9 时 10 分至 9 时 45 分

地　　点：水政监察大队会议室

案件主办人：闫某

案件承办人：黄某　闫某　记录人：闫某

参加人员：罗某　张某　黄某　闫某

讨论内容：汤阴县古贤乡北周流村村民吴华在汤河河堤违法建房案

一、案件承办人汇报案情及处理意见：本机关于 2009 年 8 月 4 日对当事人吴华在汤河北周流村桥头东南堤防上建房一案进行了立案调查。经查，吴华从 2009 年 3 月起在汤河北周流村桥头东南堤防上建房共计 361 平方米。根据《中华人民共和国水法》第三十七条第二款“禁止在河道管理范围内建设妨碍行洪的建筑物、构筑物以及从事影响河势稳定，危害河堤安全和其他妨碍河道行洪的活动”的规定。根据《中华人民共和国水法》第六十五条“在河道管理范围内建设妨碍行洪的建筑物、构筑物或者从事影响河势稳定，危害河堤安全和其他妨碍河道行洪的，由县级以上人民政府水行政主管部门或流域管理机构依据职权，责令停止违法行为，限期拆除违法建筑物、构筑物，恢复原状；逾期不拆除、不恢复原状的，强行拆除，所需费用由违法单位或者个人负担，并处一万元以上十万元以下的罚款”的规定，鉴于当事人在规定期限内不拆除、不恢复原状，根据《河南省水行政处罚裁量标准》，其违法等级属于严重，办案人员建议对吴华处以：(1)拆除建在河堤上的违法建筑物；(2)并处以陆万元罚款的行政处罚。

二、听证情况：没有听证。

三：参加人员意见：

罗某：当事人吴华在汤河堤防上违法建房属违法行为，应依据有关水法规及《河南省水行政处罚裁量标准》有关规定予以处罚，同意办案人员意见。

张某：同意办案人员意见。

黄某：同意办案人员意见。

讨论结果：(1)拆除建在汤河河堤上的违法建筑物；

(2)并处以陆万元罚款。

主管领导签名：同意

侯某　　2009 年 8 月 24 日

行政机关负责人签名：同意

马某　　2009 年 8 月 24 日

行政处罚审批表

案　由	汤阴县古贤乡北周流村村民吴华在汤河河堤违法建房案
法律文书 名称及文号	水行政处罚决定书 汤水罚决字〔2009〕第03号
承办人	黄某　闫某
大队负责人 审查意见	拟同意,请局长审核 负责人:张某　2009年8月25日
法律审核意见	该案件事实清楚、证据确凿充分、定性准确、程序合法、处罚适当,同意处罚请局长审批 负责人:张某　2009年8月25日
机关负责人意见	同意 负责人:罗某　2009年8月25日
备　　注	

水行政处罚决定书

汤水罚决字〔2009〕第03号

被处罚人(自然人)名称：吴华

地　　址：汤阴县古贤乡北周流村

法定代表人或负责人：无　职　务：无

本机关于2009年8月4日对你在汤河北周流村桥头东南堤防上建房一案进行了立案调查。经查，你从2009年3月起在汤河北周流村桥头东南堤防上建房，共计361平方米。根据《中华人民共和国水法》第三十七条第二款“禁止在河道管理范围内建设妨碍行洪的建筑物、构筑物以及从事影响河势稳定、危害河堤安全和其他妨碍河道行洪的活动”的规定。

违法的证据：(1)文字材料(询问笔录、现场勘验笔录)；(2)视听资料(照片)。

违法行为等次：根据你的违法事实、性质、情节、社会危害程度和相关证据，你的违法行为等次属于严重。

应受行政处罚的依据和种类：上述违法行为事实清楚，证据确凿充分。根据《中华人民共和国水法》第六十五条“在河道管理范围内建设妨碍行洪的建筑物、构筑物或者从事影响河势稳定、危害河堤安全和其他妨碍河道行洪的，由县级以上人民政府水行政主管部门或流域管理机构依据职权，责令停止违法行为，限期拆除违法建筑物、构筑物，恢复原状；逾期不拆除、不恢复原状的，强行拆除，所需费用由违法单位或者个人负担，并处一万元以上十万元以下的罚款”的规定，根据《河南省水行政处罚裁量标准》，决定对你作出下列行政处罚：

(1)限接到本处罚决定书之日起十五日内拆除建在汤河河堤上的违法建筑物；

(2)并处以陆万元罚款。

行政处罚履行方式和期限：你应当自接到本决定书之日起十五日内将罚款缴至汤阴建行，银行账号：41001518210050000208，到期不缴纳的，每日按罚款数额的百分之三加处罚款。

不服行政处罚决定申请行政复议或提起行政诉讼的途径和期限：如不服本决定，可以自收到本决定书之日起六十日内向汤阴县人民政府或安阳市行政复议受理中心申请行政复议，或者在接到本决定书后三个月内直接向汤阴县人民法院提起行政诉讼。逾期不申请行政复议、不向人民法院起诉又不履行本处罚决定的，我局将申请人民法院强制执行。

汤阴县水务局(盖章)

2009年8月26日

送达回证

单位盖章

受送达人	吴华		
送达地点	汤阴县古贤乡北周流村		
送达文书	送达人	收到日期	受送达人签名或盖章
水行政处罚决定书 汤水罚决字〔2009〕第03号	黄某 闫某	2009年8月26日9时	吴华
		年　月　日　时	
		年　月　日　时	
		年　月　日　时	
备　注			

注:(1)如受送达人不在,将文件交与他的成年家属、近邻、工作机关或受送达人居住地的乡(镇)政府、村民委员会或街道办事处代收。

(2)如系代收,代收人应在“受送达人”栏内签名或盖章,并注明与受送达人的关系。

复议申请

申请人:吴华,男,28 岁,汉族,农民,住汤阴县古贤乡北周流村。

被申请人:汤阴县水务局

申请事项

为不服汤阴县水务局汤水罚决字〔2009〕第 03 号《水行政处罚决定书》申请复议。申请人认为汤阴县水务局汤水罚决字〔2009〕第 03 号《水行政处罚决定书》认定事实不清,处罚不公,要求予以撤销。

事实与理由

一、申请人的房屋是于 2000 年 10 月 19 日从石太林手中买下的,该房始建于 27 年前,远远早于《水法》颁布之前。因该房位置属于北青村管辖,申请人在买下此房后又与北青村村委会签订了一个 30 年的承包合同。2009 年,由于房屋破旧,申请人经村委会报镇管房产的批准,对该房进行了翻新,在原有的基础上盖成两层楼房,经营澡堂。

申请人的房子是始建于 27 年前的建筑,属于历史遗留下来的,只不过进行了翻盖,但不影响行洪、防汛,根本不会危及堤防的安全。

二、处罚严重不公。

宪法规定,法律面前人人平等,但汤阴县水务局在对待同样问题的处理上严重不公。目前,在汤河堤上建房的不少于 70 户,光申请人村在河堤上建房的就还有 7 户,其中,石献林(村委会主任的侄儿)600 平方米,石丙和(村支书)130 平方米,石存(村委会主任)30 平方米,石大红(村支书侄儿)48 平方米,石牛只 30 平方米,都没有受到任何处罚。这种因人而异的处理让人心中不平,难道法律只是为申请人制定的吗?

以上情况,说明汤阴县水务局对申请人的处罚事实不清,处罚严重不公,要求进行复议。

此　致

汤阴县人民政府

申请人:吴华

2009 年 8 月 29 日

汤阴县人民政府行政复议决定书

汤政复决〔2009〕13 号

申请人:吴华,男,汉族,1981 年 9 月 22 日出生,住汤阴县古贤乡被周流村

被申请人:汤阴县水务局

法定代表人:张功　　职务:局长

申请人因不服汤阴县水务局 2009 年 8 月 26 日作出的《行政处罚决定书》(汤水罚决字〔2009〕第 03 号)的具体行政行为,于 2009 年 8 月 29 日向本机关申请行政复议,本机关依法予以受理,现已复议终结。

申请人请求:撤销汤阴县水务局作出的汤水罚〔2009〕第 03 号处罚决定书。

申请人称,(1)申请人房屋建于 27 年前,属于历史留下来的,只不过进行了翻新,不影响行洪、防洪,不会危及堤防的安全;(2)在汤河堤上建房的不只申请人一家,只处罚申请人严重不公。

被申请人称,被申请人根据举报,对申请人立案查处。《中华人民共和国水法》明文规定申请人的行为属法律禁止的行为,故请示依法维持汤水罚〔2009〕第 03 号处罚决定书。

经查,(1)2009 年 8 月,被申请人接到举报,称申请人在汤河堤防上违法建房。随后,被申请人进行了调查取证、送达了《水行政处罚决定书》(汤水罚决字〔2009〕第 03 号),对其作出限期拆除在堤防上的违法建房和罚款陆万元的处罚决定。(2)该房屋位于汤河北周流桥头东南堤防上,是于 2009 年翻盖的两层楼房,没有办理建房审批手续,建筑总面积 361 平方米。

本机关认为:申请人行为违反了《中华人民共和国水法》第三十七条第二款的规定:"禁止在河道管理范围内建设妨碍行洪的建筑物、构筑物以及从事影响河势稳定、危害河岸堤防安全和其他妨碍河道行洪的活动。"根据《中华人民共和国水法》第六十五条第一款的规定:"在河道管理范围内建设妨碍行洪的建筑物、构筑物,或者从事影响河势稳定、危害河岸堤防安全和其他妨碍河道行洪的活动的,由县级以上人民政府水行政主管部门或者流域管理机构依据职权,责令停止违法行为,限期拆除违法建筑物、构建物,恢复原状;逾期不拆除、不恢复原状的,强行拆除,所需费用由违法单位或者个人负担,并处一万元以下十万元以下的罚款。"申请人擅自在汤河堤防上建房,显然违反了上述法律规定,属于违法行为。被申请人对申请人作出"(1)限期拆除建在堤防上的违法建筑物;(2)并处以陆万元罚款"的处罚符合法律规定。

综上所述,被申请人作出《水行政处罚决定书》(汤水罚决字〔2009〕第 03 号)的具体行政行为,认定事实清楚,证据确凿,程序合法,依据正确,根据《中华人民共和国行政复议法》第二十八条第一款第(一)项的规定,本机关决定:

维持汤阴县水务局作出的《行政处罚决定》(汤水罚决字〔2009〕第 03 号)。

申请人如不服,可在收到本行政复议决定书之日起十五日内依法向汤阴县人民法院起诉。

2009 年 9 月 10 日

行政起诉状

原告:吴华,男,28 岁,汉族,农民,住汤阴县古贤乡北周流村

被告:汤阴县水务局

法定代表人:张功　　职务:局长

诉讼请求

撤销汤阴县水务局汤水罚决字〔2009〕第 03 号行政处罚决定。

事实与理由

原告于 2000 年 10 月 19 日从石太林手中买了五间破房,因该房位置属南周流村所辖,原告于 2009 年对该房进行了翻修,在原有的基础上盖成了楼房,经营澡堂,并作为住房。

2009 年 8 月 26 日,被告向原告下达了汤水罚决字〔2009〕第 03 号行政处罚决定:(1)限在本处罚决定书下达之日起十五日内拆除建在堤上的违法建筑。(2)处以陆万元罚款。

原告认为被告的处罚不当:

一、原告的房子始建于 27 年前,是属于历史遗留下来的,它的存在并不影响行洪、防洪,根本不会危及堤防的安全。

二、处罚严重不公。

目前,在汤河河堤上建房的不少于 70 户,单是原告所在的北周流村在河堤上建房的就还有 8 户,其中:石现林(村委会主任的侄儿)600 平方米,石丙和(村支部书记)130 平方米,石存(村委会主任)30 平方米,石太红(村支书的侄儿)48 平方米,石马(村委会主任的哥哥)50 平方米,石保林 45 平方米,石牛只 30 平方米,石保玉 171 平方米,都没有受到任何处罚。另外,在北周流村桥南的汤河堤上,今年还有几家在那建了房子。我国宪法规定,法律面前人人平等,同是在河堤上建房,为什么只处理原告而不处理其他人呢?

根据以上情况,原告认为被告在处理在河堤上建房问题不是依法办事,要求对汤阴县水务局汤水罚〔2009〕第 03 号行政处罚决定予以撤销。

此　　致

汤阴县人民法院

原告:吴华

2009 年 9 月 28 日

行政答辩状

答辩机关名称:汤阴县水务局
单位地址:汤阴县城东大街
单位电话:620××××
法定代表人:张功　　职务:局长
因汤阴县古贤乡北周流村吴华诉我局一案,现答辩如下:

一、案情简介

2009年8月,我局接到古贤乡北周流村村民石林就本村村民吴华在汤河北周流桥头堤防上建房的举报。我局于2009年8月4日派水政执法人员对吴华在堤防上建房情况进行了调查取证。经查证,吴华是2000年10月19日买的石辛庄村村民石太林的房子。该房屋东西宽9米,南北长12米,房前房后各有3米空闲地。依照《水法》的规定,当时这座房屋就属于违法建筑。2009年春节过后,吴华对房屋进行了翻盖,拆除了西山墙、前墙、后墙和房顶。西山墙往里退了0.5米,前墙往后退了2米,建了一座两层楼房。为多利用房后3米空闲地,吴建华交给南周流村会计300元钱,在原房后3米的基础上又往后延伸了3米,新建了锅炉房、厕所等建筑,用于经营浴池和理发店。其主建筑面积336平方米,附属建筑面积25平方米,合计建筑面积约361平方米,均属违法建筑。

我局于2009年8月5日,依法对原告下达了《责令改正决定书》,责令原告于2009年8月9日拆除建在河堤上的违法建筑物,但原告逾期未拆除。2009年8月17日,依法下达了《水行政处罚听证告知书》。2009年8月26日依法下达了《水行政处罚决定书》,对原告作出拆除建在堤防上的违法建房和罚款陆万元的水行政处罚决定。

2009年8月26日,我局依据《中华人民共和国水法》第六十五条的规定,对原告作出了限期拆除建在河堤上的违法建筑物和并处以陆万元罚款的行政处罚决定。

2009年8月29日,原告就我局作出的行政处罚向汤阴县人民政府提起行政复议。2009年9月10日,县政府作出维持我局行政处罚决定的复议决定。

二、对《起诉状》所提的事实与理由的答辩

(1)对《起诉状》中提出的"原告的房子始建于27年前,属于历史遗留下来的,并不影响防洪,不会危及堤防安全"。原告在调查笔录中承认其房子于2009年春节过后进行了翻建和扩建,并不是历史遗留下来的。原告称"堤防上的建房不影响防洪,不会危机堤防安全"。我局认为,《中华人民共和国水法》第三十七条第二款"禁止在河道管理范围内建设妨碍行洪的建筑物、构筑物以及从事影响河势稳定、危害河岸堤防安全和其他妨碍河道行洪的活动"。明文禁止在堤防上的建房行为。

(2)对《起诉状》中提出的"处罚严重不公,对在汤河上建房的其他几户村民不处理"。我局认为,在接到原告对在汤河堤防上建房的其他几户村民的举报后,就派工作人员进行了调查,并将调查结果向有关部门和有关领导作了汇报,作为另案处理,与本案并无关联。

综上所述,我局于2009年8月26日对原告吴华下达的汤阴县水务局汤水罚决字

〔2009〕第 03 号《行政处罚决定书》事实清楚、证据确凿、适用法律法规正确、程序合法、处理恰当。请贵院驳回原告的诉讼请求,对我局作出的处罚决定依法予以维持。

此致

河南省汤阴县人民法院

答辩机关:汤阴县水务局

法定代表人:张功

2009 年 10 月 10 日

河南省汤阴县人民法院行政判决书

汤行初字〔2009〕第7号

原告吴华,男,1981年9月22日出生,汉族,农民,住汤阴县古贤乡北周流村

委托代理人:李森,河南岳都律师事务所律师

被告:汤阴县水务局

法定代表人:张功　　职务:局长

委托代理人:张某　黄某　　汤阴县水务局工作人员

原告吴华不服被告汤阴县水务局行政处罚一案,原告于2009年9月28日向本院提起行政诉讼。本院受理后,依法组成合议庭,于2009年10月22日公开开庭审理了本案。原告吴华及其委托代理人李森,被告汤阴县水务局委托代理人张某、黄某到庭参加诉讼。本案现已审理终结。

原告吴华诉称,我2000年10月19日从他人手中购买五间破房,由于房屋破旧,我于2009年对该房进行了翻修,在现有的基础上盖成了楼房,经营澡堂,并作为住房。我的房屋并不影响行洪、防洪。且在汤河河堤上建房的不少于70户,就我村就有8户,被告仅对我进行处罚违背法律面前人人平等的原则,且被告不依法办事,要求对被告作出的行政处罚予以撤销。

被告汤阴县水务局辩称,原告是2000年10月19日购买他人的房子。2009年春节过后,吴华对房屋进行了翻建,拆除了西山墙、前墙、后墙和房顶。西山墙往里退了0.5米,前墙往后退了2米,建了一座两层楼房,并新建了锅炉房、厕所等建筑,合计建筑面积约361平方米,均属违法建筑。我局先后向原告下达了《责令改正决定书》、《水行政处罚事先告知书》、《水行政处罚听证告知书》。期间原告即未申辩又没有要求组织听证,逾期也未拆除。原告的行为违反了《中华人民共和国水法》第三十七条第(二)项的规定,我局依据该法第六十五条的规定对原告实施处罚并无不当。请示法院依法驳回原告的诉讼请求。

经审理查明:2009年3月,原告对位于汤河北周流桥头堤防上的房屋进行了翻建,建成一座两层楼房。因原告未办理建房审批手续,2009年8月5日被告向原告下达了《责令改正通知书》,责令原告拆除建在河堤上的违法建筑物。2009年8月17日,被告又向原告下达了《水行政处罚听证告知书》。因原告的房屋位于汤河北周流桥头堤防上,被告以原告违反《中华人民共和国水法》第三十七条第二款"禁止在河道管理范围内建设妨碍行洪的建筑物、构筑物以及从事影响河势稳定、危害河岸堤防安全和其他妨碍河道行洪的活动"的规定,被告依据《中华人民共和国水法》第六十五条"在河道管理范围内建设妨碍行洪的建筑物、构筑物,或者从事影响河势稳定、危害河岸堤防安全和其他妨碍河道行洪活动的,由县级以上人民政府水行政主管部门或者流域管理机构依据职权,责令停止违法行为,限期拆除违法建筑物、构筑物、恢复原状;逾期不拆除、不恢复原状的,强行拆除,所需费用由违法单位或者个人负担,并处一万元以上十万元以下的罚款"的规定,认定原告的建房属违法建筑,对原告作出汤水罚〔2009〕第03号处罚决定:(1)限接到本处罚决定书之日起十五日内拆除建在汤河河堤上的违法建筑物;(2)并处以陆万元罚款。原告不服,向汤阴县人民政府申请行政

复议决定书，维持了被告作出的具体行政行为。原告不服行政处罚，提起诉讼。上为本案事实。

本院认为，根据《中华人民共和国水法》的有关规定，被告具有对河道范围内违法处罚的法定职权。原告以违法建筑不只我一人，被告仅对我进行处罚实属不公为由，要求撤销被告作出的具体行政行为理由不足，本院不予支持。被告对原告作出的汤水罚〔2009〕第03号处罚决定，认定事实清楚、证据确凿、适用法律正确、程序合法。依据《中华人民共和国行政诉讼法》第五十四条第（一）项的规定，判决如下：

维持被告汤阴县水务局2009年8月26日作出的汤水罚〔2009〕第03号行政处罚决定书。

案件受理费50元由原告负担。

如不服本判决，可在判决书送达之日起十五日内，向本院提交上诉状并按对方当事人的人数提出副本，上诉于河南省安阳市中级人民法院。

审判长：王某
审判员：金某
审判员：李某

2009年11月1日

书记员：李某

上　诉　状

上诉人:吴华,男,1981 年 9 月 22 日出生,汉族,农民,系汤阴县古贤乡北周流村人。

为不服汤阴县人民法院汤行初字〔2009〕第 7 号判决提起上诉。上诉人认为汤阴县人民法院汤行初字〔2009〕第 7 号行政判决认定事实不清,判决不公,要求予以撤销,重新进行审理。

一、事实不清。

(1)上诉人的房子始建于 27 年前,是历史遗留下来的,房子建好后从未有人对此房提出异议。(2)房子的存在,根本不存在影响行洪、防洪、危及堤防安全的问题。

二、判决不公。

目前,在汤河堤上建房的不少于 70 户,有的正在建设中,为什么都不作处理,而只处理上诉人呢?

根据以上情况,上诉人认为汤阴县人民法院汤行初字〔2009〕第 7 号行政判决认定事实不清,判决不公,要求予以撤销,重新进行审理。

此　致

汤阴县人民法院转

安阳市中级人民法院

上诉人:吴华

2009 年 11 月 5 日

河南省安阳市中级人民法院行政判决书

安行终字〔2009〕第95号

上诉人:(一审原告)吴华,男,1981年9月22日出生,汉族,农民,住汤阴县古贤乡北周流村。

委托代理人:王江,河南大沧海律师事务所律师。

被上诉人:(一审被告)汤阴县水务局。

法定代表人:张功　　职务:局长。

委托代理人:张某　黄某,汤阴县水务局工作人员。

上诉人吴华因汤阴县水务局行政处罚争议一案,不服汤阴县人民法院汤行初字〔2009〕第7号行政判决,向本院提起上诉。本院依法组成合议庭,公开开庭对本案进行了审理。本案现已审理终结。

一审法院查明,2009年,吴华在汤河北周流村桥堤防上修建房屋。2009年8月5日,汤阴县水务局认定吴华修建房屋河堤上,属于违法建房,故向其下达了《责令改正决定书》,责令拆除修建的违法建筑物。2009年8月17日,汤阴县水务局又向吴华下达了《行政处罚听证告知书》。之后,该局作出汤水罚〔2009〕第03号处罚决定:(1)限接到本处罚决定书之日起十五日内拆除建在汤河河堤上的违法建筑物;(2)并处以陆万元罚款。吴华不服,向汤阴县人民政府申请行政复议。汤阴县人民政府2009年9月10日作出汤政复议〔2009〕13号复议决定,维持汤阴县水务局作出的具体行政行为。吴华不服行政处罚,提起诉讼。一审法院认为,汤阴县水务局对吴华作出的汤水罚〔2009〕第03号处罚决定,认定事实清楚、适用法律正确、程序合法。判决维持汤阴县水务局2009年8月26日作出的汤水罚〔2009〕第03号行政处罚决定。

吴华不服一审判决,提出上诉。其认为一审判决认定事实不清,适用法律错误。理由是:我2000年10月19日从他人手中购买五间破房,由于房屋破旧,我于2009年对该房进行了翻修,在现有的基础上盖成了楼房,经营澡堂,并作为住房居住。我的房屋并不影响行洪、防洪,且有多人在汤河河堤上建房,汤阴县水务局仅对我进行处罚,违背法律面前人人平等的原则,请求撤销一审判决和汤阴县水务局作出的行政处罚决定。

汤阴县水务局辩称,吴华是2000年10月19日购买他人的房子。2009年春节过后,吴华对房屋进行了翻建,拆除了西山墙、前墙、后墙和房顶。西山墙往里退了0.5米,前墙往后退了2米,建了一座两层楼房,并新建锅炉房、厕所等建筑,合计建筑面积约361平方米,均属违法建筑。我局先后向吴华下达了《责令改正决定书》、《行政处罚听证告知书》。吴华的行为违反了《中华人民共和国水法》的规定,我局对吴华进行处罚并无不当。请求二审法院维持一审判决。

上述当事人提供的证据材料已随案卷移送本院审查。

本院经审理查明的事实与一审法院查明的事实无异。

本院认为,《中华人民共和国水法》第三十七条第二款规定,禁止在河道管理范围内建设妨碍行洪的建筑物、构筑物以及从事影响河势稳定、危害河岸堤防安全和其他妨碍河道行洪的活动。《中华人民共和国水法》第六十五条,在河道管理范围内建设妨碍行洪的建筑物、构筑物,或者从事河势稳定、危害河岸堤防安全和其他妨碍河道行洪活动的,由县级以上人民政府水行政主管部门或者流域管理机构依据职权,责令停止违法行为,限期拆除违法建筑物、构筑物,恢复原状。上诉人吴建华所建设的房屋在汤河河堤上,属于违法建筑。汤阴县水务局认定吴华在河堤上建设房屋事实清楚,对吴华作出处罚决定并无不当。一审判决认定事实清楚,适用法律正确。依照《中华人民共和国行政诉讼法》第六十一条第(一)项的规定,判决如下:

驳回上诉,维持原判。

二审案件受理费50元,由上诉人吴建华承担。

本判决为终审判决。

审判长:关某
审判员:程某
审判员:高某

2009年11月25日

书记员:苏某

汤阴县水务局履行行政决定催告书

汤水强催字〔2009〕第10号

吴华：

本机关于2009年8月26日向你单位送达《水行政处罚决定书》(汤水罚决字〔2009〕第03号)，你在法定期限内不履行本机关作出的行政决定。根据《中华人民共和国行政强制法》第五十四条“行政机关申请人民法院强制执行前，应当催告当事人履行义务。催告送达十日后当事人仍未履行义务的，行政机关可以向所在地有管辖权的人民法院申请强制执行；执行对象是不动产的，向不动产所在地有管辖权的人民法院申请强制执行”的规定，现依法向你单位催告，请你单位自收到本催告书之日起十日内履行下列义务：

(1)拆除建在汤河河堤上的违法建筑物；

(2)并处以陆万元罚款。

逾期仍未履行义务的，本机关将依法申请人民法院强制执行。

你单位在收到催告书后有权进行陈述和申辩。请你单位在收到本催告书之日起三日内提出陈述和申辩，逾期不陈述、申辩的，视为放弃陈述和申辩的权利。

联系人：××× ×××

联系电话：369××××

年 月 日(公章)

强制执行申请书

汤水申字〔2009〕第02号

申请人:汤阴县水务局。

法定代表人:张功　　职务:局长。

被申请人:吴华,男,1981年9月22日出生,汉族,农民,住汤阴县古贤乡北周流村。

申请事项

河省安阳市中级人民法院行政判决书安行终字〔2009〕第95号判决内容。

事实与理由

安行终字〔2009〕第95号行政判决书于2009年11月25日已发生法律效力。被申请人吴建华至今未履行该判决书所确定的义务,特申请汤阴县人民法院强制执行。

汤阴县水务局

2009年11月26日

水事违法案件结案报告

案　由：汤阴县古贤乡北周流村吴华在汤河河堤上违法建房案

承办人员：黄某　闫某

立案时间：2009 年 8 月 4 日　结案时间：2009 年 12 月 13 日

简要案情及办案经过：本机关于2009年8月4日对吴华在汤河北周流村桥头东南堤防上建房一案进行了立案调查。经查，其从2009年3月起在汤河北周流村桥头东南堤防上建房共计361平方米。根据《中华人民共和国水法》第三十七条第二款“禁止在河道管理范围内建设妨碍行洪的建筑物、构筑物以及从事影响河势稳定、危害河堤安全和其他妨碍河道行洪的活动”的规定。根据《中华人民共和国水法》第六十五条“在河道管理范围内建设妨碍行洪的建筑物、构筑物或者从事影响河势稳定、危害河堤安全和其他妨碍河道行洪的，由县级以上人民政府水行政主管部门或流域管理机构依据职权，责令停止违法行为，限期拆除违法建筑物、构筑物，恢复原状；逾期不拆除、不恢复原状的，强行拆除，所需费用由违法单位或者个人负担，并处一万元以上十万元以下的罚款”的规定，根据《河南省水行政处罚裁量标准》，该单位违法等级属于严重，对吴建华处以：(1)拆除建在河堤上的违法建筑物；(2)处以陆万元罚款的行政处罚决定。

2009年8月29日，吴华向汤阴县人民政府申请行政复议决定书，2009年9月10日，汤阴县人民政府维持了我局作出的具体行政行为。原告不服行政复议决定，于2009年9月28日向汤阴县人民法院提起诉讼，汤阴县人民法院认为，汤阴县水务局对吴华作出的汤水罚〔2009〕第03号处罚决定，认定事实清楚、适用法律正确、程序合法。于2009年11月1日作出判决维持县水我局2009年8月26日作出的汤水罚〔2009〕第03号行政处罚决定书。2009年11月5日，吴华不服一审判决提起上诉，2009年11月25日，安阳市中级人民法院作出判决驳回了吴华的上诉，维持了汤阴县人民法院的判决。

2009年12月13日，汤阴县人民法院依法对建在古贤乡北周流村桥头吴华的非法房屋进行了强行拆除。拆除费用5000元由吴华承担。

2009年12月13日，请示局领导建议结案。

案件承办人意见：建议结案。　黄某　闫某

办案机构意见：拟同意结案，请法制机构审核。　某某

法制机构意见：拟同意结案，请领导审批。　某某

机关负责人意见：　同意结案。

罗某　2009年12月13日

立卷、验卷情况记载

本案卷于 2009 年 12 月 14 日立卷。

本册连面带底共计 32 页，附证物袋 1 个，

内装 1 件。

立卷人：闫某

本案卷于 2009 年 12 月 14 日

经验查合格。

检验人：刘某

卷宗目录

序号	材料名称	文书编号	页数
1	水事违法案件立案呈批表	安水立字〔2013〕003 号	
2	案件承办人执法证件复印件		
3	勘验笔录		
4	现场照片		
5	责令停止水事违法行为通知书	安水停字〔2013〕003 号	
6	送达回证		
7	勘验笔录		
8	案件调查终结报告		
9	安阳市水利局行政处罚案件法律审核意见书	安水罚审字〔2013〕003 号	
10	水行政处罚听证告知书	安水罚听告字〔2013〕003 号	
11	送达回证		
12	水行政处罚事先告知书	安水罚先告字〔2013〕003 号	
13	送达回证		
14	重大水事违法案件集体讨论笔录		
15	行政处罚审批表		
16	水行政处罚决定书	安水罚决字〔2013〕003 号	
17	送达回证		
18	罚款和行政事业性收费票据		
19	行政处罚案件结案审批表		
20	行政处罚案件结案报告		

殷都区东梁村村民余荣强在河道内倾倒垃圾案件

【案情简介】:余荣强于2013年6月14日以来,在殷都区东梁村北的安阳河河道内倾倒建筑垃圾,垃圾在河道内东西长14米,宽12米,厚度0.8米。有调查笔录、勘验笔录照片为证。该行为违反了《中华人民共和国防洪法》第二十二条第二款"禁止在河道、湖泊管理范围内建设妨碍行洪的建筑物、构筑物,倾倒垃圾、渣土,从事影响河势稳定、危害河岸堤防安全和其他妨碍河道行洪的活动"的规定。根据《中华人民共和国防洪法》第五十六条的规定:"在河道、湖泊管理范围内倾倒垃圾、渣土,从事影响河势稳定、危害河岸堤防安全和其他妨碍河道行洪的活动的,责令停止违法行为,排除阻碍或者采取其他补救措施,可以处五万元以下的罚款。"当日给余荣强下达安水停字〔2013〕003号《责令停止水事违法行为通知书》,责令其立即停止往河道内倾倒垃圾,限2013年6月19日前清除所倒垃圾,恢复河道原状。6月19日,执法人员再次对河道内弃置垃圾进行了检查,发现河道内原有弃置垃圾已经清除完毕,基本上恢复了河道原状。由于余荣强在规定的期限内停止了违法行为,排除了阻碍基本上恢复了河道原状,根据《河南省水行政处罚裁量标准》防洪法部分:……;(2)在河道、湖泊管理范围内倾倒垃圾、渣土,从事影响河势稳定、危害河岸堤防安全和其他妨碍河道行洪的活动的……(1)在规定的期限内停止违法行为,排除阻碍或者采取其他补救措施后消除负面影响的,可以处一万元以下的款……建议:处二千元罚款。

附:

殷都区东梁村村民余荣强在河道内倾倒垃圾案件卷宗

河南省水事违法案件卷宗

豫水(安)立字〔2013〕第003号			
案由	在河道内倾倒垃圾案		
当事人	名称或姓名	余荣强	
	地址或住址	殷都区东梁村	
立案日期	2013年6月15日	结案日期	2013年7月10日
处罚(理)决定	罚款人民币二千元。		
复议决定	无		
法院判决(裁定)	无		
归档日期	2013年7月25日	归档编号	
保存年限	10年	承办人	××× ×××
本卷内的文书共计 21 张		立卷人	×××

水事违法案件立案呈批表

安水立字（2013）003 号

<table>
<tr><td>案　由</td><td colspan="6">在河道内倾倒垃圾案</td></tr>
<tr><td>发案地点</td><td colspan="4">安阳河东梁村段</td><td>发案时间</td><td>2010 年 6 月 15 日</td></tr>
<tr><td rowspan="3">当事人</td><td>单位名称</td><td colspan="3"></td><td>法定代表人</td><td></td></tr>
<tr><td>个人姓名</td><td>余荣强</td><td>性别</td><td>男</td><td>职业</td><td>农民</td></tr>
<tr><td>联系地址</td><td colspan="3">殷都区东梁村人</td><td>身份证号</td><td></td></tr>
<tr><td>案件来源</td><td colspan="6">2013 年 6 月 15 日上午 9 时 5 分群众举报</td></tr>
<tr><td>案情简介及立案理由</td><td colspan="6">经查，余荣强在殷都区东梁村北的安阳河河道内倾倒建筑垃圾，违反了《防洪法》第二十二条第二款的规定</td></tr>
<tr><td>案件承办人意见</td><td colspan="6">建议立案查处
主办人：（签字）××× 协办人：（签字）××× 2013 年 6 月 15 日</td></tr>
<tr><td>支队负责人审查意见</td><td colspan="6">拟同意立案调查，请审核
负责人（签字）：××× 2013 年 6 月 15 日</td></tr>
<tr><td>机关法制机构审核意见</td><td colspan="6">拟同意，请局长审批
负责人（签字）：××× 2013 年 6 月 15 日</td></tr>
<tr><td>机关负责人意见</td><td colspan="6">同意立案调查
负责人（签字）：××× 2013 年 6 月 15 日</td></tr>
</table>

附：

案件承办人执法证件复印件

勘验笔录

案　　由　在河道内倾倒建筑垃圾

勘验时间　2013　年　6　月　15　日　15　时　30　分至　16　时　15　分

勘验地点　殷都区东梁村北的安阳河河道内

勘验对象　河道内建筑垃圾位置、数量

应邀参加人或见证人

勘验人：×××　执法证件名称：行政执法证　执法证件号：G012－122

勘验人：×××　执法证件名称：行政执法证　执法证件号：G012－040

记录人：×××　执法证件名称：行政执法证　执法证件号：G012－122

勘验情况记录：2013 年 6 月 15 日　15 时 30 分，我局水政执法人员×××、×××对正在用三轮车往安阳河内倾倒垃圾的余荣强亮证表明身份后，对其在河道内弃置垃圾进行了检查，结果如下：

（1）余荣强，男，46 岁，殷都区西郊乡东梁村人

（2）执法人员到达现场时，余荣强正在用三轮车往殷都区东梁村北的安阳河河道内倾倒建筑垃圾，垃圾在河道内东西长 14 米，宽 12 米，厚度 0.8 米（有照片为证）。

被勘验单位（个人）签名或盖章：余荣强　　　　勘验人：×××、×××

应邀参加人或见证人签名或盖章：×××

附图：

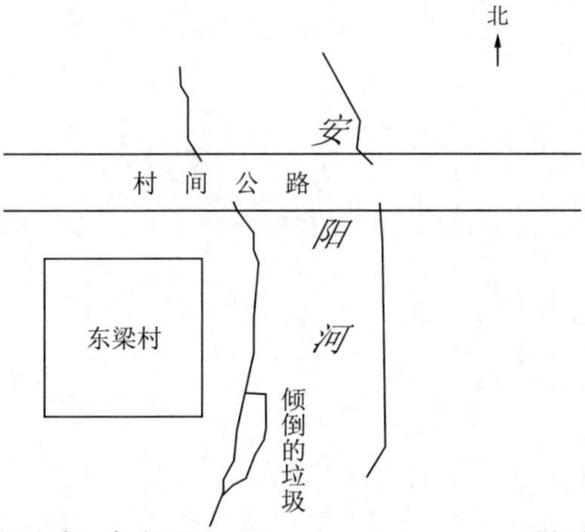

被勘验单位（个人）签名或盖章：余荣强　　　　勘验人：×××、×××

应邀参加人或见证人签名或盖章：×××

2013 年 6 月 15 日

现场照片

责令停止水事违法行为通知书

安水停字〔2013〕003 号

余荣强：

经查，你 2013 年 6 月 14 日以来，在殷都区东梁村北的安阳河河道内倾倒建筑垃圾。该行为违反了《中华人民共和国防洪法》第二十二条第二款“禁止在河道、湖泊管理范围内建设妨碍行洪的建筑物、构筑物，倾倒垃圾、渣土，从事影响河势稳定、危害河岸堤防安全和其他妨碍河道行洪的活动”的规定。根据《中华人民共和国防洪法》第五十六条规定“在河道、湖泊管理范围内倾倒垃圾、渣土，从事影响河势稳定、危害河岸堤防安全和其他妨碍河道行洪的活动的，责令停止违法行为，排除阻碍或者采取其他补救措施，可以处五万元以下的罚款”的规定，现责令你立即停止往河道内倾倒垃圾，听候处理。否则，依法追究法律责任。

附：限 2013 年 6 月 19 日前清除所倒垃圾，恢复河道原状。

联系人：×××
联系电话：369××××
联系地址：安阳市安钢大道 369 号

安阳市水利局（盖章）
2013 年 6 月 15 日

送达回证

单位盖章

<table>
<tr><td>案　　由</td><td colspan="3">在河道内倾倒建筑垃圾</td></tr>
<tr><td>受送达人</td><td colspan="3">余荣强</td></tr>
<tr><td>送达地点</td><td colspan="3">东梁村北的安阳河河道内</td></tr>
<tr><td>送达文书</td><td>送达人</td><td>收到日期</td><td>受送达人签名或盖章</td></tr>
<tr><td>责令停止水事违法行为通知书
安水停字〔2010〕003 号</td><td>×××
×××</td><td>2013 年 6 月 15 日 17 时</td><td>余荣强</td></tr>
<tr><td></td><td></td><td>年　月　日　时</td><td></td></tr>
<tr><td></td><td></td><td>年　月　日　时</td><td></td></tr>
<tr><td></td><td></td><td>年　月　日　时</td><td></td></tr>
<tr><td>备　注</td><td colspan="3"></td></tr>
</table>

注:(1)如受送达人不在,将文件交与他的成年家属、近邻、工作机关或受送达人居住地的乡(镇)政府、村民委员会或街道办事处代收。

(2)如系代收,代收人应在"受送达人"栏内签名或盖章,并注明与受送达人的关系。

勘验笔录

案　　由：在河道内倾倒建筑垃圾

勘验时间：2013 年 6 月 19 日 9 时 30 分至 10 时 15 分

勘验地点：殷都区东梁村北的安阳河河道内

勘验对象：河道内建筑垃圾位置、数量

应邀参加人或见证人：

勘验人：×××　执法证件名称：行政执法证　执法证件号：G012－122

勘验人：×××　执法证件名称：行政执法证　执法证件号：G012－040

记录人：×××　执法证件名称：行政执法证　执法证件号：G012－122

勘验情况记录：2013 年 6 月 19 日　9 时 30 分，我局水政执法人员×××、×××和往安阳河内倾倒垃圾的余荣强一起对其清除河道内弃置垃圾进行了检查，结果如下：

安阳河河道内原有弃置垃圾已经清除完毕，基本上恢复了河道原状。（有照片为证）

被勘验单位（个人）签名或盖章：余荣强　　　　勘验人：×××　×××

应邀参加人或见证人签名或盖章：×××

案件调查终结报告

当事人的基本情况:余荣强

住址:安阳市开发区海河大道武夷西路

调查时间:2013 年 6 月 15 日至 2010 年 6 月 20 日

调查人员:×××、×××

当事人违法的证据:

(1)调查询问笔录一份;

(2)现场勘验笔录二份;

(3)视听资料一份。

违法行为等次:由于余荣强在规定的期限内停止了违法行为,排除了阻碍基本上恢复了河道原状,从违法行为的事实、性质、情节、社会危害程度和证据看,属于轻微违法行为。

应受行政处罚的依据和种类:根据《中华人民共和国防洪法》第五十六条规定"在河道、湖泊管理范围内倾倒垃圾、渣土,从事影响河势稳定、危害河岸堤防安全和其他妨碍河道行洪的活动的,责令停止违法行为,排除阻碍或者采取其他补救措施,可以处五万元以下的罚款"和《河南省水行政处罚裁量标准》"防洪法部分:……(2)在河道、湖泊管理范围内倾倒垃圾、渣土,从事影响河势稳定、危害河岸堤防安全和其他妨碍河道行洪的活动的……(1)在规定的期限内停止违法行为,排除阻碍或者采取其他补救措施后消除负面影响的,可以处一万元以下的罚款……"的规定。

行政处罚建议:

罚款人民币二千元。

办案人员签名:×××、××× 2013 年 6 月 20 日

水政监察机构负责人意见: 同意

××× 2013 年 6 月 20 日

安阳市水利局行政处罚案件法律审核意见书

安水罚审字〔2013〕003 号

案件名称	余荣强在河道内倾倒建筑垃圾案		
承办单位名称	二大队	负责人姓名	×××
主办人员姓名	×××	协办人员姓名	×××
报送时间	2013 年 6 月 20 日	报送人姓名	×××
审核人姓名	×××	审核时间	2013 年 6 月 22 日
审核意见 法制机构	该案件事实清楚、证据确凿充分、定性准确、程序合法、处罚适当,同意处罚,并报领导集体讨论决定 负责人签名:××× 2013 年 6 月 22 日		
主办人员签收	年 月 日		

本意见书一式两份,一份留存归档,一份连同案卷材料退回办案机构作为指导案件办理的依据入卷归档。

水行政处罚听证告知书

安水罚听告字〔2013〕003 号

余荣强:

经查,你 2013 年 6 月 14 日以来,在殷都区东梁村北的安阳河河道内倾倒建筑垃圾。该行为违反了《中华人民共和国防洪法》第二十二条第二款“禁止在河道、湖泊管理范围内建设妨碍行洪的建筑物、构筑物,倾倒垃圾、渣土,从事影响河势稳定、危害河岸堤防安全和其他妨碍河道行洪的活动”的规定。

违法行为等次:从你违法行为的事实、性质、情节、社会危害程度和证据看,你的行为属于轻微违法行为。

拟给予处罚的依据和种类:由于你在规定的期限内停止了违法行为,排除了阻碍,基本上恢复了河道原状,根据《中华人民共和国防洪法》第五十六条规定“在河道、湖泊管理范围内倾倒垃圾、渣土,从事影响河势稳定、危害河岸堤防安全和其他妨碍河道行洪的活动的,责令停止违法行为,排除阻碍或者采取其他补救措施,可以处五万元以下的罚款”和《河南省水行政处罚裁量标准》“防洪法部分:……(2)在河道、湖泊管理范围内倾倒垃圾、渣土,从事影响河势稳定、危害河岸堤防安全和其他妨碍河道行洪的活动的……(1)在规定的期限内停止违法行为,排除阻碍或者采取其他补救措施后消除负面影响的,可以处一万元以下的罚款……”的规定,本机关拟对你作出罚款人民币二千元的处罚。

申请听证的期限:如你要求听证,应当自收到本告知书之日起三日内向我局提出申请。逾期视为放弃听证权利。

安阳市水利局(盖章)
2013 年 6 月 25 日

联系人:××× ×××
联系电话:369××××
联系地址:安钢大道东段路南(市水政监察支队二大队)

送达回证

单位盖章

<table>
<tr><td>案　由</td><td colspan="3">河道内倾倒建筑垃圾</td></tr>
<tr><td>受送达人</td><td colspan="3">余荣强</td></tr>
<tr><td>送达地点</td><td colspan="3">市水政监察支队二大队</td></tr>
<tr><td>送达文书</td><td>送达人</td><td>收到日期</td><td>受送达人签名或盖章</td></tr>
<tr><td>水行政处罚听证告知书
安水罚听告字〔2010〕003 号</td><td>×××
×××</td><td>2013 年 6 月 25 日 10 时</td><td>余荣强</td></tr>
<tr><td></td><td></td><td>年　月
日　时</td><td></td></tr>
<tr><td></td><td></td><td>年　月　日</td><td>时</td></tr>
<tr><td></td><td></td><td>年　月　日</td><td>时</td></tr>
<tr><td>备　注</td><td colspan="3"></td></tr>
</table>

注:(1)如受送达人不在,将文件交与他的成年家属、近邻、工作机关或受送达人居住地的乡(镇)政府、村民委员会或街道办事处代收。

(2)如系代收,代收人应在"受送达人"栏内签名或盖章,并注明与受送达人的关系。

水行政处罚事先告知书

安水罚先告字〔2010〕003 号

余荣强：

经查，你 2013 年 6 月 14 日以来，在殷都区东梁村北的安阳河河道内倾倒建筑垃圾。该行为违反了《中华人民共和国防洪法》第二十二条第二款“禁止在河道、湖泊管理范围内建设妨碍行洪的建筑物、构筑物，倾倒垃圾、渣土，从事影响河势稳定、危害河岸堤防安全和其他妨碍河道行洪的活动”的规定。

从你违法行为的事实、性质、情节、社会危害程度和证据看，你的行为属于轻微违法行为。

由于你在规定的期限内停止了违法行为，排除了阻碍，基本上恢复了河道原状，根据《中华人民共和国防洪法》第五十六条的规定“在河道、湖泊管理范围内倾倒垃圾、渣土，从事影响河势稳定、危害河岸堤防安全和其他妨碍河道行洪的活动的，责令停止违法行为，排除阻碍或者采取其他补救措施，可以处五万元以下的罚款”和《河南省水行政处罚裁量标准》“防洪法部分：……（2）在河道、湖泊管理范围内倾倒垃圾、渣土，从事影响河势稳定、危害河岸堤防安全和其他妨碍河道行洪的活动的……（1）在规定的期限内停止违法行为，排除阻碍或者采取其他补救措施后消除负面影响的，可以处一万元以下的罚款……”的规定，本机关拟对你做出罚款人民币二千元的处罚。

根据《行政处罚法》第三十二条的规定，你可以自收到本告知书之日起三日内到安阳市水利局进行陈述、申辩，逾期不陈述、申辩的，视为放弃陈述、申辩的权利。

安阳市水利局（盖章）
2013 年 6 月 29 日

联系人：× × ×　× × ×
联系电话：369 × × × ×
联系地址：安钢大道东段路南（市水政监察支队二大队）

送达回证

单位盖章

案　由	河道内倾倒建筑垃圾		
受送达人	余荣强		
送达地点	余荣强家		
送达文书	送达人	收到日期	受送达人签名或盖章
水行政处罚事先告知书 安水罚先告字〔2013〕003 号	××× ×××	2013 年 6 月 29 日 10 时	张兰
		年　月 日　时	
		年　月　日	时
		年　月　日	时
备　注	张兰系余荣强之妻		

注:(1)如受送达人不在,将文件交与他的成年家属、近邻、工作机关或受送达人居住地的乡(镇)政府、村民委员会或街道办事处代收。

(2)如系代收,代收人应在”受送达人“栏内签名或盖章,并注明与受送达人的关系。

重大水事违法案件集体讨论笔录

事由：余荣强在河道内倾倒建筑垃圾

时间：2013 年 7 月 3 日 8 时 25 分至 9 时 15 分

地点：安阳市水政监察支队会议室

调查人：××× ××× 记录人：×××

参加人员：××× ××× ×××

讨论内容：关于余荣强在河道内倾倒建筑垃圾案件参会人员对以下几个方面进行了讨论：

一、案件主办人介绍案情：

余荣强自2013年6月14日以来，在殷都区东梁村北的安阳河河道内倾倒建筑垃圾，垃圾在河道内东西长14米，宽12米，厚度0.8米（有调查笔录、勘验笔录照片为证）。该行为违反了《中华人民共和国防洪法》第二十二条第二款"禁止在河道、湖泊管理范围内建设妨碍行洪的建筑物、构筑物，倾倒垃圾、渣土，从事影响河势稳定、危害河岸堤防安全和其他妨碍河道行洪的活动"的规定。根据《中华人民共和国防洪法》第五十六条的规定："在河道、湖泊管理范围内倾倒垃圾、渣土，从事影响河势稳定、危害河岸堤防安全和其他妨碍河道行洪的活动的，责令停止违法行为，排除阻碍或者采取其他补救措施，可以处五万元以下的罚款。"当日给余荣强下达安水停字〔2013〕003号《责令停止水事违法行为通知书》，责令其立即停止往河道内倾倒垃圾，限2013年6月19日前清除所倒垃圾，恢复河道原状。6月19日，执法人员再次对河道内弃置垃圾进行了检查，发现河道内原有弃置垃圾已经清除完毕，基本上恢复了河道原状。由于余荣强在规定的期限内停止了违法行为，排除了阻碍基本上恢复了河道原状，根据《河南省水行政处罚裁量标准》防洪法部分：……（2）在河道、湖泊管理范围内倾倒垃圾、渣土，从事影响河势稳定、危害河岸堤防安全和其他妨碍河道行洪的活动的（1）在规定的期限内停止违法行为，排除阻碍或者采取其他补救措施后消除负面影响的，可以处一万元以下的款……

建议：处二千元罚款。

二、听证会情况：当事人没有申请听证。

三、与会人员分别发表意见：

参加人员意见：

×××：同意

×××：同意

×××：同意

讨论结果：由于余荣强在规定的期限内停止了违法行为，排除了阻碍，基本上恢复了河道原状，处二千元罚款。

主管领导签名：同意

侯某 2013年7月3日

行政机关负责人签名：同意

马某 2013年7月3日

行政处罚审批表

案　由	余荣强河道内倾倒建筑垃圾
法律文书名称及文号	水行政处罚决定书 安水罚字〔2013〕003 号
案情简介	余荣强自 2010 年 6 月 14 日以来，在殷都区东梁村北的安阳河河道内倾倒建筑垃圾，垃圾在河道内东西长 14 米，宽 12 米，厚 0.8 米（有调查笔录、勘验笔录照片为证）
承办人建议	建议处罚 承办人：××× 2013 年 7 月 6 日
支队负责人审查意见	拟同意，请审核 负责人：××× 2013 年 7 月 6 日
机关法制机构审核意见	主体认定正确，事实清楚，证据确凿，程序合法，适用法律适当，请审批 负责人：××× 2013 年 7 月 6 日
机关负责人意见	同意 负责人：××× 2013 年 7 月 6 日

水行政处罚决定书

安水罚决字〔2013〕003 号

被处罚人:余荣强

性别:男　　　　住址:殷都区东梁村

本机关于 2013 年 6 月 15 日对你往安阳河河道内倾倒建筑垃圾一案立案调查。经查,你于 2013 年 6 月 14 日至 15 日实施了往殷都区东梁村安阳河段的河道内倾倒建筑垃圾的违法行为。

违法的证据:(1)调查询问笔录一份;(2)现场勘验笔录两份;(3)视听资料一份。

违法行为等次:从你的违法行为的事实、性质、情节、社会危害程度和证据看,你的行为属于轻微违法行为。

应受行政处罚的依据和种类:上述违法行为事实清楚,证据确凿充分。由于你在规定的期限内停止了违法行为,排除了阻碍,基本上恢复了河道原状,根据《中华人民共和国防洪法》第五十六条的规定"在河道、湖泊管理范围内倾倒垃圾、渣土,从事影响河势稳定、危害河岸堤防安全和其他妨碍河道行洪的活动的,责令停止违法行为,排除阻碍或者采取其他补救措施,可以处五万元以下的罚款"和《河南省水行政处罚裁量标准》"防洪法部分:……(2)在河道、湖泊管理范围内倾倒垃圾、渣土,从事影响河势稳定、危害河岸堤防安全和其他妨碍河道行洪的活动的(1)在规定的期限内停止违法行为,排除阻碍或者采取其他补救措施后消除负面影响的,可以处一万元以下的罚款……"的规定,决定对你作出如下行政处罚:罚款人民币二千元。

行政处罚履行方式和期限:你应当自接到本决定书之日起十五日内将罚款缴至中国工商银行安阳市分行任一储蓄网点(账号:43500021)。到期不缴纳的,每日按罚款数额的百分之三加处罚款。

不服行政处罚决定申请行政复议或者提起行政诉讼的途径和期限:如不服本决定,可以自收到本决定书之日起六十日内向安阳市行政复议中心或河南省水利厅申请行政复议,也可自收到本决定书之日起三个月内向安阳市殷都区人民法院提起行政诉讼。逾期不申请行政复议、不向人民法院起诉又不履行本处罚决定的,我局将申请人民法院强制执行。

安阳市水利局(盖章)

2013 年 7 月 6 日

送达回证

单位盖章

案　　由	余荣强河道内倾倒建筑垃圾		
受送达人	余荣强		
送达地点	余荣强家		

送达文书	送达人	收到日期	受送达人签名或盖章
水行政处罚决定书 安水罚决字〔2013〕003 号	××× ×××	2013 年 7 月 6 日 10 时	余荣强
		年　　月　　日　　时	
		年　　月　　日　　时	

备　注	

注:(1)如受送达人不在,将文件交与他的成年家属、近邻、工作机关或受送达人居住地的乡(镇)政府、村民委员会或街道办事处代收。

(2)如系代收,代收人应在"受送达人"栏内签名或盖章,并注明与受送达人的关系。

附:

罚款和行政事业性收费票据

行政处罚案件结案审批表

行政处罚文书文号	安水罚决字〔2013〕003 号	发文日期	2013 年 7 月 6 日
案　　由	河道内倾倒建筑垃圾	案件来源	举报
立案时间	2013 年 6 月 15 日		
案件简要情况	经查，余荣强，于 2013 年 6 月 14 日至 15 日实施了往殷都区东梁村安阳河段的河道内倾倒建筑垃圾的违法行为。其行为违反了《中华人民共和国防洪法》第二十二条第二款的规定		
行政处罚内容	罚款人民币二千元		
行政处罚执行情况	缴纳了罚款		
承办人意见	该单位法定义务已履行，建议结案 承办人签名：×××　×××　2013 年 7 月 10 日		
承办机构审核意见	同意 负责人签名：×××　2013 年 7 月 10 日		
法制机构意见	同意 负责人签名：×××　2013 年 7 月 10 日		
机关负责人意见	同意结案 负责人签名：×××　2013 年 7 月 10 日		

行政处罚案件结案报告

<table>
<tr><td rowspan="2">当事人</td><td>名　称</td><td>余荣强</td><td>性　别</td><td>男</td></tr>
<tr><td>住　址</td><td>殷都区东梁村人</td><td>电　话</td><td></td></tr>
<tr><td>案　由</td><td colspan="2">河道内倾倒建筑垃圾</td><td>案件来源</td><td>举报</td></tr>
<tr><td>办案时间</td><td colspan="4">2013 年 6 月 15 日至 2013 年 7 月 6 日</td></tr>
<tr><td>行政处罚文书文号</td><td colspan="2">安水罚决字〔2013〕003 号</td><td>结案日期</td><td>2013 年 7 月 10 日</td></tr>
<tr><td>案件简要情况</td><td colspan="4">经查,余荣强,于 2013 年 6 月 14 日至 15 日实施了往殷都区东梁村安阳河段的河道内倾倒建筑垃圾的违法行为。其行为违反了《中华人民共和国防洪法》第二十二条第二款的规定。</td></tr>
<tr><td>行政处罚内容</td><td colspan="4">罚款人民币二千元</td></tr>
<tr><td>执行方式</td><td colspan="4">√按程序执行　□复议结案　□诉讼结案　□强制执行</td></tr>
<tr><td>执行结果</td><td colspan="4">缴纳了罚款</td></tr>
</table>

填表人:×××　　　　2013 年 7 月 15 日

立卷、验卷情况记载

本案卷于 2013 年 7 月 16 日立卷。 本册连面带底共计 21 页，附证物袋____个， 内装____件 立卷人 ×××
本案卷于 2013 年 7 月 20 日 经验查合格 检验人 ×××

卷宗目录

序号	文书名称	文号	页号
01	行政处罚委托书		
02	水事违法案件方案呈批表		
03	案件承办人行政执法证复印件		
04	调查(询问)通知书	安水调字〔2010〕第××号	
05	送达回证		
06	现场(检查)笔录		
07	调查(询问)笔录		
08	企业法人营业执照		
09	委托书		
10	当事人身份证		
11	证据材料		
12	现场照片		
13	责令停止水事违法行为通知书	安水停字〔2010〕第××号	
14	送达回证		
15	案件调查终结报告		
16	安阳市水利局行政处罚案件法律审核意见书	安水罚审字〔2010〕第××号	
17	行政处罚听证告知书	安水罚听告字〔2010〕第××号	
18	送达回证		
19	当事人放弃听证权利情况说明		
20	行政处罚事先告知书	安水罚先告字〔2010〕第××号	
21	送达回证		
22	重大复杂案件集体讨论笔录		
23	行政处罚审批表		
24	水行政处罚决定书	安水罚决字〔2010〕第××号	
25	送达回证		
26	银行代收罚款票据		
27	行政处罚案件结案审批表		
28	行政处罚案件结案报告		

某某公司未依照批准的取水许可规定条件取水案件

【案情简介】:自2010年5月6日以来,某某公司未依照批准的取水许可规定条件取水,将批准的生活用水用于生产。在该单位办公楼西侧有一眼水井,安装有取水设施及取水计量设施,现场检查时水井正在取水且用于生产,其地表水供水管道阀门处于关闭状态,地表水蓄水池内无水,生产用水未使用地表水,该单位取用地下水办理了取水许可证,批准的取水用途为生活用水,有现场勘验笔录、调查笔录、视听资料为证。我局于2010年5月18日向该单位下达了《责令停止水事违法行为通知书》,责令该单位停止违法行为,要求其在三日内将通向生产车间的地下水供水管道拆除,停止取用地下水用于生产,该单位在规定时间内拆除了通向生产车间的地下水供水管道,未再取用地下水用于生产。依据《水法》第六十九条"有下列行为之一的,由县级以上人民政府水行政主管部门或者流域管理机构依据职权,责令停止违法行为,限期采取补救措施,处二万元以上十万元以下的罚款;情节严重的,吊销其取水许可证:(一)未经批准擅自取水的;(二)未依照批准的取水许可规定条件取水的"和《河南省水行政处罚裁量标准》中《中华人民共和国水法》第六十九条"违法行为情形和处罚标准……(3)取水水源、取水地点、取水用途、退水地点、退水方式及退水量、取水量年内分配等未按照取水许可审批意见执行的(1)停止违法行为,在规定期限内采取补救措施的,处2万元以上5万元以下的罚款"的规定。建议对该单位作出如下处理:罚款人民币三万元。

附:

某某公司未依照批准的取水许可规定条件取水案件卷宗

河南省水事违法案件卷宗

<table>
<tr><td colspan="5">豫水(安)立字〔2010〕第××号</td></tr>
<tr><td>案　由</td><td colspan="4">某某公司未依照批准的取水许可规定条件取水</td></tr>
<tr><td rowspan="2">当事人</td><td>名称或姓名</td><td colspan="3">某某公司</td></tr>
<tr><td>地址或住址</td><td colspan="3">×××</td></tr>
<tr><td>立案日期</td><td colspan="2">2010 年 5 月 17 日</td><td>结案日期</td><td>2010 年 6 月 26 日</td></tr>
<tr><td>处罚(理)决定</td><td colspan="4">罚款人民币三万元</td></tr>
<tr><td>复议决定</td><td colspan="4"></td></tr>
<tr><td>法院判决(裁定)</td><td colspan="4"></td></tr>
<tr><td>归档日期</td><td colspan="2">2010 年 6 月 26 日</td><td>归档编号</td><td></td></tr>
<tr><td>保存年限</td><td colspan="2">10 年</td><td>承办人</td><td>×××　×××</td></tr>
<tr><td colspan="3">本卷内的文书共计　23　张</td><td>立卷人</td><td>×××</td></tr>
</table>

卷宗目录

序号	文书名称	文号	页号
01	行政处罚委托书		
02	水事违法案件立案呈批表		
03	案件承办人行政执法证复印件		
04	调查(询问)通知书	安水调字〔2014〕第1号	
05	送达回证		
06	现场(检查)笔录		
07	调查(询问)笔录		
08	营业执照复印件		
09	委托书		
10	当事人身份证复印件		
11	相关的证据材料		
12	现场照片资料		
13	责令改正通知书	安水改字〔2014〕第1号	
14	送达回证		
15	案件调查终结报告		
16	安阳市水利局行政处罚案件法律审核意见书	安水罚审字〔2014〕第1号	
17	水行政处罚听证告知书	安水听告字〔2014〕第1号	
18	送达回证		
19	该单位放弃听证的说明		
20	行政处罚事先告知书	安水罚先告字〔2014〕第1号	
21	送达回证		
22	重大复杂案件集体讨论笔录		
23	行政处罚审批表		
24	水行政处罚决定书	安水罚决字〔2014〕第1号	
25	送达回证		
26	银行代收罚款票据		
27	行政处罚案件结案审批表		
28	水事违法案件结案报告		

行政处罚委托书

根据《中华人民共和国行政处罚法》第十八条、第十九条,《河南省行政机关执法条例》第十条,《水行政处罚实施办法》第十条、第十一条、第十二条的规定,经安阳市水利局与安阳市水政监察支队研究,现由安阳市水利局委托安阳市水政监察支队实施:行政处罚种类:(1)①警告;②罚款;③吊销许可证;④没收非法所得;⑤法律法规规定的其他水行政处罚;(2)其他相关权限。委托期限自2010年1月1日始至2012年12月31日止。

委托期间,安阳市水政监察支队必须以安阳市水利局的名义,在委托权限范围内实施行政处罚,并接受安阳市水利局的监督,由此产生的法律后果,由安阳市水利局承担。安阳市水政监察支队不得将委托事项再委托。

委托机关(印章)　　　　受委托单位(印章)

2010年1月1日　　　　2010年1月1日

水事违法案件立案呈批表

<table>
<tr><td>案　　由</td><td colspan="6">某某公司未依照批准的取水许可规定条件取水</td></tr>
<tr><td>发案地点</td><td colspan="4">×××</td><td>发案时间</td><td>2010 年 5 月 17 日</td></tr>
<tr><td rowspan="3">当事人</td><td>单位名称</td><td colspan="3">某某公司</td><td>法定代表人</td><td>×××</td></tr>
<tr><td>个人姓名</td><td></td><td>性别</td><td></td><td>职业</td><td></td></tr>
<tr><td>联系地址</td><td colspan="3"></td><td>电话</td><td></td></tr>
<tr><td>案件来源</td><td colspan="6">自查</td></tr>
<tr><td>案情简介及
立案理由</td><td colspan="6">经查，某某公司未依照批准的取水许可规定条件取水，将批准的生活用水用于生产。其行为违反了《中华人民共和国水法》第四十八条“……”的规定</td></tr>
<tr><td>案件承办人意见</td><td colspan="6">建议立案查处
主办人（签字）：×××　　协办人（签字）：×××　　2010 年 5 月 17 日</td></tr>
<tr><td>支队负责人
审查意见</td><td colspan="6">同意
负责人（签字）：×××　　2010 年 5 月 17 日</td></tr>
<tr><td>机关法制机构
审核意见</td><td colspan="6">同意
负责人（签字）：×××　　2010 年 5 月 17 日</td></tr>
<tr><td>机关负责人意见</td><td colspan="6">同意立案
负责人（签字）：×××　　2010 年 5 月 17 日</td></tr>
</table>

附：

案件承办人行政执法证复印件

调查(询问)通知书

安水调字〔2010〕第××号

某某公司:

你单位应于 2010 年 5 月 18 日 10 时到安阳市水利局水政监察支队就你单位未依照批准的取水许可规定条件取水一案接受调查(询问),逾期不到,我局将依法进行处理。

携带材料:(1)你单位的营业执照或法人身份证明(复印件);

(2)你单位的取水许可证。

联系人:×××

联系地址:安阳市安钢大道 369 号

联系电话:369××××

安阳市水利局(盖章)

2010 年 5 月 17 日

送达回证

单位盖章

<table>
<tr><td>受送达人</td><td colspan="3">某某公司</td></tr>
<tr><td>送达地点</td><td colspan="3">安阳市水政监察支队</td></tr>
<tr><td>送达文书</td><td>送达人</td><td>收到日期</td><td>受送达人签名或盖章</td></tr>
<tr><td>调查(询问)通知书
安水调字〔2012〕第20号</td><td>×××
×××</td><td>2010年5月17日9时</td><td>×××</td></tr>
<tr><td></td><td></td><td>年 月 日 时</td><td></td></tr>
<tr><td></td><td></td><td>年 月 日 时</td><td></td></tr>
<tr><td></td><td></td><td>年 月 日 时</td><td></td></tr>
<tr><td>备 注</td><td colspan="3"></td></tr>
</table>

注:(1)如受送达人不在,将文件交与他的成年家属、近邻、工作机关或受送达人居住地的乡(镇)政府、村民委员会或街道办事处代收。

(2)如系代收,代收人应在“受送达人”栏内签名或盖章,并注明与受送达人的关系。

现场(检查)笔录

被调(检)查人姓名:________ 年龄:____ 职业:____

住址:________

被调(检)查单位名称: ××公司

住址: ×××

被询问人姓名: ××× 性别: 男 年龄: 55 职务: 部长

调(检)查时间: 2010 年 5 月 17 日 15 时 25 分至 15 时 50 分

调(检)查地点: ××公司

调(检)查人姓名: ××× ××× 证件名称:执法证 证件编号:×××

记录人员: ××× 证件名称:执法证 证件编号:×××

调(检)查记录:2010 年 5 月 17 日 15 时 25 分,我局执法人员×××、×××来到××公司,向该单位能源动力部部长×××出示行政执法证件表明身份并对其说明来意后,对××公司取用地下水场所进行了检查:

(1)××公司位于×××,法定代表人是×××,该单位在安阳市工商行政管理局注册登记。

(2)在该单位办公楼西侧有一眼水井,安装有取水设施,在水井取水管上安装有取水计量设施,取水管通向水井北侧的无塔供水器,无塔供水器有两个出水管,分别通向该单位的办公楼和生产车间,现场检查时水井正在抽水。

(3)×××公司取用地下水办理了取水许可证,批准的取水用途为生活用水。

(4)该单位地表水供水管道阀门处于关闭状态,生产用水未使用地表水。

被调(检)查人员签名或盖章:×××(捺指印)

被调查人员拒签事由:________

调(检)查人员签名或盖章: ××× ×××

见证人签名或盖章并注明其身份:________

附:

现场示意图

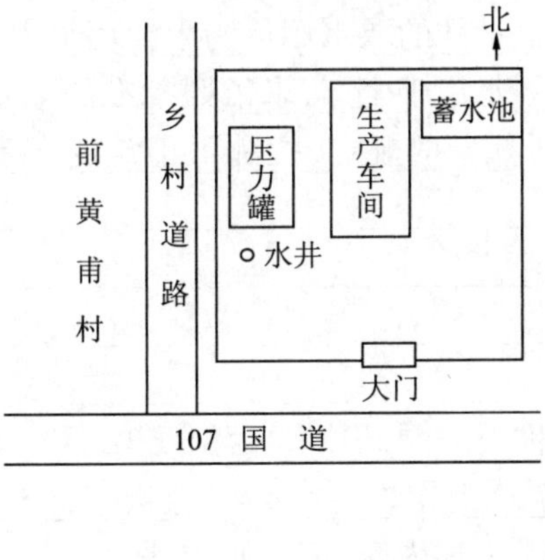

记录人:××× 2010 年 5 月 17 日

当事人:×××(捺指印) 2010 年 5 月 17 日

调查(询问)笔录

询问时间:2010 年 5 月 18 日 10 时 15 分至 10 时 55 分

询问地点:安阳市水政监察支队办公室

被询问单位名称:某某公司

法定代表人(负责人):×××　电话:

被询问人姓名:×××　性别:男　电话:

所在单位:××公司　住址:×××

与本案关系:担任××公司能源动力部部长

询问人:×××　×××　证件名称:执法证　证件编号:×××

记录人:×××　证件名称:执法证　证件编号:×××

询问内容:

我们是安阳市水利局水政执法人员(亮证),现对你单位取用地下水情况进行询问,请你如实回答。

答:好,我知道了。

问:请说一下你的基本情况?

答:我叫×××,是某某公司能源动力部的部长,负责我单位的生产用水工作。

问:请说一下你单位的全称和法定代表人?

答:我单位全称是某某公司,法定代表人是×××。

问:请说一下你单位的用水情况?

答:我单位的用水为生活用水和生产用水,生活用水使用的是我单位办公楼西侧水井中抽取的地下水,生产用水使用的是地表水,我单位生产用水主要用于循环冷却,由于地表水水价上调及水温比地下水水温高,我单位从 2010 年 5 月 6 日开始使用办公楼西侧的水井取用地下水用于生产,我单位的水井安装了水表,取用地下水缴纳了水资源费,从未拖欠过水资源费。

问:你单位取用地下水是否办理了取水许可证?

答:我单位取用地下水办理了取水许可证。

问:请说一下你单位办理的取水许可证上批准的取水用途?

答:我单位的取水许可证上批准的取水用途为生活用水。

问:你单位将批准的生活用水用于生产,未依照批准的取水许可规定条件取水,违反了《中华人民共和国水法》第四十八条的规定,扰乱了正常的水事管理秩序,请你单位立即停止违法行为,听候处理。

答:好,我知道了。

问:以上情况是否属实?

答:以上情况属实。

问:询问笔录上述内容请你看一看,记录是否属实?

询问笔录上述内容记录属实。×××(捺指印)

被询问人阅核后签注"询问笔录上述内容,记录属实。"

被询问人签字：　　×××（捺指印）　　　　　　　　　　　2010 年 5 月 18 日

拒绝签字的理由：

询问人签字：×××××××　　　　　　　　　　　　　　2010 年 5 月 18 日

记录人签字：×××　　　　　　　　　　　　　　　　　2010 年 5 月 18 日

附：

某某有限责任公司营业执照复印件

某某有限责任公司授权委托书

某某有限责任公司法定代表人身份证复印件

证据材料

现场照片

2010 年 5 月 17 日拍摄

2010 年 5 月 17 日拍摄

责令停止水事违法行为通知书

安水停字〔2010〕第××号

某某公司：

经查，你单位自2010年5月6日以来，未依照批准的取水许可规定条件取水，将批准的生活用水用于生产，违反了《中华人民共和国水法》第四十八条第一款“直接从江河、湖泊或者地下取用水资源的单位和个人，应当按照国家取水许可制度和水资源有偿使用制度的规定，向水行政主管部门或者流域管理机构申请领取取水许可证，并缴纳水资源费，取得取水权……”的规定，根据《中华人民共和国水法》第六十九条第一款第二项、《河南省水政监察规定》第十五条第二款的规定，现责令立即停止违法行为，听候处理。否则，依法追究法律责任。

附：限责令你单位三日内将通向生产车间的地下水供水管道拆除，停止取用地下水用于生产。

安阳市水利局（盖章）

2010年5月18日

联系人：×××

联系电话：369××××

联系地址：安阳市安钢大道369号（安阳市水政监察支队）

送达回证

单位盖章

<table>
<tr><td>受送达人</td><td colspan="3">某某公司</td></tr>
<tr><td>送达地点</td><td colspan="3">某某公司能源动力部</td></tr>
<tr><td>送达文书</td><td>送达人</td><td>收到日期</td><td>受送达人签名或盖章</td></tr>
<tr><td>责令停止水事违法行为通知书
安水停字〔2010〕第××号</td><td>×××
×××</td><td>2010 年 5 月 18 日 11 时</td><td>×××</td></tr>
<tr><td></td><td></td><td>年　月　日　时</td><td></td></tr>
<tr><td></td><td></td><td>年　月　日　时</td><td></td></tr>
<tr><td></td><td></td><td>年　月　日　时</td><td></td></tr>
<tr><td>备　注</td><td colspan="3">×××是某某公司能源动力部部长</td></tr>
</table>

注：(1)如受送达人不在，将文件交与他的成年家属、近邻、工作机关或受送达人居住地的乡（镇）政府、村民委员会或街道办事处代收。

(2)如系代收，代收人应在"受送达人"栏内签名或盖章，并注明与受送达人的关系。

案件调查终结报告

当事人的基本情况：某某公司

法定代表人：×××　　地址：×××

调查时间：2010年5月17日至2010年5月24日

调查人（签字）：×××　×××

当事人的违法证据：(1)现场(检查)笔录；(2)询问笔录；(3)视听资料。

应受行政处罚的依据和种类：某某公司自2010年5月6日以来，未依照批准的取水许可规定条件取水，将批准的生活用水用于生产。在该单位办公楼西侧有一眼水井，安装有取水设施及取水计量设施，现场检查时水井正在取水且用于生产，其地表水供水管道阀门处于关闭状态，地表水蓄水池内无水，生产用水未使用地表水，该单位取用地下水办理了取水许可证，批准的取水用途为生活用水，有现场勘验笔录、调查笔录、视听资料为证。我局于2010年5月18日向该单位下达了《责令停止水事违法行为通知书》，责令该单位停止违法行为，要求其在三日内将通向生产车间的地下水供水管道拆除，停止取用地下水用于生产，该单位在规定期限内拆除了通向生产车间的地下水供水管道，上述违法行为事实清楚，证据确凿充分。根据《中华人民共和国水法》第六十九条"有下列行为之一的，由县级以上人民政府水行政主管部门或者流域管理机构依据职权，责令停止违法行为，限期采取补救措施，处二万元以上十万元以下的罚款；情节严重的，吊销其取水许可证：(一)未经批准擅自取水的；(二)未依照批准的取水许可规定条件取水的"和《河南省水行政处罚裁量标准》中《中华人民共和国水法》第六十九条"违法行为情形和处罚标准：……(3)取水水源、取水地点、取水用途、退水地点、退水方式及退水量、取水量年内分配等未按照取水许可审批意见执行的(1)停止违法行为，在规定期限内采取补救措施的，处2万元以上5万元以下的罚款"的规定。

行政处罚建议：鉴于该单位停止了违法行为，在规定期限内采取了补救措施，按照《河南省水行政处罚裁量标准》的有关规定，其违法行为属一般违法行为，结合集体讨论结果，建议对该单位进行如下处理：罚款人民币三万元。

水政监察机构负责人意见：同意

×××　　2010年5月25日

机关法制机构负责人意见：同意

×××　　2010年5月25日

安阳市水利局行政处罚案件法律审核意见书

安水罚审字〔2010〕第××号

<table>
<tr><td>案件名称</td><td colspan="3">某某公司未依照批准的取水许可规定条件取水</td></tr>
<tr><td>案情简介</td><td colspan="3">经查，该单位违反了《中华人民共和国水法》第四十八条第一款“直接从江河、湖泊或者地下取用水资源的单位和个人，应当按照国家取水许可制度和水资源有偿使用制度的规定，向水行政主管部门或者流域管理机构申请领取取水许可证，并缴纳水资源费，取得取水权……”的规定。经集体讨论，一致同意对该单位进行罚款人民币三万元。</td></tr>
<tr><td>承办单位名称</td><td>安阳市水政监察支队×大队</td><td>负责人姓名</td><td>×××</td></tr>
<tr><td>主办人员姓名</td><td>×××</td><td>协办人员姓名</td><td>×××</td></tr>
<tr><td>报送时间</td><td>2010年5月26日</td><td>审核时间</td><td>2010年5月26日</td></tr>
<tr><td>审核意见
法制机构</td><td colspan="3">事实清楚，证据确凿充分，定性准确，程序合法
同意处罚
负责人签名：×××　　　　年　月　日</td></tr>
<tr><td>主办人员签收</td><td colspan="3">×××　　　　年　月　日</td></tr>
</table>

本意见书一式两份，一份留存归档，一份连同案卷材料退回办案机构作为指导案件办理的依据入卷归档。

行政处罚听证告知书

安水罚听告字〔2010〕第××号

某某公司：

经查，你单位自2010年5月6日以来，未依照批准的取水许可规定条件取水，将批准的生活用水用于生产。上述行为违反了《中华人民共和国水法》第四十八条第一款“直接从江河、湖泊或者地下取用水资源的单位和个人，应当按照国家取水许可制度和水资源有偿使用制度的规定，向水行政主管部门或者流域管理机构申请领取取水许可证，并缴纳水资源费，取得取水权……”的规定。

本机关依照《中华人民共和国水法》第六十九条“有下列行为之一的，由县级以上人民政府水行政主管部门或者流域管理机构依据职权，责令停止违法行为，限期采取补救措施，处二万元以上十万元以下的罚款；情节严重的，吊销其取水许可证：(一)未经批准擅自取水的；(二)未依照批准的取水许可规定条件取水的”和《河南省水行政处罚裁量标准》中《中华人民共和国水法》第六十九条“违法行为情形和处罚标准：……(3)取水水源、取水地点、取水用途、退水地点、退水方式及退水量、取水量年内分配等未按照取水许可审批意见执行的(1)停止违法行为，在规定期限内采取补救措施的，处2万元以上5万元以下的罚款”的规定，本机关拟对你单位作出罚款人民币三万元的处罚。

申请听证的期限：如你单位要求听证，应当自收到本告知书之日起三日内向我局提出申请。逾期视为放弃听证权利。

安阳市水利局(盖章)
2010年5月26日

联系人：×××
联系电话：369××××
联系地址：安钢大道东段路南(安阳市水政监察支队)

送达回证

单位盖章

受送达人	某某公司		
送达地点	某某公司能源动力部		
送达文书	送达人	收到日期	受送达人签名或盖章
行政处罚听证告知书 安水听告字〔2010〕第××号	××× ×××	2010年5月26日9时	×××
		年 月 日 时	
		年 月 日 时	
		年 月 日 时	
备 注	×××是某某公司能源动力部部长		

注：(1)如受送达人不在，将文件交与他的成年家属、近邻、工作机关或受送达人居住地的乡(镇)政府、村民委员会或街道办事处代收。

(2)如系代收，代收人应在"受送达人"栏内签名或盖章，并注明与受送达人的关系。

附：

当事人放弃听证权利情况说明

行政处罚事先告知书

安水罚先告字〔2010〕第××号

某某公司：

你单位自2010年5月6日以来，未依照批准的取水许可规定条件取水，将批准的生活用水用于生产。上述行为违反了《中华人民共和国水法》第四十八条第一款“直接从江河、湖泊或者地下取用水资源的单位和个人，应当按照国家取水许可制度和水资源有偿使用制度的规定，向水行政主管部门或者流域管理机构申请领取取水许可证，并缴纳水资源费，取得取水权……”的规定。

根据《中华人民共和国水法》第六十九条“有下列行为之一的，由县级以上人民政府水行政主管部门或者流域管理机构依据职权，责令停止违法行为，限期采取补救措施，处二万元以上十万元以下的罚款；情节严重的，吊销其取水许可证：（一）未经批准擅自取水的；（二）未依照批准的取水许可规定条件取水的”和《河南省水行政处罚裁量标准》中《中华人民共和国水法》第六十九条“违法行为情形和处罚标准：……（3）取水水源、取水地点、取水用途、退水地点、退水方式及退水量、取水量年内分配等未按照取水许可审批意见执行的……（1）停止违法行为，在规定期限内采取补救措施的，处2万元以上5万元以下的罚款”的规定。本机关拟对你单位作出罚款人民币三万元的处罚。

根据《中华人民共和国行政处罚法》第三十二条的规定，你单位可以自收到本告知书之日起三日内到安阳市水利局进行陈述、申辩，逾期不陈述、申辩的，视为放弃陈述、申辩的权利。

安阳市水利局（盖章）
2010年5月30日

联系人：×××
电　话：369××××

送达回证

单位盖章

<table>
<tr><td>受送达人</td><td colspan="3">某某公司</td></tr>
<tr><td>送达地点</td><td colspan="3">某某公司该单位能源动力部</td></tr>
<tr><td>送达文书</td><td>送达人</td><td>收到日期</td><td>受送达人签名或盖章</td></tr>
<tr><td>行政处罚事先告知书
安水罚先告字〔2010〕第××号</td><td>×××
×××</td><td>2010 年 5 月 30 日 10 时</td><td>×××</td></tr>
<tr><td></td><td></td><td>年　月　日　时</td><td></td></tr>
<tr><td></td><td></td><td>年　月　日　时</td><td></td></tr>
<tr><td></td><td></td><td>年　月　日　时</td><td></td></tr>
<tr><td>备　注</td><td colspan="3">×××是某某公司能源动力部部长，明确表示放弃陈述申辩权利</td></tr>
</table>

注：(1)如受送达人不在，将文件交与他的成年家属、近邻、工作机关或受送达人居住地的乡(镇)政府、村民委员会或街道办事处代收。

(2)如系代收，代收人应在“受送达人”栏内签名或盖章，并注明与受送达人的关系。

重大复杂案件集体讨论笔录

时间：2010 年 6 月 2 日 9 时 30 分至 10 时 30 分

地点：安阳市水利局水政科二楼会议室

集体讨论案由：某某公司未依照批准的取水许可规定条件取水

主持人：×××　职务：科长　记录人：×××　职务：大队长

参加人：×××　×××　×××　×××　×××

列席人：×××　×××　×××　×××　×××

案件承办人汇报案件情况：××公司自 2010 年 5 月 6 日以来，未依照批准的取水许可规定条件取水，将批准的生活用水用于生产。在该单位办公楼西侧有一眼水井，安装有取水设施及取水计量设施，现场检查时水井正在取水且用于生产，其地表水供水管道阀门处于关闭状态，地表水蓄水池内无水，生产用水未使用地表水，该单位取用地下水办理了取水许可证，批准的取水用途为生活用水，有现场勘验笔录、调查笔录、视听资料为证。我局于 2010 年 5 月 18 日向该单位下达了《责令停止水事违法行为通知书》，责令该单位停止违法行为，要求其在三日内将通向生产车间的地下水供水管道拆除，停止取用地下水用于生产，该单位在规定时间内拆除了通向生产车间的地下水供水管道，未再取用地下水用于生产。依据《水法》第六十九条："有下列行为之一的，由县级以上人民政府水行政主管部门或者流域管理机构依据职权，责令停止违法行为，限期采取补救措施，处二万元以上十万元以下的罚款；情节严重的，吊销其取水许可证：(一)未经批准擅自取水的；(二)未依照批准的取水许可规定条件取水的。"和《河南省水行政处罚裁量标准》中《中华人民共和国水法》第六十九条"违法行为情形和处罚标准：(3)取水水源、取水地点、取水用途、退水地点、退水方式及退水量、取水量年内分配等未按照取水许可审批意见执行的(1)停止违法行为，在规定期限内采取补救措施的，处 2 万元以上 5 万元以下的罚款"的规定。建议对该单位作出如下处理：罚款人民币三万元。

听证主持人汇报听证情况：当事人放弃听证权利

参加讨论人员意见和理由：

结论性意见：由于×××公司未依照批准的取水许可规定条件取水，将批准的生活用水用于生产，经集体讨论研究，一致同意对该单位作出如下处理：罚款人民币三万元。

主管领导签名：同意

×××　2010 年 06 月 03 日

行政机关负责人签名：同意

×××　2010 年 06 月 03 日

行政处罚审批表

当事人基本情况	单位名称:某某公司 地　　址:××× 法定代表人姓名:×××
当事人违法的主要事实	经查,××公司未依照批准的取水许可规定条件取水,将批准的生活用水用于生产。其行为违反了《中华人民共和国水法》第四十八条"……"的规定
承办人建议	建议处罚 承办人签名:×××　×××　2010年6月5日
承办机构意见	负责人:×××　2010年6月5日
法制机构审核意见	该案件事实清楚、证据确凿充分、定性准确、程序合法、处罚适当,同意处罚 负责人:×××　2010年6月5日
领导审批意见	同　意 领导签名:×××　2010年6月5日
备　　注	

水行政处罚决定书

安水罚决字〔2010〕第××号

被处罚单位：某某公司

地址：×××

法定代表人或负责人：×××

本机关于2010年5月17日对你单位未依照批准的取水许可规定条件取水一案立案调查。经查，你单位自2010年5月6日以来，未依照批准的取水许可规定条件取水，将批准的生活用水用于生产。该行为违反了《中华人民共和国水法》第四十八条第一款“直接从江河、湖泊或者地下取用水资源的单位和个人，应当按照国家取水许可制度和水资源有偿使用制度的规定，向水行政主管部门或者流域管理机构申请领取取水许可证，并缴纳水资源费，取得取水权……”的规定。

违法的证据：(1)调查笔录；(2)现场勘验笔录；(3)视听资料。

应受行政处罚的依据和种类：上述违法行为事实清楚，证据确凿充分。根据《中华人民共和国水法》第六十九条“有下列行为之一的，由县级以上人民政府水行政主管部门或者流域管理机构依据职权，责令停止违法行为，限期采取补救措施，处二万元以上十万元以下的罚款；情节严重的，吊销其取水许可证：(一)未经批准擅自取水的；(二)未依照批准的取水许可规定条件取水的”和《河南省水行政处罚裁量标准》中《中华人民共和国水法》第六十九条“违法行为情形和处罚标准：……(3)取水水源、取水地点、取水用途、退水地点、退水方式及退水量、取水量年内分配等未按照取水许可审批意见执行的……(1)停止违法行为，在规定期限内采取补救措施的，处2万元以上5万元以下的罚款”的规定，决定对你单位作出下列行政处罚：

罚款人民币三万元。

行政处罚履行方式和期限：你单位应当自接到本决定书之日起十五日内将罚款缴至中国工商银行安阳市分行任一储蓄网点(银行罚款代码:3500021)。到期不缴纳的，每日按罚款数额的百分之三加处罚款。

不服行政处罚决定申请行政复议或提起行政诉讼的途径和期限：如不服本决定，可以自收到本决定书之日起六十日内向安阳市行政复议受理中心或河南省水利厅申请行政复议，或者在接到本决定书后三个月内直接向安阳市殷都区人民法院提起行政诉讼。逾期不申请行政复议、不向人民法院起诉又不履行本处罚决定的，我局将申请人民法院强制执行。

安阳市水利局(盖章)

2010年6月10日

送达回证

单位盖章

受送达人	某某公司		
送达地点	某某公司能源动力部		
送达文书	送达人	收到日期	受送达人签名或盖章
水行政处罚决定书 安水罚决字〔2010〕第××号	××× ×××	2010年6月10日17时	×××
		年 月 日 时	
		年 月 日 时	
		年 月 日 时	
备 注	×××是××公司能源动力部部长		

注:(1)如受送达人不在,将文件交与他的成年家属、近邻、工作机关或受送达人居住地的乡(镇)政府、村民委员会或街道办事处代收。

(2)如系代收,代收人应在"受送达人"栏内签名或盖章,并注明与受送达人的关系。

附:

银行代收罚款票据

行政处罚案件结案审批表

行政处罚文书文号	安水罚决字〔2010〕第××号	发文日期	2010年6月10日
案　　由	未依照批准的取水许可规定条件取水	案件来源	自查
立案时间	2010年5月17日		
案件简要情况	经查,某某公司未依照批准的取水许可规定条件取水,将批准的生活用水用于生产		
行政处罚内容	罚款人民币三万元		
行政处罚执行情况	当事人自觉履行行政处罚决定。		
承办人意见	当事人已履行法定义务,建议结案。 承办人签名:××× 年　月　日		
承办机构审核意见	同意结案 负责人签名:××× 年　月　日		
法制机构意见	同意结案 负责人签名:××× 年　月　日		
机关负责人意见	同意结案 负责人签名:××× 年　月　日		

行政处罚案件结案报告

<table>
<tr><td rowspan="2">当事人</td><td>名　　称</td><td>某某公司</td><td>法定代表人</td><td>×××</td></tr>
<tr><td>地　　址</td><td>×××</td><td>电　　话</td><td>×××</td></tr>
<tr><td>案　由</td><td colspan="2">未依照批准的取水许可规定条件取水</td><td>案件来源</td><td>自查</td></tr>
<tr><td>办案时间</td><td colspan="4">2010 年 5 月 17 日至 2010 年 6 月 25 日</td></tr>
<tr><td>行政处罚文书文号</td><td colspan="2">安水罚决字〔2010〕第××号</td><td>结案日期</td><td>2010 年 6 月 26 日</td></tr>
<tr><td>案件简要情况</td><td colspan="4">经查，××公司未依照批准的取水许可规定条件取水，将批准的生活用水用于生产。其行为违反了《中华人民共和国水法》第四十八条的规定</td></tr>
<tr><td>行政处罚内容</td><td colspan="4">罚款人民币三万元</td></tr>
<tr><td>执行方式</td><td colspan="4">√按程序执行　□复议结案　□诉讼结案　□强制执行</td></tr>
<tr><td>执行结果</td><td colspan="4">缴纳罚款三万元</td></tr>
</table>

填表人：×××　　　　2010 年 6 月 26 日

立卷、验卷情况记载

本案卷于____2010____年__6__月__26__日立卷。
本册连面带底共计____23____页，附证物袋____个，
内装________________件。

立卷人__××× ____

本案卷于____2010____年__6__月__26__日

经验查合格

检验人__××× ____

某某有限责任公司拒绝纳入计划用水管理案件

【案情简介】:某某有限责任公司使用公共供水且月均用水量达到200立方米,应被纳入计划用水管理,该单位拒绝纳入计划用水管理,有现场勘验笔录、调查笔录为证。我局于2014年3月26日向该单位下达了《责令改正通知书》,责令该单位于2014年3月31日前到我局办理纳入计划用水管理的有关手续,该单位在规定期限内未来办理。依据《河南省节约用水管理条例》第三十一条和《河南省水行政处罚裁量标准》中《河南省节约用水管理条例》第三十一条"违法行为情形和处罚标准:……(3)在规定期限内拒不改正的,处3万元以上5万元以下的罚款"的规定,该单位违法行为属严重违法行为,建议对该单位作出如下处理:罚款人民币四万元。

附:

某某有限责任公司拒绝纳入计划用水管理案件卷宗

河南省水事违法案件卷宗

豫水(安)立字〔2014〕第 1 号

案　由	某某有限责任公司拒绝纳入计划用水管理案		
当事人	名称或姓名	某某有限责任公司	
	地址或住址	安阳市安钢大道 11 号	
立案日期	2014 年 3 月 24 日	结案日期	2014 年 4 月 30 日
处罚(理)决定	罚款人民币 4 万元。		
复议决定			
法院判决(裁定)			
归档日期	2014 年 4 月 30 日	归档编号	
保存年限	10 年	承办人	安某　王某
本卷内的文书共计　22　张		立卷人	安某

行政处罚委托书

根据《中华人民共和国行政处罚法》第十八条、第十九条,《河南省行政机关执法条例》第十条,《水行政处罚实施办法》第十条、第十一条、第十二条的规定,经安阳市水利局与安阳市水政监察支队研究,现由安阳市水利局委托安阳市水政监察支队实施:行政处罚种类:(1)①警告;②罚款;③吊销许可证;④没收非法所得;⑤法律法规规定的其他水行政处罚;(2)其他相关权限。委托期限自2014年1月1日始至2014年12月31日止。

委托期间,安阳市水政监察支队必须以安阳市水利局的名义,在委托权限范围内实施行政处罚,并接受安阳市水利局的监督,由此产生的法律后果,由安阳市水利局承担。安阳市水政监察支队不得将委托事项再委托。

委托机关(印章)　　　　　　　　受委托单位(印章)

年　　月　　日　　　　　　　　　年　　月　　日

水事违法案件立案呈批表

<table>
<tr><td>案　由</td><td colspan="6">某某有限责任公司拒绝纳入计划用水管理</td></tr>
<tr><td>发案地点</td><td colspan="4">安阳市安钢大道 11 号</td><td>发案时间</td><td>2014 年 3 月 24 日</td></tr>
<tr><td rowspan="3">当事人</td><td>单位名称</td><td colspan="3">某某有限责任公司</td><td>法定代表人</td><td>王某某</td></tr>
<tr><td>个人姓名</td><td></td><td>性别</td><td></td><td>职业</td><td></td></tr>
<tr><td>联系地址</td><td colspan="3"></td><td>电话</td><td></td></tr>
<tr><td>案件来源</td><td colspan="6">2014 年 3 月 24 日自查</td></tr>
<tr><td>案情简介及
立案理由</td><td colspan="6">经查，某某有限责任公司应被纳入计划用水管理，拒绝纳入计划管理，其行为违反了《河南省节约用水管理条例》第三十四条“………”的规定（条款全文）</td></tr>
<tr><td>案件承办人意见</td><td colspan="6">建议立案查处
主办人：（签字）安某　协办人：（签字）王某　2014 年 3 月 24 日</td></tr>
<tr><td>支队负责人
审查意见</td><td colspan="6">同意
负责人（签字）：刘某　2014 年 3 月 24 日</td></tr>
<tr><td>机关法制机构
审核意见</td><td colspan="6">同意
负责人（签字）：刘某　2014 年 3 月 24 日</td></tr>
<tr><td>机关负责人意见</td><td colspan="6">同意
负责人（签字）：刘某　2014 年 3 月 24 日</td></tr>
</table>

附：

案件承办人员（两人）行政执法证复印件

调查(询问)通知书

安水调字〔2014〕第1号

某某有限责任公司:

你(单位)应于2014年3月26日10时到安阳市水利局水政监察支队一大队就你(单位)拒绝纳入计划用水管理一案接受调查(询问),逾期不到,我局将依法进行处理。

携带材料:(1)你单位的营业执照或法人证书(复印件);(2)你单位使用城市公共供水的缴费凭证。

联系人:安某

联系地址:安阳市安钢大道369号

联系电话:369××××

安阳市水利局(盖章)

2014年3月25日

送达回证

单位盖章

受送达人	某某有限责任公司		
送达地点	该单位办公室		
送达文书	送达人	收到日期	受送达人签名或盖章
调查(询问)通知书 安水调字〔2014〕第1号	安某 王某	2014年3月25日10时	郭某
		年　月　日　时	
		年　月　日　时	
		年　月　日　时	
备　注	郭某为某某有限责任公司办公室工作人员		

注:(1)如受送达人不在,将文件交与他的成年家属、近邻、工作机关或受送达人居住地的乡(镇)政府、村民委员会或街道办事处代收。

(2)如系代收,代收人应在受送达人栏内签名或盖章,并注明与受送达人的关系。

现场(检查)笔录

被调(检)查人姓名：＿＿＿＿ 年龄：＿＿＿＿ 职业：＿＿＿＿

住址：＿＿＿＿

被调(检)查单位名称：某某有限责任公司

住址：安阳市安钢大道11号

被询问人姓名：郭某 性别：男 年龄：40 职务：＿＿＿＿

调(检)查时间：2014 年 3 月 25 日 9 时 15 分至 9 时 35 分

调(检)查地点：某某有限责任公司大门西侧

调(检)查人姓名：安某 王某 证件名称：执法证 证件编号：G012－1051

记录人员：安某 证件名称：执法证 证件编号：G012－0091

调(检)查记录：2014年3月25日9时15分，我局执法人员安某、王某来到某某有限责任公司，向该单位办公室工作人员郭某出示行政执法证件表明身份并对其说明来意后，对某某有限责任公司用水场所进行了检查：

(1)某某有限责任公司位于安阳市安钢大道11号，法定代表人是王某，该单位在安阳市工商行政管理局登记注册。

(2)在该单位大门西侧10米有一个市自来水公司水表井，城市公共供水管道通向该单位院内，水表指针正在运转，该单位正在使用城市公共供水。 郭某(捺指印)

被调(检)查人员签名或盖章：郭某(捺指印)

被调查人员拒签事由：＿＿＿＿

调(检)查人员签名或盖章：安某 王某

见证人签名或盖章并注明其身份：＿＿＿＿

附：

现场示意图

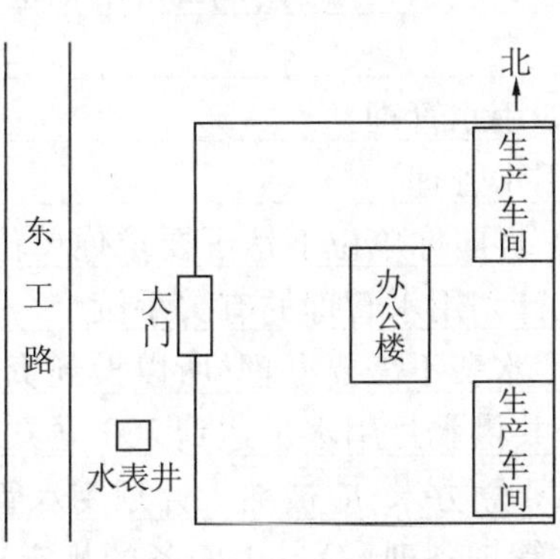

2014年3月25日

记录人：安某

当事人：郭某(捺指印)

调查(询问)笔录

询问时间：2014年3月26日10时20分至10时45分

询问地点：安阳市水政监察支队办公室

被询问单位名称：某某有限责任公司

法定代表人(负责人)：王某某 电话：150××××××××××

被询问人姓名：郭某 性别：男 电话：×××××××

所在单位：某某有限责任公司 地址：安钢大道11号

与本案关系：担任某某有限责任公司办公室主任

询问人：安某 王某 证件名称：执法证 证件编号：G012－1051

记录人：安某 证件名称：执法证 证件编号：G012－0091

询问内容：

我们是安阳市水利局水政执法人员(亮证)，现对你单位拒绝纳入计划用水管理情况进行询问，请你如实回答。

答：好，我知道了。

问：请说一下你的基本情况？

答：我叫郭××，是某某有限责任公司办公室主任。

问：请说一下你单位的全称和法定代表人？

答：我单位全称是某某有限责任公司，法定代表人是王××。

问：请说一下你单位的用水情况？

答：我单位的用水为市水务公司的城市公共供水，生产和生活用水都是使用的城市公共供水。

问：请说一下你单位使用城市公共供水的用水量？

答：我单位每月的用水量有1千多吨，每年使用城市公共供水在1.5万~2万吨。

问：你单位是否向水行政主管部门申请过用水计划指标？

答：我单位使用的是城市公共供水并缴纳了水费，不知道还要向水行政主管部门申请用水计划指标。

问：你单位是否纳入了计划用水管理？

答：我单位没有纳入计划用水管理。

问：我局于2014年3月15日向你单位下达了要求你单位纳入计划用水管理的通知，你单位为什么未到我局办理纳入计划用水管理的有关手续？

答：我单位认为用水缴纳了水费不需要办理，所以没到贵局办理手续。

问：根据相关规定，使用公共供水月用水量达到200立方米的，应被纳入计划用水管理，你单位的月用水量已经超过200立方米，应被纳入计划用水管理，你单位拒绝纳入计划用水管理，违反了《河南省节约用水管理条列》第三十四条的规定，扰乱了正常的水事管理秩序，请你单位立即停止违法行为，听候处理。

答：好，我知道了。

问：以上情况是否属实？

答:以上情况属实。

问:询问笔录上述内容请你看一看,记录是否属实?

答:询问笔录上述内容,记录属实。郭某(捺指印)

被询问人阅核后签注“询问笔录上述内容,记录属实。”

被询问人签字:郭某(捺指印) 2014 年 3 月 26 日

拒绝签字的理由:

询问人签字: 安某 王某 2014 年 3 月 26 日

记录人签字: 安某 2014 年 3 月 26 日

附:

某某有限责任公司营业执照复印件

某某有限责任公司授权委托书

某某有限责任公司法定代表人身份证复印件

相关的证据材料

现场照片

责令改正通知书

安水改字〔2014〕第 1 号

某某有限责任公司：

经查，你单位使用公共供水且月均用水量达到 200 立方米，应被纳入计划用水管理，你单位拒绝纳入计划用水管理，违反了《河南省节约用水管理条例》第三十四条“本条例所称计划用水单位，是指纳入取水许可管理的自建供水设施的取水单位和个人，以及使用公共供水且用水量达到县级以上人民政府水行政主管部门规定数额的单位和个人（城镇居民生活用水户除外）”的规定，根据《河南省节约用水管理条例》第三十一条第一款第（六）项“违反本条例规定，有下列行为之一的，由县级以上人民政府水行政主管部门责令限期改正，逾期不改正的，处五千元以上五万元以下罚款：（一）经营洗浴、游泳、水上娱乐、洗车的单位和个人未按照有关规定安装使用或者安装不符合规定的节水设施、器具的；（二）计划用水单位拒不安装水计量器具的；（三）计划用水单位未依照本条例规定办理计划用水指标擅自用水的；（四）计划用水单位擅自停止使用节水设施的；（五）供水单位实行包费制的；（六）应被纳入计划用水管理的用水单位或个人，拒绝纳入计划管理的”的规定，现责令你单位于 2014 年 3 月 31 日前改正。

附：限责令你单位五日内到安阳市水利局办理纳入计划用水管理的有关手续。

安阳市水利局（盖章）

2014 年 3 月 28 日

联系人：安某

联系电话：3696123

联系地址：安阳市安钢大道 369 号（安阳市水政监察支队）

送达回证

单位盖章

<table>
<tr><td>受送达人</td><td colspan="4">某某有限责任公司</td></tr>
<tr><td>送达地点</td><td colspan="4">该单位办公室</td></tr>
<tr><td colspan="2">送达文书</td><td>送达人</td><td>收到日期</td><td>受送达人签名或盖章</td></tr>
<tr><td colspan="2">责令改正通知书
安水改字〔2014〕第1号</td><td>安某
王某</td><td>2014年3月28日11时</td><td>郭某</td></tr>
<tr><td colspan="2"></td><td></td><td>年　月　日　时</td><td></td></tr>
<tr><td colspan="2"></td><td></td><td>年　月　日　时</td><td></td></tr>
<tr><td colspan="2"></td><td></td><td>年　月　日　时</td><td></td></tr>
<tr><td>备　注</td><td colspan="4">郭某为某某有限责任公司办公室主任</td></tr>
</table>

注:(1)如受送达人不在,将文件交与他的成年家属、近邻、工作机关或受送达人居住地的乡(镇)政府、村民委员会或街道办事处代收。

(2)如系代收,代收人应在"受送达人"栏内签名或盖章,并注明与受送达人的关系。

案件调查终结报告

当事人的基本情况：某某有限责任公司

法定代表人：王某某　　地址：安阳市安钢大道 11 号

调查时间：2014 年 3 月 24 日至 2014 年 3 月 31 日

调查人(签字)：安某　王某

当事人的违法证据：(1)现场(检查)笔录；(2)询问笔录；(3)视听资料。

应受行政处罚的依据和种类：某某有限责任公司使用公共供水且月均用水量达到 200 立方米，应被纳入计划用水管理，该单位拒绝纳入计划用水管理，有现场勘验笔录、调查笔录为证。我局于 2010 年 3 月 25 日向该单位下达了《责令改正通知书》，责令该单位于 2014 年 3 月 26 日前到我局办理纳入计划用水管理的有关手续，该单位在规定期限内未来办理。上述违法行为事实清楚，证据确凿充分。根据《河南省节约用水管理条例》第三十一条第一款第(六)项"违反本条例规定，有下列行为之一的，由县级以上人民政府水行政主管部门责令限期改正，逾期不改正的，处五千元以上五万元以下罚款：(一)经营洗浴、游泳、水上娱乐、洗车的单位和个人未按照有关规定安装使用或者安装不符合规定的节水设施、器具的；(二)计划用水单位拒不安装水计量器具的；(三)计划用水单位未依照本条例规定办理计划用水指标擅自用水的；(四)计划用水单位擅自停止使用节水设施的；(五)供水单位实行包费制的；(六)应被纳入计划用水管理的用水单位或个人，拒绝纳入计划管理的"和《河南省水行政处罚裁量标准》中《河南省节约用水管理条例》第三十一条"违法行为情形和处罚标准：(3)在规定期限内拒不改正的，处 3 万元以上 5 万元以下的罚款"的规定。

行政处罚建议：由于该单位拒绝纳入计划用水管理，在规定期限内未改正违法行为，按照《河南省水行政处罚裁量标准》的有关规定，其违法行为属严重违法行为，结合集体讨论结果，建议对该单位进行如下处理：罚款人民币四万元。

水政监察机构负责人意见：同意

刘某　　2014 年 4 月 7 日

机关法制机构负责人意见：同意

刘某　　2014 年 4 月 7 日

安阳市水利局行政处罚案件法律审核意见书

安水罚审字〔2014〕第1号

案件名称	某某有限责任公司擅自取水		
承办单位名称	安阳市水政监察支队	负责人姓名	张某某
主办人员姓名	安某	协办人员姓名	王某
报送时间	2014年4月8日	报送人姓名	安某
审核人姓名	张某某	审核时间	2014年4月8日
审核意见 法制机构	同意办案人员建议 负责人签名:刘某某　2014年4月8日		
主办人员签收	王某某　安某某　2014年4月8日		

本意见书一式两份,一份留存归档,一份连同案卷材料退回办案机构作为指导案件办理的依据入卷归档。

水行政处罚听证告知书

安水罚听告字〔2014〕第1号

某某有限责任公司：

经查，你单位使用公共供水且月均用水量达到200立方米，应被纳入计划用水管理，你单位拒绝纳入计划用水管理。上述行为违反了《河南省节约用水管理条例》第三十四条"本条例所称计划用水单位，是指纳入取水许可管理的自建供水设施的取水单位和个人，以及使用公共供水且用水量达到县级以上人民政府水行政主管部门规定数额的单位和个人（城镇居民生活用水户除外）"的规定。

违法行为等次：根据你单位的违法事实、性质、情节、社会危害程度和相关证据，你单位的违法行为等次属严重违法行为。

拟给予处罚的依据和种类：根据违法案件的事实与证据，你单位违法行为符合《河南省节约用水管理条例》第三十一条第一款第（六）项"违反本条例规定，有下列行为之一的，由县级以上人民政府水行政主管部门责令限期改正，逾期不改正的，处五千元以上五万元以下罚款：（一）经营洗浴、游泳、水上娱乐、洗车的单位和个人未按照有关规定安装使用或者安装不符合规定的节水设施、器具的；（二）计划用水单位拒不安装水计量器具的；（三）计划用水单位未依照本条例规定办理计划用水指标擅自用水的；（四）计划用水单位擅自停止使用节水设施的；（五）供水单位实行包费制的；（六）应被纳入计划用水管理的用水单位或个人，拒绝纳入计划管理的"和《河南省水行政处罚裁量标准》中《河南省节约用水管理条例》第三十一条"违法行为情形和处罚标准：……（3）在规定期限内拒不改正的，处3万元以上5万元以下的罚款"的规定，本机关拟对你单位作出罚款人民币四万元的处罚。

申请听证的期限：如你单位要求听证，应当自收到本告知书之日起三日内向我局提出申请。逾期视为放弃听证权利。

安阳市水利局（盖章）
2014年4月8日

联系人：安某
联系电话：369××××
联系地址：安阳市安钢大道369号（安阳市水政监察支队）

送达回证

单位盖章

受送达人	某某有限责任公司		
送达地点	该单位办公室		
送达文书	送达人	收到日期	受送达人签名或盖章
水行政处罚听证告知书 安水罚听告字〔2014〕第1号	安某 王某	2014年4月8日11时	郭某
		年 月 日 时	
		年 月 日 时	
		年 月 日 时	
备 注	郭某为某某有限责任公司办公室主任		

注:(1)如受送达人不在,将文件交与他的成年家属、近邻、工作机关或受送达人居住地的乡(镇)政府、村民委员会或街道办事处代收。

(2)如系代收,代收人应在受送达人栏内签名或盖章,并注明与受送达人的关系。

附:

某某有限责任公司放弃听证的说明

水行政处罚事先告知书

安水罚先告字〔2014〕第 1 号

某某有限责任公司:

你单位使用公共供水且月均用水量达到200 立方米,应被纳入计划用水管理,你单位拒绝纳入计划用水管理。上述行为违反了《河南省节约用水管理条例》第三十四条“本条例所称计划用水单位,是指纳入取水许可管理的自建供水设施的取水单位和个人,以及使用公共供水且用水量达到县级以上人民政府水行政主管部门规定数额的单位和个人(城镇居民生活用水户除外)”的规定。

违法行为等次:根据你单位的违法事实、性质、情节、社会危害程度和相关证据,你单位的违法行为等次属严重违法行为。

根据违法案件的事实与证据,你单位违法行为符合《河南省节约用水管理条例》第三十一条第一款第(六)项“违反本条例规定,有下列行为之一的,由县级以上人民政府水行政主管部门责令限期改正,逾期不改正的,处五千元以上五万元以下罚款:(一)经营洗浴、游泳、水上娱乐、洗车的单位和个人未按照有关规定安装使用或者安装不符合规定的节水设施、器具的;(二)计划用水单位拒不安装水计量器具的;(三)计划用水单位未依照本条例规定办理计划用水指标擅自用水的;(四)计划用水单位擅自停止使用节水设施的;(五)供水单位实行包费制的;(六)应被纳入计划用水管理的用水单位或个人,拒绝纳入计划管理的”和《河南省水行政处罚裁量标准》中《河南省节约用水管理条例》第三十一条“违法行为情形和处罚标准:……(3)在规定期限内拒不改正的,处3 万元以上5 万元以下的罚款”的规定,本机关拟对你单位做出罚款人民币四万元的处罚。

根据《中华人民共和国行政处罚法》第三十二条的规定,你单位可以自收到本告知书之日起三日内到安阳市水利局进行陈述、申辩,逾期不陈述、申辩的,视为放弃陈述、申辩的权利。

安阳市水利局(盖章)

2014 年4 月15 日

联系人:安某

电　话:369 × × × ×

送达回证

单位盖章

<table>
<tr><td>受送达人</td><td colspan="3">某某有限责任公司</td></tr>
<tr><td>送达地点</td><td colspan="3">该单位办公室</td></tr>
<tr><td>送达文书</td><td>送达人</td><td>收到日期</td><td>受送达人签名或盖章</td></tr>
<tr><td>水行政处罚事先告知书
安水罚先告字〔2014〕第1号</td><td>安某
王某</td><td>2014年4月15日10时</td><td>郭某</td></tr>
<tr><td></td><td></td><td>年 月 日 时</td><td></td></tr>
<tr><td></td><td></td><td>年 月 日 时</td><td></td></tr>
<tr><td></td><td></td><td>年 月 日 时</td><td></td></tr>
<tr><td>备 注</td><td colspan="3">郭某为某某有限责任公司办公室主任
某某有限责任公司放弃陈述和申辩</td></tr>
</table>

注：(1)如受送达人不在，将文件交与他的成年家属、近邻、工作机关或受送达人居住地的乡(镇)政府、村民委员会或街道办事处代收。

(2)如系代收，代收人应在“受送达人”栏内签名或盖章，并注明与受送达人的关系。

重大复杂案件集体讨论笔录

时间：2014 年 4 月 20 日 10 时 20 分至 11 时 50 分

地点：安阳市水利局二楼会议室

集体讨论案由：某某有限责任公司应被纳入计划用水管理，拒绝纳入计划管理

主持人：刘某某 职务：科长 记录人：张某 职务：大队长

参加人：刘某某 王某某 张某 刘某

列席人：刘某某 王某某 刘某某

案件承办人汇报案件情况：某某有限责任公司使用公共供水且月均用水量达到200立方米，应被纳入计划用水管理，该单位拒绝纳入计划用水管理，上述行为违反了《河南省节约用水管理条例》第三十四条“本条例所称计划用水单位，是指纳入取水许可管理的自建供水设施的取水单位和个人，以及使用公共供水且用水量达到县级以上人民政府水行政主管部门规定数额的单位和个人（城镇居民生活用水户除外）”的规定。有现场勘验笔录、调查笔录为证。我局于2014年3月26日向该单位下达了《责令改正通知书》，责令该单位于2014年3月31日前到我局办理纳入计划用水管理的有关手续，该单位在规定期限内未来办理。2014年4月8日，我局又向该单位下达《水行政处罚听证告知书》（安水听告字〔2014〕第1号），该单位在规定时间未提出听证要求，依据《河南省节约用水管理条例》第三十一条和《河南省水行政处罚裁量标准》中《河南省节约用水管理条例》第三十一条“违法行为情形和处罚标准：(3)在规定期限内拒不改正的，处3万元以上5万元以下的罚款”的规定，该单位违法行为属严重违法行为，建议对该单位作出如下处理：罚款人民币四万元。

听证主持人汇报听证情况：当事人放弃听证权利

参加讨论人员意见和理由：刘某某：同意

王某某：同意

结论性意见：经过集体研究讨论，大家同意对该公司作出如下行政处罚。

(1)罚款人民币四万元。

主管领导签名：刘某某 2014年4月20日

行政机关负责人签名：刘某某 2014年4月20日

行政处罚审批表

当事人基本情况	单位名称:某某有限责任公司 地　　址:安阳市安钢大道 11 号 法定代表人姓名:王某某
当事人违法的主要事实	经查,某某有限责任公司应被纳入计划用水管理,拒绝纳入计划管理,其行为违反了《河南省节约用水管理条例》第三十四条“………”(条款全文)规定
承办人建议	建议处罚 承办人签名:安某　王某　　2014 年 4 月 23 日
承办机构意见	同意处罚 负责人:刘某　　2014 年 4 月 23 日
法制机构审核意见	该案件事实清楚、证据确凿充分、定性准确、程序合法、处罚适当,同意处罚 负责人:刘某　　2014 年 4 月 23 日
领导审批意见	同意处罚 领导签名:刘某　　2014 年 4 月 23 日
备　　注	

水行政处罚决定书

安水罚决字〔2014〕第 1 号

被处罚人(单位)名称:某某有限责任公司

地　　址:安阳市安钢大道 11 号

法定代表人或负责人:王某某　　职　务:总经理

本机关于 2014 年 3 月 24 日对你单位拒绝纳入计划用水管理一案立案调查。经查,你单位使用公共供水且月均用水量达到 200 立方米,应被纳入计划用水管理,你单位拒绝纳入计划用水管理。该行为违反了《河南省节约用水管理条例》第三十四条“本条例所称计划用水单位,是指纳入取水许可管理的自建供水设施的取水单位和个人,以及使用公共供水且用水量达到县级以上人民政府水行政主管部门规定数额的单位和个人(城镇居民生活用水户除外)”的规定。

违法的证据:(1)调查笔录;(2)现场勘验笔录。

违法行为等次:根据你单位的违法事实、性质、情节、社会危害程度和相关证据,你单位的违法行为等次属严重违法行为。

应受行政处罚的依据和种类:上述违法行为事实清楚,证据确凿充分。根据《河南省节约用水管理条例》第三十一条第一款第(六)项“违反本条例规定,有下列行为之一的,由县级以上人民政府水行政主管部门责令限期改正,逾期不改正的,处五千元以上五万元以下罚款:(一)经营洗浴、游泳、水上娱乐、洗车的单位和个人未按照有关规定安装使用或者安装不符合规定的节水设施、器具的;(二)计划用水单位拒不安装水计量器具的;(三)计划用水单位未依照本条例规定办理计划用水指标擅自用水的;(四)计划用水单位擅自停止使用节水设施的;(五)供水单位实行包费制的;(六)应被纳入计划用水管理的用水单位或个人,拒绝纳入计划管理的”和《河南省水行政处罚裁量标准》中《河南省节约用水管理条例》第三十一条“违法行为情形和处罚标准:……(3)在规定期限内拒不改正的,处 3 万元以上 5 万元以下的罚款”的规定,决定对你单位作出下列行政处罚:

罚款人民币四万元。

行政处罚履行方式和期限:你单位应当自接到本决定书之日起十五日内将罚款缴至中国工商银行××市分行任一储蓄网点(银行罚款代码:××××××)。到期不缴纳的,每日按罚款数额的百分之三加处罚款。

不服行政处罚决定申请行政复议或提起行政诉讼的途径和期限:如不服本决定,可以自收到本决定书之日起六十日内向安阳市行政复议受理中心或河南省水利厅申请行政复议,或者在接到本决定书后三个月内直接向安阳市殷都区人民法院提起行政诉讼。逾期不申请行政复议、不向人民法院起诉又不履行本处罚决定的,我局将申请人民法院强制执行。

安阳市水利局(盖章)

2014 年 4 月 23 日

送达回证

单位盖章

受送达人	某某有限责任公司		
送达地点	该单位办公室		
送达文书	送达人	收到日期	受送达人签名或盖章
水行政处罚决定书 安水罚决字〔2014〕第1号	安某 王某	2014年4月23日16时	郭某
		年　月　日　时	
		年　月　日　时	
		年　月　日　时	
备　注	郭某为某某有限责任公司办公室主任		

注:(1)如受送达人不在,将文件交与他的成年家属、近邻、工作机关或受送达人居住地的乡(镇)政府、村民委员会或街道办事处代收。

2、如系代收,代收人应在"受送达人"栏内签名或盖章,并注明与受送达人的关系。

附:

银行代收罚款票据

行政处罚案件结案审批表

行政处罚文书文号	安水罚决字〔2014〕第1号	发文日期	2014年4月23日
案　　由	拒绝纳入计划用水管理	案件来源	自查
立案时间	2014年3月24日		
案件简要情况	经查,某某有限责任公司应被纳入计划用水管理,拒绝纳入计划管理,其行为违反了《河南省节约用水管理条例》第三十四条"……"(条款全文)的规定		
行政处罚内容	罚款人民币四万元		
行政处罚执行情况	当事人履行行政处罚决定		
承办人意见	当事人已履行法定义务,建议结案 承办人签名　刘某某　2014年4月23日		
承办机构审核意见	负责人签名　刘某某　2014年4月23日		
法制机构意见	负责人签名　刘某某　2014年4月23日		
机关负责人意见	负责人签名　刘某某　2014年4月23日		

行政处罚案件结案报告

当事人	名　　称	某某有限责任公司	法定代表人	王某某
	地　　址	安阳市安钢大道 11 号	电　　话	×××××××
案　由	拒绝纳入计划用水管理		案件来源	自查
办案时间	2014 年 3 月 24 日至 2014 年 4 月 23 日			
行政处罚文书文号	安水罚决字〔2014〕第 1 号		结案日期	2014 年 4 月 24 日
案件简要情况	经查，某某有限责任公司应被纳入计划用水管理，拒绝纳入计划管理，其行为违反了《河南省节约用水管理条例》第三十四条的规定			
行政处罚内容	罚款人民币四万元			
执行方式	√按程序执行　□复议结案　□诉讼结案　□强制执行			
执行结果	缴纳罚款四万元			

填表人：　王某　　　　2014 年 4 月 24 日

立卷、验卷情况记载

本案卷于__2014__年__4__月__24__日立卷。

本册连面带底共计__32__页,附证物袋____个,

内装________________件。

立卷人__安某____

本案卷于__2014__年__4__月__30__日

经验查合格

检验人__刘某____

某某钢铁实业有限责任公司取水许可审批案件

安阳市水利局行政许可卷宗

安水许准字〔2012〕第001号

<table>
<tr><td>事由</td><td colspan="4">某某钢铁实业有限责任公司取水许可审批案件</td></tr>
<tr><td rowspan="2">当事人</td><td>名称或姓名</td><td colspan="3">某某钢铁实业有限责任公司</td></tr>
<tr><td>地址或住址</td><td colspan="3">某某地方</td></tr>
<tr><td>申请日期</td><td colspan="2">2012年7月10日</td><td>批复日期</td><td>2012年7月20日</td></tr>
<tr><td>审批情况</td><td colspan="4">准予办理取水许可证</td></tr>
<tr><td>复议决定</td><td colspan="4">无</td></tr>
<tr><td>法院判决(裁定)</td><td colspan="4">无</td></tr>
<tr><td>归档日期</td><td colspan="2">2012年7月21日</td><td>归档编号</td><td></td></tr>
<tr><td>保存期限</td><td colspan="2">10年</td><td>承办人</td><td>××× ×××</td></tr>
<tr><td colspan="3">本卷内的文书共计 14 张</td><td>立卷人</td><td>××××××</td></tr>
</table>

卷宗目录

序号	文书名称	文号	页号
01	行政处可申请材料真实性保证书		
02	行政许可申请书		
03	行政许可申请材料清单		
04	企业营业执照副本复印件		
05	法定代表人身份证复印件		
06	委托代理书		
07	委托代理人身份证复印件		
08	委托代理人第三方利害关系证明		
09	土地证明复印件		
10	使用自备井保证书		
11	委托代理人建设项目水资源论证报告表		
12	安阳市水利局行政许可受理审批表		
13	安阳市水利局水行政许可申请受理通知书	安水受告字〔2012〕sz001 号	
14	送达回证		
15	安阳市水利局准予行政许可决定审批表		
16	水行政许可准予决定书	安水许准字〔2012〕第 001 号	
17	送达回证		
18	取水许可证复印件	取水(豫 0501)字〔2012〕第 001 号	
19	送达回证		
20	行政许可办结报告		

行政许可申请材料真实性保证书

安阳市水利局:

本人承诺所提供的有关取水许可申请材料(清单附后)和反映的情况真实有效。如若不实,本人自愿承担由此引发的一切法律后果。

负　责　人(签名):

委托代理人(签名):

单　位　(盖章):

年　月　日

行政许可申请书

申请人姓名:________ 身份证号:________

住址:________

申请单位名称:××钢铁实业有限责任公司

地址:×××××地方

法定代表人姓名:××× 身份证号码:________

委托代理人姓名:×××× 身份证号码:________

住址:________ 电　话:××××××××

行政许可申请事项:取水许可

申请事实和理由:××钢铁实业有限责任公司,未在自来水管网覆盖范围以内,为了解决职工生活用水和工业用水,特此申请办理取水许可证。

附:行政许可申请材料清单

行政许可申请人:

委托代理人:　×××

年　月　日

行政许可申请材料清单

序号	材料名称	数量	备注
01	行政许可申请书	1	
02	行政许可申请材料清单	1	
03	企业营业执照副本复印件	1	
04	法定代表人身份证复印件	1	
05	委托代理书	1	
06	委托代理人身份证复印件	1	
07	第三方利害关系证明	1	
08	土地证明复印件	1	
09	使用自备井保证书	1	
10	建设项目水资源论证报告表	1	
11	取水许可证登记表	3	
行政许可申请人	申请人： 委托代理人： ××× 年 月 日		
行政许可受理机关	承办人：××× ××× 年 月 日		

附：

×××钢铁实业有限责任公司企业营业执照副本复印件

（加盖公章）

×××钢铁实业有限责任公司法定代表人身份证复印件

（加盖公章）

委托书

安阳市水利局：

我单位×××钢铁实业有限责任公司位于×××地方，现委托×××前去贵单位办理取水许可手续，身份证号：×××××，联系电话×××××。

××××钢铁实业有限责任公司（盖章）

年　　月　　日

委托代理人身份证复印件

（加盖公章）

第三方利害关系证明

××钢铁实业有限责任公司院内有地下水井一眼，其取水不影响我单位生活用水，特此证明。

××××××（盖章）
2012年7月1日

×××钢铁实业有限责任公司土地证明复印件

（加盖公章）

使用自备井保证书

安阳市水利局：

我单位位于　　　　×××××××地方　　　　，未在城市公共供水管网覆盖范围以内，本单位内有地下水源井　1　眼，取水用于　职工生活和居民工业　　　　。

为合理利用和保护我市地下水资源，我单位一定服从市政府及相关部门的封井工作安排，随时无条件封填本单位的地下水源井。

年　　月　　日

附：

×××钢铁实业有限责任公司建设项目水资源论证报告表

安阳市水利局行政许可受理审批表

申请人	名　称	××钢铁实业有限责任公司	法定代表人	×××
	地　址	×××地方	电　　话	××××××××××××
	姓　名		身份证号码	
	地　址		电　　话	
行政许可申请事项	取水许可			
行政许可事项审查情况	申请材料齐全,符合法定程序,属于本机关受理范围。			
承办人意见	申请材料齐全,建议受理 主办人:×××　协办人:×××　2012年7月11日			
	同意受理 负责人:×××　2012年7月11日			
水政监察支队意见	同意受理 负责人:×××　2012年7月12日			
法制机构意见	同意受理 负责人:×××　2012年7月12日			

安阳市水利局水行政许可申请受理通知书

安水受告字〔2012〕sz001 号

× ×钢铁实业有限责任公司：

本机关于 2012 年 07 月 10 日收到您提出的取水许可申请材料。全部申请材料清单如下：

(1)行政许可申请书(1 份)

(2)企业营业执照副本复印件(1 份)

(3)法定代表人身份证复印件(1 份)

(4)委托书(1 份)

(5)委托代理人身份证复印件(1 份)

(6)第三方利害关系证明(1 份)

(7)土地证明复印件(1 份)

(8)使用自备井保证书(1 份)

(9)建设项目水资源论证报告表(1 套)

(10)取水许可证登记表(3 份)

经审查，您单位提交的取水许可申请材料齐全，符合法定形式，根据《中华人民共和国行政许可法》第三十二条第一款第(五)项、《水行政许可实施办法》第二十四条第一款第(五)项及其他有关规定，现予受理。

特此通知

联系人：× × ×　　× × ×

联系电话：369 × × × ×

安阳市水利局(盖章)

2012 年 7 月 12 日

送达回证

单位盖章

<table>
<tr><td>受送达人</td><td colspan="3">××钢铁实业有限责任公司</td></tr>
<tr><td>送达地点</td><td colspan="3">安阳市水利局水政监察支队办公室</td></tr>
<tr><td>送达文书</td><td>送达人</td><td>收到日期</td><td>受送达人签名或盖章</td></tr>
<tr><td>安阳市水利局水行政许可申请受理通知书
安水受告字〔2012〕sz001 号</td><td>×××
×××</td><td>2012 年 7 月 12 日 10 时</td><td>×××</td></tr>
<tr><td></td><td></td><td>年 月 日 时</td><td></td></tr>
<tr><td></td><td></td><td>年 月 日 时</td><td></td></tr>
<tr><td></td><td></td><td>年 月 日 时</td><td></td></tr>
<tr><td>备　注</td><td colspan="3">××钢铁实业有限责任公司主任</td></tr>
</table>

注：(1)如受送达人不在，将文件交与他的成年家属、近邻、工作机关或受送达人居住地的乡（镇）政府、村民委员会或街道办事处代收。

2、如系代收，代收人应在“受送达人”栏内签名或盖章，并注明与受送达人的关系。

安阳市水利局准予行政许可决定审批表

<table>
<tr><td>行政许可
申请事项</td><td colspan="2">取水许可</td><td>行政许可
受理时间</td><td>2012 年 7 月 12 日</td></tr>
<tr><td rowspan="2">申请人</td><td>单位名称</td><td>× × 钢铁实业有限责任公司</td><td>法定代表人</td><td>× × ×</td></tr>
<tr><td>地　　址</td><td></td><td>电　话</td><td>× × × × × × × × × ×</td></tr>
<tr><td>行政许可事项
审查情况</td><td colspan="4">× × 钢铁实业有限责任公司未在公共供水管网覆盖范围以内取水，用于生产、生活用水，符合申请条件。</td></tr>
<tr><td rowspan="2">承办人意见</td><td colspan="4">经现场调查，情况属实，符合批准条件，建议审批
主办人：　× × ×　　协办人：　× × ×　　2012 年 7 月 18 日</td></tr>
<tr><td colspan="4">负责人：　× × ×　　2012 年 07 月 18 日</td></tr>
<tr><td>承办机构
审核意见</td><td colspan="4">负责人：　× × ×　　2012 年 7 月 19 日</td></tr>
<tr><td>领导审批意见</td><td colspan="4">领导签名　× × ×　　2012 年 7 月 20 日</td></tr>
</table>

安阳市水利局准予行政许可决定书

安水许准字〔2012〕第001号

××钢铁实业有限责任公司：

你单位于 2012 年 7 月 10 日提出的关于 办理取水许可证 行政许可申请，本机关已于 2012 年 7 月 12 日受理。

经审查，符合法定条件。根据《取水许可和水资源费征收管理条例》第二十条第一款和第二十三条第二款的规定，现准予你单位办理取水许可证。取水许可证有效期自 2012 年 7 月 20 日至 2017 年 7 月 19 日。

请你单位在十日内到安阳市行政便民服务中心领取取水许可证。

联系人：×××
联系电话：×××××××

安阳市水利局（盖章）
2012年7月20日

送达回证

单位盖章

受送达人	××钢铁实业有限责任公司		
送达地点	安阳市行政便民服务中心		
送达文书	送达人	收到日期	受送达人签名或盖章
安阳市水利局准予水行政许可决定书 安水许准字〔2012〕第001号	××× ×××	2012年7月20日10时	×××
		年　月　日　时	
		年　月　日　时	
		年　月　日　时	
备　注			

注:(1)如受送达人不在,将文件交与他的成年家属、近邻、工作机关或受送达人居住地的乡(镇)政府、村民委员会或街道办事处代收。

(2)如系代收,代收人应在"受送达人"栏内签名或盖章,并注明与受送达人的关系。

送达回证

单位盖章

受送达人	××钢铁实业有限责任公司		
送达地点	安阳市行政便民服务中心		
送达文书	送达人	收到日期	受送达人签名或盖章
取水许可证 取水(豫0501)字〔2012〕第001号	××× ×××	2012年7月20日10时	张某
		年　月　日　时	
		年　月　日　时	
		年　月　日　时	
备　注			

注:(1)如受送达人不在,将文件交与他的成年家属、近邻、工作机关或受送达人居住地的乡(镇)政府、村民委员会或街道办事处代收。

(2)如系代收,代收人应在“受送达人”栏内签名或盖章,并注明与受送达人的关系。

附:

取水许可证复印件

(加盖公章)

行政许可办结报告

申请人（被许可人）	名　称	××钢铁实业有限责任公司	法定代表人	×××
	地址	××××××××××	电　　话	××××××××
	姓　名		身份证号码	××××××××××
	所在单位		电　　话	
行政许可事项	取水许可			
办理内容	初次申请			
行政许可文书编号	安水许准字〔2012〕第001号			
审查情况、理由及决定内容	申请手续齐全,符合办理取水许可法定条件,准予办理			
办结方式	依程序办结			
执行情况	已办结			

填表人：×××　　　　2012年07月21日

提　高　篇

大力开展依法治水　全面推进依法行政

一、安阳市水利综合执法的基本情况

安阳市地处晋、冀、豫三省交汇处，分属海河流域和黄河流域，面积7413平方公里，总人口533万，辖一市四县五区。安阳是一座具有三千多年历史的国家级文化名城，中国七大古都之一、全国优秀旅游城市、世界文化遗产——殷墟的所在地，同时是甲骨文的发现地、《周易》的发详地、红旗渠精神的发源地。

2006年，安阳市水利局新一届党委高度重视执法工作，针对水利工作和执法中存在的诸多问题，研究确定了走“综合执法保障可持续水利发展”的道路，在全省没有先例、全国综合执法模式不一样的情况下，采取“边学习、边制订方案、边组建队伍、边申报试点、边开展工作”的“五边原则”，大力开展水利综合执法工作。安阳市水行政执法以“水法规宣传、提高执法队伍素质”为基础，以“加大执法力度”为保障，以“落实岗位责任制”为出发点和落脚点，始终按照“内强素质，外塑形象，规范行为，文明执法”的总要求，在水法规宣传、水政监察队伍建设、水行政执法和水利综合执法等方面做了一些工作，取得了明显的成效。被河南省水利厅先后批复为全省第一个水利综合执法试点市，全国水利综合执法联系点，全国水利综合执法示范点。安阳市水政监察支队被授予安阳市新长征突击队、安阳市青年文明号和全省水利系统“水政监察队伍文明执法示范窗口单位”。

二、主要做法

（一）深化行政管理体制改革，积极探索水利综合执法

根据《纲要》和《决定》关于继续推进相对集中行政处罚权和综合行政执法试点工作的要求，我们针对水利执法中存在的多头执法、分散执法、执法不力、执法效率低下等问题进行了认真分析，实行水利综合执法，将原来市直水利系统各单位和科室分散执法的做法，改变为水政监察支队统一实施行政处罚权。河南省政府副省长刘满仓、安阳市委书记张广智、市政府市长张笑东分别就安阳市被确定为全国水利综合执法联系点作出批示，要求当好试点、积累经验，积极推进水利综合执法工作全面开展。

（二）加强学习、培训和宣传，营造良好的依法治水氛围

依法治水和依法行政，关键是队伍素质。为切实提高队伍素质，安阳市水利局每年都组织1～2次专题法制讲座，组织全局科以上干部参加，及时学习新颁布的法律法规，增强依法行政、依法办事意识，并自觉运用法律手段解决各种矛盾和问题。对一线执法人员，我们每年都集中3～5天时间，进行封闭学习，并邀请上级业务主管部门、市法院、检察院和法制办领导及党校老师进行辅导，切实提高了执法人员的职业道德和依法办案能力和水平。同时，为增强全社会的水资源危机意识和节水观念，在水法规的宣传中，我们坚持宣传领导和宣传群众相结合，集中宣传和日常宣传相结合，利用“世界水日”和“中国水周”，采用邀请市长发表署名文章、召开座谈会、广场演出、猜谜游园、流动车队、电视公益广告、发放节水宣传纸杯等一系列宣传方式，大张旗鼓地开展了普法宣传活动，在全社会形成了珍惜水、节约水和保护水的良好氛围。

（三）大力推进行政执法责任制工作，建立执法责任平台

推行行政执法责任制是强化执法责任，明确执法程序和标准，进一步规范和监督行政执法活动，提高行政执法水平，确保依法行政各项要求落到实处的重要举措，是落实《纲要》和《决定》的具体行动。我们在2006年完成执法依据和执法行为梳理及执法职权分解的基础上，结合最近几年新出台的水法律法规，及时补充和完善了梳理结果，同时按照科学合理、执法流程清楚、执法责任明确的要求，重新进行了执法职权分解和执法责任确定工作，保证了行政执法责任工作的时效性和可操作性。同时，我们还根据市推行行政执法责任制工作领导小组的要求，成立了市水利局行政执法责任制目标考评工作领导小组，制订了考评方案，细化了考核指标，对市直水利系统具有执法职能的各科（室、站、队）和二级机构及其执法人员进行了考评，并及时上报了考评结果和建议，有力地推进了行政执法责任制工作的市直水利系统的落实。

（四）健全执法主体资格制度，保证具体行为合法有效

市本级水行政执法全部由市水利局在法定职权范围内实施，未经法律、法规授权或者行政机关的合法委托，其他任何单位都不得行使水行政执法权；向社会公告了水行政执法主体。全体水行政执法人员经岗前培训，综合法律和专业法律知识培训考试合格，领取了《河南省行政执法证》方能持证上岗、亮证执法。同时，还根据上级要求，建立了水行政执法人员电子档案，目前，安阳市水利局107名行政执法人员全部在河南法制网上公示，方便群众查询，接收社会监督，较好地执行了执法主体资格制度，杜绝了没有执法资格的人员从事水行政执法工作。安阳市水利局具有行政执法职能的科（室、站、队），严格依照分解的各自执法权限，分工协作，密切配合，在行政处罚、行政许可、行政征收和行政强制等具体执法实践中，坚持做到了行政执法主体符合法律规定，全部由市水利局作出具体行政行为；行政执法行为符合法定权限，适用法律依据准确，行政执法程序合法，行政执法决定内容合法、适当，行政执法行为文明，行政执法文书真实、规范。健全了行政执法案卷评查制度，对公民、法人和其他组织的有关监督检查记录、证据材料、执法文书立卷归档，定期向省水利厅和市政府法制办报送行政执法案卷，自觉接收监督，切实整改案卷评查中发现的问题，保证了具体行政行为的合法有效，实现了依法治水，树立了良好的行业形象。

（五）自觉执行规范性文件备案审查制度，保证法制统一

每年安阳市水利局印发规范性文件时，在签发程序上，所有规范性文件公布之前全部经安阳市水利局法制机构（水政水资源科）进行法律审核，报局领导审签后正式印发。按照规范性文件备案的时间要求，安阳市水利局13年印发了5个规范性文件，全部在发布之日起15日内报法制办备案审查，备案率和合法率达到了100%，未出现需要纠正和不适当的规范性文件。同时，我们还按照法制办的要求于去年11月向法制办报送了2011年11月至2012年10月市直水利系统所有的发文目录（共436个文件），做到了应备尽备，自觉接收监督，保证了法制统一。

（六）积极推进政务信息公开，保障公民合法权益

为切实做好安阳市水利局政府信息公开工作，方便公民、法人和其他组织获取安阳市水利局政府信息，充分发挥政府信息对人民群众生产、生活和经济社会活动的服务作用，安阳市水利局成立了领导小组，结合实际，制订了《安阳市水利局政府信息公开内容保障方案》，细化了保障工作的基本原则、组织领导、公开内容及公开原则、职责与要求、公开内容的审核管理等内容,为进一步开展政府信息公开工作奠定了基础。安阳市水利局政府信息公开工作职责分综合协调、内容提供、具体发布和监督工作四个方面,明确了每项职责的承办机构和工作内容。无政府信息公开收费及减免情况,也未发生针对本部门有关政府信息公开工作的行政复议和行政诉讼情况,及时、准确地向社会公开政府信息,确保公民的知情权、参与权、表达权、监督权,有效地推动了法治政府、阳光政府建设。

三、经验和体会

(一)领导重视是关键

水利发展要靠法治。为彻底改变水利执法长期存在的分散执法、多头执法、交叉执法、执法效率低下等问题,局领导统一思想,理清思路,以水利综合执法工作为突破口,在市直水利系统公开选拔水政执法人员,重新组建了水政监察支队,为水利综合执法奠定了良好基础。

(二)搞好宣传是基础

我们坚持平时宣传与集中宣传相结合,宣传群众与宣传领导相结合,对内宣传与对外宣传相结合,一般宣传与重点宣传相结合,执法中服务,服务中执法,执法中宣传,宣传中执法,既突出广度又注重深度,宣传形式多样,群众喜闻乐见,收到了较好的宣传效果,营造了依法治水的良好氛围。

(三)职责分解是前提

明确执法职权,分解执法责任,建立权责统一、分工明确、运转协调、相互监督的水行政执法责任平台是开展好依法行政工作的前提,只有这样,才能形成"千斤重担大家挑,人人肩上有指标"的良好执法环境,消除在行政执法工作中存在的有利争着管、无利无人管的弊端。

(四)制度建设是手段

建立一支精干、高效、规范的水利综合执法队伍离不开健全完善的规章制度。我们先后制定并实行了水政监察员岗位执法责任制度、执法公示制度、执法巡查制度、案件登记制度、案件主办人制度、案件集体研究制度、重大案件集体审议和备案制度以及评议考核等制度,实现了以制度办事和管人,确保了依法治水工作的顺利开展。

(五)资金投入是保障

依法行政工作在队伍建设、提高人员素质,改善执法装备、普法宣传等方面都需要投入大量资金。包括对全体水政执法人员进行岗前培训,统一配发执法服装,保证办公用房、购置电脑、传真、摄影(摄像)、录音和投影设备,水政执法专用车,解决巡查、办案的交通问题等,都必须有资金作保障。

(六)自身努力是根本

《纲要》全面规划了建设社会主义法制政府的宏伟蓝图,为今后五年依法行政工作指明了方向,《决定》明确了具体的工作方法和步骤。法制工作者一定要认清形势,强抓机遇,牢固树立依法行政是现在和今后政府法制工作的主流,早落实早主动,晚落实就被动的观念,积极主动做好各项基础工作,才能真正使依法行政工作上台阶、上水平。

四、下一步工作

(一)进一步规范行政执法行为

完善行政执法程序,根据有关法律法规规定,对行政执法环节、步骤进行具体规范,切实做到流程清楚、要求具体、期限明确。在上级的指导下，抓紧对法律法规规定的有裁量幅度的行政处罚、行政许可条款进行梳理，对行政裁量权予以细化，能够量化的予以量化，并将细化、量化的行政裁量标准予以公布、执行。

（二）开展执法监督工作，完善案卷评查制度

完善行政处罚、行政许可、行政强制、行政征收等行政执法案卷的评查制度，每年组织一次行政执法案卷评查，增强执法人员的责任意识，提高其依法行政的能力和水平。

（三）加强制度落实，深化信息公开内容

目前，政府信息公开还存在不能完全满足社会公众的需求，网上办事服务功能需要进一步完善等问题。因此，应进一步加强制度落实，深化信息公开内容，不断完善政府信息公开制度，并加以认真落实，不断丰富政府信息公开内容，切实做到便民利民。

依法行政工作是一项长期的艰巨任务，是政府和各职能部门的既定目标。安阳市水利局在这方面进行了积极的实践和探索，但与其他部门相比，还存在不足和差距。我们将在《纲要》和《决定》的指引下，脚踏实地地做好依法行政的各项工作，当好领导依法行政方面的参谋、助手和法律顾问，为全面推进依法行政、建设法制政府作出应有的贡献。

浅谈水利综合执法的意义

——安阳市水利综合执法实践体会

一、安阳水利综合执法的渊源

综合执法源自政府管理体制改革，国务院在《国务院关于全面推进依法行政的决定》中规定："要依照《行政处罚法》的规定，继续积极推进相对集中行政处罚权的试点工作，并在总结试点经验的基础上，扩大试点范围"，随后在《国务院办公厅关于继续做好相对集中行政处罚权试点工作的通知》中明确指出，实行相对集中行政处罚权制度，是对现行行政管理体制的重大改革，各地区要解决行政管理中长期存在的多头执法、职权交叉重复和行政执法机构膨胀等问题，提高行政执法水平和效率，建立"精简、统一、效能"的行政管理体制。这两个文件是进行综合执法的总的指导纲领，并指出了实现综合执法所达到的最终目标。两年来，全国各地以实行"相对集中行政处罚权"为突破口，进行了综合执法的试点工作，取得了一定的成效。

二、安阳市开展水利综合执法背景

1998 年，安阳市水政监察支队经市政府批准挂牌成立，由于种种原因，未能解决队伍编制问题。多年来，由于受执法工作开展时间短、执法编制得不到解决和水利执法体制等因素制约，执法职责交叉、执法力量分散，形不成执法合力，严重影响着水行政执法的形象和效果。2005 年，市编委正式批复成立安阳市水政监察支队，编制 8 人，但仍未从根本上解决原先存在的问题。随着水利事业的迅猛发展和水利法制建设的不断加强，水行政执法的任务越来越重，要求越来越高，特别是安阳市水利工作面临的水资源匮乏、地下水超采、水环境恶化、水利工程违章建筑多等现实问题和水事违法行为日益呈现多样化、复杂化的趋势（不少水事违法行为同时触犯几部水法律法规），单靠一个部门力量很难实现对水工程、水资源、水生态的有力保护。在这种形势下，迫切需要将水法律法规赋予水行政主管部门的执法职能集中起来，充实执法人员，整合执法力量，加大执法力度，为水利发展提供保障。

2006年，安阳市水利局新一届领导班子上任后，针对水利工作和执法中存在的诸多问题，研究确定了走“综合执法保障可持续水利发展”的道路，目标是理顺执法体制，明确执法责任，建立起办事高效、运转协调、行为规范的水利综合执法体系，造就一支廉洁公正、作风优良、业务精通、素质过硬的水利执法队伍，保障水法律法规的全面实施和水利可持续发展，促进人水和谐。按照水法律法规的要求，结合安阳市实际，在全省没有先例、全国综合执法模式不一的情况下，采取“边学习、边制订方案、边组建队伍、边申报试点、边开展工作”的“五边原则”，大力开展水利综合执法工作。2006年11月，被河南省水利厅批复为全省第一个水利综合执法试点市。

三、安阳水利综合执法的主要做法

（1）加强组织领导，营造良好的水利综合执法环境。安阳市水利局对水利综合执法工作高度重视，成立了以局党委书记、局长江子蔚为组长，各位副局长为副组长，相关科室和二级单位领导为成员的领导小组。局领导多次听取综合执法工作汇报，进行专题研究，对试点过程中出现的情况进行具体指导，从人员选拨、机构建设、资金保障上给予了大力支持，提供了强有力的组织保证。

（2）多方调研学习，探索适宜的执法模式。为探索适合安阳市实际情况的综合执法模式，在认真查阅海南、广东佛山等地经验的同时，派人到山东济南、东营两市进行调研学习，结合安阳市水利局水利工作实际，确定了“水行政处罚权和强制执行权相统一”的执法模式。

（3）加强队伍建设，为水利综合执法选拔合格人才。为适应复杂多变的水行政执法环境，从增加人员力量和提高人员执法水平两方面着手，按照公平、公正、公开的原则，经笔试、面试，在市直水利系统公开选拔了36名政治素质高、业务能力强的水利综合执法人员，重新组建了由53人组成的安阳市水政监察支队。为使这支队伍能够应对复杂化、多样化的水事案件，集中时间对执法人员进行了职业道德、水法律法规、行政处罚程序和法律文书应用等知识培训和军事训练。目前，全市已形成了市有支队，市直水管单位、县（市、区）有大队，县（市）直水管单位有中队的三级水行政执法队伍和网络。

（4）搞好机构设置和职能调整，协调各种执法关系。有效开展水利综合执法工作的重点、难点和关键是机构设置和职能调整，这直接关系到综合执法的成败。我们以集中行使水行政处罚权为重点，将原来由局内设科室和二级机构行使的行政处罚权和行政强制权全部集中起来，交由水政监察支队负责组织实施，协调支队和有关业务科室及二级单位的执法关系和执法衔接。按照“精简、统一、效能”原则充实了组织机构，设政委、支队长和2名副支队长，内设综合科、执行科和水资源、水工程、水生态3个直属监察大队；按照“初查放开、立案归口、统一处罚、统一执行”原则，制订印发了《安阳市水利综合执法工作方案》、《安阳市水利综合执法试行办法》，做到了职责清、任务明、关系顺。

(5)推行行政执法责任制，建立依法治水责任平台。推行行政执法责任制是政府法制工作的重点，也是综合执法的现实需要。为切实做好这项工作，成立了专门的领导机构，及时组织人员进行执法依据梳理，经市政府法制办确认保留并公布行政执法职权98项，其中水行政许可18项，水行政处罚66项，水行政征收8项，水行政强制5项，其他具体行政行为1项。印发《安阳市水利局推行行政执法责任制材料汇编》至每位执法人员、执法科室（单位），做到了执法依据准确充分，执法程序公开规范，执法责任具体明确。

(6)抓制度建设，为综合执法提供制度保障。为进一步规范执法行为，制定了水政监察员岗位责任制度、水政监察员执法责任制度、评议考核制度、水政监察员“十不准”、水行政执法巡查制度、水行政执法案件主办人制度、水行政执法公示制度、水行政执法案件集体研究制度、水行政执法案件登记制度、重大案件集体审议和备案制度等，做到了制度上墙，程序成图，身份公开，定期检查，为文明执法、严格执法、廉政执法提供了保障。

(7)加强与公检法等部门的联系，加大综合执法力度。水利综合执法效果的好坏，关键是具体行政行为的执行。安阳市积极与法院联系，加强强制执行的力度，起到了很好的震慑作用，促使大部分欠费户主动缴纳了水资源费，有效地改善了部分用水户长期欠缴水资源费的局面。同时，与检察院成立了行政执法与刑事司法联系工作办公室，规范行政执法行为，强化监督制约机制，加大了偷水案件的查处力度。目前，安阳市正在与公安部门积极联系，筹备水利公安联系办公室，以解决水利执法过程中存在的缺乏强制手段的弊端。

(8)抓文明服务，树行业良好形象。全面推行了水行政执法“六公示”制度，即执法主体资格公示，执法人员身份公示，执法队伍职责公示，执法依据公示，执法程序公示，执法监督举报电话公示。实行水行政执法承诺制度，制定了水行政执法承诺内容和标准，对群众关心的行政事业性收费实行“三公开一监督”，即收费依据公开、收费范围公开、收费标准公开。公开监督举报电话，主动接受社会各界监督，树立良好的社会形象，赢得人民群众的支持与信任。

四、水利综合执法的现实意义

(1)实行水利综合执法后，大大降低了执法成本，增强了水行政执法力量。通过成立综合执法机构，改变了原来水土保持、水资源、河道管理、工程管理等科室分散执法、缺乏协调统一的弊端，很好地整合了执法力量，从而能够更有力地查处各种水事违法行为。原先生产建设单位的工作涉及水土保持、水资源、工程管理等方面，以前需要水利机关的多个科室对该同一个单位进行多程序管理。由于缺乏统一调度，有时会出现几个执法科室在临近时间内相继到同一单位实施执法管理，因而造成了被管理单位的误解甚至抵触，降低了工作效率，影响了部门形象。综合执法则避免了这种现象的发生，大大提高了执法效率，增加了对水事活动的监督检查力度。在水利综合执法机构成立之前，每个执法科室人员相对较少，科室间缺乏沟通和交流，容易造成顾此失彼，有的被管理单位年年被监督管理，有的则常常被遗漏，造成被管理单位间的不平等，导致工作被动、阻力增大。综合执法后，增加了监督检查机会，做到了平等对待每个被管理单位。

(2)加大了水事案件的查处力度和强制执行力度。以安阳市为例，通过综合执法，第一，有力地促进了水资源费（南水北调工程基金）征收。综合执法前的2005年，水资源费征收额1318万元，综合执法后的2006年共征收3782万元，2007年为3675万元，连续两年名列全省第一。2007年,综合执法活动共出动1165车次、4553人次,现场查处和受理群众举报各类水事违法案件206起,特别是协调法院强制执行水资源费欠费案件,带动水资源费缴纳1566万元,追缴涉水规费981.87万元,罚款入库13.88万元,震慑了长期拖欠水资源费(南水北调基金)的取用水单位和个人。第二,以贯彻实施《河南省取水许可制度和水资源费征收管理办法》、《河南省节约用水管理条例》、《河南省实施〈中华人民共和国水法〉办法》为切入点,规范了取水管理,实现了"一户一卡一表",计量设施安装率达到90%以上,并大力推行取水许可前的水资源论证,凿井过程中的验收和监理,取水使用间的水量水质监测工作,为保护水资源提供了条件。第三,以建设节水型社会为目标,大力推行节约用水工作。每年初和发改委联合下达用水指标,按季度严格考核,认真执行超计划用水加价收费制度,并大力开展水平衡测试工作,减少了水资源浪费现象。2006年征收超计划水价30多万元,节水561万立方米,计划管理单位1500户,占用水单位的95%以上,有力地促进了节水工作。第四,积极开展水资源管理基础工作,完成了《安阳市市区地下水超采区划分方案》、《2005年地下水动态监测报告》、《安阳市饮用水源地保障规划》等技术文稿,以水利局文件下发了《安阳市地温空调、地热井取用水管理办法》,为提高水资源管理水平奠定了基础。

(3)水资源、水工程和水生态三项专项执法活动,取得明显成效,水事秩序得到进一步好转。水资源专项执法活动以落实人大议案、促进地表水利用和封闭市区自备井工作为重点,有效开展了封闭市区管网内地下水源井的专项活动,查处违法案件47起,填闭水井11眼。历时两个多月,对市区公共供水管网覆盖范围内的98家单位179眼水源井进行了摸底调查,查清了水源井的数量、井位、井深等基本情况,为政府制订封井方案提供了决策依据。

水工程专项执法活动按照"新违章坚决制止,老违章逐步处理"的原则,以查处工程管理范围内违章建筑为重点,大力开展了水利工程管理范围内违章建筑专项整治活动。2007年10月7日,开展了安阳水利史上史无前例的专项行动。安阳市水政监察支队与市万金渠管理处联合对安阳市区万金南干渠沿岸违章建筑进行了大规模拆除。万金南干渠沿岸违章建筑由来已久,社会情况复杂,牵涉到单位、个人和国有集体等利益,稍有不慎可能造成严重影响,违章建筑拆除工作已成为水利综合执法的重点和难点。为确保拆除工作的顺利进行,在市局领导高度重视下,切实做到了四个到位:一是领导到位,确保有序进行;二是措施到位,确保方案切实可行;三是人员到位,确保执法效果;四是政策宣讲到位,送法上门,赢得支持。通过安阳市水利局水政执法人员认真、细致和耐心的工作,并积极主动帮助违章建筑户搬运物品,以实际行动赢得了广大群众的信任和支持。短短几天时间,拆除万金南干渠沿线违章建筑21户,房屋73间,建筑面积1889.6平方米,取得了水利综合执法的阶段性成果。此举既是水利综合执法的具体实践,也是对全市新"四创"工作的有力支持。在此次拆迁过程中,全市未发生一起因拆迁而引起的暴力抗法和群众上访事件。安阳市一名了解情况的市领导,在专项行动结束后这样评价:"没想到效果这么好,没想到时间这么短,没想到水法这么管用。"

水生态专项执法活动以排污口调查处理、建设项目水保方案编制实施为重点,大力推进了山区、丘陵区、风沙区建设项目和平原区房地产建设项目水土保持执法监督检查工作,在全省率先开展了水土保持行政处罚、平原区水土保持监督执法、入河排污口监督执法、退水水质监督执法的前期工作等四项水行政执法新工作,实现了新突破,有效地促进了水环境保护。

(4)树立了良好的水利部门形象。水利综合执法工作的有效开展,保证了国家和省有关水资源管理和保护的各项制度的贯彻落实,有力地促进了涉水规费的征收和水资源的保护,为水利基础设施建设提供了资金保障;确保了河南省南水北调中线首开工程在安阳市顺利开工建设,并受到省政府领导的高度赞扬;各项农建工作均超额完成年度目标,安阳市再获全省农田水利基本建设"红旗渠精神杯";文明执法,热情服务,及时查处群众举报、市长便民电话交办和有关部门移送的各类水事违法案件,切实提高了水利综合执法能力和水平,维护了良好的水事秩序,实现了人水和谐;积极开展优化经济发展环境、依法治水和人大议案、政协提案办理工作,认真落实普法依法治理规划和年度计划,在民主评议行风政风中名列前茅。市水利局先后被安阳市优化经济发展环境领导小组评为效能监督热线先进单位;安阳市水政监察支队被安阳团市委、市青联授予"安阳市新长征突击队"荣誉称号,树立了良好的水利行业形象,促进了水利工作的全面发展,提高了水利工作在社会中的地位。2007年8月,安阳作为全国水利综合执法唯一的地市级开展城市,代表河南省参加了全国综合执法联系点座谈会,并做了典型经验介绍,受到了水利部领导和与会代表的高度评价。现在安阳市水政监察支队正在争创安阳市"青年文明号"和全省水利系统"水政监察队伍文明执法示范窗口单位"。

五、综合执法的实践体会

(1)搞好宣传是基础。我们坚持平时宣传与集中宣传相结合,宣传群众与宣传领导相结合,对内宣传与对外宣传相结合,一般宣传与重点宣传相结合,既突出广度又注重深度,宣传形式多样,群众喜闻乐见,收到了良好效果,营造了依法治水的良好氛围。

(2)领导重视是关键。为改变长期存在的分散执法、多头执法、交叉执法、执法效率低等问题,局领导审时度势,以水利综合执法为突破口,在市直水利系统公开选拔水政执法人员,重新组建了水政执法队伍,为水利综合执法奠定了良好的基础。

(3)资金投入是保障。在综合执法之初,就举全局之力,投入资金,为执法提供保障。一是进行上岗前强化培训,提高了人员素质;二是调整了办公用房,购置了电脑及传真,配备了摄影摄像器材、录音投影设备等,改善了办公条件;三是完善了执法装备,统一配发了执法服装,配备了9台水政执法专用车辆,解决了巡查、办案的交通问题。

(4)制度建设是手段。建立一支精干、高效、规范的水利综合执法队伍离不开健全完善的规章制度。我们先后制定并实行了水政监察员岗位执法责任、执法公示、执法巡查、案件登记、案件主办人、案件集体研究、重大案件集体审议和备案以及评议考核等制度,实现了以制度办事和管人,确保了水利综合执法工作的顺利开展。

(5)依法行政是前提。以贯彻落实国务院《全面推进依法行政实施纲要》为契机,梳理执法依据、明确执法职权,分解执法责任,建立了权责统一、分工明确、运转协调、相互监督的水行政执法责任平台,消除了水利综合执法前存在的有利争着管、无利无人管的弊端。

(6)自身努力是根本。在"三项"专项执法行动中,我们克服困难,迎难而上,创造性地开展工作,全年无行政投诉和应诉案件发生,不仅保护了水资源、水域和水工程的安全,而且在全市优化经济发展环境评比中名列前茅,有力地提升了安阳水利形象!

关于深化全国水利综合执法示范点建设工作的思考

2013 年 5 月,水利部办公厅印发了《关于开展水利综合执法示范点工作的通知》,确定安阳市水利局等 25 个单位为全国水利综合执法示范点。如果你是安阳市水行政执法机构负责人,你会如何开展水利综合执法示范点工作?又从哪几个方面入手呢?下面是笔者的思考,希望能引起同仁的共鸣和思考。

一、首先要解决水利综合执法示范点工作的指导思想、总体目标的问题

通过开展水利综合执法示范点建设工作,进一步提高执法人员素质,规范执法行为,严格执法程序,完善执法制度,突出执法重点,加大执法力度,提高水行政执法效率和水平,为水利可持续发展提供支撑和保障为指导思想。

按照《水利部关于全面推进水利综合执法的实施意见》要求,以建立健全权责明确、行为规范、监督有效、保障有力的水行政执法体制为目标,以延伸构建市县两级综合执法网络、强化专职水政监察队伍建设、相对集中行政执法职能、完善综合执法工作机制为重点,基本建立起办事高效、运转协调、行为规范的水利执法体系;造就一支作风优良、业务精通、素质过硬的水利执法队伍;全面推进水利综合执法高效、规范、有力开展,保证水法律法规的全面贯彻实施为总体目标。

二、其次是要解决水利综合执法示范点工作建设任务的问题

(一)延伸综合执法网络,构建市、县、乡完整的综合执法体系

延伸构建基层水政监察机构。结合全市水利工程管理和水土保持水政执法现状,在市支队按照分区管辖范围分设四个大队的基础上,指导各县(区)在重点水利工程管理单位建立水政监察中队;结合基层水利服务体系建设,在乡(镇)水利工作机构建立水政监察站,设 2 名兼职水政监察人员;在河道沿岸、水库周边等村庄设立执法联络员。争取到 2013 年底全市 60% 以上的重点水利工程管理单位和乡(镇)水利工作机构建立起水政监察机构,形成市、县、乡完整的综合执法体系。

(二)加强队伍专职化建设

(1)根据中央关于机构改革和事业单位分类改革的意见,结合专职水政监察队伍承担的行政执法职能,适时调整充实水政监察人员,做到与水行政执法任务相适应。各县(市、区)水行政部门要根据执法任务需要,调整充实适量水政监察人员,有条件的要逐步转为行政编制或参照公务员编制管理。

(2)提高专职水政监察人员素质。配备精干的水政监察人员,法律和水利专业的人员比例达到 60% 以上;新任水政监察人员要达到专科以上学历。严格执行岗前培训制度,把好水政监察人员入口关;继续加强在岗执法人员的专业素养和职业道德教育培训,不断提高水政监察人员的素质。

(3)建立健全学习制度。一是坚持政治和执法业务定期学习制度,每周二、五下午定为学习时间,把集中学习与执法人员自学相结合,作为提高水利执法人员业务水平的主要方

式。二是有计划地安排水政监察人员参加各种执法业务培训,每年至少组织两次集中的业务学习。三是鼓励水政监察人员参加法律和水利专业学历在职教育。

(三)明确专职水政监察队伍综合执法职责

(1)水政监察队伍是水行政主管部门的专职执法机构,承担或者受水行政主管部门委托承担各类水事违法案件的水行政处罚等执法职责;承办行政强制执行、行政强制措施组织实施等执法工作。

(2)水政监察队伍应加强对水行政许可项目的执法监督检查,对于水资源论证、河湖管理范围内建设项目审批、开发建设项目水土保持方案审批、涉水工程建设等许可项目,水政监察队伍根据工作需要,参与许可项目的现场勘查、论证分析等。

(四)建立健全综合执法工作机制

(1)按照许可(审批)、执行、监督相对分离和职权清晰、权责一致的原则,加强与各县(市、区)以及局属二级机构等有关业务管理机构之间的联系,建立健全执法信息通告制度。继续推进执法责任制建设,建立健全执法检查与违法案件查处、行政征收与违法追缴、许可审批与监督检查、许可验收与监督检查之间的工作衔接机制,制定水行政处罚工作流程图,并实现制度上墙,做到分工明确、相互制约、运转协调,提升水行政执法和行政管理整体效能。

(2)建立健全系统内外部联合执法机制。水利综合执法要主动接受审判机关的司法监督,要与公安、司法等有关部门建立密切的联系,特别要取得各级人民法院的大力支持。对行政相对人拒不履行发生法律效力的行政处罚决定的,依法申请人民法院予以强制执行。同时,在建立健全司法联动机制的基础上,加强系统内部上下级之间、县级之间的联合执法,建立信息通报、联合调查、上下联动、案件移送、重大水事案件督办等联合执法制度,加强沟通联系和协调配合,共同开展执法行动和查处违法案件。

(3)整合全市水政监察执法力量,在各县(市、区)统一挂牌,设立支队所属执法大队。建立全市水利综合执法工作应急处理机制。在市水政监察支队的指导下,处理各县(市、区)区域内重大水事案件,解决执法疑难问题。

(五)规范执法行为,加大执法力度

(1)加强执法巡查。按照《河南省水政监察执法巡查制度》要求,制定和完善相关配套制度,建立执法巡查责任制。专职水政监察机构主要负责制订年度巡查计划,组织和监督巡查工作开展,实施重点巡查和专项巡查,日常巡查主要由延伸水政监察机构负责。建立健全区域与区域之间,水利部门与公安、国土、环保、城建等部门之间的联合巡查机制。全面开展执法巡查,实现巡查全覆盖、常态化、规范化,加大现场执法力度,对水事违法案件做到早发现、早制止、早处理。

(2)加强重大水事违法案件挂牌督办工作。对挂牌督办案件,要按照要求认真完成案件查处任务。市支队要采取有力措施,加大督办力度,支持承办大队做好案件查处工作,确保案件得到有效查处。

(3)切实搞好各项制度的落实,实现对水事违法行为事前、事中、事后的全方位监管,带动和促进水行政处罚、水行政征收、水行政许可、水行政强制等各项执法工作,全面提升执法效能。一是完善落实各项制度,进一步规范水行政执法案件的执法办案程序及执法案卷管理工作,提高执法办案能力;二是进一步完善内部管理制度,提升管理水平。三是进一步完善对外服务制度，增强执法人员公仆意识和服务意识；四是建立严格执行法定的行政处罚程序的制度；五是建立考核、考评制度；六是建立监督检查制度、统计备案制度、投诉举报制度。建立奖罚分明、优胜劣汰、能进能出、能上能下的管理机制。用制度来规范行政执法人员的行为，做到文明执法、严格执法。水利综合执法要自觉接受省水利厅和市政府法制办的指导和监督，争取上级部门的支持，保证示范点工作健康发展。

(4)每年开展重点、特殊行业用水专项整治活动，规范用水行为；完善处罚和征收对象定期回访制度，力保全年水事违法案件结案率达到100%。

(5)搞好"世界水日"、"中国水周"和全国法制日水法律法规宣传，增强全社会的水危机意识和节水观念，营造依法治水工作的良好社会氛围。

(6)创新执法，加强执法方式、方法和技巧研究，探索社会化巡查路子，畅通举报渠道，拓宽执法领域，研究新形势下新案例的执法突破，并指导各县(市、区)水政监察机构开展好水利综合执法工作。

(六)加强执法装备建设，提升行政执法能力

(1)按照《河南省水政监察执法装备配置标准》和《河南省水政监察执法装备使用管理规定》的要求，逐步配齐或按规定更换水政监察队伍的执法船艇、执法车辆、执法取证器材、信息处理设备、办公设备等最基本的执法装备。同时，重视抓好水政监察信息化建设规划，对重点河段、重要部位要逐步实行远程监控、电子巡查取证，以提高水政执法效率。

(2)指导各县(市、区)执法场所规范化建设，实现"四个保障"，即经费保障，财政每年将执法经费列入部门预算，保障执法经费所需；装备保障，必要的执法车辆、调查取证设备、办公设备等，由财政列专项经费购置；人身安全保障，参照水利部《关于为水政监察人员购买人身意外伤害保险有关问题的通知》要求，为每位执法人员办理人身意外伤害保险；办公保障，固定办公场所，改善办公环境，实行集中统一的敞开式办公，一人一台电脑，实现信息共享。

三、最后要解决水利综合执法示范点工作建设任务的实施问题

一是进一步理顺执法体制，做到职权分工更加清晰、权责更加统一，合理划分专职水政监察队伍和其他业务管理部门之间的权责权限，落实执法责任；二是进一步完善综合执法机制，做到程序更加明确、协调更加顺畅、执法监督制度更加健全；三是进一步强化专职执法队伍，做到素质明显提升，作风明显转变，执法高效便民，积极推动专职水政监察队伍参照公务员法管理；四是完善行政执法各项规章制度和操作规程，进一步规范执法行为、统一执法标识，深入开展水政监察政风行风建设；五是开展水政监察人员执法能力建设培训，提高执法人员业务素质和执法能力；六是组织开展水利执法大排查、大巡查行动，及时排查、化解水事矛盾，查处各类水事违法案件，维护良好的水事秩序，树立水利综合执法队伍的良好社会形象。

总之，水利综合执法示范点工作，必须加强组织领导，全面扎实推进，要积极争取当地党委、政府领导的支持，加强与有关部门的沟通协调，尽力解决专职水政监察机构性质、编制、执法装备等问题，将执法经费全部纳入财政预算。

要进一步理顺体制、完善机制、规范运作，切实提高执法效能。

安阳市水利综合执法工作规范化建设标准

为认真落实《水利部办公厅关于开展水利综合执法示范点工作的通知》（办政法〔2013〕117号）精神，根据《水利部关于全面推进水利综合执法的实施意见》和水利厅有关要求，结合安阳市实际，特制定水利综合执法工作规范化建设“七化”标准（执法队伍专职化、执法程序规范化、执法机制科学化、执法管理制度化、执法装备标准化、执法服务优质化、执法监督社会化）如下。

一、执法队伍专职化

（1）根据《中华人民共和国水法》的有关规定和《水利部关于全面推进水利综合执法的实施意见》、《水利部办公厅关于开展水利综合执法示范点工作的通知》（办政法〔2013〕117号）的要求，逐步规范综合执法队伍建设，机构性质为参照公务员法管理或财政全额拨款的事业单位，有适应执法工作需要的人员编制，将执法工作经费列入财政预算。

（2）理顺执法职责，即除法律法规明确授权外，其余的执法职能实行统一综合执法，由综合执法机构集中行使法律、法规赋予水行政主管部门的行政检查权和行政处罚权。

（3）建立执法人员录用、考核、辞退管理机制，严格录用标准和录用程序，坚持公开选拔、择优录用的进人原则，严把进人关。执法人员应具备大专以上学历。加强执法人员日常考核，既要看工作能力，又要严格政治素质。对不能胜任执法工作的、政治素质不符合要求的，要坚决予以辞退或换岗，逐步完善考核机制。

（4）执法人员必须取得水利部颁发的《水政监察证》和省政府统一颁发的《行政执法证》，做到持证上岗。

二、执法程序规范化

（一）规范办案程序

根据《行政处罚法》、《水行政处罚实施办法》、《河南省水行政处罚裁量标准》以及法规、规章的有关规定，做到事实清楚，证据确凿，适用法律准确，处罚合法适当。

（1）在办案时需由两名以上持证执法人员进入现场，出示证件，表明身份，说明来意。

（2）执法人员对案件情况进行全面、客观、公正的调查后，收集证据（书证、物证、视听资料、证人证言、当事人陈述、鉴定结论、勘验笔录和现场笔录）。

（3）适用简易程序处罚的案件，可现场填写《当场处罚决定书》，当场交付当事人认可并签字，告知当事人如不服行政处罚决定，可以依法申请行政复议或者提起行政诉讼的有关事项。

（4）适用一般程序处罚的案件，填写《行政处罚立案审批表》，报领导批准立案，严格按照一般程序案件要求进行查处，自立案之日起，一个月内作出处理决定。

（5）在抽样取证、登记保存、查封（扣押）物品时，制作必要、规范的法律文书，在证据可能灭失或以后再难以取证的情况下，要经领导批准同意，先行登记保存，并在七日内作出没收、移交、销毁、解除登记等决定；采取查封扣押强制措施必须有法定依据。

(6)案件调查人员与本案有利害关系可能影响公正处理的,应主动申请回避。

(7)对公民罚款超过一千元、法人或其他组织罚款超过三万元的(有违法所得),应告知当事人有要求举行听证的权利。

(8)对生效的水行政处罚决定,当事人拒不履行的,可采取每日按罚款数额的百分之三加处罚款,将查封、扣押的财物拍卖抵缴罚款或申请人民法院强制执行。

(9)对涉嫌犯罪的,应当依法移交司法部门追究其刑事责任。

(二)规范执法文书

(1)规范执法文书纸张使用,明确规范执法办公纸张统一采用A4,确保案卷整齐规范,案卷做到一案一卷。使用全省统一格式的行政执法文书,规范执法文书的制作和案卷归档,定期开展案卷评查,提高法律文书制作和管理水平。案卷评查合格率95%以上。

(2)规范执法文书制作和案卷归档。统一规范执法文书制作及立卷归档,确保行政处罚决定在行政复议、行政诉讼中维持,确保执法文书的基本要素齐备、填写规范,确保立卷归档符合档案管理的有关规定。

三、执法机制科学化

建立联合执法机制,保证案件顺利执行。

(1)案件备案制度。对重大案件处罚要按时报送上级主管部门、法制机构备案,并抄告有关部门。

(2)联合办案制度。建立外部与工商、公安、司法,内部与水政、防办、水保、节水、工程质检等部门协作联动机制。

(3)案件移送制度。对移送标准、对象、程序、方式、期限、责任追究等作出明确规定,确保移送案件"应送尽送",杜绝"以罚代刑"、越权办案。

(4)应急管理制度。对应急范围、组织设立、应急指挥、处置程序等作出规定,确保快速、高效、妥善处理重大突发(抗法)事件。

(5)人身保障制度。落实执法人员的人身伤害(意外)保险,给执法人员提供必要的人身安全保障。

四、执法管理制度化

(一)日常工作制度

(1)举报受理制度。做好统一举报电话的人员值守安排,明确举报受理工作的职责和程序,规范举报受理文明用语,规定举报案件的查处和回复时限。

(2)执法巡查制度。制订日常巡查计划,明确日常巡查的时间、人员、车辆、项目内容和需要采取的措施。

(3)轮流值班制度。结合举报受理、执法检查和网上巡查,组织执法人员轮流值班,对值班人员的工作职责、轮换周期、交接班等事项进行规定,确保电话接听、传真接收等日常接待、上传下达等工作落实到位。

(4)信息管理制度。制定执法信息动态的收集、编写、上报、发布等工作的程序规范,切实加强综合执法的新闻宣传和社会舆论工作。

（二）案件办理制度

（1）办案制度（包括案件受理、调查取证、听证、审查、执行、备案等制度）。案件办理中实行主办人制度，另配一名协办人，主办人具体负责案件办理的全过程。在办案人员的安排上要做到科学合理，确保每名执法人员都能参与案件办理，实现执法任务均衡。

（2）案件审查制度。对案件审查的流程作出规定，按照步骤做好每一个环节，并由专人负责监督，确保案件办理严密、严谨。

（3）案件回访制度。通过回访了解当事人对处理案件的看法，进一步拓宽沟通渠道，及时化解矛盾，提升水行政执法公信力及形象。

（4）行政处罚案件集体讨论制度。对参与行政处罚案件讨论的人员、内容以及工作程序等作出规定。

（5）案卷评审制度。案卷评查前，进行人员选拔，成立案卷评审委员会或案卷评审小组，制订案卷评审方案，对案卷评审的范围、标准、方式以及结果适用等作出规定。

（三）内部管理制度

（1）保密工作制度。安排专人，设立专柜，对涉密文件及举报人信息进行管理。

（2）公文管理制度。制订公文处理程序，对公文的起草、审核、签发进行规范。对公文的收发、呈送、传阅、借阅、清退、归档、销毁等作出规定，规范公文的使用。

（3）财务管理制度。制定物品申购、借款和财务报销的程序规范，对经费申请、支出、报销等事项作出规定，认真执行国家财务制度，管理使用好各项资金。

（4）公章管理制度。安排专人保管公章，制定公章使用的程序规范，对公章的用途、使用范围、盖章条件、移交、印模借出等作出规定。

（5）资产管理制度。安排专人管理资产，制定资产使用程序规范，对资产的购置、使用、保管、借出、报废等事项作出规定。

（6）车辆管理制度。安排专人管理执法用车，制定执法车辆使用程序规范，明确出车时间、出车范围、使用人员等事项，对车辆的维修、保养、安全管理作出规定。

（7）罚缴分离、收支两条线规定。严格执行"收支两条线"，不下达罚款指标，不坐支、挪用罚没款项，使用票据规范、入账及时。

（四）人员管理制度

（1）业务学习制度。制订学习计划，安排好业务学习的时间和内容，对学习情况进行考核，检验学习成效。

（2）培训考核制度。坚持执法培训制度化和经常化，不断提高执法人员的政治素质和业务水平，执法人员每年参加业务培训不少于一次。

（3）岗位轮换制度。制定岗位轮换规定，对轮岗对象、轮岗条件、轮岗时间、岗位范围等作出具体规定，促进执法人员的综合能力水平的提高。

（4）廉政制度。对廉政要求、廉政教育、廉政公示、廉政考核和考核结果适用等作出规定，规范和约束执法人员行为，不断提高执法人员的廉政意识和水平。

（五）激励约束制度

（1）错案责任追究制度。明确过错责任追究办法，对过错的范围、责任人的确定、过错责任追究形式、过错追究机构和程序作出规定，将过错责任追究与干部任免、年终考核结合起来，确保执法责任落到实处。

(2)评议考核制度。制定考核标准和评议方法,定期对下级执法机构或执法机构内部各部门的工作进行评议考核。

(3)表彰奖励制度。根据综合执法机构和执法人员落实执法责任制、执法成效、工作创新能力等,对表彰奖励目的、标准,评奖程序,奖励方式等作出规定。

(4)日常考勤制度。制定执法人员的出勤、请假、加班等事项的程序规范,组织开展好执法人员的考勤工作,对考勤结果运用作出规定。

(六)队伍管理制度

(1)支(大)队、中队名称规范,支(大)队长、中队长配备到位。

(2)办公区域挂综合执法机构名牌,办公场所一人一桌椅,整洁卫生,物品放置整齐有序,显要位置设置专栏,公示执法主体、职能职责、执法程序、内设机构分工、执法监督、执法动态等相关政务信息。

(3)执法过程中徒步外出,做好两人成行、三人成列。

(4)服从命令,听从指挥,反应迅速,积极完成上级交办的各项工作任务。

五、执法装备标准化

(1)办公场所。有固定的办公场所,设会议室(听证室)、值班室、询问调查室、档案室、罚没物品库房等专用执法房间。

(2)执法装备。配备执法专用车(车身喷涂“水政执法、举报电话×××××××”标志)、执法记录仪、测距仪、摄像机、数码相机、彩色便携式打印机、移动执法手持式终端、录音笔、测量工具、破拆工具、手电筒,对讲机、便携执法包等设备。

(3)办公设备。执法队伍应配有电脑、电话、打印机、复印机、传真机、扫描仪、文件柜、移动无线上网卡、500G以上移动硬盘、档案柜等必备的办公设备,实现电脑人手一台,并实现联网无纸化办公。

(4)工作服装。配备统一制式的工作识别服,所有执法人员在上班及执法期间统一着工作识别服,统一佩戴载明执法人员姓名、职务的上岗证。

六、执法服务优质化

(1)办公场所公示水行政执法依据、条件、流程、时限、承诺等内容,并严格执行首问责任制。

(2)水行政执法人员应当做到举止端庄,语言文明,态度和蔼,礼貌待人。

(3)执法过程中应当做到行为规范,不得有饮酒、嬉闹、赌博、勾肩搭背等有损执法形象的行为。

(4)水行政执法人员在执法过程中应当用语文明,不得使用侮辱性、歧视性语言。

(5)执法人员在执法过程中严禁限制当事人的人身自由,严禁粗暴执法。

(6)行政处罚案件按期结案达95%以上,投诉举报案件处理及答复率达到100%,无行政复议、行政诉讼撤销案件。

七、执法监督社会化

(1)通过公开执法依据、程序、范围、过程等,自觉接受管理对象、新闻媒体和其他监督部门的监督。

(2)推行案件网上审批,办案过程格式化、程序化,避免人为因素干扰。

(3)接受人大代表、政协委员、群众、新闻媒体监督,主动接受法制机构、纪检监察部门监督。

(4)聘请行风监督员对执法人员行为进行监督。

(5)开展经常性政风、行风教育,严格遵守勤政、廉政各项规定,群众测评满意率达到90%以上。

水资源类

从一起水事案例中解读法律条款的适用

河南省安阳市房地产开发有限公司(以下简称某房地产公司)为了施工建设用水,计划在房地产开发区内凿一口210米的深井,2010年1月2日,由该市某区机械凿井工程处负责施工。后经群众举报,龙安区水利局立即派执法人员到现场核实,发现情况属实。1月9日,龙安区水利局决定立案查处。1月10日,执法人员再次进行现场调查,发现井已凿至140米深,井口直径60厘米。执法人员于1月11日发出《责令停止水事违法行为通知书》,责令该房地产公司停止违法行为,听候处理。1月17日调查终结。1月30日,执法人员向该房地产公司发出了《水行政处罚事先告知书》,根据《取水许可和水资源费征收管理条例》第四十九条的规定,拟对该公司作出如下处罚:(1)限该房地产公司在接到本处罚决定书之日起20内自行封闭违法水源井;(2)罚款人民币6000元。同时告知当事人有陈述、申辩的权利。4月2日,龙安区水利局正式对该房地产公司作出责令该公司20日内封闭违法水源井和罚款6000元的行政处罚决定。某房地产公司于4月4日自行封闭了该井,4月10日缴纳了罚款。

《取水许可和水资源费征收管理条例》第四十九条规定:“未取得取水申请批准文件擅自建设取水工程或者设施的,责令停止违法行为,限期补办有关手续;逾期不补办或者补办未被批准的,责令限期拆除或者封闭其取水工程或者设施的,由县级以上地方人民政府水行政主管部门或者流域管理机构组织拆除或者封闭,所需费用由违法行为人承担,可处5万元以下罚款。”

制定该条法律目的首先是为了从工程和设施上防止违法取水行为的发生,将违法行为制止在开始阶段,确保取水许可制度和水资源有偿使用制度的落实;其次是明确了执法程序和执法手段,规范水行政执法工作。该条文是对“未取得取水申请批准文件擅自建设取水工程或设施的”的一种处理决定，实质上暗含了水行政执法人员在针对这种违法行为时的一种法定的处理程序，而且这种程序是必须坚持的递进式程序，只有在前面一个程序完成的情况下，才能进行下一个处理决定。

使用本规定追究当事人的法律责任时，应当注意以下几个问题：

(1)要注意适用该法律条件的先后顺序。该条文分三步，即水行政执法机关首先应当责令当事人停止违法行为，限期补办有关手续，并明确规定一个合理期限，要求违法行为人在该期限内按照法定程序提出许可申请。

(2)违法行为人在接到水行政执法机关的书面通知后，在规定的期限内仍不补办相关手续，或虽然提出了补办申请，但由于自身条件不符合该条例规定而未被批准的，水行政主管部门应当责令其在规定的期限内限期拆除取水工程或者设施，也就是说，如果当事人在执法部门规定的期限内提出了申请，就不能责令其拆除。如果进一步，行政相对人的申请符合法定条件，得到了批准，违法行为也就转化为合法行为。反之，如果行政相对人拒不执行行政通知，一意孤行，在规定的期限内扔不提出许可申请，或者其申请审批机关作出书面决定不予批准的，执法部门就应当责令其限期拆除或者封闭取水工程和设施。

(3)违法行为人在接到水行政执法机关要求限期拆除的通知后，如果在规定的期限内拒不拆除，应由水行政执法机关强制执行，违法行为人除承担拆除费用外，还可能要被处以5 万元以下的罚款。水行政主管部门或者流域管理机构组织拆除或封闭，所需费用由违法行为人承担，这种强制执行在学理上被称为代执行，属于间接强制执行的一种具体形式。至于5 万元以下的罚款，由于已经有代执行的规定，是针对行政相对人的一种并行处罚措施，目的在于增加行政违法的成本和代价。

(4)行政违法人在被责令补办许可申请期间继续修建违法建筑物、构筑物，或者在提出补办许可申请后继续违法行为的，应当按照“合法行政”的原则，区别对待处理。如果被责令补办申请手续后，在提出申请前继续修建的，违反了“责令停止违法行为”的规定，行政机关可以采取应对措施，如缩短其提出许可申请的期限等。如果提出许可申请后继续修建的，应当将有关情况通知许可申请审批机关，待该条代执行与处罚的规定条件完成后，再适用其他有关规定。

(5)该条规定的强行拆除是由行政机关自行代执行还是申请人民法院强制执行？按照该条规定，水行政执法机构在这个问题上是有强制执行权的，可以自行强行拆除违法设施。如果由于执法力量等原因难以实施，也可按照《中华人民共和国行政处罚法》第五十一条的规定，申请人民法院强制执行，相关费用也计入强制执行费用，一并由行政违法行为人承担。

(6)未经批准擅自建设取水工程或取水设施并取水，这种情况实际上是与《取水许可和水资源费征收管理条例》第四十八条产生了竞合，第四十八条规定未经批准擅自取水，或者未依批准的取水许可规定条件取水的，依照《中华人民共和国水法》第六十九条的规定处罚；给他人造成妨碍或损失的，应当排除妨碍、赔偿损失，即同一个违法行为同时触犯了两个法律条款，由于兴建取水工程或设施是擅自取水的预备行为，取水是其目的，按照吸收的原则，择一从重条款处罚，因此最终按照未经批准擅自取水进行处罚。

实际上还有《中华人民共和国水法》第六十五条第一款、第二款等法律条文与本条文规定相似，水行政执法人员在执法过程中要注意和把握，以免出现法律适用错误。

从以上分析可以看出，本案中，龙安区水利局在理解《取水许可和水资源费征收管理条例》第四十九条的法律规定上出现了错误。处理此类违法行为，需分三步进行：第一，未取得批准文件的，应责令停止违法行为，限期补办取水许可手续。该市市区属地下水限制开采区，不得新增深井数量，显然，申请深凿井取水是不可能的。第二，逾期不补办或补办未批准，应责令限期封闭所凿深井。第三，只有在逾期不封闭所凿深井时，才能由区水利局组织封闭，所需费用由某房地产公司承担，处5万元以下罚款。而区水利局将第二种情形与第三种情形中的罚款合并处罚，是违背该条例规定的。

《取水许可和水资源费征收管理条例》第四十九条对违法行为的处置方式用了一个"；"加以分隔，表示一句话中间并列分句的停顿，说明相互之间无关联性。类似这样的条款还有：《水法》第六十五条、《水法》第六十四条、第六十五条第一款、第六十七条第一款；《防洪法》第五十四条、第五十七条、第五十八条、第六十一条等。在处罚条款中，凡是所列的违法行为既要受到采取行政措施，又要被处以罚款的，它的立法形式是不一样的，如《水法》第六十六条、第六十九条、第七十二条；《防洪法》第五十六条等。

合法行政是行政法的首要原则。我国的合法行政原则在结构上包括对现行法律的遵守和依照法律授权活动两个方面。水行政执法工作属于行政执法工作的一部分，也应当严格遵循合法行政原则，在水利执法中，由有权机关按照法定程序依照法律规定去执法，实现行政管理的目的。

对某公司擅自取水案的一点思考

2007年8月9日上午接群众举报，位于安阳市开发区的某公司无取水许可手续在其院内擅自取用地下水。当日上午11时，安阳市水利局执法人员到达该公司，向其工作人员出示了行政执法证后，要求进入厂区进行检查。该公司门卫以领导不在为由拒绝接受监督检查，执法人员依据《取水许可和水资源费征收管理条例》第四十五条的规定，当场对该单位下达《现场监督检查通知书》，要求该单位当天下午4时接受检查。下午4时，安阳市水利局执法人员和安阳市飞龙公证处的公证员准时到达该单位门口，向其工作人员出示了行政执法证后，要求对该单位取水现场进行检查时，仍遭拒绝。8月13日，安阳市水利局依法对该单位下达《权利告知书》，要求该单位2日内与安阳市水利局联系接受监督检查，并处罚款1.5万元。8月15日，安阳市水利局执法人员进入厂区进行检查，发现有三眼水井（其中一眼正在使用），并对取水现场进行取证，当天向该公司下达《责令停止水事违法行为通知书》和《限期安装计量设施通知书》，告知该单位补办取水许可手续、补缴水资源费。该单位接到通知后就向安阳市水利局提出了取水申请，要求补办取水许可手续。安阳市水利局经过讨论并报市政府同意后作出了如下处理意见：①补办取水许可手续，待公共供水接通时封填水井；②补缴水资源费；③拒绝接受检查罚款1.5万元；④擅自取水罚款2万元。

下面谈一下关于这起案件的思考：在执法实践中，部分当事人采取躲避、不配合等方式，给水行政执法人员设置障碍，以达到掩盖其水事违法行为的目的。本案中，该单位从自身利益出发，以为无证据水行政主管部门无法对其实施处罚，抱有侥幸的心理。水行政执法人员熟练运用水资源管理方面法律法规，及时下达《现场检查通知书》，创新工作方式，邀请公证人员介入，适时收集和固定证据，较好地完成了调查取证任务，并对拒绝接受监督检查和擅自取水两个违法行为分别进行了处罚，既充分体现了依法行政，又极大地教育了当事人，收到了良好的执法效果。另外，该公司还是安阳市100家优化经济发展环境监测点之一，查处该单位具有一定的代表性。现就办理该案的几点体会，与大家共同探讨。

一、本案主体认定问题

在查处过程中，为找准主体，安阳市水利局执法人员先到市工商局进行了工商查询，未查出工商登记（该公司在省工商局注册）。随后执法人员又到市国家税务局进行税务登记查询，最终在税务局查询到该公司的登记资料，为确认违法主体创造了条件。

二、属于安阳市优化经济发展环境监测点

由于该公司属于安阳市优化经济发展环境监测点，为做到既依法行政，又取得市纪委、监察局的支持，执法人员及时向局领导进行了汇报。局领导认为该公司虽然属于优化经济发展环境监测点，但政府保护的是企业的合法权益，对于其违法行为也要坚决依法严查。执法人员及时与市纪委、监察局取得联系，并进行了汇报，得到了市纪委、监察局的支持。

三、拒绝接受检查

由于在查处过程中，该单位不配合工作，甚至设置种种障碍拒绝接受检查，虽然执法人员做了大量思想工作，但就是不接受检查。最后执法人员当场向该单位下达《现场监督检查通知书》，要求在规定的时间进厂检查。为掌握拒绝检查的证据，在规定的时间安阳市水利局执法人员和公证员进企业检查时又遭拒绝。公证处出具了该单位拒绝接受检查的公证书，安阳市水利局根据《取水许可和水资源费征收管理条例》第五十二条的规定，对该单位罚款1.5万元。

四、行政干预问题

由于该单位属于安阳市100家优化经济发展环境监测点之一，在处罚过程中，该公司领导到市政府找有关领导进行协调，安阳市水利局领导高度重视，为维护法律尊严，顶着压力作出决定：①补办取水许可手续，待公共供水接通时封填水井；②补缴水资源费；③拒绝接受检查罚款1.5万元；④擅自取水罚款2万元。最终又得到市政府主要领导的大力支持，该案得以圆满结束。

一起违法取水行政处罚案件的几点思考

2009 年 8 月 20 日，接群众举报查实，安阳市某某置业有限公司未经水行政主管部门批准，擅自在位于安阳市天阳路南段路东的天城国际花园小区建筑工地内取用地下水，水井位于该建筑工地 8 号楼南侧，安装有 2 吋潜水泵，接有电源，水井出水管为 50 毫米白色塑料管，现场检查时水泵正在抽水。由于该单位未向安阳市水利局提供其日取用地下水量，根据现场勘验结果，该单位取用地下水的取水设施为 2 吋潜水泵，出水管径为 50 毫米，每小时取水能力为 20 立方米，日最大取水能力为 480 立方米。该行为违反了《水法》第四十八条的规定。有现场勘验笔录、视听资料为证。

依据《水法》第六十九条和《河南省水行政处罚裁量标准》第六十九条的规定，安阳市水利局作出了以下行政处罚：①责令停止取用地下水；②罚款人民币四万元整。而某某置业有限公司在法定的期限内既没有提起行政复议也没有提起行政诉讼。在法定的期限内安阳市水利局依法申请了法院强制执行，而在法院执行过程中，该公司提出了三点异议：①市水利局作出的处罚主题错误，即某某置业有限公司出具的《通知回复单》落款是某某置业有限公司，加盖的是某某置业有限公司的技术资料章，承认其房屋建设取用工地内水井水。但某某置业有限公司的技术资料章不能代表某某置业有限公司的答复，也不能证明某某置业有限公司是直接取水人。②作为开发商的某某置业有限公司与建筑商龙腾公司签订有协议。该协议中，有关于“某某置业有限公司负责保证供水设施安全，提供水源，龙腾公司水费由某某置业有限公司从工程款中直接扣除等事宜”的协商条款，该条款成为模糊直接取水人的重点，也是某某置业有限公司的重要抗辩理由。③某某置业有限公司法定代表人错误。

本案是一起典型的未经批准、擅自取用地下水资源的处罚案例。针对行政相对人提出的三点问题，我们从以下几点进行了有力的反驳，并最终得到了法院的支持。

一、关于某某置业有限公司的技术资料章问题

关于某某置业有限公司的技术资料章问题，主要理由如下：

(1)2009 年 9 月 7 日，市水利局对某某置业有限公司下达了《责令停止水事违法行为通知书》，送达回证上有该公司工作人员副总经理刘某的签字。

(2)某某置业有限公司出具的《通知回复单》落款是某某置业有限公司，加盖的是某某置业有限公司的技术资料章，承认其房屋建设取用工地内水井水。虽然公章属单位内部公章，但其回复单完全能够证明某某置业有限公司违法取水事实。

(3)在市水利局送达各项法律文书后，某某置业有限公司自始至终未对处罚主体和擅自取水事实提出异议。某某置业有限公司在收到行政处罚决定书后，在法定期限内，既未提出复议又未提起诉讼，直到案件进入强制执行阶段，某某置业有限公司才对技术资料章问题提出异议。

二、关于违法当事人的认定

本案的焦点之一，是对违法当事人的认定，换言之，被处罚对象究竟是不是某某置业有

限公司？实践中，经常会碰到这样的问题，即当事人与其他单位或个人签订了协议或者合同来规避直接取水人概念。以逃避法律规定的责任和义务，本案中，某某置业有限公司与建筑商龙腾公司曾经签订了一份民事协议。该协议中"某某置业有限公司负责保证供水设施安全，提供水源，龙腾公司水费由某某置业有限公司从工程款中直接扣除等事宜"的协商条款。这恰恰证明了某某置业有限公司就是直接取水的单位。这是因为，依据《中华人民共和国水法》第四十八条的规定，需要办理取水许可手续的，应当是"直接从江河、湖泊或者地下取用水资源的单位和个人"。本案中，某某置业有限公司是取水工程的管理人、投资人、受益人，更关键的是，某某置业有限公司是实施取水行为的直接当事人，因此行政机关最终认定应当由某某置业有限公司承担法律责任。

三、关于某某置业有限公司法定代表人问题

被处罚人某某置业有限公司是企业法人，河南省工商行政管理局核准其经营期限为2007年3月16日至2017年3月15日。市水利局处罚的对象针对的是企业法人而不是法定代表人，在企业法人存续期间，法定代表人的变更不影响企业法人权利与义务的承担。

综上所述，我们认为，该案主体适格、事实清楚、证据确实充分。最终我们的《行政处罚决定书》获得了法院的支持。

关于一起水资源行政复议案件简述

2008年4月1日上午，安阳市水利局水政执法人员在巡查中发现位于开发区海河大道武夷西路的安阳市可旺发展有限责任公司在公共供水覆盖范围内，未经水行政主管部门批准擅自在本单位院内取用地下水供生产生活使用，取水设施管径1吋，没有安装计量设施，检查时取水设施正在取用地下水。经立案调查，该单位厂房为可旺公司租赁高新区古新家具厂的厂房，其水井产权归古新家具厂所有，由可旺公司无偿使用和管理。有勘验笔录、录像为证。上述行为违反了《中华人民共和国水法》第四十八条第一款"直接从江河、湖泊或者地下取用水资源的单位和个人，应当按照国家取水许可制度和水资源有偿使用制度的规定，向水行政主管部门或者流域管理机构申请领取取水许可证，并缴纳水资源费，取得取水权。"的规定。由于该单位在公共供水覆盖范围内，并且目前仍未停止取用地下水，依据《水法》六十九条的规定，安阳市水利局作出了以下处罚决定：①责令停止取用地下水，限五日内封填水井；②罚款人民币五万元。而该单位在法定的期限内向安阳市人民政府提出了要求撤销《水行政处罚决定书》（安水罚决字〔2008〕第1401号）行政复议申请。该申请内容如下：5月上旬安阳市水利局对我公司下达了《行政处罚听证权利告知书》（安水听告字〔2008〕第1401号），限我公司5日内封井并处于5万元的罚款。我公司位于高新区武夷西路北段路东，厂区是租用古新家具厂的厂地，厂区内的基础及配套设施都是古新家具厂所有，其中包括一口地下井，地下井在我公司租赁时就已经存在，地下井的产权归古新家具厂。公司立即向安阳市水利局进行了情况说明，水井的所有权不归我公司所有，但水利局没有将调查的结果向我公司说明，于5月27日又对我公司下达了《水行政处罚决定书》（安水罚决字〔2008〕第1401号），仍然限我公司五日内封井并处于5万元罚款，限2008年6月12日将罚款缴至中国工商银行安阳市分行。

地下井的产权归古新家具厂，市水利局对我公司下达的决定书在对应主体上是错误的，现我公司特提出申请，撤销《水行政处罚决定书》（安水罚决字〔2008〕第1401号）。安阳市水利局在规定的期限内进行了答复，答复内容如下：我单位于2008年6月26日收到你机关发送的《行政复议答复通知书》及行政复议申请书副本，现对被答复人不服答复人2008年5月27日对其下达的《水行政处罚决定书》（安水罚决字〔2008〕第1401号）提出的复议请求和理由，现答复如下：

（1）被答复人擅自取用地下水违法事实清楚，主体认定正确。

被答复人2008年4月以来未经水行政主管部门批准，擅自在本单位院内办公楼南侧取用地下水，该事实有现场勘验及调查笔录、录像等证据证实，被答复人对其擅自取水行为也予以认可，并提出补办取水申请。依据安阳高新区古新家具厂和被答复人签订的《房屋租赁合同》，水井产权虽归古新家具厂所有，但由被答复人无偿使用和管理，水电费也由被答复人自理。根据《中华人民共和国水法》第四十八条第一款“直接从江河、湖泊或者地下取用水资源的单位和个人，应当按照国家取水许可制度和水资源有偿使用制度的规定，向水行政主管部门或者流域管理机构申请领取取水许可证，并缴纳水资源费，取得取水权”，因此被答复人是法定的直接取水人，是违法行为的主体。

（2）答复人对被答复人作出的《水行政处罚决定书》（安水罚决字〔2008〕第1401号），程序合法、证据确凿、适用法律法规正确、处罚适当，依法应予维持。

2008年4月1日上午，水政执法人员在巡查中发现被答复人未经水行政主管部门批准，擅自在本单位院内取用地下水，经立案后调查发现，该水井装有取水设施，管径1吋，没有安装计量设施，现场检查时正在取用地下水，有勘验笔录、录像为证。4月8日对被答复人下达《调查询问通知书》和《关于限期提供取水许可证及缴费凭证的通知》后，4月14日，该单位工作人员杨海涛来到安阳市水利局说明情况，并做了调查（询问）笔录，根据笔录显示，被答复人的厂房租用的是安阳高新区古新家具厂的厂房，在厂区内有一眼原有水井，被答复人使用的就是这眼水井取用地下水用于生产和生活；另外根据该工作人员提供的《房屋租赁合同》也可证明这眼水井由被答复人无偿使用和管理，水电费自理。据此，4月23日向被答复人下达《责令停止水事违法行为通知书》，要求停止违法行为，限三日内办理取水许可手续。4月28日被答复人提出取水申请，由于材料不齐全，答复人4月30日要求被答复人五日内将申请材料补齐，逾期视为未申请。被答复人在规定期限内并未补齐申请材料。因被答复人在安阳市公共供水覆盖范围内取用地下水，依法也应不予批准，在接到责令停止《水事违法行为通知书》后，应该马上采取措施停止违法行为，但被答复人仍继续取用地下水，根据《中华人民共和国水法》第六十九条“有下列行为之一的，由县级以上人民政府水行政主管部门或者流域管理机构依据职权，责令停止违法行为，限期采取补救措施，处二万元以上十万元以下的罚款；情节严重的，吊销其取水许可证：（一）未经批准擅自取水的……”和《取水许可和水资源费征收管理条例》第二十条“有下列情形之一的，审批机关不予批准，并在作出不批准的决定时，书面告知申请人不批准的理由和依据……（五）城市公共供水管网能够满足用水需要时，建设项目自备取水设施取用地下水的……”，答复人5月

15 日经过集体讨论后拟对其处①责令停止取用地下水，限五日内封填水井；②罚款人民币五万元整的处罚。5 月 16 日对被答复人下达安水听告字〔2008〕第 1401 号《行政处罚听证权利告知书》，被答复人在规定期限内也未提出听证要求，5 月 27 日下达了安水罚决字〔2008 〕第 1401 号《水行政处罚决定书》。上述内容有调查询问笔录、勘验笔录、录像、送达回证、公证书等为证。

综上所述，答复人对被答复人所作出的《水行政处罚决定书》（安水罚决字〔2008〕第 1401 号）事实清楚、程序合法、证据确凿、适用法律法规正确、处罚适当，请复议机关审理，并依法予以维持。

希望我们水行政执法人员从这起行政复议案件中学会如何在法定的时间内进行回复及如何抓住要点进行回复。

关于一起擅自取水案的思考

2010 年 5 月，安阳市水利局水行政执法人员在水事活动检查中发现，安阳市韩陵山公墓管理处（以下称当事人）未经水行政主管部门批准，擅自在安阳县韩陵乡境内取用地下水资源。安阳市水利局依法对当事人进行了立案查处，并向当事人下达了《水行政处罚决定书》（安水罚决字〔2010〕第 020 号）。当事人接到《水行政处罚决定书》后以主要事实不清、证据不足，适用依据错误及行政行为明显不当等为由于 2010 年 7 月 4 日向安阳市水利局申请了行政复议。安阳市水利局在规定时间内向安阳市水利局提交行政答辩状。在行政复议期间，当事人通过对水法规的进一步了解学习领会，认识到自己的违法行为，于 2010 年 8 月 24 日向安阳市水利局撤回了行政复议申请，履行了安阳县水务局水行政处罚决定。

本案例属典型的水工程所有权和取水人分离现象，案情较为复杂。安阳市水利局水政执法人员针对当事人在行政复议中提出的问题积极答辩，使当事人认识到其行为的违法性，主动撤回行政复议申请，履行了水行政处罚决定。现针对当事人在行政复议中提出的问题及安阳市水利局水政执法人员的答辩情况作一简要介绍：

（1）被申请人（安阳县水务局）对原告（韩陵山公墓管理处）作出的水行政处罚认定事实清楚、证据确凿。

经安阳市水利局立案查处：原告作为独立的经营单位，自经营以来未按照现行法律法规规定到当地有管辖权的县级水行政主管部门依法申请取水许可，办理《取水许可证》。擅自利用现有的取水工程（水井及配套设施）在安阳县韩陵乡境内（水井位于公墓管理院内）实施了直接取用地下水资源的行为。安阳市水利局依法对原告立案查处并作出了《行政处罚决定书》（安水罚决字〔2010〕第 020 号），对原告作出了罚款陆万元整的水行政处罚。原告在《行政复议申请书》中称：原告在购买土地时，该水井已存在，购买土地后水井产权仍归西大佛村委会，西大佛村民仍可使用此水井浇地。原告认为：①其使用的是原来就已存在的水井，并没有擅自取水，也没有另外从地下直接取用水资源；②产权归西大佛村委会，无法申请办理取水许可证。这是原告主观上对“擅自取水”认识上的误差，水法规上讲的擅自取水是指只要未经水行政主管部门批准,未取得取水权,未办理取水许可证而取用地下水资源的行为即为擅自取水。另外原告认为,水井产权归村委会,自己无法办理取水许可证亦是主观上的理解错误,与有关水法规相违背。《水法》第三条规定“水资源属于国家所有”。《条例》第二十三条第二款对直接利用已有的取水工程或设施取水的也作出了办理取水许可证的规定。同时,原告与西大佛村委会用水调解书中也明确规定,原告可无偿使用水井取用生活用水。西大佛村委会也将水井使用权、管理权转移给了原告。原告直接利用已有的取水工程从地下取用水资源。答辩人认为只要原告不在《条例》第四条第一款免除办理取水许可证的范围内,实施了直接从地下取用水资源行为,就应当按照现行法律、法规规定到当地有管辖权的县级水行政主管部门申请办理取水许可证,取得取水权,方可取用水资源。因为根据有关水法规规定,取水许可针对的是取水人,而不是取水工程所有权,取水工程所有权是原告与西大佛村委会之间的民事问题。另外,取水工程本来所有权归谁按照《条例》第十八条的规定,是在办理取水许可过程中,审批机关考虑的“取水涉及申请人与他人之间重大利害关系”的一个环节。申请人只要附具原告与西大佛村委会之间达成的《用水调解书》,证明西大佛村委会允许其使用,即可办理取水许可证。

(2)被申请人对原告作出的行政处罚适用法律正确。

原告在《行政复议书》中称自己属《条例》第四条第二款规定的生活和零星取水,同时称该水井主要用途是村民农业抗旱、浇地及部分村民生活用水,为此不需要办理取水许可证和缴纳水资源费。这也是原告主观上对《条例》错误的理解。被申请人认为原告不属《条例》第二款“家庭生活和零星散养、圈养畜禽饮用等少量取水的”规定的情形。原告是独立的经营单位,具有法人资格,非家庭生活和零星散养、圈养畜禽饮用等少量取水。省政府《管理办法》第五条对少量取水已有明确规定,除家庭生活、畜禽饮用、农业灌溉等少量取水外,其他少量取水是指在非经营活动取水中用人力、畜力或者其他方法年取水1000立方米以下的取水。原告属经营活动中取水,不在《条例》第四条第二款、《管理办法》第五条规定的情形中。事实上据现场勘验和调查笔录,原告占地136.29亩,人口20余人,根据现行的用水定额估算原告年绿化、生活、生产取用水在数万立方米以上,并非少量取水。至于西大佛村民可利用此水井浇地属多个取水户从同一水源中直接取用水资源情况,在多个取水户中凡被法律、法规纳入取水许可管理范围者,均应依法办理取水许可证,取得取水权。

(3)被申请人作出的行政处罚内容适当。

答辩人对原告作出的罚款陆万元整的水行政处罚是基于以下因素考虑的:①原告本应于1994年年底开始征地,建设公墓时,按照水法规规定就应当申请取水许可,然而直到现在仍未申请取水许可,办理取水许可证。取水后也未按规定缴纳水资源费和安装计量设施。安阳市水利局水政执法人员多次口头和书面通知原告依法到安阳县水务局申请取水许可,办理取水许可证,而原告至今仍未办理取水许可证;②原告属安阳市民政局下属较大的经营单位,具有一定的法律常识,应主动到水行政主管部门办理取水许可证,而不为。被申请人认为原告认识态度差,违法情节严重。经研究,对原告作出了罚款陆万元整的行政处罚。至于原告在《行政复议申请书》中提到的村民用水量远大于原告的用水量和在管理维护水井及用电等环节上都付出了大量费用,只是说明了原告利用本身能力,直接取用地下水,并在一定程度上维护了农民利益。这些均为原告与当地村民的睦邻关系问题,均非《行政处罚法》第二十七条规定的应当依法从轻或者减轻行政处罚情形。

关于水资源费征收管理情况的思考

安阳市属于资源型缺水地区，水资源紧缺也是安阳市经济社会发展的重要制约因素。安阳市当地水资源总量约为16.4亿立方米，人均水资源量为322立方米，分别约为全国和全省人均水资源占有量的1/7和2/3。为了满足城市生活、生产和农业灌溉的用水需求，致使地下水严重超采和挤占生态用水，全市形成了4000平方公里的漏斗区，并出现以城镇水源地为中心的中深层地下水漏斗区。由于大量挤占了水生态环境水量，城市和农村的沟渠要么成了排污沟，要么成了涸河，严重破坏了人们居住和生存的环境，与目前人民的生活水平极不相称。另外，水资源的过度开发利用与浪费现象并存，水资源的过度开发利用造成了水环境的恶化。除林州山区外，安阳市地下水普遍超采，地下水位下降严重。地下水埋深市区局部超过40米，内黄县、滑县和汤阴县一般在20米以下，超量开采将会引发局部地区地面沉陷。与此同时，水资源浪费严重，水利用率不高，工业水重复利用率只有78%。水资源的严峻形式也给我们的管理提出了更高的要求。

安阳市水行政主管部门水资源费规费支出全额纳入同级财政预算管理，严格实行收支两条线，每年年底由市水利局上报市财政局下年度支出预算，财政局按照批准的财政预算统筹安排支出，局财务科收到支出款项后，按照预算项目拨付到使用单位，确保专款专用。近年来，水行政主管部门水资源费主要使用于水资源节约保护管理和南水北调基金，主要在征收、执法、项目规划以及人员经费项目上支出。那么安阳市的水资源费征收工作存在的问题及如何解决都是我们要深入思考的。

一、存在的问题及建议

（一）存在的问题

1. 现行水资源费征收标准的"行业分类"概念界定模糊

在目前实行的水资源费征收标准中，有"居民工业、行政经营、特种行业、地温空调"四大类别，在实际操作过程中，"居民工业和行政经营"两者之间概念模糊，难以区分，存在按照取水用途还是单位性质来界定行业类别的问题。例如，一个单位生产上不用水，取水只用于职工生活用水，那么在行业类别上属于"居民工业"还是"行政经营"。这类情况非常普遍，涵盖了安阳市所管理的取水户的绝大多数，是界定征收标准存在的实际问题。

2. 城市建成区和公共供水管网覆盖范围难以界定

水资源费征收标准的范围界定由建成区、公共供水管网以及取水用途等多种因素决定。但目前，随着城市框架的不断拉大，城市规划部门和城建部门对于建成区和公共供水管网界定范围严重滞后，水资源费征收标准界定困难，这也是目前征收水资源费急需解决的问题。

3. 水资源费征收主体未统一

根据相关水法律法规规定，水资源费的征收主体应该是各级水行政主管部门，但安阳市公共供水部分由市水务总公司代征。水务公司应缴的水资源费(基金)在售水环节代征收后直接上缴市财政局,取水审批和监督机关无法实施有效监管,不能确定其应缴、欠缴数额,存在水资源费流失的隐患。

另外,安阳市收取水资源费最低为0.6元每立方米,最高为5.9元每立方米,平均为1.9元每立方米,安阳市公共供水企业收取的水费中所含水资源费居民仅为0.3元每立方米,工业用水仅为0.4元每立方米,远远低于安阳市平均水资源费价格。周边山东、山西等省征收公共供水企业水资源费标准与用水企业一个标准,做到了同水同价,山东淄博、济宁等市自来水公司征收水资源费标准与工业企业均为1.6元每立方米。征收标准的不统一和悬殊差距,影响了通过经济杠杆来实现水资源科学调度的开展,造成了水资源费的流失,也不利于企业间的公平竞争。

4.安阳市公共供水企业水资源费使用不符合规定

按照相关规定,水资源费使用应用于水资源的节约、保护和管理,但近年来返还给水务公司的水资源费主要用于城市公共供水管网的改造,这不符合国家法律法规,也不利于安阳市水资源的统一管理和节约保护。

5.缺乏强制执行欠费手段

按照相关法律法规,针对欠费取水户,安阳市水利局在走完催缴程序无果后,全部移交法院强制执行。水利局没有强制执行权,而水利局从下达征收决定书到法院裁定执行至少需要三个月时间,执行经费又相对紧张,制约执行欠费的效率和效果。

6.滞纳金与罚款的执行力度不大

根据《中华人民共和国水法》第七十条的规定,逾期不缴纳的,从滞纳之日起按日加收滞纳部分千分之二的滞纳金,并处应缴或者补缴水资源费一倍以上五倍以下的罚款,但安阳市乃至全省、全国目前在工作中因企业困难,并未严格执行。催缴欠费也是在法律强制执行期内将本金追缴到位。有时送交法院后也只是执行一部分本金,滞纳金和罚款也未执行。水行政主管部门如果未征收滞纳金和罚款,是否存在失职、渎职。

7.城中村及农村用水未明确征收问题

根据《河南省取水许可制度和水资源费征收管理办法》第四条第二款的规定,家庭生活和零星散养、圈养畜禽引用年取水1000立方米以下的不需要申请领取取水许可证,但城中村居民生活用水是否需要缴纳水资源费也是实际中经常遇到的问题,希望能够明确细化城中村及农村用水如何管理。

(二)建议

1.重新界定行业类别

将地表水和地下水的收费标准的类别更进一步细化,明确究竟是按照取水用途还是单位性质来划分征收标准并出台征收细则,例如行政事业单位究竟归属于城镇公共供水还是工商业,在概念上划分清楚后,便于水资源费征收工作的开展。

2.及时公布建成区和公共供水管网范围

积极协调住建和规划部门,定期公示建成区和公共供水管网范围,便于及时调整征收标准,保证水资源费的足额征收,严格水资源管理。

3.界定禁采区、超采区范围

希望省相关部门尽快界定禁采区、超采区范围,既便于控制地下水过量开采,也能够更合理界定征收标准。

4.提高征收标准,扩大征收范围

中央水利工作会议后,对水资源管理要求更加严格,建议上级扩大水资源费征收范围,适当提高水资源费征收标准,利用水资源费价格杠杆,促进水资源的节约保护和可持续开发利用。

5.划拨专项经费保证强制执行

针对法院强制执行难度较大问题,财政上应拨出专项经费,用于法院强制执行工作,保障水资源费的足额征收。

6.统一水资源费征收主体

将目前由水务总公司承担的水资源费征收纳入市水行政主管部门统一管理,不仅能够有效保护利用安阳市水资源,也能够规范水资源管理,促进涉水规费的统一收缴和使用。

关于安阳市2013年度实行最严格水资源管理制度工作情况的思考

一、安阳市基本情况

安阳市位于河南省最北部,晋、冀、豫三省交界处,总面积5 570 km^2,其中耕地面积417.32万亩。截至2013年年底,全市总人口441.24万,实现生产总值1 500.62亿元。全市辖四区(文峰区、北关区、殷都区、龙安区)、一市(林州市)、三县(安阳县、汤阴县、内黄县)和安阳新区、安阳国家级高新技术产业开发区。安阳市近十年平均水资源总量为8.4318亿m^3,人均水资源量为191 m^3,是典型的资源型缺水地区,被确定为全国节水型社会建设示范区、全国节水灌溉示范市和省水生态文明建设试点市。

2013年,全市降水量为439.3 mm,较常年偏少。水资源总量约7.2亿m^3;总用水量为11.1亿m^3,其中,农业用水量为7.43亿m^3,工业用水量为2.1亿m^3,生活用水量为1.16亿m^3,生态环境补水量为0.41亿m^3;总供水量为11.1亿m^3,其中,地表水为2.4亿m^3,地下水为8.7亿m^3。

国家实施最严格水资源管理制度以来,安阳市认真落实"三条红线",完善"四项制度",成立了以政府主要领导为组长的领导小组及其办公室,细化了水资源管理控制目标,出台了实施意见和考核方案等相关文件。同时,安阳市规范了取水许可、水资源费征收、水行政执法程序,加强了节水型社会、水生态文明城市、水资源监控能力建设,开展了水功能区水资源质量、入河排污口、地下水动态监测等工作,强化了对地温地热水资源开发利用的监管。现基本确立了实行最严格水资源管理制度政策及组织框架、指标及评价体系、考核及奖惩机制、统计及监测手段,取得了较好的成效。

二、2013年度目标完成情况

(一)用水总量

2013年安阳市用水总量控制目标为13.758亿m^3,实际用水量为11.1亿m^3。

(二)万元工业增加值用水量

2010 年安阳市万元工业增加值用水量 34.2 m^3/万元(按 2000 年不变价计),2013 年万元工业增加值用水量降幅目标为 15%。2013 年实际万元工业增加值用水量为 28.3 m^3/万元(按 2000 年不变价计),比 2010 年下降 17.3%。

(三)农田灌溉水有效利用系数

2013 年安阳市农田灌溉水有效利用系数控制目标为 0.574,实际测算为 0.616。

(四)重要江河湖泊水功能区水质达标率

2013 年安阳市参与省目标考核的水功能区为 3 个,考核目标值达标率为 0,实际达标数为 0。

三、制度建设和措施落实情况

(一)用水总量控制落实情况

(1)严格规划管理和水资源论证。编制完成了《安阳市水资源综合评价》、《安阳市水资源可持续利用综合规划》、《安阳市城市水系规划》(2006~2020)、《安阳市城市防洪排涝规划》(2000~2010)、《安阳市城市饮用水源地安全保障规划》、《安阳市城市污水利用规划》、《安阳市地温地热水资源调查评价及开发利用规划》、《安阳市节水型社会建设“十二五”规划》和《安阳市节水工程现状调查及建设规划》等,形成较为完备的水资源规划体系。在规范取水许可管理和水资源论证方面,结合安阳市实际在全省率先出台了《安阳市建设项目水资源论证实施细则(试行稿)》,规范了水资源论证工作程序,使水资源论证工作更具有操作性。

(2)严格控制区域取用水总量。2013 年编制了《安阳市落实最严格的水资源管理制度工作方案》和《安阳市水资源管理控制目标细化方案》。在征求各县(市)意见基础上,以市政府文件下发各县市、(区)。此前,还编发了《安阳市黄河取水许可总量控制细化方案的通知》。本着“总量压缩控制,以定额为主、单位近年用水平均量为辅”的原则,市水利局与市发改委联合行文下达了 2013 年取用水单位年度计划,实行计划分配和水量季度考核制度。同时,实行动态管理,对生产发生变化确需增加用水计划的,严格按照有关规定审批增容,保证用水单位的正常生产用水。安阳市结合红旗、漳南、跃进、大功四大灌区节水技改建设,想方设法加大引漳、引黄水量,加大了水源调配力度,增加安阳河、环城河、洪河、大功河生态水面积和蓄水量。安阳市与岳城水库签订了年引水量达 1.6 亿 m^3 的供水协议。

(3)严格实施取水许可。在规范取水许可管理方面,制定了《安阳市取水许可和水资源论证内部衔接程序》,对自备井的封井销户提出了具体实施办法;细化了取水许可法人、名称、取水用途、许可水量变更等工作流程,使取水许可各项工作有章可循,逐步走向规范化。完成了全市(县、区)非农业自备井信息录入工作。将全市所有已审批发放的有效取水许可信息全部进行了网上登记,录入取水许可登记系统,建立了取水许可电子台账,实现了取水许可信息化管理。

(4)严格水资源有偿使用。加大水资源费(南水北调工程基金)征收力度,全市征收水资源费 5487 余万元(其中,市本级征收 4480 万元,各县(市)征收 1007 万元),市本级征收率和总额在全省名列前茅。在全市诸多企业经营状况持续低迷的情况下,规范取用水管理和内部规章制度,出台了取水计量设施管理办法,严格取水户计量设施管理(市本级计量设施安装率达 100%），及时更换水表和补打铅封，达到了标本兼治的效果，从源头上预防和减少了水资源费偷、漏、逃、欠等违法行为的发生。同时，市审计局通过资产调查、财务审计、实地观察、座谈探讨等多种方式对近两年来水资源费征收管理使用情况展开了专项审计调查，并对发现的问题及时进行了整改，梳理规范了水资源费征收管理程序，推动了水资源管理工作再上新台阶。

（5）严格地下水管理和保护。编制了《安阳市地下水保护行动计划》，完成了《安阳市地下水超采区评价报告》，出台了《安阳市水井管理办法》，制订了《安阳市水利局自备井封井工作流程》。对全市地下水管理单位开展了地下水资源保护专项活动。本着找漏洞、查不足、促管理的原则，对市区 217 家单位 317 眼自备井进行了全方位检查。市区实行了地下水取用水总量控制；核定了地下水禁采和限采范围，严格查处违规取用地下水行为；限期关闭在城市公共供水管网覆盖范围内的自备水井；编制了《南水北调中线工程安阳市受水区地下水压采方案》。市区地下水在经历了 20 世纪 90 年代因社会经济高速发展用水量激增带来的地下水位大幅下降、地下水漏斗区面积不断扩大的阵痛后，通过加强水资源管理、全社会节约用水、工业企业节水改造等措施，市区地下水位十余年连续回升，初步达到了采补平衡。

（6）强化水资源统一调度。编制了《漳河水量分配方案》、《安阳市城市供水安全预警技术及应用报告》、《安阳市地表水饮用水源污染应急预案》、《安阳市大中型水库、河道度汛方案和超标准洪水应急预案》和《水库调度运用计划》等。下达了各取用水单位年度用水计划，强化境外水与境内水，地表水与地下水的综合调度，确保了安阳市经济和社会发展用水需求。

（二）用水效率控制落实情况

（7）全面加强节约用水管理。安阳市自 2008 年被水利部确定为全国第三批节水型社会建设试点市以来，始终坚持“开源节流，节水为先，多渠道开源”的原则，持续大力推进节水型社会建设，初步形成了“政府调控、公众参与，总量控制、计划管理，经济调节、法制保障、科技支撑”的节水机制，以有限的水资源保证了经济社会的快速发展。2013 年，市节水型社会建设领导小组先后召开两次会议专题研究节水型社会建设工作，节水型社会建设纳入政府目标考核体系。加快节水政策体系建设，5 月 14 日市政府出台了《安阳市节约用水管理办法》，8 月 9 日市政府办印发了《安阳市建设项目规划并联审批工作办法》，将节水“三同时”审核纳入联审联批，优化了流程，强化了制度执行保障，节水体制与机制建设取得突破性进展。在水价改革方面，目前安阳市已实行阶梯式水价，并严格实行超计划用水加价收费制度。在产业发展上优先考虑新能源、电子信息等优势产业，全面落实节水“三同时”制度，严格限制新上高耗水项目，引水、调水、供用水工程建设首先考虑节水要求，不符合节水要求的一律不予立项和办理规划许可。深入推进节水型单位创建工作，全年共有 12 家企业、单位、学校、社区创建为市级节水型单位。2013 年 12 月，安阳市顺利通过全国节水型社会建设试点市验收并被授予“第三批全国节水型社会建设示范区”荣誉称号。为使有限的水资源得到充分利用，遏制农业粗放用水，安阳市农业灌溉用水实行总量控制、定额管理、配水到户、进一步完善水价形成机制，提高灌溉用水有效利用率。

（8）强化用水定额管理。严格实行总量控制与定额管理相结合的用水制度，办理取水许可的单位和城市公共供水非居民用水大户全部纳入计划管理，取用水计量设施安装率达

100%，2013年安阳城市计划用水管理户达到1500家。年初市水利和发改部门联合下达了用水单位年度计划，实行计划分配和水量季度考核制度。计划单位均建立节水手工和电子台账，基本掌握了计划单位基本情况、节水工程状况、节水器具应用情况等内容，初步建立了市节水管理机构、单位（企业）、用水部门（车间）三级节水管理网络，使得广大用水户最大程度地参与到节水工作中来。安阳市工业用水80%集中在电力、化工、造纸、纺织、钢铁等行业。针对这一情况我们重点开展了节水工程建设和水平衡测试工作，2013年共对55个用水户进行了水平衡测试。节水"三同时"制度自2012年实施以来，水利、规划、发改、住建等部门密切配合、强力推进，坚持源头上严控、过程中严查、后果上严惩，2013年全年共受理并通过审核建设项目节水评估报告58项，验收16家，新、改、扩建项目节水"三同时"制度落实基本实现了全覆盖。

（9）加快推进节水技术改造。加强节水产品市场监管，节水协会对全市销售用水器具的市场、商场进行了检查，严禁不符合节水强制性标准的产品在安阳销售。同时，大力推广节水型器具，2013年投资60万元对安阳市节水技术与产品展示中心进行了扩建，水情教育、产品和技术推广等展示功能进一步完善；投资50万元对安阳市殷都区芳林街1号院社区的节水器具进行了改造，对社区内所有用户的家庭用水器具进行更新淘汰，共计更换节水型水龙头1200个，节水型座便器600套，使其成为了节水型示范小区，经济社会效益显著；积极推广先进适用的节水技术，大力支持节水技术改造，奖补50万元带动了安钢、大唐安阳电厂、安彩等企业投资3000多万元进行了节水技术改造。不断加大供水管网改造力度，管网漏失率降低到了18%，比上年降低2个百分点。大力推进非常规水源开发利用，编制了《安阳市再生水利用规划》，明确要求新、改、扩建项目达到一定规模的必须配套建设再生水利用工程，鼓励企业和新建小区加大再生水利用，如2013年大唐安阳发电厂年引用宗村污水处理厂再生水800万m^3，香格里拉小区年处理利用雨水5000 m^3。

持续推进大中型灌区节水技改工程，创建节水型灌区，2013年安阳市新增节水灌溉面积26.4万亩。一是大型灌区续建配套节水改造工程，先后投资3.3亿元对红旗渠、跃进渠等灌区进行了节水技术改造，改善和恢复灌溉面积55.5万亩，年增加节水能力1.02亿m^3。二是豆公中型灌区（内黄县）农业综合开发节水配套改造项目，工程实施后，改善灌溉面积7.3万亩。灌溉水利用系数由现状0.4提高到0.63，年增加节水能力1262.6万m^3。三是2013年安阳市小农水重点县项目涉及内黄县豆公乡12个行政村，改善灌溉面积3万亩。

（三）水功能区限制纳污落实情况

（10）严格水功能区监督管理。编制了《安阳河、洪河、茶店河市区段纳污能力计算》，提出了三条河流的纳污能力总量意见。连续三年开展了水资源质量监测，编制了《安阳市水功能区质量状况年度评价》、《安阳市入河排污口年度监测》以及四期《安阳市水功能区质量状况通报》和两期《安阳市入河排污口状况通报》，为水功能区规范管理奠定了基础。

（11）加强饮用水水源保护。对城市集中式饮用水源保护区进行了划定。由环保、住建部门分别设立饮用水源保护区标志。以取水点为中心的饮用水源地周边分别设立了饮用水源一级和二级保护区。对地下水主要补充水源洹河，市政府下发了水污染防治管理办法和水环境生态补偿暂行办法，并建立了预警机制。由政府牵头，在住建、环保、水利部门的共同努力下，连续三年开展了城市水源地安全保障达标建设工作。2013年安阳市列入全国重要饮用水水源地的取水水质达标率为100%。编制了《安阳市城市饮用水水源地安全保障规划》、《安阳市城市供水安全预警技术及应用》和《安阳市国家重要饮用水水源地安全保障达标总体工作计划》。目前正抓紧兴建以南水北调为水源的第六水厂和第七水厂，城市供水保障率将进一步提高。市政府印发了《2013 年度水利工作目标考核办法》，对水源地达标、年度建设任务、饮用水源地取水水质达标率等内容进行了层层目标分解，住建、环保、水利以及各相关县区政府依据各自职责开展工作，年终政府考核。安阳市高度重视解决农村安全饮水问题，2013 年共解决 29.63 万人饮水安全，其中农村居民 23.95 万人，农村在校师生 5.68 万人。

(12)推进水生态系统保护与修复。近年来，安阳市加大城市水系建设力度，共建设实施项目 22 个，累计完成投资 10.42 亿元，在市区初步形成了东西南北中 5 大水系景观，城市水系景观的总体框架基本形成。特别是洹河、洪河综合治理等工程形成了"水清、岸绿、景美、游畅"的城市水系新景观，改善了两岸生态环境、提升了城市品味。

2013 年确定安阳市为河南省水生态文明城市建设试点市后，市政府成立了以市长马林青为指挥长的安阳市水生态文明城市建设指挥部，编制了《安阳市水生态文明建设试点实施方案》。将安阳市水生态文明城市建设划分为三个区：西部山地生态保护区、中部都市生态宜居区、东部平原生态修复区，为建设生态宜居、清水长流、生境安澜的优美城市奠定了基础。

(四)水资源管理责任和考核等制度建设及相应措施落实情况

(13)建立水资源管理责任和考核制度。市政府制定了《安阳市实行最严格水资源管理制度考核工作实施方案》和《安阳市实行最严格水资源管理制度考核办法》及《安阳市水资源管理控制目标》。明确了安阳市 2015 年、2020 年、2030 年用水总量控制目标、用水效率控制目标和水功能区达标率控制目标。制定了安阳市水资源管理目标分解和评分标准及水利工作目标责任书，细化、量化了考核目标。为严格水资源管理提供了保障。

(14)健全水资源监控体系。一是连续多年开展了全市水资源质量动态监测工作，建立了全市水资源动态信息系统。定期对地下水、水功能区、入河排污口的水质、水量、水位进行了监测，开展了地下水开采量调查，编制了年度监测报告，积累了长系列丰富的观测资料。每年编印并向社会发布了《安阳市水资源公报》。同时，连续开展了水资源质量监测(24 个水功能区和 30 个排污口监测)、地下水动态监测(260 余眼水井)和省定安阳市 11 眼地下水水质观测井的取样及化验工作，并分析汇总形成了专题报告，为水资源科学管理提供了依据。二是积极提升水资源监控管理能力，扎实推进安阳市城市水资源实时监控与管理系统建设。安阳市作为水利部确定的水资源实时监控与管理系统建设试点市，由中央、省、市三级财政投资建设，总投资 600 万元。主要以城市重要水源地、地下水动态、规模以上取用水户和入河排污口以及地温地热井在线监测，包括建设项目水资源论证、取水许可、水资源费征收使用、计划用水和节约用水、水功能区等主要业务管理的应用系统。成立了安阳市城市水资源实时监控与管理系统项目建设管理办公室，按照相关程序经市财政评审中心预算评审，在安阳市公共资源交易中心进行公告、开标、评标，确定了施工和监理单位。项目建设于去年底竣工验收。完成了与省市防汛指挥系统的整合，并与省厅水资源监控中心的全面对接，实现了城市水资源信息的"采集自动化、传输网络化、存储数字化"。专题召开了全市水资源规划统计工作会议，集中讲解和工作安排，水资源信息统计与发布体系得到进一步完善。

(15)完善水资源管理体制。市节约用水办公室、市城市防汛指挥部办公室已整体划归市水利局管理。市水利局“三定方案”规定:“统一管理全市水资源(含空中水、地表水、地下水)”。全市各县(市、区)都成立了水务局。市县两级实现了对自来水公司取水许可管理,基本实现了城乡水资源统一管理。市人大常委会将安阳县跃进渠引水问题列入重点建议要求办理,经多方协调,最终达成了《浊漳河水量分配意见(试行)》。

(16)完善水资源管理投入机制。积极协调林州市和安阳县将漳河引水水费列入了本级财政预算支出,解决了基层水利单位困难,保证了安阳市漳河正常引水。加大水资源管理资金投入,各县(市、区)拓宽投资渠道,建立了长效、稳定的水资源管理投入机制,保障了水资源节约、保护和管理工作经费;重点加强了对水资源监控系统建设、水文水资源监测、节水改造和技术推广与应用、水源地保护建设、节水型社会建设、水生态文明城市建设、地下水超采区治理、水生态系统保护与修复等工作的支持。

(17)健全政策法规和社会监督机制。在全国水利行业中率先出台了《安阳市地温空调和地热水井取用水管理办法》,在全省第一个出台了市级泉域管理办法《安阳市南海泉域水资源保护管理办法》。印发了《安阳市建设项目节约用水设施与主体工程同时建设管理办法》、《安阳市节约用水管理办法》、《安阳市建设工程施工降水管理暂行办法》等水利规范性文件,进一步完善了水资源配置、节约、保护和管理等方面的政策法规体系。

借助“世界水日”、“中国水周”广泛深入地开展了多层次、多形式的市情水情宣传教育活动,向群众宣传保护水资源和节约用水理念,取得了良好的社会效果,进一步增强了全社会的水忧患意识和水资源节约保护意识,形成了节约用水、合理用水的良好社会风尚。组织举办了地下水重点取水户培训班,进一步提高了用水单位依法取水、合理用水意识,对规范地下水开发利用起到了积极地推动作用。

为加强农业节约用水管理,安阳市在全省率先建立了包括农民用水协会、乡镇水利服务中心、农村水管员队伍三个层面的基层水利服务体系。积极推行支渠用水户协会管理和支渠承包管理两种管理模式,使农业供水管理由水管单位、县、乡、村等四级管理过渡到目前的水管单位、支渠用水户协会或承包管理者两级管理。截至目前,全市灌区共建立用水协会126个(其中在民政部门登记注册的有16个),参与农户14.68万户,管理灌溉面积94.15万亩,确保了农业节水工程持续发挥效益。

四、自查工作开展情况

根据省政府关于实行最严格水资源管理制度的实施意见和考核办法的要求,结合安阳实际,市政府及时印发了《关于实行最严格水资源管理制度的实施意见》(安政〔2014〕8号)和《关于实行最严格水资源管理制度考核办法的通知》(安政办〔2014〕50号)。省水利厅等十厅局《关于印发<实行最严格水资源管理制度考核工作实施方案>的通知》、《河南省水利厅关于印发<2013年度河南省实行最严格水资源管理制度考核工作方案>的函》以及《河南省水利厅关于开展2013年度实行最严格水资源管理制度现场检查工作的预通知》下发后,安阳市采取四项措施,扎实推进实行最严格水资源管理制度自查工作开展:一是成立了自查工作领导小组,由水利、住建等十局委负责同志组成;二是根据评分细则,明确各局委工作职责和完成时限;三是全面收集了各类备查资料,编制了完整的材料目录清单,便于查阅和考核;四是认真填报了《安阳市2013年实行最严格水资源管理制度建设和措施落实情况评分细则》,形成了自查报告。综合自查内容和评分情况,2013 年度安阳市实行最严格水资源管理制度的自评得分 91.49 分,等级为优秀。

五、成效及经验

(一)领导重视、机构健全,为严格水资源管理提供了强力保障

为有力推进严格水资源管理工作,安阳市市、县两级政府部门均成立了规格高、部门全的领导小组:政府主要负责人和分管负责人为组长,发改、财政、环保、水利等部门负责人为成员,并在水利部门设立了领导小组办公室,确定了具体职责、明确任务,建立了定期联络和例会制度,确保了严格水资源管理工作顺利进行。此外,安阳市调整充实了水政、水资源、支队、节水、地温地热等五个机构人员,市、县两级从事水资源专门管理的人员达 400 余人,为严格水资源管理提供了队伍保障。

(二)规划先行,基础扎实,为严格水资源管理提供了有效支撑

新《水法》颁布后,安阳市在全省率先完成了水资源调查评价综合规划,相继完成了制度、规划、办法等 20 余项,摸清了安阳市水量、水质家底,从规划上加以引导水资源的合理科学开发利用,为严格水资源管理提供了有效支撑。

(三)加大投入,保障资金,为严格水资源管理提供了有力支持

历年来安阳市高度重视水资源管理经费的保障工作。每年市县两级从财政专门预算用于水资源管理的经费近 2000 万元,确保了水资源节约、保护、执法等各项工作的顺利开展。

(四)细化管理,严格执法,为严格水资源管理提供了良好环境

安阳市以建设全国节水型社会示范市、水生态文明示范市和全国水利综合执法示范市为主线,规范了取水许可,严格执行水资源有偿使用制度,狠抓节水“三同时”制度的落实,实现了取水户一表一证一档案,新改扩建的建设项目涉及取水的水资源论证率达 100%,封闭管网内水井 200 余眼,年查处水事违法案件 60 余起,维护了良好的水事秩序,为严格水资源管理提供了良好内外环境。

(五)创新形式、加大宣传,为严格水资源管理提供了舆论氛围

每年安阳市水法规宣传坚持以重点宣传和常规宣传、群众宣传和领导宣传、媒体宣传和工作宣传三结合,利用报纸、电视、短信、广场等载体,丰富了宣传内容,扩大了宣传范围,较好地提高了社会公共关注水、节约水、保护水的意识,为严格水资源管理提供了舆论氛围。

六、存在的问题及整改措施

(一)存在的主要问题

(1)少数干部群众对安阳市水资源紧缺现状和水危机意识认识不足,还存在着用水浪费和水污染现象。

(2)部分县(市)水资源管理资金投入不足,技术管理工作还比较薄弱,在一定程度上还不适应最严格水资源管理制度形势的需要。

(二)具体整改措施

(1)加大宣传力度,进一步提高领导及社会各界的水危机和节水意识。

(2)加大投资力度,落实水资源费全部和财政土地收益一定比例用于水资源管理经费,努力筹划一大批节约、保护、监测、治污,生态建设等方面的建设项目。

(3)加大监管力度,加强各项目标的监督检查,严格落实地方配套规范性文件,强化水资源论证、取水许可审批、水资源费征收、用水计划审批和超计划累进加价等各项制度执行;重视水资源管理监测和统计工作,力求最严格水资源管理制度考核工作真实有序进行。

安阳市水源井管理规定

为有效保护地下水资源,规范水源井取用水管理,防止水源井因管理不善对地下水造成污染,促进地下水资源的可持续利用,特对水源井管理规定如下。

一、管理范围

本规定包括公共供水管网覆盖范围内未封闭的水源井、管网外水源井和地温、地热井。

二、管理内容

取水许可、用水计划、计量设施、水资源费征收、水平衡测试和水质监测等内容。

三、管理要求

(1)有条件的水源井要有井房,没有条件的要有井台,无井房的要加井盖。井房结构及尺寸,应便于机泵安装、机井清淤维修和管理。井台应高出井口地面至少 20 厘米,其具体高度应能防止雨水、污水流入井内;井口周围采用防污水渗透结构,并应保持卫生清洁,不得堆放杂物。井台周围 20 ~ 30 米(生活用水井 50 米)内无厕所、粪坑,垃圾堆、畜圈、渗水坑等。

(2)严禁将泵座直接坐落在井壁管上,水源井应安装计量设施,计量设施应安装规范并在距井口 2 米之内(地温空调井在抽水、回水井口分别安装)。井盖上要预留观测孔,方便测量地下水位。水源井应分层止水,井管及输水管道材质环保耐用。

四、地温、地热井管理要求

(一)日常管理

(1)结合地温空调的使用规律,地温空调分为冬、夏两个使用周期。夏季周期为 5 月 15 日至 9 月 15 日,冬季周期为 11 月 15 日至次年 3 月 15 日。因天气、工作等原因需要提前或延时使用的用水单位,可向水行政机关提出书面申请,经水行政主管部门同意后使用。

(2)用水单位在每个使用周期前 7 个工作日向水行政主管部门提交书面启用申请,水行政主管部门自接到申请之日起 3 日内进行检查验收,验收合格后方可启封使用。

(3)每个周期结束后,取水单位应立即申请水行政主管部门封停,水行政主管部门应在接到申请后 3 个工作日内采用铅封等措施对其取水设施进行封停。严禁用水单位在封停取水设施期间启用地温空调或取用地下水转供他用。

（二）水质、水温监测

（1）新建地温空调单位应在成井后立即采集水样进行水质、水温的监测，监测结果应附于竣工报告中，报水行政主管部门存档备查。

（2）地温、地热井实行长期监测制度。地温空调用户应在运行期间每旬对水温、水位进行检测，每年在运行初期（运行开始 15 日内）和运行后期（运行结束前 15 日内）按相关的水质标准对抽、回灌水进行水质分析；地热井用户应在运行期间按相关的水质标准对抽、排水进行水质分析。水质分析应在水行政主管部门监督下由地温空调、地热井用户委托有地下水环境监测资质的单位进行，检验报告报水行政主管部门存档备查。

（3）水质监测结果应表明是否对该区域水质造成污染，监测结果不符合要求的水行政主管部门应立即责令用水单位停用。

（三）防污保护

（1）地温空调取、退水设施需设立明显的警示标志，派遣专职人员对取、退水设施进行管理和保护，防止出现破坏、污染地下水资源的行为。

（2）地温空调取、退水井口使用铁板盖压加锁封闭，井盖四周须使用橡胶圈进行密闭，严防污水回灌，并防止破坏取、退水设施，严防公共安全事故的发生。

（四）其他管理

其他管理参照《安阳市城市规划区地温空调、地热井取用水管理暂行办法》执行。

五、其他

因保护措施不当造成地下水污染的，申请环境保护主管部门按照《水污染防治法》的相关规定进行防治和处理。

安阳市地温空调和地热水井取用水管理办法

第一章　总则

第一条　为了有效保护和合理开发安阳市的地温地热水资源，规范地温空调和深层地热水井取用水建设与管理，根据《中华人民共和国水法》、国务院《取水许可和水资源费征收管理条例》等法律法规，结合本市实际情况，制定本办法。

第二条　本办法所称地温空调是指以地下水为介质来提取能量，通过能量的转换实现制冷和供热的系统。

本办法所称地热水，是指在特定地质条件下形成，贮存于地壳内部 25℃以上的地下水。

第三条　在本市行政区域内建设使用地温空调、地热井取用水资源的，适用本办法。

第四条　建设使用地温空调、取用地热井水资源，应当依法进行，科学实施，坚持统筹安排、规范管理、规模开发、综合利用的原则。

第五条 地温地热水资源属中深层地下水资源,归国家所有。

各级人民政府水行政主管部门负责其行政区域内地温地热水资源的管理和监督工作,具体工作由其地温地热水资源管理机构承担。

各级人民政府其他有关部门按照职责分工,负责地温地热水资源开发、利用、节约和保护的有关工作。

第六条 开发利用地温地热水资源应当有科学依据,必须在综合调查评价的基础上,统一规划进行。市水行政主管部门负责组织协调相关部门开展全市地温地热水资源的调查评价和开发利用规划组织编制工作。

地温地热水资源的开发利用规划应当与城市总体规划、城市供热规划等相协调,以防止重复建设和资源浪费。

第二章 申请和审批

第七条 本市市区内建设使用地温空调、地热井申请取用水资源,由市水行政主管部门审批。市水行政主管部门批准前应报市政府同意。

各县(市)内建设使用地温空调、地热井申请取用水资源,经县(市)级水行政主管部门报市水行政主管部门审核批准。

由国家审批、核准涉及使用地温空调、地热井需取用水资源的建设项目,申请建设单位应向市水行政主管部门申请取水许可。未取得取水申请批准文件的,项目主管部门不得审批、核准该地温空调、地热井取用水资源建设项目。

第八条 申请取水应当提交下列材料:

(一)申请书;

(二)具备建设项目水资源论证资质的单位编制的建设项目水资源论证报告书;

(三)与第三者利害关系的相关说明;

(四)属于备案项目的,提供有关备案材料;

(五)其他有关资料。

申请人应当提交由具备建设项目水资源论证资质的单位编制的建设项目水资源论证报告书。论证报告书应当按照建设项目水资源论证大纲要求,包括取水水源、用水合理性、允许取用水量以及对生态与环境的影响等内容。

第九条 申请书应当包括下列事项:

(一)申请人的名称(姓名)、地址;

(二)申请理由;

(三)取水的起始时间及期限;

(四)取水目的、取水量、年内各月的用水量等;

(五)水源及取水地点;

(六)取水方式、计量方式和节水措施;

(七)退水地点和退水中所含主要污染物以及污水处理措施;

(八)国务院水行政主管部门规定的其他事项。

第十条 市水行政主管部门应当自收到取水申请之日起 5 个工作日内对申请材料进行审查,并根据下列不同情形分别作出处理:

(一)申请材料齐全、符合法定形式、属于本机关受理范围的,予以受理;

(二)提交的材料不完备或者申请书内容填注不明的,通知申请人补正;

(三)不属于本机关受理范围的,告知申请人向有受理权限的机关提出申请。

申请人应在接到补正通知之日起7日内补正,逾期不补正的,其取水许可申请无效。

第十一条 有下列情形之一的,申请不予受理,并在作出不受理的决定时,书面告知申请人不受理的理由和依据:

(一)在地下水禁采区的;

(二)可能对水功能区水域使用功能造成影响的;

(三)可能对第三者或者社会公共利益产生重大损害、影响的;

(四)法律法规规定的其他情形;

取水工程或者设施设计不得超过审批的取水量。

第十二条 市区范围内的申请,市水行政主管部门应当自受理取水申请之日起45个工作日内拿出审查意见,报市政府同意后,签发取水申请批准文件。

县(市、区)域内的申请,市水行政主管部门应当自受理之日起45个工作日内决定是否批准,予以批准的市水行政主管部门签发取水申请批准文件。

第十三条 直接利用已有的取水工程或者设施申请取用水的,按照第八至十二条规定的程序审查合格后,发给取水许可证。

第十四条 取水申请批准后3年内,取水工程或者设施未开工建设,或者需由国家审批、核准的建设项目未取得国家审批、核准的,取水申请批准文件自行失效。

建设项目中取水事项有较大变更或变更取水层的,建设单位应当重新进行建设项目水资源论证,并重新申请取水。

第三章 建设施工管理

第十五条 市水行政主管部门应对取用地温地热水资源的水井施工质量实施监督管理,对在本市承担地温空调、地热井建设项目的水资源论证单位、钻井施工单位、工程监理单位,应审查其资质证件和相应业绩,并进行备案登记。相关单位接受和配合市水行政主管部门的监督管理。

第十六条 设计、建设和使用地温空调、地热水井取用水资源的,应当符合下列条件:

(一)符合水资源开发利用规划;

(二)具有土地使用权证明文件或土地使用权所有者同意使用书;

(三)设计、施工单位必须具有相应的技术等级或业绩证明;

(四)符合相应的技术要求。

前款规定的技术要求包括以下情况:

1. 具有符合凿井技术规范的施工方案,分层止水,井管及输水管道材质环保耐用,井口设计防污,抽水井口和回灌井口处分别安装计量设施,方便计量监测;

2. 地温空调项目开采间隔不小于1000米,项目开采取(回)水井间距不小于25米,建筑物间距不小于30米。必须同层回灌,回灌率不小于98%,回灌水质不能对地下水环境造成影响;

3. 地热水井项目开采井间距不小于2000米,有条件回灌的必须按照相关水质标准同层回灌。

第十七条 禁止跨水质不同的含水层混合开采地下水。

揭露和穿透含水层的工程，应当采取分层止水和封孔措施，防止渗漏、串层。

第十八条 申请人在取得取水申请批准文件后，方可兴建取用水工程或者设施，凿井及取用水管线安装施工设计方案，应向市水行政主管部门备案。

建设项目取用水施工实行全过程监理制度。

第十九条 申请人在取水工程或者设施竣工后10日内，应向市水行政主管部门提交完工报告，报告包括下列材料：

（一）水井工程所在位置的坐标、高程及比例尺1：500至1：1000的井位平面位置图；

（二）单井综合柱状剖面图、井坑详细的平面、剖面图（图上必须载明井口和坑口防污措施）；

（三）抽水试验、回灌试验资料、水质化验报告（单）；

（四）施工监理报告；

（五）取水设备、计量设施、节水设备安装位置图、性能等情况；

（六）资源开发利用及回灌方案；

（七）其他有关资料。

第二十条 市水行政主管部门应在收到报告后10日内，对申请材料和井及其附属设施现场进行核实验收；经验收合格的，核发取水许可证。

第二十一条 地温空调和地热井取用水的运行管理应符合水行政主管部门的规定。

第四章 监督管理

第二十二条 为合理开发和保护地温地热水资源，实行按计划开采制度。地温空调、地热井取用水户按照市发展改革委员会同市水行政主管部门联合下达的年度取用水计划，取用地温地热水资源。

第二十三条 连续停止取水满2年的，由市水行政主管部门注销取水许可证。由于不可抗力或者进行重大技术改造等原因造成停止取水满2年的，经市水行政主管部门同意，可以保留取水许可证。

第二十四条 地温空调施行封闭全回灌开采，防止污染储层；申请人应按市水行政主管部门批准的回灌方案进行回灌。

地热井弃水应当符合有关规定和标准，排放温度不大于30°C。

第二十五条 地温空调取水单位在每次运行期结束后，应立即书面告知水行政主管部门，水行政主管部门应在接到告知后3个工作日内，对其取水设施实施监督封停。用水单位不得在封停期间启用地温空调，或者取用地下水转供他用。

地温空调取水单位在每次运行期前7个工作日，应当向水行政主管部门提交书面启用报告。水行政主管部门自接到报告之日起3日内对相应设施进行检查，并对检查合格的设施实施监督启封。

第二十六条 地温空调、地热井取用地下水资源实行长期监测制度。地温空调用户应在运行期间每旬对水温、水位进行检测，每年在运行初期（运行开始15日内）和运行后期（运行结束前15日内）按相关的水质标准对抽、回灌水进行水质分析；地热井用户应在运行期每季度按相关的水质标准对抽、排水进行水质分析。水质分析应当由有地下水环境监测资质的单位进行。

地温空调、地热井用水单位应当每月向市水行政主管部门提供运行记录和监测报告，发现异常现象的，及时报告市水行政主管部门。

第二十七条 地温空调取、回水及地热井设施需设立明显的警示标志，指派专职人员对设施进行管理和保护，防止出现破坏、污染地下水资源的行为。

地温空调取、回水及地热井井口应使用铁板盖压加锁封闭，井盖四周须使用橡胶圈进行密闭，严防污水回灌，严防公共安全事故的发生。

第二十八条 地温空调、地热井取(回)用地下水必须按照技术标准和监管要求安装计量设施，保证计量设施正常运行，填报取水统计报表，并按照实际取水量和水资源费征收标准缴纳水资源费。

第二十九条 废弃地温空调取、回水井及地热井的，原取水单位应当报水行政主管部门，并在水行政主管部门监督下按照相关规定实施封闭，不得擅自启用。

第三十条 维修地温空调取、回水井及地热井的，应当报市水行政主管部门备案。

第三十一条 水行政主管部门应定期或不定期对地温空调、地热井用水单位进行监督检查。地温空调、地热井用水单位应当给予配合。对拒不接受监督检查，不按时缴纳涉水行政规费，不按规定取用水，或者故意破坏计量设施的，由市水行政主管部门按按照《中华人民共和国水法》、国务院《取水许可和水资源费征收管理条例》等法律法规规章的有关规定进行处罚。

第五章　附　则

第三十二条 本办法自发布之日起施行。

安阳市建设工程施工降水管理暂行办法

第一章　总　则

第一条 为了保护地下水资源和环境安全，落实科学发展观，实现经济社会可持续发展，依据《中华人民共和国水法》、《建设工程安全生产管理条例》及有关法律法规，并结合本市实际情况，制定本办法。

第二条 在本市行政区域内进行各类工程的施工降水活动及其监督管理，适用本办法。

施工降水是指在建设工程施工过程中，采用管井、井点等方式取(排)地下水的施工措施。

第三条 施工降水应遵循保护优先、合理取(排)、取水有偿、综合利用的原则。

第四条 市、县(市、区)水行政主管部门及住房和城乡建设行政主管部门依据职责，负责对施工降水实施监督管理。

第二章　施工降水

第五条　建设单位或者施工单位应当优先采用连续墙、护坡桩＋桩间旋喷桩、水泥土桩＋型钢等帷幕隔水方法，隔断地下水进入施工区域。

第六条　因地下结构、地层及地下水、施工条件和技术等原因，采用帷幕隔水方法很难实施或者虽能实施，但增加的工程投资明显不合理的，施工降水方案经过专家评审并通过后，可以采用管井、井点等方法进行施工降水。

第七条　为保障建设工程地下施工安全必须进行临时应急取（排）水的，建设单位或施工单位应当及时报县级以上地方人民政府水行政主管部门备案。

建设单位或施工单位备案时需提供施工降水方案，方案应当包含以下内容：

（一）工程所处场地地层分布、地下水分层情况及相互关系、周边环境条件；

（二）采用降水方法对施工安全和环境影响评估；

（三）不采用帷幕隔水方法的理由和依据；

（四）抽水量计算方法及预估总抽水量；

（五）抽水计量方法、仪器和措施；

（六）地下水综合利用措施；

（七）排水地点、周期；

（八）施工排水对周边影响及措施；

（九）降水结束后抽水井的封填措施。

第八条　施工降水方案由水行政主管部门在三个工作日内组织专家对施工现场进行指导。

第九条　施工降水方案指导内容：

（一）采用帷幕隔水方法不可行的依据和理由是否充分；

（二）施工降水对施工安全、环境影响评估是否合理；

（三）计算取（排）水量是否合理；

（四）降水综合利用措施是否合理。

第十条　采用管井、井点等进行施工降水的工程，施工单位应当安装取（排）水计量设施，并按有关规定缴纳水资源费。施工单位取水排入市政管网的，应当按照《河南省城市污水处理费征收使用管理办法》的规定，缴纳城市污水处理费。

计量设施宜选用明渠堰槽计量或电磁流量计。

第三章　监督管理

第十一条　采用管井、井点等进行施工降水的，取（排）水计量设施必须有效工作。

施工降水应当按照施工降水方案采取有效措施充分利用，防止污染地下水和地表水，减少资源浪费。降水应优先用于工地钢筋混凝土的养护、降尘、冲厕、工地车辆的洗刷等方面；剩余部分施工单位应主动与园林、环卫部门和居民社区联系，将其用于周边指定绿地、景观及环境卫生。

第十二条　监理单位应当对施工降水进行全过程监理，检查和督促建设单位和施工单位严格执行本办法和相关技术标准。

施工单位未备案采用管井、井点等进行施工降水的或者施工单位违反第十一条规定的，监理单位应当及时予以制止；施工单位拒不改正的，应当及时向水行政主管部门报告。

第十三条 建设单位、施工单位在施工中需要封填降水井的，在封填前向水行政主管部门报告；施工降水结束后水井必须全部封填。

水井封填必须在水行政主管部门的监督下按照施工降水方案进行封填，防止地下水受到污染。

第四章 奖励与处罚

第十四条 鼓励采用各种帷幕隔水技术和综合利用工地取（排）出的地下水。对严格执行本办法、自觉保护和综合利用地下水资源成绩显著的单位，由政府相关部门给予表彰。

第十五条 建设单位、施工单位、监理单位存在下列行为的，水利和住建行政主管部门依据有关法律法规进行处理：

（一）未编制施工降水方案擅自凿井进行施工降水的；

（二）取（排）水计量设施不能有效工作的；

（三）降水综合利用措施执行不到位的；

（四）违反《河南省城市污水处理费征收使用管理办法》有关规定的。

（五）未依法进行施工降水备案的；

（六）监理单位未履行监督职责的。

第五章 附 则

第十六条 本办法由市水行政主管部门和建设行政主管部门负责解释。

第十七条 本办法自2014年1月1日起实施。

安阳市节约用水管理办法

第一章 总 则

第一条 为了加强计划用水、节约用水管理，科学合理利用水资源，适应经济和社会可持续发展的需要，根据《中华人民共和国水法》、《河南省节约用水管理条例》和有关法律、法规规定，结合本市实际，制定本办法。

第二条 本市行政区域内的节约用水及其管理活动，适用本办法。

第三条 节约用水应当坚持合理开发和高效利用的原则，实行统一规划、总量控制、定额管理、计划用水。

第四条 市、县（市）人民政府应当加强对节约用水工作的领导，广泛开展节约用水的宣传教育，提高全民节水意识；推行节水措施，推广节水新技术、新工艺，发展节水型工业、农业和服务业，建立节水型社会。

在节约用水宣传、管理、科学技术研究及新技术的推广、应用等方面做出显著成绩的单位和个人，由人民政府给予奖励。

第五条 市人民政府水行政主管部门负责组织、管理和监督本行政区域内的节约用水工作。市节水管理机构具体负责本行政区域内的节约用水管理工作。

县(市)人民政府水行政主管部门负责本行政区域内的节约用水管理工作。

第六条 任何单位和个人都有节约用水的义务，并有权对浪费水资源的行为进行监督、制止、举报。

第二章 计划用水

第七条 市、县(市)人民政府水行政主管部门应会同有关部门，编制节约用水规划，报经同级人民政府批准后执行。

节约用水规划应纳入同级国民经济和社会发展规划。

第八条 本市对用水实行总量控制和定额管理相结合的制度。市、县(市)人民政府水行政主管部门会同同级发展改革主管部门，根据节约用水规划、用水定额、经济技术条件、用水单位的生活生产经营需要以及水量分配方案确定的可供本行政区域使用的水量，制订年度用水计划。

第九条 本办法所称计划用水单位，是指纳入取水许可管理的自建供水设施的取水单位和个人，以及使用公共供水且用水量达到市、县(市)水行政主管部门规定数额的单位和个人(城镇居民生活用水户除外)。

第十条 计划用水单位应当根据用水定额和生产经营需要于当年10月31日前提出下一年度用水计划指标，经政府有关行业主管部门汇总平衡后，报市、县(市)水行政主管部门核定。无行业主管部门的计划用水单位的用水计划指标，直接报市、县(市)水行政主管部门核定。市、县(市)水行政主管部门应当于当年12月31日前核定下达。用水计划指标的核定管理，按国家和省有关规定执行。

市、县(市)水行政主管部门应当将计划用水单位的年度用水计划指标下达给有关供水单位，供水单位应当按照用水计划指标供水。

第十一条 本市实行超计划用水加价收费制度。计划用水单位应当按照批准的用水计划指标用水，并由节水管理机构按季度对其进行用水考核。对超出计划的部分按现行基本水价的二到五倍征收超计划用水加价水费。城镇居民生活用水实行阶梯水价制度。

第十二条 各计划用水单位因生产经营发展需要增加用水计划指标的，须经市、县(市)水行政主管部门批准。增加用水计划指标应当符合下列条件：

(一)生产经营发展需要；

(二)已经采取相应的节水措施；

(三)水的重复利用率、用水单耗达到规定的行业标准。

第十三条 有下列情形之一的，由市、县(市)水行政主管部门提出核减方案，报同级人民政府批准，可以核减计划用水单位的用水计划指标：

(一)由于自然原因使水资源不能满足本地区正常供水的；

(二)因停产、减产、转产或者生产工艺变化使用水量发生较大变化的；

（三）用水单耗、水的重复利用率达不到行业标准，浪费明显的；

（四）其他确需核减或者限制用水量的情形。

第十四条 用水应当计量收费，禁止实行包费制。用水单位安装的各级用水计量设施，应符合国家相关标准、规范的要求。

第十五条 市、县（市）节水管理机构应当做好节约用水统计分析工作。

供水单位应当建立供水统计制度，按月向市、县（市）节水管理机构报送供水统计资料。

计划用水单位应当建立节约用水管理制度，做好用水记录和统计台账，加强对用水状况的日常管理。

第十六条 农业灌区灌溉应当实行用水总量控制，实行计划用水，定额管理。灌溉用水单位应当逐步安装水计量设施，按照批准的灌溉用水定额用水。

农业灌溉供水单位应当健全水费收取制度，定期向用户公开用水量、水价和水费，逐步推行基本水价和计量水价相结合的水价制度。

第三章 节约用水

第十七条 新建、改建、扩建的建设项目设计最大用水量达到规定数额的，应当在建设前编制用水、节水评估报告；直接取用江河、湖泊、水库或者地下水资源的，应当编制水资源论证报告。

第十八条 新建、改建、扩建的建设项目，应当采用节水型的工艺、设备和器具，配套建设节水设施。节水设施必须与主体工程同时设计、同时施工、同时投入使用。节水管理机构应加强对建设项目节水设施设计、施工、投入使用的监督管理。

第十九条 建设项目属政府投资项目的，在向投资主管部门报送的建设项目可行性研究报告中，应包括节水机构出具的节水评估报告审核意见，并附具审定的建设项目节水评估报告。建设项目属非政府投资的，在向投资主管部门报送建设项目申请报告和工程设计方案时，应附具经节水机构审定的建设项目节水评估报告。投资主管部门在对建设项目审核时，无节水评估报告及审核意见的，投资主管部门不予立项。

第二十条 建设项目规划应包括节水设施的内容，未提供经市节水机构审核的节水评估报告的，不予审批规划，不予颁发规划许可证。

建设行政主管部门对建设项目进行施工图设计文件审查时，对未按照节水评估报告及审核意见进行节水设施设计的，审查不予通过，不予出具《施工图审查许可证》和《施工许可证》。

建设项目竣工验收时，节水机构应当对配套建设的节水设施进行验收，并出具节水设施验收意见。无市节水机构出具的节水设施验收意见的，建设行政主管部门对建设项目不予监督验收，建设项目验收备案部门不予备案，建设项目不得投入使用。

用水单位应将节水设施建设、使用情况报同级节水管理机构备案，不得擅自停止使用已建成的节水设施。已经投入使用的建设项目，没有使用节水设施或节水器具的，应当限期更新使用节水设施或节水器具，具体办法由市节水管理机构制定。

第二十一条 工业用水单位应当采用先进节水技术、工艺和设备，采取一水多用、循环利用等措施增加循环用水次数，提高水的重复利用率。生产设备冷却水、锅炉冷凝水应当循环使用或者回收使用，不得直接排放。以水为主要原料生产饮料、纯净水等产品的企业应当采取节水措施,提高水的利用率。生产后的尾水应当回收利用,不得直接排放。

第二十二条 用水单位和居民生活用水户应当安装使用节水设备、器具。

任何单位和个人不得指定用户购买、使用特定的节水设备、器具。

任何单位和个人不得生产、销售已明令淘汰的用水设备和器具。

第二十三条 在国家规定标准未出台前,用水单位年用水量在5000立方米以上的,应当每三年进行一次用水平衡测试,产品结构或者工艺发生变化或新建、扩建、改建项目投入运行时,应当在6个月内进行复测,并将水平衡测试报告报同级节水管理机构验收、备案。

第二十四条 市、县(市)人民政府和有关部门应当采取措施,推动污水处理和回用设施建设。

城市应当按照国家规定建立污水处理设施。新建供水设施的地区应当规划相应的污水处理设施和污水回用设施。

第二十五条 经营洗浴、游泳、水上娱乐、洗车的单位和个人,应当安装使用节水设施、器具。未安装的应限期整改。

第二十六条 下列建设项目,应当配套建设再生水利用系统:

(一)建筑面积在2万平方米以上的宾馆、商场、公寓、综合性服务楼及高层住宅;

(二)建筑面积在3万平方米以上的机关、科研单位、大专院校、大型综合性文化、体育设施;

(三) 建筑面积在5万平方米以上的居住小区(含别墅区、公寓区等);

(四)建筑面积在5万平方米以上的产业开发区;

(五)月用水量在500立方米以上的单位。

园林绿化、环境卫生、洗车业、建筑业应当优先使用中水和其他再生水。

城市园林绿化应当选种耐旱型花草树木。绿地、树木、花卉灌溉,推广滴灌、微喷灌等节水灌溉方式。

第二十七条 供水、用水单位应当加强对供水、用水设施的维护管理,减少漏损量。发现供水、用水设施损坏造成跑、冒、滴、漏的,应当及时维修。城市供水管网的漏水损失率不得超过国家和行业规定的标准。

第二十八条 各级人民政府应当根据当地自然条件和经济发展水平,推动节水型农业的发展。坚持水利节水措施与农艺节水措施相结合,因地制宜地推行窄短畦灌、格田灌、沟灌、地膜灌等节水灌溉方式;逐步推行渠道防渗和管道输水、喷灌、滴灌、渗灌等先进节水灌溉技术;扶持农业旱作技术和农作物抗旱新品种的研究和推广,提高农业节水效益。

第四章 保障措施

第二十九条 市、县(市)人民政府水行政主管部门应当会同有关部门,根据节约用水规划、用水定额、用水计划,建立节约用水考核制度,并通报考核结果。

第三十条 市、县(市)人民政府应当根据当地水资源状况和经济发展水平,按照补偿成本、合理收益、优质优价、公平负担的原则,建立激励节约用水的水价机制,逐步调整水价,实行分类定价、阶梯式水价、丰枯季节性水价,推动全社会节约用水。

第三十一条 市、县(市)人民政府每年拨出专款作为节水专项资金,用于节水技术研究、节水工程建设和改造、节水器具推广。专项资金应当专款专用,不得挪用。

市、县(市)节水管理机构征收的加价水费,应当纳入财政预算管理,专款专用。用于节水技术研究、节水管理、节水工程的建设和改造、节水器具推广。

市、县(市)人民政府审计部门应当加强对节水专项资金和加价水费管理、使用情况的审计监督。

第三十二条 对农业节水项目及含有节水措施的农业开发项目,有关部门应当优先立项。

鼓励有条件的地区和单位兴建蓄水设施,因地制宜建设集雨水窖、水池、水柜、水塘等蓄水工程,适时拦蓄雨洪水,增加有效水源。

第五章 法律责任

第三十三条 违反本办法的行为,法律、行政法规有处罚规定的,从其规定;未作规定的,依照本办法规定执行。

第三十四条 违反本办法规定,建设项目的节水设施未建成或者未达到国家规定要求,擅自投入使用的,由有关行政主管部门依据职权,责令停止使用,限期改正,并处五万元以上十万元以下的罚款。

第三十五条 生产、销售或在生产经营中使用国家明令淘汰的、落后的、耗水量高的工艺、设备和产品的,由市、县(市)人民政府有关主管部门责令停止生产、销售或者使用,处二万元以上十万元以下的罚款。

第三十六条 违反本办法规定,有下列行为之一的,由市、县(市)人民政府水行政主管部门责令限期改正,逾期不改正的,处五千元以上五万元以下罚款:

(一)经营洗浴、游泳、水上娱乐、洗车的单位和个人未按照有关规定安装使用或者安装不符合规定的节水设施、器具的;

(二)计划用水单位拒不安装水计量器具的;

(三)计划用水单位未依照本办法规定办理计划用水指标擅自用水的;

(四)计划用水单位擅自停止使用节水设施的;

(五)供水单位实行包费制的;

(六)应被纳入计划用水管理的用水单位或个人,拒绝纳入计划管理的。

第三十七条 违反本办法规定,有下列行为之一的,由市、县(市)人民政府水行政主管部门责令限期改正,逾期不改正的,处二千元以上二万元以下罚款:

(一)生产设备冷却水、锅炉冷凝水未循环使用或者未回收使用的;

(二)以水为主要原料生产饮料、纯净水未采取节水措施或者未将生产后的尾水回收利用的;

(三)未按规定进行水平衡测试的。

第三十八条 水行政主管部门或者其他有关部门及其工作人员,不按照本办法规定核定用水计划指标,挪用节水专项资金,强制用户购买、使用特定的节水设备或器具,不按照本办法规定征收加价水费,或在履行其他职责过程中徇私舞弊、滥用职权、玩忽职守的,由其所在单位或行政监察机关给予行政处分;构成犯罪的,依法追究刑事责任。

第六章　附　则

第三十九条　本办法自发布之日起施行。

从一例水利行政处罚案谈行政行为的显失公正

2012年4月1日上午10时经群众举报后查实，安阳市保平发展有限责任公司（原告）未经水行政主管部门批准，擅自在位于安阳市开发区海河大道武夷西路的本单位院内取用地下水，在该单位内办公楼南侧有一眼水井，装有取水设施，管径1吋，没有计量设施，抽水管为铁管，现场检查时，正在取用地下水，取水用途为生产生活。有现场勘验笔录、调查笔录、视听资料为证。1吋铁管每小时取水能力为0.7立方米，日最大取水能力为16.8立方米。由于该单位在公共供水覆盖范围内并且目前仍未停止取用地下水，依据《水法》第六十九条、《河南省水行政处罚自由裁量权适用规则》第八条、《河南省水行政处罚裁量标准》第六十九条的规定，建议：(1)责令停止取用地下水；(2)补缴水资源费，水资源费补缴标准为：每立方米1.6元；(3)罚款二万元。原告不服，诉至安阳市殷都区人民法院。法院经审理认为，被告作出该行政处罚决定程序违法，判决撤销了该行政行为。嗣后，被告又于2012年8月30日以同一事实对原告重新作出了行政处罚决定，决定对原告罚款三万元，原告仍不服，再次向法院起诉，要求撤销被告重新作出的处罚决定。

法院认为，（原告）未经水行政主管部门批准，擅自在位于安阳市开发区海河大道武夷西路的本单位院内取用地下水，有违《水法》的规定，因此，被告于2012年8月30日对原告重新作出的处罚决定，有事实依据，适用法律、法规正确，符合法定程序，但法院同时认为，在该违法行为的事实、性质、情节等情势未发生变化的情况下，被告重新作出的处罚相比最初的处罚大幅度提高了罚款数额，显然不恰当，属法律规定的显失公正情形，依法应予变更，依照《中华人民共和国行政诉讼法》第五十四条第（四）项的规定，判决变更被告作出的行政处罚决定的罚款三万元为罚款二万元。宣判后，原、被告均无异议。

本案的关键是对显失公正的理解与认定以及正确区分显失公正与滥用职权的关系。

所谓显失公正，是指行政机关及其工作人员和法律、法规授权的组织在法律、法规规定的范围和幅度内，所作出的行政行为明显不适当。也就是说，该行政处罚决定虽然在形式上合法，但是存在明显的不合理性。法律、法规规定给予违法行为人行政处罚，就行政处罚本身而言，并不是法律所追求的目的，法律规定行政处罚的最主要目的是预防新的违法行为的出现，保障社会秩序。要达到法律追求的最主要目的，必须做到对违法行为人的处罚公正、公平，明显的不合理、不恰当显然违背了法律、法规设立行政处罚的最主要目的，从这个意义上来说，显失公正的行政处罚，实质上是不合法的行政处罚。其表现形式大概有如下几种：

(1)同责不同罚。法律面前人人平等是我国法律的一项基本的法律原则,根据这一原则,对公民、法人或者其他组织违反法律、法规的行为,性质、情节相同的,应当给予相同的行政处罚,如果对同样责任者给予不同轻重的行政处罚,就违反了法律面前人人平等的法律原则而且也不利于违法人对自己行为的反省,甚至损害了有关机关的权威。

(2)同一案件中,重责轻罚或者轻责重罚。在同一案件中,行政主体作出的行政处罚从单方面看,似乎并没有明显的畸轻畸重,但是相比较之下,则有失公正,使得被处罚者难以心服口服,甚至产生对抗社会的心理,这样不能解决问题,反而激化矛盾,对社会稳定造成不利影响。

(3)未考虑应当考虑的因素。未考虑应当考虑的因素是指行政主体在作出具体行政行为时,没有考虑到基本的法定因素或者一般的常理因素,任意作出不合理、不恰当的具体行政行为。例如违法情节、认错态度、是否过失以及都要考虑的社会常理或者生活惯例。

(4)违反均衡原则。均衡原则要求行政主体的自由裁量行为所要达到的行政目的与采用的行政手段之间应当均衡适当。具体来说,有以下三个方面的要求:一是行政主体应当选择造成行政相对人最小的损害的方法实现行政目的;二是在多种选择方法中,行政主体应当选择最适当方法;三是行政主体行使自由裁量权所实现的公共利益不能小于行政相对人损害的利益。

(5)反复无常。指行政主体及其工作人员,对同一或同种情况的案件在情势未发生变化的情况下,根据自己的情绪或好恶无标准地反复变化,无视法律、法规的严肃性,也使行政相对人无所适从。

《中华人民共和国行政诉讼法》第五十四条第(四)项规定,行政处罚显失公正的,可以判决变更。本案中,被告第一次作出的行政处罚决定因程序违法,适用法律错误被撤销后,重新作出的行政处罚决定在原告的违法事实、情节、性质等各项情势均未发生变化的情况下,大幅度提高对原告的处罚数额,显然是被告根据自己的情绪、好恶无标准地行使自由裁量权,是被告反复无常的具体表现,这种行为对于具有一般认知水平的自然人均会得出重新作出的该行为不合理、不恰当,显失公正。所以,法院依法判决变更处理正确。

关于一起媒体报道建设单位施工降水案件引发的思考

2013 年十一长假期间,网友"承 ay"向记者反映,位于安阳市紫薇大道东段的大美城建设工地上,伸出围栏的 7 根水桶粗的管道日夜不停地向外大量排出清澈的地下水,并且直接排到了下水道中,实属浪费,让人心疼。

10 月 7 日下午,记者在紫薇大道大天城建设工地南侧看到,有 5 根直径三四十厘米的白色塑料管道从工地围栏伸出,直达路边的下水道口。而在工地的东侧和西侧,也各有一根管道通向下水道。从这些管道旁边经过时,能清晰听到哗哗作响的流水声。在大美城工地南侧一个管道口,如注的水流喷涌而出,一位中年妇女正蹲在旁边洗着几件衣服。她告诉记者:"这水是工地上抽出的地下水,非常干净,工地上的人吃的也是这水。我就住在对面小区,我们小区的人都来这里接水洗衣服、洗车。"她还拿起身边的水桶放到管道口演示给记者看,眨眼间就注入了多半桶水,"你看,水很清澈。只是快三月了,一直这样把好端端的水抽到下水道里,太浪费了。"该妇女摇着头说。在大美天城工地东侧的一个管道口,也有不少市民在洗衣服、洗车。

采访中,很多市民都对工地排出的地下水被白白浪费掉表示心疼。一位网友说,地下水资源如此稀缺,希望有关部门能够加强监管,把这些水合理利用起来,减少水资源的浪费。

以上是某报社的报道,如果你是水行政执法人员,你如何回复?如何处理?水行政主管部门如果进行水行政处罚有没有法律依据?那么征收水资源费有没有法律依据?建设单位施工降水需要不需要到水利部门备案呢?这些都是我们一线水行政执法人员要思考解决的问题。

下面是我们水政执法人员写的回复:

《某日报》编辑部:

10月9日,《某日报》以《地下水白流数月太可惜》为题报道了位于文峰区紫薇大道与朝霞路交叉口东北角的大美城翠园项目建筑工地抽排地下水情况;10月16日,《某日报》第6版"民生网事"栏目又以《某市水利局,你作为了吗?》为题直指水利部门在大美城翠园项目建筑工地抽排地下水问题上不作为。上述事项见报后,某市水利局高度重视,积极回应,及时咨询上级部门和市政府法制办,现结合水法律法规规定及安阳市水资源管理和保护工作开展情况,反馈如下。

一、安阳市水资源管理和保护工作

安阳市属全国水资源短缺城市。市委、市人大、市政府历来高度重视水资源管理和保护工作,作为政府职能部门市水利局积极履行水资源管理和保护职责,通过实施取水许可制度,严格取水许可管理;通过强化取用水计量设施安装,促进水资源费(基金)征收,市本级水资源费征收额连续多年在全省名列前茅;通过加强计划用水管理,促进节约用水;通过封闭自备水源井,减少地下水开采;通过加大境外引水工作力度,补充安阳市地下水源。通过上述一系列措施,有效地促进了地下水位回升,市区地下水位由2004年末的平均埋深28.6米上升到2012年末的12.7米,年均上升约2米。安阳市市区西高东低,铁西地下水位约23米,东区地下水位在12米左右,大美城附近地下水位约9米。

二、大美城翠园项目建筑工地抽排地下水情况

自2013年6月17日以来,我局先后六次接到市长信箱转来事项交办单,反映大美城翠园项目建筑工地无证抽排地下水。我局都立即安排执法人员分别于6月17日、8月3日、8月26日、8月28日、9月6日、10月9日六次到现场调查和处理,并按期进行了反馈。查明该项目建筑面积16万平方米,地下两层,负二层为车库,负一层为商业,由安阳中广发汇城置业有限公司开发。由于安阳市东区地下水位埋深较浅,不排水降低水位就无法进行地基处理施工。

三、水法律法规及政策依据

由于大美城翠园项目抽排地下水属于施工降水,并且所抽的水直接排入了市政管网,没有再利用,根据《取水许可和水资源费征收管理条例》(国务院令第460号)第四条:"下列情形不需要申请领取取水许可证:……(三)为保障矿井等地下工程施工安全和生产安全必须

进行临时应急取(排)水的……”和河南省水资源费(基金)征收政策的规定疏干排水再利用的才缴纳水资源费(基金)。因此,按照目前水法规规定和河南省政策,暂无依据进行管理。同时,针对施工排水问题,我们专门向省水利厅和市政府法制办相关专家进行了咨询,专家答复为没有法律依据不能处罚。经上网查询,目前我省甚至全国对建设单位施工降水问题也没有出台具体的规定。

四、采取的措施

(1)责令该工地负责人立即停止施工排水,拿出合理利用地下水资源的方案;

(2)联系市政园林绿化及消防部门,近期尽可能利用该处水源进行绿化灌溉和道路洒水降尘,合理利用水源,减少水源浪费。

(3)责成该工地加快基础处理,尽可能缩短工期,减少地下水排放,保证基础处理结束后立即回填,不再抽排地下水。

以上是水行政主管部门的正面答复及为何没有处罚和征收水资源费的法律依据。如果把施工降水的取水设施界定为水工程呢!我们水行政主管部门是否可以处罚呢?同时何谓临时取水呢?

《中华人民共和国水法》第七十九条　本法所称水工程,是指在江河、湖泊和地下水源上开发、利用、控制、调配和保护水资源的各类工程。

本条是对水工程定义的规定。

一、水工程有两层含义:

(1)水工程是指在江河、湖泊和地下水源上兴建的工程。如在江河、湖泊上建设的水坝、堤防、护岸、闸坝等和为从地下水源上取水而打的井等。

(2)水工程是以开发、利用、控制、调配和保护水资源为目的兴建的工程。如防洪、灌溉、排水、阻水、引水、蓄水等工程。

二、水工程种类较多,大到三峡大坝、水库,小到引水渠道、排灌站、机井站等。水工程的建设和保护关系我国水资源的合理分配、有效利用、水害防治及人民群众生命财产安全。因此,本法规定,县级以上人民政府应当加强水利基础设施建设,并将其纳入本级国民经济和社会发展计划。同时还对建设水工程的审批程序、水工程管理和保护范围划定、单位和个人保护水工程的义务及地方政府保护水工程特别是水坝、堤防安全的责任等作了规定。

如果将施工降水取水设施界定为水工程的话,那么水行政主管部门是可以处罚的。《取水许可和水资源费征收管理条例》的规定,只有家庭生活和零星散养、圈养畜禽和抗旱临时应急取水、消除公共安全的临时应急取水以及保障矿井等地下施工等的临时应急取水等5种情况才可以不需要申请领取取水许可证,除此之外,任何单位或个人要开采地下水,都必须向水行政主管部门申请领取取水许可证,并缴纳水资源费。

按照《取水许可和水资源费征收管理条例》的规定,未取得取水申请批准文件擅自建设取水工程或者设施的,责令停止违法行为,限期补办有关手续;逾期不补办或者补办未被批准的,责令限期拆除或者封闭其取水工程或者设施;逾期不拆除或者不封闭其取水工程或者设施的,由水行政主管部门或者流域管理机构组织拆除或者封闭,所需费用由违法行为人承担,可以处5万元以下罚款。

下面是对临时取水解释。

一、临时:暂时、非正式的、短时间的。

二、临时取水:《取水许可和水资源费征收管理条例释义》解释为保障矿井等地下工程施工安全和生产安全必须进行临时应急取(排)水,如矿井透水为保障安全紧急排水,不需要申领取水许可证。另外,施工降水只是为了保障安全施工的临时取水,提出取水周期一般为半年,并且施工结束后水井封填。根据《取水许可和水资源费征收管理条例》第二十五条的规定,取水许可证有效期限一般为5年,最长不超过10年。施工降水属于临时取水,不需要办理取水许可证,只需要到水行政主管部门进行备案。下面重点介绍一下行政许可、行政审批、备案三者的区别。同时设计了临时应急取(排)水备案表,以供同仁参考!

行政许可,即通常说的行政审批,是指行政机关根据公民、法人或者其他组织的申请,经依法审查,准予其从事特定活动的行为,有以下四个方面的特征:

(1)行政许可是依申请的行为。以申请为起始,无申请即无许可。

(2)行政许可是管理性行为。主要体现为行政机关作出行政许可的单方面性。不具有管理性特征的行为,即使冠以审批、登记的名称,也不属于行政许可。

(3)行政许可是管理经济和社会事务的外部行为。行政机关对其他行政机关,或者对机关直接管理的事业单位的人事、财务、外事等事项的审批,则属于内部管理行为,不属于行政许可。

(4)行政许可是准予相对人从事特定活动的行为。实施行政许可的结果是,相对人获得了人事特定活动的权利或者资格。

审批:政府机关或授权单位根据法律、法规、行政规章及有关文件,对相对人从事某种行为、申请某种权利或资格等进行具有限制性管理的行为。审批有三个基本要素:一是指标额度限制;二是审批机关有选择决定权;三是一般都是终审。

审批最主要的特点是审批机关有选择决定权,即使符合规定的条件,也可以不批准。

核准:政府机关或授权单位,根据法律、法规、行政规章及有关文件,对相对人从事某种行为,申请某种权利或资格等,依法进行确认的行为。因此,在批准相对人的申请时,只是按照有关条件进行确认。只要符合条件,一般都予以准许。核准的条件都比较明确具体,便于确认。

审核:由本机关审查核实,报上级机关或其他机关审批的行为。

备案:相对人按照法律、法规、行政规章及相关性文件等规定,向主管部门报告制定的或完成的事项的行为。备案不属于行政许可,它是事后监管的一种管理手段,属于行政许可法规定的行政机关通过核查被许可人报送有关材料履行监管职责的情况。行政许可是指在法律一般禁止的情况下,行政主体根据行政相对人的申请,通过颁发许可证或执照等形式,依法赋予特定的行政相对人从事某种活动或实施某种行为的权利或资格的行政行为。所以,一般属于事前监督,不属于行政许可。备案的不一定就属于行政许可。但是行政许可肯定是需要备案的。

上面是对备案的一些粗浅看法,希望能给我们水行政管理工作带来思考与启迪!

临时应急取(排)水备案表

<table>
<tr><td>建设单位（盖章）</td><td colspan="4"></td><td>法人代表</td><td colspan="2"></td></tr>
<tr><td>单位地址</td><td colspan="4"></td><td>备案日期</td><td colspan="2"></td></tr>
<tr><td>联系人</td><td colspan="2"></td><td>联系方式</td><td colspan="4">电话：　　　传真：
手机：</td></tr>
<tr><td>取(排)水项目名称</td><td colspan="7"></td></tr>
<tr><td>取(排)水项目地址</td><td colspan="7"></td></tr>
<tr><td>施工单位</td><td colspan="4"></td><td>施工单位地址</td><td colspan="2"></td></tr>
<tr><td>建筑面积</td><td>m^2</td><td>日取水量</td><td colspan="2">m^3</td><td>日排水量</td><td colspan="2">m^3</td></tr>
<tr><td>排水去向路名</td><td></td><td>排水去向管道名称</td><td>□雨水管
□污水管
□合流管</td><td>申请取(排)水期限</td><td colspan="3">自　　年　月　日
至　　年　月　日</td></tr>
<tr><td>临时取(排)水处理措施</td><td colspan="7"></td></tr>
<tr><td colspan="8">施工临时取(排)水设施简图(可附页)：</td></tr>
<tr><td>备注</td><td colspan="7">根据《取水许可和水资源费征收管理条例》第四条："下列情形不需要申请领取取水许可证：……(三)为保障矿井等地下工程施工安全和生产安全必须进行临时应急取(排)水的；(四)为消除对公共安全或者公共利益的危害临时应急取水的；(五)为农业抗旱和维护生态与环境必须临时应急取水的……第(三)项、第(四)项规定的取水，应当及时报县级以上地方人民政府水行政主管部门或者流域管理机构备案；第(五)项规定的取水，应当经县级以上人民政府水行政主管部门或者流域管理机构同意。"</td></tr>
</table>

水土保持类

新《水土保持法》第五十三条的正确适用探讨

十一届全国人大常委会第十八次会议25日表决通过修订后的《水土保持法》。这是新时期加强水土流失预防和治理工作的重要举措，标志着我国依法防治水土流失有了更为锐利的法律武器，对新时期我国水土保持事业健康发展，促进我国经济社会可持续发展具有重要的现实意义和深远的历史影响。

下面从一起水事违法案例中解读新的《水土保持法》第五十三条。

【案情简介】:2011年3月8日，河南省安阳市水政监察支队巡查时发现，位于安阳市丘陵区占地30公顷的××机床有限公司，在建项目未编制水土保持方案，也未报经水行政主管部门审批。该行为违反了新《水土保持法》第二十五条、第五十三条，《行政许可法》第八十一条等法律法规的规定。

根据初步调查结果，水政监察员及时下达了《责令停止水事违法行为通知书》，责令该公司停止违法行为，听候处理，并与公证人员一起实地丈量了该公司铸造基地的占地面积，对丈量表和地理位置示意图进行了公证。3月12日调查终结。3月18日，执法人员向××机床有限公司依法发出了《水行政处罚听证告知书》、《水行政处罚事先告知书》，根据新《水土保持法》第五十三条第一款的规定，拟对该公司作出如下处罚：(1)限该机床有限公司在接到本处罚决定书之日起20日内补办水土保持审批手续；(2)罚款人民币20万元。同时告知当事人有听证、陈述申辩的权利。4月2日，安阳市水利局正式作出责令该公司在接到本处罚决定书之日起20日内补办水土保持审批手续和罚款人民币20万元的行政处罚决定。××机床有限公司于4月4日向安阳市水利局申请补办水土保持审批手续，4月10日缴纳了20万元罚款。本案是一起带有普遍意义的水行政处罚案件，这起案件的处理结果对其他单位涉及的此类问题具有借鉴意义。

本案涉及的关键问题是：该不该罚款人民币20万元？如何与公证人员结合，使调查取证工作取得事半功倍的效果。

【案件评析】:新《水土保持法》第五十三条　违反本法规定，有下列行为之一的，由县级以上人民政府水行政主管部门责令停止违法行为，限期补办手续；逾期不补办手续的，处五万元以上五十万元以下的罚款；对生产建设单位直接负责的主管人员和其他直接责任人员依法给予处分：

(一)依法应当编制水土保持方案的生产建设项目，未编制水土保持方案或者编制的水土保持方案未经批准而开工建设的；

制定该条法律目的首先是防止生产建设项目水土流失行为的发生，将违法行为制止在开始阶段，确保水土保持预防保护制度的落实，突出了水土流失预防保护；其次是明确了执法程序和执法手段,规范水行政执法工作。该条文实质上暗含了水行政执法人员在针对这种违法行为时的一种法定的处理程序,而且这种程序是必须坚持的递进式程序,只有在前面一个程序完成的情况下,才能进行下一个处理决定。新《水土保持法》第五十三条对违法行为的处置方式用了两个“;”加以分隔,表示一句话中间并列分句的停顿,说明相互之间无关联性。类似这样的条款还有:《水法》第六十四条、第六十五条第一款、第六十七条第一款;《防洪法》第五十四条、第五十七条、第五十八条、第六十一条等。在处罚条款中,凡是所列的违法行为既要采取行政措施,又要被处以罚款的,它的立法形式是不一样的,如《水法》第六十六条、第六十九条、第七十二条;《防洪法》第五十六条等。

使用本规定追究当事人法律责任时,应当注意以下几个问题:

(1)要注意适用该法律条件的先后顺序。即水行政执法机关首先应当责令当事人停止违法行为,限期补办有关手续,并明确规定一个合理期限,要求违法行为人在该期限内按照法定程序提出许可申请。

(2)违法行为人在接到水行政执法机关的书面通知后,在规定的期限内仍不补办相关手续,或虽然提出了补办申请,但由于自身条件不符合该法律、法规规定而未被批准的,水行政主管部门应当责令其在规定的期限内停止违法行为,也就是说,如果当事人在执法部门规定的期限内提出了申请,就不能罚款。如果进一步,行政相对人的申请符合法定条件,得到了批准,违法行为也就转化为合法行为。反之,如果行政相对人拒不执行行政通知,一意孤行,在规定的期限内仍不提出许可申请,执法部门就应当责令其停止违法行为,并处罚款。

(3)违法行为人在接到水行政执法机关要求限期补办手续的通知后,如果在规定的期限内拒不补办,要被处五万元以上五十万元以下的罚款。

(4)行政违法人在被责令补办水土保持手续申请期间继续开工建设,或者在提出补办水土保持手续申请后继续违法行为的,应当按照“合法行政”的原则,区别对待处理。如果被责令补办申请手续后,在提出申请前继续建设的,违反了“责令停止违法行为”的规定,行政机关可以采取应对措施,如缩短其提出补办水土保持手续申请的期限等。如果提出补办水土保持手续申请后继续建设的,应当将有关情况通知补办水土保持手续申请的审批机关。

实际上还有《中华人民共和国水法》第六十五条第一款、第二款等法律条文与本条文规定相似,水行政执法人员在执法过程中要注意把握,以免出现法律适用错误。

从以上分析可以看出,本案中,安阳市水利局水政执法人员在理解新《水土保持法》第五十三条的法律规定上出现了错误。处理此类违法行为,需分两步进行:第一,未取得批准文件的,应责令停止违法行为,限期补办水土保持审批手续;第二,逾期不补办水土保持手续或补办未批准,处五万元以上五十万元以下的罚款。

那么如何与公证人员结合,使调查取证工作取得事半功倍的效果呢?

在日常水行政执法中,经常遇到基层组织或单位人员因害怕打击报复而拒绝到执法现场当见证人的情形,本案在查处时也遇到了类似的困难。为有效解决这一问题,我们创新思路,主动邀请当地公证人员现场丈量该公司施工建设面积和界定其所处地理位置,制作公证书,取得了翔实的证据,也为下一步的水土保持征收工作打下基础。同时,我们对挂号邮寄送达法律文书后,被送达人原封未动再回寄水行政主管部门法律文书,以逃避法律制裁的行为,也及时采取邀请公证人员到场直接送达的方式,较好地解决了送达难的问题。通过邀请公证人员实施公证,有效地解决了个别案件中存在的调查取证难和送达难的问题。

总之,要想把水土保持监督工作搞好,首先是立法上,加大执法力度,不能仅依靠领导重视来被动执法;其次在机构上最好分开治理和监督,让监督一心一意搞执法,效果更好;"工欲善其事,必先利其器"。监督执法根本是靠规范化、制度化来管理运行,而不单纯依靠策略、经验等企业运作的方法来管理;最后,争取政府、人大以及综合部门支持的方法,解决部门之间执法问题,最好由政府人大出面协调解决。水土保持监督执法的对象是多行业、多部门,有煤炭、地矿、建设、铁道、冶金、交通、森林采伐、农业开发等,这些部门、行业有时只从自己行业利益出发去开发建设,忽视水土保持,认为他们是为国家经济建设进行开发建设的,造成一些水土流失也是不可避免的,不愿意承担防治水土流失的责任。因此,就会给水土保持执法造成阻力。在这种情况下,水行政执法除向有关部门、行业、单位宣传外,还得就这些问题要写出专题报告,陈述利害关系,提出依法解决的措施和办法,请示政府、人大批复,然后依法律程序执行,也可以建议出面召开会议解决,建议人大进行执法检查等。总之,要利用政府、人大的权威解决由于从部门利益出发而造成的违法问题。例如在水土保持监督执法过程中专门成立由政府领导任组长,有关部门领导任成员组成的执法领导小组,及时研究解决执法工作中的问题,协调部门关系,就是很好的办法。

行政合法性是行政法的首要原则。所谓行政合法性原则,是指行政机关的活动必须遵守法律。法律规定了行政机关活动的权限、手段、方式,行政活动都必须以法律为依据,法无明文规定不得为之;严格遵守法律的有关规定,违法者必须承担相应的法律后果。该原则的内容要求行政活动只能在法定范围内,依照法律规定进行。表现为行政行为必须证据充分;不能超越法定权限;必须符合法定程序。水行政执法工作属于行政执法工作的一部分,也应当严格遵循行政合法性原则,在水利执法中,由有权机关按照法定程序依照法律规定去执法,实现行政管理的目的。

新《水土保持法》第四十四条的正确适用探讨

2011 年 3 月 19 日,安阳市水利局水政监察执法人员在日常巡查中,发现安阳市城建建设有限责任公司未编制水土保持方案,也未经水行政主管部门批准,擅自在龙安区龙泉镇王村(丘陵区)动工建设。该行为违反了新《水土保持法》第二十五条"在山区、丘陵区、风沙区以及水土保持规划确定的容易发生水土流失的其他区域开办可能造成水土流失的生产建设项目,生产建设单位应当编制水土保持方案……"的规定。安阳市水利局于 2011 年 3 月 20 日向该公司下达了《责令停止违法行为通知书》、《调查(询问)通知书》,但该单位拒不配合且态度蛮横。根据现场勘验,该公司占地 20 平方公里,十几台挖掘机正在大面积地破坏水土保持设施和林草。依据新《水土保持法》第四十四条"水政监督检查人员依法履行监督检查职责时,有权要求被检查单位或者个人提供有关文件、证照、资料……可以查封、扣押实施违法行为的工具及施工机械、设备等",安阳市水利局水政监察执法人员随后对该单位的施工机械进行了查封。

修订后的《水土保持法》已于 2011 年 3 月 1 日正式实施,随着新法的深入贯彻落实及水土保持行政执法工作的深入开展，将来会大量使用到查封、扣押措施。笔者结合工作实践，就新《水土保持法》第四十四条的正确适用谈一些粗浅看法。

一、第四十四条是新法赋予水政监督检查人员必要的监督检查手段

水政监督检查人员依法履行监督检查职责，纠正和查处违反水土保持法律法规的行为，会受到违法行为人的抵制。为了加大对违反水土保持法律、法规行为的查处力度，提高查处工作效率，保证查处工作质量，有效地打击水土保持违法行为，需要赋予水政监督检查人员必要的监督检查手段。为此，本条规定，水政监督检查人员履行本法规定的监督检查职责时有权采取下列措施：

（1）要求被检查单位或个人提供有关文件、证照、资料。这是保证水政监督检查人员依法履行执法监督检查职责时，查清违法事实，获取证据的重要手段。被检查单位应当如实提供，不得转移、销毁有关文件和资料，更不得提供虚假的文件和资料，违者要视情节追究其法律责任。这里所称的有关文件、证照和资料，是指与被检查单位有关的文件、证照和资料，主要是指从事水土保持及相关业务的公民、法人以及其他组织拥有的与水土保持相关的文件、证照、资料，如生产建设项目水土保持方案批复文件、水土保持方案编制和监测资质、水土保持监理和监测资料等。监督检查人员履行执法监督检查职责时，不得随意扩大检查范围和随意要求出示与执法监督检查无关的文件和资料；在调取有关文件、证照和资料时，应当以原始凭证为据，调取原始凭证有困难的，可以复制，但复制件应当注明“经确认与原件无误”的字样，并由该文件、资料的所属单位盖章。

（2）要求被检查单位或者个人就预防和治理水土流失的有关情况作出说明。主要是指被检查单位和个人对其活动造成水土流失的范围与程度、预防和治理措施体系布设、资金投入、监理监测、防治效果等作出解释。这是为保证水政监督检查人员依法履行执法监督检查时，查清违法事实，获取证人证言的重要手段。监督检查人员行使该项权利时，被检查单位必须如实说明预防和治理水土流失的情况，不得拒绝或作与事实不符的虚假陈述，违者要视情节追究其法律责任。这里所称的被检查的单位或者个人是指与水政监督检查人员执法监督检查的事项有关的单位或者个人。如果有关水行政主管部门有违反本法规定的行为的，也应接受上级水行政主管部门的监督检查。水政监督检查人员履行执法监督检查职责需要被检查单位说明情况时，不得随意扩大被询问对象的范围，并应当依照法定程序进行；询问时，水政监督检查人员一般不得少于2人；询问证人应当个别进行，并告之作虚假陈述应承担的法律后果；询问应当制作笔录，并经被询问人核对无误；询问人与被询问人都应在询问笔录上签名或者盖章；被询问人拒绝签名、盖章的，应当在询问笔录上注明。

（3）进入现场进行调查、取证。这是为保证水政监督检查人员依法履行水土保持监督检查职责，直接获取被检查单位或者个人违反水土保持管理法律、法规行为证据的重要手段。监督检查人员进入被检查单位或者个人的生产场所进行调查、取证时，被检查的单位应当配合并提供便利条件，不得拒绝或者阻挠。水政监督检查人员进入被检查单位或者个人的生产场所进行调查、取证时，应当按照法定程序进行。

被检查单位或者个人拒不停止违法行为，造成严重水土流失的，报经水行政主管部门批准，可以查封、扣押实施违法行为的工具及施工机械、设备等。这是为保证水行政主管部门、流域管理机构及其水政监督检查人员有效实施监督检查权的重要手段，也是及时阻止违法

行为、防止造成严重水土流失的有力措施。县级以上人民政府水行政主管部门、流域管理机构在作出责令停止违反本法行为的决定时，要确实掌握被责令的单位违反本法的事实。

水政监督检查人员依法履行监督检查职责时，可以根据需要采用这些措施，但采用时必须符合法律规定，不得随意扩大适用，不得超越法律赋予的权限采用其他法律未允许采用的强制措施。

二、正确适用查封、扣押措施

(1)查封、扣押的区别。①《现代汉语词典》对“查封”一词解释为“检查以后，贴上封条，禁止动用”。“扣押”一词解释为“拘留、扣留”。可见，查封或扣押为行政强制措施。查封是将物品封闭起来，执法中将涉案物品封存在原地，粘贴封条，保持物品原有的状态。扣押是将涉案物品转移其他的地方封存，并不一定带回执法部门，可以由执法部门选择合适的地方存放，但是执法部门对扣押的物品负责。查封是行政强制措施的一种，属于对财产的强制。具体来说，它是指对动产或不动产的就地封存，防止财产所有人对财产进行处分的行为。作为被查封的财产并不转移到行政机关，只是就地贴上封条即可。这是查封同扣押的区别。查封作为一种行政强制措施必须依法进行，否则就是违法。法律法规规定有查封期限的，当在封条上注明至某月某日；无须注明日期的，直至改正后启封。具体操作中应填写《查封决定书》，然后将查封的物品逐一登记，开具《(查封)物品清单》交付当事人。②二者使用的前提条件不同。查封一般使用在对违法事实认定不是很明确的情况下，待情况落实后进一步处理。扣押使用在对违法事实认定明确的情况下。③处理封存物品的方法不同。查封与扣押都是强制性措施，未经水土保持执法部门的同意当事人不得擅自销毁、转移、隐匿或销售。对于涉案物品，查封时水土保持执法部门和当事人都不得对物品的封存状态进行改变，扣押时水土保持执法部门可以对涉案物品进一步调查了解。④查封与扣押使用的一些特殊情况。对大型生产设备一般使用查封，一是设备不方便拆卸，二是为了保持生产的状态，有利于检查。对于有特殊存放要求的涉案物品，扣押到其他地方不利于物品存放时应使用查封。

(2)查封、扣押在水土保持执法中适用的法律程序。①在查封、扣押前，水土保持监督检查人员须填写《查封、扣押审批表》，报请水行政机关负责人批准；条件不许可的，应先电话征求水行政机关负责人的意见，然后实施并补办审批手续，同时在补办的审批书中注明电话征求水行政机关分责任的意见。②实施查封、扣押时，应当有当事人在场，执法人员需亮证表明身份，并向当事人出具《查封、扣押通知书》。当事人拒绝到场的，执法人员可以邀请有关人员(如辖区派出所、居委会工作人员)参加。③对须查封、扣押物品，应当场登记造册，经当事人或有关人员核对后，对登记造册的物品加贴盖有水土保持执法部门公章的封条，并由当事人或有关人员在文书上签名；当事人拒绝签字盖章的，水土保持执法人员在文书上签名并注明情况。同时，制作好现场笔录，根据《最高人民法院关于行政诉讼的证据若干问题的规定》第十五条的规定，当事人拒绝签名或者不能签名的，应当注明原因，也作为合法、有效的证据，以备行政复议或行政诉讼。④对查封、扣押的物品就地或异地保存。⑤水土保持执法部门对查封、扣押的物品在规定时间内作出处理决定。

总之，水土保持行政执法工作属于水行政综合执法工作的重要组成部分，也应当严格遵循行政合法性原则，由有权机关按照法定程序依照法律规定去执法，以便实现水土保持行政管理的目的。

查处某公路水土流失案的做法及思考

大白(鹤壁大来店至安阳白莲坡)公路安阳段全长31.25公里,2002年5月开工以后,施工单位向沿线水库、沟道大量倾倒弃土弃渣,未采取任何防护措施。从2002年8月起,安阳县水务局多次要求业主——安阳市公路局履行防治义务,但业主始终不予理睬并通过县政府干预水土保持监督执法工作,在此情况下,安阳县水务局于2003年8月将该案移交安阳市水利局。安阳市水利局经调查、取证后,重新给业主送达了编报水土保持方案通知书和征收"两费"决定书,但业主仍未编报水土保持方案,而且在法定期限内既未申请复议也未向法院起诉。安阳市水利局于2003年11月申请法院强制执行,2004年5月19日,安阳市殷都区法院强行从业主账户划拨水保"两费"和滞纳金共236万元,使该案查处工作取得突破。回顾该案的查处过程,我们体会到,讲究方法和策略对水土保持执法十分重要。

一、按行政应诉要求,扎扎实实调查取证

水土保持监督管理部门在对相对人作出行政处罚或其他具体行政行为之前,必须掌握其违法的事实和证据,决不能图省事或轻视对方而敷衍对待调查取证工作。

在大白公路建设人为水土流失案查处之初,安阳市水利局就把调查取证视为最基础、最重要的工作,进行了慎重、认真的安排。2003年9月20日至10月18日,组织市、县两级水保监督执法部门的18名执法人员,携带录像、测量等取证设备深入现场徒步勘验测量并到有关单位进行调查取证,共取得反映工程建设造成水土流失及损坏水保设施情况的录像带1盘、照片154张、测量记录30页、调查笔录21页、勘验笔录6页和施工承包合同复印件1份等证据,彻底弄清了几个重要问题:业主就是安阳市公路局,施工中向彰武水库和上游沟道倾倒弃渣9.7万立方米,已造成水库淤积、公路边坡滑坡塌方等严重水土流失危害,施工占地67.37平方公里,其中损坏梯田等水保设施58.74平方公里。按照河南省水现在保"两费"征收管理办法,共需征收水土流失防治费134.74万元、水保设施补偿费88.11万元,合计222.85万元。为提高证据质量,在取证时特意邀请了施工单位和当地群众参加测量工作。扎实有效的调查取证,为"两费"征收及可能的行政应诉打下了坚实基础。

二、运用告知策略,掌握执法主动权

作出具体行政行为时,告知相对人所依据的事实、法律及其依法享有的权利,是行政机关的义务。安阳市水利局在该案的查处实践中,不是把告知当作被动的义务,而是把充分告知作为执法策略运用,取得了较好的效果。

首先,在对业主送达的编报水土保持方案通知书中,告知其若逾期不编报水土保持方案,将被视为无力或不便自行防治,由安阳市水利局代行治理,费用由业主负担。这样,如果业主未按期编报水土保持方案,就可以对其征收防治费。

其次,为调查施工占地和损坏水保设施面积,安阳市水利局通知业主提供有关材料,告

知其若逾期不提供将被视为业主无此项材料。这样，如果业主此后再提供对其有利的证明材料，则水利局和法院都可以因其不履行先前告知中的义务而不予采纳。相反，如果事先没告知，则业主完全可在关键时刻提供对其有利的证据，否定执法人员经过艰苦努力取得的调查成果及据此作出的具体行政行为。因此，本次告知相当于为调查取证工作上了一次保险。

再次，在勘测工作开始前，又向业主送达现场监督检查告知书，依法要求其配合并派人参加，若逾期未派人参加将被视为业主放弃参加。这样，即使业主未派人参加，也会因我们的事先告知，使业主对勘测调查成果提出异议的权利受到限制。

最后，在勘测调查结束时，将勘测成果及据此核定的业主应缴纳的水保“两费”数额，以权利告知书的形式再一次通知业主，告知其如有异议可在限期内向安阳市水利局陈述、申辩和举证，若在限期内不申请陈述、申辩和举证，则被视为业主无异议，将正式送达水保“两费”征收决定书。

安阳市水利局在以上多次告知但业主逾期均未回应后，于2003年10月28日正式向业主送达了“两费”征收决定书，并仍然告知其有复议和诉讼权利及逾期不履行义务的后果。安阳市公路局在法定期限内，既未缴费也未申请复议和提起诉讼。之后，安阳市水利局向人民法院申请强制执行。法院审理案卷后认为：安阳市水利局作出的水保“两费”征收决定，事实证据充分，适用法律法规准确，并在整个执法过程中已将相对人依法享有的权利和义务提前告知行政相对人，但相对人多次不履行义务且多次放弃自己的权利。因此，法院决定支持安阳市水利局的强制执行申请，查封了安阳市公路局的账户，强行划拨了水保“两费”及滞纳金。

在作出各项具体行政行为之前，采用告知策略，可使相对人的陈述、申辩、举证等权利分散、前移至执法过程中的各个阶段，如果相对人提出异议，则有利于安阳市水利局及时纠正执法中的错误或瑕疵，如果相对人未提出异议，则间接支持了安阳市水利局的意见，实际上起到增强安阳市水利局调查成果说服力、限制相对人随意行使权利的效果，有利于掌握执法工作的主动权。

三、充分考虑可能出现的困难，制订周密的监督执法方案

在对建设项目水保监督执法过程中，一般要作出多项具体行政行为，对每项具体行政行为，行政相对人可能会有哪些反应，执法人员都应充分考虑，并针对性地进行“文”、“武”两手准备，两种手段协调配合，将有力地促进项目执法工作。这里“文”是指做好正面宣传，争取其自觉履行法定义务；“武”是指搜集其违法事实和证据，运用法律手段迫使其履行法定义务。

按照这一思路，在查处大白公路建设人为水土流失案时，水保执法人员对查处过程中可能出现的各种情况都作了认真分析，拟定了相应对策，并编写了详细的实施方案，绘制了工作流程框图，对各阶段的查处工作内容、起止时间、文书名称、执法人员和设备等作了安排，从而使查处工作高效、有序进行。

对业主送达申报水土保持方案通知书后，业主就可能有在限期内申报和不申报两种反应。从业主可能在限期内不申报考虑，水保执法人员在送达通知书后，没有等待，立即开展调查取证工作。果然，在限定期满后，业主仍未申报水土保持方案，但这时执法人员已经完成了调查取证，为下一步“两费”征收做好了准备。

四、上下级协调配合,集中力量攻坚

鉴于当前各级水保执法力量相对薄弱,在查处重大案件时上下级相互配合甚至联合办案,对提高办案效率和质量十分必要。安阳县水务局把本案移交安阳市水利局后,安阳市水利局成为执法主体,组织市、县两级水保执法人员共同制订执法方案,集中双方的人员、车辆和设备,较快地完成了勘测调查和取证任务,但如果由任何一方单独进行,则工作效率和质量都难以保证。

在执法工作中,下级还可以充分利用上级的权威,如通过邀请上级检查,请上级就某一项目的执法工作下达指令或作出批示等,也有利于减少执法阻力。对上级主管的案件,下级应利用自己的便利条件,主动协助上级开展调查和搜集证据。但无论如何,上下级之间一定要分清主次,明确职责,用一种声音对相对人讲话,决不能因利益之争各行其是,否则将给水保执法工作造成难以挽回的影响。为此,安阳市水利局专门制定了水保监督执法分级管理暂行规定,对有关事项予以规范。

从一起水土保持案件看房地产项目监督执法

【案情简介】:某房地产开发有限公司安阳县“洹上名门”住宅小区项目为分期建设在建项目,于2007年11月26日取得土地使用证。2011年3月14日,安阳县水务局对城区范围的房地产项目进行水保专项检查,当发现“洹上名门”住宅小区房地产项目未办理水保手续时,按照新《水土保持法》第二十五条、第二十六条和第五十三条第二款的规定,对其下达了《水土保持方案补报通知书》。某房地产开发有限公司在收到《水土保持方案补报通知书》后,拒不补办手续,并于2011年4月21日向安阳县人民政府提出行政复议。最终结果是某房地产开发有限公司主动撤诉,并依法补报了《洹上名门住宅小区项目水土保持方案报告书》,缴纳了水土保持设施补偿费。

争论焦点:某房地产开发有限公司拒不编报“洹上名门”住宅小区房地产项目水土保特方案的理由是:

(1)该项目地处安阳县县城,不属于也不适用新《水土保持法》第二十五条规定应当编制水土保持方案的项目。

(2)该项目应适用修订前的《水土保持法》第十九条“在山区、丘陵区、风沙区修建铁路、公路、水工程,开办矿山企业、电力企业和其他大中型工业企业,在建设项目环境影响报告书中,必须有水行政主管部门同意的水土保持方案”的规定,该法律条款对应编制水土保持方案的项目所在区域、项目类型及企业性质均作了明确规定,而“洹上名门”住宅小区房地产项目均不在此范围内。

(3)编制水土保持方案是生产建设项目立项、规划设计等行政许可的前置工作,编制的目的在于立项审批及用于规划设计,而某房地产开发有限公司“洹上名门”住宅小区房地产项目已在2009年11月26日就立项通过并取得土地使用证,2010年11月19日就取得了规划许可证和施工许可证,该项目为在建工程,有的已竣工封顶,补报方案毫无意义。

安阳县水务局要求某房地产开发有限公司编报“洹上名门”住宅小区项目水土保持方案的理由是:

①“洹上名门”住宅小区房地产项目适用于新《水土保持法》。该项目虽跨越了修订前和修订后的水土保持法,但根据《立法法》第八十三条新的规定与旧的规定不一致的,适用新的规定。根据这一原则也应适用新《水土保持法》来处理。

②“洹上名门”住宅小区房地产项目完全属于新《水土保持法》规定的应当编制水土保持方案的项目。根据新《水土保持法》第二十五条的规定:在山区、丘陵区、风沙区以及水土保持规划确定的容易发生水土流失的其他区域开办可能造成水土流失的生产建设项目、生产建设单位应当编制水土保持方案,报县级以上人民政府水行政主管部门审批。

Ⅰ.该项目属于应当编制水土保持方案的生产建设项目,根据《开发建设项目水土保持技术规范》(GB 50433—2008)规定,建设或生产过程中可能引起水土流失的开发建设项目指工厂建设、城镇新区建设、建材、地质勘探、考古、滩涂开发、生态移民、荒地开发、林木采伐等项目。

Ⅱ.该项目属于水土保持规划确定的容易发生水土流失的其他区域。水利部2006年第2号《关于划分国家级水土流失重点防治区的公告》明确将该位置所在地划分为国家级水土流失重点治理区,

Ⅲ.即使按照修订前的《水土保持法》及相关法规、规章的规定,“洹上名门”住宅小区房地产项目也完全属于应当编制水土保持方案的范围。一是修订前的《水土保持法》第八条规定:从事可能引起水土流失的生产建设活动的单位和个人,必须采取措施保护水土资源,负责治理因生产建设活动造成的水土流失。要求该项目编制水土保持方案完全符合防治水土流失的目的。二是《水土保持法实施条例》第三十四条规定:本条例由国务院水行政主管部门负责解释,而水利部《关于开展全国水土保持监督管理能力建设的通知》(水保〔2009〕294号)文件规定:完善水土保持方案审批,进一步推进开发区建设、城镇建设、房地产开发等生产建设项目水土保持方案制度的落实。

③编制水土保持方案是法律的规定,水土保持实行预防为主的方针,编制水土保持方案的目的在于防治水土流失。新《水土保持法》第二十六条强调,依法应当编报水土保持方案的生产建设项目,未编报水土保持方案的,不得开工建设,并未给出任何前置设定。该项目虽在2007年11月26日就立项通过并取得土地使用证,2009年11月19日就取得了规划许可证和施工许可证,但只有1#、2#地块封顶,3#地块刚开工,4#地块在建,属于在建项目。只要生产建设项目存在占压、扰动、破坏地表植被或者进行土石方挖填活动,在水力、风力、重力等作用力的侵蚀下,就有可能引起水土流失。为此,该项目必须编报水土保持方案。

【法院观点】:安阳县人民法院认为:新《水土保持法》规定,在山区、丘陵区、风沙区以及水土保持规划确定的容易发生水土流失的其他区域开办可能造成水土流失的生产建设项目,生产建设单位应当编制水土保持方案,报县级以上人民政府水行政主管部门审批。

“洹上名门”住宅小区项目地处安阳县中西部,而安阳县地形多属于丘陵山地,又属于国家级水土流失重点治理区,“洹上名门” 住宅小区项目理应依法编制水土保持方案。不编报水土保持方案,就是实施了违法行为,完全适用新《水土保持法》第二十六条、第五十三条第二款的规定)。

【反思】:(1)严格按照执法程序办案,是搞好水土保持监督执法工作的重要环节。水土保持监督执法工作面广类杂,稍有疏忽就会影响查处工作的顺利开展,在这个违法案件中,各个环节都坚持按法律程序进行,包括调查、取证、立案、处理决定等,时效文书齐全规范,为案件的查处打下了坚实的基础。

(2)以事实为依据,以法律为准绳,是搞好水土保持监督执法工作的根本。只有掌握了充分的违法事实,才能根据国家和地方有关法律法规进行处理。

(3)进行法制宣传,做好当事人的思想工作,是做好执法工作的最好保证。水土保持监督执法工作对很大一部分项目来说,是一项新的工作,在他们的思想里总认为水利水保部门是投资单位,还收什么费,一时转不过弯来,这就需要执法人员边办案边向业主宣传有关法律法规,耐心细致地做好业主的思想工作,使业主们增强水土保持意识和法制观念,自觉地积极配合执法人员办案,做好水土保持的带头人。

安阳市水土保持监督执法现状与对策

一、安阳市水土保持监督执法现状

安阳市位于晋冀豫三省交界处,总面积7413平方公里,矿产资源丰富,地势西高东低,依次为山区、丘陵区、平原风沙区。特殊的地理环境和长期不合理的开采、开挖及生产建设活动造成了安阳市生态环境的严重破坏,成为全省水土流失较为严重的地区之一。为了控制自然和人为水土流失,建设秀美安阳,我们在上级业务部门和市委市政府的正确引导下,加强领导,采取有力措施,认真贯彻落实《中华人民共和国水土保持法》及相关的法律法规和上级的各项方针政策,统一思想、统一行动,改善了生态环境,以加快山丘区、风沙区农民脱贫致富为目的,以小流域综合治理为手段,山、水、田、林、路综合治理,坚持"预防为主,全面规划,综合防治,因地制宜,加强管理,注重效益"的水土保持工作方针,在加大水土流失治理的同时,加强了水土保持监督执法工作。近两年共编制水土保持方案报告书(表)186份,其中已建项目补报水土保持方案报告书(表)42份;查处违法案件125起;申请法院强制执行23起;收取水土保持补偿费550万元。自1991年《中华人民共和国水土保持法》颁布实施以来,安阳市水土流失防治工作步入了法制化轨道,特别是1999年安阳市被水利部确定为全国水土保持监督执法试点市后,安阳市水行政主管部门进一步完善职能,加强与相关部门的合作,坚持开展水土保持法的宣传,强化预防监督,严厉查处违法案件,开发建设项目水土保持工作取得显著成效。经过水保执法监督人员的不断努力,近几年来安阳市境内的安阳电厂储灰场、安钢集团杨家庄铁矿、西气东输豫北支线、安阳市唐沟垃圾处理厂、安阳至林州高速公路、阿深高速公路安阳段、汤台铁路枢纽线工程、安阳电厂扩建工程、安新高速扩建工程、安南高速公路、鹤壁煤电公司十一矿、超越集团宏源电力工程、王家岭新井工程、红岭煤矿改扩建、九龙山煤矿、名鼎实业有限公司、河南凤宝实业有限公司和安阳市公路局在建的11条公路等大多数开发建设项目都按规定编报了水土保持方案报告书,主动缴纳了水土保持补偿费，在项目建设过程中"三同时"制度得到贯彻落实。安阳市公路局为业主的大白公路改建工程，在施工过程中任意弃土、弃渣，严重破坏水土保持设施。安阳市水利局严格按执法程序依法行政，市公路局置若罔闻。为维护法律的尊严，严肃查处该水土保持违法案件，依法保护治理成果。安阳市水利局依法申请人民法院强制执行，划扣其水保规费 230 万元，在社会上引起强烈反响。经过多年的努力，安阳市开发建设项目水土保持工作正逐步向法制化、规范化迈进，被水利部授予全国水土保持先进集体称号。

二、安阳市水土保持监督执法工作的主要做法

（一）坚持预防为主、广泛宣传，提高全社会的水土保持意识

首先，做好水保监督执法工作，离不开各级领导的重视和全社会的共同参与。为此，我们在宣传上始终坚持"三个面向"，即面向领导以获得领导的支持，面向生产建设单位以使其主动履行水保法的义务，面向群众以增强全民水保意识。既注重深度又注重广度，既集中又分散、有声有色地开展了多形式、全方位的宣传活动。"水土保持法宣传月"期间，在《河南日报》、《安阳日报》发表市长署名文章，在安阳广播电台开辟《人·水·法》宣传专栏，在安阳电视台最具影响的栏目《记者观察》制作播放水土保持专题节目，播放公益宣传广告，发布网络水保信息、水土流失公告。同时，市人大和政府每年组织有关部门召开水土保持工作座谈会。

其次，认真组织好各级宣传活动，每年市水利局都成立水土保持法宣传领导小组，在市里搞集中宣传的同时，也组织指导各县（市）水务局做好宣传。通过设立咨询台、制作宣传版面、出动宣传车辆，县（市）长电视讲话，深入水土流失严重地区的村庄和开发建设单位散发宣传手册、张贴宣传标语等形式，对水土保持进行广泛宣传。在城市街道和主要交通路口设置固定宣传标牌，刷写墙体宣传标语。多形式、全方位的宣传活动，取得了良好的社会效果，提高了全民的水保意识。

（二）实施规范化建设，不断提高执法水平

自《水土保持法》颁布实施以来，安阳市先后有林州市、安阳县、内黄县被省水利厅定为水保监督执法试点县（市），并通过验收。特别是 1999 年安阳市被水利部定为全国水土保持监督执法规范化建设试点市后，我们紧紧抓住这个机会，向市政府汇报了试点建设的意义、目的和实施方案，得到了政府的重视和支持。市财政先后共补助 30 万元，用于车辆、摄像器材、电脑、档案柜等执法设备的购置，与计划、环保、交通、电力等部门联合制定了关于开发建设项目水土保持工作的规范性文件，使市级执法体系得到基本完善，水保监督执法能力得到显著增强。每年一次的市县监督执法人员培训、交流活动使队伍素质迅速提高，频繁的执法实践使工作经验日益丰富，一个上接省厅、下连县局、协调一致的执法机制基本形成，一支思想好、业务精、运行有力、素质过硬、纪律严明的专职水保监督执法队伍，正在发挥威力。同时，我们严格按照监督执法规范化建设要求，着力加强制度建设，先后制定了《安阳市水保监督执法人员基本要求》、《安阳市水保监督执法工作程序》、《安阳市水保监督执法人员工作守则》等管理规定。制定完善了执法文书，规范管理执法档案，购置执法车辆、取证设备、办公器具，充实执法人员，培训执法队伍，使安阳市水保监督执法规范化建设取得了长足发展。

（三）加强横向联系，狠抓水保方案的编制和实施工作

水保方案的编制和实施是从源头上堵住人为生产建设活动的重要措施。在过去的几年中我们与财政、计划、环保、电力、交通和公路等部门通力合作、联合制定或转发关于开发建设项目水土保持工作的规范性文件。对已建、在建生产建设活动编制水保方案和依法防治都作了具体规定。目前，市计划部门已将报批水保方案列入立项程序，环保部门也将水保方案作为环境审批的前提条件。安林高速公路、安阳电厂凤凰岗储灰场、安阳市医疗垃圾处理场、安阳钢铁公司杨家庄铁矿、李珍铁矿等大中型项目，在水保方案的编制和实施过程中得到了各职能部门的配合。同时设计、同时施工、同时投产使用的"三同时"制度得到较好的贯彻落实。

（四）克服困难，从严执法，加强对重点案件的查处

随着全社会法律意识迅速增强，我们水土保持监督执法工作水平也必须更快地适应形势发展要求。首先要有一支政治素质高、业务能力强的执法队伍，同时在执法过程中必须严格按照法律程序，扎扎实实调查取证，把执法工作建立在证据确凿的基础上。对一些拒不遵守《水土保持法》、影响较大的生产建设项目，通过与有关部门的密切协作，采取有力措施，使其受到应有的惩处，在社会上起到显著的宣传教育作用。

2012 年下半年，在依法查处大白公路造成水土流失一案过程中，我们多次要求业主市公路局对造成的水土流失进行防治，业主单位始终态度蛮横，拒不履行法律规定的义务。于是，我们首先依照法律程序，将有关法律法规内容等情况向相对人提前告知。

其次，经过一个多月的艰苦测量取证，共获取录像带一盘、照片 154 张、测量数据 30 多项、调查笔录 6 份等。在此基础上向业主先后下达了相应的执法文书，在其逾期不复议也不诉讼情况下，申请人民法院强制执行。2012 年 5 月法院强制划拨水保两费 230 万元，使该案的查处取得了突破性进展。

（五）扎实调查、充分取证，确保水保法律、法规贯彻落实

随着法律、法规的逐步健全，特别是《行政复议法》颁布实施后，一些水保行政复议、诉讼案件也在逐渐增多。这就给我们水保监督执法人员提出更高的要求。常言道"打铁还需自身硬"，只要我们执法人员业务精、素质高、尊重事实，严格按照法定程序和法律、法规去履行我们的职责，我们就能在应诉中立于不败之地。在查处位于风沙区的鹤壁矿务局内黄林场大面积皆伐林木，造成严重水土流失一案时，省、市、县水保监督执法人员向业主多次宣传水保法规，协调编制方案与依法防治问题，业主表面答应履行法定义务，却写材料告到国务院法制办和水利部，歪曲事实，对其违法行为进行辩解。但由于我们掌握的事实清楚、证据确凿、程序合法，因此执法工作得到上级的支持并在 2012 年 6 月申请法院予以强制执行，从而维护了水土保持法的尊严，在一些行业和部门产生了很大的震动。

再如林州市红旗渠迎宾馆在太行山中山区山坡上大规模开发建设，安阳市水利局立案查处后，在调查取证的基础上向其送达《征收"两费"决定书》，红旗渠迎宾馆向安阳市人民政府提出了行政复议，但安阳市水利局在水保监督执法过程中是以事实为根据，以法律为准绳，严格按照水土保持行政执法程序进行的。市政府最终依法维持了安阳市水利局的具体行政行为。红旗渠迎宾馆受到很大教育，主动编报了水保方案、缴纳了水土保持补偿费。使业主受到深刻教育，不得不履行法定义务，编制了水土保持方案、缴纳了补偿费。由于我们宣传到位、严格执法，水土保持违法基本得到遏制。开发建设项目水土保持方案编制率达到

96%，水土保持设施“三同时”制度落实率 95%，水土流失防治费和水土保持补偿费征收率达 98%；如安林高速、阿深高速安阳段、安阳垃圾综合处理场等大多数开发建设项目，在前期工作中依法编制水土保持方案，项目建设中认真组织落实。

随着监督执法工作的深入开展，有效控制了水土流失、保护了治理成果，增加了治理经费来源，推动了治理工作进一步开展。近两年来累计使 800 万立方米弃土、弃渣得到拦挡防护，实施返还治理工程 560 公顷。保护水土保持综合治理面积 1370 平方公里。大大改善了生态环境，取得了良好的生态效益、经济效益和社会效益。

三、当前安阳市水土保持监督执法工作存在的主要问题

（1）部分水保监督执法人员对依法行政的重要性必要性认识不足，执政为民的意识比较淡薄，工作缺乏主动性，责任不到位，作风不细致；一些水保监督执法人员业务素质不高，尚未完全掌握法律、法规的有关规定，在事实认定和法律适用上把握不准；部分水保监督执法人员存在重实体轻程序的现象，操作流程过于简单化，导致程序不当和违法；水保监督执法监督机制不健全，导致对违法行政行为不能及时发现和纠正；现行法律法规不健全、不配套、不具体，缺乏可操作性。

（2）个别地方或单位领导法律意识不强，把贯彻执行水土保持法与搞好开发建设、发展地方经济对立起来，导致个别项目不履行或不全面履行水土保持法定义务，具体表现在不编报水保方案或编报了方案不进行实施。

（3）没有处理好“执法”、“收费”与“治理”的关系，一些县（区）片面认为，执法就是收费，收费就是为了开工资和弥补办公费，甚至个别人错误地认为，执法是法律给予我们的收费权利，忽略了责任和义务，导致每年收费，每年旧的人为水土流失仍在，新的不断产生，这样下去，不仅起不到控制人为水土流失的作用，甚至起到鼓励的负面效果，这对于正处于“创业”阶段、急需扩大积极影响的水保监督执法工作十分有害，这种重费用征收、轻监督保护的问题急需纠正。

（4）目前对造成水土流失的情况缺少定量监测的数据，不易被行政相对人接受。所以，应加快水土流失监测网络建设，尽早开展水土流失监测工作。

四、今后安阳市水保监督执法工作的防治对策

（1）致力于执法监督机制建设。在内部监督方面，建立有关责任追究制度，制定相应的具体操作办法，实行水保监督执法责任追究制，真正做到“执法权限法定化，执法责任明晰化，执法程序公开化，执法行为规范化，执法监督制度化”，并抓好落实。在外部监督方面，建立人大监督机制和政府部门联合监督机制，共同把好关，及时发现和纠正违法的具体行政行为，全面贯彻落实《水土保持法》；强化新闻媒体和社会舆论的监督，保障水土保持法律、法规得以贯彻落实。

（2）坚持实体、程序并重，严把水保案件质量关。程序是实体公正的保障。水行政机关不但要重视对案件处理实体上的适用，也要重视对案件处理程序上的把握。办理水保违法案件，一定要从事实、证据、程序、结果、适用的法律法规上严格把关，确保水保监督执法案件质量，以减少和避免在行政诉讼中败诉。

（3）进一步加强水土保持立法工作，当前我国正处于法制化发展进程中，各类法律、法

规存在着不完善、不配套、缺乏可操作性现象，为使行政机关在实施具体行政行为时有法可依，建议有关部门针对水保监督执法过程中出现的问题，抓紧完善水土保持法律、法规，制定配套规章，为水行政机关依法行政创造一个既有法律依据又有程序保障的法制环境。

(4)不断加大宣传投入，在宣传形式、内容上下功夫，要采取多种形式广泛深入地宣传《水土保持法》，宣传党和国家对水土保持生态环境建设的重大战略决策；宣传水土保持对于治理水土流失，改善生态环境，促进地方经济发展，群众脱贫致富，推进人与自然和谐相处的重要作用；宣传安阳市开展水上保持工作取得的成就和作用。同时要坚持长年宣传与定期宣传相结合，着重增强与水保执法有关的各部门领导的认识。

(5)重点实施“三抓”“三带”“一落实”，预防人为造成水土流失。严格按照《水土保持法》的有关规定，遏制人为造成新的水土流失，需重点抓好水土保持方案的审查审批，抓好各项防治措施的实施和监督检查，抓好项目竣工验收，进而带动水土保持监测、监理和技术评估工作，全面落实“三同时”制度。

随着建设活动的增多，边治理、边破坏的现象还时有发生，自然和人为水土流失依然严重。水土保持工作是一项长期的战略任务，在以后的工作中，只有进一步深入贯彻实施《水土保持法》，不断开拓进取，努力开创水土保持生态环境建设的新局面，才能实现水土资源可持续利用和良好的生态环境，为安阳市“一申四创”和社会经济可持续发展做出我们应有的贡献。

从一起水土保持案件看内黄县风沙区监督执法

内黄县位于河南省最北部，面积 1161 平方公里，多年平均降水量 596 毫米，人均水资源量 263 立方米，多年平均气温 13.5 摄氏度，多年平均风速 3.4 米每秒 。该县地处黄河故道，境内沙丘起伏不断，是河南省黄河故道面积较大的县之一，属于风沙区。全县水土流失面积 920 平方公里，分布在 13 个乡镇，现已治理 145 平方公里，现有未治理水土流失面积 775 平方公里。沙荒呈条形分布，均为黄河泛滥形成。其中，沙漠化土地 336 平方公里，流动沙丘 20 平方公里，半固定沙丘 12 平方公里，固定沙丘 176 平方公里，沙改田 119 平方公里。由于毁林开荒、修路、开办企业等人为因素，破坏了脆弱的水土保持设施，造成水土流失，尤其是春秋季节，沙尘四起，常常形成沙尘暴天气。为有效遏制这种势头，营造秀美河川，河南省水利厅于 1998 年将该县确定为河南省首家风沙区水土保持监督执法试点县。为了搞好预防监督及水保执法工作，该县抓住机遇，开拓创新，严格执行《水土保持法》等法律法规，水保监督执法初步进入法制化、规范化、制度化轨道。下面从一起水保监督执法案件的查处谈谈如何做好水保监督执法工作。

【案情简介】 鹤壁煤业(集团)公司内黄林场(以下简称内黄林场)在老塔坡分场未采取任何水土保持措施，擅自皆伐林木，造成严重水土流失。在省、市水利部门和县法院的支持配合下，内黄县水务局经过多方努力依法查处了这起在该地区有很大影响的水土保持案件,维护了法律的尊严。

【查处经过】 2003年10月8日,接群众举报,内黄林场在老塔坡分场擅自采伐林木,造成水土流失,要求处理。经过实地调查后,该县水务局决定立案。在向业主进行水土保持法律法规宣传的同时,依法定程序进行了调查取证,共取得现场勘验笔录2份、调查笔录4份,证实该场由于未采取水土保持措施皆伐林木,损坏林草和土壤地表层面积达16.5万平方米。导致风起沙飞,埋没了农田,淤积了排水沟,给当地经济发展和周围农民生活生产带来极大危害。根据水土保持法法律法规规定,2003年10月8日,下达了《限期编报水土保持方案通知书》,2003年11月25日,下达了《征收水土保持补偿费通知书》。内黄林场对县局作出的具体行政行为不服,到国务院法制办、省水利厅信访,说是乱收费,还起诉到内黄县人民法院。县局顶住压力,多次向上级主管部门反映情况,内黄县水务局水保监督执法人员到现场实地查看,确认内黄林场采伐林木造成大面积水土流失,违反了水土保持法律法规,如不加强监督管理,后果严重。接内黄林场复议申请后,我们依法维持了县局的处理决定。在内黄林场起诉后,我们积极指导县局应诉,最终得到了县法院的支持。

【争议焦点】

(1)水土保持设施的概念。内黄林场认为,首先,自己损坏的是林草,不是水土保持设施。其实,具有水土保持功能的一切设施都是水土保持设施,含有林草的地表层起着明显的水土保持功能,无疑是水土保持设施。虽然《水土保持法》和《水土保持法实施条例》未作解释,但《水利部关于水土保持设施解释问题的批复》中已作了解释。

(2)如何界定水土保持设施的损坏。内黄林场认为,自己进行更新采伐是正常林场作业,不能算是对水土保持设施的损坏。其实,内黄林场采伐林木,使大面积土地裸露,多年形成的含有植物的土壤地表层被损坏,遭受风蚀后,形成严重的水土流失,即使栽上树木,在数年内也不会起到保土固沙作用,不能在短期内恢复到原来的状态。而在采伐林木现场周围未采伐的地方由于林草覆盖,没有形成水土流失,这就印证了内黄林场皆伐林木就是对水土保持设施的损坏。

(3)内黄林场认为,水土保持补偿费按损坏的实际价值予以补偿,入不敷出,将无法生存。其实,为了规范水土保持收费行为,河南省财政厅、物价局、水利厅联合制定了《河南省水土保持补偿费、水土流失防治费征收管理办法》,收费标准很低,每平方米仅0.5~1.5元,根本不会加重林场负担,内黄林场入不敷出,主要是因为自身经营不善的问题,应加强管理。

【查处结果】:县法院判决县水务局胜诉,并依法对内黄林场予以强制执行,追缴了水土保持补偿费。

在新形势下,政府应加大对水保监督执法工作支持力度,建立"经济发展靠市场,水保工作靠政府"的运行机制,运用经济的、法律的、行政的手段,全面提高水保监督执法的地位和工作效率,使预防为主的水保工作方针得以实施。通过对内黄县水土保持执法工作的调研,我们认为要做好风沙区水保监督执法工作,就要做到以下六点,才能真正把水土保持生态环境监督管理工作推上一个新台阶。

一、广泛宣传全民参与是前提

为认真贯彻实施《水土保持法》,该县水务局充分利用广播、电视、宣传车、传单、标语、固定标牌、报刊等多种形式，大造社会舆论，有效提高了全社会的水保意识，采取的主要宣传方式是：①“中国水周”期间，出动宣传车，在县城主要街道、乡镇开展声势浩大的宣传，沿街播放《水保法》及有关法律法规。散发传单，悬挂标语。在县城设立固定宣传牌，在各乡镇主要交通道路两侧、大型企业和风沙区较为严重的地方涂刷了宣传墙标。②在内黄电视台、电台全文播放了《水土保持法》、《水土保持法实施条例》、《河南省实施〈水土保持法〉办法》和《内黄县实施〈水土保持法〉办法》，设立专栏，播发水保方面的新闻稿件。县领导发表电视讲话。③在县影剧院、水务局门前设立咨询台，悬挂标语、横幅，解答过往群众提出的水保法律问题。④在《河南日报》、《安阳日报》等报刊发表新闻稿件。⑤各乡镇水利站积极配合县水务局开展多种形式的宣传活动。

二、领导重视成立组织是关键

建立并加强水土保持监督执法体系，是做好水土保持预防监督执法工作的组织保证。为了强化对水保监督执法工作的组织领导，县政府及时成立了内黄县水保监督执法领导小组，由主抓水务的副县长任组长，水务局、计委、财政局、农业局、林业局、交通局、建设局、法院等为成员单位。办公地点设在县水务局。县水务局成立了水保站、水保监督执法中队，各乡镇水利站配备了水保监督员，配合县水务局负责本辖区的水保监督执法工作，全县共配备县级专职水保监督员10名，乡级水保监督员12名，兼职水保监督员29名，村设水保管护员532名，水保执法中，队配备有汽车一辆、摄像机一台、照相机一台，形成了县、乡、村三级预防监督管理体系。

三、建章立制，规范管理根本

为增强法律的可操作性，根据水土保持法法律法规，结合实际情况，该县政府出台了《内黄县实施〈水土保持法〉办法》，规定了风沙区的范围，水土保持补偿费、水土流失防治费征收制度，水保方案审批制度，监督检查制度等，为水保监督执法提供了切实可行的依据。水务局、计委、环保局三家联合转发了《开发建设项目水保方案管理办法》，水务局制定了《水土保持方案编报审批规定》、《水土保持补偿费、水土流失防治费征收管理使用暂行规定》、《关于水保监督检查年检制度的通知》等一系列文件，建立了岗位责任制、档案管理制度、奖惩制度、学习培训制度等，保证了执法人员行为规范。另外，还规范了执法文件，制定了《立案呈批报告表》、《现场勘查笔录》、《调查笔录》、《调查报告》、《征收水土保持补偿费决定书》、《征收水土流失防治费决定书》、《行政强制执行申请书》、《结案报告书》等。这些制度和文书，为开展水保监督执法创造了条件。

四、认真普查摸清家底是基础

1998年7~8月，水务局组织40多名人员，采取调查、访问、测量等方式，进行了全县水土流失情况普查。根据普查情况，参照有关资料，对风沙区划分了重点预防区、重点监督区和重点治理区。在普查的基础上，进行了“三区”划分，印发了全县公告，绘制了“三区”分布图，明确了“三区”防治措施，制订了预防监督规划，为搞好水土保持执法工作奠定了坚实的基础。

五、加强培训提高素质是手段

随着依法治国的深入开展，人们的法律意识越来越强，这就要求执法者必须学法、懂法。在工作中，县局制定学习培训制度，每月 3 日为县、乡两级学习培训日，所有人员认真学习水土保持法律法规，还聘请司法人员讲解《行政处罚法》、《行政诉讼法》等相关的法律法规。多次参加省、市水利部门举办的水保监督执法培训，省厅、市局水保专家亲自授课。通过培训，切实提高提高了水保监督执法人员的业务素质和执法水平。强化内部管理，建立起上下协调的快速反应机制，形成强大的执法阵势，才能在执法中依法办事，维护法律尊严。

六、上下联动相互支持是保障

查处水土保持案件，涉及方方面面，单靠基层单位，往往事倍功半，难以奏效。在工作中，要讲究方式方法，在调查清楚基本证据的情况下，要及时向上级部门反映，为避免行政干预，可以申请上级部门直接管辖。同时，要积极向同级人大、政府汇报，个别案件可以通过新闻媒体曝光，赢得新闻媒体和社会舆论的支持，最终实现查处水土保持案件，维护良好社会水事秩序的目的。

关于一起水土保持复议案件的思考

2010 年 3 月 8 日，接群众举报，安阳市红旗渠迎宾馆位于林州市太行山脉东侧的中山区，规划占地面积 1300 亩，正在施工的占地面积 9.5 万平方米，正在擅自采伐林木，造成水土流失，要求处理。经过实地调查后，该建项目未编制水土保持方案，也未报经水行政主管部门审批，安阳市水利局决定立案。在向业主进行水土保持法律法规宣传的同时，依法定程序进行了调查取证，共取得现场勘验笔录 2 份、调查笔录 4 份，证实该场由于未采取水土保持措施皆伐林木，损坏林草和土壤地表层面积达 9.5 万平方米。导致水土保持功能大大降低，淤积了排水沟，给当地经济发展和周围农民生活生产带来极大危害。根据水土保持法法律法规规定，依法下达了《限期编报水土保持方案通知书》、《征收水土保持补偿费通知书》、《征收水土保持补偿费决定书》等法律文书。安阳市红旗渠迎宾馆对安阳市水利局作出的具体行政行为不服，到安阳市人民政府法制办、省水利厅信访，说是乱收费，还起诉到安阳市殷都区人民法院。经安阳市水利局水保监督执法人员到现场实地查看，确认该单位采伐林木造成大面积水土流失，违反了水土保持法律法规，如不加强监督管理，后果严重。接到复议申请后，安阳市人民政府法制办依法维持了安阳市水利局的处理决定。在安阳市红旗渠迎宾馆起诉后，我们积极应诉，最终得到了法院的支持。该单位无论是在提起复议时还是在诉讼中，都提出了以下两个问题：一、《征收水土保持补偿费决定书》（安水保决字〔2010〕第 02 号）决定征收水土流失防治费没有事实和法律依据；二、安阳市红旗渠迎宾馆在建设过程中没有损坏林草、破坏植被；相反，该项目建成后，提高了水土保持力，使林草和植被比该项目建设前更趋合理。理由如下：

（1）红旗渠迎宾馆项目的原址上除极少数零星野生草木外，绝大部分是养殖厂（有转让协议为证），没有生长林草，不存在植被，所以安阳市水利局在未充分调查和听取申请人陈述基础上，作出的决定没有事实根据。同时决定依据的《中华人民共和国水土保持法实施条例》第二十一条规定的保护范围是指："建成的水土保持设施和种植的林草，应当按照国家技术标准进行检查验收；验收合格的，应当建立档案，设立标志，落实管护责任制。"《河南省实施〈中华人民共和国水土保持法〉办法》第十九条规定："按照规划建设的水土保持设施，实验场地，种植的林草和其他治理成果，任何单位和个人不得破坏、侵占。"此两条规定的范围均指明是：建成的或者按照规划建设的水土保持设施和种植的林草、植被不容破坏、侵占。但我单位建设红旗渠迎宾馆使用的土地均与上述规定的保护范围不同，征收费用缺乏法律依据。

（2）我单位没有损坏林草、破坏植被；相反，该项目建成后，提高了水土保持力，使林草和植被比该项目建设前更趋合理。根据《环境保护法》和《建设项目环境保护管理办法》、《建设项目环境保护管理条例》规定的一切新建、改建和扩建的基本建设项目（包括小型建设项目）、技术改造项目、自然开发项目，以及可能对环境造成损害的其他工程项目，其中防治污染和其他公害的设施和其他环境保护设施必须与主体工程同时设计、同时施工、同时投产使用的"三同时"制度要求，红旗渠迎宾馆工程从立项、选址到环境保护都是严格依照法定的程序论证审批后。经上海同济建筑研究设计院实地勘测设计，在规划设计时就充分考虑了该工程地处旅游风景区的特点，其建设对环境的影响因素，设计为花园式绿色环保型建筑工程，实用性与游览性并重，在建设过程中，也是根据"三同时"制度的要求施工，建成后其绿化种植的花木、草坪均远远超过该项目建设前的荒上野草。同时工程的建成将大大提高水土保持能力，减少山洪的肆虐狂流。

综上所述，红旗渠迎宾馆工程的建设既没有毁坏林木，也没有破坏按规划建成的植被和水土保持设施，反而为红旗渠景区增添了新的亮点，使其水土保持和环境绿化更加优化、合理，为前来参观游览的客人提供了优雅的休闲场所，所以安水保决字〔2010〕第02号决定征收水土流失防治费缺乏依据，明显不当，为此，根据《中华人民共和国行政复议法》第六条的规定，特请求上级机关予以复议，撤销安阳市水利局安水保决字〔2010〕第02号决定书。针对安阳市红旗渠迎宾馆不服安阳市水利局安水保决字〔2010〕第02号《征收水土保持补偿费和水土流失防治费决定书》申请复议一案，安阳市水利局在法定的期限内针对安阳市红旗渠迎宾馆提出的两个问题进行了如下答复：

（1）安阳市红旗渠迎宾馆在建设施工过程中，严重违反《水土保持法》，造成大量水土流失。

安阳市红旗渠迎宾馆位于林州市太行山脉东侧的中山区，规划占地面积1300亩，正在施工占地面积9.5万平方米，此处为1997年7月1日《河南省人民政府关于划分水土流失重点防治区的通告》中的重点预防保护区范围，周围植被良好、林草茂盛，森林覆盖率在60%左右，是安阳市水土保持设施最完善的地区。距红旗渠迎宾馆不足100米处，林州市人民政府建有水土保持生态环境建设重点保护区石碑标志，标志紧邻大路，非常醒目，标志建立时间为2000年10月1日。

2010年2月安阳市水利局行政执法人员在监督检查时查明林州市红旗渠迎宾馆在施

工过程中，未采取任何水土保持措施，大量破坏林草植被，随意弃土弃渣，开挖的大量表土层随弃渣一起弃掉未采取保护措施，已经造成严重水土流失。

(2)安阳市水利局依法向安阳市红旗渠迎宾馆作出征收水土流失防治费的决定，事实清楚，法律依据充分，征收费用适当。

2010年2月26日，安阳市水利局依据《河南省实施〈中华人民共和国水土保持法〉办法》第四条、第十八条的规定，向安阳市红旗渠迎宾馆下达《申报水土保持方案通知书》(安水保申字〔2010〕03号)，要求其在规定期限内编报《水土方案报告书》，承担治理责任。红旗渠迎宾馆在规定期限内未予理睬。2010年3月24日，安阳市水利局依据《中华人民共和国水土保持法》第二十七条"企业事业单位在建设和生产过程中必须采取水土保持措施，对造成的水土流失负责治理。本单位无力治理的，由水行政主管部门治理，治理费用由造成水土流失的企业事业单位负担。建设过程中发生的水土流失防治费用，从基本建设投资中列支；生产过程中发生的水土流失防治费用，从生产费用中列支"及《河南省水土保持补偿费、水土保持防治费征收管理办法》第七条"按照水行政主管批准的水土保持方案自行防治并验收合格的生产、建设等项目不再征收水土流失防治费。对一切单位和个人在生产、建设过程中造成水土流失，无力或不便自行治理的，按下列标准征收水土流失防治费：①有水土保持方案的，按其方案的防治投资预算一次或分期征收水土流失防治费；②未编制水土保护方案的生产、建设等项目，先按征地和倾倒弃土和弃渣等物质占地面积每平方米预征收2元，或按弃土弃渣量每立方米预征收3元，待水土保持方案编制完成并批准后再按第①项规定执行，多退少补"的规定，依法向红旗渠迎宾馆下达《征收水土保持补偿费水土流失防治费决定书》。按照当时施工实际占地面积9.5万平方米、2元每平方米的收费标准，预征收水土流失防治费19万元。

综上所述，我们认为，在对安阳市红旗渠迎宾馆的水土保持监督执法过程中，严格按照法律程序进行，认定事实清楚、证据确凿，适用法律依据正确，征收费用合理。因此，我们希望安阳市人民政府能够依法维持安阳市水利局的征收决定。今后，在市政府的正确指导和社会各界的监督支持下，我们将更加努力贯彻《水土保持法》，认真履行保护安阳市水土资源和生态环境的职责，为安阳市可持续发展做出贡献。

浅析水土保持非诉行政案件的强制执行

水土保持非诉行政案件的强制执行就是指人民法院根据《行政诉讼法》及有关法律的规定，对行政管理相对人拒不履行行政法定义务，依据水土保持行政主体的申请，采用法定的强制手段，强制其履行义务，以保证国家正常的行政管理秩序的行为。

非诉执行制度建立的根本目的在于将行政强制执行纳入司法审查的范围，保护公民、法人和其他组织的合法权益。非诉行政行为的执行之所以被冠以"非诉"，是因为这类行政案件未进入诉讼程序而直接进入执行程序。

一、现行普通法律中对向人民法院申请强制执行具体行政行为的一般规定。

《中华人民共和国行政诉讼法》第六十六条规定,公民、法人或者其他组织对具体行政行为在法定期限内不提起诉讼又不履行的,行政机关可以申请人民法院强制执行,或者依法强制执行。《中华人民共和国行政复议法》第三十三条规定,申请人逾期不起诉又不履行行政复议决定的,或者不履行最终裁决的行政复议决定的,按照下列规定分别处理:①维持具体行政行为的行政复议决定,由作出具体行政行为的行政机关依法强制执行,或者申请人民法院强制执行;②变更具体行政行为的行政复议决定,由行政复议机关依法强制执行,或者申请人民法院强制执行。《中华人民共和国行政处罚法》第五十一条规定,当事人逾期不履行行政处罚决定的,作出行政处罚决定的行政机关可以采取下列措施……申请人民法院强制执行。《中华人民共和国水土保持法》第三十八条第三款规定,当事人逾期不申请复议也不向人民法院起诉,又不履行处罚决定的,作出处罚决定的机关可以申请人民法院强制执行。

二、关于水土保持非诉行政案件强制执行的申请条件

根据《最高人民法院关于执行〈中华人民共和国行政诉讼法〉若干问题的解释》(以下简称《解释》)第八十六条的规定,行政机关根据《行政诉讼法》第六十六条的规定申请执行其具体行政行为,应当具备以下条件:

(1)具体行政行为依法可以由人民法院执行;

(2)具体行政行为已经生效并具有可执行内容;

(3)申请人是作出该具体行政行为的行政机关或者法律、法规、规章授权的组织;

(4)被申请人是该具体行政行为所确定的义务人;

(5)被申请人在具体行政行为确定的期限内或者行政机关另行指定的期限内未履行义务;

(6)申请人在法定期限内提出申请;

(7)被申请执行的行政案件属于受理申请执行的人民法院管辖。

人民法院对符合条件的申请,应当立案受理,并通知申请人;对不符合条件的申请,应当裁定不予受理。

根据本条规定,非诉执行必须同时具备以上七项条件,才是符合条件的申请。其中关于具体行政行为"具有可执行内容"。笔者认为,应当包括:①相对人一方依据具体行政行为负有金钱给付义务,如:缴纳水土保持补偿费、水土保持行政处罚中的罚款等;②负有某种作为的行为义务,如:编制水土保持方案、落实水土保持"三同时"制度等;③负有容忍的不作为义务,如:收取水土流失防治费代业主进行防治。申请人民法院强制执行,不是向人民法院提起诉讼。申请不是诉讼,不需要经过诉讼程序。申请比诉讼效率较高,这是适应行政管理要求的。尤其,作为水土保持行政主体向法院申请执行时必须注意以下问题,以免人民法院裁定不予受理或执行:

(1)申请人必须是作出该具体行政行为的机关;申请执行的必须是发生法律效力的行政法律文书;被执行人必须在法定期限内未起诉又未自动履行该具体行政行为。以上三个

条件必须同时具备,缺一不可。

(2)作出具体行政行为的水土保持行政执法主体是否依法拥有该项职权。如其超越职权而行使机关职权作出行政行为,或其内部机构、派出机构,无法律法规的授权,而以自己名义作出具体行政行为,对此类具体行政行为申请强制执行时,均不会得到法院的执行。

(3)作出具体行政行为的水土保持行政执法主体要合法,依据要合法,即法律适用性合法;同时申请执行要依据《行政诉讼法》第十三条和第十七条的有关规定进行,如果申请执行生效的法院裁判,则只能向第一审人民法院提出;申请执行的期限,《解释》第八十八规定:"行政机关申请人民法院强制执行其具体行政行为,应当自被执行人的法定起诉期限届满之日起 180 日内提出。逾期申请的,除有正当理由外,人民法院不予受理。"

(4)水土保持行政主体在作出具体行政行为时,更要考虑所依据的事实是否确凿充分。具体行政行为适用法律是否正确。《解释》第九十五条规定:"被申请执行的具体行政行为有下列情形之一的,人民法院应当裁定不予执行:(一)明显缺乏事实根据的;(二)明显缺乏法律依据的;(三)其他明显违法并损害被执行人合法权益的。"

(5)申请执行的水土保持行政主体应向人民法院提交申请执行书和其他有关文书材料。水土保持行政主体举证是人民法院审查和决定是否予以执行的前提,根据《解释》第九十一条的规定,水土保持行政主体申请人民法院强制执行其具体行政行为,应当提交下列材料:

①强制执行申请书,申请执行书应当载明申请人和被执行人的姓名、名称和住址、地址,申请执行的法律依据,据以执行的行政法律文书的文号或具体称谓及其送达情况,被执行人不履行义务的情况,行使申请复议和起诉权利的情况等与执行有关的内容与事项。

②生效的行政法律文书。如《水土保持行政处罚决定书》、《征收水土保持补偿费、防治费决定书》等。

③证明具体行政行为合法的有关材料。主要是指作出该具体行政行为的法律依据以及主要认定事实和证据等。

④被执行人的财产状况。申请人应当提供被执行人是否具有可供执行的财产以及财产的所在地、数量方面的材料或有关线索。

⑤水土保持行政主体认为应当提交或者人民法院要求提交的其他与执行有关的材料。这些材料申请人可以主动提供或法院要求提供。

三、关于水土保持非诉行政案件强制执行的法律后果

水土保持行政主体向人民法院提出强制执行生效的具体行政行为之后,可能出现以下几种结果:

(1)经审查,水土保持行政主体作出的征收水土保持补偿费、水土流失防治费、水土保持处罚决定书等具体行政行为合法,人民法院裁定准予强制执行;

(2)经审查,被申请执行的水土保持行政主体所作出的征收水土保持补偿费、水土流失防治费、水土保持处罚决定书等具体行政行为违法,人民法院裁定不准予强制执行。

(3)人民法院在法定的 30 日审查期限内,既不作准予强制执行的裁定,也不作不准予强制执行的裁定,同时,也不向申请人交代不能在法定期间作出裁定的原因。

在第(1)种情况下,具体行政行为得到了司法权的认可,并以司法强制力使得水土保持行政主体作出的具体行政行为,所确定的权利义务最终得到实现,被申请执行的具体行政行为完成其历史使命,宣告终结。

在第(2)种情况下,水土保持行政主体作出的具体行政行为经人民法院的审查之后,被司法权所否定。否定的直接结果是被申请执行的具体行政行为所确定的权利义务无法以司法强制的方式实现。这里就产生了两个问题:

一是人民法院对被申请执行的征收水土保持补偿费、水土流失防治费、水土保持处罚决定书等具体行政行为不予强制执行,该具体行政行为所确定的权利义务无法实现;二是,这一具体行政行为仍然具有法律效力,合法存在。

如果人民法院不准予强制执行的裁定,是基于被申请强制执行的具体行政行为程序违法、主要事实不清、证据不足,或者超越职权确认违法的,而行政管理相对人又确实存在某种依法应当由水土保持行政主体做出处理决定的事实的,应当准许水土保持行政主体在纠正违法之后依法再作一个新的具体行政行为,对这个新的具体行政行为不服,准许相对人复议、提起行政诉讼,相对人既不履行又不起诉的,水土保持行政主体可以就这个新的具体行政行为再次申请法院强制执行;如果人民法院不予强制执行的裁定是基于水土保持行政主体具体行政行为完全违法,水土保持行政主体根本无须对相对人作出具体行政行为,或者水土保持行政主体企图以作出具体行政行为的事实根本无法查清,水土保持行政主体不得再就同一事实另行再作一个新的具体行政行为。

第(3)种情况,人民法院在法定期限内不依法履行司法审查职责时由于水土保持行政主体不享有自行强制执行权,只能申请人民法院强制执行,此时,水土保持行政主体只能向该受理的人民法院领导反映情况,或者向其上级人民法院提出要求监督的意见,同时也可以要求人大、政协、党委或者社会舆论、新闻媒体进行监督。

四、结　语

将已经生效的具体行政行为依法申请人民法院强制执行,体现了合法有效的具体行政行为必须得到贯彻执行这一行政诉讼法的立法本意。然而人民法院不是行政机关的执行机关,人民法院在行政诉讼中的职责是维护和监督行政机关依法行使行政职权。法律将大部分生效具体行政行为的强制执行权授予人民法院,就应该是在国家行政与司法权之间建立一种监督与制约的机制,以便更好地保护行政管理相对人的合法权益。

关于一起水土保持违法案件的几点思考

2011年4月1日,安阳市水政监察支队接到市水利局水保科移交案件,称在位于龙安区安化集团北侧,南林高速南侧,大白线西侧(河南省水土流失重点治理区)丘陵地带,安阳永天化工有限公司占地23公顷,年产20万吨乙二醇在建项目未编报水土保持方案,也未经水行政主管部门审批就擅自动工建设。经调查和现场勘验，该单位全称为安阳永天化工有限公司，位于龙安区彰武街原安化厂区内，法人代表高某，隶属于安阳化学工业集团有限责任公司。该单位未编制水土保持方案，也未经水行政主管部门审批，擅自动工建设，违反了《中华人民共和国水土保持法》第二十五条的规定。此案件从2010年6月到2011年4月，在市水利局水保科督促下，仍未编制水土保持方案。移交到水政监察支队立案后，安阳市水利局于2011年4月2日，向该单位分别下达了《调查（询问）通知书》和《责令停止违法行为通知书》，要求该单位立即停止违法行为并限七日内到安阳市水利局补办水土保持相关手续，到期该单位仍未履行义务，也未到安阳市水政监察支队说明情况。经多次催促，该单位技术部部长张某于2011年4月12日下午才到市水政监察支队，在询问室，水行政执法人员崔明、张征详细询问了该单位在建项目基本情况后，要求其在询问笔录上签字，并说明了利害关系，张某请示该单位主管副总后以害怕承担责任为由，拒绝在询问笔录和现场（检查）笔录上签字，并说2011年4月13日主管副总过来签，可直等到2011年4月18日，也未有该单位人来过。2011年4月18日下午，在水政监察支队会议室，支队和水保科相关领导参加了此次会议，因为新《中华人民共和国水土保持法》是2011年3月1日开始实施的，《河南省水行政处罚裁量标准》对新的《中华人民共和国水土保持法》处罚标准未进行细化。根据讨论，达成了以下几点意见：①该厂位于丘陵区同时也在省人民政府划分的河南省水土流失重点治理区；②该单位明知在该地区开工建设乙二醇建设项目需要编制水土保持方案，但在水保科督促近一年至今未履行编制水土保持方案的法定义务；③该单位技术部张部长在案件调查中，拒不配合执法人员工作，并拒绝在询问笔录和现场（检查）笔录上签字，态度恶劣。上述违法行为有询问笔录、现场（检查）笔录、视听资料为证。根据《中华人民共和国水土保持法》第五十三条，违反本法规定有下列行为之一的，由县级以上人民政府水行政主管部门责令停止违法行为，限期补办手续；逾期不补办手续的，处五万元以上五十万元以下的罚款；对生产建设单位直接负责的主管人员和其他直接责任人员依法给予处分："（一）依法应当编制水土保持方案的生产建设项目，未编制水土保持方案或者编制的水土保持方案未经批准而开工建设的……"建议对该单位处理如下：①责令立即停止违法建设行为；②限七日内到安阳市水利局补办水土保持相关手续；③罚款人民币叁拾万元整。该公司接到处罚决定书后，在法定期限内主动缴纳罚款，并编制报批了水土保持方案。但该公司对水行政主管部门下达的《征收水土保持补偿费和水土流失防治费决定书》所依据的《河南省水土保持补偿费、水土流失防治费征收管理办法》第二条、第三条和《中华人民共和国水土保持法实施条例》第二十一条中水土保持设施的概念有异议，并拒绝缴纳。

本案是一起带有普遍意义的水行政处罚和水行政征收案件，这起案件的处理结果对其他单位涉及的此类问题具有借鉴意义。

本案涉及的关键问题是：什么是水土保持设施，哪些行为属于破坏水土保持设施的行为，以及收取水土保持补偿费的依据是什么。如何与公证人员结合，使调查取证工作取得事半功倍的效果。

一、什么是水土保持设施

关于水土保持设施，在现行的有关法律和行政法规中没有直接详细的规定，但《水土保持法》第二条指出：本法所称水土保持，是指对自然因素和人为活动造成水土流失所采取的预防和治理措施。这就说明一个问题，那就是所谓的水土保持，它是一种人类的行为，是预防和治理措施，不含有自然因素在内。为搞好水土保持，人类所建造的一切设施，都统称为水土保持设施。我们这起水行政违法案件的问题之一就出在对水土保持设施的理解上。水行政主管部门认为：水土保持设施是指具有防治水土流失功能的一切设施的总称，其中包含原地貌及其植被这些非人工建造的自然因素在内。这个意见来自于水利部1996年对辽宁省水利厅《关于水土保持设施解释问题的请示批复》，该批复基本上肯定了原地貌就是水土保持设施，损坏原地貌就是损坏了水土保持设施，就要征收水土保持补偿费的意见，按照这个意见，安阳永天化工有限公司在建设过程中，肯定破坏了原地貌及其植被，破坏地貌和植被就等于破坏了水保设施，因此就应缴纳水土保持补偿费。安阳永天化工有限公司认为这种解释与法律（法规）相抵触，人民法院审理行政案件依法不予参照。

理由一：水利部无权对行政法规做出立法性解释。1993年3月3日，国务院办公厅发出的《关于行政法规解释权限和程序问题的通知》中指出：凡属于行政法规条文本身需要进一步明确界限或者作补充规定的问题，由国务院做出解释。其他部门均无权对行政法规（包括法律的实施细则、实施条例）做出立法性解释。更不能以此作为执法依据。据此，水利部对辽宁省水利厅关于《水土保持法实施条例》第二十一条的解释属于超越权限的扩充性解释，其不具备法律效力，不能作为审判参照规章。

理由二：这种解释本身就与相应的法律、法规规定的具体内容相抵触。我国《水土保持法》针对水土保持问题仅原则性地指出：从事可能引起水土流失的生产建设活动的单位和个人，必须采取措施保持水土资源，并负责治理因生产建设活动造成的水土流失。《实施条例》第二十一条第二款指出：任何单位和个人不得破坏或者损坏水土保持设施，企业、事业单位在建设和生产过程中，损坏水土保持设施的，应当给予补偿。以上法律和行政法规均没有涉及原地貌的概念，仅提到了损坏水土保持设施。

理由三：我国立法技术要求，规范性文件的概念必须准确、定性、统一，不得引起歧义，以此来维护法律的统一和尊严。而原地貌这个概念十分令人费解。因为，我们人类的一切生产和建设活动都是在原地貌的基础上进行的。我们兴修水利、改造粮田是损坏着原地貌，我们植树造林、改造荒山也在损坏原地貌，我们开挖修建水库、治理荒滩、治理水土流失同样是在损坏原地貌。如果按照水利部批复的意见，这些也都属于损坏水土保持设施的行为，同样要收水土保持补偿费。如果按照这种逻辑，我国的广大沙漠、荒山、滩涂、水利工程都不要去治理或修建，否则就是违法行为。这显然是与我国的《水土保持法》和《水土保持法实施条例》的立法目的相抵触。

理由四：原地貌究竟是一种什么样的地貌，无法界定。因为原地貌是以千百年甚至上亿年地壳不断运动变化为前提的，譬如机床厂的原地貌是什么样的，水行政主管部门就说不清楚，那么机床厂什么时期的地貌才是原地貌呢？对此，应不应该有个明确的界定，如果不界定又该如何认定损坏原地貌这种行为。

综上所述，本人认为国务院发布的《水土保持法实施条例》第二十一条的规定，水土保持设施是由人工建成的具有治理水土流失功能的成果，不包括自然形成的地貌、植被。水行政主管部门对机床厂开发建设过程中损坏原地貌、植被行为征收水土保持补偿费没有法律依据。

水行政主管部门收取水土保持补偿费应该说是一种具体行政行为这种行为首先必须以法律法规为依据，其次才能参照规章。这起案件水行政主管部门收费依据的是:《中华人民共和国水土保持法实施条例》第二十一条第二款，其具体内容是:任何单位和个人不得破坏或者侵占水土保持设施。企业、事业单位在建设和生产过程中损坏水土保持设施的应当给予补偿。其所依据的地方政府规章是由省水利厅、财政厅和物价局三家联合下发的《水土保持补偿费、水土流失防治费征收管理办法》，该收费办法第二条规定了征收水土保持补偿费的范围，内容是:凡在本省山区、丘陵区、风沙区区域内，一切单位和个人在生产、建设过程中，损坏(包括占用，以下均同)水土保持设施和林草，造成或将要造成水土流失，都必须遵守本办法。第三条主要内容是因从事生产建设等活动毁坏了地貌、植被及水土保持设施，造成水土流失的单位和个人都要缴纳水土保持补偿费，并负责对造成新的水土流失进行治理。

我们把省的收费文件和《水土保持法实施条例》对比一下就不难看出，省的收费文件扩大了法律、法规所规定的收取水保费的范围，他们将损坏地貌和植被也作为收取水保费的范围，这显然是与国家法律法规所规定的内容不相一致的。既然政府的规章扩大了行政法规定的收费范围，那么行政机关理应执行法律、法规的规定。

二、如何与公证人员结合，使调查取证工作取得事半功倍的效果

在日常水行政执法中，经常遇到基层组织或单位人员因害怕打击报复而拒绝到执法现场当见证人的情形，本案在查处时也遇到了类似的困难。为有效解决这一问题，我们创新思路，主动邀请当地公证人员现场丈量该公司施工建设面积和界定其所处地理位置，制作公证书，取得了翔实的证据。同时，我们对挂号邮寄送达法律文书后，被送达人原封未动再回寄水行政主管部门法律文书，以逃避法律制裁的行为，也及时采取邀请公证人员到场直接送达的方式，较好地解决了送达难的问题。通过邀请公证人员实施公证，有效地解决了个别案件中存在的调查取证难和送达难的问题。

总之，要想把水土保持监督工作搞好，首先在是立法上，加大执法力度，不能仅依靠领导重视来被动执法;其次在机构上最好分开治理和监督，让监督一心一意搞执法，效果更好;“工欲善其事，必先利其器”。监督执法根本是靠规范化、制度化来管理运行，而不单纯依靠策略、经验等企业运作的方法来管理;最后，争取政府、人大以及综合部门支持的方法，解决部门之间执法问题，最好由政府人大出面协调解决。水土保持监督执法的对象是多行业、多部门，有煤炭、地矿、建设、铁道、冶金、交通、森林采伐、农业开发等，这些部门、行业有时只从自己行业利益出发去开发建设，忽视水土保持，认为他们是为国家经济建设进行开发建设的，造成一些水土流失也是不可避免的，不愿意承担防治水土流失的责任。因此，就会给水土保持执法造成阻力。在这种情况下，水土保持监督机构除了向有关部门、行业、单位宣传外，还得就这些问题写出专题报告，陈述利害关系，提出依法解决的措施和办法，请示政府、人大批复，然后依法律程序执行，也可以建议出面召开会议解决，建议人大进行执法检查等。总之，要利用政府、人大的权威解决由于从部门利益出发而造成的违法问题。例如，在水土保持监督执法过程中专门成立由政府领导任组长，有关部门领导任成员的执法领导小组，及时研究解决执法工作中的问题，协调部门关系，就是很好的办法。

关于对水土保持行政监督检查内容的思考

一、监督检查的概念

监督检查即水土保持行政监督检查,是监督管理机构为了实现水土保持行政管理的职能,对管理相对人遵守法律、行政处理决定和处罚决定的情况进行的监督与检查。水土保持行政监督检查的对象是被管理人,其目的是直接实现水行政主管部门的职能。水土保持行政监督检查可以分为一般的监督检查与特定的监督检查、事前监督检查与事后监督检查、依职权的监督检查和依授权的监督检查等。从水土保持行政监督检查的方式有:调阅审查、检查、登记、统计、送达违法行为通知书等。

水土保持行政监督检查是一种单方法律行为。水行政主管部门及其水土保持监督管理机构依照职权或法律进行监督检查时,相对人必须接受,否则水行政主管部门及其水土保持监督管理机构有权依法进行行政处罚及采取其他措施。

二、监督检查的内容

实行监督检查制度是贯彻实施水土保持法律、法规的重要手段,是执法的关键所在。其检查内容有以下几个方面:

第一,检查有关单位和个人在生产建设活动中是否造成或有可能造成水土流失。

第二,是否向水行政主管部门及其水土保持监督管理机构提交了“水土保持方案报告书”或“水土保持方案报告表”。

第三,检查是否有水行政主管部门及其水土保持监督管理机构审批的“水土保持方案报告书”、“水土保持方案报告表”,即是否有水土保持方案合格证。

第四,对一些有水土流失防治任务的企事业单位,检查是否定期向县级以上人民政府水行政主管部门及其水土保持监督管理机构通报水土流失防治工作的情况。

第五,对“三同时”制度执行情况的监督检查,是监督检查的重要内容,除前面所述的水土保持方案设计、批准内容外,还应包括四个方面:一是检查防治经费的用途是否正确;二是检查措施落实;检查实施措施是否同方案中所要求的一致,有改变的,要看水行政主管部门是否批准;三是检查各项措施质量是否符合标准,不符合标准的,必须令其返工;四是检查工程竣工时间,看方案报告中水土保持工程是否按规定的时间与主体工程同时竣工。

第六,对防治费的收缴和使用的监督检查。防治费的收费数量确定后,监督重点应放在缴费的时间上,在规定的期限内必须缴纳防治费,对没有按期缴纳的,要查清原因,根据实际情况作出相应的处理。防治费的使用:一般由水土保持部门组织劳力治理水土流失,应根据有关规定自查经费的使用比例及范围,是否用于水土保持防治工作,同时还要检查各种措施竣工时间。

第七,对预防保护效益的检查。对预防保护效益的检查,主要通过监测手段来完成,其目的是检查预防监督工作的效果。监测检查的内容有四个方面:一是水土流失在面积上和总量上的减少程度。通过建立定点监测站所获得的资料与定期遥感普查的宏观资料结合分析的方法,获得定量的结果;二是监测通过预防保护减少的水土流失危害,及由此而减少的损失费用,一般通过分析历史资料和设立对比区的方式进行估算;三是监测治理通过管护而发挥的效益,一般只能定性分析,治理和管护的效益很难区分,管护是保证治理效益充分发挥的条件,没有管护就不能很好地发挥治理效益,甚至没有效益,或治理成果又遭到破坏,并造成新的水土流失;四是统计通过监督工作有关单位或个人对水土流失治理增加的投入。如各开发建设单位自己采取措施治理水土流失投入的经费,收缴的防治费用于水土流失治理的金额等,看预防监督工作效益如何,应当把开发建设单位及个人对水土保持的投入作为一项主要指标。

三、检查的方法

(一)实地检查

实地检查是指水土保持行政主体直接深入现场进行的监督检查。这是一般常用的检查方法,适用范围比较广泛,既可以全面检查,也可以抽样检查;既可以定期检查,也可以随机检查。实地检查突出的特点就是对实物、行为、现场的直接检查了解。实施检查的具体形式有巡查、查验、核查和调查四类。如水土保持行政主管部门对辖区内水土流失防治情况的检查就是巡查,对水土保持措施质量的检验就是查验,对企业是否按照水土保持方案规定范围开采的审核就是核查,对管理相对人或有关人员的询问就是调查。

(二)书面检查

书面检查是水土保持行政主管部门通过查阅书面材料,对管理相对人进行的检查。这也是一种常用的水土保持监督检查方法。书面检查的文件材料包括报告、报表、书面证明等。书面检查的形式可以分为以下四种:一是调阅审查,如水土保持行政机关可调阅审查,水土保持行政机关可调阅管理相对人的经营、生产报表;二是查阅检查,对相对人有关证件、文件资料的审查,如对管理相对人所持水土保持方案合格证的检查;三是统计,即通过数据了解管理相对人的情况,如统计管理相对人;破坏和占用原地貌植被面积、弃渣量、治理面积中的工程量、林草面积、总投资等,管理相对人必须如实填写;四是登记,管理相对人对其所从事的活动事项向水保持行政机关登记备案,以接受检查等。

四、水土保持监督检查应注意的问题

(一)应注意要有合法的权力来源

水土保持监督检查是具有法律效果的行为,它会影响管理相对人的权利并可能会给管理相对人造成一定的影响,如管理相对人要接受检查、询问,要提供有关材料等,这就要占用管理相对人一定的时间,直接影响了管理相对人的工作权,增加了相对人一定的义务。所以监督检查人员在实施水土保持监督检查时,应当遵守法律、法规所规定的检查主体的权力,即检查主体要有合法的权力来源:一是法定职权;二是法规、规章授权;三是行政委托权。

(二)应注意符合法定的检查范围

水土保持监督检查必须在法定权限范围内实施检查,不得超越或违背,这包括以下四个方面内容:第一,不得对法定以外事项实施检查。第二,行政检查事项都是以一定区域为界限,水土保持监督检查主体也不得超越区域或范围实施检查。第三,水保法中规定了很多级别管辖,如水保方案的审批、案件的查处等,但是监督检查没有级别限制,所以各级水土保持行政主体应在自己的辖区内不管管理相对人的级别或工程项日的大小大胆地实施水土保持监督检查。第四,水土保持法律、法规没有赋予水土保持行政主体强制权,所以水土保持监督检查不得实施强制措施。

(三) 应注意度的问题

水土保持监督检查是水土保持行政主体的法定职权,又是法定职责。如果水土保持监督检查主体不依法进行监管检查,则是不履行法定职责行为,构成行政失职,将被追究法律责任。然而水土保持监督检查主体在依法行使检查权时,应受法定职权范围、对象、方式、程序的约束,如果违背上述约束条件,则要承担相应的法律责任。因此,监督检查主体在实施检查行为时要掌握一个度的问题。

(四) 实施监督检查时应注意的事项

(1)水土保持监督检查人员在实施检查行为时,应佩戴水土保持标志,出示水土保持监督检查证件。这是对水土保持监督检查人员公务身份的基本要求,因为行政检查过程有强制力,是影响管理相对人权益的法律行为,其监督检查人员的公务身份是特定的,对不具有相应公务身份要求的检查行为,管理相对人有权拒绝 。

(2)实施水土保持监督检查时应通知管理相对人到场,实施公开检查。实施公开检查是对检查权的监督,也是对管理相对人权益的保护。但是已经通知当事人到场。而当事人因故不能到场或拒不到场时,不影响监督检查行为的实施。

(3)实施监督检查应有检查记录或检查结论,检查记录或检查结论应向当事人公开。

(4)实施水土保持监督检查应当按照法定时间或正常时间进行。检查最好在正常的上班时间内进行,最好不要在法定的公休日、假日内进行。水土保持监督检查应在法定时间内进行,逾期的检查行为视为无效或构成侵权。

(5)水土保持监督检查部门和工作人员,负有为被检查人保密的义务。被检查人的材料和现场具有不公开性,一旦泄漏,有可能给被检查人带来损失,所以行政机关在实施检查行为过程中或实施检查行为后,负有为被检查人保守秘密的义务。

从一起水土保持行政处罚案件谈听证程序

听证是现代行政程序的核心制度,对促进行政机关依法行政、保护相对人合法权益有重要作用。《行政处罚法》首次以法律形式为我国确立了听证制度,《水行政处罚实施办法》在《行政处罚法》构建的总体框架内,从水行政工作实际出发,较详细地规定了水行政处罚听证程序。水行政处罚听证是指在水行政机关作出处罚决定之前,给利害关系人提供发表意见的机会,对特定事项进行质证、辩驳的程序。听证制度的内涵是“听取相对人的意见”,尤其是在作出不利于相对人的决定之前,应当听取相对人的意见,从而体现出行政的公正。在听证程序一般原理的基础上,结合水土保持行政处罚案例实践,对水土保持行政处罚听证程序的听证笔录、听证报告、听证程序等几个问题进行简要探讨。

2012 年 4 月 16 日，内黄县水务局水行政执法人员在日常巡查时发现，中原石油勘探局林海花园二期在建项目未编报水土保持方案，也未经县水行政主管部门审批，擅自在内黄县后河镇东乜固村东南开工建设，该行为违反了《中华人民共和国水土保持法》第二十五条第一款："在山区、丘陵区、风沙区以及水土保持规划确定的容易发生水土流失的其他区域开办可能造成水土流失的生产建设项目，生产建设单位应当编制水土保持方案，报县级以上人民政府水行政主管部门审批，并按照经批准的水土保持方案，采取水土流失防治和治理措施，没有能力编制水土保持方案的，应当委托具备相应技术条件的机构编制"的规定。内黄县水务局于 2012 年 4 月 17 日向该单位下达了《责令停止水事违法行为通知书》，当事人接到通知后一直没有停止建设，因为该项目建设涉及濮阳市和安阳市，我们就报安阳市水行政主管部门，市水利局水行政执法人员到现场看过后又报省水土保持处。内黄县水行政执法人员就暂停了调查，后经省水土保持处协调未果，我们于 2013 年 6 月报市局水保科批准继续调查此案。现有现场调查记录、询问笔录、现场照片及内黄县土地部门地籍调查表为证。

根据《中华人民共和国水土保持法》第五十三条，违反本法规定的："有下列行为之一的，有县级以上人民政府水行政主管部门责令停止违法行为、限期补办手续，逾期不补办手续的处五万元以上五十万元以下的罚款，对生产建设单位直接负责的主管人员和其他直接责任人员依法给予处分，(一)依法应当编制水土保持方案的生产建设项目，未编制水土保持方案或编制的水土保持方案未经批准而开工建设之规定。"对你单位作出如下处理：(1)责令停止违法建设行为；(2)限七日内到内黄县水务局补办水土保持相关手续；(3)处罚款人民币四十万元整。那么作为水行政主管部门如何组织听证呢，作为水行政执法人员如何写听证笔录、听证报告呢，下面就以上述虚拟的案例进行简单的阐述，希望能引起同行的反思与共鸣。

听证主持词

时　间：2013 年 7 月 5 日 9 时 40 分

地　点：内黄县水务局二楼听证室

主持人：刘某

记录人：魏某

程序部分

一、听证主持人宣布听证事由和听证纪律

(一)听证事由

2013 年 6 月 14 日，中国石化集团中原石油勘探局对内黄县水务局下达的《行政处罚听证告知书》(豫水(安内)罚听告字〔2013〕第 002 号)提出书面听证申请，现依法举行公开听证。

(二)听证纪律

(1)在听证主持人的主持下，其他听证参加人应有序发言；

(2)听证参加人员不得使用不当言行；

(3)当事人及其委托代理人在听证中无正当理由退场的，视为放弃听证权利；

(4)听证参加人员及旁听人员不得大声喧哗及来回走动。

二、听证主持人核实听证参加人的身份，询问听证参加人是否申请回避，告知听证参加人的权利和义务

(一)听证主持人核对案件调查人和当事人身份

请工作人员递交案件调查人行政执法证件。

请工作人员递交当事人及其委托代理人个人证明材料；如当事人委托代理人听证的，应向水行政处罚机关提交委托书。

(二)听证主持人宣布听证组成人员

根据市水利局指定，本次听证会由市水政监察支队副支队长刘某担任主持人，由内黄县监察大队水政监察员魏某担任记录人。鉴于6月28日内黄县水务局在送达当事人的《听证通知书》中明确告知当事人申请听证主持人和记录人回避的，应在接到《听证通知书》之日起3日内书面提出申请并说明理由，内黄县水务局至今未收到当事人的回避申请，视为同意《听证通知书》载明的人员担任听证主持人和记录人。

(三)告知案件当事人在听证中的权利和义务

根据水利部《水行政处罚实施办法》第四十条的规定，案件当事人在听证中享有如下权利，承担如下义务：

(1)对案件涉及的事实、适用法律及有关情况进行陈述和申辩；

(2)对案件调查人员提出的证据进行质证和提出新的证据；

(3)如实陈述案件事实和回答听证主持人的提问；

(4)遵守听证会场纪律；

(5)对听证笔录进行核对，签字或者盖章。

三、听证主持人宣布听证开始

(略)

实体部分

一、案件调查人提出当事人的违法事实、证据、法律依据和水行政处罚建议

2012年4月16日内黄县水务局行政执法人员常某、李某等在日常巡查中，发现中国石化集团中原石油勘探局林海花园二期在建项目未编报水土保持方案，也未经水行政主管部门审批，擅自在内黄县后河镇东乜固村东动工建设。

上述行为违反了《中华人民共和国水土保持法》第二十五条第一款："在山区、丘陵区、风沙区以及水土保持规划确定的容易发生水土流失的其他区域或开办可能造成水土流失的生产建设项目，生产建设单位应当编制水土保持方案，报县级以上人民政府水行政主管部门审批，并按照经批准的水土保持方案，采取水土流失预防和治理措施。没有能力编制水土保持方案的，应当委托具备相应技术条件的机构编制……"的规定。

当事人的违法证据有：擅自动工建设的现场笔录、调笔录、照片、证明资料。

拟给予处罚的依据和种类：根据《中华人民共和国水土保持法》第五十三条违反本法规："有下列行为之一的，由县级以上人民政府水行政主管部门责令停止违法行为，限期补办手续；逾期不补办手续的，处五万元以上五十万元以下的罚款；对生产建设单位直接负责的主管人员和其他直接责任人员依法给予处分：(一)依法应当编制水土保持方案的生产建设项目，未编制水土保持方案或者编制的水土保持方案未经批准而开工建设的；(二)生产建设项目的地点、规模发生重大变化，未补充、修改水土保持方案或者补充、修改的水土保持方案未经原审批机关批准的；(三)水土保持方案实施过程中，未经原审批机关批准，对水土保持措施作出重大变更的"的规定，本机关拟对你单位作出下列行政处罚：(1)责令立即停止违法行为；(2)限七日内到内黄县水务局补办水土保持相关手续；(3)罚款人民币肆拾万元整。

违法行为等次：根据你单位违法行为的事实、性质、情节、社会危害程度和相关证据，你单位的违法行为等次属于一般。

行政处罚建议：结合集体讨论结果，建议对该单位作出如下决定：(1)责令立即停止违法行为；(2)限七日内到内黄县水务局补办水土保持相关手续；(3)罚款人民币肆拾万元整。

二、当事人进行陈述、申辩和质证

(略)

三、听证主持人就案件事实、证据和法律依据进行询问争议的焦点

(1)当事人的建设行为是否应该归属内黄管辖?

经过调查取证，该地域原为内黄县后河镇东乜固村的土地，现有证明材料(地籍调查表、村民代表证明、内黄县水务局对以前鱼塘、鸵鸟厂管理证明)。

因此，当事人的建设行为应该归属内黄管辖。

(2)中国石化集团中原石油勘探局提供的豫水行许字〔2013〕第48号行政许可是否有效?

没有。

当事人提供的豫水行许字〔2013〕第48号行政许可地点明白清楚，没有包含内黄地域。

另外，根据《中华人民共和国水土保持法》的规定，建设项目审批核准需经当地水行政主管部门签字(盖章)，《中华人民共和国行政许可法》第三十一条、第六十九条明文规定，申请人申请行政许可，应当如实向行政机关提交有关材料和反应真实情况，并对其申请材料实质内容的真实性负责。被许可人以欺骗、贿赂等不正当手段取得行政许可的，应当予以撤销。

所以说这本行政许可不能作为证据使用。

内黄县水务局提供材料证明中国石化集团中原石油勘探局未向内黄水行政主管部门申请办理过任何审批手续。

(3)对未经批准擅自动工建设的行为，依法应当给予五万元以上五十万元以下的罚款，请案件调查人提供建议给予人民币四十万元罚款的依据。

根据《中华人民共和国水土保持法》第五十三条，违反本法规："有下列行为之一的，由县级以上人民政府水行政主管部门责令停止违法行为，限期补办手续；逾期不补办手续的，

处五万元以上五十万元以下的罚款;对生产建设单位直接负责的主管人员和其他直接责任人员依法给予处分:(一)依法应当编制水土保持方案的生产建设项目,未编制水土保持方案或者编制的水土保持方案未经批准而开工建设的;(二)生产建设项目的地点、规模发生重大变化,未补充、修改水土保持方案或者补充、修改的水土保持方案未经原审批机关批准的;(三)水土保持方案实施过程中,未经原审批机关批准,对水土保持措施作出重大变更的"的规定,本机关拟对你单位作出下列行政处罚:①责令立即停止违法行为;②限七日内到内黄县水务局补办水土保持相关手续;③罚款人民币肆拾万元整。该单位拒不配合执法人员工作,不签收执法文书(我们通过邮寄方法送达)。

四、案件调查人、当事人作最后陈述

最后陈述:根据相关法律法规规定,我们认为对中国石化集团中原石油勘探局擅自动工建设违法行为事实清楚,证据确凿充分,适用法律正确,处罚内容适当,程序合法,请予以支持。并申请撤销豫水行许字〔2013〕第48号行政许可。

请案件当事人和调查人核对听证笔录,签字或者盖章。

听证会到此结束,请旁听人员退场。

听证笔录

案　　由:中国石化集团中原石油勘探局在建项目未编报水土保持方案,也未经水行政主管部门审批

当事人单位名称:中国石化集团中原石油勘探局　　　　法定代表人:孔某

当事人个人姓名:____________ 性别:____________ 年龄:________ 职业:________

委托代理人:________________ 性别:____________ 职业:______________

委托代理人 :华某　　　　　　性别:男　　　　　　职业:河南谋金律师事务所律师

主持人: 刘某　　　　　　　记录人: 魏某　　　案件调查人:常某　　李某

时　间: 2013 年 7 月 8 日 16 时 00 分至 17 时 10 分

地　点: 内黄县水务局二楼会议室　　　　方式:公开

听证主持人:听证会现在开始。核对会议参加人员身份。请工作人员递交案件调查人行政执法证件。双方对对方身份是否有异议?

代理人: 无异议。

调查人:无异议。

听证主持人:2013 年 6 月 14 日,中国石化集团中原石油勘探局对我局下达的《行政处罚听证告知书》(豫水(安内)罚听告字〔2013〕第 002 号)提出书面听证申请,现我局依法举行公开听证。根据内黄县水务局指定,本次听证会由安阳市水政监察支队副支队长刘朝军担任主持人,由内黄县水政监察大队水政监察员魏晓丹担任记录人。

鉴于 6 月 28 日内黄县水务局在送达当事人的《听证通知书》中明确告知当事人申请听证主持人和记录人回避的,应在接到《听证通知书》之日起 3 日内书面提出申请并说明理由,县水务局至今未收到当事人的回避申请,视为同意《听证通知书》载明的人员担任听证

主持人和记录人。(可续页)

主持人:刘某　　当事人:中国石化集团中原石油勘探局

记录人:魏某　　代理人:华某

调查人:常某　李某　　证人:

下面首先宣读听证纪律:

(1)在听证主持人的主持下,其他听证参加人应有序发言;

(2)听证参加人员不得使用不当言行;

(3)当事人及其委托代理人在听证中无正当理由退场的,视为放弃听证权利;

(4)听证参加人员及旁听人员不得大声喧哗及来回走动。

根据水利部《水行政处罚实施办法》第四十条的规定,案件当事人在听证中享有如下权利,承担如下义务:

(1)对案件涉及的事实、适用法律及有关情况进行陈述和申辩;

(2)对案件调查人员提出的证据进行质证和提出新的证据;

(3)如实陈述案件事实和回答听证主持人的提问;

(4)遵守听证会场纪律;

(5)对听证笔录进行核对、签字或者盖章。

听证主持人:下面由案件调查人提出当事人的违法事实、证据、法律依据和水行政处罚建议。

调查人员:2012年4月16日,内黄县水务局水行政执法人员在日常巡查时发现,中原石油勘探局林海花园二期在建项目未编报水土保持方案,也未经县水行政主管部门审批,擅自在内黄县后河镇东乜固村东南开工建设,该行为违反了《中华人民共和国水土保持法》第二十五条第一款:"在山区、丘陵区、风沙区以及水土保持规划确定的容易发生水土流失的其他区域开办可能造成水土流失的生产建设项目,生产建设单位应当编制水土保持方案,报县级以上人民政府水行政主管部门审批,并按照经批准的水土保持方案,采取水土流失防治和治理措施,没有能力编制水土保持方案的,应当委托具备相应技术条件的机构编制"的规定。内黄县水务局于2012年4月17日向该单位下达了《责令停止水事违法行为通知书》,当事人接到通知后一直没有停止建设,因为该项目建设涉及濮阳市和安阳市,我们就报安阳市水行政主管部门,市水利局水行政执法人员到现场看过后又报省水土保持处。内黄县水行政执法人员就暂停了调查,后经省水土保持处协调未果,我们于2013年6月报市局水保科批准继续调查此案。现有现场调查记录、询问笔录、现场照片及内黄县土地部门地籍调查表为证。

根据《中华人民共和国水土保持法》第五十三条,违反本法规定的:"有下列行为之一的,有县级以上人民政府水行政主管部门责令停止违法行为、限期补办手续,逾期不补办手续的处五万元以上五十万元以下的罚款,对生产建设单位直接负责的主管人员和其他直接责任人员依法给予处分,(一)依法应当编制水土保持方案的生产建设项目,未编制水土保持方案或编制的水土保持方案未经批准而开工建设之规定。"对你单位作出如下处理:(1)责令停止违法建设行为;(2)限七日内到内黄县水务局补办水土保持相关手续;(3)处罚款人民币四十万元整。

听证主持人:申请人员对调查人员的陈述有什么陈述、申辩和质证的吗?看一下调查人员提供的相关证据 。

申请人:第一,我们对调查人员调查情况提出申辩,申请人认为中原石油勘探局林海花园二期在建项目,均在濮阳市境内,不在内黄县水务局管辖权的范围,内黄县水务局没有行政管辖权。第二,内黄县水务局提供的证据,均不能证明中原石油勘探局林海花园二期在建项目,是在内黄县境内,具体表现是有关房产处调查人员的笔录中,也均对建设地界有异议。内黄县水务局调查人员也没有职权进行现场勘测及划分地界。第三,内黄县对后河镇王志选的调查笔录我们觉得没有任何意义,他个人没有权力认定划分地界。对于调查人员的一些证据,我们认为取水登记表跟本案没有关联性。协调会纪要、地籍调查表、划界图、照片等这些证据均不能证明中原石油勘探局林海花园二期在建项目,施工的具体位置是在内黄县境内,最后我归纳一下所有证据都不能证明是在内黄县境内。

申请人认为内黄县水务局行政处罚告知书中对申请人的拟处罚认定事实错误,适用法律错误,详见听证词。

听证主持人:申请人提供一下书证、物证,包括听证词中提到省厅作出豫水行许字〔2013〕48号文让调查人员看一下。

申请人:我们还有一个批复,在批复中濮阳市对行政区域的界限划分非常清楚明确,林海花园二期工程处于濮阳市范围之内,这个书证证明了内黄县对中原石油勘探局林海花园二期在建工程没有管辖权。

听证主持人:调查人员看一下申请人提供的证据、事实,有什么异议?

调查人员:我问一下申请人林海二期在建的楼房是中原石油勘探局以前的鱼塘、鸵鸟园、污水处理厂吗?

申请人:不一定。

调查人员:我们认为省勘测和濮阳市的测绘报告中涉及皇甫这一块很少,说明不了皇甫在建楼这一块属于濮阳市,有争议的地方显示不清,划分不清,说明不了中原石油勘探局林海二期在建楼这一块完全属于濮阳市。

(1)我们经过调查取证中原石油勘探局林海花园二期在建楼地域原为内黄县后河镇东乜固村的土地,在建楼以前是养鱼塘和鸵鸟园,现有证明材料(地籍调查表、村民代表证明、内黄县水务局对以前鱼塘、鸵鸟厂管理证明)。以前的鱼塘、鸵鸟厂都向内黄县申请办理了土地证,地权永远属于内黄县后河镇东乜固村,现在只是被中原石油勘探局征用了。因此,当事人的建设行为应该归属内黄管辖。

(2) 中国石化集团中原石油勘探局提供的豫水行许字〔2013〕第 48 号行政许可是否有效? 我们认为没有。当事人提供的豫水行许字〔2013〕第 48 号行政许可地点明白清楚,没有包含内黄地域。

另外,根据《中华人民共和国水土保持法》,建设项目审批核准需经当地水行政主管部门签字(盖章),《中华人民共和国行政许可法》第三十一条、第六十九条明文规定"申请人申请行政许可,应当如实向行政机关提交有关材料和反应真实情况,并对其申请材料实质内容的真实性负责。被许可人以欺骗、贿赂等不正当手段取得行政许可的,应当予以撤销"。在地界不清的情况下，中原油田向省里许可，材料没有显示这一块地是属于濮阳市，向省里提供虚假材料取得的行政许可，我们不认可，我们可以向省厅申请撤销行政许可，所以说这个行政许可不能作为证据使用。让我们看一下省厅编报的水土保持方案。

听证主持人：调查人员对申请人提供省厅的许可和证据提出了质疑，省厅的批复文和省厅的报告书请申请人提供一下，因为报告书中写的位置、地貌、面积都很清楚，请问申请人带了没有？
申请人：今天没有带。

关于中原石油勘探局林海花园二期工程位置问题，第一，内黄县水务局不承认测绘公司提供的测绘的证据，对于项目的具体位置我们认为无论是水务局还是和中原石油勘探局都没有资格去测定，测绘公司提供的测绘报告最起码是有资质的单位提供，而内黄县水务局没有提供有资质的单位对具体位置的认定。第二，内黄县水务局不承认河南省水利厅的许可决定，你们可以申请撤销省厅的许可，撤销后存在是否向内黄县审批的问题，但撤销之前是有效的。第三，报告可以向河南省水利厅进行查询。

听证主持人：调查人员有新的证据吗？
调查人员：我们有后河乡提供的当时土地申请表，如果石油勘探局不认可是内黄的土地，不可能提交申请表让内黄办理，这是2005年的申请表，在内黄办理了土地证，而且当时办理申请表的负责人后河镇刘天宝现在也在这。
听证主持人：对这个证据有什么异议？
申请人：有异议，仍然不能证明中原石油勘探局二期工程是在内黄区域。
听证主持人：关于中国石化集团中原石油勘探局林海花园二期在建项目管辖问题，具体位置归谁管辖，需要有关部门进一步认定。我问一下中国石化集团中原石油勘探局林海花园二期在建项目具体位于什么位置、何时开工、何时竣工？你单位出示相关证据。
代理人：我们查一下有关施工许可证、开工许可证，查一下相应的证件，目前工程没有峻工。
听证主持人：中国石化集团中原石油勘探局是否经内黄县水行政主管部门审批，是否向水行政主管部门缴纳水土保持补偿费？
申请人：没有向内黄县水务局审批，也没有缴纳水土保持补偿费。
主持人：申请人对调查人员执法程序是否有异议？
申请人：没有异议。
听证主持人：对于中国石化集团中原石油勘探局林海花园二期在建项目未经批准擅自开工建设的行为，依法应当给予五万元以上五十万元以下的罚款，请案件调查人提供建议给予人民币四十万元罚款的依据？
调查人员：依据《河南省水行政处罚裁量标准》、《中华人民共和国水土保持法》第五十三条，违反本法规定的："有下列行为之一的，有县级以上人民政府水行政主管部门责令停止违法行为、限期补办手续，逾期不补办手续的处五万元以上五十万元以下的罚款，对生产建设单位直接负责的主管人员和其他直接责任人员依法给予处分，（一）依法应当编制水土保持方案的生产建设项目，未编制水土保持方案或者编制的水土保持方案未经批准而开工建设之规定。"建议给予当事人：(1)限期补办有关水土保持手续；(2)责令停止违法行为；(3)罚款

人民币四十万元整 。
听证主持人:不考虑管辖问题,申请人对下达的所有法律文书及处罚依据有何异议?
申请人:有异议,我们编报了水土保持方案,在省厅报了,省厅也批了,在我们报批之后,再对我们处罚我们不认可。
调查人员:请问一下申请人省厅下达的行政许可和你们编报水土保持方案有没有包含内黄在内?
申请人:省厅编报的水土保持方案根据现场勘测以及情况调查,省厅认为合法,作出了许可,认为不合法他不会作出许可,水土保持方案符合规定才做出了许可。
调查人员:省厅编报的水土保持方案如果包含内黄地界,有濮阳和内黄两个地界我们认可,不包含内黄,我们对油田的处罚是正确的,中原石油勘探局林海花园二期工程占我们内黄区域,应该向我们内黄县水行政主管部门审批。
听证主持人:报告不是省厅编制的,省厅根据有资质的单位编制水土保持方案,最后进行专家评审,最终审批,中原石油勘探局把报告书资料拿来,报告书中到底包含内黄没有,现在没有带来,这个问题不再讨论。批复的报告书内容很重要,石油勘探局听证会后可以把报告书资料带过来或邮寄。现在案件调查人员、申请人作最后陈述 。
调查人员:根据相关法律法规,我们认为对中国石化集团中原石油勘探局擅自开工建设行为违法事实清楚,证据确凿充分,适用法律正确,处罚内容适当,程序合法,请主持人予以支持。如果省厅的许可和水保方案包含内黄和濮阳两个地界我们认可,不包含内黄,我们申请省厅严厉查处,是中原油田提供虚假材料取得了许可,我们要对中原石油勘探局进行处罚。
代理人:根据听证会的情况,内黄县水务局调查人员提拱的资料对于申请人林海花园二期工程没有管辖权,申请人已经编报了水土保持方案,内黄县水务局使用法律错误,希望内黄县水务局查明事实,不再对申请人进行行政处罚。
听证主持人:还有什么补充问题?
代理人:没有。
调查人员:没有。
听证主持人:同意。此次听证会到此结束,请核对听证记录,并签字。
以上笔录经核对无误。

听证主持人: 刘某
记录人: 魏某
案件调查人员签名:常某　李某
听证申请人员签名:中国石化集团中原石油勘探局
听证代理人签名:华某

听证报告

案　　由:中国石化集团中原石油勘探局在建项目未编报水土保持方案,也为经水行政行政主管部门审批

主　持　人：刘某　记录人：魏某

听证时间：2013 年7 月5 日9 时40 分至＿时＿分　地点：局二楼会议室

案件事实及证据：2012 年 4 月 16 日，内黄县水务局水行政执法人员在日常巡查时发现，中原石油勘探局林海花园二期在建项目未编报水土保持方案，也未经县水行政主管部门审批，擅自在内黄县后河镇东乜固村东开工建设，该行为违反了《中华人民共和国水土保持法》第二十五条第一款："在山区、丘陵区、风沙区以及水土保持规划确定的容易发生水土流失的其他区域开办可能造成水土流失的生产建设项目，生产建设单位应当编制水土保持方案，报县级以上人民政府水行政主管部门审批，并按照经批准的水土保持方案，采取水土流失防治和治理措施，没有能力编制水土保持方案的，应当委托具备相应技术条件的机构编制"的规定。上述违法行为证据有现场勘查笔录、调查笔录、照片、土地部门地籍调查表。

2013 年 6 月 14 日，我局向中国石化集团中原石油勘探局下达了《行政处罚听证告知书》(豫水(安内)罚听告字〔2013〕第 002 号)。2013 年 6 月 19 日，中国石化集团中原石油勘探局书面提出听证申请，2013 年 7 月 5 日，我局依法举行了听证会。在听证主持人的主持下，案件调查人提出了当事人的违法事实、证据、法律依据和行政处罚建议，当事人对调查人提出的违法事实、证据进行了陈述、申辩和质证。主持人就案件事实、证据和法律依据进行了询问。

双方争论焦点：当事人认为其林海花园二期在建项目不属于内黄管辖范围，土地边界存在争议，对其作出行政处罚缺乏事实依据。

调查人员认为：(1)该单位林海花园二期在建项目是在内黄县后河镇东乜固村的土地上建设，有调查笔录、现场勘查照片及内黄县土地部门地籍调查表和东乜固村党支部书书记等人为证。(2)既然该单位知道在建项目占地存在争议为什么不能等到把土地争议弄清楚了再进行建设。(3)根据《河南省水行政处罚裁量标准》、《中华人民共和国水土保持法》第五十三条，违反本法规定的："有下列行为之一的，县级以上人民政府水行政主管部门责令停止违法行为、限期补办手续，逾期不补办手续的处五万元以上五十万元以下的罚款，对生产建设单位直接负责的主管人员和其他直接责任人员依法给予处分，(一)依法应当编制水土保持方案的生产建设项目，未编制水土保持方案或编制的水土保持方案未经批准而开工建设之规。"适用法律正确，处罚内容适当。

处罚建议及依据：依据《河南省水行政处罚裁量标准》、《中华人民共和国水土保持法》第五十三条，违反本法规定的："有下列行为之一的，有县级以上人民政府水行政主管部门责令停止违法行为、限期补办手续，逾期不补办手续的处五万元以上五十万元以下的罚款，对生产建设单位直接负责的主管人员和其他直接责任人员依法给予处分，(一)依法应当编制水土保持方案的生产建设项目，未编制水土保持方案或编制的水土保持方案未经批准而开工建设之规。"建议给予当事人：(1)限期补办有关水土保持手续；(2)责令停止违法行为；(3)罚款人民币四十万元整。

主持人签名：刘某

大队负责人意见：同意

王某

法制机构负责人意见：事实清楚、证据确实充分

刘某

局机关负责人意见：同意

李某

希望以上的举例能引起我们一线的水政监察人员的思考，并能从中体会和学习水土保持行政处罚听证程序的相关规定。

对一起水事违法案件的几点思考

【基本案情】：2007 年 5 月 23 日，河南省安阳市水利局接到举报：境内安阳河河道里有大量垃圾。水利局立即派水政监察人员赶往现场调查取证，经现场勘验，弃渣量为 660 立方米。安阳市水利局认为当事人的河道弃渣行为已经违反了《防洪法》第二十二条第二款的规定。垃圾是谁倒在河里的呢？这要从 2006 年初说起。位于安阳市丘陵区、占地 67 公顷的某电厂为清理开发建设过程中产生的弃土、废渣料和生活垃圾，与某村委会协商签订了垃圾占地协议。协议约定由该村委会指定倒渣地点，安阳某电厂支付垃圾占地款 20000 元，期限为一年。随后，该电厂与村民燕某签订了垃圾清运协议，要求其将弃土、废渣、生活垃圾运至规定地点，并每月支付清运费 3300 元。从 2006 年 5 月起，燕某每天负责将该电厂的废渣、垃圾运出并倒在村委会指定的安阳河河西该村段。同时，针对违法事实，安阳市水利局根据《防洪法》第五十六条第（二）项的规定，分别作出对该电厂处以 40000 元罚款，对燕某处以 8000 元罚款，责令限期清除弃土、废渣料和生活垃圾的行政处罚决定。处罚决定作出后，燕某不服，随即向安阳市市人民政府申请行政复议。理由是：该电厂雇他为其拉运废渣及垃圾，地点也是指定好的，并不是他私拉乱倒，所以不应该承担责任。

对此，安阳市水利局认为，燕某受雇于该电厂清运垃圾，将 860 立方米垃圾在汛期倾倒在河道中。虽弃渣地点为该电厂认定，但燕某是直接行为人，且与该电厂均为独立主体，根据《防洪法》的规定，对倾倒垃圾者进行处罚并无不当。依据《防洪法》等法律、法规的规定，复议机关维持了安阳市水利局作出的处罚决定。燕某在法定期限内没有提起行政诉讼，也不履行处罚决定，安阳市水利局申请法院强制执行。后燕某清除了倾倒于河道内的弃土、废渣、垃圾，并缴纳罚款。同时某县水务局水政执法人员向该电厂作出征收水土流失补偿费决定书，决定一次性征收该电厂水土保持补偿费 251 万元。该电厂以本企业属于跨市、县的生产建设单位，某县无权征收为理由，于法定期限内向其上级主管部门安阳市水利局申请行政复议。复议期间，某县水务局将决定书撤销。2006 年 7 月，某县水务局向安阳市水利局请示由其征收电厂的水土保持补偿费和水土流失防治费。其理由是：上述收费针对的是电厂征收，而电厂恰在某县境内。对此，安阳市水利局明确表示同意。之后，某县水务局数次致函电厂，要求约定时间协商具体缴费办法。最后，双方在安阳市人民政府有关部门协调下，于 2007 年 8 月达成协议，由该电厂一次性缴纳 20 万元，了结此事。某电厂也按协议于 2007 年 9 月将该款汇给了某县水利局。

但令人始料不及的是,安阳市水利局又于 2007 年 11 月下达一份关于征收水土保持补偿费决定书,要求某电厂再缴 47 万元。理由是:某电厂在某县境内李庄乡李家、龙家两村征地 1888.33 亩,计 1258760.7 平方米,现实际使用 670000 平方米土地,该厂因从事开发建设等活动,破坏了地貌、植被及水土保持设施,造成了水土流失。根据《中华人民共和国水土保持法实施条例》第二十一条第二款以及河南省物价局、财政厅、水利厅联合下发的《河南省水土保持补偿费、水土流失防治费征收管理办法》第二条、第三条、第四条、第六条的规定,每平方米一次性缴纳水土保持补偿费 1 元,计应缴纳水土保持补偿费 67 万元,从应缴费额陆拾柒万元中扣除已缴某县 20 万元,应缴拖欠部分 47 万元。该电厂不服此决定,遂向市人民政府申请进行行政复议,市政府竟然复议决定维持市水利局的收费决定书。电厂随即于 2007 年 3 月以市水利局和某县水务局为共同被告诉至市中级人民法院。请求人民法院依法撤销安阳市水利局的收费决定书。后,此案结案。

【审理与判决】:该电厂请求人民法院撤销安阳市水利局征收收费决定的事实与理由是:电厂建设具有水土保持功能,电厂没有破坏水土保持设施,更没有造成水土流失,按照行政法律、法规的规定,不应缴纳水土保持补偿费。一审法院在审理过程中,组织原被告到电厂进行了现场勘验后认定:电厂开发建设是经国务院批准的,被告安阳市水利局认定该厂在建设和生产过程中损坏水土保持设施的理由不足,因此判决:撤销安阳市水利局的收费决定书。

安阳市水利局和某县水务局都不服市中级法院的一审判决,均于法定上诉期内将此案上诉到省高级人民法院,省高级人民法院经审理后下达终审判决:驳回上诉,维持原判。

【法条链接】:《中华人民共和国水土保持法实施条例》第二十一条,其具体内容是:任何单位和个人不得破坏或者侵占水土保持设施。企业、事业单位在建设和生产过程中损坏水土保持设施的应当给予补偿。其所依据的地方政府规章是由省水利厅、财政厅和物价局三家联合下发的《河南省水土保持补偿费、水土流失防治费征收管理办法》,该收费办法第二条规定了征收水土保持补偿费的范围,内容是:凡在本省山区、丘陵区、风沙区区域内,一切单位和个人在生产、建设过程中,损坏(包括占用,以下均同)水土保持设施和林草,造成或将要造成水土流失,都必须遵守本办法。第三条主要内容是因从事生产建设等活动毁坏了地貌、植被及水土保持设施,造成水土流失的单位和个人都要缴纳水土保持补偿费,并负责对造成新的水土流失进行治理。

《防洪法》第二十二条第二款:“禁止在河道、湖泊管理范围内建设妨碍行洪的建筑物、构筑物,倾倒垃圾、渣土,从事影响河势稳定、危害河岸堤防安全和其他妨碍河道行洪的活动。”第五十六条规定:在河道、湖泊管理范围内倾倒垃圾、渣土,从事影响河势稳定、危害河岸堤防安全和其他妨碍河道行洪的活动的,责令停止违法行为,排除阻碍或者采取其他补救措施,可以处五万元以下的罚款。

【案件评析】本案是一起带有普遍意义的行政处罚和行政征收案件,这起案件的处理结果对其他单位涉及的此类问题具有借鉴意义。

本案涉及的关键性问题是:什么是水土保持设施,哪些行为属于破坏水土保持设施的行为,以及收取水土保持补偿费的依据是什么;安阳市水利局对燕某作出的行政处罚决定是否合适及理由,在本案中,电厂有无责任及理由?

什么是水土保持设施。

关于水土保持设施，在现行的有关法律和行政法规中没有直接详细的规定，但《水土保持法》第二条指出：本法所称水土保持，是指对自然因素和人为活动造成水土流失所采取的预防和治理措施。这就说明一个问题，那就是所谓的水土保持，它是一种人类的行为，是预防和治理措施。不含有自然因素在内。为搞好水土保持，人类所建造的一切设施都统称为水土保持设施。我们这起行政违法案件的问题之一就出在对水土保持设施的理解上。水利部门认为：水土保持设施是指具有防治水土流失功能的一切设施的总称，其中包含原地貌及其植被这些非人工建造的自然因素在内。这个意见来自于水利部 1996 年对辽宁省水利厅《关于水土保持设施解释问题的请示批复》，该批复基本上肯定了原地貌就是水土保持设施，损坏原地貌就是损坏了水土保持设施，就要征收水土保持补偿费的意见，按照这个意见，电厂在建设过程中，肯定破坏了原地貌及其植被，破坏地貌和植被就等于破坏了水保设施，因此就应缴纳水土保持补偿费。原告认为，这种解释与法律（法规）相抵触，人民法院审理行政案件依法不予参照。

理由是：水利部无权对行政法规作出立法性解释。1993 年 3 月 3 日，国务院办公厅发出的《关于行政法规解释权限和程序问题的通知》中指出：凡属于行政法规条文本身需要进一步明确界限或者作补充规定的问题，由国务院作出解释。其他部门均无权对行政法规（包括法律的实施细则、实施条例）作出立法性解释。更不能以此作为执法依据。据此，水利部对辽宁省水利厅关于《水保法实施条例》第二十一条的解释属于超越权限的扩充性解释，其不具备法律效力，不能作为审判参照规章。

理由二：这种解释本身就与相应的法律、法规规定的具体内容相抵触。我国《水土保持法》第八条针对水土保持问题仅原则性地指出：从事可能引起水土流失的生产建设活动的单位和个人，必须采取措施保持水土资源，并负责治理因生产建设活动造成的水土流失。《实施条例》第二十一条第二款指出：任何单位和个人不得破坏或者损坏水土保持设施，企业、事业单位在建设和生产过程中，损坏水土保持设施的，应当给予补偿。以上法律和行政法规均没有涉及原地貌的概念，仅提到了损坏水土保持设施。

理由三：我国立法技术要求，规范性文件的概念必须准确、定性、统一，不得引起歧义，以此来维护法律的统一和尊严。而原地貌这个概念十分令人费解。因为，我们人类的一切生产和建设活动都是在原地貌的基础上进行的。我们兴修水利、改造粮田是损坏着原地貌，我们植树造林、改造荒山也在损坏原地貌，我们开挖修建水库、治理荒滩、治理水土流失同样是在损坏原地貌。如果按照水利部批复的意见，这些也都属于损坏水土保持设施的行为，同样要收水土保持补偿费。如果按照这种逻辑，我国的广大沙漠、荒山、滩涂、水利工程都不要去治理或修建，否则就是违法行为。这显然是与我国的《水土保持法》和《水土保持法实施条例》的立法目的相抵触。

理由四：原地貌究竟是一种什么样的地貌，无法界定。因为原地貌是以千百年甚至上亿年地壳不断运动变化为前提的，譬如灰场的原地貌是什么样的，两被告就说不清楚，那么灰场什么时期的地貌才是原地貌呢？对此，应不应该有个明确的界定，如果不界定，又该如何认定损坏原地貌这种行为。

两被告对原告陈述的以上理由提不出有力的反驳意见。河南省高级人民法院却基本上采纳了原告的意见，省高院在判决中认为：根据国务院发布的《水土保持法实施条例》第二十一条的规定，水土保持设施是由人工建成的具有治理水土流失功能的成果，不包括自然形成的地貌、植被。某市水利局对电厂开发建设损坏地貌、植被、河道的行为征收水土保持补偿费没有法律依据。因而判决驳回上诉维持原判。

下面谈一下收费依据问题。

水利部门收取水土保持补偿费应该说是一种具体行政行为,这种行为首先必须以法律法规为依据,其次才能参照规章。这个案件市水利局收费依据的是:《中华人民共和国水土保持法实施条例》第二十一条第二款,其具体内容是:任何单位和个人不得破坏或者侵占水土保持设施。企事业单位在建设和生产过程中损坏水土保持设施的应当给予补偿。其所依据的地方政府规章是由省水利厅、财政厅和物价局三家联合下发的《水土保持补偿费、水土流失防治费征收管理办法》,该收费办法第二条规定了征收水土保持补偿费的范围,内容是:凡在本省山区、丘陵区、风沙区区域内,一切单位和个人在生产、建设过程中,损坏(包括占用,以下均同)水土保持设施和林草,造成或将要造成水土流失,都必须遵守本办法。第三条主要内容是因从事生产建设等活动毁坏了地貌、植被及水土保持设施,造成水土流失的单位和个人都要交纳水土保持补偿费,并负责对造成新的水土流失进行治理。

把省的收费文件和《水保法实施条例》对比一下就不难看出,省的收费文件扩大了法律、法规所规定的收取水保费的范围,他们将损坏地貌和植被也作为收取水保费的范围,这显然是与国家法律、法规所规定的内容不相一致的。既然政府的规章扩大了行政法规定的收费范围,那么行政机关理应执行法律、法规的规定。但令人遗憾的是,市水利局拿着水利部的解释做依据强行收费,最终迫使企业不得不诉诸公堂,以求法律的公正裁决。

既然诉诸了法律,人民法院当然要严格按照法律程序办事。一、二审法院均能够按照《行政诉讼法》第五十二条第一款的规定,以法律和行政性法规作为依据,客观、公正地予以判决。而对缺乏法律、法规依据的水利部的那个解释以及扩大法律法规收费范围的地方政府规章均拒绝适用。正如终审判决所言:某市水利局对电厂储灰场损坏地貌、植被、水库的行为征收水土保持补偿费没有法律依据。按照使用面积为征费标准属适用法律、法规错误。因此判决:维持原判。

下面再谈一下安阳市水利局对燕某作出的行政处罚决定是否合适,及在本案中,电厂有无责任及理由?

对燕某的处罚是正确的,因为燕某是违法行为的直接实施人。他的行为违反了《防洪法》第二十二条第二款“禁止在河道、湖泊管理范围内建设妨碍行洪的建筑物、构筑物,倾倒垃圾、渣土,从事影响河势稳定、危害河岸堤防安全和其他妨碍河道行洪的活动”的规定,按照《防洪法》第五十六条第(二)项的规定,应对其处以罚款。但对电厂所作出的处罚值得商榷。因为虽然渣土是电厂在开发建设过程中产生的,但是电厂与某村签订了垃圾占地协议书,并由该村指定了倒渣地点。该电厂为处理生产中产生的弃土、废渣,只是与村委会签订了弃土、废渣占地协议,并没有直接实施违法行为,且渣土倾倒地点是由村委会指定的,故因地点选取而造成的违法事实,不应当由该电厂承担相应责任。所以说应对燕某进行处罚,不应对电厂处罚(不应对电厂处罚值得商榷)。

从此案中可以看出,加大水法律、法规的宣传力度是一项非常重要的工作,做好普法工作更是当务之急。要使人民群众更多地了解和掌握水法律、法规,知道哪些行为是被禁止的,哪些行为属于违法行为,并树立起自觉守法的意识,此类案件才可能避免发生。

行政处罚决定作出前应对相对人的陈述申辩意见进行复核

——安阳市城建建设有限责任公司不服安阳市水利局行政处罚案

原告:安阳市城建建设有限责任公司

被告:安阳市水利局

案由:水利行政处罚

一、基本案情

2011 年 4 月 1 日,水政监察支队执法人员在日常巡查中,发现安阳市城建建设有限责任公司未经水行政主管部门批准,擅自在龙泉镇王村动工建设。经调查,该单位法人代表张明君,从 2011 年 3 月开始动工建设。该单位位于龙安区龙泉镇王村,属于丘陵地带,在建项目东边界 200 米,南边界 150 米,西边界 195 米,北边界 156 米。该行为违反了《中华人民共和国水土保持法》第二十五条的规定。安阳市水利局于 2011 年 4 月 2 日向该单位下达《责令停止违法行为通知书》后,该单位依然我行我素,并没停止违法行为或者采取必要的防护措施。因为新《中华人民共和国水土保持法》是 2011 年 3 月 1 日开始实施的,《河南省行政处罚裁量标准》对新的《中华人民共和国水土保持法》处罚标准未进行细化。2011 年 4 月 14 日,在水政监察支队会议室,相关人员经过仔细认真的讨论,达成了以下几点意见:(1)该厂位于丘陵区,同时也在省人民政府划分的河南省水土流失重点治理区。(2)该单位明知在该地区开工建设需要编制水土保持方案,但在下达了相关文书后,该单位至今未履行编制水土保持方案的法定义务。上述违法行为有询问笔录、现场(检查)笔录、视听资料为证。根据《中华人民共和国水土保持法》第五十三条,违反本规定的有下列行为之一的,由县级以上人民政府水行政主管部门责令停止违法行为,限期补办手续;逾期不补办手续的,处五万元以上五十万元以下的罚款;对生产建设单位直接负责的主管人员和其他直接责任人员依法给予处分:“(一)依法应当编制水土保持方案的生产建设项目,未编制水土保持方案或者编制的水土保持方案未经批准而开工建设的……”建议对该单位处理如下:(1)责令立即违法建设;(2)限七日内到安阳市水利局补办水土保持相关手续;(3)罚款人民币叁拾万元整。安阳市水利局依据法定程序拟对原告作出水行政处罚,在作出处罚前,被告告知原告享有陈述申辩的权利,原告向被告提交了书面陈述意见,但被告执法人员以该陈述与案件无关当场未接受。2011 年 5 月 3 日,被告作出行政处罚决定,并向原告送达。原告不服,提起行政复议,复议机关维持了被告的行政处罚决定,原告仍不服,提起行政诉讼。

二、审理结果

法院认为,原告自 2011 年 4 月 1 日起,未经水行政主管部门批准,擅自在龙泉镇王村动工建设。该行为违反了《中华人民共和国水土保持法》第二十五条的规定。应当受到处罚。被告行政处罚决定认定事实清楚,证据确凿,适用法律正确。但是被告在执法中应该按照依法行政的要求严格遵守法定程序。根据《中华人民共和国行政处罚法》第三十二、第四十一条的规定,行政机关作出行政处罚前必须充分听取当事人的意见,对当事人提出的事实、理由和证据,应当进行复核,若行政机关拒绝听取当事人的陈述、申辩,行政处罚决定不能成立。本案中,被告在庭审中承认原告在收到被告的行政处罚告知书后即向被告提交了书面陈述意见,被告承认当场以该陈述与本案无关为由未接收,在被告提供的档案材料中亦没有对原告书面陈述意见进行复核的证据,且在被告的行政处罚决定书中亦未表达对原意见采纳与否的意见,此行为即为拒绝接受原告陈述、申辩,属重大程序违法,故被告所作行政处罚决定依法不成立。依照《最高人民法院关于执行〈中华人民共和国行政诉讼法〉若干问题的解释》第五十七条第二款第(三)项的规定,判决确认被告所作行政处罚无效。双方当事人均未上诉。

三、评析

依法行政原则要求行政机关作出行政行为应遵循法定程序,违反法定程序将导致行政行为被撤销或确认为无效,行政执法程序越来越受到重视。《中华人民共和国行政处罚法》较早对包括调查、告知、处罚等行政处罚程序作出较为系统规定,可谓影响深远,体现为,一方面要求行政机关从根本上转变"重实体,轻程序"的传统观念;另一方面赋予处于被处罚地位的行政相对人参与行政处罚的机会,而非被动接受处罚。

程序正义原则要求作出对其不利的决定时应允许对方发表意见,并对其意见加以充分考虑。《行政处罚法》以立法形式对该原则加以肯定,该法第三十一条规定:行政机关在作出行政处罚决定前,应告知当事人作出行政处罚决定的事实、理由及依据,并告知当事人依法享有的权利。该法第三十二条规定:当事人有权进行陈述和申辩。行政机关必须充分听取当事人的意见,对当事人提出的事实、理由和证据,应当进行复核;当事人提出的事实、理由或者证据成立的,行政机关应当采纳。据此行政机关在作出行政处罚前必须履行告知和复核程序,告知程序保证了被处罚人的知情权,复核程序则保证了被处罚人的参与权。

实践中,从行政机关提供的案卷材料看,行政机关基本上能够履行告知程序,在作出行政处罚决定前告知相对人行政处罚的事实、理由和依据,给相对人陈述和申辩的机会,但听取相对人的意见常表现为若相对人有陈述、申辩的则记录在卷,或者从行政处罚的结果上减少一些拟作出行政处罚的幅度,鲜有反映行政机关对相对人陈述、申辩内容认真进行复核的材料,由此可以看出,复核程序往往被忽视。如本案中,原告某房地产公司在提出申辩意见后,被告工作人员未经复核即以其申辩与本案无关为由而拒绝接受。出现这一状况,可能有如下原因:一是多数被处罚人亦"重实体,轻程序",在通常情况下,更看重行政处罚决定认定的事实,对行政处罚程序比较忽视;二是被处罚人确有违法事实存在,多数案件中被处罚人不进行陈述、申辩或者只进行简单的恳请减轻处罚的陈述、申辩,不提供相应的证据,使行政机关无需复核成为一种常态;三是目前相关立法中没有关于如何履行复核程序的具体规定。告知程序和复核程序虽然同等重要,但从不同角度分析,对被处罚人和行政机关而言,复核程序较告知程序更有意义。若从实际影响行政处罚结果的角度讲,复核程序对被处罚人更有意义,告知程序只是被处罚人参与行政处罚程序的前提,而通过复核程序,行政机关对被处罚人陈述、申辩理由充分加以考虑,可能改变行政处罚的结果,从而有利于被处罚人;若从自我监督的角度看,复核程序对行政机关更有意义,通过复核程序,行政机关可以掌握调查过程中尚未掌握的事实、证据,有助于更全面考虑案情,防止错误行政处罚的作出。

鉴于上述行政执法实践中，行政机关偏重于告知程序的履行，而忽视对被处罚人陈述、申辩意见复核现象的存在，行政机关应该对履行复核程序引起足够的重视，应清楚地认识到复核程序与告知程序同是行政处罚中保障被处罚人权利的重要程序，充分听取被处罚人的陈述、申辩意见并非仅仅是“听取”，而是当被处罚人提出的陈述、申辩意见中存在需要复核的理由、事实或者证据时，行政机关应通过谈话，向有关机关调查等方式进行复核，且将复核结论告知被处罚人并说明理由，或者在行政处罚决定中载明复核的情况；否则，行政机关将构成程序违法，在行政诉讼中将面临败诉的法律后果。如本案中，被告案卷材料中没有对原告陈述意见提出的事实进行复核的材料，法院最终认定被告拒绝听取原告陈述、申辩，确认其行政处罚决定无效。

水工程类

关于查处一起河道管理范围内违法建筑案思考

2007 年 3 月初，汤阴县韩庄乡韩庄村村民刘振杰未经水行政主管部门批准，擅自在汤河河道管理范围内兴建一座两层楼房。经调查取证，属一座违法建筑。我们依照法律程序，依法下达了有关法律文书，作出了限期拆除违法建筑，并处罚款 1 万元的行政处罚。当事人对处罚决定不服，向县人民法院提起了诉讼，11 月 8 日县法院开庭进行了审理，目前尚未判决。下面谈一下该案件查处经过，7 月 16 日，我们接到举报，称有人在韩庄乡铁路桥西汤河左岸滩地里违法建房。我们意识到这是一起严重的违法案件，经初步了解后当即立案，迅速派出两名水政监察人员赶到现场进行调查，对现场违法建筑进行了拍照取证，找到当事人做了询问笔录。经查，当事人刘振杰系汤阴县韩庄乡韩庄村人，于 2007 年 3 月初动工，在韩庄铁路桥西汤河左岸河道管理范围内建设十间两层楼房。房子坐北朝南，东西长 34.8 米，南北宽 15 米（院子宽 7 米，房子宽 8 米），房屋和院子共占地 522 平方米，其中房屋占地为 278 平方米。据当事人称，他建的房屋是在承包地内，原先与村委会签订有土地承包合同，但未经任何部门审批。房屋共投资 30 多万元，准备将来在后院建猪场，新建的房子做办公室用。鉴于当事人的违法行为，安阳市水利局于 2007 年 7 月 20 日对其下达了《责令改正决定书》，责令其 15 日内拆除违法建筑物。当事人刘振杰逾期未拆除违法建筑，反而对房子进行了装修。2007 年 8 月 5 日，刘振杰向安阳市水利局递交了一份申请，称《责令改正决定书》中的内容与事实不符，限期拆除的房屋不在河道管理范围之内。由于该河段无堤防，该房屋所处的位置属不属于河道管理范围，我们也没有确凿的证据。对此，局领导十分重视，要求办案人员准确地运用法律，事实依据一定要翔实。随后，我们根据《中华人民共和国防洪法》第二十一条第三款“有堤防的河道、湖泊,其管理范围为两岸堤防之间的水域、沙洲、滩地、行洪区和堤防及护堤地;无堤防的河道、湖泊,其管理范围为历史最高洪水位或者设计洪水位之间的水域、沙洲、滩地和行洪区”的规定,多次到豫北水利勘测设计院进行咨询。依据该院提供的《汤河干流治理工程可行性研究报告》,汤河铁路桥处防洪标准设计为二十年一遇,洪水位为77.98米,设计堤顶高程为78.98米。引用汤河铁路桥桥墩高程点,对该处建房进行实地测量,测知当事人刘振杰在韩庄铁路桥西汤河左岸所建十间楼房均在设计洪水位以内,属于河道管理范围。2007年9月20日对其下达了《权利告知书》和《听证告知书》,告知当事人拟对其作出的行政处罚和有关权利。当事人未在规定期限内进行陈述、申辩和提出听证要求。2007年9月29日依法对其下达了《水行政处罚书》,责令限期拆除建在汤河河道管理范围内的违法建筑物,并处罚款1万元的行政处罚。

当事人刘振杰对处罚决定不服,于2007年10月12日向汤阴县人民法院提起诉讼,诉讼理由:一是行政处罚主体错误。因为与村委会签订承包合同的是当事人的父亲刘希学,房子的主人自然是刘希学,而不是刘振杰;二是土地的发包方是韩庄村村委会,如果所承包的土地处于河道管理范围内,受处罚的应该是韩庄村村委会,而不是承包人;三是《处罚决定书》所列举的主要证据不足。当事人根据《河南省〈河道管理条例〉实施办法》第二十条的规定“河道的管理范围须由水务部门按规定提出意见,并报经人民政府批准后对管理范围立标定界,实施管理”。认为县水务局未按法律规定的程序划定河道管理范围,也未立标定界,无理由认定房屋位于河道管理范围之内。另外,《处罚决定书》依据的《汤河干流治理工程可行性研究报告》属于“初步成果”,未经人民政府批准,以此认定所建房属于河道管理范围以内没有法律依据,故要求法院撤销县水务局作出的《水行政处罚决定书》。

这起案件虽然还没有结案,但经过前段的调查处理和庭审辩论,从中得到一些启发,与大家共同探讨。

该案有四个争议的焦点:一是当事人认为水务局的行政处罚主体错误。我们认为,调查笔录中对刘振杰的建房情况做了较详细的询问和笔录,当事人刘振杰均以房屋主人的身份接受询问、签收有关法律文书、递交申请,以证明自己建房的合法性,从未提及房屋主人是其父亲刘希学。刘振杰本人及乡政府有关人员也表明,其建房没有任何手续,没有丝毫证据能证明房屋的主人就是刘希学。二是当事人认为应该处罚村委会,而不是承包人。我们认为,村委会无权发包河道管理范围以内的滩地,所签订的土地承包合同不具有法律效力,属无效合同。受处罚的应该是违法当事人,而不是村委会。三是《水行政处罚决定书》依据的《汤河干流治理工程可行性研究报告》属于“初步成果”,未经人民政府批准,以此认定所建房屋位于河道管理范围内没有依据。我们依据的《汤河干流治理工程可行性研究报告》编制单位为河南省豫北水利勘测设计院,属于国家甲级资质设计单位,其设计的成果即为设计认定,并不是说初步成果就是草稿,不能作为科学依据使用。四是当事人认为没有立标定界的河道,水务局就无权管理。汤阴县河道管理范围尚未立标定界是由多种原因造成的,没有立标定界并不等于说涉及河道管理范围内的水事违法案件就不能依法处理了。只要违法事实清楚、证据确凿,一切水事违法行为都应受到法律的惩罚。

从该案中我们应吸取的教训有这么几点:一是河道巡查制度不能成为一纸空文,应该长期坚持下去。如果早发现违法苗头,及时制止违法行为,不至于引起诉讼,给当事人造成损失。二是立标定界是加强河道管理的一项基础工作,明确管理范围有助于增强群众的法制意识,便于行政执法。三是执法工作中一定要“细”,方方面面都要考虑透彻,做到万无一失。

关于一起侵占河道案件的思考

2010年5月7日,安阳市水利局水政执法人员在大强开发公司所开发桂花苑小区内发现该公司擅自在万金北干渠管理范围内修建围墙,经调查,该围墙长度为110米,距万金北干渠为0.9米。该事实有现场(检查)笔录及询问笔录、视听资料等证据证实。2010年5月21日,对该公司下达了《责令停止水事违法行为通知书》(安水停字〔2010〕第3012号),责令该公司立即停止违法行为,限期拆除所建围墙,恢复渠道管理范围原状,并多次到现场做该公司工作,但该公司未停止违法行为,并恢复渠道管理范围原状。根据《中华人民共和国防洪法》第六十一条“违反本法规定,破坏、侵占、毁损堤防、水闸、护岸、抽水站、排水渠系等防洪工程和水文、通信设施以及防汛备用的器材、物料的,责令停止违法行为,采取补救措施,可以处五万元以下的罚款”和《河南省水行政处罚裁量标准》中拒不停止违法行为,或者违法行为对防洪工程或者设施造成损失,修复或者补救费用在3万元以上的,可以3万元以上5万元以下的罚款的规定。安阳市水利局经水事违法案件集体讨论后拟对其作出:①拆除渠道管理范围内所建围墙,恢复渠道管理范围原状;②罚款人民币四万元的处罚,并于2010年7月13日向答复人送达了《行政处罚听证告知书》和《行政处罚事先告知书》,该公司在规定期限内未提出听证要求。2010年8月4日安阳市水利局下达了安水罚决字〔2010〕第3012号《水行政处罚决定书》。而该单位在法定的期限内向安阳市人民政府提出了要求撤销《水行政处罚决定书》(安水罚决字〔2010〕第3012号)行政复议申请。该申请内容如下:

(1)申请人不存在违法事实与违法行为。

安阳市水利局调查认为我单位于2010年4月1日至2010年5月24日,实施了擅自在所开发的桂花苑小区内万金渠北干渠北侧渠道管理范围内建设围墙侵占渠道管理范围的行为。我公司在此期间没有建设围墙的事实,不存在违法行为。

我公司于2009年6月10日竞拍购得原安阳豫北制药厂位于安彰大道与平原路交叉口西南角的土地使用权(编号为2008-20-29:DB4-3-5-1),该地块东临平原路,西临规划的向阳路,北临安漳大道。被申请人所调查万金渠北干渠北围墙属原安阳豫北制药厂原有建筑,该药厂建于20世纪80年代,所调查围墙与药厂同期修建。

2010年4月下旬安阳市创卫工作进入紧张阶段,安阳市建委、豆腐营办事处、万金渠管理处领导分别多次对我公司所开发的桂花苑小区建设进行视察指导。由于豫北制药厂是20世纪建厂,该围墙已年久失修、破烂不堪、千疮百孔,建委领导因此多次指示我公司对该围墙进行粉刷和修补。我公司按照上级部署,从创卫大局出发自筹资金将该围墙进行粉刷、修补,使小区工地环境得以美化,并且受到建委的表彰。而安阳市水利局调查认为我单位于2010年4月1日至2010年5月24日,在所开发桂花苑小区内万金渠北干渠北侧渠道管理范围内建设围墙侵占了渠道管理范围,这与事实不符合,该围墙系预备制药厂原有建筑,我单位没有建设围墙,不存在侵占渠道管理范围的行为。

安阳市水利局办案人员没有听取我公司的申辩,单方面作出安水罚决字〔2010〕第3012号《水行政处罚决定书》是没有法律依据的!

(2)安阳市水利局处罚决定的法律依据、处罚裁量标准不正确、不合法、不合理、不适当。

安阳市水利局根据《中华人民共和国防洪法》第三十七条、第六十一条和《河南省水利行政处罚裁量标准》、《河南省水利行政处罚裁量标准使用规则》的规定作出罚款人民币四万元的处罚决定不正确、不合法、不合理、不适当。

《中华人民共和国防洪法》第六十一条规定:"违反本法规定,破坏、侵占、毁损堤防、水闸、护岸、抽水站、排水渠系等防洪工程和水文、通信设施以及防汛备用的器材、物料的……,责令停止违法行为,采取补救措施,可以处五万元以下的罚款;造成损坏的,依法承担民事责任;应当给予治安管理处罚的,依照治安管理处罚条例的规定处罚;构成犯罪的,依法追究刑事责任。"《河南省水利行政处罚裁量标准》对该条存在的违法行为情形和处罚标准作了明确规定:"破坏、侵占、毁损堤防、水闸、护岸、抽水站、排水渠系等防洪工程和水文、通信设施以及防汛备用的器材、物料的(1)违法行为未对防洪工程或者设施造成损坏,在规定期限内停止违法行为,采取补救措施的,可以处1万元以下的罚款;(2)违法行为对防洪工程或者设施造成损失,修复或者补救费用在3万元以下,在规定期限内停止违法行为,采取补救措施的,可以处1万元以上3万元以下的罚款;(3)拒不停止违法行为,或者违法行为对防洪工程或者设施造成损失,修复或者补救费用在3万元以上的,可以处3万元以上5万元以下的罚款。"依据第(3)项的规定才能作出3万元以上5万元以下罚款,自我公司拍卖取得该片土地使用权以来,安阳市水利局没有下发过任何文件表明该围墙侵占渠道管理范围,对防洪工程或者设施可能造成损失,该围墙也没有对防洪工程、设施造成任何损失,对防洪工作与设施不需要做任何补救措施,即作出4万元的处罚决定,《河南省水行政处罚裁量标准》第三条第一款明确要求各级水行政主管部门要在法律、法规、规章规定的范围内适用行政处罚裁量标准,不得超越。安阳市水利局作出罚款4万元的处罚决定超越处罚裁量标准,其适用不正确、不合法。

《河南省水利行政处罚裁量标准使用规则》第三条第二款要求各级水行政主管部门所采取的措施和手段应当必要、适当;可以采取两种以上方式实现行政管理目的的,应当避免采取损害当事人权益的方式。安阳市水利局作出罚款4万元的处罚决定根本没有必要,没有考虑作出罚款数额的适当性,没有采取合理有效的方式实现行政管理的目的,其作出的行政行为不合理、不适当,超出了必要的限度与范围。

(3)安阳市水利局作出认为我公司违法行为等次为严重的认定不合理。

我公司没有修建围墙,不存在违法事实,没有实施侵占渠道管理范围的违法行为,没有任何社会危害性,性质简单,安阳市水利局作出的处罚决定认为我公司的违法行为为严重不合理。《中华人民共和国防洪法》三十七条、六十一条规定的违法行为明显是一些严重的危害行为,而该围墙的存在已近30年,水利局都没有要求原单位予以拆除,说明其性质、情节、社会危害性显然都不能列入严重等次。

(4)程序严重违法。

①安阳市水利局在作出处罚决定之时,并没有告知我公司违法依据的具体内容。

②其作出处罚决定的时间为2001年,2001年我公司还不是围墙所在土地的使用权人,十年之后送达给我公司行政处罚决定书,该行政程序严重违法。

综上所述,我公司2010年4月1日至2010年5月24日,没有在所开发桂花苑小区内万金渠北干渠北侧渠道管理范围内建设围墙,侵占渠道管理范围,没有违法事实存在,安阳市水利局作出的行政处罚决定事实认识错误、违法结论不对、适用法律不当、程序严重违法。申请安阳市人民政府依法撤销安阳市水利局作出的安水罚决字〔2010〕第3012号《水行政处罚决定书》。

安阳市水利局在规定的期限内进行了答复,内容如下:

(1)被答复人擅自侵占万金北干渠,违法事实及违法行为存在。

2010年5月7日水政执法人员在被答复人所开发桂花苑小区内发现被答复人擅自在万金北干渠管理范围内修建围墙,经调查,该围墙长度为110米,距万金北干渠为0.9米。该事实有现场(检查)笔录及询问笔录、视听资料等证据证实。

(2)答复人对被答复人作出的《水行政处罚决定书》(安水罚决字〔2010〕第3012号),程序合法、证据确凿、适用法律法规正确、处罚适当,依法应予维持。

2010年5月7日,水政执法人员在被答复人所开发桂花苑小区内发现被答复人在万金北干渠管理范围内修建围墙,经立案调查,该围墙长110米,距万金北干渠为0.9米。根据《河南省水利工程管理条例》第二十五条第四款"渠道的管理范围:大型灌区的干渠,背水坡脚外各划3至5米"及安阳市人民政府安政〔1996〕60号文《安阳市万金渠管理办法》第十九条:"灌区渠道和附属物要划定管理和保护范围,渠道两侧要划定护渠地。干渠堤脚外3~5米、支渠堤角外2~3米为护渠地"的规定。2010年5月21日对被答复人下达了《责令停止水事违法行为通知书》(安水停字〔2010〕第3012号),责令被答复人立即停止违法行为,限期拆除所建围墙,恢复渠道管理范围原状,并多次到现场做被答复人工作,但被答复人未停止违法行为,并恢复渠道管理范围原状。根据《中华人民共和国防洪法》第六十一条"违反本法规定,破坏、侵占、毁损堤防、水闸、护岸、抽水站、排水渠系等防洪工程和水文、通信设施以及防汛备用的器材、物料的,责令停止违法行为,采取补救措施,可以处五万元以下的罚款"和《河南省水行政处罚裁量标准》中拒不停止违法行为,或者违法行为对防洪工程或者设施造成损失,修复或者补救费用在3万元以上的,可以3万元以上5万元以下的罚款的规定。答复人经水事违法案件集体讨论后拟对其作出:(1)拆除渠道管理范围内所建围墙,恢复渠道管理范围原状;(2)罚款人民币四万元的处罚,并于2010年7月13日向答复人送达了《水行政处罚听证告知书》和《水行政处罚事先告知书》,被答复人在规定期限内未提出听证要求。2010年8月4日下达了安水罚决字〔2010〕第3012号《水行政处罚决定书》。上述内容有询问笔录、现场(检查)笔录、送达回证等为证。

(3)答复人对被答复人处罚的行为等次合法、合理。

答复人2010年5月21日向被答复人送达了《责令停止水事违法行为通知书》,责令被答复人立即停止违法行为,限期拆除所建围墙,恢复渠道管理范围原状,但被答复人并未停止违法行为,恢复渠道管理范围原状。根据《河南省水行政处罚裁量标准》的规定拒不停止违法行为,或者违法行为对防洪工程或者设施造成损失,修复或者补救费用在3万元以上的,可以3万元以上5万元以下的罚款。被答复人属于拒不停止违法行为。关于被答复人指出的其作出处罚决定的时间为2001年的问题,是书写过程中出现的笔误。

综上所述,答复人对被答复人所作出的《水行政处罚决定书》(安水罚决字〔2010〕第3012号)事实清楚、程序合法、证据确凿、适用法律法规正确、处罚适当,请复议机关审理,并依法予以维持。

由于我局做出的《水行政处罚决定书》(安水罚决字〔2010〕第3012号)事实清楚、程序合法、证据确凿、适用法律法规正确、处罚适当,最终得到了维持。但我局执法人员在执法过程中存在的一些问题值得思考,特建议如下:

(1)要进一步落实《河南省水行政处罚案件主办人制度》、《河南省行政执法责任追究试行办法》,做到案件主办人对整个案件自始至终负责,同时对案件主办人在执法过程中出现错误的要追究相应责任;全体执法人员每年必须以主办人的身份至少办理一起水事违法案件,否则调离执法岗位。

(2)案件主办人和协办人在执法过程中的签字必须是本人,不得代签。

(3)执法人员在送达法律文书时,如果当事人在送达回证上拒绝签名或者盖章时,必须要有第三方在场或公证处的证明。

(4)制作调查笔录时在被调查人拒绝签名或者盖章时,应当有两名以上水政监察人员在笔录上注明情况并签名。

(5)要落实好周二、周五下午学习制度,人员考勤、请假、车辆管理等制度,违反者按制度处理;换领行政执法证综合法律考试不及格的,调离执法岗位。

总之,随着经济社会的发展,构建社会主义和谐社会的理念极大地提升了城镇居民的水环境保护意识和人文素质。遵守法律,建设和谐的水事秩序,已成为当今城镇居民的一种风尚。多年来,各地政府对城镇水系流域治理的投入日益增加,使城镇的水行政管理工作井然有序,水域的规划、利用日臻完善,水事违法发案率呈下降趋势。然而,近年农村和市郊水事违法案件在一些地区却呈上升趋势。加大农村和市郊水行政执法力度,已成为今后较长一段时间水行政执法工作的一个重点。

关于一起填堵排水沟案件的思考

2004年6月15日,水政执法人员在检查中发现,豆公灌区北二支渠严重堵塞,水政执法人员立即向领导汇报,当日水政监察大队队长了解情况后,亲自带队并马上组织水政执法中队的5名执法人员,携带录像、测量等设备,深入现场,亮证执法,徒步勘验测量,同时对当事人、证人进行了调查取证,共取得填堵二支渠的录像带1盘、测量记录1份、调查笔录1份、证明材料1份、勘验笔录1份。

经查,豆公乡东豆公砖厂位于豆公灌区二支渠北侧,承包人是内黄县豆公乡东街村柴某。为了在汛期不使砖厂受淹,该砖厂于2004年4月在豆公灌区二支渠上游用砖渣填堵渠道长9米、宽5.3米、深1.3米，造成上游水不能下排，严重影响了该渠行洪安全，给当地群众的生命财产安全带来很大危害。

该行为违反了《中华人民共和国水法》第三十七条的规定，根据《中华人民共和国行政处罚法》第二十三条和《中华人民共和国水法》第六十六条的规定，执法人员于2004年6月21日向当事人下达了《责令改正决定书》，责令其于2004年6月24日前清除填堵在豆公灌区北二支渠内的砖渣。同时，送达了听证告知书，拟给予三万元罚款的处罚决定，并对该厂负责人讲解水法规，指出其堵塞渠系给社会造成的危害。通过讲解，当事人认识到自己的错误，积极配合于次日用机械将渠道内砖渣全部清除。因进入主汛期，工作紧张，经局长批准同意，延长办案期限一个月。安阳市水利局于2004年8月16日作出豫水安内罚字〔2004〕第12号《水行政处罚决定书》，罚款三万元。当事人在规定时间内既不申请复议又不起诉，拒不履行安阳市水利局作出的决定，安阳市水利局于2005年2月28日申请法院强制执行。经宣传教育后，当事人能够积极清除渠道内障碍物，并能认识到自己的错误，本着教育与处罚相结合的原则，经法院执行调解，该砖厂于2005年4月5日缴纳罚款5000元结案。

本案中，有以下几个问题值得探讨。

(1)关于被处罚对象，有以下两种意见：

①应当处罚柴某。向渠道内弃砖渣的行为是柴某直接实施的，因此该行为的法律责任应由柴某承担。

②应当处罚豆公乡东街村委会。该砖厂是由豆公乡东街村委会投资建设的，东街村委会应对承包方的行为负责，所以应当处罚东街村。

我们同意第一种观点。柴某与东街村是承包关系，柴某与村委会签订的合同只在用土及厂地等方面有约定，以后柴某实施的行为应由柴某自己承担，因此在本案中柴某实施填堵渠道这一行为与东街村无关。

(2)关于适用法律问题。《中华人民共和国水法》、《中华人民共和国防洪法》、《河南省实施〈中华人民共和国水法〉办法》、《河南省河道管理条例》对向江河、湖泊内倾倒垃圾、弃土废渣的违法行为，都作出了处罚规定。在本案中，应当适用上述哪一部法律法规，有以下五种意见：

①应当适用《中华人民共和国水法》的规定。《防洪法》是针对防洪工程制定的一部法律，《河南省实施〈中华人民共和国水法〉办法》和《河南省河道管理条例》是地方性法规，法律效力低于《水法》和《防洪法》。

②应当适用《防洪法》。《水法》规定《防洪法》未作规定的适用《水法》，本案这一违法行为《防洪法》中有明文规定，且《河南省实施〈中华人民共和国水法〉办法》和《河南省河道管理条例》在效力上低于《防洪法》。

③应当适用《河南省实施〈中华人民共和国水法〉办法》。有人认为，《水法》和《防洪法》适用于全国性的，在我们省应适用本省的法规，因为它是规范在河南省范围内从事水事活动的一般法律规范。

④应当适用《河南省河道管理条例》。它是专门规范河道管理范围内行为的专门法律规范，当几部法律法规对同一违法行为都有规定时，按照专门法律优于一般法律规范的原理，应当适用专门法律规范。

⑤在上述法律规范都有规定且不矛盾的情况下，水行政主管部门可以选择适用。在本

案中，上述几部法律规范规定的内容并不矛盾，因此不管适用哪一部都是正确的。

我们认为，上述五种观点中第二种观点比较合适。对于同一违法行为，不同的法律规范对其处理的规定不同时，首先审查它们的合法性；法律规范合法性的重要一条就是低位法不得与高位法相抵触；如果是行政处罚的法律规范，还要看它是否具有行政处罚的设定权；如果两者都合法，一般情况下，应当适用高位法，且新法优于旧法。在本案中，适用《水法》和其他低位法不合适，因为《水法》明确规定《防洪法》未作规定的适用《水法》，《河南省实施〈中华人民共和国水法〉办法》和《河南省河道管理条例》效力低于防洪法，因此适用《防洪法》比较合适。

查处渠道管理范围内取土案的一点体会

2007 年 3 月，我们在巡查五八渠时，发现一起在东彰武段渠道管理范围内违法取土案件。当时取土现场挖掘渠堤长 71 米、宽 4.5 米、深 1.3 米，性质较为严重。五八渠是位于安阳市西南部的一条重要灌溉和防洪渠道，五八渠一旦放水，该段渠道随时有决堤的可能，这将给在建安林高速服务区和当地群众造成不可估量的损失。经初步调查，取土行为为安阳县曲沟镇东彰武村王树清所为，其取土主要用于新建房屋地基。

一、查处经过

2007 年 3 月 12 日下午，市水政监察支队执法人员巡渠至五八渠东彰武村时，发现有人在五八渠北岸渠道管理范围内违法取土，我们立即制止了该违法行为，并对现场进行了勘验、拍照，经现场勘验取土造成渠堤毁损长 71 米、宽 4.5 米、深 1.3 米。在对当事人王树清制作询问笔录时，当事人态度比较强硬，拒绝配合工作，在对其做了详细的法律法规宣传后，当事人仍不配合，鉴于当时违法行为发生地在当事人村庄附近，登记保存有一定的困难，在向支队领导汇报后，支队领导随即派其他大队前来增援，增援人员一小时之内就赶到了现场，极大地震慑了当事人的嚣张气焰，鉴于当时执法的威力，我们在进行分工后，将其机动三轮车异地登记保存在彰武水库派出所院内。

对建房户王树清调查时，我们先后多次到其家中，耐心进行宣传，使其认识到自己行为的违法性，并配合我们做了调查笔录。当事人供述在渠道管理范围内取土并非其一户，而是村内许多建房户所为，机动三轮车车主属于有组织的取土、卖土行为，在和部分建房户商量后，开始在渠道管理范围内取土卖给建房户。查看当事人建房现场，当事人取土量约 60 立方米、9 车土，与调查笔录基本吻合，经过对其耐心说服教育，当事人表示愿意接受处理。

对三轮车车主李文亮调查时，李文亮供认在渠道管理范围内取土行为属王树清指使，和王树清是雇用关系。车主李文亮不承认原来破堤取土行为是其车队组织行为，只承认此次的挖堤取土行为，执法人员对其耐心地做了法律法规解释后，他也认识到自己的错误，表示愿意接受处理。

处理结果：我们认为双方当事人的行为均违反了《中华人民共和国水法》第四十一条

"单位和个人有保护水工程的义务,不得侵占、毁坏堤防、护岸、防汛、水文监测、水文地质监测等工程设施"和《河南省水利工程管理条例》第二十九条第三款"在水利工程及其管理范围内,禁止下列行为:(一)侵占、破坏水利工程及其附属设施"的规定;按照《河南省水利工程管理条例》第四十六条"有本条例第二十九第三款规定行为之一的……由县级以上水行政主管部门责令其停止违法行为;采取补救措施,并处以五百元以上二万元以下罚款"的规定,在收取双方恢复渠道原状的保证金1500元后,将异地登记保存的机动三轮车归还车主。

鉴于当事人王树清没有施工工具,经过协商,恢复渠道以李文亮取土车队为主,4月20日当事人将被毁渠道恢复原状,4月25日,我们对当事人王树清给予罚款800元的行政处罚,当事人在规定时间内缴纳了罚款。

二、案评

安阳县东彰武村王树清违法取土案件的处理,尽管处罚金额不是太高,但从查处上是一次高效的、成功的水行政执法活动。本案的当事人是村民,如果不是当场发现,并先行登记保存施工工具,本案的调查取证将有很大的难度。如果按照正常的工作程序,仅靠水工程大队几名执法人员对当事人进行调查取证,现场又受到村民的围攻起哄,当事人肯定逃之夭夭,使整个案件不了了之。

(一)查处本案的几点体会

(1)领导高度重视。在案件调查初期受到村民围攻后,执法人员及时向支队领导汇报,支队领导马上派出其他大队执法人员进行增援,在一个小时之内就赶到了违法现场,展现了水利执法队伍的快速、高效执法形象,对当时犯罪嫌疑人违法行为起到了极大的震慑作用。

(2)在当事人不予配合现场取证时,我们先行依法对其施工工具进行了登记保存,为处理整个案件赢得了主动,随后当事人主动找到水利局接受处理。

(3)执法人员不畏困难,迎难而上。在登记保存当事人的施工工具时,遭到当事人围攻阻拦,队员们毫不退缩,与其针锋相对,分工协作,成功地进行了登记保存。展示了执法队伍信念坚定、不畏强势、迎难而上的良好形象。

(二)查处本案的几点思考

(1)该案的主要调查证据集中在建房人王树清身上,但破堤用土户并非王树清一户,因为执法人员现场抓获就其一户在取土,遂对其作出处理,当事人感到委屈。如果执法人员能够再深入调查,把其他取土户调查出来,来共同承担此次案件责任,能更显示出执法的公平性。

(2)该案的机动三轮车车主李文亮是取土车队成员之一,只承认和王树清是雇用关系,取土刚刚开始,只取了八九车土,拒不承认其原来在渠道管理范围内的取土行为,由于没有抓住现行,取证又较困难,使主要证据集中在处理王树清身上有些欠妥。

(3)由于案件发生地地处市郊,各种关系网错综复杂,对案件处理如果缺乏灵活性,容易造成执法被动的局面。

(三)加强农村和市郊水工程管理的建议

随着经济社会的发展,构建社会主义和谐社会的理念极大地提升了城镇居民的水环境保护意识和人文素质。遵守法律,建设和谐的水事秩序,已成为当今城镇居民的一种风尚。多年来,各地政府对城镇水系流域治理的投入日益增加,使城镇的水行政管理工作井然有序，水域的规划、利用日臻完善，水事违法发案率呈下降趋势。然而，近年农村和市郊水事违法案件在一些地区却呈上升趋势。加大农村和市郊水行政执法力度，已成为今后较长一段时间水行政执法工作的一个重点。

经过调查发现，农村和市郊水事发案率增高，可归结为以下几方面原因：

一是农村和市郊地域范围广，水域环境复杂，一些村庄地处偏远，村民的水事违法行为隐蔽性强，给水行政执法工作带来难度。

二是一些村民水法律、法规意识淡薄，如遇水行政执法，往往会倚仗人多势众，聚众起哄，抗拒执法，使水行政执法工作陷入无奈状况。

三是部分村民受自身经济利益驱使，认为占用水域从事水事违法活动有利可图，故铤而走险。

四是水行政管理队伍严重缺位，仅靠水行政执法人员维护农村和市郊水事秩序，犹如杯水车薪，鞭长莫及。况且执法人员的下乡突击巡查因受到各方面因素的制约，次数有限，收效不大，难以达到治本的目的。

五是部分城镇部门因本位主义思想作怪，认为占用水域从事经营活动是脱贫致富的好门路，故对一些违法行为视而不见，助长了水事违法行为的发生。

凡此种种，导致了乡村水事违法活动的不断升温。加大执法力度，觅求良方，对症下药，已成农村和市郊水行政执法工作的当务之急。现拟具体措施如下，与大家共同探讨。

一是从正面入手，结合农田水利基本建设，全面开展社会主义新农村和市郊建设活动，规范源头，舆论引导，加强水法律法规的普及宣传，营造良好的水行政执法氛围，让构建和谐社会的理念在广大村民的心中扎根。

二是加大对农村和市郊水事违法的查处力度。落实农村和市郊水事巡查制度，重点地段重点抓，敏感问题及时抓，棘手问题严肃抓，抓住根本，抓出成效。

三是进一步完善水事举报奖励机制，建立健全农村和市郊水政监察信息员制度，明确其职责，并配套实行一定补贴，进一步提高村民水事监管的自觉性。

四是与乡镇、村委会等相关职能部门密切联系，齐抓共管。并以此为契机，建立水政信息反馈制，在乡镇、村委会的全力支持下，建立起长期合作的长效机制，水行政执法部门应与乡镇政府、村委会三方联合，实行奖惩制度。如对小型水利工程、水资源保护好的乡镇可以单独奖励，在农水资金项目安排上予以优先考虑；也可采取与乡镇、村委会签订责任书的形式，保护水资源与农村和市郊水利工程。运用有效方式，在不违背水事监管原则的前提下，为村民谋福祉，将有力促进水行政执法工作的顺利开展。像市水利局万金渠管理处前些年建立的支渠主任和护渠员管理制度等，都曾有力地保护了水利工程的正常运行。

从一起水事违法案件浅析证据先行登记保存制度

2007 年 3 月 12 日下午，安阳市水政监察支队执法人员巡渠至五八渠东彰武村时，发现有人在五八渠北岸渠道管理范围内违法取土，我们立即制止了该违法行为，并对现场进行了勘验、拍照,经现场勘验取土造成渠堤毁损长 71 米、宽 4.5 米、深 1.3 米。在对当事人王树清制作询问笔录时,当事人态度比较强硬,拒绝配合工作,在对其做了详细的法律法规宣传后,当事人仍不配合,鉴于当时违法行为发生地在当事人村庄附近,登记保存有一定的困难,在向局领导汇报后,局领导随即派其他执法人员前来增援,增援人员一小时之内就赶到了现场,极大地震慑了当事人的嚣张气焰,鉴于当时执法的威力,我们在进行分工后,将其机动三轮车异地登记保存在彰武水库派出所院内。

对建房户王树清调查时,我们先后多次到其家中,耐心进行宣传,使其认识到自己行为的违法性,并配合我们做了调查笔录。当事人供述在渠道管理范围内取土并非其一户,而是村内许多建房户所为,机动三轮车车主属于有组织的取土、卖土行为,在和部分建房户商量后,开始在渠道管理范围内取土卖给建房户。查看当事人建房现场,当事人取土量约 60 立方米、9 车土,与调查笔录基本吻合,经过对其耐心说服教育,当事人表示愿意接受处理。

对三轮车车主李文亮调查时,李文亮供认在渠道管理范围内取土行为属王树清指使,和王树清是雇用关系。车主李文亮不承认原来破堤取土行为是其车队组织行为,只承认此次的挖堤取土行为,执法人员对其耐心地做了法律法规解释后,他也认识到自己的错误,表示愿意接受处理。

证据先行登记保存,是指行政机关为防止证据隐匿、转移、销毁或者防止易于灭失的证据灭失,通过法定程序采取的收集证据的一种方式。

我国《行政处罚法》第三十七条第二款规定:"行政机关在收集证据时,可以采取抽样取证的方法;在证据可能灭失或者以后难以取得的情况下,经行政机关负责人批准,可以先行登记保存,并应当在七日内及时作出处理决定,在此期间,当事人或者有关人员不得销毁或者转移证据。证据先行登记保存涉及公民、法人和其他组织的财产权,采取这一方式,必须符合法定条件。根据《行政处罚法》的规定,适用证据先行登记保存必须符合下列条件:

(1)法定期间,即证据先行登记保存是行政执法人员履行了内部立案程序、在收集证据这一法定期间内采取的。

(2)法定情形,即证据先行登记保存是行政执法人员收集证据时在证据可能灭失或者以后难以取得的法定情形下采取的。如果可采取调查笔录、视听资料和勘验笔录等其他形式去收集证明和认定行为人违法事实的证据,就不应采取证据先行登记保存这一方法。

(3)法定权限,即批准采取证据先行登记保存的法定权限属于行政机关负责人,行政执法人员在采取证据先行登记保存之前,必须经行政机关负责人批准。

(4)法定要求,即行政机关先行登记保存的物品必须是与违法行为有直接必然关联的物品,必然具有证据客观性、关联性和合法性三个基本特征。同时,在证据先行登记保存期间,必须对登记保存的物品进行妥善保管,以保证物品的完整,当事人或者有关人员不得销毁或转移证据。

为了维护行政相对人的合法权益,也为了早日稳定行政法律关系,《行政处罚法》明确规定行政机关实施证据先行登记保存的法定时限为七日。也就是说,行政机关必须在七日内通过对证据的审查和判断,进行分析研究,鉴别真伪,如果认为当事人存在违法行为,就应及时作出没收、解除登记保存等处理决定。如果认为当事人无违法行为,应当及时解除证据先行登记保存。超过规定期限未作处理,先登记保存应视为无效。尽管《行政处罚法》规定了明确的证据保存期限,但在执法实践中,证据保存超过七日的现象时发生,有些物品甚至车辆被连续"保存"一年以上,给行政相对人造成极大的经济损失,也使行政机关与行政相对人之间的法律关系长期处于不确定的状态,影响了行政机关的正常管理。除行政机关作风拖沓没有及时处理外,违法当事人既不领取保存物品,又不接受处理也是一个主要原因。在这种情况下,行政机关应从第七日起书面通知当事人接受处理和领回被保存的物品。通知书送达后,当事人如果一定时间内既不领物品,又不接受处罚,行政机关可按行政处罚程序操作,直接作出处罚决定。超过复议或起诉期限后,仍不履行的,行政机关可申请人民法院强制执行,进而终结悬而不决的法律关系.

《行政处罚法》第三十七条第二款规定:"行政机关在收集证据时,可以采取抽样取证的办法;在证据可能灭失或者以后难以取得的情况下,经行政机关负责人批准,可以先登记保存,并应当在七日之内及时作出处理决定,在此期间,当事人或者有关人员不得销毁或者转移证据。"据此,执法人员有权对证据先行登记保存。先行登记保存实际上是一种证据保全的办法,在具体下列条件之一时,行政机关才可采取这种方法以对证据先登记保存:①证据可能灭失。如证据可能变质、腐烂、毁坏、消失,证人可能死亡,案件现场可能发生变化等。②证据以后难以取得。如证据可能被人带出国外、证据可能使用于某种工艺品中、证据可能为某新建筑物所覆盖、证据可能被人转移或者隐藏等。

我们应该注意的是,《行政处罚法》规定,证据保全的程序是必须"经行政机关负责人批准",时间上的要求是"应当在七日内及时作出处理决定"。因此,证据先行登记保存的实施程序是:①执法人员向所在的行政机关提出申请;②行政机关负责人审查其必要性和紧迫性,并予以批准;③执法人员必须在七日内作出处理决定,即当事人在七日内失去对作为证据的财物的使用权。同时,执法人员必须在七日以后解除对所保全的证据采取的措施。在证据先行登记保存的时间上,《行政处罚法》明确规定为七日,并且没有授权法规另行规定其他时间。单行法律中另行规定的期限,依据特别法优于一般法的原理,在《行政处罚法》有明确规定的情况下,仍然有效。如果法规中另行规定了期限,则该期限因与《行政处罚法》的规定相抵触而无效。从行政执法实践来看,七日的期限,对于不需要进行技术性处理的行政机关而言,可能已经足够;而对于需要技术性处理的行政机关而言,可能显得短一些。例如,在卫生执法中,需要对某些物品进行技术检验、化验等,有的技术处理需要有一定时间定型或者只要在经过一定时间后才能得出准确的结论。在这些情况下,七日的期限对于行政机关的执法工作就提出了比较高的要求。这一问题实际上是一个两难选择:如果期限太长,则不利于保护当事人的合法权益;而期限太短,对行政机关进行调查取证则有所不利。

从一起河道采砂案件看洹河清障行动

经查,安阳市殷都区西郊乡东梁村318号村民宋某,在洹河河道管理范围内东梁村段南岸采砂,现场查明该采砂地点东西长60米,南北长50米,面积约3000平方米,影响河势稳定,妨碍河道行洪。在下达《责令改正通知书》5日后,未主动停止了违法行为,排除阻碍、消除负面影响。上述行为违反了《中华人民共和国河道管理条例》第二十五条第一款第(一)

项“在河道管理范围内进行下列活动,必须报经河道主管机关批准;涉及其他部门的,由河道主管机关会同有关部门批准:“(一)采砂、取土、淘金、弃置砂石或者淤泥……”的规定。根据《中华人民共和国河道管理条例》第四十四条“违反本条例规定,有下列行为之一的,县级以上地方人民政府河道主管机关除责令其纠正违法行为、采取补救措施外,可以并处警告、罚款、没收非法所得;对有关责任人员,由其所在单位或者上级主管机关给予行政处分;构成犯罪的,依法追究刑事责任:(一)、(二)、(三)、(四)未经批准或者不按照河道主管机关的规定在河道管理范围内采砂、取土、淘金、弃置砂石或者淤泥、爆破、钻探、挖筑鱼塘的……”和《河南省水行政处罚裁量标准》的规定,建议对宋某作出:(1)责令停止违法行为;(2)限期排除妨碍或采取补救措施并消除负面影响;(3)逾期未排除妨碍或采取补救措施、消除负面影响依法予以强制拆除,并处罚款。

如果当事人主动停止了违法行为,排除阻碍、消除负面影响,水行政主管部门就不用罚款了。如果当事人在水行政主管部门规定的期限内不停止违法行为,排除阻碍、消除负面影响,那么当事人的行为就违反了《中华人民共和国水法》、《中华人民共和国河道管理条例》、《河南省实施〈中华人民共和国水法〉办法》等相关条款的规定。如果不适用《中华人民共和国水法》、《中华人民共和国河道管理条例》、《河南省实施〈中华人民共和国水法〉办法》,那么涉及洹河河道内挖砂坑、建砂场、建鱼塘如何处理?下面要谈的就是从清除河道管理范围内阻碍行洪的障碍物程序来处理。下面重点谈一下洹河清障行动。

洹河是安阳市的主要河流,自西向东穿越安阳市区,承担者市区防洪排涝的重要任务,其中殷都区段非法采砂屡禁不止,河道内挖砂坑、建砂场、建渔塘,破坏堤防的现象时有发生,直接影响河道防洪安全和市重点工程——安姚公路二期工程建设。水行政执法人员虽然开展了大量的法制宣传工作和耐心的思想教育工作,要求采砂户限期清除阻水障碍,但当事人仍然我行我素,置之不理。鉴于当前安阳市严峻的防汛形势和安姚公路建设的迫切需要,根据《防洪法》有关规定,市水利局依法报请市政府同意,启动了防汛指挥部机构组织强行清除河道管理范围内阻碍行洪的障碍物(以下简称清障)程序。

8 月 19 日上午 9 时,一支由市水利局行政执法人员、殷都区政府、殷都区公安分局、市公路局、中建七局及违法采砂户所属乡镇和村庄负责人等 170 余人组成的联合执法队伍,冒着大雨,对河道管理范围内的 9 个非法采砂户实施强行清除。在 10 余台挖掘机、推土机的轰鸣声中,违章建筑和采砂设备被拆除,影响行洪的围堰和树木被清除。此次清障行动历时 9 个小时,拆除 20 间违章房屋 400 余平方米,拆除采砂机械 8 台、清除土石方 1600 立方米,清除树木 50 余棵、电线杆 3 个、电线 50 米,达到了预期的目的。

本次洹河清障行动是安阳市水行政执法联合辖区政府、公安及相关单位进行综合执法的一次有益尝试,具有以下明显特点:一是领导重视,准备充分。启动清障程序后,市水利局成立了以江子蔚局长为指挥长,殷都区政府张建国区长为副指挥长,市水利局、殷都区主管领导为成员的领导小组;制订了详细的实施方案,从人员组织、领导分工、机械进场、后勤保障等方面进行了周密安排和部署;多次召开协调会,详细分析了每个环节的衔接和突发事件的解决方法;利用汛期的有利时机,为清障工作奠定了坚实的基础。二是组织得力,配合密切。清障期间,施工现场下雨不断,江子蔚指挥长坚持靠前指挥,与广大执法人员并肩作战,有力地鼓舞了士气;警戒组在交通要道、施工现场拉出了警戒线,杜绝闲杂人员进场,震慑了违法采砂户,保证了清除现场工作秩序;法制组面对采砂户进行了法制宣传,对清障现场进行全程摄像和公证,为依法清障提供了条件;现场清理组按照清设备(采砂设施)、清电力、清障碍(违章鱼池、砂堆、工棚)的要求,依法推进,确保了清障效果。三是连续作战,成效显著。本次清障行动点多线长,时间紧、任务重,广大执法人员发扬吃苦耐劳的精神,连续工作,中午在清除现场轮班就餐,实现清除障碍和就餐两不误,大大提高了工作效率,圆满地完成了清障任务。

通过清障执法行动,不仅严厉打击了河道管理范围内水事违法行为,遏制了私自采砂的势头,维护了水法律法规的威严,而且锻炼了队伍,积累了经验,为安阳市安全度汛和市重点工程建设提供了坚实的保障。

浅谈彰武南海水库网箱(围网)养殖存在的问题与对策

彰武南海水库网箱养殖始于1988年,1990年被市政府定为安阳市商品鱼生产基地。该基地对丰富市民菜篮子,增加渔民收入,保持库区稳定发挥了积极的作用。在地方经济迅速发展的同时,近年来,库区部分群众在库内的养殖数量也在不断增加,对库区的经济发展做出了一定的贡献。但是库区群众在库内大面积网箱养殖也存在着一定的问题,如影响水库及下游河道的防洪安全、污染水质、养殖密度过大造成大面积网箱死鱼事件等,那么如何加强库区网箱(围网)养殖管理工作,保障行洪畅通,确保两库水质及库区群众财产安全呢?下面,本文结合网箱(围网)养殖管理实际情况,谈一下个人看法,仅供参考。

一、网箱(围网)养殖河道采砂管理的现状及存在的问题

彰武南海水库是洹河上游两座联合运用的梯级水库,总库容1.87亿立方米,控制流域面积970平方公里,是安阳市区、京珠高速、京广铁路、107国道、国家重点文物保护单位——殷墟及洹河下游广大人民群众生命财产安全的防洪安全屏障,是安阳市防汛工作的重中之重。水库担负着安钢、电厂、化肥厂等一批省市重点企业的工业供水任务和下游19万亩农田的灌溉任务,是安阳市工农业生产的主要水源地,年平均供水量1.26亿立方米,兼有发电、养殖、旅游等功能,同时又是安阳市重要的饮用水水源地。因此,保护好两库水环境和水资源对促进安阳市经济社会可持续发展具有举足轻重的作用。

但是,由于历史条件等多种原因,近年来,库区部分群众为了提高收入,一味追求自身经济利益,不顾两库防洪安全和水体承载能力,盲目在库内大面积进行网箱(围网)养殖,库区网箱养殖问题日益突出,已经对水库造成了安全隐患。据初步统计,两库的网箱数量已达到2800余箱,围网1131亩。近几年,安阳市水利局对网箱(围网)养殖加强了管理,积极开展网箱限养宣传工作,召开库区治理网箱养殖工作座谈会,并加大水渔政执法力度,开展水政和公安联合执法活动,严厉打击渔业违法行为。但库区群众仅考虑个人经济利益,加上部分群众法制意识淡薄,致使这些工作举步维艰,给两库的水环境和防洪工作带来了诸多不可忽视的问题:一是影响水库及下游河道的防洪安全。两水库如遇较大洪水,大量网箱势必阻塞

行洪通道,极有可能造成严重的漫堤事件,后果不堪设想。二是污染水质。两库已经被划定为安阳市饮用水水源地,水质保护目标为Ⅱ类。由于网箱数量严重超载,2005 年南海水库水质已降为Ⅲ类,彰武水库汛期水质已降为Ⅳ类。三是养殖密度过大,给库区群众造成严重财产损失。2005 年 8 月 11 日和 2007 年 7 月 18 日,在彰武水库养殖区已经两次出现因养殖密度过大,严重缺氧而出现翻箱的事件。据初步统计,养鱼共计死亡十万余公斤,直接经济损失达百余万元。

二、网箱(围网)养殖存在问题的原因

(1)管理人员少,养殖行为不能得到及时发现和查处。水政执法工作人员少,而水库面广线长,管理任务重。

(2)由于历史原因,彰武水库建库时赔偿标准低,且仍有一些历史遗留问题没有解决。

(3)库区一些干部群众水法规意识淡薄,认识不到位,水库管理权限不清楚。由于老观念,许多库区群众认为,修水库占用了村里的土地,我在水库养鱼理所应当,养殖者大多是当地农民,法律意识淡薄,个人利益占主导思想,受利益驱动,是导致网箱养殖超载的主要原因。

三、今后应采取的措施及对策

(1)目前水库正在进行除险加固,要抓住这一有利时机,积极开展网箱限养宣传工作。结合每年的"世界水日"、"中国水周"宣传活动,大力宣传《中华人民共和国水法》、《中华人民共和国防洪法》、《中华人民共和国渔业法》等有关法律、法规和制度,积极开展"送法进村"、"送法到户"等活动,同时我们还针对库区群众法制意识淡薄,教育群众了解盲目进行网箱养殖带来的危害,进一步增强库区干部群众的法制观念,教育库区群众决不能以牺牲自己赖以生存的水环境为代价去发展经济。并将宣传工作贯彻在全年水利执法各个环节之中。例如,在人口集中地段制作永久标语,将水法规印成册,采取送法上门,使广大干部群众充分认识水法律法规,了解水法律法规,知道什么事可做,什么事不可做,可做的事要办理哪些审批手续。通过广泛开展宣传咨询活动,为依法治水、管水及库区和谐发展创造良好的舆论环境,增强全民水患意识。

(2)利用水库除险加固放空水的有利时机,严格按照《网箱(围网)养殖管理办法》进行许可。养殖规划是网箱养殖管理的龙头,也是合理养殖的基础,更是我们管理的依据。通过对河水库水面进行全面勘查分析,掌握第一手数据。在此基础上,制订详细的养殖规划,统一规定养殖区、围网区,并严格按照规划。凡是申请养殖的单位或个人,必须写出申请,经过村委会同意盖章后,再请示水库管理部门,经水库管理部门同意后,签订水面使用协议,方可到渔业主管部门办理养殖手续。水库管理部门根据发放的《养殖许可证》进行审查,划定养殖区域,并要求养殖户写出书面保证,明确责任。

(3)主动服务,搞好协调。做到了既保护水环境,又为地方经济发展服务,主动和当地政府联系,做好网箱养殖的服务工作。做好政策的宣传,协调好各方关系,保护库区群众利益。在服务中,按照《网箱(围网)养殖管理办法》,做好了相关工作。

(4)加大库区管理力度和巡查力度。在管理上,将河段管理工作分解到人头,规范管理人员行为,依法行政,严格执法,确保水面养殖有序开展。建立水面巡逻制度,进一步加大对非法养殖的打击力度,确定专人经常对养殖范围、数量等进行监督检查。建立现场巡视制度,发现问题及时处理,将违法行为消灭在萌芽状态。

总之,在网箱(围网)养殖管理中,水库管理部门要发扬不怕苦、不怕累、不畏难的精神,严格执法,在治理违规养殖活动中,始终保持高昂的斗志和信心,积极探索和寻求网箱治理的新思路、新措施,做到保护水环境和发展地方经济两不误,达到领导满意、群众满意,在长效监管的基础上,取得水库和库区群众和谐共赢的良好局面。

一起水行政复议案件引起的思考

【虚拟的案情简介】:河南省某某高速公路有限公司(以下称申请人)于2006年1月未经水行政主管部门批准,在某某高速公路(是河南省政府批准建设的合法的省重点建设项目,也是河南省通往某某省的重要快速通道)建设过程中,在引沁灌区引沁大沟河东支渠渠道中心建设桩基,侵占了水工程,严重地毁坏了水工程。大量证据证明,申请人违反了《中华人民共和国水法》第四十一条"单位和个人有保护水工程义务,不得侵占、毁坏堤防、护岸、防汛、水文监测、水文地质监测等工程设施"的规定、《河南省实施〈中华人民共和国水法〉办法》第二十四条"从事工程建设,占用农业灌溉水源、灌排工程设施,或者对原有灌溉用水,供水水源有不利影响的,建设单位应当事先报有管辖权的水行政主管部门批准,并采取相应的补救措施;造成损失的,依法给予补偿"的规定和《河南省水利工程管理条例》第二十一条"在水利工程管理范围内进行建设的,应当按照保护水利工程安全的要求提出设计,按水利工程管理权限报水行政主管部门审核同意。建设施工应当按照批准或水行政主管部门同意的范围、方式、设计方案进行"的规定。河南省某某高速公路有限公司擅自施工毁坏灌溉工程,给灌区人民的生产、生活造成了严重危害,同时也造成当地生态环境的失衡。当地群众反映强烈,要求河南省水利厅(以下称被申请人)尽快立案查处。

作为被申请人的水行政执法人员经过调查取证后,进行了立案查处,针对河南省某某高速公路有限公司的十四处违法行为下达了豫水罚字〔2007〕第1~14号共14份水行政处罚决定书,河南省某某高速公路有限公司认为,河南省水利厅下达的14份水行政处罚决定书错误,理由如下:

首先,申请人认为被申请人的行政处罚决定事实不清、证据不足。其一,申请人建设的工程是经省政府批准的合法工程;其二,申请人没有进行爆破施工,也未对水利工程造成不利影响;其三,申请人是按照引沁局许可施工方案施工的。

其次,假如申请人的行为给水利工程建设造成不利影响的话,那么被申请人的处罚程序也是违法的,即违反了《行政处罚法》一事不再罚原则。根据《行政处罚法》第二十四条的规定:"对当事人的同一个违法行为,不得给予两次以上罚款的行政处罚。"申请人在施工过程中假如在不同地点损坏了水利工程设施,那也是基于同一个施工行为,被申请人认为在14个不同地点的"损坏设施"行为是多个违法行为,并且适用同一个法律依据同时进行14次处罚,显然是违背了行政处罚的一事不再罚原则。

综上所述,被申请人对申请人作出的处罚决定事实不清,证据不足,程序违法。现依据《行政复议法》的有关规定,请求河南省人民政府撤销被申请人作出的豫水罚字〔2007〕第1~14号共14份水行政处罚决定书。那么针对该公司提出的理由作为水行政主管部门的执法人员作了如下答复:

(1)答复人作出的行政处罚决定,事实清楚,证据充分,适用法律正确。

首先,申请人承建的工程项目是否合法,关键看其是不是按照有关法律规定经过行政许可审批的项目。申请人在水工程管理范围内进行建设施工,未经水行政主管部门许可,违反了《河南省实施〈中华人民共和国水法〉办法》第四十三条第三款、第五款的规定,对水利工程造成严重损害。

答复人经充分调查查明:申请人于2006年1月未经水行政主管部门批准,在某某高速公路建设过程中,在引沁灌区引沁大沟河东支渠渠道中心建设桩基,侵占了水工程,严重地毁坏了水工程。大量证据证明,申请人违反了《中华人民共和国水法》第四十一条"单位和个人有保护水工程义务,不得侵占、毁坏堤防、护岸、防汛、水文监测、水文地质监测等工程设施"的规定、《河南省实施〈中华人民共和国水法〉办法》第二十四条"从事工程建设,占用农业灌溉水源、灌排工程设施,或者对原有灌溉用水,供水水源有不利影响的,建设单位应当事先报有管辖权的水行政主管部门批准,并采取相应的补救措施;造成损失的,依法给予补偿"的规定和《河南省水利工程管理条例》第二十一条"在水利工程管理范围内进行建设的,应当按照保护水利工程安全的要求提出设计,按水利工程管理权限报水行政主管部门审核同意。建设施工应当按照批准或水行政主管部门同意的范围、方式、设计方案进行"的规定。申请人擅自施工毁坏灌溉工程,给灌区人民的生产、生活造成了严重危害,同时也造成当地生态坏境的失衡。当地群众反映强烈,要求我们尽快严肃处理。

(2)申请人所称的"其施工行为是按照引沁局许可的施工方案施工的"与事实不符,也不符合法律规定。

首先,申请人的违法行为在先。其违法施工行为发生在2006年2月前,其向引沁局发的函在2006年6月,此函并不是报批申请,而引沁局向申请人发的函是引沁局的意见,申请人也未按引沁局的要求向水行政主管部门提供有关报批材料。其次,引沁局是水利工程管理事业单位,不是水行政主管部门,不具有行政许可的审批权。此时,申请人所说的"其施工行为是按引沁局许可的施工方案施工"既不符合本案事实,也不符合《水法》等有关规定。最后,申请人至今仍未按照水行政主管部门的要求,呈报有关占用农田灌溉水源,灌排工程设施许可审批及在水工程管理范围内有关建设项目设计、施工方案审批的材料,而继续非法占用、非法施工,申请人的行为已经严重地触犯了法律,应当依法给予追究。

(3)豫水罚字〔2007〕第1~14号水行政处罚决定书事实清楚、证据确凿、适用法律正确、程序合法,不属于一事多罚。

申请人在不同标段内的施工队伍,在不同时间、在不同地段、对不同级别的水工程以不同行为方式实施了十四个违反《中华人民共和国水法》、《河南省实施〈中华人民共和国水法〉办法》、《中华人民共和国防洪法》和《河南省实施〈中华人民共和国防洪法〉办法》的行为,造成了不同类型、不同程度、不同后果的损害,构成了侵占、毁坏、爆破、占压、弃渣、建桥、施工道路、影响等十四个不同的违法构成要件。另外,在调查处理本案中,申请人阻碍执法人员执法、暴力抗法,性质严重。因此,我们也只能依法作出十四个不同程度的行政处罚。

在作出行政处罚决定前，我们依法调查、走访有关当事人、受害人及当地人民群众，对现场进行勘验并制作了笔录和影像资料。在作出处罚决定前，向申请人送达了权利告知书和听证告知书。在此期间，我们还多次与申请人进行协调并形成有关协调会议纪要等，但申请人均未履行。特别是省政府进行协调，也因申请人没有任何诚信，而使协调无法进行。因此，答复人依照《中华人民共和国水法》第七十二条："有下列行为之一……责令停止违法行为，采取补救措施，处一万元以上五万以下的罚款；(一)侵占、毁坏水工程及堤防、护岸等有关措施，毁坏防汛、水文监测、水文地质监测设施的；(二)在水工程保护范围内，从事影响水工程运行和危害水工程安全的爆破、打井、采石、取土等活动的"的规定，向申请人送达了本处罚决定书。

综上所述，豫水罚字〔2007〕第1～14号水行政处罚决定书认定事实清楚、证据充分，适用法律正确，程序合法，应当依法驳回申请人的复议申请，维持原处罚决定。

以上是我们水利系统执法人员的思考和回复，如果是高素质的专业人士和执法人员经过更深入的思考提出复议申请和答复又会怎么样呢？

高素质的专业人士写的申请书如下：

某某律师事务所接受申请人的委托，指派张三担任其行政复议一案的代理人，代理人通过前期的调查取证、现场勘查以及和被申请人的多次沟通，才对本案有了较深的了解，现在本案事实认定和使用法律发表如下意见，供参考：

申请人承建的某某高速公路，是经河南省政府依法批准的重点建设项目，也是河南省通往山西的重要快速通道，所以无论是省政府，还是济源市政府，都对该工程给予了极大的关注。在省政府的领导下，由济源市政府召集各相关包括水利等部门，联合成立了"某某高速协调指挥部"。由于此工程任务重、工期紧，应协调指挥部的要求，在办完开工手续后便立即组织施工。然而当施工开始时，引沁局工作人员便来到工地以损害他们的水利工程为由向申请人发难，申请人想有关与水利工程交叉的问题，济源市政府早已承诺由政府解决，况且申请人根本不知道济源市辖区内的灌区水利工程归焦作市引沁灌区管理局管理，申请人虽然认为某某高速公路的施工方案是由省政府召集各相关部门(包括水利部门)专家会审认可的，但是为了能够顺利施工，为了与引沁局和睦相处，申请人立即将有关施工方案以公司文件的形式郑重地向引沁局请示，引沁局也多次对此问题专门给予了回复。通过申请人和引沁局之间的沟通、协调指挥部的调节，对水利工程回复方案逐步达成共识。2006年12月5日，申请人与引沁局就有关灌区占有补偿问题也达成初步意见，双方同意工程恢复方案、占用补偿方案一揽子解决，占用补偿金额70万元。引沁局将此方案向被申请人回报时，被申请人认为补偿费用太低断然否定了方案，从而使双方的协调陷入僵局，所以被申请人便作出了决定书。

贵政府受理本案后，申请人主动与被申请人多次接触，通过接触，申请人发现被申请人的真正本意不在本案的处理决定和处罚决定上，而在于占用灌区的民事补偿问题，被申请人这种以行政处罚来解决民事补偿纠纷、实现民事补偿目的的做法不但妨碍了某某高速这一省重点工程建设，还极大地损害了政府机关在人民群众中的良好形象，从这个层面上讲，被申请人滥用职权毫不为过。被申请人认为河南省水利厅(被申请人)豫水罚字〔2007〕第1～14号等14个水行政处罚决定书和豫水处字〔2007〕第1～8号、第10～14号等13个水行政处理决定书不但事实不清、证据不足，而且程序严重违法，理由如下：

(1)申请人的施工行为是合法行为。

关于某某高速的施工可能会对引沁灌区造成影响的问题,申请人曾向灌区管理单位引沁局以正式文件的形式提出了申请,引沁局也以正式文件的形式给申请人作出了回复,相关回复完全涵盖了本案所涉及的14处工程,申请人正是按回复方案施工,且大部分工程恢复完毕。在此期间,引沁局从没有向申请人表示他没有批准权,况且引沁局还对申请人的文件作了明确而具体的答复。然而,被申请人在其答辩中称引沁局的回复不是批准文件,那么被申请人的批准文件是什么形式呢?被申请人就此从来没有告知过申请人。事实上,申请人早已提出申请,如果回复不算批准文件,那只能说被申请人不作为而已,责任完全在被申请人。所以申请人有理由相信引沁局有批准权,至于引沁局与被申请人之间的关系,那么完全是他们内部的职责划分问题,不能以此对抗申请人,因此被申请人对正在按照引沁局批准方案施工申请人实施行政处罚、作出行政处理实在情理难容。

(2)27份处理决定、处罚决定书基本事实不清、主要证据不足。

①时间上与客观事实不符。从被申请人制作的27份决定书中可以看出,其认定申请人实施影响水利工程的时间为2005年11月至2006年2月,事实上,某某高速的施工是从2006年3月才开始的,部分工程到2006年6月至10月才开始动工。那么,造成水利工程2月就出现的填土、碎石、塌陷等与申请人又有什么关系呢。

②现场勘验(检查)笔录不能作为定案的证据采用。就本案来讲,此证据是本案的主要证据,根据水利部《水行政处罚实施办法》第二十七条的规定:"水政监察人员依法调查案件,应当遵守下列程序:a.向被调查人出示水政监察证件;b.告知被调查人要调查的范围或者事项;c.进行调查(包括询问当事人、证人,进行现场勘验、检查等);d.制作调查笔录,笔录由被调查人核对后签名或者盖章……从被申请人制作现场勘验(检查)笔录来看,该笔录的制作时间是2006年5月4日和5月5日,而当事人的签字时间确实在2005年6月13日,这足以说明被申请人现场勘验(检查)笔录的制作存在五大问题:一是调查时被调查人不在现场;二是被调查人无法通过核对证件确定调查人员的身份;三是调查人员没有履行告知被调查人调查范围和事项的义务;四是剥夺了被调查人申请调查人回避的权利;五是被调查人员的签字不真实。从以上五点可以看出,被申请人制作的现场勘验(检查)笔录是不能作为认定事实证据采用的。除此证据之外,其他证据根本无法证明申请人对水利工程造成影响的具体情况,被申请人在事实不清、证据不足的前提下作出27份决定书显然错误。

③调查(询问)笔录也不能作为认定事实的证据采用。一是调查人员的身份不明确,调查人员是否有水政执法的资格无法确定。二是张三丰、刘山、李中华等人均系被申请人下属机构的内部工作人员,存在直接利害关系,其证言难以反映客观事实。三是李中华的调查笔录中"调查人"一栏竟是空白,缺乏调查笔录基本的形式要件。除此之外,其他证据均无法反映水利工程被损毁的具体情况,因此被申请人作出的27份行政决定书属典型的事实不清、证据不足。

(3)被申请人作出的13份《行政处理决定书》错误。

①缴纳工程恢复费用的处理决定没有法律依据。《水法》及相关法律、法规是赋予了被申请人采取补救措施的权利,但没有赋予被申请人工程恢复费的行政处理决定权。显然,采取补救措施中不应当包括工程恢复费用的缴纳,工程恢复费用的缴纳只能是再无法采取补救措施或者申请人不采取补救措施的一种方式,这种救济方式实质上是一种民事赔偿措施,

既然属于民事赔偿范畴，被申请人就在无权对其作出行政处理决定。就本案而言，申请人不仅有能力恢复被损工程，而且也正在按照引沁局批准的方案进行恢复，此时作出行政处理决定，既无法律依据，也无现实意义。严格来讲，被申请人的行为是典型的超越职权行为，同时也严重违反了公平、公正的行政执法原则。

②《某某高速公路对引沁灌区影响补偿方案》(简称补偿方案)不能作为行政处理决定的依据采用。水利部、财政部、国家计委联合发布的《占用农田灌溉水源、灌排工程设施补偿办法》第十一条规定："凡占用农田灌溉水源、灌排工程设施(包括占用期3年以上和3年以下)，给工程管理单位造成的经济损失，经法定的评估机构评定后，报相应的水行政主管部门和同级物价、财政部门核准，由占用者给予赔偿。"据此可以看出，补偿方案的制作者应是法定评估机构，所作方案也应报同级物价、财政及水行政主管部门核准后才能作为补偿依据。而"补偿方案"的制作者河南省某某水利水土保持技术推广站根本不具有法定评估资格，所作"补偿方案"也未经物价、财政部门核准。被申请人以《河南省实施〈中华人民共和国水法〉办法》及豫政办〔2006〕106号文没有作此规定为由，认为不需要法定部门评估，不需要经物价、财政部门核准是完全错误的：首先，河南省地方法规没有规定但并否定三部委规章的效力，即当地方性法规没有规定时，不能成为不执行国家法律的理由。其次，"补偿方案"即使不经物价、财政部门的核准，那么最低限度也必须是法定评估机构的评估，才可作为被申请人作出行政处理的依据采用；否则，工程恢复方案的确定及预算数额的确定将无法令人信服。再次，河南省江河会计师事务所所作的评估报告证明不了行政处理决定的合法性：一是被申请人在作出《行政处理决定》时并没有依据该报告书，依据《行政复议法》第二十三条的规定，被申请人所提交的证据应是其作出具体行政行为时所依据的证据。由于该证据被申请人作出行政决定时没有采用，因此不能作为其行政行为合法性的证据采用；二是该评估报告中的恢复方案及预算数额"补偿方案"相矛盾；三是该评估报告不但没有经过物价、财政部门的核准，而且被申请人也没有文件批准允许使用该报告作为补偿依据。因此，被申请人作出的《处理决定书》不论是依据"补偿方案"，还是依据"评估报告"都是错误的。

(4)被申请人作出的14份《行政处罚决定书》违法。

①被申请人对申请人作出的14份《行政处罚决定书》违法了《行政处罚法》的一事不再罚原则。《行政处罚法》第二十四条规定："对当事人同一个违法行为，不得给予两次以上罚款的行政处罚。"虽然申请人的行为可能给水利工程造成多处影响，但应属一个行为，假如申请人违法的话，最多只能受到一次行政处罚。第一，本案中只可能存在一个违法主体，某某高速公路有限公司是某某高速的唯一建设单位，虽然有若干个施工队，但其行为后果只能由申请人来承担；第二，只可能存在一个主体错误、实施一个违法行为。申请人的施工从2006年3月开工至今，从未发生中止、中断现象，至今也只能作出过一个开工行为，下过一个开工命令，因此只可能存在一个主观过错，一个违法行为；第三，只可能存在一个主观过错，一个违法行为；第四，只可能损害一个客体，那就是影响了水利工程的运营安全。对于违法行为的个数，我们不能以时间、地点、手段、程度等来区分是一个违法行为还是多个违法行为，应当从违法行为的法律构成要件上加以区分。被申请人之所以对申请人的一个违法行为作出14个处罚，就在于他混淆了"一次违法行为"与"一个违法行为"的区别，混淆了具体施工人员的行为与施工主体行为的区别，混淆了"违法行为"与"违法手段"的区别，并且在

答辩书中错误地理解了《水法》第七十二条，将侵占、毁坏、爆破、占压、弃渣、建桥、施工道路等理解成不同的违法构成要件，这实属常识性的错误。退一步讲，假使14处损害就是14个独立违法行为，因为这14个违法行为是基于同一个违法故意，连续实施性质相同的数个行为，触犯的是同一个水利法律规范，应认定为连续违法，连续违法是一事不再罚原则法定一事的，所谓法定一事是指本来符合数个违法构成要件多事，因某种特别原因法律却将其规定为一事的情形，此种情形就是只能给予一次处罚的情形，至于行为的个数则只能作为违法情节加以考虑。因此，不论这14个行政处罚所涉及的是一个违法行为，还是多个违法行为，被申请人都只能给予申请人一次罚款的行政处罚。

②被申请人作出的行政处罚决定违反了行政处罚程序中的集体讨论制度。水利部《水行政处罚实施办法》第三十条明确规定："对情节复杂或者重大违法行为给予较重的水行政处罚，水行政处罚机关负责人应当集体讨论决定。前款所称较重的水行政处罚是指对公民以超过三千元罚款、对法人或者其他组织处以超过三万元罚款……"《行政处罚法》第三十八条对此也作出了同样的规定，而本案所涉及的行政处罚应当属于情节复杂、处罚较重的范围，从被申请人提交的证据看，没有证据显示是由集体讨论决定的。

综上所述，被申请人作出的14份行政处罚决定书和13份行政处理决定书不但事实不清、证据不足，而且程序违法，严重地损害了申请人的合法权益，为此，申请人希望省政府能够依法公断，撤销被申请人作出的27份错误决定书。

高素质的水政执法人员写的答复书如下：

河南省某某高速公路有限公司（申请人）不服河南省水利厅（被申请人）豫水罚字〔2007〕第1～14号等14个《水行政处罚决定书》和豫水处字〔2007〕第1～8号、第10～14号等13个《水行政处理决定书》而提起的行政复议案正在复议之中。受被申请人委托，我作为其行政复议阶段的代理人，发表代理意见如下：

（1）申请人及其代理人曲解了本案所涉及的许多事实，甚至歪曲、捏造了许多事实，对本案许多事实的描述大多基于其主观想象。

只要略加分析便不难发现，申请人代理人所作《代理词》描述的许多事实不但不客观，缺乏事实依据，而且充满主管臆想，混淆视听。

其一，申请人代理人做所《代理词》称，"……由于此工程任务重、工期紧，应协调指挥部的要求，在办完开工手续后便立即组织施工"。不知此处的所谓"办完开工手续"应如何理解，是仅仅举行一个开工仪式呢还是要履行完依法必须履行的全部手续？从法律意义上讲，当然指后者。可事实上，直到现在，申请人依法应当履行的包括占用农田灌溉工程、在水工程管理范围内建设项目工程设计、施工审批等水行政许可在内的开工手续均未办理，至今还没有呈报《可行性研究报告》、设计、施工等有关基本材料，甚至连申请都没提起。试问，未经水行政主管部门批准而擅自开工、毁坏水工程也是协调指挥部的要求吗？若是，则协调指挥部的哪一个文件作了如此要求呢？

其二，申请人代理人所作《代理词》称"……当施工开始时，引沁局工作人员便来到工地以损害他们的水利工程为由向申请人发难……。"《代理词》将被申请人一方的工作人员依法履行职责的行为理解为"发难"。在此，且不谈这一过于情绪化的理解有何不妥，但必须提请申请人及其代理人注意的是，被申请人一方的工作人员为什么在申请人"施工开始时"就来"发难"呢？原因不外乎两个：一来，他们忠于职守，未怠职、不失职；二来，申请人开工手续不全,违法施工。

真实情况是,知道申请人违法开工长达数月之后的2006年7月18日,济源市服务高速公路建设领导小组办公室(以下简称服办)才与引沁局协商调解,这时候,引沁局才知道有个服办。2006年10月10日第三次协调会曾形成会议纪要,但申请人拒不执行,此后服办也不再协调了。需要特别说明的是,在三次协调会中,引沁局始终没有见到服办有省市水利行政主管部门参与。

其三,申请人代理人所作《代理词》称,"申请人有关于水利工程交叉的问题,济源市政府早已承诺由政府解决,况且申请人根本不知道济源市辖区内的灌区水利工程归焦作市引沁局灌区管理局管理……"。

首先,既然济源市政府早已承诺由政府来解决有关与水利工程交叉的问题,那么济源市政府的承诺函或承诺文件在哪里呢?其承诺的法律依据又何在呢?结论只有一个:所谓济源市政府的承诺,只是"申请人想",而不是本案的客观事实。申请人开工前根本就没有履行水行政许可审批手续,没有与水行政主管部门联系才是本案的真实状况。

其次,申请人不能以"根本不知道济源市辖区内的灌区水利工程归焦作市引沁灌区管理局管理"为理由来推卸违法施工的责任,更不能以此为理由来否定被申请人一方的法定职责。如果说在违法施工之初,申请人以此搪塞还情有可原,但在被申请人一方多次催告、要求、督促之后,申请人不但不积极配合水行政执法,履行法定义务,反而我行我素,拒不停止违法施工,甚至野蛮打伤执法人员,暴力抗法。当申请人实施这一系列违法行为的时候,难道真的不知道自己在干什么、不该干什么?在与水行政执法人员多次交锋、与水行政主管部门多次接触之后,难道还真的不知道到底该由谁来行使水利工程的管理职能吗?

其四,申请人代理人所作《代理词》称,"某某高速公路的施工方案是由省政府召集各相关部门(包括水利部门)专家会审认可的……对水利工程恢复方案逐步达成共识……就有关灌区占用补偿问题也达成初步意见"。

首先,必须申明,水行政主管部门从未接到过所谓某某高速公路的施工方案!即使省政府的确召集过各相关部门的专家对施工方案做过所谓的会审,但这种会审充其量也只是技术性论证,根本不能取代行政性许可,申请人开工之前依法应当履行的报批手续一个也不能少!

其次,申请人自己也承认违法施工在先。违法施工的事实发生后,在申请人一方的多次强烈要求下,申请人在迫于压力,不得不与被申请人一方就"水利工程恢复方案"及"灌区占用补偿问题"进行磋商。2006年12月5日,引沁局与申请人协商过程中,申请人提出一揽子解决,引沁局表示行政处理、处罚和等效补偿费引沁局说了不算,公司可以同水利厅说,工程恢复方案应当按照专家评审的方案办,灌溉水量减少的损失这一块好说,初步谈到70万元,但是双方都表示要进行研究后再定,又因申请人董事长更换人,之后再未协商过此事,因此没有达成协议。

在2007年4月28日的省政府协调会上,某某处长主持协调会议,当主持人问申请人"有无补救措施和方案"时,申请人一方的董事长某某讲"没有",问"是否可以协调"时,某某也公然表示"不协调"。致使协调会无果而终。试想,连省政府都未放在眼里的申请人,能和被申请人达成"共识"和"初步意见"吗?

总之,由于申请人缺乏诚意,拒不停止、纠正违法行为,也不配合行政执法、履行法定义务，致使被申请人一方的努力付诸东流，协商无果而终。被申请人正是在穷尽了所有柔性管理手段仍无法实现应有管理目的的前提下，忍无可忍，才不得已而采取强制性的处罚与处理措施！根本不是《代理词》所称什么“对水利工程恢复方案逐步达成共识……就有关灌区占用补偿问题也达成初步意见”。事实是，申请人的违法行为一直没有停止，也从未得到纠正，被申请人作出处罚与处理决定的只是其中的一部分违法行为，还有部分违法行为等待处理，甚至新的违法行为仍在发生。在违法事实处于不确定的状态下，被申请人只能采取“发生一起，查处一起”的办事原则。在此情形下，“共识”何来，“初步意见”又何在？

其五，申请人代理人所作《代理词》称，“申请人发现被申请人的真正本意不在本案的处理决定和处罚决定上，而在于占用灌区的民事补偿问题”，进而认为被申请人是“以行政处罚来解决民事补偿纠纷、实现民事补偿目的”。这更是申请人代理人的主观臆断，甚至是对客观事实的歪曲和捏造。不知申请人的代理人是基于何种理由，又是如何推断出这一不负责任的结论的！本案中，问题的实质不在于被申请人是不是“以行政处罚来解决民事补偿纠纷、实现民事补偿目的”，而在于被申请人有没有权利实施行政处罚和行政处理，以纠正和制裁违法行为。何况，被申请人到底有没有“以行政处罚来解决民事补偿纠纷、实现民事补偿目的”，也不能由申请人的代理人主观臆断，无中生有，而要凭事实说话，这是一个无需多加解释的法律常识。

进一步说，在法律意义上，赔偿与补偿大不一样，《补偿方案》的实施，旨在采取补救措施，使受损的水利工程恢复其原有功能。因此，《补偿方案》只解决“补救措施”的落实，尚不涉及申请人的赔偿责任。至于申请人应该受害的集体及广大用水户以多少赔偿、如何赔偿，那是下一步的事情，被申请人作出的行政处罚和行政处理对此均未涉及。《中华人民共和国水法》第三十五条规定：“从事工程建设，占用农业灌溉水源、灌溉工程设施，或者对原有灌溉用水、供水水源有不利影响的，建设单位应当采取相应的补救措施；造成损失的，依法给予补偿。”本案中，申请人非法占用农田灌溉工程设施、灌溉面积、侵占水工程，使灌区工程遭受了巨大的损失，事实俱在，申请人必须予以补偿。这完全属于水行政管理范畴，是法律赋予水行政主管部门的职责。目前14个处罚及相应的13个处理决定还没有涉及补偿问题，只是对毁坏水工程的恢复。试问，申请人所谓“以行政处罚来解决民事补偿纠纷、实现民事补偿目的”从何说起啊！

其六，申请人代理人所作《代理词》称，被申请人认定申请人“实施影响水利工程时间为2005年11月至2006年2月，事实上某某高速的施工时间是从2006年3月才开始的……。”我想提请申请人及其代理人注意的是，申请人的违法施工行为并不是同时发生、一蹴而就的，而是先后发生在一个特定的时间段。申请人开工仪式举行后，就开始违法施工。在2006年5月15日申请人给焦作市水利局的《关于对（焦）水〔2006〕第4至17号〈听证告知书〉异议的函》中，申请人明确承认工程于“2005年11月16日开工建设”；在2006年11月6日申请人给被申请人的《关于某某高速公路与引沁渠交叉有关情况的汇报》中，申请人同样承认于“2005年11月16日举行了开工奠基仪式”。有关证据表明，经被申请人查处的申请人所实施的各自独立的14个违法行为，的确先后发生在2005年11月至2006年3月的这一时间段，而且，随后还发生了很多更为严重的违法行为，对这些新发生的违法行为，被申请人表示将依法作进一步处理，绝不姑息！

其七，申请人代理人所作《代理词》称，“从被申请人制作的现场勘验（检查）笔录来看，该笔录的制作时间是2006年5月4日和5月5日，而当事人的签字时间却是在2005年6月13日”。根据这一时间出入，《代理词》列举了现场勘验（检查）笔录制作存在五大问题，进而主张现场勘验（检查）笔录不能作为定案依据。

在此，首先要纠正申请人代理人对签字时间的一个错误认识。据查，所有现场勘验（检查）笔录中，申请人一方代表某某亲笔签名及所署的时间均为2006年6月13日，根本不是什么2005年6月13日！

其次，怎么会出现被申请人一方现场勘验（检查）时间在前，申请人一方代表某某签字时间在后的情况呢？事实是这样的：被申请人一方于2006年6月13日前，先后分别对本案涉及的每个现场均逐一进行了现场勘验（检查），并形成了相应的现场勘验（检查）笔录，但申请人一方均借故没有进行确认。为使申请人心悦诚服，被申请人一方于2006年6月13日再次组织申请人、焦作市水利局、引沁局参加，对本案涉及的每个现场再逐一勘验（检查），由申请人一方代表某某现场签字确认。

被申请人现场勘验（检查）笔录的上述制作程序，符合《最高人民法院关于行政诉讼证据若干问题的规定》的有关要求，并无瑕疵。《最高人民法院关于行政诉讼证据若干问题的规定》第十五条规定，根据《行政诉讼法》第三十一条第一款第（七）项的规定，被告向人民法院提供的现场笔录，应当载明时间、地点和事件等内容，并由执法人员和当事人签名。当事人拒绝签名或者不能签名的，应当注明原因。有其他人在现场的，可由其他人签名”。从上述规定的语义分析，只要申请人一方有代表签字，就意味着对现场勘验（检查）笔录的认可。该规定虽不是针对行政复议作出的，但对行政复议绝对有指导意义。

（2）被申请人作出的行政处罚决定，事实清楚，证据充分，适用法律正确。

①申请人未经被申请人批准，违法施工，对引沁灌区总干渠、分干渠及支渠造成多出侵占、毁坏，被申请人针对申请人不同的违法行为分别查处，于法有据。

我们不否认，某某高速公路的确是河南省政府批准的重点建设项目。但同样不能否认也无容置疑的是，任何单位及个人，均不得以所谓省重点建设项目为借口而不履行该项目启动之前应该履行法定许可手续！即便是国家重点建设项目，也得依法履行法定许可手续！

因此，本案首先必须查明的一个核心事实是：申请人到底有没有向被申请人提出过许可申请？被申请人一方的回复是不是行政许可决定？

申请人代理人所作的《代理词》称，申请人“曾向灌区管理单位引沁局以正式文件的形式提出了申请，引沁局也以正式文件的形式给申请人作了答复……”。申请人的《复议申请书》也主张其“建设工程是合法工程”，其实施过程“也是严格按照工程设计方案进行施工”。

申请人及其代理人的上述主张与事实严重不符。经查明，从2005年11月23日发现申请人毁坏水工程到2006年3月底，引沁局主动找某某高速公路有限公司20多次协调交涉，该公司不予理睬，之后又发生流血事件。为此，焦作市水利局于2006年4月28日、5月9日分别向申请人下达了《责令停止水事违法行为通知书》和《听证告知书》。

申请人为推卸违法责任，逃避法律制裁，在2006年5月2日、6月14日才给引沁局发了两个所谓的函，就此函的基本属性而言，它根本不是报批申请。而且函的内容很不全面，更不切合实际。引沁局接到申请人的函之后，考虑到自己是水利工程管理事业单位，不是水行政主管部门，不具有行政许可的审批权，因此给申请人发函作了回复。2006年11月6日，被申请人组织焦作市水利局、引沁局、申请人进行协调，形成协调会议纪要。重申由申请人向焦作市水利局提供有关报批材料等要求。遗憾的是,申请人一直置若罔闻,根本不予理睬。直到今天,申请人仍未按照被申请人的要求,呈报有关占用农田灌溉水源、灌排工程实施许可审批及在水工程管理范围内有关键设项目设计、施工方案审批的材料,而继续非法占用、非法施工,申请人的行为已经严重触犯了法律,应当依法予以追究!

正是基于以上事实,被申请人立案查处申请人的水事违法行为,理由充足,于法有据。经充分调查查明:申请人于2005年11月到2006年3月(有6个案件时间是2006年3月)时间段内,在水工程保护范围内,未经被申请人批准,在某某高速公路与引沁灌区总干渠、分干渠及支渠交叉的不同地点,分别实施了14个侵占水工程,严重影响水工程安全运行的违法行为。之后,又实施了更为严重的违法行为。申请人擅自施工,毁坏灌溉工程,给灌区人民的生产、生活造成了严重危害,同时也造成当地生态环境的失衡。当地群众反映强烈,要求被申请人尽快严肃处理。

《中华人民共和国水法》第四十一条规定:单位和个人有保护水工程义务,不得侵占、毁坏堤防、护岸、防汛、水文监测、水文地质监测等工程设施。

《河南省实施〈中华人民共和国水法〉办法》第二十四条规定:从事工程建设,占用农田灌溉水源、灌排工程设施,或者对原有灌溉用水、供水水源有不利影响的,建设单位应当事先报有管辖权的水行政主管部门批准,并采取相应的补救措施;造成损失的,依法给予补偿。

《河南省水利工程管理条例》第二十一条第一款规定:在水利工程管理范围内进行建设的,应当按照保护水利工程安全的要求提出设计,按水利工程管理权限报水行政主管部门审核同意。该条第二款进一步规定:建设施工应当按照批准或水行政主管部门同意的范围、方式、设计方案进行。

上述法律规范对所有施工单位及个人的法定义务均作了明确要求,对水行政主管部门的法定职责也作了明确规定定。据此,被申请人作为具有法定职责的水行政主管部门,对申请人违法施工行为的查处,于法有据!

②被申请人对申请人所实施的14个不同的违法行为分别立案查处,并作出相应的14个水行政处罚决定,完全符合《中华人民共和国行政处罚法》第二十四条的规定,不违反一事不再罚原则。

不错,《中华人民共和国行政处罚法》第二十四条的确要求行政主体"对当事人的同一个违法行为,不得给予两次以上罚款的行政处罚"。但只要略加分析,我们便不难认定:被申请人实施的14个行政处罚,是针对申请人的14个独立的违法行为所作出的,这14个独立的违法行为不是"同一个违法行为",而是多个违法行为,是"多事"而非"一事"。

申请人在不同标段内的施工队伍、在不同时间、在不同地段、对不同级别的水工程以不同行为方式实施了14个违法行为,造成了不同类型、不同程度、不同后果的损害,这些违法行为,分别以侵占、毁坏、爆破、占压、弃渣等形式存在。而且,在14个各不相同的案件查处过程中,申请人阻碍执法、妨碍公务甚至暴力抗法的情节也各不相同。只要稍加比较、14个处罚案件所涉及的违法行为,其行为主体、行为方式、危害后果及违法行为的实施地点、实施时间等均存在明显差异,被申请人对申请人的处罚力度也各不相同。申请人的代理人混淆概念,在《代理词》中主张"一次违法行为"不同于"一个违法行为","违法行为"不同于"违法手段",这完全是文字游戏,毫无意义。不妨举个简单的例子,结论便不辩自明了,某人驾车上班途中,在不同的线路(或者在同一线路)上的不同交叉路口和路段发生多次闯红灯、超速等违法行为，难道交警部门只能给予一个处罚吗？假如申请人的代理人出门办事，违法驾驶，沿途闯了十个红灯，交警部门是给他开具一个罚单还是十个罚单呢？当然是分别十次处罚，开出十个罚单！

本案中，被申请人为保证行政处罚的公正公平，针对申请人的14个独立的违法行为，分别依法作出14个不同程度的行政处罚，原理与上述交通违法处罚完全相同，也完全符合《中华人民共和国行政处罚法》第二十四条的基本要求及立法本意。

③本被申请人严格依照法定程序作出行政处罚，不但实体合法，程序也合法。

在案件调查过程中，水政监察人员依法进行了调查，在向具体管理人员调查了解的同时，调查了当地有关村干部和群众，制作现场勘验笔录，并绘制了现场示意图和照相、录像，而且被申请人组织了现场确认。由申请人的综合协调处处长在现场勘验笔录上签字确认，形成了有力的证据链。

以上证据充分证明申请人实施了具体的违法行为，并造成了严重后果，同时也说明申请人违背事实，不讲信用，不配合纠正其违法行为的真实情况。被申请人在作出处罚决定前，向申请人送达了权利告知书和听证告知书。在此期间，被申请人还多次与申请人进行协调并形成有关协调会议纪要等，但申请人均未履行。特别是省政府组织的协调，也因申请人没有任何诚信，无果而终。在忍无可忍的情况下，被申请人不得不依照《中华人民共和国水法》的有关规定对申请人作出行政处罚，以维护法制的尊严。

至于申请人的代理人《代理词》中主张"被申请人作出的行政处罚决定违反了行政处罚程序中的集体讨论制度"，更是无稽之谈！不错，水利部《水行政处罚实施办法》第三十条的确要求在作出较重水行政处罚时，水行政处罚机关的负责人应当集体讨论决定。正是根据这一要求，被申请人对申请人的所有行政处罚决定，均经过了集体讨论，并形成了会议记录。此会议记录作为被申请人的内部工作程序资料，可以向复议机关出示，但基于保密要求，没有义务也没有必要向申请人出示。申请人提出这一质疑，纯属无理取闹。

《中华人共和国水法》第七十二条明确规定："有下列行为之一……责令停止违法行为，采取补救措施，处一万元以上五万以下的罚款……：（一）侵占、毁坏水工程及堤防、护岸等有关设施，毁坏防汛，水文监测、水文地质监测设施的；（二）在水工程保护范围内，从事影响水工程运行和危害水工程安全的爆破、打井、采石、取土等活动的。"被申请人以此为依据，对申请人作出了14个行政处罚，并依法送达了处罚决定书，其行政行为既符合实体法，又符合程序法。

（3）被申请人所作的13个行政处理决定，同样事实清楚，证据充分，适用法律正确。

①申请人违法是不争的事实，被申请人因此实施行政处理，以纠正违法行为，采取补救措施于法有据。

经查明，申请人未经被申请人批准，在某某高速公路与引沁灌区总干渠、分干渠及支渠交叉的不同地点，分别实施了14个（事实上远不止这些）侵占、毁坏水工程，严重影响总干渠安全运行的违法行为。申请人擅自爆破、开挖、弃渣等侵占、毁坏水工程的违法行为，已严重影响了总干渠的安全运行，必须依法制止并补救。

申请人的违法行为，有报案材料、调查笔录、现场勘验笔录予以证明；申请人、被申请人及其焦作市水利局和引沁局也共同对有关损坏和影响引沁灌区水利工程的施工现场进行了勘查，申请人的综合协调处处长张某在现场勘验笔录上已签字确认（卷宗材料予以证明）；

现场照片更清晰地显示了申请人的违法事实。若复议机关认为以上证据材料仍不足以证明申请人的违法事实,建议复议机关组织申请人和被申请人共同对违法现场再作实地考察,以明辨是非。因为,直到现在,受申请人侵占、毁坏的水利工程仍未得到修复。

申请人未经许可擅自施工的行为违反了《中华人民共和国水法》第四十一条和第四十三条、《中华人民共和国防洪法》第三十七 条和《河南省实施〈中华人民共和国水法〉办法》第二十六条第三款及第二十七条第三款的规定,构成违法。根据《中华人民共和国水法》第七十二条、《中华人民共和国防洪法》第六十一条和《河南省实施〈中华人民共和国水法〉办法》第四十三条的规定,被申请人作出水行政处理决定,要求申请人"完成加固修复处理"或者缴纳相应的"加固修复工程费用"的补救措施并无不当,完全合理合法。被申请人的13份《水行政处理决定书》写得清清楚楚,上述两项补救措施由申请人自由选择,申请人若认为缴纳相应的"加固修复工程费用"太吃亏,也可以选择按水行政主管部门的要求"完成加固修复处理"啊,被申请人基于人性化的执法理念采取上述灵活措施,何错之有?

②申请人及其代理人认为"《某某高速公路对引沁灌区影响补偿方案》(以下简称《补偿方案》)不能作为行政处理决定的依据"的观点毫无道理,极端错误。

首先,《补偿方案》是由具有某某水利工程设计资质的权威部门河南省某某水利水土保持技术推广站编制的,被申请人为慎重起见,又组织专家对《补偿方案》进行了评审,并经法定评估机构河南省某某会计师事务所有限责任公司进行了评估认证。无论是《补偿方案》的编制主体还是编制程序,均符合法律规定,由此形成的《补偿方案》当然具有法律效力。

其次,《河南省实施〈中华人民共和国水法〉办法》作为地方性法规,有优于作为部门规章的《占用农田灌溉水源、灌排设施补偿办法》的法律效力,本案中的《补偿方案》只要符合《河南省实施〈中华人民共和国水法〉办法》的要求,其法律效力就应得到肯定。根据《河南省实施〈中华人民共和国水法〉办法》第二十四条的规定,结合河南省人民代表大会法制委员会关于《河南省实施〈中华人民共和国水法〉办法(修订草案)》审议修改情况的报告第四部分的表述,《补偿方案》合乎《河南省实施〈中华人民共和国水法〉办法》的要求,其法律效力应予承认。

再次,根据豫政办〔2006〕106号有关"交叉工程的设计、监理、施工单位的资质和设计、施工的标准与方案必须符合对方所属行业的有关国家规定"和"改移(建)、重置(建)既有工程部分,原则上由既有工程业主单位或产权单位为建设主体组织承建"以及"其工程造价和赔付标准以国家或省最新指导价或标准计算"的精神,若按新的〔2006〕水利定额计算,补偿额会更高。但被申请人集体研究讨论决定《补偿方案》时,充分考虑了减轻申请人负担的因素。《补偿方案》仍按〔2002〕水利定额并以实事求是、兼顾双方利益和等效代替、等价补偿的原则计算补偿额。在《补偿方案》的编制过程中曾多次和申请人交换意见,而且,被申请人在处理决定书下达前,不但依法给了申请人听证的机会,还人性化地赋予了申请人可以按《补偿方案》的设计选择自己组织施工的权利。被申请人在此问题的处理上,可谓仁至义尽!

综上所述,申请人在施工过程中,打着省政府重点项目工程及某某市政府协调的旗号,胡作非为,肆意践踏法律,任意侵害既有工程利益和人民群众利益,给灌区和灌区人民造成了极大的伤害,引起了强烈反响,其违法行为必须依法予以追究。被申请人作出的14个行政处罚决定和13个水行政处理决定,事实清楚,证据充分,适用法律正确,程序合法。建议复议机关依法驳回申请人的复议申请，维持被申请人的所有行政处罚及行政处理决定，以保障行政机关依法行使职权。

查处京广（石武）高速铁路、京珠高速公路施工占用河道、灌渠及水资源违法案件情况的思考

中铁三局承建的京广（石武）高铁客用专线在安阳市市区段主要跨越的河道有市区北自西向东穿城而过的安阳河和市区南自西向东穿城而过的洪水河。中铁三局对高铁建设需要跨越的主要河流、滞洪区比较重视，早在2008年6月，就委托河南省水利勘测设计研究有限公司（甲级资质）编制了《新建铁路石家庄至郑州客运专线安阳段特大桥防洪评价报告》，经专家论证评审通过后，于2008年7月16日向安阳市水利局提出了河道管理范围内建设项目申请。经河道专管机构和相关县级水务局初审，2008年8月7日，安阳市水利局批复了该项目跨越安阳市主要河流（安阳河、洪河、羑河、汤河、淤泥河、永通河）及崔家桥滞洪区桥梁工程建设审查同意书。鉴于以往的经验教训，我们要求当事人缴纳了8万元清障保证金后，领取了安阳河和洪河河道管理范围内建设项目施工许可证。目前工程仍在建，河道管理处工程技术人员不定期地对施工现场进行检查，监督施工方按批复的施工方案实施，等工程结束后，按照安阳市水利局批准的施工要求，进行验收，在确认当事人完成清障任务后，将清障保证金退还当事人，保证跨河工程建设不影响河道防洪安全。

一、水工程案件

2009年8月中旬，接省总队关于上报安阳市涉及京广高速铁路和京珠高速公路施工跨越和占用河道、渠道的电话通知后，安阳市水利局根据京广高铁和京珠高速南北走向与安阳市东西走向的河道和水利工程交叉的实际，在跨河建设项目已审批的前提下，列出了6个可能发生的案件上报了省总队。按照京广高铁和京广高速自北向南与水利工程交叉的顺序，现将有关情况简要介绍如下：

（1）河南京珠高速有限公司跨幸福渠建设高速服务区情况。安阳市水利局水管单位幸福渠管理处巡查发现京珠高速服务区跨越幸福渠后，及时与业主单位进行了协调，业主单位按照安阳市水利局提出的方案，调整了施工方案和预算，施工单位按照调整后的方案进行了施工，保证了渠道正常通水和高速服务区建设两不误。

（2）京广（石武）客专跨幸福渠建设桥梁情况。经过安阳市水利局工程管理科和幸福渠管理处现场勘查，认为跨越该渠段的两座桥墩区间跨度较大（长约32米，高铁桥梁下沿离渠上沿约8米高），对渠道安全和供水影响较小，未立案责令其补办相关手续。

（3）京广（石武）客专跨万金北干渠建设桥梁情况。经安阳市水利局工程管理科和万金渠管理处现场勘查，认为京广（石武）高铁跨万金北干渠工程跨度达64米，对渠道影响不大，且该段渠道在前几年安楚路扩宽期间已基本填平，不具备通水能力，未立案责令其补办相关手续。

(4)京珠高速扩建工程在茶店坡沟修建便桥情况。茶店坡沟是安阳市行政东区涝水排泄的主要通道。京珠高速扩建时为通行方便,承建该段工程的施工方中交第一公路工程局在茶店坡上修建了一座便桥,经过和施工单位多次交涉,目前该便桥已拆除,施工方清理了便桥现场,未留下防洪隐患,该案未正式立案查处。

(5)京广(石武)客专跨万金南干渠建设桥梁情况。万金南干渠为安阳市南部排洪和下游农灌的渠道,中铁三局负责跨万金南干渠段高速铁路的承建任务。安阳市水利局工程管理科和万金渠管理处现场勘查,认为跨越该渠段的两座桥墩区间跨度较大(长 32 米,高铁桥梁下沿离渠上沿约 8 米高),对渠道安全和供水影响较小,未立案责令其补办相关手续。

(6)京珠高速扩建工程中交三公司在万金南干渠修建便桥案件。该案件经安阳市水利局立案调查,查明当事人(中交三公司)未经水行政主管部门批准,擅自在渠道管理范围内建设便桥,影响渠道正常通水,决定给予当事人行政处罚决定。2008 年 12 月初,当事人在规定期限内主动缴纳了罚款 3000 元,并恢复了渠道原状,虽然当事人未补办施工许可手续,鉴于其已履行了罚款决定,且恢复了渠道原状,该段工程施工已结束,建议此案按结案处理。

二、水资源案件

京广(石武)高速铁路河南安阳段共立案查处 6 起水资源违法案件,其中,市区 1 起未经批准擅自取水行政处罚案件,安阳县 3 起拒不缴纳、拖延缴纳或者拖欠水资源费行政处罚案件,汤阴县 2 起未经批准擅自取水行政处罚案件。6 起案件具体情况如下:

(一)安阳市水利局立案查处中铁三局石武客专河南段项目部二分部未经批准擅自取水行政处罚案件

2009 年 7 月 14 日,安阳市水政监察支队在日常巡查中,发现中铁三局石武客专河南段项目部二分部(以下简称当事人)在其位于安阳市文峰区高庄乡朱家营村的混凝土搅拌站中存在未经批准擅自取水行为。经立案调查,拟对当事人未经批准擅自取水行为作出罚款人民币 4 万元的行政处罚。当事人在收到《水行政处罚听证权利告知书》后,当场在送达回证上签署意见,提出听证申请。

2009 年 9 月 23 日,市水利局依法举行了听证会。当事人在听证会上陈述的主要理由是:石武高铁属省重点项目,2009 年 2 月 26 日省发改委和监察厅联合印发了《关于实行省重点项目外部环境监督登记制度的通知》(豫发改建设〔2009〕301 号)。该文件规定,凡对重点项目建设单位进行收费、罚款、摊派的,一律先按规定内容和要求填写“项目监督登记卡”,否则项目单位有权拒绝。同时,该文件还规定各省辖市政府重点项目办(大项目办)和优化经济发展环境办公室具体负责该制度的执行。主持人认为,当事人提出的“项目监督登记卡”,是为防止项目建设过程中乱检查、乱收费、乱摊派、乱罚款现象发生而制定的政策,水政监察员依法对当事人取水行为进行监督检查,是履行法律法规赋予水行政主管部门法定职责的具体行政行为,办理登记卡和进行执法监督检查两者并不矛盾,办理登记卡是为了更好地开展监督检查,但办理监督卡不是进行执法监督的法定程序。听证报告经局领导批准后,于 2009 年 11 月 2 日,向当事人送达了《水行政处罚决定书》,决定给予当事人如下行政处罚:(1)责令停止取用地下水;(2)罚款 4 万元。现在该案仍在行政复议和诉讼期限内,截至目前,未收到复议机关送达的当事人的复议申请或法院送达的应诉通知书。

(二)安阳县水务局查处中铁三局石武客专河南段安阳制梁厂拒不缴纳、拖延缴纳或者

拖欠水资源费行政处罚案

中铁三局石武客专河南段安阳制梁厂自2009年3月10日起在安阳县白壁镇取水用于京广(石武)高速铁路桥梁生产,取用水源是厂内原有三眼机井抽取的地下水,未安装计量设施,未办理《取水许可证》。该局于2009年7月30日向当事人下达了《限期安装计量设施通知书》和限期办理《取水许可证》通知书,于2009年8月20日对其下达了《水资源费征收通知书》,于8月27日对其下达了《责令限期缴纳水资源费决定书》,当事人逾期未缴纳水资源费。2009年9月1日,对其下达了《行政处罚听证告知书》。2009年9月10日,该县水务局依据《水法》第七十条"拒不缴纳、拖延缴纳或者拖欠水资源费的,责令限期缴纳;逾期不缴纳的,从滞纳之日起按日加收滞纳部分2‰的滞纳金,并处1倍以上5倍以下的罚款"对其下达了《行政处罚决定书》,因当事人拒不缴纳水资源费达10.8万元,罚款是拒不缴纳水资源费的2倍,即21.6万元。

(三)安阳县水务局查处中铁三局石武客专河南段项目一分部搅拌站拒不缴纳、拖延缴纳或者拖欠水资源费行政处罚案

中铁三局石武客专河南段项目部一分部搅拌站自2008年12月中旬开始,在安阳县崔家桥乡使用搅拌站内原有两眼机井取用地下水生产京广高铁建设用混凝土,两眼水井未安装计量设施,未办理《取水许可证》。2009年7月27日,该局向当事人下达了《限期安装计量设施通知书》和限期办理《取水许可证》通知书,于2009年8月13日对其下达了《水资源费征收通知书》,于9月4日对其下达了《责令限期缴纳水资源费通知书》,当事人逾期未缴纳水资源费。2009年9月14日,该局向当事人下达了《行政处罚听证告知书》,当事人未提出听证申请。2009年10月19日,该局下达了《行政处罚决定书》,因当事人拒不缴纳水资源费达17万元,罚款是拒不缴纳水资源费的2倍,即34万元。

(四)安阳县水务局查处中铁三局石武客专河南段二分部拌和二站拒不缴纳、拖延缴纳或者拖欠水资源费行政处罚案

中铁三局石武客专河南段二分部拌和二站位于安阳县白壁镇,自2009年2月新打一眼机井取水生产混凝土用于京广高速铁路建设,未安装计量设施,未办理《取水许可证》。2009年8月19日,该局向当事人下达了《限期安装计量设施通知书》和限期办理《取水许可证》通知书。2009年9月1日向当事人下达了《水资源费征收通知书》,9月10日下达了《责令限期缴纳水资源费决定书》,当事人逾期未缴纳水资源费。9月15日,该局向当事人下达了《行政处罚听证告知书》,当事人未提出听证申请。2009年10月10日,下达了《行政处罚决定书》,因当事人拒不缴纳水资源费为7.2万元,罚款是拒不缴纳水资源费的2倍,即14.4万元。

(五)汤阴县水务局查处中铁三局石武客专河南段项目部三分部擅自取水行政处罚案

该分部于2008年12月开工,承担汤阴县境内12公里长、381个桥墩的施工任务。自2009年8月11日起,该局着手调查京广高铁建设取水情况,先后对该项目部的梁洋经理、李显峰副经理做了调查笔录,并进行了现场勘验,对自备井进行了拍照取证。8月27日对其下达了《责令停止水事违法行为通知书》,限三日内到县局办理有关取水手续。但该分部逾期未办理。此后,办案人员多次到分部驻地催促,仍拒绝办理。11月16日,下达了行政处罚权利、听证告知书。但该单位未在规定期限内进行陈述和申辩,并放弃了听证权利。根据《中华人民共和国水法》第六十九条和《河南省水行政处罚裁量标准》的规定,该局于

2009 年 12 月 16 日下达了《水行政处罚决定书》,决定对其作出如下行政处罚:(1)责令停止取用地下水;(2)罚款人民币三万元整。

(六)汤阴县水务局查处中铁三局石武客专河南段项目部四分部擅自取水行政处罚案

2009 年 8 月 25 日起,该局对该分部的搅拌站站长张纯锋、分部下属的路桥公司刘广昌等做了调查笔录、进行了现场勘验,拍照取证(该分部于 2008 年 11 月开工,承担 9 公里、300 余个桥墩的施工任务),并下达了《责令停止水事违法行为通知书》,限三日内到县局办理有关取水手续。逾期未办理,后搅拌站书记到安阳市水利局咨询了有关情况,并拿了两份取水申请书,随后一直未露面。办案人员多次到其分部驻地催促,仍拒绝办理。11 月 17 日,下达了行政处罚权利、听证告知书。该单位未在规定期限内进行陈述和申辩,且放弃了听证权利。根据《中华人民共和国水法》第六十九条和《河南省水行政处罚裁量标准》的规定,该局于 2009 年 12 月 16 日下达了《水行政处罚决定书》,决定对其作出如下行政处罚:(1)责令停止取用地下水;(2)罚款人民币三万元整。

三、存在的问题及建议

京广(石武)高速铁路在安阳市自北向南途径安阳市安阳县、市区和汤阴县三个行政区域。上述 6 个水资源案件分别由省辖市和县两级水行政主管部门立案查处,表明了市、县两级水利部门履行水资源管理和保护职责的信心和决心。

各位同行根据上述水资源案件查处情况,可能有以下疑问:为什么不责令石武高铁项目部办理取水许可证?为什么不追缴项目部取水的水资源费,而单单对其擅自取水行为进行处罚呢?借此机会,把办理此案中困扰我们的几个问题提出来,供各位同行一起探讨。

(一)存在的问题

1. 取水许可审批权由哪一级水行政主管部门行使

石武高速铁路客用专线项目属国务院投资主管部门批准或核准的大型建设项目,从北向南跨越河北、河南和湖北三省,按照《取水许可和水资源费征收管理条例》(国务院令第 460 号)第十四条第一款、第二款第(四)项、第(五)项的规定:"取水许可实行分级审批。下列取水由流域管理机构审批:(四)跨省、自治区、直辖市行政区域的取水;(五)由国务院或者国务院投资主管部门审批、核准的大型建设项目的取水。"根据上述规定,石武高铁建设项目取水的审批机关可能是海委、黄委、淮委和长委四个流域管理机构,省、省辖市及县(市)均无取水许可审批权,很难操作。

2. 水资源费的征收和追缴主体

假如石武高铁建设项目取水许可审批权在各个流域管理机构的理由成立,那么根据《取水许可和水资源费征收管理条例》(国务院令第 460 号)第三十一条规定:"水资源费由取水审批机关负责征收;其中,流域管理机构审批的,水资源费由取水口所在地省、自治区、直辖市人民政府水行政主管部门代为征收。"京广(石武)高速铁路客用专线建设项目安阳段取水的水资源费征收及追缴权限应在省厅,该工程涉及安阳市的市区、安阳县和汤阴县三个行政区域内的水行政主管部门都无水资源费的征收权。

3. 石武高铁项目部擅自取水行政处罚权的管辖问题

根据水利部《水行政处罚实施办法》第十八条第一款"除法律、行政法规另有规定的外,水行政处罚由违法行为发生地的县级以上地方人民政府的水行政主管部门管辖"的规定,中铁三局石武客专河南段项目部各分部未经批准擅自在安阳市各辖区取用地下水,市、县两级三个水行政主管部门属当事人擅自取水违法行为发生地的县级以上水行政主管部门,具有水行政处罚的管辖权。

4. 当事人相互推诿、攀比现象普遍,影响执法工作

因该工程属于国家重点工程,省发改委和监察厅又专门发文对执法监督检查行为进行了规范,所以在查处过程中我们非常慎重。期间我们多次向当事人宣传水法规,指出违法需承担的法律后果。但施工方以他们在其他地方施工没有办理过取水许可手续、没缴纳过水资源费为由,不是不接待,就是说没有接到上面的通知,一拖再拖,至今仍不接受取水许可监督管理。

(二)建议

请上级部门对上述水资源案件给予具体指导,明确该案件取水许可审批权和水资源费征收权的具体行政执法主体,以利于水法律法规的贯彻执行,保证基层水行政主管部门在水资源管理权限上不越位、不缺位、不失位,能够更好地履行职责,维护良好的水事秩序。

一起水行政起诉案件引起的思考

2012 年 3 月 28 日,河南省人民胜利渠水政监察支队监察人员冯某、邢某对新乡市红旗区东陈庄村北“小新线”公路西人民胜利渠东三灌区内进行了现场勘验查明:中国石油化工股份有限公司河南新乡石油分公司未经水行政主管部门批准,从 2011 年开始在人民胜利渠东三灌区内建设油库(油库占地 120 多亩),占用农业灌溉面积,对原有灌溉用水、灌排工程有不利影响。当事人的行为违反了《河南省实施 < 中华人民共和国水法 > 办法》第二十四条:从事工程建设,占用农业灌溉水源、灌排工程设施,或者对原有灌溉用水、供水水源有不利影响的,建设单位应当事先报有管辖权的水行政主管部门批准,并采取相应的补救措施;造成损失的,依法给予补偿。依据《河南省实施 < 中华人民共和国水法 > 办法》第四十三条:违反本办法规定,有下列行为之一的,由县级以上人民政府水行政主管部门责令其停止违法行为,限期清除障碍或者采取其他补救措施,并处罚款:……第五项未经批准占用农业灌溉水源、灌排工程设施,或者对原有灌溉用水、供水水源有不利影响的……有前款(一)至(六)项规定行为之一的,处以一万元以上五万元以下罚款……的规定,予以立案查处。对当事人下达了《责令改正通知书》、《水行政处罚事先告知书》、《水行政处罚听证告知书》和《水行政处罚听证通知书》等法律文书,2013 年 4 月 20 日,执法人员再次对东三灌区进行了检查,发现油库已基本建成,对方仍未按要求补办相关手续,对灌区灌溉用水、灌排工程产生的不利影响仍未采取补救措施。根据《河南省水行政处罚裁量标准》、《河南省实施 < 中华人民共和国水法 > 办法》第四十三条:(2) 未经批准占用农业灌溉水源、灌排工程设施,或者对原有灌溉用水、供水水源有不利影响的……(3)在规定时限内拒不停止违法行为也不采取补救措施的,处 3 万元以上 5 万元以下罚款。

建议:(1)罚款人民币四万元;(2)采取相应补救措施,办理相关水行政审批手续。

行政起诉书

原　　告：中国石油化工股份有限公司新乡石油分公司
法定代表人：王某
被　　告：河南省水利厅
地　　址：郑州市经五路10号
法定代表人：王某
职　　务：厅长

诉讼请求

依法撤销被告作出的豫水罚决字(人民)〔2013〕第1号《水行政处罚决定书》。

事实与理由

(1)被告具体行政行为认定具体事实错误，主要证据错误。

被告豫水罚决字(人民)〔2013〕第1号《水行政处罚决定书》认定，原告擅自在人民胜利渠东三灌区内从事油库建设属于严重违法，原告认为被告的认定没有任何事实依据。

原告油库建于1956年，由于城市发展，原油库所在地现在已成市区，存在着安全隐患，经新乡市政府和原告协商，达成《迁建土地置换和经济补偿协议书》，双方约定对原告进行土地置换，将原告油库迁至新乡市小新线与纬十二路交叉口西南角，即本案被告所称的人民胜利渠东三灌区内。原告根据双方协议并根据有关规定进行了土地置换和油库项目建设有关批准手续，该项目现已基本建成。本案的基本事实是：

①原告油库所在位置及周边土地已经新乡市人民政府依法征收，变更为新乡市建设用地。早已不是被告所称的人民胜利渠东三灌区。

上述事实和证据有：《新乡市人民政府关于新乡市2010年度第一批乡镇建设征收土地的请示》(新政〔2010〕36号，《河南省人民政府2010年度第一批乡镇建设征收土地的批复》(豫政土〔2010〕48号)。

因此，被告将其认定为农业灌区是基本事实错误。

②原告油库项目是经过合法程序取得和建设的，不需要经过被告批准。

a. 2010年4月6日，新乡市土地储备中心与经过中国石油化工股份有限公司河南石油分公司授权的原告达成《新乡油库迁建土地置换和经济补偿协议书》，双方的约定对原告油库进行土地置换，将原告油库迁至新乡市小新线与纬十二路交叉口西南角，即本案被告所称的人民胜利渠东三灌区内。

b. 原告取得了油库建设项目的规划、使用土地许可及批准。

Ⅰ. 2009年8月14日，新乡市城乡规划局向原告颁发了选字第41070020090001号《建设项目选址意见书》，批准原告在新乡小新线与纬十二路交叉口西南角建设油库。

Ⅱ. 2010年8月2日，新乡市城乡规划局向原告颁发了地字第4107002001000046号《建设用地规划许可证》，批准原告在新乡市小新线与十二路交叉口西南角规划建设油库。

Ⅲ. 2012年7月11日，新乡市国土资源局向中国石油化工股份有限公司河南石油分公司颁发了新乡市新国土字〔2010〕第二十二号《建设用地规划批准书》，批准中国石油化工股份有限公司河南石油分公司在新乡市小新线与纬十二路交叉口西南角建设油库的国有土地使用权。

(2) 被告适用法律、法规错误。

①被告适用《河南省实施〈中华人民共和国水法〉办法》第四十三条第(五)项"未经批准占用农业灌溉水源、灌溉工程设施或者对原有灌溉用水、供水水源有不利影响的",规定对原告进行行政处罚,属于适用法律错误。

a. 被告没有提供必须经过批准才能进行工程建设的法律、法规规定,属于没有法律依据。

b. 原告是在拥有国有土地使用权的土地上进行油库建设的,没有占用农灌区。

c. 油库所在及周围农用地已经变成乡镇建设用地,早已不是灌区。

②被告适用《河南省水行政处罚裁量标准》对原告进行行政处罚但没有适用具体条款,属于没有处罚依据,是乱罚款。根据《行政处罚法》第五十五条的规定,没有法定的行政处罚依据的,由上级机关或者有关部门责令改正并对有关人员给予行政处分。原告保留追究有关人员违法行政的权利。

综上所述,原告认为,被告的具体行政行为没有基本事实和依据,行政处罚决定适用法律法规错误,应当依法予以撤销。同时,根据《行政诉讼法》第五十六条的规定,对被告有关人员违反政纪材料移交有关机构。

此致

郑州市金水区人民法院

具状人:中国石油化工股份有限公司

河南新乡石油分公司

2013 年 8 月 12 日

以上是简单的案情介绍、处罚建议及行政相对人的行政起诉状,如果你作为水政执法人员,如何答辩及应诉呢?经过深入思考,也许你仍然感觉困难!下面是笔者写的一审、二审答辩状,希望能引起基层水行政执法人员的思考与学习。

行政诉讼答辩状

答　辩　人:(单位名称)河南省水利厅

地　　　址:郑州市纬五路 16 号　　　　电话:659×××××

法定代表人:王某　　职务:厅长

委托代理人:王某　　职务:处长

现就中国石油化工股份有限公司河南新乡石油分公司请求,郑州市金水区人民法院撤销我厅作出的豫水罚决字(人民)〔2013〕第 1 号水行政处罚决定书一案,提出答辩如下:

(1)我厅对中国石油化工股份有限公司河南新乡石油分公司"擅自在人民胜利渠东三灌区内从事油库建设"的违法行为进行的水行政处罚决定,具体事实清楚,证据充分。

①人民胜利渠灌区设计灌溉面积 185 万亩,主要担负新乡、焦作、安阳三市九县(市、区)四十七个乡镇的农田灌溉和新乡市城市供水任务。灌区工程包括总干渠一条,长 52.7

公里,干渠五条(包括新东一干渠、东一干渠、西一干渠、东三干渠、东二干渠),长 82.5 公里,支渠 43 条,长 299.1 公里。原告所建油库工程项目位于东三干渠灌区范围内(详见附件),东三干渠灌区属于人民胜利渠灌区的一个组成部分,现该油库的库址是人民胜利渠灌区内的有效灌溉面积。依据 1995 年 11 月 13 日水利部、财政部、国家计委水政资〔1995〕457 号通知发布的《占用农业灌溉水源、灌排工程设施补偿办法》第七条"从事各项建设,需要占用农业灌溉水源、灌排工程设施及造成灌排工程报废或失去部分功能的,占用者必须在申报建设项目可行性研究报告时,附具管辖该灌排工程的水行政主管部门批准的文件"。该建设项目没有办理对人民胜利渠灌区造成不利影响的相关审批手续。

②由于灌溉渠道主体工程是根据自然条件等要素进行面积区域(范围)技术规划的,工程规模大小的确定是以规划区域(面积)为依据的。所以,进行面积置换应在人民胜利渠规划范围(面积)之外进行置换,才能保证灌溉主体工程的功能稳定。因此,中国石油化工股份有限公司河南新乡石油分公司擅自占用人民胜利渠东三干渠灌溉面积,造成了人民胜利渠主体工程失去了部分功能,导致灌区供水量减少,供水水费收入降低、经济效益损失,并造成我们管理人员的管理职能缺失。1995 年 11 月 13 日水利部、财政部、国家计委水政资〔1995〕457 号通知发布的《占用农业灌溉水源、灌排工程设施补偿办法》第二条明确规定:"凡占用国家所有的农业灌溉水源、灌排工程设施,或人为造成农业灌溉水量减少和灌排工程报废或失去部分功能的行为,均适用本办法。"

所以,原告建油库时占用的土地,是未按权限进行水行政审批的灌区灌溉面积。原告占用灌区灌溉面积的违法事实清楚,证据确凿,被告要求原告办理相关水行政审批手续并对其进行水行政处罚的决定正确。

(2)我厅作出的行政处罚决定,事实清楚,证据充分,适用法律正确。

①对《行政起诉状》中提出的"被告适用《河南省实施〈中华人民共和国水法〉办法》第四十三条第(五)项'未经批准占用农业灌溉水源、灌排工程设施,或者对原有灌溉用水、供水水源有不利影响'的规定对原告进行行政处罚,属于适用法律错误。被告没有提供必须经过批准才能进行工程建设的法律、法规,属于没有法律依据"。我厅认为,原告承建的工程项目是否合法,关键看其是不是按照有关法律规定经过行政许可审批的项目。2006 年 5 月 31 日,河南省人民代表大会常务委员会公告第 62 号公布的《河南省实施 < 中华人民共和国水法 > 办法》,是河南省人民代表大会常务委员会根据《中华人民共和国水法》和有关法律、法规的规定,结合我省实际情况制定的地方性法规,其第二十四条"从事工程建设,占用农业灌溉水源、灌排工程设施,或者对原有灌溉用水、供水水源有不利影响的,建设单位应当事先报有管辖权的水行政主管部门批准,并采取相应的补救措施;造成损失的,依法给予补偿"以及 1995 年 11 月 13 日水利部、财政部、国家计委水政资〔1995〕457 号通知发布的《占用农业灌溉水源、灌排工程设施补偿办法》第六条"任何单位或个人占用农业灌溉水源、灌溉排工程设施,必须事先向有管辖权的或管理权的流域机构和水行政主管部门提出申请,并提交有关文件资料,经审查批准后,发给同意占用的文件,并报上一级水行政主管部门备案"的行政规章。可见我厅作出的豫水罚决字(人民)〔2013〕第 1 号《水行政处罚决定书》有充足的法律依据。

②对《行政起诉状》中提出的"被告适用《河南省水行政处罚裁量标准》对原告进行行政处罚但没有适用具体条款,属于没有处罚依据,是乱罚款"。我厅认为,这更是原告对该规

定的误解,《河南省人民政府关于规范行政处罚裁量权的若干意见》(豫政〔2008〕57号)指出,裁量标准的制定是:“为了规范行政处罚裁量权,促进公平公正执法,保护公民、法人和其他组织的合法权益”以及“未履行行政处罚裁量告知义务的,行政处罚决定不能成立”。原告在规定期限内拒不停止违法行为,也不采取补救措施,其违法行为属于严重违法,对其处四万元的罚款正是与其违法行为的事实、性质、情节、社会危害程度相当的。

综上所述,原告的违法行为必须依法予以追究,我厅作出的《水行政处罚决定书》事实清楚、证据确凿、适用法律法规正确、程序合法、处理恰当。请贵院驳回原告的诉讼请求,并对我厅作出的处罚决定依法予以维持,以保障水行政机关依法行使职权。

此致

郑州市金水区人民法院

答辩机关:河南省水利厅

法定代表人:王某

2013年9月6日

附件一:

1. 法定代表人身份证明书
2. 授权委托书
3. 河南省郑州市金水区人民法院行政判决书
4. 行政上诉状
5. 行政诉讼答辩状

附件二:

1. 人民胜利渠东三干渠灌区范围图及相关确权证据
2. 案卷1套
3. 河南省实施《中华人民共和国水法》办法
4. 占用农业灌溉水源、灌排工程设施补偿办法
5. 河南省水行政处罚裁量标准《河南省实施<中华人民共和国水法>办法》

法定代表人身份证明书

王某同志,在河南省水利厅任厅长职务,是河南省水利厅的法定代表人。

特此证明。

河南省水利厅
2013 年 9 月 9 日

法定代表人住址:郑州市金水区纬五路 10 号
电话:

授权委托书

委托单位名称:河南省水利厅
所在地址:郑州市金水区纬五路 10 号
法定代表人姓名或代表人姓名:王某　　职务:厅长
受委托人姓名:王某　　性别:男
工作单位:河南省水利厅
住址:郑州市纬五路 10 号　　电话:

现委托王某在我单位与中国石油化工股份有限公司河南新乡石油分公司一案中,作为我方参加诉讼的委托代理人。委托权限如下:

全权委托。

委托单位:河南省水利厅
2012 年 9 月 9 日

以上虽然是形式和内容上的相关文书及应对,但作为基层执法人员,一定注意案卷质量、执法程序、办案期限、法律适用等。如果这些都做到了,那么法院会如何判决呢!以下是一审判决书、行政相对人的上诉状及行政机关的答辩状。

河南省郑州市金水区人民法院

行政判决书

金行初字〔2013〕第20号

原告:中国石油化工股份有限公司河南新乡石油分公司
住所地:新乡市解放路南段362号
法定代表人:杨某,总经理
委托代理人:苗某,河南某某律师事务所律师
委托代理人:张某,该公司工作人员
被告:河南省水利厅
地址:郑州市纬五路16号
法定代表人:王某,厅长
委托代理人:焦某,法规处处长
委托代理人:王某,该单位工作人员

原告中国石油化工股份有限公司河南新乡石油分公司诉被告河南省水利厅水利行政处罚一案,本院2013年8月22日受理后依法组成合议庭,于2013年9月12日公开开庭进行了审理。原告委托代理人苗某、张某,被告委托代理人焦某、王某到庭参加诉讼。本案现已审理终结。

原告诉称:原告在拥有国有土地使用权的土地上进行油库建设,没有占用农灌区,被告认定原告油库所在地是农业灌区是基本事实错误。原告油库所在地是通过土地置换、由新乡市人民政府划拨给原告的建设用地不是农业灌溉用地。被告无证据证明原告在人民胜利渠东三灌区的范围内建设。人民胜利渠东三灌区的范围、面积等需要省级人民政府批准,被告应提供省政府的批准手续。原告建设油库已经过土地、规划部门批准,并非未经批准,也不需要被告批准。被告未在处罚决定上载明具体的裁量标准、未引用具体的法律条款,应视为被告作出的具体行政行为没有相关的法律依据,请求撤销被告作出的豫水罚决字(人民)〔2013〕第1号《水行政处罚决定书》。原告提供的证据有:①被诉的《水行政处罚决定书》复印件;②新乡市人民政府新政土〔2010〕36号《新乡市人民政府关于新乡市2010年度第一批乡镇建设征收土地的请示》;③河南省人民政府豫政土〔2010〕482号《河南省人民政府关于新乡市2010年度第一批乡镇建设征收土地的批复》;④《新乡油库迁建土地置换和经济补偿协议书》;⑤签订土地置换和经济补偿协议书的授权委托书;⑥位于新乡市小新线与纬十二路西南角的成品油库项目选址意见书;⑦建设用地规划许可证;⑧建设用地批准书;⑨原告的位于新乡市规划纬十二路与规划小新线交叉口西南角地号为02-2011-6的土地证。

被告辩称:原告所建油库工程项目位于东三干渠灌区范围内,该灌区属于人民胜利渠灌区的一个组成部分,原告的工程占用了该灌区的有效灌溉面积,造成人民胜利渠主体工程失去部门功能。原告对该项目进行建设时,未办理该灌排工程水行政主管部门的相关审批手续,被告对其进行处罚,事实清楚、程序合法、适用法律正确,请求法院驳回原告的诉讼请求。被告提供的证据有:①人民胜利渠东三干渠灌区范围图;②现场勘验图;③现场图片;④村委会证明信;⑤听证笔录;⑥听证报告;⑦水利行政处罚审批表;⑧被诉的处罚决定书;⑨人民胜利渠管理局档案。提供的法律依据:①《河南省实施〈中华人民共和国水法〉办法》;②《占用农业灌溉水源、灌排工程设施补偿办法》;③《河南省水行政处罚裁量标准》。

各方当事人提供的证据、依据,经庭审质证,合议庭评议,本院对其效力和适用作出如下分析认定:

被告提供的证据系原告未经被告批准在人民胜利渠东三灌区内从事油库建设、被告对该行为进行现场勘验、组织听证、作出被诉行政处罚决定的档案材料,对其客观性本院予以采信;对其提供的法律依据本案予以适用。

原告提供的证据能证明原告与新乡市人民政府授权的新乡市土地储备中心签署《新乡油库迁建土地置换和经济补偿协议书》,约定原告将其油库搬迁出城、由该储备中心在新乡市小新线与纬十二路西南角为原告代征土地;原告在上述土地上建设油库已取得建设用地规划许可证和土地证,本院予以采信。

原告、被告对对方证据提出的异议,本院将在本院中综合评述。

上述有效证据可以认定以下案件事实:2012 年 3 月 27 日至 2012 年 3 月 30 日,原告未经被告批准,擅自占用农业灌溉水源,灌排工程设施,在人民胜利渠东三灌区内从事油库建设,违反《河南省实施〈中华人民共和国水法〉办法》第四十三条,决定对原告处罚四万元并要求原告采取相应补救措施办理相关水行政审批手续。

另查明,人民胜利渠是新中国引黄灌溉第一渠,人民胜利渠东三灌区于 1953 年 7 月 1 日建成并发挥灌溉等效能。原告的土地证载明,原告的油库地址北侧为新乡市红旗区洪门镇原堤村耕地、东西南三侧为新乡市红旗区洪门镇原堤,陈庄两村民委员会证明原告油库占用的土地面积属该两村引黄灌溉面积。

本院认为:《中华人民共和国水法》第十二条规定,县级以上地方人民政府水行政主管部门按照规定的权限,负责本行政区域内水资源的统一管理和监督工作;第三十五条规定,从事工程建设,占用农业灌溉水源、灌排工程设施,或者对原有灌溉用水、供水水源有不利影响的,建设单位应当采取相应的补救措施;造成损失的,依法给予补偿。水利部等部委《占用农业灌溉水源、灌排工程设施补偿办法》第六条规定,任何单位或个人占用农业灌溉水源、灌排工程设施,必须事先向有管辖权的或管理权的流域机构和水行政主管部门提出申请,并提交有关文件资料,经审查批准后,发给同意占用的文件,并报上一级水行政主管部门备案。《河南省实施〈中华人民共和国水法〉办法》第四十三条规定,未经批准占用农业灌溉水源、灌排工程设施,或者对原有灌溉用水、供水水源有不利影响的,由县级以上人民政府水行政主管部门责令其停止违法行为,限期清除障碍或者采取其他补救措施,并处以一万元以上五万元以下罚款。原告油库所在的人民胜利渠东三灌区早已于 1953 年 7 月 1 日建成并发挥灌溉等效能,已经过批准。被告作为县级以上地方人民政府水行政主管部门,有权对本行政区域内水资源进行统一管理和监督。原告占用农业灌溉面积建设油库,未经被告审查、批准并出具同意占用的意见,被告对其进行行政处罚不违反规定。土地、规划部门对原告对涉案土地的权属进行登记、许可原告在该土地上进行建设,并未改变原告占用农业灌溉面积建设油库的事实,对原告称其未占用农业灌溉用地的意见本院不予采纳。原告庭审中提出被告无证据证明原告在人民胜利渠东三灌区内建设,其向本院提供土地证所载明的地址与被告向本院提供的新乡市红旗区洪门镇原堤、陈庄两村民委员会证明的地址,以及被告庭审中提供的人民胜利渠管理局档案中的人民胜利渠东三灌区工程布置图一致,对原告的该意见本院不予采纳。被告在诉讼过程中未提供该行政处罚的立案审批等程序性证据,不影响被告对原告行政处罚的合法性,本院将以司法建议的方式另行处理。根据《最高人民法院关于执行〈中华人民共和国行政诉讼法〉若干问题的解释》第五十六条第(四)项的规定,判决如下:

驳回原告中国石油化工股份有限公司河南新乡石油分公司的诉讼请求。

案件受理费50元,由原告负担。

如不服本判决,可在判决书送达之日起十五日内向本院递交上诉状及副本一式七份,上诉于河南省郑州市中级人民法院,并于上诉之日起七日内向河南省郑州市中级人民法院缴纳上诉费,同时将缴费凭证交本院查验,逾期视为放弃上诉。

审　判　长　姚某

人民陪审员　张某

人民陪审员　李某

二〇一三年十一月六日

书　记　员　孙某

附:(1)《中华人民共和国水法》第十二条　国家对水资源实行流域管理与行政区域管理相结合的管理体制。

国务院水行政主管部门负责全国水资源的统一管理和监督工作。

国务院水行政主管部门在国家确定的重要江河、湖泊设立的流域管理机构(以下简称流域管理机构),在所管辖的范围内行使法律、行政法规规定的和国务院水行政主管部门授予的水资源管理和监督职责。

县级以上地方人民政府水行政主管部门按照规定的权限,负责本行政区域内水资源的统一管理和监督工作。

第三十五条　从事工程建设,占用农业灌溉水源、灌排工程设施,或者对原有灌溉用水、供水水源有不利影响的,建设单位应当采取相应的补救措施;造成损失的,依法给予补偿。

(2)《占用农业灌溉水源、灌排工程设施补偿办法》第六条　任何单位或个人占用农业灌溉水源、灌排工程设施,必须事先向有管辖权的或管理权的流域机构和水行政主管部门提出申请,并提交有关文件资料,经审查批准后,发给同意占用的文件,并报上一级水行政主管部门备案。

(3)《河南省实施〈中华人民共和国水法〉办法》第四十三条　违反本办法规定,有下列行为之一的,由县级以上人民政府水行政主管部门责令其停止违法行为,限期清除障碍或者采取其他补救措施,并处罚款:(五)未经批准占用农业灌溉水源、灌溉工程设施,或者对原有灌溉用水、供水水源有不利影响的;(六)未经批准或者不按照采砂许可规定的区域、期限和作业方式进行采砂活动的;(七)在地下水禁止开采区内取用地下水的;(八)未经批准在地下水限制开采区内取用地下水的;有前款(一)至(六)项规定行为之一的,处以一万元以上五万元以下罚款;有前款(七)、(八)项规定行为之一的,处以二万元以上八万元以下罚款。

(4)《最高人民法院关于执行〈中华人民共和国行政诉讼法〉若干问题的解释》第五十六条　有下列情形之一的,人民法院应当判决驳回原告的诉讼请求:(四)其他应当判决驳回诉讼请求的情形。

行政上诉状

上诉人(一审原告):中国石油化工股份有限公司河南新乡石油分公司
地址:新乡市解放路南段
法定代表人:杨某
职务:总经理
被上诉人(一审被告):河南省水利厅
地址:郑州市纬五路16号
法定代表人:王某
职务:厅长

上诉人(以下简称石油公司)诉被上诉人(以下简称水利厅)行政处罚一案,不服郑州市金水区人民法院金行初字〔2013〕第20号行政判决,依法提起上诉。

上诉请求

依法撤销郑州市金水区人民法院〔2013〕金行初字第20号行政判决,改判撤销被上诉人水利厅作出的豫水罚决字(人民)〔2013〕第1号《水行政处罚决定书》。

事实与理由

(1)一审判决认定事实错误。

一审法院认定:上诉人石油公司未经上诉人水利厅批准,擅自占用灌溉水源,灌排工程设施,在人民胜利渠三灌区内从事油库建设,违反《河南省实施水法办法》第四十三条,决定对石油公司罚款四万元并要求石油公司采取补救措施办理审批手续。

上诉人石油公司认为,一审法院认定事实完全错误。

①没有任何证据证明石油公司的油库占用了灌溉水源和灌排工程设施,包括水利厅一审也没有证据证明。

②石油公司油库所在位置及周边土地是新乡市建设用地,不是被告所称的人民胜利渠东三灌区。

证据是:《新乡市人民政府关于新乡市2010年度第一批乡镇建设征收土地的请示》(新政〔2010〕36号)、《河南省人民政府关于新乡市2010年度第一批乡镇建设征收土地的批复》(豫政土〔2010〕482号)。该批复第一条明确表示,统一新乡市政府征收红旗区洪门镇原堤村及陈庄村共计9.5530公顷，作为新乡市2010年度第一批乡镇建设用地。所以，虽然被上诉人称原来石油公司油库所在位置属于人民胜利渠东三灌区，但已经依法变更为建设用地。石油公司在该建设用地建设油库与人民胜利渠东三灌区无关。

③水利厅处罚决定适用法律错误。

既然石油公司没有占用所谓灌溉水源、灌排工程设施，又没有在人民胜利渠东三灌区内从事油库建设，那么水利厅的所有处罚事实、处罚依据、适用法律都是错误的，依法应当予以撤销。

(2)石油公司油库是河南省重点建设项目，项目手续完全合法。

①石油公司油库建于1956年，由于新乡市城市发展，原油库所在现在已成市区，存在着安全隐患。2010年4月6日，新乡市政府和石油公司协商，达成《迁建土地置换和经济补偿协议书》，双方约定对石油公司油库进行土地置换，将油库迁至新乡市小新线与纬十二路交叉口西南角，即本案被告所称的人民胜利渠东三灌区内。原告根据双方协议并根据有关规定进行了土地置换和油库项目建设有关批准手续，该项目已基本建成。

《迁建土地置换和经济补偿协议书》第二条明确约定，置换的油库土地的征收土地补偿费、耕地开垦费、新增建设用地有偿使用费、耕地占用税等由新乡市政府全额承担。石油公司不需要办理相关协调批准手续。

第三条约定，新乡市政府在新征土地实施油库建设时，协调政府相关部门给各种手续的办理给予支持。

上诉事实证明，作为置换土地，石油公司不承担任何费用，由新乡市政府承担全部费用。

②石油公司依法取得了油库建设项目的规划、使用土地许可及批准。

2009年8月14日，新乡市城乡规划局向石油公司颁发了选字第41070020090001号《建设项目选址意见书》，批准原告在新乡市小新线与纬十二路交叉口西南角建设油库。

2010年8月2日，新乡市城乡规划局向石油公司颁发了选字第410700201000046号《建设用地规划许可证》，批准原告在在新乡市小新线与纬十二路交叉口西南角建设油库。

2012年7月11日，新乡市国土资源局向石油公司颁发了新乡市(2012)新国土字第22号《建设用地规划批准书》。批准石油公司建设用地并依法为石油公司颁发了油库项目的国有土地使用权。

(3)被上诉人水利厅行政处罚程序严重违法。

①水利厅没有在法定举证期内提交重要证据，只是在开庭期间才出示了一部分证据。

被上诉人当庭出示的人民胜利渠东三灌区的审批手续，这些手续只是水利厅的有关文件，不是省级人民政府的批准文件。

被上诉人当庭出示了被上诉人关于本案的立案审批手续。

根据《最高人民法院关于行政诉讼证据若干问题的规定》第一条规定，被告不提供或者无正当理由逾期提供证据的，视为被诉具体行政行为没有相应的证据。

因此，应当视为被上诉人水利厅在没有确认基本事实的情况下，在没有立案的情况下违法实施行政处罚行为。

②被上诉水利厅适用法律、法规错误。

a.《占用农业灌溉水源、灌排工程设施补偿办法》不能作为被上诉人具体行政行政法律依据。

本上诉人在答辩状中大量使用并将《占用农业灌溉水源、灌排工程设施补偿办法》作为处罚依据，但是被上诉人在豫水罚决字(人民)〔2013〕第1号《水行政处罚决定书》中并没有将其作为处罚依据，因此该办法不能作为其具体行政行为的法律依据。

b. 被上诉人适用《河南省实施〈中华人民共和国水法〉办法》第四十三条第(五)项"未经批准占用农业灌溉、灌溉工程设施，或者对原有灌溉用水、供水水源有不利影响的，"规定对石油进行行政处罚，属于适用法规错误。

本上诉人没有提供必须经过批准才能进行工程建设的法律、法规规定，属于没有法律依据。被上诉人在其答辩状中引用《河南省实施〈中华人民共和国水法〉办法》第二十四条规定作为处罚依据，但被告同样没有在豫水罚决字(人民)〔2013〕第1号《水行政处罚决定书》作为处罚依据，当然属于没有法律依据。

c. 被上诉人适用《河南省水行政处罚裁量标准》对石油公司进行行政处罚但没有适用具体条款，属于没有处罚依据，是乱罚款。根据《行政处罚法》第五十五条的规定，没有法定的行政处罚依据的，由上级机关或者有关部门责令改正并对有关人员给予行政处分。原告保留追究有关人员违法行政的权利。

d. 被告具体行政行为的法律依据应当以其在豫水罚决字(人民)〔2013〕第1号《水行政处罚决定书》中的法律依据为准，而不能以其此前的行为及法律依据作为其行政处罚法律依据。

上诉人认为，行政诉讼就是对行政机关在作出具体行政行为时认定的事实、处罚依据和程序是否真实、合法进行审查并依法作出裁判。重点就是行政机关是否依法行政、依法处罚。

很显然，被上诉人水利厅在本案中程序严重违法，认定事实完全错误，没有依法确认使用公司油库的具体位置，没有立案，处罚时没有法律依据和具体处罚条款，对这些明显的行政违法行为，一审法院仅仅轻描淡写地只是认定本上诉人未提供立案审批等程序性证据，不影响对石油公司行政处罚的合法性，因而判决驳回石油公司诉讼请求。这是完全不顾本案基本事实，无视被上诉人具体行政行为的严重违法性，作出的错误判决。

综上所述，上诉人依法上诉，请求依法撤销一审法院的错误判决，并依法撤销被上诉人水利厅作出的豫水罚决字(人民)〔2013〕第1号《水行政处罚决定书》。

此致

郑州市中级人民法院

上诉人：中国石油化工股份有限公司河南新乡份公司

2013年11月13日

行政诉讼答辩状

答辩人:(单位名称)河南省水利厅
地址:郑州市纬五路16号
电话:659××××
法定代表人:王某
职务:厅长
委托代理人:王某
职务:该单位工作人员

被上诉人河南省水利厅(以下简称水利厅)就上诉人中国石油化工股份有限公司河南新乡石油分公司(以下简称石油公司)不服郑州市金水区人民法院(以下简称一审法院)金行初字〔2013〕第20号行政判决,提起的撤销郑州市金水区人民法院金行初字〔2013〕第20号行政判决,改判撤销被上诉人水利厅作出的豫水罚决字(人民)〔2013〕第1号《水行政处罚决定书》的上诉请求,提出答辩如下:

事实与理由

(1)一审判决认定事实正确。

一审法院认定:上诉人石油公司未经被上诉人水利厅批准,擅自占用灌溉水源。灌排工程设施,在人民胜利渠东三灌区内从事油库建设,违反《河南省实施〈中华人民共和国水法〉办法》第四十三条,决定对石油公司罚款四万元并要求石油公司采取补救措施办理审批手续。水利厅认为,一审法院认定事实完全正确。

①上诉人辩称:“没有任何证据证明石油公司的油库占用了灌溉水源和灌排工程设施,包括水利厅一审也没有证据证明。”

上诉人在这方面的辩驳是“断章取义”。首先,《河南省实施水法办法》第四十三条规定:“违反本办法规定,有下列行为之一的,由县级以上人民政府水行政主管部门责令其停止违法行为,限期清除障碍或者采取其他补救措施,并处罚款。”也就是说,有违反下列其中一款的行为,县级以上人民政府水行政主管部门就应当对违法当事人进行罚款,并要求违法当事人采取补救措施。同时,在该条的第五款明确指出的违法行为是:“未经批准占用农业灌溉水源、灌排工程设施,或者对原有灌溉用水、供水水源有不利影响的”;上诉人的行为,是“对原有灌溉用水、供水水源产生了不利影响”,所以上诉人的行为是该款所指的违法行为,水利厅作为水行政主管部门对上诉人进行罚款,并要求违法当事人采取补救措施的处罚决定是正确的。其次,水利部、财政部、国家计委水政资〔1995〕457号《占用农业灌溉水源、灌排工程设施补偿办法》第一条中阐述了该办法是根据《中华人民共和国水法》制订发布的,也就是说,是对《中华人民共和国水法》中个别条款的细化;该办法第二条中规定了“凡占用国家所有的农业灌溉水源、灌排工程设施,或人为造成农业灌溉水量减少和灌排工程报废或失去部分功能的行为,均适用本办法”。上诉人未经水行政主管部门批准,在灌区内擅自占用农业灌溉面积建油库的违法行为,直接导致了原有灌区农业灌溉面积的减少,使国家为该处灌区面积而修建的水利工程失去了部分功能,使该水利工程不能发挥应有效能。

②上诉人辩称:“石油公司油库所在位置及周边土地是新乡市建设用地,不是被告所称的人民胜利渠东三灌区。”

我厅查证上诉人违法事实清楚,证据确凿。

首先,新乡市红旗区洪门镇原堤、陈庄两村村民委员会提供了上诉人建油库占用的土地面积属该两村的引黄灌溉面积。其次,上诉人出具土地证载明,其建油库地址正是原堤、陈庄两村的耕地,与我厅提供的灌区图所标注的建设该油库占用的土地是灌区灌溉面积相吻合。最后,除上诉人违法建油库已占用的灌区灌溉面积外,到今天为止,紧贴该油库院墙周围的农田仍是引黄灌区灌溉面积。

上诉人在建该油库之前该处的耕地是灌区灌溉面积,虽然上诉人边建设边办理其他审批手续,但《河南省实施水法办法》第二十四条规定:“从事工程建设,占用农业灌溉水源、灌排工程设施,或者对原有灌溉用水、供水水源有不利影响的,建设单位应当事先报有管辖权的水行政主管部门批准,并采取相应的补救措施;造成损失的,依法给予补偿。”上诉人作为建设单位,应当依法到水利厅将油库建设方案报经水利厅批准。

③水利厅对上诉人的处罚决定适用法律正确无误。

既然上诉人建油库未经水行政主管部门批准同意而占用了东三灌区的农业灌溉面积,那么水利厅的所有处罚事实、处罚依据、适用法律都是正确的,应依法维持。

(2)对于上诉人取得项目手续的其他的合法性,水利厅不予以辩驳。但是,对上诉人建油库未经水利厅审查同意在灌溉面积上建油库的违法行为,上诉人应当接受处罚、依法补办手续,并采取补救措施。

(3)我厅作出的行政处罚决定,程序合法。

①人民胜利渠作为新中国引黄灌溉第一渠,国家投入了很大的财力建设灌区,该灌区设计灌溉面积185万亩,主要担负新乡、焦作、安阳三市九县(市、区)四十七个乡镇的农田灌溉和新乡市城市供水任务。人民胜利渠东三灌区于1953年7月1日建成并发挥效益,毛泽东、江泽民等党和国家领导亲临灌区视察,关怀人民胜利渠,对灌区人民带来的巨大效益。特别是在当今国家力保粮食生产区面积稳定、确保粮棉高产稳产的情况下,引黄灌溉作为公益性事业,确保灌区灌溉面积稳定显得尤为重要。

在灌区灌溉面积的批准方面:

1979年3月,河南省新乡地区引黄人民胜利渠灌溉局编制了《引黄人民胜利渠东三灌区扩建工程设计说明书》。在该设计说明书的“灌区范围选定”中指出:“新乡县朗公庙、关堤、古固寨,延津县的小店、东屯等五个公社,过去是东三灌区用水单位,现已恢复灌溉,这次规划仍予保留。”

1979年6月,新乡地区革命委员会水利局以新革水字(79)第73号文,向省水利局《关于速拨引黄人民胜利渠东三扩建工程经费的请示》中指出:“我区引黄人民胜利渠东三干扩建工程,去冬省同意列入会战工程开始兴建。

1979年8月,河南省革命委员会水利局以豫革水总字(79)087号文,向新乡地区水利局发文——《对人民胜利渠东三干渠扩建工程的批复》中指出:“你局新革水字(79)第73号请示收悉,经研究同意你局所提意见。”

1979年11月7日,河南省革命委员会水利局以豫革水计字(79)141号文向省计委发文——《对引黄人民胜利渠扩建工程计划任务书的意见》中指出："东三干渠扩建已列入1979年度水利基建计划，干渠基本完成。扩建工程按具体情况分年安排。

1980年1月12日，河南省革命委员会计划委员会以豫计农字(80)第11号文，向新乡地区计委发文——《对"关于引黄人民胜利渠改善扩建工程设计任务书"的批复》，指出："同意改善扩建人民胜利渠，灌溉面积由现在的60万亩扩大到88.6万亩。"

《引黄人民胜利渠东三灌区工程布置图》、《人民胜利渠东三干灌区工程现状图》1980年3月绘制。

以上证据证明了灌区批准的合法程序。

上诉人在该项的辩驳中还掩盖了《最高人民法院关于行政诉讼证据若干问题的规定》中"第九条 根据行政诉讼法第三十四条第一款的规定，人民法院有权要求当事人提供或者补充证据。

对当事人无争议，但涉及国家利益、公共利益或者他人合法权益的事实，人民法院可以责令当事人提供或者补充有关证据"。

所以，水利厅是在确认了基本事实的情况下，按水行政执法程序对上诉人的违法行为实施了水行政处罚决定。

②水利厅对上诉人的水行政处罚，适用法律、法规正确。

我厅认为，上诉人在灌区的灌溉面积上建油库是否合法，关键看其是不是按照有关法律规定经过行政许可审批的项目。2006年5月31日，河南省人民代表大会常务委员会公告第62号公布的《河南省实施<中华人民共和国水法>办法》，是河南省人民代表大会常务委员会根据《中华人民共和国水法》和有关法律、法规的规定，结合河南省实际情况制订的地方性法规，其第二十四条"从事工程建设，占用农业灌溉水源、灌排工程设施，或者对原有灌溉用水、供水水源有不利影响的，建设单位应当事先报有管辖权的水行政主管部门批准，并采取相应的补救措施；造成损失的，依法给予补偿"以及1995年11月13日水利部、财政部、国家计委水政资〔1995〕457号通知发布的《占用农业灌溉水源、灌排工程设施补偿办法》第六条"任何单位或个人占用农业灌溉水源、灌溉排工程设施，必须事先向有管辖权的或管理权的流域机构和水行政主管部门提出申请，并提交有关文件资料，经审查批准后，发给同意占用的文件，并报上一级水行政主管部门备案"的行政规章。由于灌溉渠道主体工程，是根据自然条件等要素进行面积区域(范围)技术规划的，工程规模大小的确定，是以规划区域(面积)为依据的。所以，进行面积置换应在人民胜利渠规划范围(面积)之外进行置换，才能保证灌溉主体工程的功能稳定。因此，中国石油化工股份有限公司河南新乡石油分公司擅自占用人民胜利渠东三干渠灌溉面积，造成了人民胜利渠主体工程失去了部分功能，导致灌区供水量减少，影响到供水水费收入降低，经济效益损失，并造成我们管理人员的管理职能缺失。1995年11月13日水利部、财政部、国家计委水政资〔1995〕457号通知发布的《占用农业灌溉水源、灌排工程设施补偿办法》第二条明确规定："凡占用国家所有的农业灌溉水源、灌排工程设施，或人为造成农业灌溉水量减少和灌排工程报废或失去部分功能的行为，均适用本办法。"

可见我厅作出的豫水罚决字(人民)〔2013〕第1号《水行政处罚决定书》有充足的法律依据，适用法律、法规正确。一审法院依事实为依据，以法律为准绳，对该案作出的判决正确无误。

所以,原告建油库时占用的土地,是未按权限进行水行政审批的灌区灌溉面积。原告占用灌区灌溉面积的违法事实清楚,证据确凿,被告要求原告办理相关水行政审批手续并对其进行水行政处罚的决定正确。

综上所述,原告的违法行为应依法予以追究。我厅对上诉人作出的《水行政处罚决定书》事实清楚、证据确凿、适用法律法规正确、程序合法、处理恰当;一审法院对该案的判决,调查具体、依据真实、事实清楚,证据确凿。

为此,我厅请求郑州市中级人民法院维持金水区人民法院金行初字〔2013〕第20号的行政判决,并维持我厅的豫水决字(人民)〔2013〕第1号《水行政处罚决定》,以保障水行政机关依法行使职权。同时,驳回上诉人的上诉请求。

此致

郑州市中级人民法院

答辩机关:河南省水利厅

法定代表人:王某

虽然一审下达了判决书,但一审行政相对人对判决不服又提出了上诉申请,那么作为行政机关,只有按照法律规定,做好应诉的充分准备,才能在二审中化被动为主动。

其 他 类

关于一起水事暴力抗法事件的几点思考

某某置业有限公司未经市水行政主管部门审批,擅自在邱家沟、婴儿沟和茶店坡沟交汇处(以下简称三沟汇流处)违法施工,损毁堤防缩小河道行洪断面、擅自设置河道围堰阻碍行洪、违法跨河建桥,影响河道防洪安全。

2012年7月13日,经检查,市水利局水政执法人员发现某某置业有限公司在围堰上游27米处擅自拆除河道堤防22.3米,将河道原梯形断面改建为矩形断面,缩小河道行洪断面,并在围堰处擅自违法跨河建桥,影响河道行洪。鉴于上述情况,水政执法人员在出示执法证件,亮明身份后,立即立案查处。按照水行政处罚的一般程序,先后向该公司下达了《责令停止水事违法行为通知书》、《水行政处罚听证告知书》、《水行政处罚决定书》,要求施工单位停止施工,恢复河道原状,补办施工许可证,并处罚款8万元。对于水行政主管部门下达的《停止施工通知书》和《水行政处罚决定书》，某某置业有限公司置若罔闻，既不申请行政复议，也不提起行政诉讼，仍继续施工。从2012年7月13日到10月20日的三个多月时间，水政监察员多次到施工现场，要求停止施工，但无任何效果。10月22日下午3时，水政执法人员对河道违章建筑实施强制拆除。在强制拆除过程中，某某置业有限公司指使其施工人员对赤手空拳和没有统一着装的水政执法人员进行围攻，抢夺摄像器材，手持木棍和铁锤追打执法人员，造成两名执法人员受伤（现两人经住院治疗后已出院）。最后在某某路派出所民警的制止下，执法人员才得以摆脱围攻，撤离现场。案件虽然结束了，但作为参与此次联合执法全过程的笔者，有一些感言想说出来，与读者共同探讨。

（1）要加大对暴力抗法行为的打击力度。

被执法者暴力抗法很容易滑入违法犯罪的泥坑，受到法律严惩。水利部门对于被执法者暴力抗法行为构成犯罪的，可以移交司法部门依法追究刑事责任。中国相关法律规定，以暴力、威胁方法阻碍国家机关工作人员依法执行职务的，构成妨害公务罪；可以处三年以下有期徒刑、拘役或者罚金。如果致执行职务人员重伤或者死亡的，以故意伤害罪或者故意杀人罪处罚；致人轻伤的，以妨害公务罪从重处罚。由于司法部门对暴力抗法行为的严厉惩处，以及新闻媒体对此的宣传报道，因此如今被执法者越来越多地采取非暴力抗法的形式，寄希望于通过该不当方式向执法者施加压力，既不造成严重后果，同时又能够给执法者增加负担，以达到自己的目的。无论采取何种方式抗法，包括非暴力行为，其性质均为阻碍正常的执法行为，非暴力行为本身也是阻碍执法的行为，其不能减轻处罚；相反，根据《治安管理处罚条例》的规定，抗法者这样的非暴力行为除应当接受水行政主管部门处罚外，还有可能因为自身的抗法行为被处治安处罚。

（2）要人性化执法。

人性化执法的核心在于以人为本。虽然被执法者自身存在诸多问题，但是水利部门在处理时应当以说服教育为主，注重执法效果，切忌作风简单粗暴、冷酷无情。应当以沟通及教育的方法使当事人既看到法律的尊严，也能体会到政府的温情。同时必须进行综合治理，不能寄希望于处罚，尽量避免采取罚没、剥夺生产资料，不给被执法者生路，激化矛盾的简单方法。实际上，“一罚了之”的做法后患无穷。人性化执法更大程度应当体现在水政执法人员应首先约束和规范自身的言谈举止，避免给被执法者造成野蛮执法的影响；其次，执法之前应当做好说服教育，同时更多地补充说明如何守法，做到严格执法和说服教育相结合，以耐心解释化解法律程序的严格给被执法者造成的抵触情绪。

（3）要统一着装。

水行政执法的特点和环境决定了水政监察人员着装的必要性。水利部门作为多部法律法规的执法主体，执法任务相当繁重。水行政执法工作承担着防洪安全、调处水事纠纷、制止和查处违法行为、保护水资源、水土保持、水利工程设施等重要职责。从这起暴力抗法案件也可以看出，我们的执法环境相当恶劣，困难重重，为了维护水利工程安全和良好水事秩序，我们水政监察人员秉公执法，时常遭围攻、漫骂。由于没有着装，有时违法人员甚至以为执法人员是来“黑吃黑”的。

（4）要采用与公安部门联合执法的模式。

当前，水行政执法机构和队伍建设还存在一些问题，特别是由于编制、经费、着装、人员素质等方面的制约，水行政执法与形势需要还有很大差距，而且在短期内难有根本改善。在这种情况下，采用与公安部门联合执法的形式是非常有效的。既可以增加执法的力度，使违法案件的查处顺利进行，也可以减少暴力抗法现象的发生，保护水行政执法人员的人身安全。有的地方采用建立水利警务区、水利治安办公室等行之有效的方式来改善水行政执法不力的现状。有条件的地方还成立了隶属于当地公安机关的水利派出所。这些形式都是符合公安体制改革精神和社会治安综合治理有关政策的，各地可以因地制宜地借鉴和采纳。

(5)要建立水行政执法应急预案制度，加强水政执法人员应对能力。

在进行重大水事执法活动之前，要召开专题会议进行部署研究，将执法行动中可能出现的问题一一梳理，对每一项任务要明确分工，合理安排部署，认真搞好预案，加强水行政执法人员对突发事件的应对能力。同时，建议水利执法部门和公安机关建立110联动机制，一旦发生暴力抗法事件，110指挥中心立即出警力支援。只有这样，在发生突发性暴力抗法事件时，执法队员才能做到沉着应战，避免产生慌乱、急躁等不良情绪，影响执法工作的顺利进行。

(6)要改进执法装备。

配备必要的摄、录像(音)设备可以减少抗法事件的产生，也是有力打击抗法行为人的有力保证。将水政执法人员的整个执法过程进行摄、录像(音)，一方面可以规范执法人员的行为；另一方面也可约束部分行政相对人的行为，消除那些在抗法边缘犹豫不决的对象抗法。另外，就是发生抗法事件，也能为公安部门作出处罚提供充分的证据，而不至于因没有证据，把抗法事件淡化为一般的民事纠纷。

(7)要建立水行政执法人员职业安全保障制度，严惩暴力抗法不法行为。

一是加强职业安全保障制度。水利执法人员在依法履行职务，加强自身安全防范措施的同时，应建立职业安全保障制度，拨出专项经费为水利执法人员购买人身意外伤害保险，以增强水政执法人员抗御职业风险的能力。二是进一步理顺水利执法体制。凡属法律法规赋予水行政主管部门的水行政执法职能，由综合执法机构统一承担，形成一个拳头对外的体制，提高综合执法的力量。国家对水政执法队伍要进行统一管理，在人员性质上将基层执法人员尽快纳入公务员或依照公务员管理序列；在管理模式上要进行一定的垂直管理，相对提高其依法履行职务的独立性。这样，一旦发生突发性暴力事件能最大限度保护自身安全，解决执法人员的后顾之忧，以此大大提高执法的权威性，从而推进依法行政工作更加完善。

(8)要讲究技巧和策略。

水政执法办案过程中，坚持纵、横向多方协调，搞好和相邻行政机关的关系。对于政策性强、影响面广的水事案件要及时与当地党委、政府、人民法院联系，力求取得他们的支持和帮助，避免行政干预局面的形成。加强对群众的宣传、解释、沟通、协调工作，做到以理服人、以法服人、以情动人，争取理解、支持与配合，减少执法矛盾和冲突。遇到暴力抗法等突发事件，要保持慎重、冷静、克制的态度，本着文明、依法、灵活、实事求是，讲究艺术和技巧的原则妥善处置，不要有过激的语言和行为，防止事态的进一步扩大和升级。执法过程中要虚心听取群众的意见，及时解答群众的疑问和解决群众反映的实际问题；充分发挥义务村委会、社区的作用，通过他们宣传水法律法规和政策，提高全社会水法律法规意识。

总之，新时期新形势下，水政执法工作必须树立正确的执法理念，把严格执法与以人为本有机统一起来，走人性化执法之路。新的形势下，水政执法工作理应更加自觉地服务于构建社会主义和谐社会这一工作大局，努力实现通过执法一方面促进人水和谐，维护良好的水事秩序,保障水利工程的可持续利用;另一方面促进社会和谐,减少社会的不稳定因素,构建刚柔相济、注重社会效果、有助社会和谐的水行政执法机制。

浅析水行政处罚中"加处罚款"究竟如何执行

"在当前法律、法规没有赋予水行政主管部门强制执行权的情形下,相对人拒不履行生效的行政处罚决定,水行政主管部门申请人民法院强制执行是最重要的强制手段,保证了行政处罚决定的严肃性和权威性。"

"法律、法规没有赋予行政机关强制执行权,行政机关申请人民法院强制执行的,人民法院应当依法受理。由此,本案申请人民法院强制执行其行政处罚决定是有明确的法律依据的。"下面从一起水事违法案件来谈加处罚款问题。

2010 年 11 月 25 日,河南省安阳市水政监察支队接到了一起举报案件。经现场勘查发现,被举报的大观电器有限公司院内北侧有一眼水井,装有取水设施,取水管径 50 毫米,未安装计量设施,现场检查时正在抽水。调查该单位工作人员得知抽取地下水主要用于宾馆餐饮。根据调查结果,认定该单位的行为属擅自取水,违反了《中华人民共和国水法》第四十八条第一款的规定,水行政执法人员按法定程序先后下达了《水行政处罚听证告知书》、《水行政处罚事先告知书》,该单位没有要求听证,也没有对行政处罚提出陈述、申辩。随后,安阳市水利局发出了《水行政处罚决定书》,告知了违法事实、主要证据、处罚依据和处罚内容。其中还包括告知行政处罚的履行方式和期限:该电器有限公司应于某年某月某日前,携带本决定书,将罚款 8 万元交至具体代收机构(指定的某银行);逾期未缴纳罚款的,依据《行政处罚法》第五十一条第(一)项的规定,每日按罚款数额的百分之三加处罚款。加处的罚款由代收机构直接收缴。逾期不履行行政处罚决定的,由作出处罚决定的机关申请人民法院强制执行或按有关规定执行。行政处罚决定书最后还告知相对人提起行政复议和诉讼的权利。

《水行政处罚决定书》送达后,该电器有限公司没有在法定期限内缴清罚款。水利局随之发出了《罚款催缴通知书》,要求该电器有限公司向指定银行代收机构缴纳罚款和依法加处的罚款。若逾期仍不能履行,水利局将申请人民法院强制执行。在《罚款催缴通知书》规定的时间内,该电器公司依然没有履行。水利局向人民法院提交了《强制执行申请书》,申请法院强制执行生效的行政处罚决定书的内容,包括罚款、加处罚款。法院审查后,在作出准予强制执行行政处罚罚款的同时,对加处罚款是否执行不置可否,实际执行中也不予执行加处罚款。中国《行政处罚法》第五十一条规定"当事人逾期不履行行政处罚决定的,作出行政处罚决定的行政机关可以采取下列措施:(一)到期不缴纳罚款的,每日按罚款数额的百分之三加处罚款。(二)根据法律规定将查封、扣押的财物拍卖或将冻结的存款划拨抵缴罚款。(三)申请人民法院执行"。行政机关因行政相对人的违法行为对其科处罚款,行政相对人在法定期限内未申请复议,又未提起诉讼,到期又未自觉履行,行政机关根据《行政处罚法》第五十一条第(一)项的规定加处罚款。该加处罚款在非诉行政执行程序中争议颇多,如加处罚款应否与行政处罚罚款一并执行?加处罚款从何时开始计算等?各地法院做法各异,现行法律、司法解释也没有作出明确的规定。笔者认为,结合《行政处罚法》第五十一条的内容,从立法本意上看,加处罚款与申请法院执行这两种强制执行措施行政机关可以选择适用,这种选择是单一选择,还是可重复选择?法律、司法解释都没有规定,但从选择的本意上来说,选择了其中一项强制执行措施,就不应再选择另外一种。况且加处罚款并不是执行内容,而是一种强制执行措施。另外,从执行主体上看,加处罚款是行政处罚法普遍授权行政机关的一种行政强制执行权,执行主体应当是行政机关,而非法院。法律法规并没有授权法院可以行使这一权利,因此人民法院无权行使。但由于中国行政机关强制执行措施的单一性,在行政相对人逾期不履行行政决定时,行政机关依法对相对人每日按罚款数额的百分之三加处罚款,在没有其他强制措施相辅助的情况下,仅凭此种加处罚款是无法迫使相对人履行义务的。目前不赋予行政机关的重复选择权则势必难以保障行政决定的最终实现,行政管理将难以为继。鉴于维护行政管理执法的需要,目前各地大多数法院对行政机关申请执行加处罚款一般都采取了一并执行的权宜做法,但这一做法实际上是一种"中国特色"的执行方式,综观世界两大法系相关行政执行法,并没有行政机关实施的执行罚是通过司法强制执行来保障实现的。许多学者对中国"以申请人民法院执行为原则,以行政机关自行强制执行为例外"的二元制行政执行权力分配模式都提出了批评,二元制行政强制执行模式凸显的弊端本文不再赘述。因此,笔者认为应当制订统一的《行政强制执行法》,将行政强制执行权赋予行政机关统一行使,同时规范行政强制执行程序、措施,完善行政强制执行的法律责任和救济制度。下面谈一下法院在实践中观点,《行政诉讼法》第六十六条规定,公民、法人或者其他组织对具体行政行为在法定期间不提起诉讼又不履行的,行政机关可以申请人民法院强制执行,或者依法强制执行,这就是所谓的"非诉行政案件的执行"。对此,《最高人民法院关于执行〈中华人民共和国行政诉讼法〉若干问题的解释》第八十七条规定,法律、法规没有赋予行政机关强制执行权,行政机关申请人民法院强制执行的,人民法院应当依法受理。由此,本案该电器公司申请人民法院强制执行其行政处罚决定是有明确的法律依据的。

但是,对于《行政处罚决定书》中的"加处罚款"是否能够由法院强制执行,却产生了不同意见。这些不同的理解导致在实务中,各地法院在对执行"加处罚款"采取不同做法,有的地方法院在执行罚款的同时执行了"加处罚款",有的法院裁定准予执行行政处罚罚款,但对加处的罚款不予执行。

第一种意见认为,"加处罚款"是滞纳金性质,应由法院强制执行。加处罚款与滞纳金有许多相同之处,目的都是为了促使相对人履行行政处罚决定,而且同属行政强制执行措施中的间接强制措施,同属执行罚范畴。然而,二者的适用依据不同,加处罚款一般针对不履行缴纳罚款的行为,滞纳金则适用于不履行行政征收决定的行为;二者的比例不同,加处罚款按照《行政处罚法》的规定为每日百分之三,滞纳金比例多为每日万分之五。因此,笔者认为,不应该将二者混为一谈。"加处罚款"不能比照"滞纳金"由法院强制执行。

第二种意见认为,"加处罚款"是新的附加的"行政处罚",法院应将其与原处罚一并执行。行政处罚中的罚款与加处罚款形式上都是要求被处罚人以金钱上的给付,都是对相对人的惩罚。罚款是行政相对人违法行为的直接后果,加处罚款是相对人不履行行政处罚决定的法律后果。但是,如果将"加处罚款"视为新的行政处罚,那么不应该只是在《行政处罚决定书》中直接告知相对人,而是应该按照法定的处罚程序进行立案、调查和案审等,否则就是程序违法。因而,将“加处罚款”直接视为行政处罚是不妥的。

第三种意见认为,“加处罚款”是一种行政强制执行措施,属于执行罚,应由行政机关自己执行,依据《行政处罚法》的相关规定,法院并没有执行的法律依据。从《行政处罚法》第五十一条的规定看,第(一)项“到期不缴纳罚款的,每日按罚款数额的百分之三加处罚款”与第(二)项“根据法律规定,将查封、扣押的财物拍卖或者将冻结的存款划拨抵缴罚款”及第(三)项“申请人民法院强制执行”是并列的几项执行措施,只能选择使用,不能重复使用。从法条本身的逻辑分析,作为第(三)项“申请人民法院强制执行”不能涵盖第(一)项的“加处罚款”。换句话说,“加处罚款”是行政机关自己采取的执行措施,法院执行没有依据。此时,为弥补逾期缴纳罚款没有惩罚的缺陷,个别观点认为,可以根据《最高人民法院关于贯彻执行〈中华人民共和国行政诉讼法〉若干问题(试行)》第一百一十四条的规定:“人民法院审理行政案件,除依照行政诉讼法的规定外,对本规定没有规定的,可以参照民事诉讼的有关规定。”故根据《民事诉讼法》第二百三十二条(修正后的《民事诉讼法》第二百二十九条)的规定:“被执行人未按判决、裁定和其他法律文书指定的期间履行给付金钱义务的,应当加倍支付迟延履行期间的债务利息。”即行政机关如申请人民法院执行罚款,则不应执行“加处罚款”,而应由被执行人加倍支付迟延履行期间的罚款利息。

【评　析】:笔者认为,上述意见有其合理之处,然而却是与目前实践并不一致。首先,我们说,“加处罚款”是符合法律规定的具体行政行为。《行政处罚法》第五十一条第(一)项规定:当事人逾期不履行行政处罚决定的,作出行政处罚决定的行政机关可以采取下列措施:到期不缴纳罚款的,每日按罚款数额的百分之三加处罚款。为此,行政机关有权在行政处罚决定书中对相对人确定“加处罚款”的义务。显而易见,像水利局这样没有强制执行权的部门,在没有其他强制措施相辅助的情况下,仅凭在行政处罚决定书上说明加处罚款是无法迫使相对人履行义务的。考虑到中国“以申请人民法院执行为原则,以行政机关的行政执行为例外”的二元制行政执行权力分配模式,法院有义务对“加处罚款”这样的合法措施进行执行。从法律依据上讲,法院并非毫无执行的法律依据。《行政诉讼法》第六十六条规定“非诉行政案件的执行”,其落脚点并非“行政处罚”,而是“具体行政行为”。也就是说,“加处罚款”作为一项合法生效的“具体行政行为”,是有可执行的内容的。本案中,水利局在行政处罚决定书中告知相对人“加处罚款”的事项,而且还进行了催缴,此后在申请执行书中除了申请执行行政处罚外,还明确了申请执行加处罚款的内容,根据《行政处罚法》第五十一条的立法本意及立法宗旨,法院应该对“加处罚款”进行审核,对符合法律规定的,应予执行,以维护行政行为的权威性。

附:本人认为可以执行和解的法律、法规及政策依据,仅供参考。

(1)法律或政策依据:应当允许执行和解,理由:一是《行政诉讼法》及其司法解释中没有对这个问题作出规定,因此在执行中只能适用《民事诉讼法》的有关规定执行。二是最高人民法院关于印发《进一步贯彻“调解优先、调判结合”工作原则的若干意见》的通知(2010年6月7日最高人民法院文件法发〔2010〕16号公布)自公布之日起施行。要求:①着力做好行政案件协调工作。在依法维护和监督行政机关依法行使行政职权的同时,要针对不同案件特点,通过积极有效的协调、和解,妥善化解行政争议。在不违背法律规定的前提下,除对行政赔偿案件依法开展调解外，在受理行政机关对平等主体之间的民事争议所作的行政裁决、行政确权等行政案件，行政机关自由裁量权范围内的行政处罚、行政征收、行政补偿和行政合同等行政案件，以及具体行政行为违法或者合法但不具有合理性的行政案件时，应当重点做好案件协调工作。②努力做好执行案件和解工作。要进一步改进执行方式，充分运用调解手段和执行措施，积极促成执行和解，有效化解执行难题。对一些重大疑难、影响较大的案件，要积极争取党委、人大支持和上级行政机关配合，邀请有关部门共同参与协调。对具体行政行为违法或者合法但不具有合理性的行政案件，要通过协调尽可能促使行政机关在诉讼中自行撤销违法行为，或者自行确认具体行政行为无效，或者重新作出处理决定。

(2)实践中行政非诉执行案件适用执行和解的必要性和可行性。

一是行政机关申请人民法院执行具体行政行为的最终目的是实现行政管理的社会效果，至于如何实现其目的并不重要。人民法院每年都要面临着大量的行政非诉执行案件，这类案件的被执行人往往怀着严重的抵触情绪，甚至出现极端举动，容易引起社会大众的关注，如果单纯以“强制”作为唯一的执行方式，就难以取得好的社会效果。二是人民法院执行非诉行政处罚案件的目的不在于对相对人的经济制裁，更主要的是体现对相对人的教育管理目的。既要维护行政机关的权威性，又要为经济发展、社会稳定发挥人民法院保驾护航的作用。三是非诉行政执行和解是和谐社会对公正司法的必然要求。构建社会主义和谐社会是全党的任务、全国人民的任务。作为人民法院，必须充分发挥行政审判的职能作用，对于妥善处理人民内部矛盾，维护行政管理秩序和社会和谐稳定，都具有极其重要的意义。特别是在当前中国正在进行的结构调整、体制转型、社会转型、社会矛盾和利益冲突凸显的特定的历史时期，如果简单地将非诉行政执行一律强制化，往往还不能达到案结事了，还有可能使矛盾更加复杂化。因此，人民法院在对待非诉行政执行的案件上，既要坚持法律面前一律平等的原则，又要创建性地探索和实践妥善处理行政争议的新方法，以更好地促进行政相对人与行政机关之间的谅解与和谐。促成社会矛盾的合理消化，达到法律效果和社会效果的统一。四是引入执行和解，在听取双方当事人的陈述和意见后，确定只要不违反法律、法规的强制性规定，为平衡国家利益、社会利益、第三人利益与被执行人的合法利益，本着化解矛盾、促进和谐的原则，执行人员可对双方当事人作一些积极的工作，促使双方达成协议，迅速执结案件。退一步说，即使法律不规定执行和解，司法实务中，依然会有大量的非诉行政执行案件出现庭外和解的现象，甚至可能出现越演越烈之势。如果在法律的指引下，对此予以规范，取其利，避其害，相信执行和解这一制度的优越性在非诉行政执行工作中一定能得到充分的发挥。五是法院自身的原因。由于行政机关申请法院执行的非诉执行案件每年的数量都在不断上升，而这些案件往往涉及被执行人的根本利益，当事人双方对抗性极强，自动履行的可能性较小，并且这些案件往往是行政机关自身多次执行无果的案件，执行难度极大。六是被执行人的原因。某些案件在执行过程中由于被执行人的特殊情况或者在执行过程中被执行人发生了一些不可预知的变故，行政机关在自由裁量权的范围内作出一定的让步，从而使双方达成执行和解。比如某些行政处罚相对人，其本身经济条件不好，并且有家人突然患重病等其他客观因素，主观上本人也认识到自己行为的错误，因此行政机关往往也愿意在执行过程中给予一定的宽大处理，故双方往往能根据被执行人的实际情况在行政机关的自由裁量权范围内达成执行和解。七是社会原因。近年来党和国家提倡建设和谐社会，而和谐社会的构建不仅是在公民、单位之间，行政机关(政府)与行政相对人之间的和谐也是重要的一方面。建设和谐社会的要求反映在非诉案件的执行上就是要法院尽量避免采取强制执行措施,在行政机关与行政相对人之间进行调解、沟通,尽量消除两者的对立情绪,避免矛盾的激化。比如某些城管行政处罚案件,被执行人往往是一些小商小贩,其违法行为比较轻而处罚相对较重。在执行过程中,如果被执行人不主动全部履行,法院就强制执行,采取拘留、扣押、搜查等强制手段的话,往往容易造成被执行人与执行申请人之间的对立情绪,非但案件难以执行到位,而且导致官民之间的长期不和谐,从而影响社会的和谐。因此,行政机关、法院从维护社会的和谐稳定大局出发都倾向于最大限度地减少强制执行而将案件执行和解。

(3)行政非诉执行案件和解的现实意义。

一是提高行政机关的结案率和法院的执行效率。在行政非诉执行案件中,如果排斥执行和解的适用,造成在行政非诉执行案件中,执行手段机械单一,不能灵活处置,影响法院的执行效率和结案率。如果对某些行政处罚相对人主观认识态度较好,又没有给社会造成不良后果,在考虑处罚相对人的经济条件情况下,给予一定的宽大处理,使案件可以完结,对三方都有利。如果明知当事人没有履行能力,坚持继续执行,而实际上又无法执行,导致该案最后可能不了了之。直接影响了行政机关的结案率,有损行政机关的威信,不利于今后工作的开展。二是落实合理行政、便民高效的行政管理原则。行政机关的任何决定都应具有理性,属于实质行政法治的范畴。不管是对合法的管理对象,还是对违法的处罚相对人,都应该公平、公正,考虑各种因素,最大限度地保护好行政管理相对人(包括行政处罚相对人)的合法权益。三是构建和谐社会贯彻以人为本法治理念的需要。

构建和谐社会,贯彻以人为本的法治理念是当前的发展趋势,在行政非诉执行案件中,不适用执行和解,法院只能采取强制执行措施,无需对行政管理相对人进行调解、沟通,容易造成对立情绪,导致矛盾的激化,从而影响社会的和谐,这与政府努力营造执政为民的理念思想是背道而驰的。通过执行和解这一平台,可以贯彻以人为本的人文主义价值观,从整体上,维护人的价值和尊严,关怀行政管理相对人的现实命运,理解行政管理相对人的现实感受,宽容善待行政管理相对人,引导广大人民群众共同参与对国家和社会的管理,努力打造法治政府、服务政府的良好形象,这是以德治国、以人为本的精髓。行政非诉案件的执行和解有利于推动和谐社会进程,树立“以人为本”的新法治理念,起到非常积极的作用。

浅析“一事不再罚”原则在水行政处罚中的运用

水行政处罚中“一事不再罚”原则,根据《行政处罚法》第二十四条的规定:“对当事人的同一个违法行为,不得给予两次以上罚款的行政处罚。”这条规定只禁止对同一违法行为实施两次或两次以上的罚款,但对于同一违法行为处以两次或两次以上的警告、拘留、责令、停产、停业等并没有予以否定。由此可见,《行政处罚法》规定“一事不再罚”的范围是有限的,只为水行政处罚提供了具体的操作规程,却未在法律上真正确立“一事不再罚”原则,或者说它只是在罚款的范围内体现了“一事不再罚”原则。在此“处罚”仅作“罚款”理解,该条款可以理解为“对同一水事违法行为，无论有多少法律规范对这一水事违法行为都规定予以处罚，但是罚款只能一次”。该条款是“一事不再罚”原则在立法中的体现，虽然它仅仅限定于“罚款”这唯一的行政处罚种类，但罚款处罚在行政处罚中是运用的最多的一种处罚方式。

这一原则可以从两方面理解：首先，水行政处罚的必须是同一事实，即同一水事违法行为。也就是说，这一原则可以从两方面理解：首先，水行政处罚的必须是同一事实，即同一违法行为。也就是说，构成要件上只符合一个水事违法行为的特征。实践中，有的水事违法行为人连续实施数个性质相同的水事违法行为；有的水事违法行为人在实施水事违法行为的过程中，其行为的方法和结果又往往侵害了法律所保护的其他社会关系；有的水事违法行为中还包含了不作为违法行为。在这些情况下，如何对水事违法行为进行认定，是正确施行水行政处罚的关键。

那么如何理解同一个水事违法行为呢？一般来说，“同一个水事违法行为”是指当事人实施了一个违反水行政法规的行为。在这里需要注意的是：第一，同一个水事违法行为是指一个独立的水事违法行为，而不是一类水事违法行为。如公民王某凿井多眼，虽然是同一类违反水行政管理规范的行为，但多次违反，构成多个独立的水事违法行为。第二，同一个水事违法行为由同一个行为人实施。如果水事违法行为是由两个违法行为人实施，那么水行政机关有权对两人都进行水行政处罚。

其次，必须是同一证据，即同一个法律、法规规定。根据处罚法定原则，对水事违法行为实施行政处罚必须有法律依据。但实践中，由于社会关系的错综复杂及技术方面的原因，常常会出现不同的法律规范对同一社会领域进行交叉调整的情况，这时就要具体分析。对于表面是多个法律规范，但实际上是调整同一种社会关系，对同一类行为进行处罚的，要注意适用“一事不再罚”的原则，以免重复处罚。

只有同时满足上述两个条件，即对同一水事违法事实，依据同一水事法律规范时，才能适用不得再罚的原则，也就是说，对同一水事违法行为可以依据不同法律规范进行处罚，依据同一法律规范也可对不同水事违法行为进行处罚。

“一事不再罚”原则不是在所有的情况下都适用，有些特别情况是允许再罚的。实践中“一事不再罚”原则的例外情况主要有以下几种：

(1)水法律法规规定可以并处水行政处罚的情形。行为人的一个行为违反了一个水法律法规规定，该水法律法规规定对某种水事违法行为可以并处两种处罚，如水法律规定可以罚款并吊销取水许可证等，水行政机关对一个水事违法行为作出罚款，同时吊销取水许可证的处罚是合法的。

(2)水行政主体需要重新作出水行政处罚的情形。如水行政机关认为原水行政处罚不正确，撤销了原水行政处罚决定，行政主体重新作出了水行政处罚决定。

(3)执行罚与水行政处罚并处的情况。执行罚是对拒不履行法定义务的人，由水行政机关采取连续罚款的方式促使其履行义务的一种强制执行手段。这种情况下的罚款是一种强制执行的方式，可以连续多次适用，直到义务人履行义务。

综合上述分析，“一事不再罚”原则在水行政处罚中仅规定为罚款，在实践中被扩大理解为水行政机关对人的同一个违反行政规范的行为，不得给予两次以上的水行政处罚。即只要当事人客观上只有一个水事违法事实，只能给予一次水行政处罚，不能两次或多次，而且如果其中一个行政机关处罚了，一般情况下其他行政主体就不能再实施处罚，已实行行政处罚的主体也不能再处罚。一事不再罚并不排除一些特殊情况下的两次处罚，同时也不排除水行政处罚和刑罚等其他不同性质的法律责任的同时适用。

一起水行政处罚案件如何撤销的操作实务

2010 年 3 月 29 日对实业有限责任公司某分公司擅自取用地下水一案立案调查。经查，你单位从 2009 年 10 月份以来未经水行政主管部门批准，擅自在安阳市某区工业园本公司院内取用地下水用于公司的建设。该行为违反了《中华人民共和国水法》第四十八条第一款“直接从江河、湖泊或者地下取用水资源的单位和个人，应当按照国家取水许可制度和水资源有偿使用制度的规定，向水行政主管部门或者流域管理机构申请领取取水许可证，并缴纳水资源费，取得取水权。……”的规定。根据《中华人民共和国水法》第六十九条“有下列行为之一的，由县级以上人民政府水行政主管部门或者流域管理机构依据职权，责令停止违法行为，限期采取补救措施，处二万元以上十万元以下的罚款；情节严重的，吊销其取水许可证：(一)未经批准擅自取水的；(二)未依照批准的取水许可规定条件取水的。”的规定，决定对该单位作出：(1)停止取用地下水；(2)罚款人民币柒万元的行政处罚。安阳市水利局依法定程序下达了《水行政处罚决定书》后，该企业提供了已办理的某区水务局颁发的取水(某)字〔2009〕第 2 号取水许可证。那么作为水行政执法人员，该如何处理该案？

附：水行政处罚决定书

水行政处罚决定书

安水罚决字〔2010〕第 7 号

被处罚人(单位)名称：实业有限责任公司某分公司

地　　　　　　址：安阳市某区工业园天意大道 9 号

法定代表人或负责人：建国　　　　　　职　务：

本机关于 2010 年 3 月 29 日对你单位擅自取用地下水一案立案调查。经查，你单位从 2009 年 10 月份以来未经水行政主管部门批准，擅自在安阳市某区工业园天意大道你公司院内取用地下水用于公司的建设。该行为违反了《中华人民共和国水法》第四十八条第一款“直接从江河、湖泊或者地下取用水资源的单位和个人，应当按照国家取水许可制度和水资源有偿使用制度的规定，向水行政主管部门或者流域管理机构申请领取取水许可证，并缴纳水资源费，取得取水权。……”的规定。

违法的证据：(1)调查笔录；(2)现场勘验笔录；(3)视听资料。

违法行为等次：根据你单位的违法事实、性质、情节、社会危害程度和相关证据，你单位的违法行为等次属于特别严重。

应受行政处罚的依据和种类：上述违法行为事实清楚，证据确凿充分。根据《中华人民共和国水法》第六十九条“有下列行为之一的，由县级以上人民政府水行政主管部门或者流域管理机构依据职权，责令停止违法行为，限期采取补救措施，处二万元以上十万元以下的罚款；情节严重的，吊销其取水许可证：(一)未经批准擅自取水的；(二)未依照批准的取水许可规定条件取水的”的规定，决定对你单位作出下列行政处罚：

(1)停止取用地下水；

(2)罚款人民币柒万元。

行政处罚履行方式和期限：你单位应当自接到本决定书之日起十五日内将罚款缴至中国工商银行安阳市分行任一储蓄网点(银行罚款代码：43500021)。到期不缴纳的，每日按罚款数额的百分之三加处罚款。

不服行政处罚决定申请行政复议或提起行政诉讼的途径和期限：如不服本决定，可以自收到本决定书之日起六十日内向安阳市人民政府或河南省水利厅申请行政复议，或者在接到本决定书后三个月内直接向安阳市殷都区人民法院提起行政诉讼。逾期不申请行政复议、不向人民法院起诉又不履行本处罚决定的，安阳市水利局将申请人民法院强制执行。

安阳市水利局

2010年6月3日

本案涉及安阳市某区水务局颁发的取水(某)字〔2009〕第2号取水许可证和《水行政处罚决定书》(安水罚决字〔2010〕第7号)如何处理的问题。那么安阳市某区水务局颁发的取水(某)字〔2009〕第2号取水许可证、《水行政处罚决定书》(安水罚决字〔2010〕第7号)具体行政行为是否有效力问题。下面我们对具体行政行为的概念和特征，具体行政行为的成立和生效，具体行政行为的无效、撤销与废止做一下浅析，以便我们水行政执法人员有一点粗浅的认识。

一、具体行政行为的概念和特征

把握具体行政行为的关键在于理解并掌握它的主要特征。这些特征将具体行政行为区别于非行政行为(法律行为)、抽象行政行为、内部行政行为等，从而揭示并划定具体行政行为的边界，把握这些特征对于我们后面学习行政诉讼和行政复议的受案范围，具有决定性的意义。

(一)处分性

所谓处分性，即产生处分效力的意思，一个行为只有在作出之后，才能够根据行政主体的意思表示引起行政法律关系的变动(具体表现为建立、变更或者消灭了某种行政法上的权利义务关系)，它才可能属于具体行政行为。这一特征包含两个方面的含义：一方面是说，具体行政行为作出之后必将引起行政法律关系的变动；另一方面是说，这种法律关系的变动必须出于行政主体的意思表示。这两个方面缺一不可，一个行为如果缺少了其中的任何一个，都不能够被称为具体行政行为。因此，处分性是具体行政行为的首要特征，这一特征将具体行政行为区别于行政事实行为，以及行政主体实施的其他行为。

（二）特定性

所谓特定性，指的是具体行政行为必须是针对特定对象作出的行为。特定性这一特征主要将具体行政行为区别于抽象行政行为与其他属于立法范畴的行为，如制订法律、制订地方性法规等，后者均是针对不特定对象作出的。

（三）单方性

所谓单方性，指的是具体行政行为是由行政主体的单方意志所决定的行为。也就是说，单凭行政主体一方的意思表示，就足以使这个行为产生效力，而不需要行政相对人的合意。对于具体行政行为单方性的理解，必须注意两个方面的问题：

第一个方面，注意对行政合同行为的理解。行政合同是行政主体为实现一定的行政管理目标，在意思表示一致的前提下，与公民、法人或其他组织通过合同方式，使双方在行政法上的权利义务关系产生、变更或者消灭的行为。

第二个方面，注意对行政行为中公众意见的理解。公众参与是行政法上程序正当原则的要求之一，指的是行政主体必须在实施行政活动的过程中，听取有关公民、法人或其他组织的申辩和陈述，适当吸收公众意见。

（四）外部性

所谓外部性，即具体行政行为是行政主体针对外部对象、外部事务而作出的行为。外部性的特征使具体行政行为区别于内部行政行为。所谓内部行政行为，指的是行政主体对其内部组织或个人实施的行为，说到底，就是行政主体对其内部事务的管理。按照实施对象的不同，内部行政行为可以被区分为针对内部组织的行为和针对内部个人的行为。针对内部组织的行为，如决定行政主体自身下属机构的设立、增加、减少、合并，或如对行政组织系统内部权力进行的划定、调整等，例如，某市政府决定将城建局的某项收费权划归城管局的行为，就属于内部行政行为。而针对内部个人的行为，主要表现为对人事关系的处理，如对国家公务员的奖惩、任免、培训等。

二、具体行政行为的成立和生效

具体行政行为的成立与生效，解决的是不同层面的问题。所谓成立，实际上指的是一个具体行政行为的基本构成要件，即只有具备了哪些条件，我们才可以说一个具体行政行为产生了，或者存在了的问题。而效力指的是一个具体行政行为产生之后，它将在法律上产生何种效果，对权利义务关系产生哪些影响的问题。

（一）具体行政行为的成立

一个具体行政行为之所以能够产生、存在，至少应当具备这样几个方面的必要条件。

1. 主体要件

在主体上，具体行政行为必须是行政主体作出的行为。也就是说，作出这个行为的主体应当是具备行政职权的，如果是不具备行政职权的主体实施的行为，就决不能被称为具体行政行为，也不可能通过行政法上的救济方式来追究有关的法律责任。

2. 意思要件

意思要件，指的是行政主体必须向相对人作出有效的意思表示，一个具体行政行为才能成立。因为行政主体作出具体行政行为的目的，必然在于建立、变更或者消灭某种行政法上的权利义务关系，即引起行政法律关系的变动。

3. 送达要件。

送达要件，指的是行政主体必须将具体行政行为的内容送达相对人以使其知晓。如果一个行为作出之后，并未向当事人告知，则该行为也不能成立。

（二）具体行政行为的生效和失效

1. 具体行政行为的生效

一般来说，具体行政行为成立之后，如果同时具备以下两个条件，该行为便应生效：

（1）该行为不存在明显重大的违法情节，即不属于自始无效的行为；

（2）该行为没有附款（附条件或附期限）或者附款的条件成就（或时间届至）。

行政行为生效的起始时间决定着行政行为何时开始产生法律效力并发生法律后果。因此，研究并明确行政行为生效的起始时间具有重要的法律意义。

（1）行政行为生效起始时间的确定，原则上应当以当事人知晓或理应知晓该行政行为为前提，因为不能要求当事人去服从和遵守一个他不知道的行政行为。

（2）行政行为的生效起始时间可以分为即时生效和延时生效两种。即时生效，即行政行为在相对人受领该行政行为之时生效。受领有本人直接受领、他人代为受领以及推定受领等多种方式。

（3）推定受领只能运用于两种情况：第一，行政行为所针对的特定的相对人下落不明或无法与其联系，行政行为采用了公告送达的方式；第二，行政行为的对象为不特定多数人，只能采用发布的形式广为告知。

（4）有的行政行为规定了生效日期或生效的特定条件。该行政行为虽然也须相对人受领，但生效起始时间从行政行为的生效日期到来之时或特定条件成就之时起算。

（5）还有一些学者提出，行政行为效力的开始，需对相对方和行政机关加以区别。因为行政行为并非只对行政相对一方具有拘束力，对行政机关也同样具有拘束力。

2. 具体行政行为失效

行政行为效力的丧失有四种原因：一是行政行为违法；二是行政行为不合理，有失公正；三是行政行为不再适应变化了的情势；四是附条件的行政行为条件消失或附期限的行政行为期限届满。

除自动失效的情形外，行政行为效力的丧失须以有权机关作出明确的处置为前提。有权机关使行政行为丧失效力的方式一般有三种：一是确认无效；二是决定撤销；二是决定废止。

（三）具体行政行为的效力内容

具体行政行为的效力内容，就是具体行政行为生效之后，在法律上所能够产生的影响或者效果。具体行政行为的效力，主要被分解为拘束力、确定力与执行力三个方面。

第一，具体行政行为的确定力，又称公定力，也有人称之为不可变更力。行政行为确定力的作用在于保证行政行为的严肃性和稳定性。对于行政行为确定力的内容，一般认为是指行政行为一经作出，不论（不知）是否合法，便推定为合法有效，任何组织和个人都应服从。而且一经生效，非依法定原因和非经法律程序不得随意更改和撤销。

第二，行政行为的拘束力，是指行政行为一经作出，其内容对相关人员或组织产生法律上的约束效力，有关组织或人员必须遵守和服从。行政行为的拘束力既针对行政主体，又针对相对方。

第三,行政行为的执行力,是指行政行为的强制执行力。当行政相对人不自觉履行行政行为所确定的义务时,行政主体可自行采取或请求人民法院采取强制措施,使义务得到履行。

具体行政行为的效力

效力	含义	后果
确定力	不可变更的效力	行为一经作出,应当推定有效,不得随意更改
拘束力	必须服从的效力	当事人应遵守,作出者应履行,不得作出矛盾行为
执行力	必须实现的效力	使用国家强制力实现具体行政行为确定的权利义务安排

三、具体行政行为的无效、撤销与废止

(一)具体行政行为的无效

明显重大违法,或者说存在严重合法性缺陷的具体行政行为,构成无效。所谓明显重大违法,指的是该行为的违法性,严重到了一个理智正常的普通人都足以识别、断定的程度。

具体而言,常见的无效行政行为主要包括这样几种情况:

(1)要求当事人从事犯罪的行政行为,即行政行为的内容表现为要求当事人从事某种已经构成犯罪的违法活动,注意这里要求当事人从事的行为必须是足以构成犯罪的,如果它要求当事人从事的行为虽然违法,但尚未达到足以构成犯罪的严重程度,则一般认为,这只是一种可撤销的行政行为。

(2)该具体行政行为没有任何事实根据,即该行为的作出没有任何事实基础,或者根本不以任何事实作为其根据,或者是其作为根据的事实纯粹出于主观臆想,则该行为也构成无效。如果该行为的作出是有事实根据的,只不过事实根据存在错误而已,则仍不构成无效,也只是一种可撤销的行政行为。

(3)该具体行政行为没有任何法律依据,即该行为的作出在法律上找不到任何有效依据,则该行为也构成无效。

具体行政行为无效的后果,是该行为自始至终不存在任何法律效力,其效力的丧失并不是从有权机关宣布其无效时开始,而是自其作出之日起就从来没有产生过任何效力。

(二)具体行政行为的撤销

构成一般违法,或者明显不当的行政行为,是可撤销的行政行为。所谓一般违法,指的就是除了足以构成无效的明显重大违法之外的其他违法情形;而所谓明显不当,则指的是行政行为虽然合法,但存在明显的不合理因素;这两种情况下的具体行政行为,都是可以被撤销的。

具体行政行为被撤销的后果,是该行为溯及从其作出之日起丧失效力。尽管行为的撤销与行为的无效一样,最终都使得它完全丧失效力,但必须注意的是,两者在行为效力丧失的时间上是不同的。无效的行政行为自其作出之日起便完全无效,而可撤销的行为必须等到它被明确撤销之日起才完全丧失效力,而在这一时间之前,其效力仍然存在。

(三)具体行政行为的废止

某些合法且适当的具体行政行为,由于特定的原因,必须被废止。构成具体行政行为废止的原因主要包括:

(1)法律变更,即行为在作出的当时所依据的法律规范后来被修改、废止或者撤销了,则该行为也就失去了其继续合法存在的基础,因此必须被废止。

(2)情事变更,即具体行政行为作出时所依据的客观事实已经不复存在,或者虽然存在但已经发生了重大变化,则该行为也就丧失了其继续存在下去的事实根据,因此也必须被废止。

(3)目的实现,即该具体行政行为所期望的目的已经达到了,因此没有必要继续存在下去。

(4)公共利益,有的具体行政行为在作出之后,如果得以落实的话反而会损害公共利益,则有权机关也可以将其废止,这在行政许可中较为常见。

具体行政行为被废止的效果,是该行为自废止之日起丧失效力,但其在废止之日前的效力仍然存在,它在废止之前所产生的法律关系或者法律利益,仍然得到承认。如果公民、法人或其他组织的合法权益,因为具体行政行为的废止而蒙受了损失,则受损人可以要求的是行政补偿,而非行政赔偿。

行政赔偿——行政赔偿是行政机关及其公务员违法行使职权侵犯公民、法人和其他组织的合法权益造成损害的,由国家给予受害人的赔偿。

行政补偿——行政补偿在行政主体及其工作人员合法行使职权侵犯公民、法人和其他组织的合法权益并造成损失的情况下,由国家承担损失补救责任的制度。

具体行政行为的无效、撤销和废止

	条件	效力	后果
无效	行为明显重大违法,如要求行对人去犯罪、行为毫无法律依据、毫无事实根据	自始不发生任何效力	可随时主张无效,随时宣告无效,可获行政赔偿
撤销	行为一般违法或明显不当	被撤销前推定为有效,撤销后溯及为自始无效	需依法定程序撤销,撤销后可获行政赔偿
废止	原有法律依据已改变;客观情况发生重大变化;行为目的已实现,无须继续存在	废止前有效,废止后无效	因信赖保护可获行政补偿

上面是我们对具体行政行为的概念和特征、具体行政行为的成立和生效,具体行政行为的无效、撤销与废止的认识和理解。下面就谈一下实践中如何撤销安阳市某区水务局颁发的取水(某)字〔2009〕第2号取水许可证、《水行政处罚决定书》(安水罚决字〔2010〕第7号)的问题,同时也希望我们水行政执法人员举一反三。

附:1. 水行政许可撤销审批表

2. 行政许可撤销决定书

3. 撤销水行政处罚决定书

水行政许可撤销审批表

<table>
<tr><td>拟撤销行政许可项目</td><td colspan="2">实业有限责任公司某分公司</td><td>行政许可编号</td><td>取水(某)字〔2009〕第2号</td></tr>
<tr><td>行政许可类别</td><td colspan="2">取水许可证</td><td>有效期限</td><td>3年</td></tr>
<tr><td rowspan="4">被撤销人</td><td>名称</td><td>实业有限责任公司某分公司</td><td>法定 代表人</td><td>建国</td></tr>
<tr><td>住址</td><td>安阳市某区工业园天意大道9号</td><td>电话</td><td>139××××××××</td></tr>
<tr><td>姓名</td><td></td><td>身份证号码</td><td></td></tr>
<tr><td>所在单位</td><td></td><td>电话</td><td></td></tr>
<tr><td>审查情况及撤销理由</td><td colspan="4">经调查核实:2010年3月29日,安阳市水利局对该单位擅自取水进行立案调查,该取水许可证的颁发违反了《河南省水利厅关于换发新版取水许可证有关工作的通知》、2003年安阳市人民政府常务会议纪要(第123次)“关于由市水行政主管部门统一负责市辖四个城区的取水许可审批、水资源费征收、节约用水等水资源工作”的规定。根据《中华人民共和国行政许可法》第六十九条第一款第(二项)“超越法定职权作出行政许可决定的”规定,决定撤销由安阳市某区水务局颁发的取水(某)字〔2009〕第2号取水许可证。</td></tr>
<tr><td>承办人意见</td><td colspan="4">承办人签名:张扬(主办人)　李三(协办人)
2010年7月8日</td></tr>
<tr><td>承办机构审核意见</td><td colspan="4">负责人签字:刘力　2010年7月8日</td></tr>
<tr><td>领导审批意见</td><td colspan="4">领导签字:张三　2010年7月8日</td></tr>
</table>

水行政许可撤销决定书

安水许撤销字〔2010〕第01号

安阳市某区水务局：

你单位于2009年5月8日颁发的取水(某)字〔2009〕第2号《取水许可证》，经调查核实，该《取水许可证》的颁发违反了《河南省水利厅关于换发新版取水许可证有关工作的通知》、2003年安阳市人民政府常务会议纪要(第123次)“关于由市水行政主管部门统一负责市辖四个城区的取水许可审批、水资源费征收、节约用水等水资源工作”的规定。

根据《中华人民共和国行政许可法》第六十九条第一款第(二)项“超越法定职权作出行政许可决定的”规定，决定撤销你单位颁发的取水(某)字〔2009〕第2号《取水许可证》。

如你单位不服本决定，可于收到本决定书之日起六十日内向安阳市人民政府行政复议受理中心或河南省水利厅申请行政复议，或者三个月内向安阳市中级人民法院提起诉讼。

安阳市水利局(盖章)

2010年7月1日

撤销水行政处罚决定书

安水撤罚字〔2010〕第02号

当事人:实业有限责任公司某分公司

地址:安阳市某区工业园天意大道9号

本机关于2010年6月3日依法向你单位送达了安水罚决字〔2010〕第7号《水行政处罚决定书》,对你单位作出了:(1)停止取用地下水;(2)罚款人民币柒万元的行政处罚。

2010年6月10日,你单位认为该处罚决定有误,向本机关提出申诉,经本机关对上述行政处罚决定进行审查,认为安阳市水利局依法定程序下达了《水行政处罚决定书》后,该企业提供了已办理的安阳市某区水务局颁发的取水(某)字〔2009〕第2号取水许可证。根据具体行政行为信赖保护原则和《行政处罚法》第五十四条第二款的规定,作出如下决定:

撤销2010年6月3日本机关作出的安水罚决字〔2010〕第7号《水行政处罚决定书》。

安阳市水利局(盖章)

2010年6月22日

本文书一式两份:一份由安阳市水利局备案,一份交当事人。

对“五五”法制宣传教育和依法治水工作的几点思考

五年来，在省水利厅的有力指导下，安阳市水利工作以建设“民生水利、法制水利和和谐水利”作为工作的出发点和落脚点，广大水利系统干部职工求真务实，开拓创新，扎实有效地开展了“五五”普法和依法治水各项工作，圆满地完成了“五五”普法和依法治理各项任务。安阳市水利局先后被省水利厅确定为河南省首家水利综合执法试点单位，被水利部确定为全国水利综合执法联系点，被中央综治委和水利部联合表彰为全国调处水事纠纷创建平安边界先进集体；安阳市水政监察支队先后被省水利厅评为全省水利系统水政监察执法工作先进集体和水政监察队伍文明执法示范窗口，被共青团河南省委命名为河南省青年文明号；2010 年 10 月，作为安阳市唯一的行政机关代表，安阳市水利局接受了河南省“五五”普法和依法治省领导小组检查验收，并得到检查验收组领导的高度评价和赞扬。下面重点谈一下安阳市水利局开展“五五”法制宣传教育和依法治水工作情况及思考。

一、加强领导，科学规划，切实把依法治水工作摆上重要议事日程

为认真贯彻落实《河南省水利厅关于在全省水利系统开展法制宣传教育的第五个五年规划》精神，安阳市水利局党委高度重视，成立了以江子蔚局长为组长，局班子成员为副组长的依法治水领导小组，明确任务，细化措施，为依法治水工作提供了组织保障。多次召开专题会议，研究部署此项工作，切实把普法和依法治水工作摆上重要议事日程。

（一）科学制订规划和计划，为普法和依法治水工作开展提供依据

借鉴省、市普法和依法治理相关文件，科学制订了《安阳市水利局 2006 ~ 2010 年法制宣传教育和依法治理规划》，并印发全市水利系统贯彻落实。每年根据全市普法和依法治市工作要点，结合水利工作实际，印发安阳市水利局依法治水工作要点，明确依法治水工作的指导思想、工作目标、主要任务、主要措施和实施步骤，使安阳市水利局的依法治水工作有章可循。同时，对照年度依法治水工作要点，适时开展普法和依法治水工作检查，并对全年依法治水工作进行认真总结，做到了五年有规划、年度有计划、平时有检查、年终有总结，保证了依法治水工作有条不紊地开展。

（二）扎实搞好普法基础工作，将依法治水工作落到实处

及时购置了“五五”普法专用书籍《干部法律知识读本》和《公务员依法行政读本》，并发放到干部职工手中。完整地记录了水利系统普法和依法治水大事记。采取邀请市委党校教授、市纪检委领导、市政府法制办领导和市检察院检察官集中授课的形式，组织全体公务员、科级以上干部和水政执法人员集中学习普法规划中确定的《宪法》、《物权法》、《行政许可法》、《安全生产法》等各项法律法规。先后安排 400 余人次参加了水利部、省水利厅和市政府法制办公室举办的水行政许可、水资源管理、水行政执法、水事纠纷调处和依法行政等专题培训班。同时，还组织了水行政执法能力建设、水土保持监督执法、水利工程质量监督执法和防汛抢险等四方面专题培训班 12 期，培训 1500 余人。在日常工作中，要求广大干部职工自觉学习公共法律和专门法律知识，真正做到知法、懂法、守法，并认真组织市直水利系

统干部职工参加了"五五"普法考试。向市政府法制办报送了各类依法行政情况统计表,完成了水行政执法人员登记、年审和执法身份公示,广泛接受社会监督,保证了水行政复议和诉讼无被撤销和败诉案件,将普法和依法治水工作落实到了日常工作中。

二、充分发动,广泛宣传,营造依法治水的良好氛围

水利发展要靠法治。依法治水关键在于领导重视、社会支持、群众理解,只有普及水法律法规知识,提高全民水危机意识,才能推动依法治水工作的开展。五年来,安阳市水利局每年都成立专门的宣传领导小组,拨出专项经费16万元,制订宣传方案,统筹安排,周密部署,始终坚持做到平时宣传与集中宣传相结合,宣传群众与宣传领导相结合,对内宣传与对外宣传相结合,一般宣传与重点宣传相结合,既突出广度又注重深度,面向社会,面向群众,有声有色地开展了形式多样、内容丰富的水法规宣传活动。

一是坚持以"世界水日、中国水周"集中宣传活动为抓手,围绕主题,结合安阳水利实际,每年都举办丰富多彩的集中宣传活动,吸引社会公众广泛参与。2006年以市人大和市政府的名义联合召开了纪念"世界水日"暨"中国水周"座谈会、2007年在市政广场举办了水利风光摄影图片展、2008年在市人民公园举行了有奖猜谜游园活动、2009年在市政广场举行了全国节水型社会试点市建设启动仪式、2010年在市东区"两馆"举办了水利书画作品展。每次宣传活动,我们都选择人口相对集中且流动人口大的公共场合作为活动举办地,邀请市领导、司法系统和市直有关委局负责人及取水单位代表一起参加集中宣传活动,做到宣传领导与宣传群众的有机结合;二是每年"世界水日"当天,都在《安阳日报》发表市长署名文章,结合安阳市水资源现况,提出水资源优化配置和提高水资源利用效率及效益的政策和措施要求,引导全社会珍惜水、节约水和保护水。同时,还刊登新颁布的水法律法规,发布计划用水单位年度计划用水指标以及局长答记者问等相关宣传内容;三是在"中国水周"期间,先后在安阳电视台组织播放了四部《人·水·法》电视系列宣传片和全国水利法制宣传优秀文艺节目专辑《水的呼唤》,以真实的水事案件为基础,通过主持人讲案件、说道理,挖掘案例背后的故事,寓法理于事件之中,宣传了水资源紧缺的现状,剖析了行业内发生的违反水法规的典型事件,教育广大群众充分认识水事违法行为的危害性和违法行为应当承担的法律后果,提高了电视宣传的可视性;四是逐年制作水利宣传网页,在安阳信息港和安阳水利外网等网站进行宣传,广大网友点击率逐年上升;组织张贴水利普法宣传画、发放水利风光扑克和节水宣传纸杯;在公交车电子屏滚动播出水法规宣传标语和节水公益广告,利用公交车身喷绘"世界水日"和"中国水周"主题宣传画,进行流动宣传;每年都组织十余辆水政执法标志车,在市区主干道和市政广场进行巡回宣传;截至目前,安阳市纪念"世界水日"活动已累计群发手机短信十余万条,有效地扩大了宣传面;五是指导各县(市、区)和市直水利工程管理单位,采取召开取水户座谈会、悬挂宣传横幅、刷写和张贴标语、发放普法宣传单、竖立法律责任警示牌等形式,深入河道、灌区和水库周边乡镇、村庄开展了集中宣传活动,增强了全社会水资源危机意识和节约水保护水意识;六是在日常执法工作中,重点进行了综合执法目的、方法、效果的宣传和欠缴水资源费、违法凿井取水,河道、渠道管理范围内违章建筑及应负法律责任的宣传,不但促进了水资源费征收、取水许可规范和水工程保护,而且提高了水利行业运用法律管理经济社会和公共服务的能力和水平;实行水行政处罚案件回访制度,通过走访行政处罚相对人,倾听当事人对水行政主管部门和水政执法人员文明

执法、公正执法的意见和建议，消除当事人的抵触情绪，促进了当事人自觉履行行政处罚决定；同时，对回访中发现的问题，及时进行处理和整改，有效避免了类似情况的发生，提高了执法效率，维护了良好的水事秩序；七是加强对市直相关部门的宣传，取得理解和支持。通过市人大督办的水资源保护议案的办理，市纪委、市监察局和市电视台播出的《阳光对话》，市纪委、市监察局和市广播电台开播的效能监督热线，市财政局监管的南水北调工程基金征收和市审计局开展的水资源费绩效审计，重点做好了市人大、市政府、市监察局、市财政局、市审计局和市广电局等部门对水资源统一管理的认识。

通过五年来坚持不懈、广泛深入地开展宣传活动，大大增强了社会各界对安阳市防汛抗旱形势的严峻性、水土保持工作重要性、水资源日益紧缺的危机性、计划用水节约用水的必要性和水事违法行为的危害性的认识，提高了全社会的水法制观念，营造了依法治水的良好氛围。

三、依法决策，科学管理，扎实推进依法治水工作开展

（一）以贯彻落实《依法行政实施纲要》为契机，积极稳妥地开展了水利综合执法工作

国务院《依法行政实施纲要》明确提出深化行政执法体制改革、探索相对集中行政处罚权的要求。2006 年，安阳市水利局新一届领导班子上任后，高度重视执法工作，研究确定了走“综合执法保障水利可持续发展”的工作思路，总体目标是全面推进高效、规范、有力的水利综合执法工作，理顺执法体制，明确执法责任，建立起办事高效、运转协调、行为规范的水利综合执法体系，造就一支廉洁公正、作风优良、业务精通、素质过硬的水利执法队伍，保证水法律法规的全面实施和水利可持续发展，促进人水和谐。根据水利部和省水利厅的工作部署，结合安阳市实际，在全省没有先例、全国综合执法模式不一的情况下，安阳市采取了“边学习、边制订方案、边组建队伍、边申报试点、边开展工作”的“五边原则”，大力开展水利综合执法工作。局党委在人员选拔、经费保障、车辆调配和办公场所协调等方面给予了大力倾斜。2006 年 11 月，河南省水利厅批复安阳市为全省第一个水利综合执法试点市，并举行了隆重的揭牌仪式。经过 2007 年水资源、水工程和水生态三个专项执法活动的开展，有力地促进了安阳市“一申四创”工作的进展，取得了良好的社会效益和经济效益。2008 年 3 月，水利部正式确定安阳市为全国唯一一家地市级水利综合执法联系点，并受到各级领导的充分肯定和高度评价。省政府副省长刘满仓、安阳市委书记张广智、市长张笑东等领导先后对水利综合执法工作做了重要批示和指导。江子蔚局长、尉江华副局长分别代表安阳市在全国水利综合执法联系点工作座谈会和全省水利工作会上做了经验介绍。水利综合执法工作卓有成效地开展，为可持续发展水利事业提供了重要保障。

（二）全面推行行政执法责任制，搭建行政执法责任平台

推行行政执法责任制是政府法制工作的重点，也是安阳市水利局综合执法的现实需要。为切实做好这项工作，安阳市水利局成立了专门的领导机构，及时组织人员进行执法依据梳理，经市政府法制办确认保留并公布行政执法职权 98 项，其中水行政许可 18 项，水行政处罚 66 项，水行政征收 8 项，水行政强制 5 项，其他具体行政行为 1 项。印发《安阳市水利局推行行政执法责任制材料汇编》至每个执法科室（单位）和执法人员，做到了执法依据准确充分，执法程序公开规范，执法流程科学合理，执法责任明确具体，将水行政许可、行政处罚、行政征收和行政强制等行政职能具体分解到了业务科室和单位，搭建了水行政执法责任平

台,有力地促进了安阳市水利局行政执法责任制的落实。同时,还根据国务院《关于加强市县政府依法行政的决定》要求,积极配合省水利厅对水行政处罚裁量权进行了量化和细化,在执法实践中坚持做到同案同罚、异案异罚,保护行政管理相对人合法的水事权益,维护了社会用水的公平正义。定期向市政府法制办报送行政执法案卷,自觉接收监督,切实整改案卷评查中发现的问题,保证具体行政行为合法有效。2008 年,市政府法制办确定安阳市水利局为全市第一批依法行政示范单位,并在历年依法行政责任目标考核工作中名列前茅。

(三)出台规范性文件和制度,为依法治水提供政策依据

一是安阳市人民政府印发了全省第一个规范泉域水资源保护管理的规范性文件——《安阳市南海泉域水资源保护管理办法》,为保护安阳市的用水安全提供了政策保障;二是针对近年来城市规划区内地温空调、地热井建设过热现象,提请市政府印发了《安阳市地温空调和地热井取水管理办法》,为规范地温空调、地热井取水管理提供了依据;三是根据水利工程管理范围内违章建筑屡禁不止的状况,出台了水行政执法巡查制度,采取定期和不定期巡查相结合的办法,及时发现和制止违法施工行为,有效地遏制水利工程管理范围内违章建筑行为的发生,保证了水工程的安全运行;四是按照"实事求是、科学合理划定南水北调工程保护区范围,确保总干渠水质保护与地方经济发展两不误"的原则,积极开展了南水北调总干渠两侧水源保护区范围划定工作。经过争取,安阳段 24 公里长总干渠两侧二级保护区划定范围,由 2500 米缩小到 1700 米或 1200 米,缩小面积 30 平方公里,为保护区周边项目建设提供了科学依据。

(四)规范行政许可,强化水政执法,建设服务型机关

进一步规范了行政许可行为。一是与安阳市便民中心结合,增加了行政许可便民中心受理项目,使安阳市水利局由 3 项增加为 9 项,为群众办理许可提供了方便;二是规范了取水许可审批程序。出台了取水许可办证、单位名称变更、有效期届满延续以及对封闭自备井的注销、吊销取水许可证的办理程序和衔接规定,没有发生违法设定和违法实施行政许可行为,五年来未接到申请人对安阳市水利局行政许可行为的投诉。三是严查违法凿井行为,规范凿井取水管理。坚持建设单位和凿井队伍两手抓,建立了许可前的水资源论证、凿井过程中的监督管理、竣工后的现场验收等制度,未经审批擅自凿井的现象得到彻底扭转。大力开展了水资源、水工程、水生态专项执法活动,先后出动水政执法人员 15000 余人次,执法车辆 4900 余台次,查处各类水事违法案件 420 余起,移交法院行政处罚案件 29 起,行政征收案件 48 起。封井 35 眼,强制执行水资源费 1000 余万元,追缴涉水规费 60 余万元,罚款 63 万元,集中拆除违章建筑 2800 多平方米、网箱养鱼 80 平方米,清理河道违章植树 2000 余棵,封堵排污口 115 个,有力地促进了水资源、水域和水工程的保护,维护了良好的水事秩序。按照信息公开要求,及时公开各类政务信息,方便企业和群众查阅和咨询。对市长信箱、市长便民公开电话、效能监督热线和《阳光对话》等群众反映的问题,在规定的时间内及时调查处理,按时反馈,做到了事事有回音,件件有落实,将服务型机关建设落到了实处。

(五)科学实施防汛抗旱调度和移民安置与扶持,全力保民生、促和谐

近年来,安阳市降雨量相对偏少,未形成大面积的洪涝灾害,但局部强降雨导致的洪涝灾害仍较突出。2007 年,安阳市水利局先后编制了《安阳市防洪应急预案》和《安阳市抗旱应急预案》,并经市政府批准实施。在防汛抗洪工作中,坚持"安全第一,常备不懈,以防为主,全力抢险"的方针,保证了安阳市安全度汛。2008 年秋至 2009 年夏,安阳市遭遇了五十年一遇的旱情，根据旱情发展情况，安阳市水利局依法及时提请市政府同意，启动了抗旱应急响应，调动全社会力量，动用各种水源，全力保夏粮生产安全。经过全力抗旱，2009 年安阳市粮食在大灾之年夺取夏粮丰收，为全省乃至全国粮食安全作出了贡献。在大中型水利水电工程建设征地补偿和移民安置工作中，安阳市水利局紧紧抓住全省南水北调工程安阳段率先开工的大好机遇，依法有效地开展了征地补偿和拆迁工作，及时向项目单位提供建设用地，保证了南水北调安阳段工程的顺利进展，被国务院南水北调办公室领导称颂为“安阳速度”。在安阳市大中型水库移民后期扶持工作中，安阳市水利局积极认真地落实水库移民后期扶持政策，使 3.5 万名受扶持移民按期及时领取了后期扶持资金，并科学规划和实施移民安置区基础设施项目建设，加大资金投入，有效地改善了移民生产和生活，对促进库区经济发展，共建和谐社会作出了积极贡献。

（六）加强沟通联系，取得市直相关部门的支持和帮助

一是加强与法院的沟通和联系，加大强制执行力度。安阳市水利局积极与法院联系，加大强制执行力度，促使大部分欠费户主动缴纳了水资源费，有效地改善了部分用水户长期拖欠水资源费的局面，水资源费征收率逐年提高，促进了水法律法规的贯彻落实；二是与检察院联合成立了行政执法与刑事司法联系工作办公室，规范行政执法行为，强化监督制约机制，加大了水事违法犯罪案件的查处力度，有效地预防了水资源领域违法犯罪行为的发生；三是积极与公安部门联系，成立了水利警务室，解决水行政执法中存在的缺乏强制手段问题，维护良好的水事秩序；四是进一步密切与发改、环保、国土等部门的联系，召开了安阳市开发建设项目水土保持工作座谈会，交流通报建设项目水土保持工作进展情况，强化在建项目水保执法工作的协作配合，联合印发了《关于加强开发建设项目水土保持工作的通知》。

（七）全面落实岗位责任制，激发了干部职工干事创业的积极性

开展水利综合执法相对集中行政处罚权和行政强制权后，水利工程管理单位的工作人员从原来既执法又管理，既执不好法又管理不到位的被动局面中解脱出来，有力地推动了岗位责任制在市直水利系统的全面落实。各水管单位按照职工人数，将各自管理的河道、渠道和水库等水工程进行分段、分片，将水工程的日常管理和维护落实到位，责任到人，有力地维护了水工程的管理秩序，保证了水工程的干净整洁。广大水管单位干部职工纷纷走出办公室，到各自的责任区巡查，不但改变了原来水利工程管理范围内的脏、乱、差现象，而且还能及时发现各类水事违法行为苗头，配合水利综合执法有效制止水事违法行为的发生，保护了水工程和水域的安全，在市直水利系统形成了“千斤重担大家挑，人人肩上有指标”的干事创业的良好工作氛围。

通过依法治水、科学管水，安阳市水利工作取得了显著成绩：连续第十七年夺得省政府颁发的全省农田水利基本建设“红旗渠精神”杯，安阳市人民政府被省政府授予“红旗渠精神”杯竞赛活动开展 20 年“先进省辖市”；2006～2010 年，安阳市水利局直接征收水资源费 1.6764 亿元，连续五年在全省名列前茅，为安阳市南水北调等重点水利工程建设提供了资金保障；开展了节水型社会建设，实现了水资源可持续利用；先后解决了饮水不安全人口 53.9万，落实移民扶持政策 3.5 万人，投资 4.5 亿元，完成了 14 座水库除险加固和 4 个大型灌区节水技术改造工程，有力地保障和改善了民生；积极预防和调处漳河和淇河水事纠纷，维护了社会稳定。

随着社会主义法制的不断完善，全民法制意识的不断提高，安阳市水利局将进一步解放思想，开拓进取，坚持依法治水、科学管水，强化政府职能，大力弘扬“献身、负责、求实”的水利行业精神，抢抓机遇，迎难而上，努力开创安阳市普法和依法治水工作新局面，为安阳市建设豫北区域性中心强市提供水利支撑和保障。

浅谈基层水行政执法工作

水行政执法是指各级水行政主管机关，按照有关水法律法规的规定，在水事管理领域里，依法对水行政管理相对人采取的直接影响其权利义务，或者对相对人的权利义务的行使和履行情况直接进行监督检查的具体行政行为，是国家赋予各级水行政主管机关的执法权利。其依据是中国现行有效的所有水法律法规及相关规章和规范性文件作补充的水法规体系。

基层水行政执法队伍是水利建设行业的生力军，是水利事业发展的护航者。他们在推进依法行政、依法治水、依法管水中发挥着重要作用，较好地维护了水法律法规的尊严和良好的水事秩序。在查处水事案件的过程中，基层水政执法队员发扬不怕困难、敢于碰硬、乐于奉献的精神，在执法装备简单落后、执法环境恶劣的情况下，仍然忠实履行职责；面对少数群众对水政执法人员的执法活动不理解，谩骂、围攻甚至威胁人身安全的情况，水政监察人员仍然无怨无悔，为水法规的贯彻实施作出了自己的积极贡献，树立和维护了水行政主管部门依法行政的威信和良好的形象。

近年来，各基层水行政执法队伍在上级部门的正确领导和大力支持下，从“立党为公，执法为民”的高度出发，按照“内强素质、外树形象、热情服务、争创一流”的目标，切实加强领导班子建设、队伍素质建设、业务能力建设和后勤装备建设，使基层水行政执法逐步向规范化建设迈进，有力地促进了各项工作的有序进行。随着水利事业的改革和发展，水行政规范化建设的日益完善，给水行政执法工作的开展带来了契机。同时，在基层水行政执法人员的日常工作中还存在着许多束缚水行政执法工作顺利开展的问题。现结合工作实践谈谈自己的一些看法。

一、存在的问题

（一）宣传不力，水法律意识淡薄

基层水行政执法的相对人大多是文化水平相对低的农民群众，传统的“水是天上下的、地下流的，吃用自由”的思想占主导地位，水法律意识淡薄，不能很好地配合水行政主管部门的执法。水法律法规知识的宣传不力，直接影响了公民对水资源可持续利用的认识问题，导致水行政执法困难。

（二）执法人员素质参差不齐，执法程序不规范

基层水行政执法人员大部分都不是专业院校毕业，缺乏法律和水政水资源管理方面的人才。很多是转业军人或从其他部门调入水行政执法岗位的。其水法律法规知识相对欠缺，在工作中常出现执法态度不认真、执法程序不规范等问题。如执法时不按规定出示执法证件、法律文书填写不规范、无统一的格式和编号等；或出现运用法律条文不准确现象。如对水工程建成且已取水的，不知该用擅自修建水工程还是用擅自取水来定性，实施处罚时自由裁量权时重时轻，破坏了水行政执法的严肃性。

（三）水行政行为相对人的不稳定性

首先，基层水行政执法部门相对的执法主体多数为不成规模的小型厂矿企业，甚至是家庭式小作坊，我们暂且称之为散户。就安阳县来说，西半部还有一些上规模的大型企业，东半部几乎全是一些农村工业，连乡镇企业都很少有，这些散户不像大企业那么正规，企业名称、法人代表、企业性质等都不太明确，有的连厂名都没有，有的是几个朋友共同开办的，没有共同合伙人的合作协议，也没有合伙人的委托申请书，很难确定谁是法定代表人，给法律文书的下达和执行带来了不便。

其次，这些散户因为规模小，其生产、停产随意性很大，按执法程序走下来，还没到执行时间，该厂因效益不好或者别的原因停产了。特别是自全球金融危机以来，安阳县好多大型企业都先后关、停、限产，更何况这些散户，都是老板一个人说了算，效益不好就停产关门，感觉市场行情不错就开工生产一段时间，说干就干、说停就停。相对人的这些不稳定性给基层水行政执法带来了很大难度。

（四）领导干预执行难问题

水是生命之源，是人类和一切生物赖以生存的物资基础。用水涉及面广泛，涉及千家万户、各行各业。水行政执法的相对人也遍布各行业、各阶层，且管理相对人的人员结构、文化素质、历史背景也比较复杂。一些经济效益好的企业或某些行业的"龙头"企业，极易引起地方保护，加之极少数领导干部法律意识淡薄，受短期效益和本位主义的影响，不按法律规章办事，违反法律法规的权限和程序，擅自主张，进行行政干预，致使水行政执法人员在执行公务中事难做、案难办，大大增加了执法工作的难度。

（五）配套水法规衔接不严密

目前，安阳县水行政执法工作的主要依据有《中华人民共和国水法》、《中华人民共和国防洪法》、国务院《取水许可和水资源费征收管理条例》、《河南省节约用水管理条例》等。因这些法律会随经济和社会的发展作一些修改或调整。国家的法律、法规修改实施后，配套的地方性法规实施的比较慢，中间有时间差，衔接不严密。有时会出现大的法律用的是修改后的新版本，而地方性法规用的还是跟原来未修改的法律相配套的法规，大大削弱了水行政执法的力度。

（六）规章制度不健全

水行政执法是一项严肃认真的工作，没有铁的纪律来保证、约束水行政执法人员的行为，将很难完成历史赋予我们的使命。但目前很多地方没有或者只是建立起部分监督机制及行政执法责任制等规章制度，影响了水事违法案件的查处质量。

二、对策和措施

（一）创新水法宣传形式，增强全民水法律意识

水法宣传是最有效的预防违法行为的方式，只有使水法律法规观念深入人心，才能有效地预防和减少水事违法行为的发生，才能增强群众同水事违法行为作斗争的勇气，才能更好地保障水利部门的合法权益不受侵犯。水法宣传的形式要按照"集中宣传与长期宣传相结合、多样化与精细化相结合”的原则，重点利用“世界水日”、“中国水周”、“法制宣传日”，采取散发宣传资料、制作宣传版面、出动宣传车等形式，大张旗鼓地对水法规进行宣传教育，让人民群众认识到水法律法规的重要性和严肃性，增强全民水法律意识和水法制观念，营造良好的依法治水和水行政执法环境。

(二)提高人员素质，规范执法程序

水行政执法人员要不断学习马列主义、毛泽东思想、邓小平理论、“三个代表”重要思想和科学发展观，掌握国家的方针政策和路线。上岗前要进行统一的培训和考试，坚持持证上岗，培训或考试不合格人员禁止上岗，并每年进行考核审定。在岗的水行政执法人员要定期举办学习班，对现行相关的水法律法规进行学习和培训。不定期进行考试，养成勤奋好学的风气，增加竞争上岗的危机感，促进其自身素质和业务水平的提高，努力造就一支政治过硬、思想进步、业务熟练、快捷高效的基层水行政执法队伍。

水行政执法队伍的整体素质提高了，每位执法人员都能注重自身形象、规范自己的言行，严格按照水法律法规赋予的权利行使，依据物价部门核定的标准收费，遵循“有法必依、执法必严、违法必究”的原则，保证执法主体合法、执法程序合法和引用法律条文适当，提高水行政执法的办案质量，真正做到依法执法。

(三)完善水行政执法制度

水行政执法要以推行行政执法责任制和评议考核制为重点，加强制度建设，规定水行政执法机构和执法人员相应的责、权、利，把法定的权利和义务进行分解、量化、细化，明确执法范围、权限、程序、标准和责任，制订配套考核标准和奖惩办法。要健全和落实错案责任追究和行政赔偿等制度，促进水政监察队伍和人员树立严格执法、文明执法的责任心。安阳县的水行政执法制度自水政监察大队成立以来，先后制订了各种规章制度来规范和约束水行政执法人员的执法行为。主要制度有《水政监察大队服务承诺标准》、《水政监察人员工作守则》、《水政监察人员考核和奖惩办法》、《水政监察人员岗位责任制》、《水行政执法统计工作制度》、《水行政处罚听证程序》等，依靠制度来规范行政执法行为，实现秉公执法。

(四)建立健全监督机制，提高执法透明度

权利和义务相对应，权力和监督也是相互对应的，不受约束的权力必然导致专制和腐败。同样，水行政执法活动理应接受全社会方方面面的监督。加强水行政执法监督，建立有效的监督制约机制，做好对水行政执法队伍和人员的监督管理工作，才能保证水行政执法的公平、公正和公开，保障依法行政，防止以权谋私、徇私枉法、执法犯法等不良行为，也防止了某些领导的行政干预行为。水行政执法机关除接受同级政府和上级主管部门的监督外，还应主动接受司法机关监督、社会舆论监督和行政相对人的监督，以不断提高执法水平、完善执法工作。安阳县很早就建有行业新风监督台，聘请部分大型用水户的主管人员做行业新风监督员，公开监督举报电话，自觉接受全社会各阶层的监督，增加依法行政透明度，树立良好的水行政执法形象。

(五)加强部门协作，加大执法力度

水行政执法工作不能仅仅依靠水政监察大队自身的力量来执法，还需要多方面的配合形成合力，来推动水利法制化进程。不仅水利部门要上下联动，而且要联合公安、环保、国土等有关部门，集中时间、集中力量，联合执法，形成合力。特别是要密切与法院的联系，使各种司法程序都能及时、顺利进行。安阳县法院大力支持水行政执法工作，专门派出两位同志常驻水务局协助水行政执法工作，确保了案件的及时受理和执行。

依法治国，依法行政，建立社会主义法治国家是社会发展的根本要求和必然趋势。加强水行政执法工作，实现依法治水，是水利工作的根本方向。新时期，水行政执法工作面临着许多问题与挑战，更面临着机遇与发展，水行政执法人员要充满信心，鼓足干劲，努力改变工作现状，使水行政执法工作充满生机与活力，为保障水利事业又好又快发展，建设节水防污型社会，促进水资源的可持续利用作出更大的贡献。

关于加强水政监察队伍建设的意见和建议

水行政执法是水行政主管部门贯彻实施水法律法规的重要方式，是加强水利社会管理和保障水利可持续发展的重要手段。统筹规划、全面提升水政监察队伍执法能力建设是水行政执法工作有序开展的重要保障。《中共中央 国务院关于加快水利改革发展的决定》（中发〔2011〕1 号）将依法治水作为加快水利发展的指导思想之一，对依法治水作出了全面部署，明确提出了要全面推进水利综合执法，加快建立健全权责明确、行为规范、监督有效、保障有力的水行政执法体系。

新形势、新任务对水行政执法提出了更高的要求，水政监察队伍面临的执法任务将更加繁重。但是，水政监察队伍的执法能力和水平不能适应新时期水行政执法工作的需要，存在基本执法装备不足、水上执法装备缺失、执法监管手段落后等诸多方面的问题，迫切需要立足大局，准确把握水政监察工作面临的新形势，全面规划，加强水政监察队伍整体执法能力建设，扭转与工作要求不相适应的局面。编者结合安阳市水政监察工作实际，对于进一步加强水政监察工作，有以下几点建议可供参考。

一、应进一步明确水政监察队伍综合执法的地位和职责

各级水政监察队伍所承担的执法职责各不相同，除水政监察队伍建设管理和受委托承担水行政处罚、水行政强制执行等执法工作外，水行政征收、水行政许可、水行政执法、监督等行政执法工作基本不涉及，而是由水行政主管部门各职能处（科）室及机构分别承担，目前的这种现状，无法从源头上解决多头执法、重复执法、执法缺位的问题，也无法发挥水政监察队伍综合执法的效能。要从根本上实现水利执法体制改革，全面推进水利综合执法，一是应当把水利综合执法推行工作纳入整个水利改革发展的重要内容，制订严格的考核制度，促使各级水行政主管部门提高认识，统一思想，加强组织领导，制订目标任务，狠抓工作落实。二是从立法上解决水政监察队伍综合执法的法定职责和法律地位，使行政执法职能相对集中，贯穿于水行政执法的全过程，全面提高行政执法效能，切实保障水法规的全面贯彻实施，为水利改革发展提供重要支撑和保障。三是建立上下协调一致的水政执法体系，按照水利部关于加强水政监察队伍建设的要求，结合本地实际，进一步加快专职水政监察机构建设，积极推动专职水政监察队伍参照公务员管理或转为行政序列。理顺工作职能，合理核定人员编制。进一步加强全省水政执法规范化建设，强化责任意识，落实执法工作责任制，从而

形成上下一致、运转协调、统一高效、执法有力的水政执法体系，为水政执法提供有力的机构保障。

二、带动执法方式和手段上的创新

目前，以建立行政处罚裁量基准、适用柔性执法方式以及说理式执法文书等为主要内容的新型执法方式和手段日渐成为行政法理论界和实务届关注的焦点，也成为进一步提高行政执法工作水平的新的增长点。从全国水利系统看，部分省市和地区的水行政主管部门也做了许多有益的尝试，建议省厅围绕改进执法方式、提升执法水平这一主题，通过召开现场会、座谈会以及案例评析会等形式，进一步加强各地水政监察工作的交流。同时，适时出台相关指导性文件，部署开展相关工作，丰富执法工作内涵，提升执法工作效能。

三、应逐步提高水政监察综合执法的科技含量

开展水政监察综合执法工作，一方面要立足执法工作实际，建立健全职责清晰、分工明确、高效协调的综合执法工作机制，同时要勇于开拓创新，不拘泥于传统执法模式，与时俱进，提高执法工作的科技含量，加强“数字水政”建设，即通过建立各级水政监察综合执法队伍网上交流平台，开发水政移动信息化平台、实现各级水政监察信息传输数字化，日常执法、案件办理、违章监督等监控网络化，常规咨询即时化，这样既节省了时间，减少了成本，又提高了工作效率，体现水政监察综合执法改革精简、统一、高效的原则。

四、水利部应加强对各地水政监察队伍建设的指导

目前，各级水行政执法网络基本建成，但水政监察队伍存在的突出问题是机构性质不明确、编制不明确、人员素质参差不齐。机构编制问题是水政监察队伍主要问题，建议省厅积极沟通省编办等部门，争取以两家名义制订下发水政监察队伍建设的指导性意见。尤其是要明确机构性质、编制数量。同时，加强对各地水政监察队伍的指导，使各级水行政主管部门的主要负责同志高度重视水行政执法工作，将具有一定水利、法律专业知识人员充实到水政监察队伍中来，提高水政监察队伍的执法水平。

五、进一步加强基层水政监察队伍执法能力建设

目前，基层水政监察队伍有很大一部分是自收自支事业单位，人员、办案经费难以保障，执法装备与现行执法要求也难以匹配。建议省厅继续加大水政监察基础设施建设的投入，坚持中央资金引导，地方配套为主的执法装备机制，并从制度上保障要落到实处，支持和调动地方加强执法装备等能力建设。争取相关政策，明确一线执法人员应享有执法津贴，并加大督察督办力度。

六、继续加大基层水政监察人员的培训

一是建议加大以刑事司法手段打击水事违法行为的研究推进力度。争取最高法等出台相关法律解释或文件，对水事领域中侵占水域、破坏水资源、水工程、水土保持生态环境和非法采砂等违法行为适用刑罚处罚的条款规定作出解释，对水事违法行为加大刑事打击力度，为水利改革与发展提供坚强的法制保障。二是要有计划、有目的地加强岗位及相关法律知

识的培训，提高水政监察人员执法办案能力和驾驭复杂局势的能力。建立健全对执法人员的激励、约束与考核机制，让水政监察人员有能力、有积极性，并在制度的约束下依法依规办事。

七、进一步加快对法律法规的修改

现行的水法律法规中《水法》与《水政监察工作章程》对水政监察工作表述不一致，理解不一样，机构与职责比较混乱。另外，对违法行为的处罚偏低，对违法人员的处罚威慑力不够，特别是违反水法律法规的行为没有入刑法的罪名。建议加强这一方面的工作。

八、建议将水政监察人员明确为执法类公务员

目前，水政监察机构存在执法主体的编制不合理、执法人员地位不高的问题。水行政执法机构多为事业编制，编制少，人员不足，在部门地位不高，执法职能没有完全理顺，难以形成执法合力。建议水利部能以文件的形式明确要求各级水政监察人员为执法类公务员，提升水政监察机构和水政监察人员的地位。

九、强制手段缺乏

《中华人民共和国行政强制法》正式实施后，虽然为行政机关实施行政强制提供了有力的法律依据，但同时也提出了十分严格明确的要求，由于最高院等权威法制部门对有关条款的适用及具体程序、操作等问题尚未出台解释，在执法实际中难以实施。

以水法规宣传教育推进执法工作有效开展

水法规宣传教育作为水行政执法工作中的一个基础性环节，应当引起决策者、执法者的高度重视。通过水法规宣传教育，可以使当事人和社会公众直接了解、熟悉目前有关水方面的法律、法规和政策等，分清对错，明辨是非；可以使他们尽快地融入法律、制度方面的思想观念，普遍提高法律意识，防患于未然；甚至可以在一定程度上降低水行政执法工作的成本，以水事秩序的和谐，促进经济社会的科学发展。

以水法规的宣传教育推进执法工作的有效开展，应该如何做，采取怎样的形式，运用怎样的手段，达到怎样的效果，是每个执法者都应该考虑解决的问题。怎样才会使水法规宣传教育内外兼顾，有声有色，至臻完善，达到最佳效果。建议决策者、执法者将水法规宣传教育的形式、手段与效果，完整有效地统一起来，切实推进水行政执法工作的有效开展。

一、水法规宣传教育必须做到形式多样，辨证全面

在水法规宣传教育中，采取单一的宣传教育形式，单调而呆板，难以收到理想的宣传教育效果。特别是近十几年来，各种法律、法规相继出台，不断健全完善，各行各业都在宣传和普及法律知识，人们天天听普法，固然会受到一些教育，然而也会程度不同地产生一些逆反

心理,久而久之对一些单调、刻板的宣教会不屑一顾。因此,要想提高水法规宣传教育的效果,必须采取广大群众通俗易懂、喜闻乐见、生动活泼、各式各样的宣传教育形式。

(一)组合利用宣传渠道和工具,努力营造浓厚的宣传氛围

水法规宣传教育有电影、电视、录像、广播、宣传车等视听宣传渠道;有分发书籍、散发传单、张贴标语、制作专栏等文字宣传渠道;有张贴图片、宣传广告、画册等图画宣传渠道;还有知识竞赛、有奖答卷、举办培训班和开展知识讲座、面授等其他形式宣传教育渠道。这些宣传渠道、宣传工具各式各样,宣传形式各不相同,有的声像并出,视听并用,群众喜闻乐见,而且宣传教育覆盖面较大;有的文字不多,言简意赅,深入浅出,便于理解和记忆;有的笔试竞答,排名选优,面授知识,释疑解难,边讲、边学、边问,使宣传教育更直接、易懂、更易记,学得的法律知识也更多、更深、更透。采取何种宣传教育渠道和方式,宣教方案组合如何选择,应根据宣教对象、宣教内容、宣教条件和宣教目的等实际情况而定。宣传教育形式的灵活多样、有效组合,必将营造浓厚热烈的宣传教育氛围,从而为获得理想的水法规宣传教育效果打下良好的基础。

(二)宣传水事案例,做到理论宣传与法制实践相结合

在水法规宣传教育中,不仅要宣传法规理论,而且要宣传水事案例,做到理论宣传与法制实践相结合,才能收到最佳的宣教效果。水事案例是水行政执法人员根据水法规对水事违法案件的查处结果,一般都具有很强的针对性、典型性,它显示了水政执法人员有法必依、执法必严、违法必究的决心。无疑,对破坏、侵占水库、河道、行滞洪区等工程设施的不法分子具有强烈的威慑力和震憾力。通过对水事违法案例的宣传,危及工程设施安全的不法分子会闻法而退,企图制造水事案件的不法分子也会打消违法念头,终止违法行为,减少水事案件的发生。

二、水法规宣传教育必须采取相应的手段

水法规宣传教育不仅要做到形式多样、内外兼顾,而且要手段有力。只讲形式,不讲手段,放任自流,任其发展,是难以获得良好的宣传教育效果的。

在执法者内部进行水法规宣传教育时,必须辅以行政手段。在执法者内部进行水法规宣传教育是一项长期的政治任务,纵然采取了多种多样尽可能生动活泼的宣传教育形式,仍无法摆脱枯燥烦闷感觉,很难引起他们的长期学习兴趣,久而久之,很多人就会敷衍塞责,不求进取,出现摆形式、走过场的局面。所以,在执法者学习水法规的主动性和自觉性尚不够高的情况下,有必要采取一些行之有效的行政手段对他们进行规范和约束,以保证取得良好的宣传教育效果。行政手段千差万别,各不相同,可因事而设,因人而定。在开展法律讲座和举办普法培训班时,可分期分批进行,规定学习时间,制订学习纪律,确定学习目标,测定学习成绩,装入个人档案,作为评先评模和晋升职务的依据,凡此种种,均可视为水法规宣传教育的行政手段。经常开展水法规知识竞赛和有关试题的答卷活动,在这些活动中,可设奖项,排名次,同样作为晋升职务和评定职称的依据,也是内部进行水法规宣传教育时不可缺少的行政手段。

对外进行水法规宣传教育的对象是群众或当事人,这些人群的思想素质和文化素质一般较低,法律意识也比较淡薄,有些人甚至不知道水法规为何物,对水法规宣传教育置若罔闻,不屑一顾,我行我素。因此,对这部分人,除进行耐心的宣传教育外,必要时,还要付诸以

经济手段、法律手段，才能收到良好的宣传教育效果。

水法规具有较强的教育说服力，而行政手段、经济手段、法律手段却具有强烈的震撼力和威慑力，只有将二者有机地结合起来，才是对内对外进行水法规宣传教育的有效途径。

三、水法规宣传教育必须注重效果

无论采取何种形式进行多方位、全方面的宣传教育，辅以何种包括行政、经济、法律等的手段，目的就是要取得最佳的宣传教育效果。

在水法规宣传教育中，如果一味地追求宣传教育的形式多样，而忽略了宣传教育对象和客观情况，其结果势必会事与愿违，劳而无功。如果宣传教育的手段运用不当，轻重缺失，不能与形式相结合，重此轻彼，不考虑、不注重全局，不以人为本，就很难达到最佳的宣教效果，开创科学发展、和谐创新的水行政执法工作新局面。

实践证明，在水法规宣传教育中，只要采取的宣教形式对头，手段得当，就一定能够获得良好的宣传教育效果，达到预期目的。水法规宣传教育必须注重效果，切实做到形式、手段与效果的辨证统一，才能推进水行政执法工作的有效开展，也是广大执法者学法、普法、守法、用法的初衷和归宿。

当然，在如今复杂多变的经济社会发展大环境下，要搞好水行政执法工作，没有现成的、固定的、可借鉴的模式，需要广大执法者不断地在运作上选形式、找方法，在实践中摸索经验，在机制保障上寻求新突破，以水行政执法工作的持续、健康、创新发展，为水利事业乃至经济社会科学、和谐发展保驾护航。

水行政机关申请法院
强制执行水行政具体行政行为的几点新规定

法律、行政法规给水行政主管部门赋予了加处罚款的权力，但是在当事人经催告仍不缴纳等情况下，仍需申请法院强制执行。另外，在水行政征收等其他方面，也需要申请法院强制执行。因此有必要了解相关规定。

一、有关法律规定

《行政诉讼法》第六十六条："公民、法人或者其他组织对具体行政行为在法定期限内不提起诉讼又不履行的，行政机关可以申请人民法院强制执行，或者依法强制执行。"

《行政强制法》第四十六条规定："没有行政强制执行权的行政机关应当申请人民法院强制执行。"第五十三条规定："当事人在法定期限内不申请行政复议或者提起行政诉讼，又不履行行政决定的，没有行政强制执行权的行政机关可以自期限届满之日起三个月内，依照本章规定申请人民法院强制执行。"据此，水行政机关申请人民法院强制执行有两个基本的前提条件。一是当事人对水行政机关作出的行政决定，不申请行政复议或者提起行政诉讼，又不自觉履行。二是向人民法院提出强制执行申请的，必须是没有行政强制执行权的行政机关。

二、《行政强制法》对有关规定的修改

(1)申请执行期限缩短,由180日改为3个月。原先,最高人民法院《关于执行〈行政诉讼法〉若干问题的解释》第八十八条规定:“行政机关申请人民法院强制执行其具体行政行为,应当自被执行人的法定起诉期限届满之日起180日内提出。逾期申请的,除有正当理由外,人民法院不予受理。”而《行政强制法》第五十三条规定:“当事人在法定期限内不申请行政复议或者提起行政诉讼,又不履行行政决定的,没有行政强制执行权的行政机关可以自期限届满之日起三个月内,依照本章规定申请人民法院强制执行。”可见,申请强制执行期限的起算点没有修改,但申请执行期限由180日改为3个月,缩短了一半,这就要求水行政机关及时提出执行申请,提高行政强制执行效率。

(2)申请强制执行的条件中增加一项书面催告程序。根据《行政强制执行法》第五十四条和第五十五条的规定,行政机关申请人民法院强制执行前,应当催告当事人履行义务,催告书送达十日后当事人仍未履行义务的,行政机关可以向所在地有管辖权的人民法院申请强制执行,应当提交的材料包括“当事人的意见和行政机关催告情况”。无强制执行权的行政机关申请法院强制执行前和有强制执行权的行政机关自己依法强制执行前,都应当进行催告程序,这是一项新程序性要求,目的是再一次对当事人进行说服教育,让当事人知道强制执行的可能性,督促其自觉履行义务。这一新规定,既是贯彻《行政强制法》规定的教育和强制相结合的原则,也是法院应当掌握的非诉行政执行案件的审查实质条件之一。

(3)法院对非诉行政执行案件改为以书面审查为主。《行政强制法》第五十七条规定:“人民法院对行政机关强制执行的申请进行书面审查,对符合本法第五十五条规定,且行政决定具备法定执行效力的,除本法第五十八条规定的情形外,人民法院应当自受理之日起七日内作出执行裁定。”第五十八条规定:“人民法院发现有下列情形之一的,在作出裁定前可以听取被执行人和行政机关的意见:(一)明显缺乏事实根据的;(二)明显缺乏法律、法规依据的;(三)其他明显违法并损害被执行人合法权益的。”也就是说,法院在这三种特殊情形下,应当进行实质审查。书面审查的方式有别于开庭审查或召开听证会的审查方式,《行政强制法》规定书面审查为主实质审查为辅,目的是简化审查程序,提高行政强制执行效率。

(4)法院办理非诉执行案件审查期限缩短,由原来的30日变成一般情形下的7日、特殊情形下30日。《行政强制法》第五十七条规定:“人民法院对行政机关强制执行的申请进行书面审查,对符合本法第五十五条规定,且行政决定具备法定执行效力的,除本法第五十八条规定的情形外,人民法院应当自受理之日起七日内作出执行裁定。”第五十八条第二款规定:“人民法院应当自受理之日起三十日内作出是否执行的裁定。裁定不予执行的,应当说明理由,并在五日内将不予执行的裁定送达行政机关。”

(5)《行政强制法》对法院不予受理强制执行申请规定了救济程序。第五十六条第二款规定:“行政机关对人民法院不予受理的裁定有异议的,可以在十五日内向上一级人民法院申请复议,上一级人民法院应当自收到复议申请之日起十五日内作出是否受理的裁定。”第五十八条第二款规定:“人民法院应当自受理之日起三十日内作出是否执行的裁定。裁定不予执行的,应当说明理由,并在五日内将不予执行的裁定送达行政机关。”第三款规定:“行政机关对人民法院不予执行的裁定有异议的,可以自收到裁定之日起十五日内向上一级人民法院申请复议,上一级人民法院应当自收到复议申请之日起三十日内作出是否执行的裁定。”《行政强制法》创设非诉行政执行案件复议程序,赋予行政机关对不予受理裁定和不予执行裁定的救济权,增加行政决定等具体行政行为获得司法认可支持的可能性,充分发挥行政强制执行的作用。

(6)依法、及时申请人民法院强制执行。

①没有行政强制执行权的行政机关可以自期限届满之日起三个月内申请人民法院强制执行。

②申请人民法院强制执行前,应当催告当事人履行义务。催告书送达十日后当事人仍未履行义务的,行政机关可以向所在地有管辖权的人民法院申请强制执行;执行对象是不动产的,向不动产所在地有管辖权的人民法院申请强制执行。

③行政机关向人民法院申请强制执行,应当提供下列材料:a.强制执行申请书;b.行政决定书及作出决定的事实、理由和依据;c.当事人的意见及行政机关催告情况;d.申请强制执行标的情况;e.法律、行政法规规定的其他材料。强制执行申请书应当由行政机关负责人签名,加盖行政机关的印章,并注明日期。

④紧急情况下申请强制执行。《行政强制法》五十九条:“因情况紧急,为保障公共安全(什么是公共安全?百度百科:是指多数人的生命、健康和公私财产的安全。包括公共食品安全,公共卫生安全,公众出行规律安全、避难者行为安全,人员疏散场地安全、建筑安全、城市生命线安全等。对此各部门都要研究),行政机关可以申请人民法院立即执行。经人民法院院长批准,人民法院应当自作出执行裁定之日起五日内执行。”

论水法规中加处罚款和滞纳金的程序

在水行政处罚决定书中,往往会告之当事人“到期不缴纳罚款的,每日按罚款数额的百分之三加处罚款。”如果当事人在接到处罚决定书之日起十五日内没有履行缴纳罚款义务,水行政管理机关将会每日按罚款数额的百分之三加处罚款。对此,中国《行政处罚法》第五十一条第(一)项作了明确规定。但是,适用加处罚款在水行政执法中甚至在整个行政执法中引起的争议颇多,主要集中在加处罚款的程序等问题上,在现行法律还不明确的情况下,笔者试就加处罚款和滞纳金的程序作一论述,以期对水行政执法工作有所帮助。

一、加处罚款和滞纳金的程序要求

(一)加处罚款、加处滞纳金的依据。

1.加处罚款的依据

《行政处罚法》第五十一条:“当事人逾期不履行行政处罚决定的,作出行政处罚决定的行政机关可以采取下列措施:(一)到期不缴纳罚款的,每日按罚款数额的百分之三加处罚款……”这一条,对行政机关作了普遍性授权,因此水行政机关在作出行政处罚决定时,可以直接适用。

2. 加处滞纳金的依据

(1)实体法依据。《水法》第七十条:“拒不缴纳、拖延缴纳或者拖欠水资源费的,由县级以上人民政府水行政主管部门或者流域管理机构依据职权,责令限期缴纳;逾期不缴纳的,从滞纳之日起按日加收滞纳部分千分之二的滞纳金,并处应缴或者补缴水资源费一倍以上五倍以下的罚款。”《中华人民共和国水土保持法》第五十七条:“违反本法规定,拒不缴纳水土保持补偿费的,由县级以上人民政府水行政主管部门责令限期缴纳;逾期不缴纳的,自滞纳之日起按日加收滞纳部分万分之五的滞纳金,可以处应缴水土保持补偿费三倍以下的罚款。”

总的要求是,实体法律规定加处滞纳金的,可以加处;国务院法规规定的,也可以加处。规章、文件规定的不能执行。

(2)程序法依据。《行政强制法》第四十五条第一款:“行政机关依法作出金钱给付义务的行政决定,当事人逾期不履行的,行政机关可以依法加处罚款或者滞纳金。加处罚款或者滞纳金的标准应当告知当事人。”

(二)加处罚款、加处滞纳金的前提条件

当事人在行政决定规定期限履行了,则不得加处罚款或者滞纳金。如果在规定的期限内不履行,经催告仍不履行的,就可以加处罚款或者加处滞纳金。

(三)加处罚款、加处滞纳金是否以单独的文书作出

国务院法制办袁曙宏、李岳德认为,不宜。理由:一是《罚款决定与罚款收缴分离实施办法》第九条:“当事人逾期缴纳罚款,行政处罚决定书明确需要加处罚款的,代收机构应当按照行政处罚决定书加收罚款。”“当事人对加收罚款有异议的,应当先缴纳罚款和加收的罚款,再依法向作出行政处罚决定的行政机关申请复议。”二是保证行政效率。

(四)加处罚款、加处滞纳金的上限及计算

《行政处罚法》只讲每日加处百分之三,没有讲上限,故容易出现“天价罚款”。其他法律、法规对加处滞纳金,也没有规定上限,故出现“天价滞纳金”。因此,计算上限很重要。

如何计算加处罚款或者滞纳金?

(1)起止日期。就是行政机关作出缴纳罚款、滞纳金之日的次日。例如,2012 年 10 月 8 日送达行政决定书,要求当事人自收到行政决定书之日起 15 日内到安阳市农业银行任一网点缴纳人民币 10000 元罚款,到了 10 月 23 日不缴纳,那就从 10 月 24 日起,每日加处罚款百分之三(加处滞纳金的比例,每个法规定不同)。

(2)这时如果当事人申请行政复议或者提起行政诉讼,则在行政复议、行政诉讼期间不能加处罚款或者滞纳金。最高院在征求全国人大法工委和国法办的意见后,于 2007 年 4 月 27 日作出行他字〔2005〕第 29 号《关于行政处罚的加处罚款在诉讼期间应否计算的答复》指出:根据《中华人民共和国行政诉讼法》的有关规定,对于不履行行政处罚决定所加处的罚款属于执行罚,在诉讼期间不应计算。

(3)《行政强制法》第四十五条第二款:“加处罚款或者滞纳金的数额不得超出金钱给付义务的数额。”就是说,决定罚款(或者征收滞纳金)10000 元,加处罚款(或者滞纳金)最多就是 10000 元,不能多一分钱。

(五)加处罚款和滞纳金的步骤

1. 要告知。

《行政强制法》第四十五条第一款:“行政机关依法作出金钱给付义务的行政决定,当事人逾期不履行的,行政机关可以依法加处罚款或者滞纳金。加处罚款或者滞纳金的标准应当告知当事人。”告知什么?一是要告知原因,包括何时发出行政处罚决定书并送达,要求自收到之日起15日缴纳罚款,现在已经超过15日,但当事人仍未缴纳。二是要告知加处罚款的标准。加处罚款的标准是每日加处百分之三,但总量不超过罚款的本数,如前举例罚款1万元,加处罚款最多也是1万元,合计20000元。三是以什么形式告知?就是在行政处罚决定书中告知。

在水行政处罚决定书中告知加处罚款的原因、依据、标准:

参考件:

水行政处罚决定书

安水罚决字〔2013〕1号

被处罚单位:安阳市某某饮食文化有限责任公司

地址:安阳市龙安区文明大道东段

法定代表人或负责人:刘某

本机关于2013年2月28日对安阳市某某饮食文化有限责任公司擅自取水一案立案调查。经查,你单位于2012年3月以来实施了未经水行政主管部门批准,擅自在安阳市龙安区文峰大道与商都路交叉口东北角的本单位院内取用地下水的违法行为。

违法的证据:(1)调查询问笔录一份;(2)勘验笔录一份;(3)视听资料一份。

违法行为等次:从你单位违法行为的事实、性质、情节、社会危害程度和证据看,你单位的行为属于轻微违法行为。

应受行政处罚的依据和种类:上述违法行为事实清楚,证据确凿充分。根据《中华人民共和国水法》第六十九条:“有下列行为之一的,由县级以上人民政府水行政主管部门或者流域管理机构依据职权,责令停止违法行为,限期采取补救措施,处二万元以上十万元以下的罚款;情节严重的,吊销其取水许可证:(一)未经批准擅自取水的;(二)未依照批准的取水许可规定条件取水的”和《河南省水行政处罚裁量标准》“……(1)日最大取水能力为取地表水2千立方米以下或者地下水200立方米以下的,责令停止违法行为,限期采取补救措施,处2万元以上3万元以下罚款……”的规定,决定对你单位作出如下行政处罚:

(1)责令停止取用地下水;

(2)罚款人民币二万元。

行政处罚履行方式和期限:根据《行政处罚法》第五十一条的规定:当事人逾期不缴纳罚款的,本机关每日按罚款数额的百分之三加处罚款。按照《行政强制法》第四十五条的规定,加处罚款的数额不超出罚款的数额。你单位应当自接到本决定书之日起15日内将罚款缴至中国工商银行安阳市分行任一储蓄网点(银行账号:43500021)。到期不缴纳的,每日按罚款数额的百分之三加处罚款。

不服行政处罚决定申请行政复议或者提起行政诉讼的途径和期限:如不服本决定,可以自收到本决定书之日起六十日内向安阳市人民政府或河南省水利厅申请行政复议,也可自收到本决定书之日起三个月内向安阳市殷都区人民法院提起行政诉讼。逾期不申请行政复议、不向人民法院起诉又不履行本处罚决定的，安阳市水利局将申请人民法院强制执行。

安阳市水利局(盖章)

2013年3月2日

2.要催告。

参考件：

履行水行政处罚催告书

安水强催字〔2013〕第2号

被处罚单位：安阳市某某有限责任公司

地址：安阳市殷都区鞍钢大道东段

法定代表人或负责人：刘某

本机关于2013年3月5日向你单位送达《水行政处罚决定书》(安水罚决字〔2013〕第2号)，你单位在法定规定期限内未申请行政复议或者提出行政诉讼，又不履行本机关作出的行政决定。根据《中华人民共和国行政强制法》第四十五条："行政机关依法作出金钱给付义务的行政决定，当事人逾期不履行的，行政机关可以依法加处罚款或者滞纳金。加处罚款或者滞纳金的标准应当告知当事人。加处罚款或者滞纳金的数额不得超出金钱给付义务的数额"和第五十四条"行政机关申请人民法院强制执行前，应当催告当事人履行义务。催告书送达十日后当事人仍未履行义务的，行政机关可以向所在地有管辖权的人民法院申请强制执行；执行对象为不动产的，向不动产所在地有管辖权的人民法院申请强制执行"的规定，现依法向你单位催告，请你单位自收到催告书之日起十日内履行下列义务：

(1)限五日内拆除决定书上载明的违章建筑并恢复渠道原状；

(2)缴纳罚款伍千元和加处的罚款伍千元(自2013年3月21日至2013年6月6日)。

逾期仍未履行义务的，本机关将依法申请人民法院强制执行。

你单位在收到催告书后有权进行陈述和申辩。请你单位在收到本催告书之日起三日内提出陈述和申辩，逾期不陈述、申辩的，将视为放弃陈述和申辩的权利。

联系人：刘某某　张某某

联系电话：3696353

联系地址：安钢大道东段路南

安阳市水利局

2013年6月6日

3. 有权机关强制执行，无权机关申请法院强制执行

（1）有权机关强制执行。《行政强制法》第四十六条第一款："行政机关依照本法第四十五条规定实施加处罚款或者滞纳金超过三十日，经催告当事人仍不履行的，具有行政强制执行权的行政机关可以强制执行。"有权机关在当事人逾期履行情况下，经告知、催告仍不履行的，再过 30 日，可以依法采取拍卖物品抵缴罚款、划拨存款汇款等措施。

（2）没有强制执行权的行政机关应当申请法院强制执行。《行政强制法》第四十六条第三款："没有行政强制执行权的行政机关应当申请人民法院强制执行。但是，当事人在法定期限内不申请行政复议或者提起行政诉讼，经催告仍不履行的，在实施行政管理过程中已经采取查封、扣押措施的行政机关，可以将查封、扣押的财物依法拍卖抵缴罚款。"气象行政部门目前尚无查封、扣押权力，故不适用。

二、加处罚款、滞纳金的相关问题

（一）中止执行

有下列情形之一的中止执行：

（1）当事人履行行政决定确有困难或者暂无履行能力的；

（2）执行可能造成难以弥补的损失，且中止执行不损害公共利益的。中止执行的情形消失后，行政机关应当恢复执行。对没有明显社会危害，当事人确无能力履行，中止执行满三年未恢复执行的，行政机关不再执行。假设案例：张某 2012 年 1 月 30 日被罚款、加处罚款共计 2 万元，这笔钱他一直没缴纳。2012 年 10 月 20 起中止执行，但到 2015 年 10 月 20 日，中止执行满三年未恢复执行，行政机关不再执行。

（二）终结执行

有下列情形之一的终结执行：

（1）公民死亡，无遗产可供执行，又无义务承受人的；

（2）法人或者其他组织终止，无财产可供执行，又无义务承受人的；

（3）据以执行的行政决定被撤销的。

（三）执行和解

实施行政强制执行（加处罚款或者滞纳金），行政机关可以在不损害公共利益和他人合法权益的情况下，与当事人达成执行协议。执行协议可以约定分阶段履行；当事人采取补救措施的，可以减免加处的罚款或者滞纳金。当事人不履行执行协议的，行政机关应当恢复强制执行。

注意：罚款、社会抚养费不能减免，但加处的罚款、加处的滞纳金可以依法减免。

（四）文明执行

行政机关不得对居民生活采取停止供水、供电、供热、供燃气等方式迫使当事人履行相关行政决定。

关于开展水利与公安联动执法工作的思考

安阳市积极探索水利与公安联动执法长效机制，于 2012 年 10 月 15 日正式挂牌成立了安阳市水利与公安联动执法办公室，截至目前，全市所辖各县（市、区）全部成立了水利与公安联动执法办公室。近年来，随着水利与公安联动执法机制的不断建立与完善，不但改变了水行政执法难的被动局面，而且提高了水行政执法效率，收到了事半功倍的效果，有力地维护了良好的社会水事秩序。现将安阳市水利与公安联动执法情况进行总结以便引起同仁的思考。

一、安阳市积极探索水利与公安联动执法长效机制的主要做法

（一）组织建全，保障有力

为了做好水利与公安联动执法工作，市水利局、公安局领导多次召开会议、认真研究，成立了市水利局水政监察支队及市公安局治安管理支队主要负责人为成员的联动执法办公室。市治安支队明确 2 名干警常驻市水利局，市水利局专门抽调一名同志配合做好联动执法工作。建立了日常联勤检查、联席会议、联络员和执法信息交流制度，并做到了制度上墙。按照明确的职责任务，认真抓好全市联动执法的日常管理工作。安阳市水利局还为联动执法办公室配备了专门办公室和专职执法车辆，办公自动化设备两套（电脑、打印机等），同时也配备了警棍、袖标等警务用具。联动执法经费年初列入财政预算，有力地保障了水利与公安联动执法工作的开展。

（二）加强宣传，营造氛围

联动执法办公室成立后，充分利用电视、报纸、网络等媒体，积极宣传水利与公安部门建立联勤联动执法工作机制、联合打击水事违法行为工作情况，组织人员深入企业、社区大力宣传水法律法规。对于案情复杂、社会关注度高的案件，注重宣传引导，积极配合当地宣传部门做好信息发布，确保社会稳定。在今年开展的河湖坑塘专项整治及河道采砂专项行动中，联动执法办公室在《安阳日报》等新闻媒体以市水利局、市公安局的名义联合发布通告，加大了宣传力度。同时，还编发了水利与公安联合执法专项行动工作简报，除向省厅报送外，还抄送市人大、市政府、检察院、公安局、法制办等单位，切实将水利与公安联动执法保护水资源、水域和水工程的目的、意义宣传到政府和人民群众中去，做到家喻户晓、人人皆知，赢得了领导、群众和社会对水行政执法工作的理解、信任和支持。

（三）发挥优势，形成合力

在未建立联动执法机制前，由于水行政主管部门缺少必要的强制手段，在执法过程中经常会遭遇企业或个人妨碍执行公务或暴力抗法等违法行为，造成“调查难、取证难、执法难”。水利与公安联动执法工作机制的建立，很大程度上解决了水行政执法领域的“三难”问题。如擅自取水案件，当事人为逃避处罚，经常在水政监察员进行现场监督检查时，以不开门、请示领导、拒绝进入现场检查、放狼狗护院等方式拖延时间，等执法人员进入现场，早已落闸停电，不再取水，证据固定难度极大。实行联合执法后，在公安干警采取控制当事人、控制电话，防止通风报信，防止烈犬袭人等措施的大力支持下，水政执法人员能够第一时间

到达现场进行勘验，固定违法擅自取水证据，为水行政处罚和追缴水资源费提供了扎实的证据，收到了良好的执法效果。同时，与检察院联合成立了刑事司法与行政执法联系办公室，与法院成立了强制执行小组，实行联动执法，减少了行政干预，有力地打击了水事违法行为，形成了执法合力。

（四）公开拆违，提高效能

对在水工程管理保护范围内新建的违章建筑，我们在加强巡查的基础上，及时向当事人送达《责令停止违法行为通知书》，当事人拒不停止的，我们适时送达《责令改正决定书》，明确告知当事人限期恢复水工程原状。在当事人拒不恢复原状的情况下，市水利与公安联动执法办公室及时召开会议，在充分调查研究的基础上制订了强制拆除水工程管理和保护范围内违章建筑预案，并组织市公安局治安支队、水政监察支队和水利工程管理单位人员，明确警戒、拆除、后勤保障等小组的职责和人员，按照预定方案，先后成功拆除了万金灌区六六渠管理范围内未经批准擅自棚渠案、擅自侵占万金南干渠渠道管理范围案和擅自侵占水库库容案，有力地打击了明目张胆侵占水工程的水事违法行为，震慑了违法行为相对人，保证了渠道输水和泄洪安全，沿渠群众拍手称快。水利与公安联合开展公开拆除水工管理范围内违章建筑在社会上引起了很大反响，使违法行为当事人认识到得不偿失，消除了一大批违章建筑苗头，保证了水域和水工程的安全。

（五）敢于碰硬，树立威信

水利与公安联动执法难就难在行政干预下案件的办理。安阳市一知名房地产开发商，借助社会关系广泛，未经许可擅自在城市排洪渠道上建桥，进行小区出入口改造。水政执法人员现场制止时，开发商不仅不停止施工，而且还组织施工人员谩骂、围攻执法人员，进而发展到肢体冲突，两名执法队员受轻微伤。事件发生后，水利与公安紧急行动，公安连夜传唤违法当事人进行调查讯问，水利局连夜起草了向市四大班子领导报送的《要情快报》，决定在向政府主要领导汇报后，第二天组织市直水利系统150余名水政监察员强拆违章工程。迫于种种压力，第二天一上班，开发企业负责人在公安人员的带领下，主动到安阳市水利局找到局领导公开赔礼道歉，主动承认错误，到医院看望了受伤住院队员，自觉交纳了全部住院费用，并及时向安阳市水利局提出了办理水工程管理范围内建设项目申请。最后，该项目在安阳市水利局的监督下，按批准的方案进行了施工，既保证了城市防洪安全，又方便了小区居民出入。该案件的查处，影响和规范了城市建设中一大批涉河、涉渠建设项目的申请和许可，维护了水法律法规的权威，营造了良好的水事秩序。

二、取得的成效

水利与公安联动执法两年来，共联动执法676人次，查处水事违法案件18起，制止违法施工9起，强制拆除违章建筑4起，封填地下水源井5口，清理水库养鱼网箱1200平方米，整改采砂企业3家，查除河道非法采砂影响行洪安全隐患23起。建立水利与公安联动执法机制取得了三个成效：一是提高了执法效率。立案查处时水政执法人员人身威胁减小了，调查取证容易了，水事违法犯罪分子碍于公安机关强大的威慑力，都能主动履行处罚。二是规范了水政执法行为。水行政执法工作由于受多方面因素的制约，办案时调查难，取证难，执行更难，而且基层单位执法中还存在调查方式、执法文书不规范，着装不统一等很多薄弱环节，但是通过与公安机关联动执法办案，在调查取证上、法律文书送达上、法律文书制作上、具体案件查办技巧上、违法现场、人员的控制上正逐步走向规范。与公安人员一起办案对提高水行政执法人员的办案水平,规范水政人员的执法行为,促进依法行政、文明执法,起到积极推动作用。三是树立了水政执法的良好形象。水政监察队伍,是水利部门的窗口,它处在水行政执法的最前沿,与其他行业、部门接触较多。水政执法人员的一言一行、业务素质的优劣、执法水平的高低等都会直接影响到水利行业的形象。开展与公安联动执法以来,各类水事违法案件得到了有效扼制,水政执法队伍在群众的心目中逐步由“雷声大,雨点小”的“软执法”转变为敢碰硬、严执法的水政执法队伍。严厉打击了各类水事违法分子的嚣张气焰,提升了水政执法的良好形象。

三、存在的问题

水利与公安联动执法平台的建立,较好地解决了水行政执法调查取证难、强制执行力少等执法难题,但就公安职责而言,在维护社会治安的前提下,侦查犯罪,打击违法犯罪行为也是其重要职责。目前,就水利行业而言,水资源案件、水工程案件、河道采砂案件大多未列入刑法规定的罪名,而在擅自取水行政处罚案件与盗窃水资源偷逃水资源费之间、擅自拆除水工程与防汛抗旱设施以及破坏防汛抗旱设施之间、未经批准擅自采砂与矿产资源开采违法犯罪之间是否构成犯罪、如何界定都存在着盲区,亟待在水利与公安联动执法的平台上进行探索与实践。

水利部门与公安机关在两法衔接工作中的情况和问题探讨

执法力量不足是公安机关和行政执法机关共同面临的难题。通过公安机关与行政执法机关联合执法,既能有效整合执法办案力量,增强打击合力,又能有效解决行政执法机关在日常执法中经常遇到的进不了门、找不到人、取不了证、办不了案的问题。同时,通过联合执法,公安机关对行政执法机关移送的案件,能及时了解掌握案件相关情况,有利于为案件侦查取证、移送起诉赢得时间、提高效率、争取主动。

新修订的《刑事诉讼法》第五十二条第二款规定,行政机关在行政执法和查办案件过程中收集的物证、书证、视听资料、电子数据等证据材料,在刑事诉讼中可以作为证据使用。这一规定有力推进行政执法与刑事司法相衔接工作。那么水行政机关向司法机关移送案件的一般程序性规定有什么要求呢?

第一,水行政机关在行政执法和查办案件过程中,有充分证据认为违法行为涉嫌犯罪的,可以将有关案件和证据材料移交公安机关。

移交的材料包括:①涉嫌犯罪案件移送书;②涉嫌犯罪案件情况的调查报告;③涉案物品清单;④有关检验报告或者鉴定结论;⑤其他有关涉嫌犯罪的材料。

依据国务院《行政执法机关移送涉嫌犯罪案件的规定》移交的证据种类包括:行政机关在行政执法和查办案件过程中收集的物证、书证、视听资料、电子数据、检验报告、鉴定意见、勘验笔录、检查笔录等证据材料。

第二,对水行政执法机关移送的案件,公安机关应当自接受案件之日起三日以内进行审查(非调查)。

认为有犯罪事实,需要追究刑事责任,依法决定立案的,应当书面通知移送案件的行政执法机关;认为没有犯罪事实,或者犯罪事实显著轻微,不需要追究刑事责任,依法不予立案的,应当说明理由,并将不予立案通知书送达移送案件的行政执法机关,相应退回案件材料。对不属于本机关管辖的,应当及时转送有管辖权的机关,并书面通知移送案件的行政执法机关。

第三,移送案件的行政执法机关对不予立案决定不服的。

可以在收到不予立案通知书后三日以内向作出决定的公安机关申请复议;公安机关应当在收到行政执法机关的复议申请后三日以内作出决定,并书面通知移送案件的行政执法机关。

可以建议人民检察院依法进行立案监督,或者报告本级或者上级人民政府责令改正。

第四,行政执法机关对公安机关决定不予立案的案件,应当依法作出处理。

其中,依照有关法律、法规或者规章的规定应当给予行政处罚的,应当依法予以行政处罚。

第五,非法证据排除。

新刑诉法首次确立了非法证据排除制度。非法证据排除制度,是无罪推定、疑罪从无原则的必然制度安排。刑事诉讼中,对证据合法性的审查将越来越严格。

公安机关审查行政机关移送案件立案工作时,关键是考量移送的证据材料是否达到立案标准,也涉及非法证据审查排除工作。

非法证据排除主要是审查证据的合法性:证据来龙去脉的合法性,即所有证据都应当能够证明其来龙去脉是清楚的、合法的。

收集证据程序的合法性。即所有证据的发现、收集、查证、使用、保存、管理都应当能够证明是完全依法履行了法定程序。

因此,要求获取证据时必须严格按照法定程序进行证据的发现、收集、查证、使用、保存、管理工作,并清楚、完整、准确记录在案。

非法证据排除应当坚持三项排除规则:

一是所有非法取得的言词证据一律绝对排除,移送起诉后不可补证。即使是非法取得的如实供述也必须排除。

二是非法取得的书证物证只对可能严重影响司法公正的进行排除,可以补正。因为书证物证具有客观性,其程序性瑕疵不影响证据实际的证明力,可以通过补正的方法补足。

例如,通过刑讯逼供取得口供,从而找到真实的杀人凶器,则这个真实的杀人凶器不属于可能严重影响司法公正,不能排除,但必须对刑讯逼供者依法追究法律责任。

三是瑕疵证据如笔录字迹潦草、签字不全等,不作排除,并应当补证。

以上是水行政机关向司法机关移送案件的一般程序性规定,那么水利部门与公安机关协作常涉及以下两种种罪名需要广大水行政执法人员掌握。

一、非法采矿罪

《刑法》第三百四十三条第一款规定，未取得采矿许可证擅自采矿，擅自进入国家规划矿区、对国民经济具有重要价值的矿区和他人矿区范围采矿，或者擅自开采国家规定实行保护性开采的特定矿种，情节严重的，处三年以下有期徒刑、拘役或者管制，并处或者单处罚金；情节特别严重的，处三年以上七年以下有期徒刑，并处罚金。

《刑法修正案（八）》(2011 年 5 月 1 日起实施)，对非法采矿罪作出修改，删除了“责令停止开采后拒不停止开采，造成矿产资源破坏”的条件要求。降低了入罪标准，以更有力地惩治非法采矿犯罪。

河道非法采砂构成犯罪的，以非法采矿罪立案侦查。以前实践中多数以非法经营罪立案侦查。以非法采矿罪定罪量刑，一是定性更为准确，二是犯罪金额认定时除以非法获取河砂的销售金额计算外，还可以通过认定非法开采河砂的数量，计算得出造成矿产资源破坏价值来认定。而非法经营罪的数额认定仅限于非法采砂的销售金额，实践中因为大量证据灭失，难以准确认定犯罪金额。

非法采矿罪的构成特征：

(1)犯罪客体。本罪侵犯的客体是国家对矿产资源和矿业生产的管理制度以及国家对矿产资源的所有权。

(2)犯罪客观方面。本罪客观上表现为违反矿产资源保护法的规定，非法采矿，破坏矿产资源的行为。

(3)犯罪主体，一般主体。即未取得采矿许可证，擅自在河道管理范围内从事非法采砂行为的单位或个人。如果非法采矿罪的犯罪主体是自然人，应达到《刑法》所规定的刑事责任年龄和具备刑事责任能力。

(4)犯罪主观方面。本罪主观上出于故意，其主观目的是为获取矿产品以牟利。

立案追诉标准：违反《矿产资源法》的规定，未取得采矿许可证采矿的，或者擅自进入国家规划矿区、对国民经济具有重要价值的矿区和他人矿区范围采矿的，或者擅自开采国家规定实行保护性开采的特定矿种，造成矿产资源破坏的价值数额在五万元至十万元以上的，应予立案追诉。数额在三十万元以上的，属于刑法规定的造成矿产资源严重破坏的情形。

未取得采矿许可证擅自采矿的，在河道非法采砂中的具体表现：①未依法取得《河道采砂许可证》实施采砂作业的；②不按照《河道采砂许可证》规定实施采砂作业的；③《河道采砂许可证》被注销、吊销后继续进行采砂作业的；④《河道采砂许可证》被依法暂扣期间擅自开采的，视为本条规定的“未取得采矿许可证擅自采矿”。

立案追诉数额标准：

河南省非法采矿罪的立案数额标准为 5 万元。破坏性的开采方法以及造成矿产资源破坏或者严重破坏的数额，由省级以上地质矿产主管部门出具鉴定结论，经受理人民法院查证属实后予以认定。

多次非法采矿或者破坏性采矿构成犯罪，依法应当追诉的，或者一年内多次非法采矿或破坏性采矿未经处理的，造成矿产资源破坏的数额累计计算。

造成矿产资源破坏的价值数额认定：

总原则:由省级以上地质矿产主管部门出具鉴定结论,经查证属实后予以认定。(依据:最高人民法院法释(2003)9号《关于审理非法采矿、破坏性采矿刑事案件具体应用法律若干问题的解释》)

造成矿产资源破坏的价值数额认定具体方法:

(1)非法采砂的河砂销售价值数额;

(2)由有资质的价格认证机构评估认定的非法采砂量的市场价值;

(3)由省级以上地质矿产主管部门出具的鉴定结论。

2005年8月31日,国土资源部对非法采矿、破坏性采矿造成矿产资源破坏价值鉴定程序作了规定。明确指出由省级以上人民政府国土资源主管部门设立非法采矿、破坏性采矿造成矿产资源破坏价值鉴定委员会,负责审查有关鉴定报告并提出审查意见。涉及对非法采矿、破坏性采矿造成矿产资源破坏的价值进行鉴定的,须向省级人民政府国土资源主管部门提出书面申请,同时附对该违法行为的调查报告及有关材料,由省级人民政府国土资源主管部门按照有关规定出具鉴定结论。

实践中取证的困境:

作案手段的隐蔽性,参与人员的流动性,随采随卖、即时交易以转移赃物等作案手段让侦查取证非常困难,对非法获利的统计通常仅能以现场缴获赃物认定。具体说:一方面,非法采矿犯罪因其损失具有隐蔽性、长期性、间接性等特点,因此难以准确评估其经济损失,对犯罪的查处、相关责任人的责任追究带来诸多不利。

另一方面,不法分子盗采河砂时边采边卖。行政、司法人员查获的往往只有刚刚采挖上船的部分,这与整个犯罪行为涉及的数额相去甚远。因没有具体犯罪数额或犯罪数额小,犯罪分子有的得以逃脱处罚,有的则罚难当其责。刑罚难起震慑作用。

实践中取证的解决思路:

(1)执法机关在查处河道管理范围内采砂违法行为过程中,必须注意执法程序,妥善保存与违法行为有关的证据。采砂类水事违法案件违法的现场调查工作是整个调查环节的工作重点。

水利部门在查处过程中应收集并妥善保存下列有关证据资料:①违法行为调查报告;②调查记录或询问笔录;③有关鉴定结论;④现场调查时的勘测和音像资料;⑤其他可以保存的实物证据和资料。

(2)有关部门对非法矿点所做的测量说明、造成价值损失的鉴定结论等证据材料,对查处非法采矿案件,无论是追究行政责任还是追究刑事责任,都非常重要。

(3)对破坏性开采方法、造成矿产资源破坏数额等专业结论,应及时提交省级地质矿产主管部门进行检验、鉴定,并出具检验报告或者鉴定结论。

(4)调查取证的重点。

实践中取证的解决思路:

(1)确认违法采砂主体的基本情况。

(2)违法事实的认定:包括采砂行为的起始时间,采砂行为的目的,采砂行为的地点,已筛选出成品砂的种类及方量,采砂方式、所用设备以及设备的归属等情况。

(3)采砂行为的合法性认定,水利部门出具非法采矿的认定意见。

二、妨害公务罪

《刑法》第二百七十七条第一款规定,以暴力、威胁方法阻碍国家机关工作人员依法执行职务的,处三年以下有期徒刑、拘役、管制或者罚金。

构成要件主要有客体要件、客观要件、主体要件和主观要件等。

(一)客体要件

本罪侵犯的是复杂客体,其中国家的正常管理活动是其主要客体,国家机关工作人员的人身权利是其随机客体。

妨害公务罪侵犯了国家的正常管理活动,这是本罪社会危害性的重心所在,也是本罪区别于单纯侵害公务人员人身、财产的犯罪行为的关键所在。

本罪侵害的对象,是依法正在执行职务的国家机关工作人员。阻碍非国家机关工作人员从事某种活动的,或者虽是国家机关工作人员,但其执行的不是职务活动,或者其活动不是依法正在进行的职务范围的活动,均不构成本罪。这就是说,成为本罪侵害对象的:

第一,必须是在国家机关工作人员已经着手执行职务、尚未结束之前;

第二,必须是依法进行的、而不是超越职权范围的活动。

执行职务,既包括在国家机关工作时间和场所内的公务活动,也包括根据特定的命令在其他场所的公务活动。但是,超越职权范围的活动,或者滥用职权侵犯国家和群众利益的活动,受到他人阻止的,不构成妨害公务罪。根据《最高人民检察院关于以暴力、威胁方法阻碍事业编制人员依法执行行政执法职务是否可对侵害人以妨害公务罪论处的批复》的规定,对于以暴力,威胁方法阻碍国家机关中受委托从事行政执法活动的事业编制人员执行行政执法职务的,可以对侵害人以妨害公务罪追究刑事责任。

(二)客观要件

以暴力或者威胁的方法阻碍国家机关工作人员依法执行职务的行为。

本条所称暴力,是指行为人对正在依法执行职务的国家机关工作人员的身体实施了暴力打击或者人身强制,如殴打行为、捆绑行为等。

如果行为人的暴力行为造成国家机关工作人员重伤结果或因重伤导致死亡结果,甚至故意杀害国家机关工作人员的,应按处理牵连犯的原则,以重罪吸收轻罪,按故意伤害(重伤)罪或者故意杀人罪定罪,从重处罚。

本条所称威胁,是指行为人以杀害、伤害、毁坏财产、破坏名誉、扣押人质等方式对正在依法执行职务的国家机关工作人员进行威逼、胁迫,企图迫使国家机关工作人员放弃执行职务。

(三)主体要件

本罪的主体为一般主体。凡达到刑事责任年龄,且具备刑事责任能力的自然人均能构成本罪。

(四)主观要件

本罪在主观方面表现为故意,即明知对方是正依法执行职务的国家机关工作人员,而故意对其实施暴力或者威胁,使其不能执行职务。行为人的动机,往往多种多样。比如:事关行为人的利益;为了维护他人;与该工作人员有私怨,乘机发泄,进行报复;等等。但动机不影响本罪的成立,可作为情节在量刑时考虑。但是,如果行为人不知对方是正在依法执行职务的国家机关工作人员而加以阻挠的,不构成犯罪。

立案标准:

以暴力、威胁的方法阻碍国家机关工作人员依法执行职务的,属于行为犯,行为人只要以暴力、威胁方法实施了上述妨害公务的行为,原则上就构成犯罪,应当予以立案追究。但是,对于情节显著轻微危害不大的,按照《刑法》第十三条的规定,不以犯罪论处。(一般构成妨害公务罪的情形是致使国家机关工作人员轻微伤以上才构成犯罪)

在情节显著轻微危害不大不以犯罪论处的情况下,可以按照《治安管理处罚法》第五十条的规定予以处罚:阻碍国家机关工作人员依法执行职务的,处警告或者二百元以下罚款;情节严重的,处五日以上十日以下拘留,可以并处五百元以下罚款。

取证要点:

(1)认定行政执法人员的“国家工作人员”的执法身份;

(2)认定行政执法人员正在实施的是依法正在进行的职务范围的活动;

(3)嫌疑人实施了以暴力或者威胁的方法阻碍国家机关工作人员依法执行职务的行为;

(4)注重客观证据的取证,第一是伤者验伤、鉴定、伤势拍照。第二是现场勘验配合现场照片。第三是视听资料的保存,现场拍摄的视听资料,行政相对人自行拍摄的视听资料,群众拍摄视听资料,街面监控。第四是工具提取。第五是受损物品的证据固定,比如执法车辆受损的,办公场所和办公用品受损的,应固定好相关的证据,以便为估价作准备。

为加强对重大个案和疑难复杂个案的协调、交流,水行政执法机关可随时邀请相关部门参与案件分析研究,着重做好涉案物品分类、抽样,拍照、固定证据,尽快出具检验及估价鉴定。行政执法部门对刑事立案标准有分歧的,可及时与公安机关沟通,由公安机关提供指导意见,提高“两法衔接”效率,规范案件移送工作。

关于边界水事纠纷预防调处工作的思考

安阳市地处河南省最北部,河南、河北、山西三省交界处,漳河流经三省边界,涉及林州和安阳两县(市),水事纠纷问题突出。汤阴县南与鹤壁市相邻,引淇入琵水事纠纷不断。现将2005年以来安阳市省际、市际边界水事纠纷现状、预防调处工作开展情况和取得的成效、存在的问题、经验做法和建议总结思考如下。

一、安阳市省际、市际水事纠纷现状

目前,安阳市省际、市际水事纠纷工作已由过去单一化逐渐向多元化转变,形成了点多、面广、线长的特点,由原来的仅牵涉漳河左、右岸的河北、河南两省到现在的牵涉漳河上、中、下游和河南、河北、山西三省;由原来的单一漳河水事纠纷增加了现在的淇河水事纠纷;由原来仅牵涉的水量分配问题到现在的擅自修建水工程问题。在工作实践中,我们坚持日常排查和纠纷化解工作相结合,发现纠纷苗头,及时与地方党委政府及河道主管部门进行通报和协调,将水事纠纷化解在萌芽状态,化解在基层。对我们协商不成和解决不了的问题,立即向上级反映，通过上级的协商和沟通，维护了省际和市际水事秩序稳定，实现依法治水、团结治水。自2005年以来，漳河和淇河水事秩序基本稳定，但局部冲突时有发生。

二、预防调处水事纠纷所做的工作和取得的成效

（一）漳河水事纠纷

漳河属海河流域漳卫南运河水系的一级支流，分清漳河和浊漳河两条主要河流，两河在河北省涉县合漳乡汇合后始称漳河。漳河在山西、河南、河北三省桥以下河段为河北省与河南省的界河，漳河流经安阳与邯郸两市边界长71公里，涉及林州和安阳2县（市）3个镇16个行政村1.4万人1.25万亩耕地。其中，林州市境内30公里，涉及任村、东岗两镇9个行政村1万人9000余亩耕地；安阳县境内41公里，涉及都里镇7个行政村4000人3500亩耕地。

历史上，漳河水事纠纷频发，上级领导倾注了大量心血和汗水。自2005年以来，在上级的关心、支持和帮助下，在市、县水利部门的共同努力下，在沿河乡镇、村庄干部群众的支持下，漳河上游水事秩序基本稳定，区域团结治水、共谋发展的局面初步形成。安阳市漳河上游地区没有发生一起到水利部和海委及省水利厅上访的漳河水事纠纷事（案）件，受到了海委及漳河上游管理局的肯定。但稳定的基础是脆弱的，该区域水资源紧缺的现状并未改变，其间出现的一些新问题如山西省在漳河上游违法修建水工程，涉及全流域水资源的调配等问题，对地处漳河下游的安阳市水资源配置影响重大，必须引起高度重视。

（1）积极参与，与河北省联合，暂时制止了山西省在浊漳河上修建吴家庄水库。早在2003年，山西省就以国家能源基地急需水源为名，多次酝酿在长治市黎城县境内的浊漳河干流上游建设吴家庄水库。该水库控制流域面积9410平方公里，总库容3.61亿立方米，兴利库容2.11亿立方米。水库一旦建成，势必造成漳河下游水资源更加紧缺，加剧漳河干涸断流局面，使漳河十分脆弱的生态环境进一步恶化。同时，对下游四大灌区（红旗渠、跃进渠、大跃峰、小跃峰）以及岳城水库引蓄水造成严重影响。对此，河南、河北两省反映强烈，各级政府高度重视，河南省、市、县三级政府及水利部门，采取多种形式以文件，传真，亲赴上级机关、海委、水利部汇报等向上反映情况，引起了各级领导的关注。2008年全国"两会"上，来自河北的31名全国人大代表联合提交议案，强烈要求国家有关部门不予批准山西省吴家庄水库立项。同时，邯郸、安阳两市委托河北工程大学对山西修建吴家庄水库进行专题评估，利用科学依据，有理有据地否定修建吴家庄水库。由于河南、河北两省的极力反对，目前该工程前期工作处于暂停状态。

（2）积极反映，制止山西省违法在浊漳河上游修建溯头水电站和辛安泉供水改扩建工程。2011年，未经海委批准，山西省违法擅自在平顺县辛安泉下游北耽车河段，规划建设溯头水电站，同时开工建设辛安泉供水改扩建工程。溯头水电站距下游红旗渠首18公里，总库容425万立方米，形成水面0.571平方公里，取水规模为12立方米每秒（大于浊漳河年平均流量），水电站装机容量1200千瓦（3×400千瓦），年利用3642小时，按天计算超过151天；辛安泉供水改扩建工程位于溯头水电站拦河坝上游300余米处，距河床高差30余米。输水洞采用拱形设计，宽2米，高3米，输水洞总长6000余米，设计取水流量为5立方米每秒，年提水1.58亿立方米，主要向长治、壶关等县区供水。该工程一旦建成，安阳市用十余年心血修建的红旗渠和跃进渠将无水可引，工农业生产和人畜用水将受到严重损失，对此，

林州和安阳市委、市政府高度重视,积极向省水利厅、漳河上游管理局和海委以及水利部等上级部门进行及时汇报,海委两次下达停工通知,三次召开协调会进行论证,并形成了会议纪要。湖头水电站工程水资源论证初步通过,但辛安泉供水改扩建工程既未进行水资源论证,又未办理取水许可手续,却一直在违法施工,严重影响漳河上游地区水事秩序稳定。目前,安阳市、县两级正在密切关注事态发展,并积极向上级反映,强烈要求制止山西省违法在浊漳河上游河道建设违法水工程。12 月 23 日,组织安阳、邯郸两市部分全国人大代表对漳河上游水资源状况进行了调研,准备明年全国"两会"人大议案,争取制止提水工程建设。

(3)全力以赴,妥善处理了山西省长治市天脊煤化工集团公司苯胺泄漏事件造成漳河水污染对安阳市的不利影响。2012 年 12 月 31 日,山西省长治市天脊煤化工集团公司苯胺泄露事故发生后,安阳市及时采取应急措施进行拦截过滤,污染事故发生后积极采取应对措施:一是启动应急预案,紧急通知市第五水厂停止引用岳城水库地表水饮用水源,启用市区地下水应急备用水源,保证了安阳市区饮水安全;林州市和安阳县沿河乡镇村庄召开了紧急会议,加强宣传,禁止群众捡拾河道内的死鱼,一定时间内集中向群众送水,停止将漳河水作为生活饮用水源供应,保证了沿河群众饮水安全。二是积极向海委、省水利厅、漳河上游管理局汇报,并按照市政府应急办和市环保局应急办要求,自 1 月 7 日至 2 月 28 日,每日上报安阳市水利工程引蓄水情况;三是购置活性炭在赵家河电站引水渠口上游一拱桥处筑活性炭坝一座;配合市环保局、安阳县善应镇镇政府在南海库区投放活性炭 300 吨(运至南海水库待投活性炭 400 吨),以吸附库底水体苯胺污染;四是配合市环保局对监控断面提取水样 500 余点次;五是抽调水利专家和水文专家,在环保局现场办公,及时沟通协调水污染处理中遇到的水利方面问题,并组织召开专家会议,实地勘察,确定下一步拦截污染带筑坝位置。六是向漳河上游管理局上报了《安阳市水利局关于处置漳河上游突发性水污染事件跨区域调水的紧急请示》(安水〔2013〕9 号),申请上游局组织调水稀释污染团。在环保监测数据显示引水水质正常的情况下,1 月 17 日红旗渠开始引水。5 月中旬,经水质监测和专家鉴定后,报安阳市"12 · 31"事件应急处置工作领导小组批准,于 5 月 18 日上午 8 时恢复从岳城水库引用生活供水水源,开始向安阳市第五水厂生活供水,保证了市区饮水安全。

(4)全力争取,漳河上游管理局与邯郸、安阳三方签订了《浊漳河水量分配意见(试行)》,缓解了安阳市跃进渠引水困难。安阳县跃进渠地处漳河四大灌区下游,由于涉及跨省水事关系协调,长期引不到应分水量。市水利局高度重视跃进渠引水工作,以邯郸市建设黄龙口隧洞工程未征求安阳市意见为契机,抢抓机遇,乘势而上,历时 11 个月,经 30 余次艰苦协调和座谈,数十次修改分水意见,最终达成了《漳河水量分配意见(试行)》,并自 2012 年 5 月 1 日起正式实施。截至 2013 年 11 月底,跃进渠共引水 8000 余万立方米,达到了近十年来的最大值,分水问题得到了较好的落实。2013 年安阳市人大常委会将该建议列为年度重点建议要求办理好,在重点建议评议会上,代表满意率为 97.4%,顺利办结此议案。

(5)积极协调漳河引水水费问题,解决了基层水利单位困难。2012 年夏,在水利部矫勇副部长、省政府刘满仓副省长的重视下,安阳市政府大力协调林州市和安阳县政府,将漳河引水水费列入了县级财政预算支出,为安阳市漳河引水提供了资金保证,解决了红旗渠和跃进渠两个基层水利单位的困难,妥善处理了用水单位与漳河上游管理局的关系,实现了安阳市漳河正常引水,受到了水利部和海委领导的高度评价。

(6)积极指导沿河 5 个水电站,办理了水利部海委颁发的取水许可证,实现了依法取水。2007 年 4 月，按照水法律法规规定，配合漳河上游管理局依法为任村镇卢家拐水电站、木家庄水电站、东岗镇南天门水电站，都里镇张各台水电站、东岭西水电站办理了取水许可证，实现了安阳市漳河水能资源的依法开发利用。

(7)及时反映，有效制止道路等工程建设对漳河上游水工程的危害及影响。2010 年 4 月初，山西省壶关县私建水库对下游弓上水库蓄水构成影响，以及安阳至长治高速公路乱弃渣对下游马家岩水库构成淤积隐患等，我们及时以文件形式向上级反映，并多次配合省水利厅及上游局领导深入现场查看，引起各级重视，有效地制止了违章施工，并采取了补救措施。

(8)切实加大了投入，改善了沿河村庄的道路交通等基础设施，造福沿河群众。安阳县、乡政府通过努力，基本完成了沿漳河 7 村的水泥道路建设，方便了群众出行；安阳县政府通过新农村建设，对生存条件恶劣的都里镇盘金垴村实施了整体搬迁，切实改善了群众的生活和生产环境。

(9)先后指导和协调林州市水务局妥善处理与山西省平顺县、河北省涉县相邻村庄的道路建设、护地坝建设、抗旱引水、回水淹没等水事纠纷 10 余起，维护了边界地区水事秩序稳定。

(10)先后指导和协调安阳县水务局妥善处理与河北省磁县相邻村庄的水电站建设、道路建设、引水渠建设、护地坝建设、抗旱引水、回水淹没等水事纠纷 12 起，维护了边界地区水事秩序稳定。

(二)淇河水事纠纷

琵琶寺水库位于汤阴县境内，总库容 2100 万立方米，设计灌溉面积 5.3 万亩，主要水源是淇河水和少量的当地雨水汇流。由于水库取水口位于鹤壁市境内，引水纠纷由来已久。早在 1991 年，省政府办公厅就印发了《河南省人民政府办公厅转发省水利厅关于解决淇河水事纠纷的报告的通知》(豫政办文〔1991〕137 号)，明确了解决纠纷的原则、引水的具体时间和上游南山水电站发电时间、引水口管理和检查监督机构，纠纷得到了缓解。但由于协调难度大，文件至今未得到较好的贯彻落实。2006 年，鹤壁市对引淇入琵进口段河槽进行了人为改造垫高，致使淇河正常水量无法进入引水口。2008 年，位于引淇入琵洞口上游的盘石头水库建成并落闸蓄水，平时泄水被南山水电站发电引走，致使琵琶寺水库长年无水可引，不但对汤阴县农业生产造成了严重影响，而且使水事矛盾进一步加剧。

2009 年 8 月和 2012 年 6 月，汤阴县水务局先后两次向市政府和市水利局反映引淇入琵受阻情况，根据市领导意见，市水利局及时明确专人，多次与鹤壁市水利局和盘石头水库建管局进行沟通协调，请求帮助解决抗旱水源问题。在协调未取得明显进展的情况下，市水利局先后两次向省水利厅报送了《安阳市水利局关于解决琵琶寺水库引水灌溉的请示》(安水〔2009〕139 号)和《安阳市水利局关于转呈汤阴县水务局关于引淇入琵受阻情况的请示》(安水〔2012〕65 号)，并直接向省厅主管副厅长和水政水资源处负责人进行专题汇报，虽取得了阶段性成果，但效果不明显。同时，市委常委、市政府副市长葛爱美，市政府副秘书长任法香也数次与鹤壁市政府有关领导联系协商，2012 年引淇入琵工程从淇河引水 1000 余万立方米，将水库蓄满，为琵琶寺灌区工农业提供了水源保障。2013 年 8 月，经安阳、鹤壁两市政府协调，琵琶寺水库先后两次从淇河引水，目前正在引水。

二、水事纠纷预防调处中存在的问题

(1)山西省在漳河上游违法修建水工程得不到制止。漳河流经晋冀豫三省,山西省在漳河上游,河南、河北两省在下游隔河相望。由于本地区水资源短缺的局面无法改变,要实现区域团结治水,就必须依法治水。水法规和政策规定,在河道上建设取水工程必须进行建设项目水资源论证,并办理取水许可申请,批准后才能施工。但山西省地处漳河上游,在本省区域河道上建设取水工程,不顾下游用水需求,即使在海委下达停工通知的情况下,仍然边报批边建设,或者直接未批先建,留下了巨大的社会稳定隐患。

(2)《浊漳河水量分配意见(试行)》有效期为1年(2012年5月1日—2013年4月30日),目前未出台新的分水方案,影响跃进渠引水。2012年4月30日,安阳市水利局、邯郸水利局在漳河上游局的协调下,达成浊漳河水量分配意见,安阳县跃进渠与涉县白芨渠实行轮灌,当年跃进渠引水量得到较大改观。2013年5月之后,涉县方面以分水方案到期为由,阻挠分水方案的实施,使得跃进渠引水工作再次困难重重。

(3)淇河分水会议纪要执行不力,汤阴县用水权益得不到保障。1991年,省政府办公厅就印发了《河南省人民政府办公厅转发省水利厅关于解决淇河水事纠纷的报告的通知》(豫政办文〔1991〕157号),明确了解决纠纷的原则、引水的具体时间和上游南山水电站发电时间、引水口管理和检查监督机构,纠纷得到了缓解。但由于协调难度大,文件至今未得到较好的贯彻落实。近年来的引水,主要靠领导之间的私人关系来协调,实行阶段性放水,未从机制上解决引水问题。

(4)省际、市际边界地区普遍经济落后,在资金和项目上需大力支持。省际、市际边界地区大多偏僻、基础设施上差、经济落后,为改善群众的生产和生活条件,帮助群众脱贫致富,需上级在资金和项目持续上给予支持帮助。

三、预防和调处水事纠纷的经验做法及建议

(一)解决水事纠纷的经验做法

(1)依法治水、团结治水是解决水事纠纷的正确指南。在边界水事纠纷和冲突中,受损害最直接、最多的还是当地人民群众。作为代表着一方人民群众根本利益的地方党委和政府,必须从人民群众的根本利益出发,坚持依法治水,从团结的愿望出发,着眼大局,着眼长远,积极主动,率先作出顾全大局、促进团结的行动,以真诚感化对方,取得理解和一致,最终化干戈为玉帛,使双方群众走上安居乐业、共同富裕之路。

(2)地方党委、政府和有关部门走访联谊、沟通交流,是营造良好氛围、解决边界水事问题的关键。实践证明,边界地区的党委、政府平时多联系,遇事早沟通,将群众的意愿反映出来,尊重历史状况,考虑现实因素,遵守国家法律、法规和政策,互谅互让,并各自做好群众的工作,就能够有效地化解矛盾。积极开展走访联谊活动,建立起融洽、和谐的氛围,不仅可以及时发现双方发生纠纷、冲突的苗头,以便迅速采取措施,将矛盾解决在萌芽状态。即使是历史遗留问题和当前存在的较大矛盾,也可以求同存异,搁置争议,使矛盾在共同利益和互相支持中逐步化解。

(3)加大投入力度,加快边界河流的治理步伐是改善当地群众生存环境、解决边界水事纠纷的核心。漳河上游两岸经济落后、纠纷多。为从根本上解决纠纷,实现长治久安,各级

政府和部门应加大投入，加快对漳河的治理。近年来，省、市政府高度重视，加大了资金投入，建起了较为完整的护村护地坝，赢得了群众的好评，为团结治水奠定了一定的基础。

(4)认真贯彻有关文件和协议规定，坚决服从河道主管部门的协调与领导是维护边界水事秩序、解决边界水事纠纷的基础。对已经形成的国发〔1989〕42 号文件、“1·13”协议、《漳河治理规划》、“7·9”协议等一系列文件和协议，应不折不扣地贯彻执行。凡已落实的应坚决维护，未落实的应限期落实。对流域主管部门和省、市政府及水利部门的意见和作出的决定，都必须执行。

(5)加强对干部群众的法制教育，严厉打击违法犯罪活动是维护边界地区安定、解决边界水事纠纷的重要措施。长期的边界纠纷，使沿岸干部群众认识到，纠纷严重影响沿岸群众正常的生产生活秩序，给当地经济造成巨大损失，导致贫穷落后。应进一步加大法制宣传教育力度，教育广大干部群众增强法治观念，依靠法律、依靠政府、依靠组织解决问题，严禁各种过激行为。公安部门要严厉打击破坏水利工程等各种违法犯罪活动，切实维护边界安定。

(6)保持边界地区的持续稳定，是各级党委、政府做好边界水事工作、解决边界水事纠纷的长期任务。只有各级领导给予足够重视，才能够有效解决漳河水事纠纷，保证漳河上游地区安定团结。过去的经验教训告诫我们，做好边界水事工作不能只满足于一时一地的成功实践，不能期望毕其功于一役。做好边界水事工作，既是一项系统工程，也是一项复杂的长期任务，应当未雨绸缪，防患于未然。边界地区多年来形成的感情隔阂和情绪对立决不是一次、几次工作就能消除的。对此必须有清醒的认识和足够的思想准备，及时发现引发纠纷的苗头，不断研究解决问题，通过加强思想政治工作，增强沟通和交流，按照规划加快建设有关水工程，才能常抓不懈长治久安。

(二)意见和建议

(1)积极向水利部和海委反映，及时制止山西省新建辛安泉供水改扩建工程，防止发生新的水事纠纷。

(2)加快出台《漳河上游水资源规划》和《分水方案》，确定各省取水总量分配指标。上述工作完成前，严禁修建涉及漳河的蓄、引、提水工程，以维护漳河区域水事稳定，保障沿漳群众用水权益，促进漳河区域社会经济协调发展。

(3)向上延伸漳河上游管理局管理权限(目前管理权限仅为河北、河南漳河段)，对三省境内漳河实行统一规划、统一治理、统一调度、统一管理，落实漳河水量分配方案，及时解决漳河突发水事纠纷，保持水事秩序稳定。

(4)建立引淇入琵长效机制，维护淇河水事秩序稳定。由省政府主持召开安阳和鹤壁两市政府及水利部门参加的协调会，结合新情况，修改完善豫政办文〔1991〕157 号文件，落实工程措施，做到有坝引水，落实盘石头水库每年向琵琶寺水库的分水量，并在引淇入琵洞口安装计量设施，实现计量引水。

(5)继续加大对省际、市际边界水事纠纷的资金投入，在漳河沿漳村选定水事矛盾纠纷信息和调解员，给予一定津贴，发挥其专职作用；建立奖励机制，对一定时期内做好化解矛盾和调解纠纷工作优秀的乡、村予以一定的奖励，以调动其工作的积极性、主动性。

水利综合执法示范点建设工作的思考

为全面推动水利事业又好又快发展，推进水利综合执法工作顺利开展，加快建立权责明确、行为规范、监督有效的水行政执法体制。近年来，安阳市水利局按照依法行政和依法治水的工作要求，坚持“稳中求进、晋位争先”的创建思路，积极开展水利综合执法工作，积累了丰富经验，取得了明显成效。2006 年安阳市水利局成为全省第一个水利综合执法试点；2008 年成为全国唯一地市级水利综合执法联系点；2013 年 5 月，市水利局被水利部确定为全国首批水利综合执法示范点，标志着安阳市迈出了水行政综合执法工作从全省试点到全国联系点，到如今全国示范点的“三个台阶”，推动了全市水利事业实现了新跨越。

一、加强组织领导，切实将水利综合执法示范点建设工作摆上重要议事日程。

水利综合执法工作是水利系统全面推进依法行政的重要环节，是增强水利公务服务能力、提高水利社会管理水平的重要手段。市水利局高度重视，采取四项措施，切实加强对水利综合执法工作的组织领导。一是加强学习，提高认识。局党委会集体学习了水利部《关于加强水政监察工作的意见》和《关于全面推进水利综合执法的实施意见》，充分认识到了新形势下开展水利综合执法工作的重要性和紧迫性，做到了水利综合执法工作与水利发展与改革任务一起部署、一起落实、一起考核。二是成立组织，加强领导。成立了以市水利局主要领导为组长和副组长、市直水利系统相关单位及局机关有关科（室、站）队负责同志为成员的示范点建设工作领导小组，负责领导和协调水利综合执法工作。三是制订方案，整体推进。印发了《关于深化全国水利综合执法示范点建设工作实施方案》，明确了指导思想、总体目标、建设任务、实施步骤和工作要求，对各县（市、区）工作进行了部署，整体推进。四是开会动员，专题安排。召开水利综合执法工作动员会，专题安排，统一思想，整合力量，形成了主要领导亲自抓、分管领导直接抓、执法机构具体抓、相关单位配合抓，全力推进水利综合执法工作开展的新局面。

二、理顺执法体制，明确执法责任，保障水法规全面贯彻实施

（1）全面梳理水利行政执法职权，相对集中行政执法职能。我们对水法律法规进行了全面梳理，将水行政执法职权分为行政处罚、行政强制、行政许可、行政征收四类。明确市、县（市、区）两级水政监察队伍是同级水行政主管部门的专职执法机构，受水行政主管部门委托承担水事违法案件的行政处罚职责，承办行政强制执行、行政强制措施的组织实施，负责对水行政许可项目的执法监督检查，对于水资源论证、河湖管理范围内建设项目审批、开发建设项目水土保持方案审批、涉水工程建设等许可项目，水政监察队伍根据工作需要，参与许可项目的现场勘查、论证分析等，相对集中行政执法职能，突出水利综合执法。

（2）合理划分职责权限，明确执法责任。对梳理出来的行政许可和行政征收职能，按照工作性质和业务归属，分解到局属各业务机构来行使，明确受理条件、审批标准、办理时限、

征收范围、征收标准、征收时间、违法责任及追究等具体内容，落实执法责任。

(3)延伸综合执法网络，构建综合执法体系。结合全市水政执法现状，监察支队在按照行政分区范围设四个大队的基础上，指导各县(市、区)在重点水利工程管理单位建立水政监察中队；结合基层水利服务体系建设，林州等县(市、区)在乡(镇)水利工作机构建立了水政监察站，设2名兼职水政监察人员，形成了市、县、乡完整的综合执法体系。

(4)理顺执法体制，合理配置职能，提高执法效能。按照许可、执行、监督相对分离和职权明晰、权责一致的原则，加强了与各县(市、区)及局属单位等有关业务管理机构之间的联系，实行水行政执法信息通告制度，建立了执法检查与违法案件查处、行政征收与违法追缴、许可审批与监督检查、许可验收与监督检查之间的工作衔接，制订了水行政处罚流程图，做到分工明确、相互制约、运转协调，提升了水行政执法和行政管理效能，形成了"千斤重担大家挑，人人肩上有指标"的水利综合执法工作体制。

三、完善执法机制，形成执法合力，维护良好的水事秩序。

(1)完善执法程序，保证具体行政行为合法有效。依法对水行政执法案件的受理、立案审批、调查取证、集体讨论、行政处罚事先告知、行政处罚决定的作出、送达、催告执行、申请法院执行(强制执行)、结案等各个环节、步骤、权限、时限等进行了具体规范，切实做到了流程清楚、要求具体、期限明确，保证了具体行政行为的合法适当。

(2)规范行政处罚裁量行为，维护法律公平正义。严格执行省厅制订的水行政处罚裁量标准和适用规则，坚持以事实为依据，以法律为准绳，实行一般案件支队集体讨论，重大、复杂案件行政机关负责人集体研究制度，做到了同案同罚、异案异罚，准确适用法律，维护水法规公平正义。

(3)建立联合执法机制，形成执法合力。重点加强了重大水事违法案件挂牌督办工作，对各县(市、区)上报的重大水事违法案件，采取指导县(市、区)大队办案、支队直接查处等方式，先后查处了石武高铁安阳段建设项目、中州国际林州公司、汤阴众品食业公司等单位水资源费案件及汤阴县五陵镇卫河沿岸村民在水文测验河段擅自栽树行政处理案件，收到了良好的执法效果。我们与公安部门联合成立了水利警务室，与检察院联合成立了刑事司法与行政执法联系办公室，与法院成立了强制执行小组，实行联动执法，形成执法合力，有力地打击了水事违法行为。

(4)健全执法监督机制，广泛接受社会监督。一是切实搞好各项制度的落实，实现对水事违法行为事前、事中、事后的全方位监管，促进了水行政执法工作的开展。二是严格执行行政处罚案件司法热线备案制度，在行政处罚决定作出的当天就向检察院备案，减少了行政干预。三是自觉执行重大行政处罚案件向法制办备案制度，做到了有案必备，备案率、按时率均达100%。四是主动开展系统内行政处罚、许可案卷评查工作，接受上级的执法监督检查，保证办案质量，案件优良率达90%以上。五是畅通监督投诉渠道，设立水政执法110电话，公开纪检监察部门派驻水利部门监督电话，广泛接受社会监督。近年来未出现一起行政复议被撤销、变更和行政诉讼败诉案件。

(5)加强制度建设，提高执法效能。一是实行有奖举报制度，对当事人举报查证属实的案件，及时兑现奖励1000元，目前水事违法行为70%是群众举报，形成了全社会监督水事活动的良好局面。二是建立巡查制度,将水事违法行为消灭在萌芽状态。水政监察机构主要负责实施重点巡查和专项巡查,日常巡查主要由延伸水政监察机构负责,实现了巡查的全覆盖、常态化。加大现场执法力度,对水事违法行为做到了早发现、早制止、早处理。三是建立了案件主办人制度,主办人对案件质量负责,增强案件主办人的责任意识。

水利综合执法工作的开展,解决了执法缺位问题,取得了三个成效:一是加大了执法力度。两年来共进行执法活动2360车次,5248人次,查处各类水事违法行为102起,立案57起,结案52起,收缴罚款50余万元,封填水井24眼,追缴水资源费102万元。二是促进了水资源费的征收。2013年市本级征收水资源费4480万元,在全省名列前茅,实现了以执法促收费,以收费促管理的良性循环。三是保证了农田水利等重点民生工程建设,保护了水资源、水域和水工程安全,为夺取"红旗渠精神"杯奠定了坚实的基础。

四、强化队伍建设,提升人员素质,实现执法高效便民

(1)健全水政监察队伍,为水利综合执法工作提供人才保障。目前,安阳市、县两级水政监察队伍健全,共有专、兼职水政监察员322名,市水政监察支队参照公务员法进行管理,各县(市、区)大队为财政全供或自收自支事业单位。为切实做好全国水利综合执法示范点工作,我们积极向市机构编制委员会请示增加人员编制。2013年11月,市编委批复调增15人,调整后支队编制23人,基本满足了工作需要。同时,要求各县(市、区)水行政主管部门根据执法任务,调整充实水政监察员,逐步满足执法工作需要。

(2)加强学习培训,提高水政监察员素质。一是坚持政治理论和执法业务知识定期学习制度,每周二、五下午为学习时间,把集中学习与执法人员自学相结合,作为提高水政监察员业务水平的主要方式。二是有计划地安排水政监察员参加各种执法业务培训,每年至少组织二次集中的业务学习,实现全市水政监察员每三年轮训一遍的目标。三是鼓励水政监察员参加各类法律和水利专业学历在职教育,通过高等院校的在职学习教育,提高人员素质,收到了事半功倍的效果。四是在水政监察队伍中开展执法业务大比武,激发了队员的学习和工作热情,讲奉献、比学习、钻业务在水政监察队伍中已蔚然成风。

(3)强化执法保障,提升执法能力。一是市财政已将监察支队工作经费纳入财政预算予以保障。市本级投资60余万元用于改善办公环境,每人配备一台电脑,实行集中敞开式办公,统一购置了执法服装和公文包,挂牌上岗,购买了人身意外伤害保险,形成了有固定的办公场所、有必要的执法装备、有统一的执法识别服的"三有"标准。二是指导所属各县(市、区)水政监察队伍规范化建设,实现"四个保障",即经费保障、装备保障、人身安全保障、办公保障,增强了水政监察员荣誉感和责任感。

(4)开展政风行风建设,实现优质服务,塑造水利形象。积极参加民主评议政风行风活动,通过发放调查问卷、电话回访、召开座谈会、网上评议等形式,广泛征求意见和建议。对群众反映的问题,实行首问负责制、限时办结制、服务承诺制,市水政监察支队不仅被省水利厅命名为全省水利系统水政监察文明执法示范窗口,而且还被共青团河南省委授予"青年文明号",塑造了水利新形象。

五、存在的问题及下一步打算

2000年出台的《水政监察工作章程》是全面规范水政监察队伍工作职责、人员管理以及

相关制度建设的唯一一部上位法,由于其出台较早,其中部门内容与现实管理情况不吻合,建议结合水利综合执法工作相关要求,对其进行修订。同时,我们在办理水政监察队伍纳入全额预算管理或参照公务员管理的相关工作中发现,按照事业单位分类改革的相关要求,编制部门的审查依据之一就是是否法律法规授权,即该类型单位是否在法律、行政法规或者地方性法规中有明确规定行使相关行政管理权,建议水利部在相关法律、行政法规的起草或修订中可以明确规定水政监察队伍的行政管理职责,便于基层单位开展相关工作。要从根本上实现水利执法体制改革,全面推进水利综合执法,一是应当把水利综合执法推行工作纳入整个水利改革发展的重要内容,制订严格的考核制度,促使各级水行政主管部门提高认识,统一思想,加强组织领导,制订目标任务,狠抓工作落实。二是从立法上解决水政监察队伍综合执法的法定职责和法律地位,使行政执法职能相对集中,贯穿于水行政执法的全过程,全面提高行政执法效能,切实保障水法规的全面贯彻实施,为水利改革发展提供重要支撑和保障。三是建立上下协调一致的水政执法体系,按照水利部关于加强水政监察队伍建设的要求,结合本地实际,进一步加快专职水政监察机构建设,积极推动专职水政监察队伍参照公务员管理或转为行政序列。

安阳市开展的全国水利综合执法示范点建设工作,在上级部门的关心、支持和帮助下,虽然进行了一些有益的探索和实践,并取得了一些阶段性成果,但仍然存在所属各县(市、区)发展不平衡、大队机构性质属自收自支事业单位、执法装备不足等问题。我们有信心和决心在上级的有力指导下,继续开拓创新,扎实工作,以全国水利综合执法示范点建设工作为载体,以市水利综合执法工作为重点,推动各县(市、区)水利综合执法工作深入开展,努力开创水利综合执法示范点工作新局面,促进水法律法规的全面贯彻落实,为水利改革发展保驾护航。

《行政许可法》中两个疑难问题的解读

行政许可,是指行政机关根据公民、法人或者其他组织的申请,经依法审查,准予其从事特定活动的行为。其中,区分行政许可和行政确认,行政许可和行政审批。那么下面我们重点探讨行政许可的一般程序和行政机关不依法履行监督职责的法律责任和行政相对人的责任。

行政许可的实施程序可以分为普通程序和特别程序两个部分。

一、普通程序

普通程序:申请→受理→审查、核查、听取陈述和申辩、听证→决定→颁发和送达证件。

(一)申请阶段的要求

(1)申请书应当有申请内容,不得空白。

(2)接收申请材料应当制作书面收件清单,有收件日期、收件人、申请人或代理人签字确认。以下为清单样式:

申报材料清单

序号	材料名称	份数	备注
1			
2			
3			
4			
5			
6			
7			
8			
9			
10			

申请人确认以上材料与提交的一致,并保证材料真实、合法。

申请人签字

日期____年___月____日

(3)收件为复印件的,应当由申请人签字说明出处并加盖“与原件核对无误”印章。特别是涉及国家安全、公共安全、人民生命财产安全的,更应如此。

(二)受理阶段的要求

受理、不受理都要出具凭证。受理或者不予受理申请,应当出具加盖本行政机关专用印章和注明日期的书面凭证或者通知书。

(三)审查阶段的要求

1.要履行审慎、勤勉义务

注意义务,也称勤勉义务或审慎义务。注意义务就是指义务主体谨慎、小心地行为而不使自己的行为给他人造成损害的义务。在罗马法中,就曾以“善良家父”行为来判定行为人有无过失的标准。

2.形式审查

形式审查也称书面审查。主要审查其申请材料是否齐全,是否符合法定形式。如《公司登记管理条例》第20条规定:“申请设立有限责任公司,应当向公司登记机关提交下列文件:(一)公司法定代表人签署的设立登记申请书;(二)全体股东指定代表或者共同委托代理人的证明;(三)公司章程;(四)依法设立的验资机构出具的验资证明,法律、行政法规另有规定的除外;(五)股东首次出资是非货币财产的,应当在公司设立登记时提交已办理其财产权转移手续的证明文件;(六)股东的主体资格证明或者自然人身份证明;(七)载明公司董事、监事、经理的姓名、住所的文件以及有关委派、选举或者聘用的证明;(八)公司法定代表人任职文件和身份证明;(九)企业名称预先核准通知书;(十)公司住所证明;(十一)国家工商行政管理总局规定要求提交的其他文件。”这里规定的11种文件,如果申请人只提交了部分文件,未提交全部11种文件,则属申请材料不齐全;如果申请人提交了全部11

种文件，但是其提供的公司设立登记申请书没有公司董事长签名，则属申请材料不符合法定形式。

3. 实质审查

(1)必要时对申请人进行询问，制作询问笔录。

(2)不能确定其真实性、全面性时，应当派两名以上正式执法人员进行实地核查。进行实地核查，实际上是调查取证，因此核查(勘验、检查、检测等)应当制作核查笔录、询问笔录、视听资料等。制作核查(勘验、检查、勘验)笔录的要求：一是要有两名以上执法人员出示证件、表明身份的记录；二是要有被核查人的基本情况；三是要有现场核查的起止时间、场所记载；四是现场核查的内容要清楚；五是现场核查情况记录要准确、客观、全面；六是要有被核查人对笔录的意见及签名。

注：核查完毕，由申请人、核查人员、记录人员在该笔录上签名(盖章)。

核查的总体要求：做到事实清楚，证据确实充分。

4. 下级初审

依法应当由下级机关初审的，下级机关应当在法定期限内(一般 20 日)提出初审意见。应当有下级部门的审查报告。

5. 许可告知

审查申请时，发现许可事项直接关系他人重大利益的，应当告知利害关系人。

因此，对申请进行审查后，发现行政许可事项直接关系申请人以外的第三人重大利益以及重大公共利益的，必须告知。①如有关规划许可、建筑许可、消防许可等，可能影响相邻权人采光权的；②如有关排污许可可能直接影响排污地周围群众的环境权的；③如申请娱乐场所可能影响周边居民休息权的；④在有数量限制的行政许可中，多人同时提出行政许可申请的，行政机关拟对其中一部分申请人作出准予行政许可的决定前，应当告知其他申请人，并听取其意见。利害关系人可以提出反对准予行政许可的意见及理由，申请人也可以就利害人提出的意见加以反驳。行政机关应当兼听双方意见，确保申请人和利害关系人都有陈述、申辩的机会和权利，并对他们提出的理由和依据进行复核，在此基础上作出相应的行政许可决定。

6. 许可听证

应当听证的事项有以下几项。

一是法定听证，法律、法规、规章规定应当听证的行政许可，应当向社会公告，并举行听证。目前在中国的法律、法规、规章中作规定的还为数较少，只有个别的作了规定。如《公共文化体育设施条例》规定："因城乡建设确需拆除公共文化体育设施或者改变其功能、用途的，有关地方人民政府在作出决定前，应当组织专家论证，并征得上一级人民政府文化行政主管部门、体育行政主管部门同意，报上一级人民政府批准。""涉及大型公共文化体育设施的，上一级人民政府在批准前，应当举行听证会，听取公众意见。"《外国投资者并购境内企业暂行规定》规定："外国投资者并购境内企业涉及本规定第 19 条所述情形之一，外经贸部和国家工商行政管理总局认为可能造成过度集中，妨害正当竞争、损害消费者利益的，应自收到规定报送的全部文件之日起 90 日内，共同或经协商单独召集有关部门、机构、企业以及其他利害关系方举行听证会，并依法决定批准或不批准。"《利用外资改组国有企业暂行规定》规定："利用外资改组国有企业，改组方应当向同级经济贸易主管部门提出改组申请。

接受申请的经济贸易主管部门应当依照《指导外商投资方向规定》的权限和有关法律法规进行审核。中央企业及其全资或具有控制权的企业进行改组的、被改组企业直接或间接持有上市公司股权的、改组后的企业资产总额不低于3000万美元的,由国务院经济贸易主管部门审核;对可能导致市场垄断、妨碍公平竞争的,在审核前组织听证。”

二是主动听证,行政机关认为需要听证的涉及公共利益的重大行政许可,应当向社会公告,并举行听证。环保总局《环境保护行政许可听证暂行办法》第6条:除国家规定需要保密的建设项目外,建设本条所列项目的单位,在报批环境影响报告书前,未依法征求有关单位、专家和公众的意见,或者虽然依法征求了有关单位、专家和公众的意见,但存在重大意见分歧的,环境保护行政主管部门在审查或者重新审核建设项目环境影响评价文件之前,可以举行听证会,征求项目所在地有关单位和居民的意见:(一)对环境可能造成重大影响、应当编制环境影响报告书的建设项目;(二)可能产生油烟、恶臭、噪声或者其他污染,严重影响项目所在地居民生活环境质量的建设项目。水利部基于“涉及重大公共利益”不易掌握的情况,在《水行政许可听证规定》第四条中规定:“法律、法规、规章规定实施水行政许可应当听证的事项,水行政许可实施机关在作出水行政许可决定前,应当举行听证。下列水行政许可事项,水行政许可实施机关在作出水行政许可决定前,认为涉及公共利益需要听证的,应当举行听证:(一)涉及江河、湖泊和地下水资源配置的重大水行政许可事项;(二)涉及水域水生态系统保护的重大水行政许可事项;(三)涉及水工程安全的重大水行政许可事项;(四)涉及防洪安全的重大水行政许可事项;(五)涉及水土流失防治的重大水行政许可事项;(六)涉及不同行政区域边界河段或者跨界河段的重大水行政许可事项;(七)需要听证的其他涉及公共利益的重大水行政许可事项。”

三是依申请听证。直接涉及申请人与他人之间重大利益关系的,行政机关在作出决定前,应当告知申请人、利害关系人有要求听证的权利。要求听证的,应当在20日内组织听证。(“他人”的范围,指行政机关和申请人以外的同行政许可的实施有直接利益关系的个人或组织)

(四)决定阶段的要求

1. 当场决定

申请人提交的申请材料齐全、符合法定形式,行政机关能够当场决定的,应当当场作出书面许可决定。

(1)办理《客运出租汽车驾驶员服务资格证》,有的地方规定:有市区常住户口,暂住证明,《就业登记证》,身份证明,年龄18周岁以上60周岁以下,身体健康,具有初中以上文化程度,机动车驾驶证,安全驾驶车辆2年以上,无固定职业证明,培训考试合格证书等,即为齐全、规范、有效,当场办理。

(2)机动车维修企业停业、歇业手续办理,有的地方规定:一、二类维修企业申请停业的,提交停业申请,交回许可证正副本、车辆出厂合格证、送检证和企业代码章,经审核后,当场办理;三类专项维修业户申请停业的,应提交停业申请,交回许可证正副本,经审核后,当场办理;一、二类维修企业申请歇业的,应提交歇业申请,提供工商注销证明,交回许可证正副本、车辆竣工出厂合格证、送检证和企业代码章,经审核后,当场办理;三类专项维修业户申请歇业的,应提交歇业申请,提供工商注销证明,交回许可证正副本,经审核后,当场办理。

2. 在法定期限内决定

《行政许可法》规定,经行政机关审查、核查,对符合法定条件、标准的,应当在法定期限内作出准予行政许可的书面决定。

决定的期限：

(1)申请符合法定条件、标准的，应当自受理申请之日起20日内作出决定；20日内不能作出决定的，经本行政机关负责人批准，可以延长10日，并应当有延长期限的理由的书面告知书。

(2)实行集中办理的，办理的时间不得超过45日；45日内不能办结的，经本级人民政府负责人批准，可以延长15日，并有延长期限的理由书面告知书。

(五)颁证和送达阶段的要求

(1)认真填写。宅基证填写不当导致纠纷，举例如下：

睢县农民闫玉民办理了集体土地建设用地使用证，即宅基证。邻居施德胜认为，闫玉民的院墙和厨房占用了自己的土地，其家人将闫玉民的院墙和厨房扒掉。后虽经村委会、乡政府等部门多方调解，但双方分歧较大，一直未得到解决，积怨越来越深。双方冲突不断，轻则吵架，重则掂着铁锹大打出手。2007年闫玉民作为原告诉至法院，请求法院判令被告施德胜停止侵权，赔偿损失3000元。一审法院判决施德胜停止侵权，案件受理费50元由施德胜负担。

施德胜不服一审判决，认为闫玉民的宅基证有问题，同时闫玉民的院墙和厨房是他自己的父母所扒，闫玉民告他属错列当事人，遂向商丘市中级人民法院提起上诉。后来闫玉民一家三口背乡离井前往浙江打工，已有3年没有回家。

据法庭依法调查的证据显示，闫玉民办理的集体土地建设用地使用证存根上图号一栏填有“16.67乘13.50”，也没有注明哪个是南北长度，哪个是东西宽度，并且在填发机关、领证人两栏均没有签字盖章。正是这张不规范的存根为两家争端埋下了隐患。施家认为，闫家的宅基地东西宽度是13.50米，闫家所建院墙和厨房占了自家的地；闫家认为13.50米是自家宅基地的南北长度，东西宽度是16.67米，施家扒了院墙和厨房就是侵犯了自己的合法权益。

省法院和商丘市的有关领导前来观摩旁听这次诉讼。法庭经过调解，宣布了双方自愿达成的协议：闫玉民的宅基地自西向东宽为15米，施德胜对此不再提出异议；闫玉民放弃索赔因院墙和厨房被扒掉造成的损失；案件受理费一审50元由闫玉民承担，二审50元由施德胜承担。此协议符合法律规定，法院予以确认。庭审结束后，双方代理人的手握在了一起，施德胜和闫玉福的手也握在了一起。

(2)颁发证件期限：自作出许可决定之日起10日内向申请人颁发、送达行政许可证件(或者加贴标签、加盖检验、检测、检疫印章)。

(3)证件送达：应当有送达回证或者领取登记表。表中记明证件名称、送达人姓名、领取人姓名及单位委托书、领取时间等。开封一个公司办理国有土地出让审批，派公司的一个人负责具体办理。国土资源厅已经办完，几个月过去了，公司很着急，有意见。于是向省政府申请复议。经查，原因是国土资源厅将决定书交行政审批窗口，但窗口的人员未及时送达。

上面是一般程序的介绍，下面我们再学习一下行政许可特别程序。

二、特别程序

（一）特别程序的主要内容

1. 特许

主要适用于有限自然资源和公共资源的配置。资源包括自然资源和公共资源。自然资源包括土地、矿产、地热和地下水、树木、水力、风力、鱼类、野生动物等。公共资源主要包括航空运输线路、汽车运输路线及执照、无线电频率的使用、出租车牌照等。对资源的配置主要有两种方式，一是计划配置，二是市场配置（更加重要）（许可法规定的许可配置，是否为法律配置与市场配置的结合？单靠市场，不但导致不公，还会引发市场失灵；都由政府配置，易导致腐败和政府失灵）。《行政许可法》引入了竞争机制又坚持了政府调控。可见，对有限自然资源的开发利用、公共资源的配置、特定行业的市场准入等，应当通过招标、拍卖等公平竞争方式作出决定，具体程序执行有关法律、行政法规的规定（法律、法规另有规定的从其规定）。这类许可的文书比较复杂，例如国有土地的出让，就属于有限自然资源的开发利用，国务院和省人大制订了相关程序和文书。

2. 认可

认可包括赋予公民特定资格和赋予组织特定资格、资质的许可。根据《行政许可法》第十五条的规定，只能由法律和行政法规规定，地方性法规和规章不得作出规定。因此，资格、资质的行政许可，必须执行法律和行政法规规定的程序。

（1）赋予公民特定资格，考试依法由行政机关或者行业组织实施，公开举行。行政机关或者行业组织应当事先公布资格考试的报名条件、报考办法、考试科目以及考试大纲，不得组织强制性的考前培训，不得指定教材或者其他助考材料。如律师资格、会计师资格、执业医师资格、建筑师执业资格、监理工程师执业资格、造价工程师执业资格、城市规划师执业资格、护士执业资格、执业药师资格等。

（2）赋予企业组织特定资格资质。应当根据申请人的专业人员构成、技术条件、经营业绩和管理水平等的考核结果作出行政许可决定。有关的事项、依据和条件应当公开。例如房地产开发商资质，根据《城市房地产开发经营管理条例》和建设部《房地产开发企业资质管理规定》房地产开发企业按照企业条件分为一、二、三、四四个资质等级。其中一级资质：①注册资本不低于5000万元；②从事房地产开发经营5年以上；③近3年房屋建筑面积累计竣工30万平方米以上，或者累计完成与此相当的房地产开发投资额；④连续5年建筑工程质量合格率达100%；⑤上一年房屋建筑施工面积15万平方米以上，或者完成与此相当的房地产开发投资额；⑥有职称的建筑、结构、财务、房地产及有关经济类的专业管理人员不少于40人，其中具有中级以上职称的管理人员不少于20人，持有资格证书的专职会计人员不少于4人；⑦工程技术、财务、统计等业务负责人具有相应专业中级以上职称；⑧具有完善的质量保证体系，商品住宅销售中实行了《住宅质量保证书》和《住宅使用说明书》制度；⑨未发生过重大工程质量事故。一级资质的房地产开发企业承担房地产项目的建设规模不受限制，可以在全国范围承揽房地产开发项目。

3. 核准

直接关系公共安全、人身健康、生命财产安全的重要许可，必须根据技术标准、技术规范，依法进行检验、检测、检疫并根据检验、检测、检疫结果依法作出许可决定。案卷中应当体现：①时限。应当自受理之日起5日内指派两名以上持证执法人员，按照技术标准、技术规范进行检验、检测、检疫；②检验、检测、检疫应当有检验报告和相关证据；③当场决定，经检验、检测、检疫，对结果不需要作进一步技术分析就可以认定设备、设施、产品、物品是否合格的，应当有当场许可决定书；④根据检验、检测、检疫结果，作出不予许可决定的，应当书面说明依据的技术标准、技术规范。

4. 登记

企业或者其他组织设立等，需要确定主体资格的事项，提交的申请材料齐全、符合法定形式的，行政机关应当当场予以登记。需要对申请材料的实质内容进行核实的，应当指派两名以上持证人员进行核查。

5. 数量限制许可

有数量限制的许可事项，两个或者两个以上申请均符合法定条件、法定标准的，应当根据申请的先后顺序作出决定。

行政许可实施的一般程序见下表。

行政许可实施的一般程序

	申请与受理，审查与决定	变更与延续	听证
重要制度	①委托申请：可委托他人代为申请，但人身性许可除外； ②电子政务：行政机关有推行电子政务的义务，当事人可通过多种灵活方式（主要是电信电子方式）申请许可； ③正当程序：需核实申请材料实质内容应有2人以上进行； ④跨级上报：须跨级上报的许可，下级机关应将有关材料直接上报，上级机关不得要求申请人重复提供材料； ⑤陈述和申辩：许可事项直接关系他人重大利益的，申请人、利害关系人有权陈述和申辩； ⑥政务公开：准予许可的决定应公开，公众有权查阅	当事人要求变更或延续的应当申请，符合法定条件的，行政机关应当依法准予变更或者延续	①启动方式：行政机关对法定事项或其认为涉及公共利益的事项可决定听证（依职权启动）；对直接涉及申请人与他人重大利益的事项应告知听证权（依申请启动）； ②公务回避：申请人、利害关系人有权申请听证主持人回避（实体回避）；行政机关应指定审查工作人员以外的人员主持听证（程序回避）； ③案卷排他：行政机关应当根据听证笔录作出决定；

续 表

重要期限	①补正告知期限:补正告知应在5日内作出,否则视为受理申请; ②决定期限:一机关决定(20日内决定,经本机关负责人批准可延长10日),平级多机关决定(统一、联合、集中办理的45日内决定,经本级政府负责人批准可延长15日),跨级多机关决定(下级机关应在20日内审查完毕); ③颁证期限:准予许可的,应当自决定之日起10日内颁发送达许可证或加贴、加盖标志物; ④听证、招标、拍卖、检验、检测、检疫等时间另计	①需延续的应在许可有效期届满30日前申请; ②行政机关应在许可有效期届满前决定,逾期视为准予延续	①申请期限:权利人应在被告知听证权利之日起5日内申请听证; ②组织期限:行政机关应当在20日内组织听证; ③告知期限:行政机关应于举行听证7日前告知听证时间与地点,必要时予以公告

行政许可实施的特别程序见下表。

行政许可实施的特别程序

特许事项的决定	应通过招标、拍卖等竞争性方式作出决定
资格资质的许可	对公民根据考试成绩等决定,对组织根据考核结果决定
有数量限制的许可	多人符合条件的,应当根据受理申请的顺序决定

三、督查检查

《行政许可法》第十条规定:“县级以上人民政府应当建立健全对行政机关实施行政许可的监督制度,加强对行政机关实施行政许可的监督检查。”第六十条:“上级行政机关应当加强对下级行政机关实施行政许可的监督检查,及时纠正行政许可实施中的违法行为。”

(一)政府对部门的监督检查

当前政府对部门的监督检查,主要有下列形式:

(1)规章、规范性文件备案审查。

(2)行政许可清理。经审查,有的予以取消,有的进行下放,有的变为备案。

(3)依法行政考核。包括行政许可案卷评查。

(4)受理举报投诉,查处违法事实行政许可的行为。

(二)许可机关对被许可人的监督检查

1.必要性

(1)对被许可人进行监督检查是《行政许可法》的重要内容。《行政许可法》第十条规定:“行政机关应当对公民、法人或者其他组织从事行政许可事项的活动实施有效监督。”以前的行政许可,重事前许可、轻事后监管,只许可、不监管,或者为了收费而许可。这使行政许可失去了应有意义,并且增加了市场的混乱和无序。《行政许可法》把监督检查放在重要地位,其目的在于将事故、混乱消除在发生之前。

(2)取得行政许可不按照法定条件和标准生产经营的情况时有发生。有的被许可人取得许可后,降低了原有标准。比如,被许可人在取得餐饮服务许可证后,如果没有行政执法部门事后经常性的检查、监督和管理，被许可人就可能降低标准。（根据《食品安全法》第二十七条的规定，食品生产经营应当符合食品安全标准，并具有与生产经营的食品品种、数量相适应的生产经营设备或者设施，有相应的消毒、更衣、采光、照明、通风、防腐、防尘、防蝇、防鼠、防虫、洗涤以及处理废水、存放垃圾和废弃物的设备或者设施。如果没有监督检查，这样的要求就可能降低）。有的企业经消防验收合格，但后来把消防通道堵塞等。所以，《国务院关于加强食品等产品安全监督管理的特别规定》第十三条："生产经营者有下列情形之一的，农业、卫生、质检、商务、工商、药品等监督管理部门应当依据各自职责采取措施，纠正违法行为，防止或者减少危害发生，并依照本规定予以处罚：（一）依法应当取得许可证照而未取得许可证照从事生产经营活动的；（二）取得许可证照或者经过认证后，不按照法定条件、要求从事生产经营活动或者生产、销售不符合法定要求产品的；（三）生产经营者不再符合法定条件、要求继续从事生产经营活动的；（四）生产者生产产品不按照法律、行政法规的规定和国家强制性标准使用原料、辅料、添加剂、农业投入品的；（五）销售者没有建立并执行进货检查验收制度，并建立产品进货台账的；（六）生产企业和销售者发现其生产、销售的产品存在安全隐患，可能对人体健康和生命安全造成损害，不履行本规定的义务的；（七）生产经营者违反法律、行政法规和本规定的其他有关规定的。"

（3）有的被许可人在申请行政许可时，其设备、设施是借用他人的，一旦取得许可，便将设备设施退还。在这种情况下，很有必要进行及时检查。

（4）有的行政相对人伪造、变造、出租、出借、转让许可证件。

（5）超越行政许可范围进行活动的情况也有存在。比如，林业行政主管部门依据《森林法》的规定，所发放的采伐许可证对采伐的范围有明确的要求，但有关个人或者单位却超越森林采伐证许可的范围采伐林木。再比如，根据《建筑法》的规定，建筑施工企业、勘察单位、设计单位和工种监理单位，按照其拥有的注册资本、专业技术人员和建筑业绩等，划分为不同的资质等级，经行政机关审查合格后，发给不同的资质证书。不同资质等级的建筑企业只能在其资质等级许可的范围内从事建筑活动，如果没有检查，超过其资质许可范围从事建筑活动就会发生，就可能形成建筑工程质量安全隐患。

2. 监督检查的内容和方式

（1）核查。《行政许可法》第六十一条规定："行政机关应当建立健全监督制度，通过核查反映被许可人从事行政许可事项活动情况的有关材料，履行监督责任。""行政机关依法对被许可人从事行政许可事项的活动进行监督检查时，应当将监督检查的情况和处理结果予以记录，由监督检查人员签字后归档。公众有权查阅行政机关监督检查记录。""行政机关应当创造条件，实现与被许可人、其他有关行政机关的计算机档案系统互联，核查被许可人从事行政许可事项活动情况。"

核查原因：被许可人取得许可后，原先审查合格的条件、标准可能变化，也可能被擅自改变。

核查程序：两名以上执法人员进行；出示执法证件；进行核查；将监督检查的情况和处理结果予以记录，由监督检查人员签字后归档。

通过部门网站公开监督检查记录，使公众能够查阅。

（2）抽样检查。《行政许可法》第六十二条第一款："行政机关可以对被许可人生产经营的产品依法进行抽样检查、检验、检测，对其生产经营场所依法进行实地检查。检查时，行政

机关可以依法查阅或者要求被许可人报送有关材料；被许可人应当如实提供有关情况和材料。“

(3)实地检查。《行政许可法》第六十二条：“行政机关可以对被许可人生产经营的产品依法进行抽样检查、检验、检测，对其生产经营场所依法进行实地检查。检查时，行政机关可以依法查阅或者要求被许可人报送有关材料；被许可人应当如实提供有关情况和材料。”《水土保持法实施条例》第二十五条：“县级以上地方人民政府水行政主管部门及其所属的水土保持监督管理机构，应当对《水土保持法》和本条例的执行情况实施监督检查。”

(4)定期检查。《行政许可法》第六十二条第二款：“行政机关根据法律、行政法规的规定，对直接关系公共安全、人身健康、生命财产安全的重要设备、设施进行定期检验。对检验合格的，行政机关应当发给相应的证明文件。”

定期检查，主要指年检、年审等。以前行政机关一方面忽视日常执法监督管理。另一方面年底大搞年检、年审等活动，有的还利用年检乱收费。有的部门和地方以年检为名，变相地搞每年一次甚至半年一次的重新审批，有的年检甚至比登记还难，把年检转为或者变相转为行政许可，即名为“年检”实为许可(比如规定，未申请年检或者未通过年检，当事人就不能从事相关活动)，费用也高，因此不仅搞年检，还想搞月检。许可法对此要作限制：一是，规定只有法律、行政法规中有规定的，才能进行年检。法律没有规定年检的，不能搞年检。二是，限制了定期检验的范围，即只能对直接关系公共安全、人身健康、生命财产安全的重要设备、设施进行定期检验。对机动车船、电梯、锅炉等，不能通过一次检验就万事大吉。三是，对于检验合格的，行政机关应当发给相应的证明文件，避免重复检验。

(5)异地检查。《行政许可法》第六十四条：“被许可人在作出行政许可决定的行政机关管辖区域外违法从事行政许可事项活动的，违法行为发生地的行政机关应当依法将被许可人的违法事实、处理结果抄告作出行政许可决定的行政机关。”主要适用于律师、驾驶员等，流动性大，经常跨地区、跨省市开展业务，在从事被许可事项的活动时，作出行政许可的机关难以对其实施有效监督。

(6)投诉举报查处。《行政许可法》第六十五条：“个人和组织发现违法从事行政许可事项的活动，有权向行政机关举报，行政机关应当及时核实、处理。”山西疫苗事件，是被陈涛安举报的。该事件使百名儿童受害。安徽毒奶粉事件，阜阳农村的一百多名儿童陆续患上了一种怪病。本来健康的孩子在喂养期间开始出现四肢短小、身体瘦弱等现象，尤其是这些婴儿的脑部显得偏大，当地人称这些婴儿为“大头娃娃”。该事件是被举报发现的。因此，有必要充分发挥舆论监督的作用。《大河报》专门有一个有奖新闻，提供一个有价值的新闻奖励100元，实际上，郑州市周边的一些制假窝点，就是被举报的。各部门应当建立健全行政许可举报查处制度，可以设立奖金。行政机关不可能全省每个角落都能进行检查，因此举报制度很有意义。

(7)对利用有限自然资源的监督检查。《行政许可法》第六十六条：“被许可人未依法履行开发利用自然资源义务或者未依法履行利用公共资源义务的，行政机关应当责令限期改正；被许可人在规定期限内不改正的，行政机关应当依照有关法律、行政法规的规定予以处理。”

对于有限自然资源的开发利用及公共资源的配置，都是有数量限制的，行政机关只能授予有限的申请人。比如，海域使用许可、无线电频率许可、排污许可等。对于这些事项的许可，其主要功能是分配稀缺资源，以提高资源利用的效益。被许可人取得行政许可往往负有依法开展有关活动,以充分利用自然资源或者公共资源的义务。获得了这类行政许可的被许可人如果不依法履行义务,其他希望利用这些资源的人却因没有取得行政许可无法介入,将造成社会资源的严重闲置与浪费,严重背离设定这类行政许可的目的。为此,法律、法规往往规定了被许可人开发利用资源的义务。如基本农田保护条例规定,禁止任何单位和个人闲置荒芜基本农田,占用基本农田满1年不使用的,应当组织耕种;1年以上未动工建设的,应当按照规定缴纳土地闲置费;连续2年未使用的经国务院批准,无偿收回用地单位土地使用权。《矿产资源勘查区块登记管理办法》第十八条规定,探矿权人应当自领取勘查许可证之日起6个月内开始施工。

根据本条规定,行政机关应当加强监督检查,重点是监督被许可人履行开发利用资源的义务。被许可人未履行义务的,行政机关应当督促其在规定的期限内履行义务;如果被许可人在规定期限内不改正的,行政机关应当依照有关法律、行政法规的规定予以处理。根据法律、行政法规的规定,依法需要收回行政许可的,需要收回行政许可;依法不能收回的,行政机关应当依法采取其他有效措施确保被许可人履行义务。

(8)对公用企业的监督检查。《行政许可法》第六十七条规定:"取得直接关系公共利益的特定行业的市场准入行政许可的被许可人,应当按照国家规定的服务标准、资费标准和行政机关依法规定的条件,向用户提供安全、方便、稳定和价格合理的服务,并履行普遍服务的义务;未经作出行政许可决定的行政机关批准,不得擅自停业、歇业。""被许可人不履行前款规定的义务的,行政机关应当责令限期改正,或者依法采取有效措施督促其履行义务。"直接关系公共利益的特定行业,就是通常所称的自然垄断行业,如铁路交通、民航、电信、邮政、电力以及城市供水、供气、供暖等行业。这些行业都是关系国计民生的基础行业,直接影响到经济发展和生产、生活。授予被许可人行政许可权,就是因为根据其申请材料及实际条件,该申请人比其他申请人条件更优,能够提供更为便捷、安全、稳定的服务。但是,由于被许可人取得行政许可后,在该行业要么居于寡头垄断地位、要么居于多头寡头地位,如果不对其加强管理,被许可人可能会滥用其垄断地位,降低服务质量,损害消费者的利益和社会公共利益,如以不合理的高价格提供服务或者擅自停业、影响社会经济活动的正常进行,或者欺压百姓、不提供普遍服务等。因此,对于这类行业,国家一般都对其服务标准、价格、服务质量及普遍服务的义务等作出了相应的规定;这些行业的被许可人不得擅自停业、歇业,因特殊原因需要停业、歇业的,也必须报经原作出许可决定的行政机关批准,并有相应的替代其履行公共服务职能的方案。

多年来,老百姓对这些行业的反应很大、意见很多。主要问题是:有的偷工减料,擅自降低服务质量;有的利用垄断地位,非法收取名目繁多的各种费用;有的擅自中断服务,对消费者实行区别对待,厚此薄彼,不依法履行普遍服务的义务。根据本条规定,行政机关应当加强对取得直接关系公共利益的市场准入行政许可的被许可人履行义务情况的监督检查。对于在监督检查中发现的被许可人不按要求履行义务的情形,应当及时作出处理,责令其履行义务或者采取必要的措施,迫使其履行义务。

为什么被许可人未依法履行义务,本条未规定可以收回行政许可?主要考虑的是,这类行政许可中,被许可人多是垄断企业,一旦收回行政许可,至少在短期内将没有其他企业能够替代其履行公共服务义务,这样可能影响自然人、法人或者其他组织的生活。因此,不能简单地规定收回行政许可或者撤销行政许可。所以,对有违法行为的企业,行政机关应当采取积极措施确保被许可人履行义务,如采取接管措施等。同时,对于这些行业也要适度地引入竞争机制,促使其改善服务态度和质量。

(9)行政机关检查+相对人自检。《行政许可法》第六十八条规定:“对直接关系公共安全、人身健康、生命财产安全的重要设备、设施,行政机关应当督促设计、建造、安装和使用单位建立相应的自检制度。行政机关在监督检查时,发现直接关系公共安全、人身健康、生命财产安全的重要设备、设施存在安全隐患的,应当责令停止建造、安装和使用,并责令设计、建造、安装和使用单位立即改正。”

本条涉及的设备设施包括两类:直接关系公共安全、人身健康、生命财产安全的重要设备、设施,如锅炉、机动车船等,往往需要经常性地进行检查,才能保其正常安全运行;有些设备、设施,如船舶、建筑物等,在其设计、建造阶段就需要实施监督检查,否则等待建成后再去改正错误往往会造成难以回复的财产损害,甚至会严重影响个人的生命与健康。然而,行政机关限于人力、物力和财力,不可能经常去亲自监督检查,也不可能对所有的这些设备都派专人监督其设计、建造、安装或者使用。对此,一方面,行政机关要加大监督检查力度和次数;另一方面,要督促设计、建造、安装和使用单位建立起自检制度,筑起第一道安全防线。

(10)《行政许可法》第六十三条规定:“行政机关实施监督检查,不得妨碍被许可人正常的生产经营活动,不得索取或者收受被许可人的财物,不得谋取其他利益。”第五十八条:“行政机关实施行政许可和对行政许可事项进行监督检查,不得收取任何费用。但是,法律、行政法规另有规定的,依照其规定。”“行政机关实施行政许可所需经费应当列入本行政机关的预算,由本级财政予以保障,按照批准的预算予以核拨。”

第六十九条规定:“有下列情形之一的,作出行政许可决定的行政机关或者其上级行政机关,根据利害关系人的请求或者依据职权,可以撤销行政许可:

(一)行政机关工作人员滥用职权、玩忽职守作出准予行政许可决定的;

(二)超越法定职权作出准予行政许可决定的;

(三)违反法定程序作出准予行政许可决定的;

(四)对不具备申请资格或者不符合法定条件的申请人准予行政许可的;

(五)依法可以撤销行政许可的其他情形。

被许可人以欺骗、贿赂等不正当手段取得行政许可的,应当予以撤销。

依照前两款的规定撤销行政许可,可能对公共利益造成重大损害的,不予撤销。

依照本条第一款的规定撤销行政许可,被许可人的合法权益受到损害的,行政机关应当依法给予赔偿。依照本条第二款的规定撤销行政许可的,被许可人基于行政许可取得的利益不受保护。”

是否撤销要考虑三个方面:一是要考虑是否撤销行政许可决定对相关各方利益的影响;二是要考虑引起行政许可决定违法的原因;三是要考虑行政许可决定违法的性质及程度。

行使撤销权的赔偿责任规定主要是为了保护自然人、法人或者其他组织对行政行为合法性的信赖。

第七十条规定:“有下列情形之一的,行政机关应当依法办理有关行政许可的注销手续:

(一)行政许可有效期届满未延续的;

(二)赋予公民特定资格的行政许可,该公民死亡或者丧失行为能力的;

（三）法人或者其他组织依法终止的；

（四）行政许可依法被撤销、撤回，或者行政许可证件依法被吊销的；

（五）因不可抗力导致行政许可事项无法实施的；

（六）法律、法规规定的应当注销行政许可的其他情形。”

《行政许可法》第七十六条规定：“行政机关违法实施行政许可，给当事人的合法权益造成损害的，应当依照国家赔偿法的规定给予赔偿。”行政机关违法实施行政许可，当事人的合法权益造成损失，例如，申请人不符合排污许可所应当具备的法定条件，行政机关却违法向其发放排污许可证，导致申请人周围的利害关系人受到严重污染损害。在这些情况下，行政机关都应当对其违法实施行政许可的行为承担赔偿责任。

四、法律责任

下面重点谈一下行政机关不依法履行监督职责的法律责任和行政相对人的责任。

（一）行政机关不依法履行监督职责的法律责任

《行政许可法》第七十七条规定：“行政机关不依法履行监督职责或者监督不力，造成严重后果的，由其上级行政机关或者监察机关责令改正，对直接负责的主管人员和其他直接责任人员依法给予行政处分；构成犯罪的，依法追究刑事责任。”当前，最突出的是不履行监督责任或者监督检查不力，这在许多部门都有表现。根据《刑法》的有关规定，行政机关的有关主管人员和其他直接责任人员不依法实施监督检查或者监督检查不力，构成犯罪的罪名主要包括滥用职权罪、玩忽职守罪、环境监管失职罪、放纵制售伪劣商品罪、商检徇私舞弊罪、商检失职罪等。比如，根据《刑法》第四百零八条的规定，负有环境保护监督管理职责的国家机关工作人员严重不负责任，导致发生重大环境污染事故，致使公私财产遭受重大损失或者造成人身伤亡的严重后果的，处3年以下有期徒刑或者拘役。根据《刑法》第四百一十四条的规定，对生产、销售伪劣商品犯罪行为负有追究责任的国家机关工作人员，徇私舞弊，不履行法律规定的追究职责，情节严重的，处5年以下有期徒刑或者拘役。

（二）行政相对人的法律责任

（1）申请人隐瞒情况或者故意提供虚假材料的法律后果。《行政许可法》第七十八条规定：“行政许可申请人隐瞒有关情况或者提供虚假材料申请行政许可的，行政机关不予受理或者不予行政许可，并给予警告；行政许可申请属于直接关系公共安全、人身健康、生命财产安全事项的，申请人在一年内不得再次申请该行政许可。”隐瞒，指掩盖真相不让人知道。故意提供虚假材料，是指本身不具备法定条件，却采取伪造、借用的材料骗取许可。《取水许可条例》第五十条规定：“申请人隐瞒有关情况或者提供虚假材料骗取取水申请批准文件或者取水许可证的，取水申请批准文件或者取水许可证无效，对申请人给予警告，责令其限期补缴应当缴纳的水资源费，处二万元以上十万元以下罚款；构成犯罪的，依法追究刑事责任。”

（2）以欺骗、贿赂等手段取得许可的法律责任。《行政许可法》第七十九条规定：“被许可人以欺骗、贿赂等不正当手段取得行政许可的，行政机关应当依法给予行政处罚；取得的行政许可属于直接关系公共安全、人身健康、生命财产安全事项的，申请人在三年内不得再次申请该行政许可；构成犯罪的，依法追究刑事责任。”

（3）取得许可后从事违法活动的法律责任。《行政许可法》第八十条：“被许可人有下列行为之一的,行政机关应当依法给予行政处罚;构成犯罪的,依法追究刑事责任:(一)涂改、倒卖、出租、出借行政许可证件,或者以其他形式非法转让行政许可的;(二)超越行政许可范围进行活动的;(三)向负责监督检查的行政机关隐瞒有关情况、提供虚假材料或者拒绝提供反映其活动情况的真实材料的;(四)法律、法规、规章规定的其他违法行为。"涂改是指故意涂去许可证原有的文字、图形或者其他标志,并加上新的标志。倒卖是指以营利为目的,将许可证卖给不具备条件或者资格或者虽然具备条件或者资格但没有向行政机关提出许可申请的个人或者组织。出租是指以非法手段以许可证的使用权来换取他人租金的行为。出借是指将行政许可证件借给他人使用的行为。向监督检查机关隐瞒有关情况、提供虚假材料或者拒绝提供反映其活动情况的真实材料的,是逃避监督检查的行为,在实践中经常发生。比如,根据《药品管理法》的规定,药品监督管理机构有权要求药品生产单位提供相关的文件和资料,而药品生产单位却提供虚假材料或者拒绝提供反映其生产活动情况的真实材料。

(4)擅自从事应当取得许可的活动的法律责任。《行政许可法》第八十一条规定:"公民、法人或者其他组织未经行政许可,擅自从事依法应当取得行政许可的活动的,行政机关应当依法采取措施予以制止,并依法给予行政处罚;构成犯罪的,依法追究刑事责任。"

封闭市区自备水源井的主要措施及对策

一、市区封井基本情况

安阳市地处豫北,降水时空分布不均,水资源缺乏。全市多年平均水资源量为16.40亿立方米,人均水资源占有量为322立方米,仅为全国平均水平的14%。其中,地下水资源供水量占总量的80%,为安阳市的主要供水水源。长期以来,为满足城市生活、生产和农业灌溉的用水需求,不少企事业单位及居民使用自备水源井,致使地下水长期处于超采状态,开采漏斗面积不断扩大,市区地下水埋深局部已超过40米,造成了较为严重的水位降落、漏斗区等环境问题。

2005年3月,市十一届人大二次会议提出了"关于合理利用和保护安阳市水资源的议案",安阳市作出了封闭城市规划区内自备水源井的决定。几年来,在市政府的高度重视下,安阳市水利部门按照先供水、后封井、一井一策稳定推进的原则,投入大量的人力、物力、财力,克服协调难度大、抵制情绪强等因素,共封闭市区自备水源井280眼,有效地遏制了市区水资源超采的势头,维护了良好的水势秩序,为安阳市经济社会可持续发展提供了有力的水资源保障。

二、采取的主要封井措施

(一)加强对市区封井工作的组织领导

安阳市专门成立了由主管副市长任组长、相关局委一把手为主要成员的安阳市封闭自备水源井工作领导小组,领导小组下设办公室,地点设在市计划节约用水办公室,负责日常工作组织,并抽调精干力量充实到封井工作中,按照行照区域划分封井具体任务,实行目标到人,责任到人。

(二)加强市区自备水源井封闭宣传力度

安阳市水利部门在详细普查市区水源井工作的基础上,在《安阳日报》上发布了《关于封闭市区地下水源井公告》,公示即将封闭的单、双水源井单位及井数;同时,向取用水单位及个人下达限期封填市区自备水井的通知,对其进行积极的宣传,争取理解和支持,为封井工作营造良好的社会环境。

(三)严格水资源论证管理

根据市政府《关于加强公共供水管网覆盖范围内水源井封闭工作有关问题的会议纪要》的要求,在封井过程中,针对因生产工艺、流程对水质、水温的要求专业性强,工艺复杂,且涉及行业多,需要提出保留水井申请的制药、化工、铁路、园林、医院等行业单位,特请市科技局牵头专门组织专家对提出申请保留水井的单位是否保留进行集中论证,为安阳市管网内水源井的封闭工作提供了科学的技术依据。目前,经水资源论证和政府审定,予以保留的自备井共计13眼,其余的均已分批分组逐一全部封闭。

(四)细化取水审批管理程序

加强自备井管理,严格实施取水许可制度,控制水井审批。制订了《安阳市关于取水许可办理、自备井封闭程序》,通过细化水资源论证制度的工作程序,对自备井封井流程提出具体要求,建立规范、有序的取水秩序。目前,在取水许可审批上从未批准过公共供水管网内一眼新水井取水,在源头上有力地制止了地下水源井的开采。

(五)加强水行政执法工作力度

近年来,安阳市在全市相继展开了深化水资源专项整治工作,深化专项执法检查。市水利局与公安局专门成立了联动执法办公室,规范与检察院、法院、法制办等单位的行政处罚案件的备案制度。在日常执法中,坚决封闭无证擅自取水井和未经水行政审批擅自修建的水井,先后共封闭水井50余眼。

(六)增加境外地表水的利用量

2009年5月,市水利局与海委岳城水库签订了年供水1.6亿立方米的协议,利用现有的漳南灌区、第五水厂、鑫源引供工程加大对岳城水库水源引用的力度,通过积极拓展对安钢及殷都工业园区的中联、新普钢铁公司地表水供水工程,增加工业供水量,引水管线覆盖范围内工商企业生产进行地下水的置换,新增工商企业生产用水必须使用地表水;加大对市区上游万金、幸福灌区农灌力度,走城内用水城外补的道路。

三、封井取得的成效

(一)促进了地下水减采、地下水位回升

通过坚持封闭水井,严格取水许可,加强取水计量、水资源费征收和计划节约用水等工作,使市区自备水源井取水量由2004年的2745万立方米下降至2012年的1638万立方米,有效地促进了地下水的减采。据监测,2006年12月到2012年12月,市区地下水位共回升4.43米,基本实现了地下水量减采并逐年回升的目标。

(二)水务公司供水量明显增加

随着安阳市采取的一系列工程措施和非工程措施,对市区地下水源井的普查、封闭工作及城镇节水等工作,使水资源使用状况逐年好转。

（三）境外地表水利用量大幅增加

目前，安阳市对岳城水库水源的日利用量已达到近6万立方米，年利用量2000万立方米，较2008年用水量增加了近2.5倍。

四、封井中存在的问题

（一）一些企业困难无内部管网改造资金

根据市政府会议纪要要求，水务公司负责用水单位表前管网的建设和对接，用水单位负责内部管网的改造。但国资委所属列入的一些倒闭、半倒闭封井范围的困难企业，由于无力承担内部管网改造费用，连经营都举步维艰，更别说筹集资金进行内部管网改造，造成封井工作无法进行。

（二）供水管网建设滞后、分表到户和收费标准难协调

近年来，安阳市区有些地方虽已开发且与主要街道相连接，但供水管道未能铺设到，供水发展较快，保障率不足；属于工业园区的取水单位，由于没有供水主管道，个别单位通水均为支状管网供水，供水管网能力远远不能满足工业园区用水需求，高峰需水量时已超负荷运行；有的因水务公司提供的接水位置不合适，分表时不能够到户，对收费标准产生较大分歧，难以协调，未能达成协议而拒绝封井。

（三）部分单位的特殊需求

部分单位因工艺、水质等因素提出保留水井申请，通过组织专家论证、市政府主要领导审定，认证保留或缓封的水井中包含特殊单位的需求，如铁路部门使用的自备水源井属省管单位资产，涉及列车加水，水井封闭需征得省局同意。

（四）存在主观情绪的抵抗行为

在市水行政执法人员按照法律法规正常行使封井工作的过程中，极少数单位存在推拉扯皮现象，组织职工抵制封井并上访，由于水利部门缺乏强制手段，致使封井工作受阻。

五、封闭自备水源井的对策和建议

（一）成立高规格的封井工作领导小组

建议由市长任封井工作领导小组组长，涉及部门的主要副市长任副组长，市纪检、水利、住建、法院、国资委、法制办、水务集团等单位一把手为成员，组成强有力的封井领导机构，严格地下水取水手续，对封井的法律依据进行审查梳理，做到依法行政，加强封井工作督导，坚持开展封闭公共供水管网内水井工作，促进地下水保护。

（二）严格取水许可审批制度

严格控制水井审批，建立封井长效机制，促进地下水减采。坚持按照市政府104次和123次常务会议纪要要求，严格控制水井的审批。管网覆盖范围内原则上不再审批，确需审批的报市政府部门研究批准。加强水行政综合执法工作，建立规范、有序的取水秩序，制止无证取水、擅自修建水工程，逃避涉水规费等违法行为，严厉打击非法凿井，对不按照取水许可审批规定取水和退水、对超过取水总量控制指标的地区，暂停项目新增取水。严格执行《安阳市水利局自备井封井工作流程》，规范取水许可证的换发工作，进一步规范取水许可管理办法，细化法律责任，强化层级监督，使取水许可和水资源费征收制度更具操作性。

（三）筹措资金，推动困难企业封井工作

建议由政府或国资委协调落实困难企业，主动帮助企业筹集改建资金，通过减免税款、加大政策专项对口扶持力度、政府或国资委预付款等多种方式，顺利完成企业内部管网的节水改造，推动封井工作的完成。

（四）利用地下水调蓄库回灌水，加大地表水利用率

根据安阳市地质、地貌、构造以及水文地质的现有条件，安阳河冲洪积扇具有较大的含水空间，是较好的地下水调蓄库建设场所。目前，安阳市的回灌水源主要为地表水，现每年引用岳城水库水量仅为0.36亿立方米，每年还有2.34亿立方米的水量可以利用。因此，就现状来说，如扩大岳城水库的引水量，是完全能够满足回灌要求的。同时，虽然彰武水库主要供给安钢和电厂，扩大其引水量受到了限制，但因汛期洪水具有历时短、来量大的特点，可利用水库的有效库容大量蓄水，也能够作为回灌的一种补充水源，加大地表水的供给率，以利地下水资源的涵养和保护。

（五）水务公司加大管网铺设力度，促进地下水的限采

目前，安阳市管网发展存在的部分缺口，使供水能力和供水范围与城市建设远远不相适应。一方面，水务公司应集中财力、物力、人力快速发展基础设施，对因管道无法覆盖的地区，加快管网铺设力度、扩大供水范围，并通过改进部分水厂和城区污水管网项目工作，提高供水普及率，对水厂供水设施和低压区进行再改造，有效增强其供水能力，确保供水安全，改善安阳市节水改建工作现状，使封井限采工作与城市发展同步进行。另一方面，水务公司应加大组织人员对城区低压区和城区没用自来水的区域进行统计、造册的工作力度，为下一步供水管网的逐步改造及向外围发展打下基础。

水行政执法证据收集和执法卷宗规范化的思考

一、水行政执法证据种类和收集方式

《中华人民共和国行政诉讼法》第二十三条规定：被告对作出的具体行政行为负有举证责任，应当提供作出该具体行政行为的证据和所依据的规范性文件。《中华人民共和国行政处罚法》第三条第二款规定：没有法定依据或者不遵守法定程序的，行政处罚无效。据此，水行政部门在行政执法过程中需遵循"先取证、后裁决"的原则，或者说在合法的动机下循着法定处罚要件去取证然后裁决的原则（行政处罚是行政管理的一种手段，法定目的很强）。从行政处罚和行政诉讼这两方面看，证据都是核心，并且从行政诉讼的高度去要求行政处罚中的证据运用，才能确保行政执法的有效性和体现法律的公平性（行政案件中的证据在行政处罚中由行政机关采集审查，在行政诉讼中由人民法院审查确信，这种审查确信是终局的）。

（一）证据的概念

什么是证据？这是诉讼实践和诉讼理论中十分重要的问题。中国《刑事诉讼法》第四十二条第一款规定:“证明案件真实情况的一切事实,都是证据。”这是中国立法上对刑事诉讼中的证据所下的定义。它概括了诉讼证据的基本特征,反映了它的本质属性,是科学的。我们认为,上述规定也符合民事诉讼和行政诉讼中的证据,因为它们都是在诉讼过程中可用以证明案件真实情况的,其本质是相同的。

作为证据,不论行政、民事或刑事证据,均具有三项基本属性,即合法性、关联性和客观性。

(二)证据的“三性”

1. 证据形式法定

行政执法证据的类别是如何确定的呢?中国《行政诉讼法》第五章第三十一条中明确规定了作为行政证据的七种证据:①书证;②物证;③视听资料;④证人证言;⑤当事人陈述;⑥鉴定结论;⑦勘验笔录、现场检查笔录。故此,证据必须符合上述七种法定形式。

2. 证据取得的方式合法

任何证明案件事实的证据取得必须符合法律规定,调查取证必须由两名执法人员参加。这就是对水行政执法证据取得的法定要求或证据来源形式的要求。证据取得形式、程序非法,直接导致证据丧失证明效力。

证据只能由执法人员依照法律的规定程序,进行收集、固定、保全和审查认定,即运用证据的主体要合法,每个证据的来源程序要合法,证据必须具备合法的形式,既是证据客观性和关联性的重要保证,也是证据具有法律效力的重要条件。此审查判断的作用:执法的主体、程序、采取的行政强制措施、证据的形式等要合法,如执法人员没出示执法证件并记录,那么在现场检查时所做的《现场检查笔录》就是无效的。《最高人民法院关于行政诉讼证据若干问题的规定》第五十七条规定的1、2、3、5、6、7、8项就是几种具体的审查判断方法。本着行政诉讼质证的要求,收集的每个证据都要留有执法合法的印记,如做调查笔录时要亮明身份,出示证件并记录在笔录中。

3. 证据的客观真实性

证据的作用在于还原客观现实,它所反映或证实的内容必须是真实的。行政机关办理行政执法案件所要查明的事实,在其发生、发展过程中,作用于现场和周围环境,常常会留下痕迹、物品,引起场所的变化,为在场人耳闻目睹,有所感知。行政执法机关办理案件时,必须借助这些痕迹、物品和了解案件情况的人所作的陈述,来认识案件的事实真相,也就是要将它们用作证据来证明案件事实。这些因违反行政法律、法规的行为等所造成的证据,都是确实存在的事实,是不依执法人员的主观意志为转移的客观存在。所有的痕迹、物品、文件等实物证据,固然是客观存在的事实。案件事实为当事人亲自实施和经历,为在场人所了解,因而可以用言词陈述出来,也同样是确确实实的事实,是客观现实中已发生的。

证据事实是案件事实在不同层面、不同角度、不同阶段、不同形式上的反映,不以人们的主观意志为转移而存在的事实。行政执法也是通过证据客观真实表现法律真实的过程。此审查判断的作用有三点:一是执法人员不能把个人主观的判断,或人们的想象、假设、推理、臆断、虚构等作为定案的证据适用;二是违法产品的货值金额、违法所得或非法收入的计算不能笼统的计算,不能仅听相对人陈述的价格和数量以及缴税情况,要有充分的证据并予以计算;三是证据必须有正确的来源。

4. 证据的关联性

这是指作为证据的事实不仅是一种客观存在，而且它必须是与案件所要查明的事实存在逻辑上的联系，从而能够说明案件事实。正因为如此，它才能以其自身的存在单独或与其他事实一道证明保证案件真实的存在或不存在。如果作为证据的事实与要证明的事实没有联系，即使它是真实的，也不能作为证明争议事实的证据。关联性分为两层含义：第一层含义是证据证明的内容必须与需要查明的案件事实有直接关系；第二层含义是若干个证据之间相互关联、相互印证，对待查案件事实形成一个完整的证据链条，足以反映案件事实的原貌。

即使是正在发生的违法行为，对于求证来说，也是已经发生的案件事实，证据的关联性能明确调查和收集证据的方向和范围，保证及时收集各种证据，查明案件真相。所以，证据关联性的审查判断的作用在于将看似散乱无章的证据材料统一在案件的事实上，然后才能判断是否违法，怎样去取证证明行政处罚的要件。

对于水行政机关而言，证据又有其部门特性：

(1)重复使用性。行政处罚中的证据既是行政处罚的依据又是行政诉讼的基础，并且在处罚和诉讼中证据(在诉讼中证据的范畴要大，包括案件审理记录等)基本是一致的，因为证据对执法主体而言，既是裁定处罚的依据，又是证明其执法行为合法的依据，前者是依强大的行政力量主动地收集、审查、运用，执法主体与相对人地位是不平等的，而后者是行政诉讼法的证据分配原则被动地举证，执法主体与相对人地位是平等的，所以对执法主体而言，只有去从行政诉讼的高度去收集审查运用证据才能确保行政处罚的合法性和有效性，简言之，就是本着诉讼去处罚。这个特点就是以上御下以平等之严密统筹取证的规范。

(2)证据程序性。行政处罚中有程序性证据，水行政部门的行政处罚中的程序性证据则有更多的要求，尤其是证据程序性方面，或说取证的环节方面，在时间上、方法上有严格要求。比如检验是否是地下水报告这一证据的收集和运用，前有抽样原始记录、抽样单、委托检验书，后有检验结果告知书和复检权利通知书(实际运用中这两种合二为一)，如果缺少任一环节和程序证据，或者时间和程序发生错乱，那检验报告这个证据材料是不能作为证据使用的。

(三)证据的种类和收集

1. 书证

书证是指以文字、符号、图画等所表达和记载的思想内容证明案件待证事实的书面文件或其他物品。具有稳定性强，易于保存，不受载体限制特点。

按照是否属于国家职能部门在其职权范围制作的文书分类，书证又分为公文性书证与非公文性书证。

例：结婚证、房产证、营业执照为公文性书证；借据、担保书、买卖合同为非公文性书证。

还有就是与违法事实书证相对应的程序性文书。行政处罚中不仅要证明相对人违法，还要证明执法主体的合法，程序性文书就是这方面最重要的证据，相对人的营业执照、生产许可证、认证证书、委托书等；相对人提供的检验报告、账册、合同、标签、生产规章制度、价格表等；照片、传真件等。

按书证的来源分为原本、正本、副本、节录本、影印(复印)本、译本，书证来源分类的意义在于原始书证，即书证原件与书证复印件证明效力不同，例如未经查证核实的复印件不能作为案件证据使用。故此,原始书证可以作为直接证据使用,而书证的复印件则属于间接证据不能单独作为证据使用。

除上述执法机关依职权调取的书证外,主要的书证收集方法为行政主体的制作。制作书证的内容和形式有:执法证件的亮明,执法人员的人数、来由、目的等的记载,通知书和告知书等的送达,调查笔录的制作等。其必须真实,涂改处有签章或押手印。送达文书如果拒签,则须有证人证明等方式证明送达。这里更需要注意的是内部的程序性要求,有些相对人虽然不清楚,也不影响案件的实体,但执法主体如果没有按要求去做,则在诉讼中依然可能败诉,也可能在申请强制执行中被裁决掉。如听证权利的告知,尤其是较大数额的告知,告知书到处罚决定书的期间,处罚决定书宣告后送达的期间,登记保存的期间,查封扣押的期间与产品保质的期间的冲突问题,复检期间与作出行政处罚决定的冲突问题,送被检样品的方式和途径问题,等等。这些问题如果没有认识到,或者没有做到,都会影响到书证的证明力问题,或者说程序违法问题。另外,还有执法中执法人员拍的照片,使用此证据材料时要附有文字说明材料。传真件可以直接作为书证使用;相对人提供。相对人提供的书证应由其注明提供时间和与原件核对无误。在实际执法过程中,有许多是相对人不愿意提供的推说没有,甚至提供假材料的,常常增加执法的难度,对此《最高人民法院关于行政诉讼证据若干问题的规定》本着公平的原则有如下规定:被告在行政程序中依照法定程序要求原告提供证据,原告依法提供而拒不提供,在诉讼程序中提供的证据,人民法院一般不予采纳。那么行政主体则需要证明"依法定程序要求过",由此行政主体则需要在调查笔录或者通知书中有明确的告知行为,并体现在相关书证中;行政主体在现场检查时,法律赋予对有关书证复制的权利,甚至有的可以查封、扣押;对有关专业技术资料,科技文献可以查询取得。但对此应当在案卷中附有说明材料。

要求:书证须真实,制作须合法。包括:复制的和行政相对人提供的需与原件核对无误并签字予以确认,并注明时间和出处;行政主体制作的每一页书证应当有执法人员、相对人、制作者的签名或盖章,并且表明是不是真实意思的表示;涂改处押有手印。

水行政执法机构调取书证的注意事项:

(1)尽量提取书证的原件(原本、正本和副本均属于书证的原件),提取原件确有困难的,可以提取与原件核对无误的复印件、照片、节录本;

(2)提取由有关部门保管的书证原件的复制件、影印件或者抄录件的,应当注明出处,经该部门核对无异后加盖其印章;

(3)提取报表、图纸、会计账册、专业技术资料、科技文献等书证的,应当附有说明材料。

2. 物证

物证指以其存在形式、外部特征、内在属性证明案件待证事实的实体物和痕迹。例如:质量存在问题的食品、钢材等。物证具有客观性、不可替代性、关联性、间接性等特征。主要包括:违法行为使用的工具。比如造假用的印版模具,生产地条钢用的中频炉等;违法行为的结果。如成品、标签、破坏计量器具准确度的计量器具等。

物证的收集方法:①检查。水法等法律法规都赋予了执法主体的现场检查权,检查相关场所是否存在违法行为,如果有,则可以对有关物证实施行政强制措施,其主要形成于现场检查笔录和有关行政强制措施文书,在这种证据形式中,要对物证进行详细的描写,以便与实物相互对应。物证的数量、型号、规格出处以及状态和特征等都要准确详备如实地记录。

②封存、查封和扣押。这是法律赋予执法主体为了制止违法行为的继续发生和可能在证据灭失的情况下采取的行政强制措施。需要注意的是,这种获取物证的方式须有前置条件,因为行政强制措施本身就可以成为复议和诉讼的内容,法律在设置这种权利时都有一定的限制,即有一定的证据证明这种必要性,这个前提证据要求的比较宽松,达到采取措施比不采取措施的必要性大这样一个证明标准就行,至于案件到底应如何处理,案件的事实真相如何,只有等到查清案件全部事实时才能最终认定。③登记保存。这是行政处罚法赋予执法主体在证据可能灭失情况下采取的一种措施。④抽样取证。这是《行政处罚法》规定的一种取证方法。

要求:根据《最高人民法院关于行政诉讼证据若干问题的规定》第十一条的规定,执法主体应保持物证的原物,原物保存确有困难的,可以制作原物的复制件(但需证明与原物无误)或者照片、录像等,是种类物时保存其中的一部分。同时,为了质证需要,物证上能签名的则须相对人签名,不能签名的则须有其他佐证。这种措施是为了证明物证是真实的,获取是合法的。物证是在相对人的违法行为中产生的,通常单一物证不起证明案件事实的作用,必须与其他证据综合证明、互为依存条件、互为证明关系,才能体现物证的证明力。

水行政执法机关调取物证的注意事项:

(1)提取物证应注意保存物证的原始存在状态,物证性质不稳定的,应及时采取保全措施,如易挥发、腐烂等鲜活物品;

(2)尽量提取原物,提供原物确有困难的,可以提供与原物核对无误的复制件或者证明该物证的照片、录像等其他证据。

(3)原物为数量较多的种类物的,提供其中的一部分。

(4)对于执法过程中封存的物证,应在执法卷宗中记载物证的处置,如返还物主、拍卖或销毁。

3.视听资料

视听资料是指运用现代技术手段,以录音、录像所反映的声音、形象、电子计算机所储存的资料、其他科技设备所提供的资料来证明案件真实情况的证据。视听资料具有物质依赖性、综合性、形象性、直接性、便利高效性等特征。

按表现形式分为录音资料、录像资料、计算机数据资料、其他科技设备所提供的资料。主要包括录音资料;录像资料;电子计算机储存资料,如电子邮件、加油机电路板等。要求:保存有关资料的原始载体,注明制作方法、时间,制作人和证明对象等,声音资料应当附有该声音内容的文字记录。《最高人民法院关于行政诉讼证据有关问题的规定》第五十七条第二项规定:以偷拍、偷录、窃听等手段获取的侵害他人合法权益的证据材料不能作为定案依据。其有两层:是以秘密手段获取的侵害他人合法权益的证据应排除掉;是以秘密手段获取的不侵害他人合法权益的证据应作为定案依据。

执法机关制作和调取视听资料(含电子证据)的注意事项:

(1)在进行录音录像时,一般应当公开进行。若因查处违法行为,需要进行秘密录音、录像的,应当不违反法律规定,且不得侵害当事人的合法权益。

(2)提取有关资料的原始载体。提取原始载体确有困难的,可以提取复制件。

(3)注明制作方法、制作时间、制作人和证明对象等。

(4)声音资料应当附有该声音内容的文字记录。

随着计算机的广泛应用，电子信息证据也越来越频繁地出现在执法过程中，这里着重指出电子信息证据的提取方式：

第一，观察主机和显示器的状态（开关待机）。记录所执行的操作，必要时要拍摄固定，还可录像记录。

第二，确定主机的外接数据通道，如网线、宽带接入电缆等，将软盘和光盘取出单独包装。正常关机可能导致磁盘上的交换文件被删除，甚至触发其他机关，建议直接切断电源。将所有原外接数据线断开，重新开机，对相关信息加以分析、提取。现场至少有两人作为见证，最好一个操作，一个记录，敏感现场在调查过程中应该摄像。

第三，如果调查取证人员计算机操作能力有限，可以直接关机后将计算机主机装箱贴封条封存，由行政相对人签字后将计算机主机带走，交专业计算机信息鉴定机构出具鉴定报告。

4. 证人证言

证人证言是指了解案件有关情况的人向行政执法机关所作的用来证明案件待证事实的陈述。这是行政执法经常使用的证据形式之一。

证人证言只能是自然人，因为单位是组织，它不能去感知任何事实。当然，证人证言受证人本人对客观事物认识能力的限制。证人必须是了解案件事实，能向执法机关如实陈述案件事实，且一般为与执法案件无利害关系的自然人。

执法机关获取证人证言的注意事项：

当事人向行政机关提供证人证言的，行政机关应当要求其所提供的证人证言亲自书写，且内容符合下列要求：

（1）写明证人的姓名、年龄、性别、职业、住址、联系方式等基本情况；

（2）有证人的签名，不能签名的，应当以摁手印等方式证明；

（3）注明出具日期；

（4）附有居民身份证复印件等证明证人身份的文件。

5. 当事人陈述

当事人陈述是指当事人就有关案件的事实情况向行政机关所作出的陈述。它包括当事人自己说明的案件事实以及对案件事实的承认两个方面的内容。

当事人陈述的特征在于真实性较强，但往往只作利己性陈述。

当事人自认是指在行政审查过程中，一方当事人就对方当事人所主张不利于自己的事实作出明确的承认，从而产生相应法律后果的行为。这一般仅存在于有举报人或违法行为利益受害人的情况下。自认的效力在于免除对方当事人举证的义务，且具有不可撤销性。但行政相对人的自认不能完全替代执法部门的调查取证活动，因为行政相对人往往自认较轻的违法行为，而回避对自己不利且行政机关尚未掌握的违法事实。

水行政执法机关收集当事人陈述的注意事项：

（1）当事人提供书面陈述的，行政机关应当收取原件，并要求当事人明确注明时间等内容。

（2）当事人口头向行政机关陈述的，行政执法人员应当如实记录，并交当事人核对签字。

（3）当事人为法人代表或负责人员的，执法机关应当要求该单位出具该当事人的身份证明文件。

(4)当涉及案件事实的书证、物证时应及时提取,以便核实陈述的真伪。

如果水行政执法机关以执法人员谈话笔录形式收集当事人陈述应注意以下事项:

水行政机关在制作询问、陈述、谈话类笔录时,应当告知当事人执法人员的身份并出示证件、核对当事人身份、告知当事人享有的权利及承担的义务、如实记录当事人反映的情况、应交当事人核对,并应由行政执法人员、被询问人、陈述人、谈话人签名或者盖章。对当事人拒绝签字的,应由执法人员注明情况,并由在场证人签字证明。

6. 鉴定结论

鉴定结论是指鉴定人接受委托或聘请,运用自己专门知识或技能,对某些专门性问题进行分析、判断后所作出的结论意见。鉴定结论具有以下作用:

(1)具有补充行政执法人员认识能力的作用;

(2)对认定案件事实具有重要的证明作用。

鉴定结论有以下特征:

(1)鉴定结论是鉴定人对鉴定资料分析研究所作的判断;

(2)鉴定结论解决的是事实问题,而非法律问题;

(3)鉴定结论裁定的是事实,是拟制事实;

(4)鉴定结论具有主客观双重性。

水行政机关在提取鉴定结论或委托鉴定的结论应符合下列条件:

(1)应当载明委托人和委托鉴定的事项、向鉴定部门提交的相关材料、鉴定的依据和使用的科学技术手段、鉴定部门和鉴定人鉴定资格的说明,并应有鉴定人的签名和鉴定部门的盖章。

(2)通过分析获得的鉴定结论,应当说明分析过程。

(3)封样检测鉴定的,应要求当事人在封样上签名,对可以备份的检材,应当备份。

(4)鉴定结论下达后,应依法向行政相对人送达,如果相对人对鉴定结论不服,有权提起再次鉴定。

7. 现场笔录与勘验笔录

现场笔录是行政执法人员在执行职务过程中当场进行调查、处理、处罚而制作的文字记载材料。勘验笔录与现场笔录近似,只是制作主体、时间略有区别,是行政主体的执法人员在执法过程中对与案件有关的场所、物品进行检查时所做的文字记载,并由检查人员和现场见证人员签名的一种证据形式。就此证据的实质而言,它是一种固定保全证据的方法和手段,其证据作用在于它固定和保全的内容同案件事实所产生的关联性。并且它最主要的作用还在于其记录的是正在发生的事情,因此对这种证据的基本要求,就是要客观、全面、准确地加以固定,不能有任何疏漏。

水行政执法机关制作现场笔录与勘验笔录的注意事项:

(1)笔录应当载明时间、地点和事件等内容,并由水行政执法人员和当事人签名。现场笔录应当现场制作,不得事后补作。

(2)当事人拒绝签名或者不能签名的,应当注明原因,并邀请见证人签名。

(3)建议现场笔录结合摄像资料一起作为证据组合使用,以驳斥有关人员对现场笔录真实性的质疑。

以上七种证据中,在水行政执法中基本上都会涉及,只是使用的频率不同而已。在大多数执法案件中使用频率最高的一般来讲就是本条规定的第七种证据,即现场检查笔录,这一证据是由执法人员对现场检查情况的如实记录,在执法文书中也有专门的文书格式。其次是调查笔录,这在七种证据中应归于证人证言和当事人的陈述,如对涉嫌行政违法的当事人(公民、法人代表、其他经济组织负责人)进行调查归于当事人陈述。但对法人机构的非法定代表人和经济组织的非负责人进行的调查应归于证人证言还是当事人的陈述呢?本人认为,应归于当事人的陈述,理由是这些人同法人代表、负责人是上下级关系,同涉嫌案件有利害关系不具有证人资格,自然不能成为证人证言,应认定为当事人的陈述。再者是检验报告,在这七种证据中应归于第六种鉴定结论。书证也是常用的证据,如在执法中提取、复制的账目、合同、发票等。但是当事人提供的自行委托检验的检验报告是属于鉴定结论还是书证呢?本人认为,是书证并非鉴定结论,理由是,要审查其真实性,而非确定的结论性文件。由于多年的执法习惯,不注意物证的收集和运用,因而收集物证在执法工作中还不够完善,《行政处罚法》第五章第二节第三十七条第二款明确规定"行政机关在收集证据时,可以采取抽样取证的方法"。抽样取证并非抽样检验,因此在执法过程中,应注意收集已确定的实物证据,这是最有效和最有证明力的证据。

在执法手段不断完善的今天,对视听资料的应用逐渐增多,如执法中的照片、录音、录像等,但电子扫描的材料既不是视听资料,也不是书证,只有它同原件一起使用时才能是证据。而录音、录像、照片在行政诉讼中是不能作为独立证据使用的,应与其他证据一起使用,并有一定的关联性才能作为完全的证据。因此,执法中制作这类证据材料一定要同时收集其他种类的证据相互应证,万不可只凭这种单一证据就给予定性与处罚。

二、水行政执法证据的审查判断

水行政违法行为侵犯的客体是水行政管理秩序,需要水行政执法主体运用行政手段去查清违法行为,然后用准确的法律依据进行处罚。违法行为在法律层面上讲是证据证明了的,没有证据证明的,即使事实上有,也不能惩处;证据证明的违法可能只是冰山一角,证明违法行为只能是等于或小于事实,而大于事实则是错误的。违法必受惩处。《行政处罚法》第三条规定,没有法定依据的处罚无效。证据必须证明违法行为达到水行政处罚的要件,此可称为水行政执法的最终目标。

以上可以概括为:水行政执法或行政处罚就是水行政执法主体在合法动机下,去收集审查证据,判断相对人是否违法,违法行为是否达到处罚条件的案件。证据运用的核心就是:证明相对人是否违法,违法行为是否达到行政处罚证明要件,执法合法。

(一)证据收集的方式

从执法的实践看,水行政部门行政执法收集证据主要有以下几种方式:①进行现场检查,制作笔录;②进行调查,其中包括对当事人、证人的调查,登记保存,调取书证等;③听取陈述、申辩;④举行听证等。但是查封、扣押并非是调查取证的方式,只是保全措施,封存也并非全是调查取证的方式。因而在未作出相应的处理结果之前,整个行政执法过程都属于调查取证阶段,包括陈述、申辩和举行听证也应归于证据收集的范围或过程,在此过程中,均应注意收集充分的证据证明行政相对人的违法行为。

1. 现场检查笔录证据

从现场检查笔录的证据来看，只要是在水行政部门职权范围内，不论是接到举报，还是主动监督检查或依据线索都可派两人以上执法人员去进行收集，也就是"只要是职权范围内的事就可管。但是有一个困扰执法部门的问题，现场检查制作笔录后，当事人拒绝签字怎么办？本人认为，我们的证据是否有效，最终是要在行政诉讼中得到法院认可，这样现场检查笔录的有效性要依据《行政诉讼法》的有关规定确认，担《行政诉讼法》中又没有明确的规定，为此2002年最高人民法院出台了《关于行政诉讼证据若干问题的规定》的司法解释（以下简称《解释》），该《解释》第十五条规定"被告（指行政诉讼中的被告）向人民法院提供的现场笔录，应当载明时间、地点、事件等内容，并由执法人员和当事人签名。当事人拒绝签名或者不能签名的，应当注明原因。有其他人在现场的，可由其他人签名（这里的其他人，最好是非本单位人员，这样可以提高证据的证明力）。法律、法规和规章对现场笔录的制作形式另有规定的，从其规定"。依此规定看，当事人拒绝签名或不能签名时，应注明原因，常见的文书中只有执法人员签的"拒绝签字"是不规范的，必须注明拒绝签名的原因，如"不是法人不能签"等。有"其他人"在场的，"其他人"是指执法检查的执法人员以外的其他人员，包括被邀参加的人员。因此，这些其他人签名后，均是有法律效力的，但必须注明当事人拒签的原因。本人查阅了水行政执法所涉及的所有法律、法规和规章，对现场检查笔录制作仅有《行政处罚法》第三十七条第一款规定有"询问或者检查应当制作笔录"。规定"行政相对人应当签署意见，签名或者押印"。但这也只是对相对人设定的义务，并非是笔录生效的要件，即并非规定"笔录应当有相对人的签署意见，签名或者押印"。所以这就说明当事人拒绝签署意见，签名或押印完全可以依据《解释》的规定进行，但应注明原因或其他在现场的人签名，这样的笔录是完全有法律效力的。

2. 其他种类的证据

调查笔录也是执法中常用的文书。作为证据使用时，法律规定"调查笔录应当有行政执法人员、被询问人、陈述人、谈话人签名或者盖章"。这说明如果无签名或盖章，是不能作为证据使用的。那么被调查人拒绝签名怎么办？笔者认为，只能收集其他证据，包括对其他相关人员的调查，这里一定要同现场检查笔录能作为证据的要求区分开。有时可能涉及对证人的调查，要有证人的签名，不能签名的，应当盖章，应记明证人的姓名、年龄、性别、职业、住址等基本情况，同时应附有居民身份证复印件等。进行调查时一定要围绕案件进行，对重大复杂的案件，笔者认为，调查前要归纳调查内容，作调查提纲，做到有目的、有重点的去调查。

对于物证的收集，一般应取原物，应妥善保管。物证的保存应同案卷保存时间相一致。对于会计账册的证据，在案卷中应附有说明材料。对影像资料应保存原始载体，应说明制作方法、制作时间、制作人和证明对象等，声音资料应当附有声音内容的文字记录。

另外，收集证据应当注意以下几个问题：首先，收集证据必须由水行政部门的办案人员依法进行。水行政部门为查办违法案件而收集证据是行政机关的具体行政行为。其次，收集证据必须依照规定程序进行。水行政部门执行的各项法律法规及水利部的相关规章，是办案人员收集证据的法定依据。第三，收集的证据应当由水行政部门合法使用。水行政部门在职权范围内，有权行使行政权力，调查取证并用于查处违法案件等职能工作范围。水行政部门作为行政执法工作的主体，必须把握好自身在调查取证工作中的行为规范，以保障取证工作及所取得证据的合法性和有效性。

收集证据必须周密计划、事先安排。调查取证工作必须有计划、有目的地进行。尤其对于较大的案件,办案单位应当根据个案的具体情况仔细研究,针对需要证明的问题,确定调查取证的方法、步骤、力量安排和要达到的目的等,制订出切实可行的调查取证计划方案。实践证明,调查取证工作计划安排得当,不仅可以避免工作中的盲目性,同时还能收到事半功倍的效果。

收集证据必须积极主动、抓住战机。行政执法的主要优势在于快捷有效。水行政部门在查办案件中,往往将收集证据与制止违法融为一体。抓住战机,反应迅速是办案人员应当具备的基本素质之一。一个案件查处结果如何,往往与能否抓住战机十分有关。兵贵神速,对于已掌握的案件线索或已进入立案调查阶段的案件,水行政部门应当积极主动地抓住战机,运用法律赋予的手段和职权。否则,面对机会反应迟钝,行动缓慢,只会给办案工作造成更大的困难。

(二)证据的判断和识别

证据运用的核心就是证明相对人违法和执法的合法。结合水行政部门的执法实际,从以下的几个方面去审查判断,看证据能否达到"事实清楚,证据确凿,程序合法"这样的证明标准。

1. 证据的客观性、合法性、关联性的审查判断

合法证据所必须具备的"三性"前文已经讲过,在此不再赘述,但需要强调的是,对证据"三性"的审查、识别和运用贯穿于行政执法全过程,所以它不仅仅具有理论研究的意义。

2. 确定相对人身份的证据审查判断

在行政执法中,确定违法行为人身份是至关重要的,也是首要的。相对人为躲避行政处罚,会报虚假名字或在现场检查笔录中以及其他证据中书写虚假名字,甚至于对在以前书证中出现的人称没有此人或不是本单位人,所以对这方面证据的审查判断是很重要的。需有以下要件:公民的,则需有其身份证;法人或其他组织的,需有公章;受委托人需有委托书;发票、合同、许可证等证明的相对人高于其他证据证明的相对人,当证据中的相对人确定有冲突时,需有其他证据排除冲突;各证据中的相对人能互相印证为同一主体。

3. 执法理由或现场检查笔录中以及其他证据中发现的违法行为是否做到全面的证明并予以处理的证据的审查判断

在水行政执法中可能发现相对人多个违法行为,那么这已证明的多个违法行为必须据其情节受到相应的惩处,不能只取一个违法行为予以制裁,其审查判断的主要作用是执法的合法性、全面性和证据的完备性。

4. 证据之间的逻辑关联性的审查判断

对已发生的案情予以求证,证据之间的逻辑关联性即证据链一定要强、要完备,对于证明对象而言,任何的证明环节都不能缺少,一环扣一环,将法律事实讲述得清楚而严谨,不容置疑。

证据链的审查判断的更多内容是确定执法程序以及取证程序的内容。此审查判断的作用是考查证据之间是否能互为因果、互相证明,排除合理的怀疑,证据之间证明内容的传递是否是必然的并且是唯一的。作用还在于能否清晰准确完备地告诉案件审委会和法官,证据证明的案情和适用的水行政处罚的情况。

5. 执法行为本身合法性证据的审查判断

执法者,必先守法。执法合法性的内容主要有:第一,执法主体执法权利合法,执法主体在执法之前首先要审查自己有没有执法的权限,是否有超越执法权限、范围的可能;第二,执法程序合法,包括案件来源,立案审批,调查取证,执法人员执法资格,对被执法对象权利义务的告知,法定期限内送达法律文书结案等,水行政法律、法规要求的执法规范,这些内容都需有证据予以证明。

6. 一个违法行为违反多个法律的证据审查判断

同一个违法行为同时违背了一个法律的多个条款。按照"一事不再罚"的原则,可以择其重处罚,那么此审查判断就是看证据证明的哪一种违法行为为重、处罚重,并得到处罚的要件。

7. 证据是否能证明处罚要件的审查判断

每个行政处罚的条款要件是不一样的,要按照某一条款予以行政处罚时,必须证明处罚要件。水行政部门办案中的调查取证,包括收集证据和审查判断证据两个方面。它是查明案件事实,完成证明任务的前提。办案人员在查处案件时,只有通过调查,收集证据,鉴别印证每个证据的真实性,并掌握了足够的证据量之后,才能对案件事实作出结论。水行政案件集中审理制度的确立,为执法证据的审查提供了最终的保障,通过集中审理,对执法人员审查的执法证据进行再审查,保证了执法办案证据的质量。

1)证据审查的概念

所谓证据审查,是指办理案件的执法人员对依法收集到的现有证据进行分析、研究和判断,以鉴别其真伪,确定其与案件事实有无关联性、有无证明力以及证明力大小的活动。

2)证据审查的内容

证据审查的内容是指办理案件的执法人员审查判断证据时必须注意的相关事项。办理案件的执法人员在办理过程中,必须对依法调查收集到的证据的内容进行审查,以决定证据与案件事实是否相关联,是否具有可采性。由于中国现行的三大诉讼法对审查判断证据的内容为何无明确一致的规定,因此必须借助于相关诉讼理论、证据理论、有关法律规定和案件的具体情况来确定其内容。

(1)证据的来源。证据的来源是指证据的形成、发现和取得的过程,包括提供证据者、调查收集证据者以及制作或者调查收集证据的时间、地点和方法等。具体说,主要有以下几方面:①提供证据者的个人情况。提供证据者的个人生理、心理、年龄、精神状态、知识水平、专业技能等方面的情况直接影响并决定着证据的真实性。生理上、精神上没有缺陷,达到一定年龄的人,具有正常的观察能力、记忆能力和表达能力,他们所作的供述或者提供的证言可能清楚、准确、容易理解。生理上、精神上有缺陷或者年幼,由于缺乏正常的观察能力、记忆能力和表达能力,不能辨别是非和正确表达的人所作的陈述和提供的证言,一般说来也可作为证据使用。由于提供证据者的个人情况不同,办理案件的执法人员在审查判断证据来源时,必须审查提供证据者的生理、心理、精神状况、年龄以及提供证据者是否具有相关的知识、技能,等等。②发现证据的客观环境。客观环境直接影响发现证据的效果。客观环境包括发现证据时的距离、光线、天气、地形、温度、湿度等。它们是形成证据的客观条件,也是影响证据发现的因素。例如,距离近,光线好,当事人或者证人对案件事实的感觉就会真实、准确和全面;距离远,光线暗,就会影响当事人或者证人对案件事实感知的准确性和全面性。

因此,对上述影响发现证据的客观因素,必须进行审查。

(2)证据自身的要素。证据自身的要素是指事物能成为证据必须满足的条件。在英美法系国家,只要事物具备相关性、可采性,即可成为证据,而不管这种证据是以何种形式表现出来的。同样,在大陆法系国家,只要证据具备证据能力和证明力,也可以作为证据使用。但在中国,人们判断事物是否成为证据,主要看该事物是否符合“三性”,即客观性、关联性和合法性。从英美法系国家证据的相关性和可采性条件的角度讲,客观性和合法性应属于可采性的范畴。从大陆法系国家证据的证据能力和证明力的角度讲,客观性、关联性和合法性就属于证据能力的范畴,而不涉及证明力问题。因此,对证据自身要素的审查判断必须从证据能力、证明力等方面入手。①证据能力。证据能力是指证明依法能够成为证据的资格,又称证据力、证据的适格性。证据能力是大陆法系国家的概念,在英美法系国家,与之对应的概念是证据的可采性。在中国的诉讼实践中,就某一具体的案件而言,某一证据材料反映的事实可能与案件的事实真相相符合,但该证据材料不具备法律规定的证据表现形式,没有合法性,不能采纳。有的证据材料虽然具备法律规定的证据形式,但其所反映的事实与案件本身无关,也不能作为证据使用。原因是这些证据材料没有证据能力,即证据资格。因此,办理案件的执法人员必须对调查收集到的证据材料进行审查判断,以查明其是否具备证据资格,具备证据资格的,准入法庭使用;不具备证据资格的,排除在法庭之外。②证明力。证明力又称证据的证明能力,是指证据对案件事实是否具有证明作用和作用的程度。在诉讼实践中,有证据能力的证据未必就有证明作用,即使用证明作用,其作用的程度也不一样。在具有证据资格的证据中,有的是直接证据,本身能够证明主要的案件事实,证明作用较强;有的是间接证据,必须与其他证据结合起来才能证明主要案件事实,才具有证明作用。在证据中,原始证据和传来证据都可能有证据资格,但在证明作用和作用的程度上,原始证据大于传来证据。因此,办理案件的执法人员在审查判断证据时,应当在明确证据具有证据能力的前提下,进一步明确其是否有证明作用及证明作用的程度,从而正确地认识每一个证据在诉讼中的作用和地位。

(3)证据与案件事实的关系。证据与案件事实的关系是指证据与案件事实之间的证明关系。证据是用来证明案件事实的,但每一证据与案件事实之间的证明关系常常不尽相同。这就要求办理案件的执法人员在认定证据与案件事实之间的关系时,应着重审查下述两个问题。①明确本案已经和应当查明的案件事实。案件事实是指案件的证明对象。办理案件的执法人员在审查判断证据时,必须明确已初步查明了哪些案件事实,还有哪些案件事实需要查清,从而为审查判断证据指明目标和方向。②分析证据与案件事实的关系。证据与案件事实之间的关系相当复杂,包括因果关系、时间顺序关系、空间关系、条件关系等。办理案件的执法人员在对证据审查判断时,必须分析并查明案件涉及对象的各种关系,必要时,可以借助科学技术手段。

审查证据的合法性,主要审查收集证据的主体、程序和手段是否符合法律规定,证据本身是否具备法定形式。具体来说,审查判断证据的合法性主要从以下两个方面入手:

①收集证据的主体、程序和方法是否合法。中国三大诉讼法对各种证据的收集主体、程序和方法都作了具体规定。证据的收集主体、程序和方法是否合法,直接影响着证据内容的真实性和证据的可采性,因而在审查证据的合法性时,应着重审查证据的收集主体、程序和方法是否合法。如果在证据的收集过程中,主体、程序和方法有一项不合法,即使该证据是

真实的,也不具有可采性,不能被法院采信。

②证据是否具备法定的形式和完备的手续。中国民事诉讼法规定的证据有书证、物证、视听资料、证人证言、当事人陈述、鉴定结论、勘验笔录等七种;中国行政诉讼法规定的证据除与民事诉讼法规定的证据相同外,还有现场笔录。任何证据都必须具备上述形式之一,否则就不能作为诉讼证据。同时,各种形式的证据的取得还必须具备完备的手续,手续不完备的证据不具有合法性,不能作为定案证据使用。

总之,证据审查确定证据的合法性对于案件办理的成功和有效实施行政处罚起到至关重要的重用。另外,证据的审查还需要注意一定的方法和步骤,由于篇幅原因,在这里不再赘述。行政执法证据的研究,中国学者近年来研究较多。但是,由于中国行政法学、行政诉讼法学的研究起步晚,目前行政法立法体系的不完善等原因,关于行政执法证据方面还是有许多问题值得进一步商榷。

三、水行政执法卷宗的规范和完善

本人查阅了安阳市水利局及区县局已经结案的执法卷宗二十余本。可能在诸位执法人员看似完美的执法卷宗里,还是多多少少地发现了些问题。诸位可以认为这是鸡蛋里挑骨头,因为在水行政执法法治进程中,就是永远不断地从鸡蛋里挑骨头的过程。水行政执法卷宗的完善与否,不仅仅是体现一种责任心,更是一种超越的进取精神。水行政执法卷宗涵盖了水行政执法案件的全部证据材料,卷宗材料的整理过程事实上就是对水行政执法案件证据的审查,并按照法定的执法流程进行科学的编排。水行政执法卷宗的制作排序有其固有的规律,即按照水行政执法的流程进行有次序的排列。希望安阳市水利局水行政执法人员制作的水行政执法卷宗,让人看来不仅仅是反映个案,而且是一本说理性行政执法的教科书。为了加深印象,本人不在此一一指出问题所在,而是按照水行政执法流程分阶段为大家讲解一下执法卷宗的证据材料要求和编排顺序。

(一)第一阶:段立案阶段

1. 案件来源

案件来源分为以下五种情形:

(1)检查工作中发现。属此来源的案件应做好现场笔录和有关人员(证人和当事人)的询问笔录,从而要对此案件来由情况有一个详细的交代。

(2)根据举报。应做好举报人的笔录,填写举报记录表。

(3)受害人申诉、投诉、控告。应做好有关人员的笔录,并收好其所提交的有关材料。

(4)上级机关交办和有关部门移送。应办理交接手续并收好转交的材料附卷。

(5)违法行为人投案自述。

在收集整理上述材料的同时或之前应当如实填写案件来源登记表,对于不愿意留下姓名或者要求保密的,应当在案件来源登记表中注明,并由受理案件来源线索的单位负责人决定是否需要进一步核查。

2. 立案审批表的规范填写

对于核查后应当进行行政处罚的,需要立即填写立案审批表。

(1)当事人姓名(或单位名称)应当与身份证、营业执照或者其他有效证件上的一致,其他情况尽量写清楚,特别是"电话"、"邮政编码"和"住所"栏。

(2)案发地是指违法行为发生地(包括行为开始地、经过地、实施地和危害发生地)。《行政处罚法》规定,违法行为由违法行为发生地的行政机关管辖,所以此点应明确看出办案机构是否有管辖权。

(3)案件来源分五种情形。

(4)核查情况及立案的理由。简要写明对案件来源线索经过核查发现(掌握)的当事人有关行为以及涉嫌违反的相关法律、法规和规章(以看出其行为可能要给予行政处罚),此段不要求详细,但基本要写清立案的侧重点。一般情况下可以表述为“××××年××月××日,我单位(局、支队、大队)收到举报(或检查中发现)……(说明线索来源)。经核查,当事人存在的……行为,涉嫌违反了《中华人民共和国……法》第……条等相关规定,构成了……行为,应当进行行政处罚,为进一步查清事实,建议予以立案调查”。

(5)办案人员应填写两个以上,并将执法人员执法证复印件附卷备查。

(6)办案机构负责人意见由案件承办机构的负责人签署。如“建议立案,并由×××、×××负责调查办理此案。请局领导批示”的意见,并加盖办案机构的公章。

3. 报请立案

办案人员填写好立案审批表并经办案机构负责人签字同意后,将立案审批表报分管局领导审批同意。此时应附案件来源的材料和有关的证据在后面。对特殊情况的案件在局长审批后还要报请上级水利部门审批同意。

4. 立案阶段注意事项

(1)时效性。发现线索需及时登记,并收集整理有关材料,核查后应在最短的时间内上报审批。因《行政处罚法》规定了违法行为行政机关谁先立案谁查处的原则,加上有些违法行为存在时间很短等种种原因,如果不及时立案,将不利于开展进一步的调查取证,甚至可能会造成劳而无功的结果。

(2)管辖权。没有管辖权就不能立案这是基本原则。第一,分析案件线索(基本的违法事实)是不是属于水行政主管部门查处的职权范围;第二,要分析该违法行为发生地是不是在本单位管辖区域范围;第三,要分析该行为发生的大致时间或者该行为有无继续连续状态,是不是过了《行政处罚法》规定的两年追责期限;第四,要根据有关法律特别规定以及上下级水利部门就某些类型违法行为的职责分工,分析所在水利部门能否查处该类型案件;第五,要分析该行为是不是情节显著轻微或者没有社会危害后果,不需要进行行政处罚采取其他方式也可达到纠正违法的目的,即分析有没有不需要立案调查的必要性;第六,对多个行政机关均有管辖权的同一案件,立案时遇到其他行政机关已经在我们之先进行立案查处,应当核查清楚具体情况再做处理。避免违反《行政处罚法》规定的“一事不再罚”的原则。

(3)立案事项不准确的处理。立案阶段因为对发现的违法线索并没有做进一步核实调查,也没有太多的证据证明,故一般情况下,当事人是谁以及其基本情况不是十分准确、客观存在的违法事实以及可能违反的法律规定……都不见得完全就是我们开始看到的和分析的那样。所以如果在调查过程当中,发现违法主体(当事人)与立案时不一样,或者有所遗漏的需要重新立案或者补充立案。对于立案时初始认为其涉嫌违反的法律规定与最后处罚定性不一致的情况,即我们常说的“立案时的初始定性与结案后的最终定性不一致”的情况,作者认为,没有必要再重新立案。因为在立案之初,没有太多的证据证明当事人的违法事实,我们无法预料或者推断当事人的一些具体情况,所以立案与结案时的定性不一致是很正常的现象。

(4)突发群体性事件先行处置。执法人员在立案过程中,发现违法事项影响重大,应依法迅速向本机关、同级政府或上级机关汇报,并视情况先行要求行政相对人停止水事违法活动。

(二)第二阶段:调查取证阶段

在水行政处罚案件一般程序中,这是一个最主要的阶段,也是一个很难把握要点的阶段。这一阶段是基于对立案时的案件来源线索情况所作的进一步了解,在这一阶段,应充分收集证据材料,以证明当事人有(或者无)违法行为。一般而言,应当查明的案件事实包括:

①当事人的身份;②立案调查的违法事实是否存在;③立案调查的违法事实是否为当事人实施,是否还有其他当事人参与;④实施违法行为的手段、方式、社会危害后果以及其他情节;⑤当事人是否还有其他违法行为;⑥当事人的责任。比如当事人是否履行了相关义务、主观上有无违法故意或者属于疏忽大意等;⑦当事人有无法定应当从重、从轻、减轻或者免除处罚的情节;⑧与违法行为相关的其他事实。

简单总结可以用"五何"要素来概括我们要证明的违法事实。即何人、何时、何地、何事、何果,即是谁在什么时间什么地点从事了什么行为,该行为是如何实施的,并造成了什么危害后果。当然,有时还需要证明当事人的主观目的和动机。

我们的调查取证活动必须是有针对性且及时有效的;否则,由于现实中违法行为千变万化,证据有时难以固定,当事人出于对自身非法利益的保护而串供、隐瞒、销毁、伪造证据或者指使他人作伪证的现象屡见不鲜,所以及时取证显得尤为重要,不能由于调查取证迟缓给违法嫌疑人逃避制裁的可乘之机。否则,执法人员或执法机关有涉嫌渎职之嫌。

1. 全面取证的原则

全面包括两层意义:一是对当事人的违法事实相关的情况需要全面调查取证,包括能够证明当事人有无从重、减轻、从轻、免除处罚情节的证据,以及证明当事人没有违法行为的证据。这里需要特别提醒大家注意,我们在调查取证的过程中往往偏重调查相对人存在违法行为的证据,而往往忽略相对人没有违法证据或申辩,这是错误的。因为证据的收集必须是全面反映案件事实的活动,至于判定相对人有无违法行为则是在证据的审查阶段,而收集证据必须是全面的。二是对能够证明当事人有或者无违法行为的证据需要全面收集,而不能单凭口供结案。这也是目前作者所发现的执法卷宗调查取证的通病,关于相对人的违法事实的细节,完全凭当事人的陈述,而没有其他物证、书证相佐证。这明显存在"孤证定案"甚至是放纵违法行为之嫌。故此,无论是从惩治违法犯罪,还是规避执法风险的角度考虑,我们都要尽量全面收集现场检查笔录、物证、书证、证人证言、鉴定结论等其他证据。

2. 顺查和逆查相结合灵活运用的原则

调查取证的顺序没有一个固定的模式,往往需要因人因事而为。有时是查找证据证明已经发现的线索,有时则需要根据案件在调查过程中出现的新证据、新线索去证明新的违法行为,有时需要根据推断(违法当事人可能存在什么行为、可能会在某些方面留下什么证据材料,或者可能下一步会采取什么举动)而有针对性、有重点的开展调查取证。作为一个经验成熟的办案人员,在认真分析已有线索和证据情况下,应当对一个案件的违法行为可能存在的实施手段、表现形式具有很强的洞察力和预见性,更需要随时根据案件调查的开展情况适时调整调查取证的重点和顺序。经常听到有人抱怨"当事人不配合拒绝提供证据,案件无法调查下去”，其实很多情况下，不见得当事人配合调查是我们能够顺利将案件调查终结的唯一方式。

3. 合理运用举证责任倒置原则

行政诉讼实行“被告（行政机关）承担举证责任”的原则，但对于某些案件，水行政机关可以依法告知当事人有提交相关证据的义务，并要求其在一定期限内进行举证。当事人无正当理由拒绝提交的，将承担举证不能的不利后果。（最高人民法院《关于行政诉讼证据若干问题的规定》第五十九条：“被告在行政程序中依照法定程序要求原告提供证据，原告依法应当提供而拒不提供，在诉讼程序中提供的证据，人民法院一般不予采纳）。

4. 办案人员应该表明身份，出示证件

这一点相当重要！应当在询问之前向被询问人表明身份，出示有关证件，而且必须在笔录开头应当将此情况如实记载并告知被询问人的权利和义务。

5. 询问技巧

关于制作调查笔录的询问技巧是一个长期实践不断提高的过程，不是三两天就能够一蹴而就的事。这跟律师调查取证颇为相似，因为在实践中，调查取证的一方在询问问题的时候往往存在思维定势，都是朝着利于调查者一方的内容询问记录。但从法理上讲，无论是执法人员的调查取证，还是律师调查取证，都应该是客观、真实、全面的。询问技巧需要执法人员在实践中摸索。作者有个简便易行的技巧，给大家介绍一下。执法人员在做调查询问笔录之前，在向被询问人出示证件、说明来意之后，不要马上拿出纸笔记录，一副公事公办的架势。而是先与之以唠家常的方式由浅入深地了解案情，等全面了解案情以后再行记录，在记录的过程中则省去了与本案无关的内容，记录完毕之后被询问人核实笔录之时保证是跟他说的一模一样，他也不会要求将他说的话全部写上。

询问笔录的内容大家都知道，不再赘述，但需要补充说明的是：在制作《询问笔录》同时，对于被询问人的身份证明应当一并收集，比如身份证件、工作证等。对于当事人或者证人是单位的，除收集被询问人个人身份证明外，还应当收集单位的营业执照或者能够证明单位性质的其他有效证件（如组织机构代码证、事业单位证书等）、对被询问人开具的介绍信、授权委托书等。如果被询问人没有单位授权委托书，还应该在笔录上加盖单位公章和骑缝章（在收集其他证据时也应如此）。

6. 鉴定结论

鉴定结论在水行政执法过程中不常用，总的要求就是，要通过鉴定结论能够依法给当事人的违法行为准确定性。

（1）抽样取证的真实合法。抽样的主体是否合法、抽样时是否当事人（或见证人）在场并签字盖章、抽样的方法是否科学准确符合规定（比如样品的密封、当事人在封签上是否签字，抽取的样品，是否有代表性，是否能够反映整体情况）。

（2）鉴定单位是否是国家规定的权威机构，出具的鉴定结论是否真实可靠、能够依法作为证据使用。

（3）样品应有三份，一份送检、一份办案单位留存备查、一份交被抽样人保管。

抽样取证后将样品委托有关机构检验鉴定时，一般应当完整填写委托鉴定书，交有关机构，同时应当填写送达回证。在取回鉴定结论（检验报告）时，还应当向鉴定（检验）机构调取该单位资质证书等材料，以证明该机构出具的鉴定结论（检验报告）合法有效。

7. 勘验笔录和现场笔录

作者主要说的是怎样进行现场检查和如何制作现场笔录。现场检查是水行政部门常见的一种执法活动，也是一种重要的调查取证方式，是执法人员依法对当事人涉嫌违法水事活动有关的财物及场所所进行的检查、清理活动。现场检查具有时间性强、客观性强、干预性强几个特点，应当做到及时快捷、全面客观、突出重点、有条不紊进行。也正因为客观性强的特点，最高人民法院《关于行政诉讼证据若干问题的规定》第六十三条关于"证据证明效力"规定"……现场笔录、勘验笔录、档案资料以及经过公证或者登记的书证优于其他书证、视听资料和证人证言……"即说明，现场笔录作为证据，在行政处罚中属于证明效力（对案件违法事实的证明力）较高的证据。

(1)检查前先分析现场情况，进行人员分工。先要明确指挥员，让每一个参加检查的人员在出发前熟悉案件情况以及检查重点目标，明确每个人在现场检查中的位置和职责（谁负责检查水表、谁负责查看证照、谁负责制作现场检查笔录、谁负责法律文书、谁负责摄像和拍照、谁负责找被检查人谈话……）。

(2)检查中临场互相配合，找准检查重点。进入现场后，检查人员要做到既分工又协作，齐心协力在现场指挥员的组织下，在控制现场人、财、物不走失的情况下抓紧时间、分头定位检查。根据现场变化情况，所有人员要灵活机动、互相配合、"速战速决"结束检查。因现场检查对被检查人经营活动存在一定的影响性和干预性，所以检查人员应当严格约束自身的言行，稍有不慎，将给被检查人合法经营活动带来负面影响，甚至会对正在进行的现场检查和以后的调查取证造成困难和被动。值得注意的是，在一般情况下，对于现场检查中一并采取了查封扣押等行政强制措施的，检查结束后，检查人员和所扣留财物应当尽快撤离现场。

现场笔录是就客观进行的现场检查活动用文字所作的书面记录。总的原则是客观真实，应让每一个没有参与现场检查的人看过后有如临其境的感觉。既要全面描述现场情况，又要抓住检查重点，但不要用肯定语气表述被检查人违反了什么规定。有以下几个方面要求：

①现场笔录应当有出示执法证件，说明检查来意的记录。有两个以上人员参加了检查的记录。有告知被检查人相关权利和义务的记录。这点和制作询问笔录的要求一样。

②现场笔录应有条理，先看到什么再是什么一一记录。对于检查重点部位，应当详细记录，被检查人和见证人有相关的意见也应当在笔录上予以记录。

③对于不好取得实物作为物证的，可以拍摄照片和用其他方式固定。

④现场检查有时是配合录像、拍照、录音等方式一并进行的，这点在笔录上应有所体现。

⑤对于在实施现场检查时进行了抽样取证或者采取了行政强制措施的，在现场笔录上也要如实记录。

现场笔录上需要填写的"当事人"一般是指接受检查的个人和单位，即行政机关实施现场检查的相对方，而不一定就是立案查处的违法行为当事人。这一点在实际办案过程中很容易混淆。

8. 视听资料

视听资料是指以内载的图像、声音来证明案件情况的证据材料，比如摄影胶片、录音、录像、光盘、计算机数据等。行政执法人员调查收集计算机数据或者录音、录像等视听资料的，应当要求被调查人员提供有关资料的原始载体。提供原始载体确有困难的，可以提供复制件。提供复制件的，行政执法人员应当在调查笔录中说明来源和制作过程。声音文件应当附有该声音内容的文字记录。调查取证过程当中就视听资料产生的胶片、底片、光盘以及其他原始载体应当和案卷一并归档,并要注明制作方法、时间、制作人以及证明对象。

一般认为在调查中拍照、摄像应当尽量包含以下内容:①拍照摄像所在位置的门牌、店名、招牌、参照物等能证明违法地址的内容;②执法人员着制服实施检查、调查的镜头;③当事人以及在场人的镜头;④经营场所整体的镜头;⑤对于当事人的身份证件、有关合同协议、账单、凭据等重要资料而又不方便提取的证据,也可一并拍摄取证。

无论是照片、光盘还是声音文件的文字记录,都应当由提供人或者相关当事人签字确认。对于在互联网上下载打印的资料,需要找公证机关公证取证过程。

对于视听资料,需要特别强调,原始录音不得删减、剪辑,一旦原始录音、录像经鉴定被剪辑过,即丧失了证据的真实性。

9. 听证程序

责令停产停业、吊销生产许可证,以及较大数额罚款处罚需要事先告知听证权利。申请听证是受处罚人的权利,而水行政执法部门则是保障该项权利的义务机关。所有拟高于听证数额的罚款在处罚作出之前,都必须告知受处罚人申请听证的权利,受处罚人接到听证告知三日内不申请的,视为放弃听证权利。如果受处罚人申请听证的,我们如何去组织。实际上,听证程序类似于准司法程序,一般组织听证的主持人由行政机关法制部门负责人担任,听证申请人、执法人员、听证主持人的座次基本与法庭座次相同,即主持人居中,听证申请人在主持人对面右侧,执法人员在左侧,听证过程与法庭庭审也类似,即主持人开场白说明听证的案件内容,当事人及代理人身份情况,宣布听证纪律,然后是执法人员宣读违法事实、调查证据,以及拟作出的处罚和适用的法律、法规。然后是听证申请人就是否存在违法事实、行政处罚作出的程序、适用的法律是否合法准确进行辩解。现行法律法规没有禁止听证申请人在听证过程中,进行举证和提交与处罚相关的证据材料。所以,在听证过程中,听证申请人的辩解意见应记录在案,提交的材料也应一并入听证卷宗。听证结束后,由听证主持人制作听证案件报告,其中包括听证过程、听证申请人申辩是否成立,以及对拟作出的行政处罚提出建议,供行政主管评议案件时予以参考。目前的听证程序不是独立的行政程序,组织听证的权利告知/通知,送达回执,听证记录一并入处罚卷宗即可。但同时建议行政机关法制部门留存听证卷中,以供总结听证程序的经验。

10. 案件定性论证及处罚决定结论

卷宗应附执法人员整理的案件违法事实认定情况、证据证明情况,根据法律拟作出的行政处罚或不予处罚结论,并报请局长签字。

(三)第三阶段:结案阶段

1. 法律文书的送达

符合法律规定的送达程序,是保证行政程序合法的程序性保障。行政机关的所有告知(通知)义务的内容,需要以格式性法律文书来反映,而这些告知/(通知)义务的实际履行与否,都要靠合法的送达程序来保证。质量技术监督行政处罚送达方式如下:

(1)直接送达,即直接由受送达人签收法律文书,其中包括委托代理人,但委托代理人代收法律文书的,应持有委托人签发的授权委托书,且授权委托书明确授权签收法律文书。

(2)留置送达,留置送达是直接送达的辅助方式,如受送达人拒绝签收的,执法人员可由受送达所在的村委会、居委会或单位人员在场,说明情况后将受送达人拒绝签收的原因在送达回执上记录,并由在场人签字,并将法律文书送达到受送达人住所。

(3)委托送达,直接送达有困难的,可以委托受送达人的所在单位等机关代为送达,实践中操作性不强,风险较高。

(4)邮寄送达,以挂号信或特快专递的形式向受送达人邮寄法律文书。事实上,邮寄送达往往是最常用的送达方式,方便快捷,且签收回执直接可以作为送达回执适用。

(5)公告送达,公告送达的适用条件虽然是找不到受处罚人或受处罚人下落不明的情况,但在实践中往往是直接送达拒绝签字,留置送达无人在场,邮寄送达又不明地址或拒绝签收的情况下就适用公告送达。

送达的注意事项:

直接送达情况下,受送达人签字必须与身份证名称一致,送达回执应由执法人员签字、受送达人本人签字、送达的法律文书副本应留存,最后注明送达日期。

留置送达应留存在场人的身份证复印件和联系方式,以备核实。

邮寄送达应向邮局索取签收回执,并在邮寄材料名称一览注明邮寄法律文书的标题或内容。

公告送达可在《安阳晚报》、《安阳日报》上刊登公告送达通知,简短记载法律文书的内容,告知权利或处罚决定内容。公告送达的缴费凭证和刊登公告内容的报纸,可以作为公告送达的回执使用。自公告刊登六十日内,视为已经送达。

公告送达应谨慎使用,一般情况下应首先采取邮寄送达,邮件被退回后,才启动公告送达程序。因为公告程序适用存在"受送达人下落不明或者用其他方式无法送达的"的事实前提。所以,我们在保存公告送达缴费凭证、公告报纸的基础上,应将邮寄回退的信件或回执作为辅助证据,证明采取公告送达方式合法性证据使用。

2. 行政处罚决定的执行

被处罚人不能自觉履行,应提请执法机关所在地的法院执行部门依法对被处罚人进行强制执行。

3. 行政处罚后的跟踪检查

在以往的执法实践中,大部分执法案件都是罚款了事,水行政执法机关应该关注于它是否办理了取水许可证,安装了取水计量设施等,而不仅仅是罚款。行政处罚后要跟踪检查。

水行政执法文书制作易出现的问题与文书规范

这两年,河南省水政监察总队每年组织几期水行政执法案卷评查,其中优秀案占案卷评查总数的25%,合格案占案卷评查总数的61%,不合格案卷占案卷评查总数的14%。

一、主要存在的问题

(一)事实、证据方面

(1)个别案卷认定主要事实无证据佐证或证据不充分。如对事实的认定仅有执法人员的主观评价，而没有现场勘验、检查笔录、现场照片或其他证据的佐证。

（2）证据种类相对单一。一些行政处罚案卷偏重采用调查（询问）笔录作为定案证据，对其他种类证据收集不够全面。

（3）证据收集有瑕疵。个别案卷照片复印件来源不清，即未注明出处、取证日期。

作者重点谈一下证据无效或不当和证据相互矛盾的问题。

1. 证据无效或不当

（1）定性处罚的依据是已废止的法规和规章。

（2）将县级政府的规范性文件作为定性处罚的依据；

（3）复制件上无提取人、提供人签名，或提取人只有一人签名；

（4）照片证据未注明拍摄时间、地点、拍摄人；

（5）同一书面证据上的证据提供人名称不一，如证件复制单说明栏内容为“该复制件由举报人王明提供”，但该复制件提供人签名却是“张三”；

（6）书证复印件未按要求，让提供人写“经核对，与原件无误”；

（7）传真复印件无来源和取证时间，如未保留传真件上的“From……”等字样及传真日期、时间等内容，很难看清传真件的来源和取证时间；

（8）身份证编号错误，如某当事人身份证编号为34012278014743，可其出生日期是1978年10月14日；

（9）以与案件有利害关系当事人作见证人；

（10）向接受调查的被委托人调查取证时，未提取其身份证复印件；

（11）询问笔录中涂改处未按规定让当事人摁上手印或盖章确认，而是由办案机构加盖校对章确认。根据《行政处罚文书使用手册》的规定：“笔录中有漏记、错记，应允许被询问调查人员补充或更正，并应让其在补充或更改处盖章或摁上手印。”而办案中，有的办案人员未执行该规范。

2. 证据相互矛盾

（1）作案时间矛盾。

（2）执法人员名称矛盾。如某案抽样记录称执法人员甲、乙和当事人一道随机抽样，而在该记录上签字的执法人员却是丙和丁。

（3）当事人住址矛盾。处罚决定书称当事人“现住河南省安阳县陆集镇”。可调查报告却称当事人现住安阳市北关区天阳供销社大院内。

（4）物主证据矛盾。如某询问笔录第1页当事人称自己收购了3辆报废汽车，其中有1辆是三轮车。而该询问笔录的第2页在询问结束后又另加了一段话说明：“三轮车为别人停放的，不是我收购的。”到底三轮车的物主是谁未作进一步调查确认。

（5）企业名称矛盾。如某书面证据左边的中国代理为世纪国际皮具有限公司，右边为新世纪国际皮具有限公司，二者名称不一，究竟是何关系没有说明。又如《处罚决定书》上的当事人是“县天麒农业科技发展有限公司”，而检验报告、立案审批表、现场检查笔录、抽样取证记录和罚款收据上的当事人则是“县植物医院”。

（6）证据名称矛盾。证据说明栏称：提取的是营业执照，但实际复制的却是当事人的身份证。

（7）处罚项目矛盾。行政处罚决定审批表对当事人的处罚决定是责令立即停止取用地下水；罚款20000元。而处罚决定书中的处罚决定却变成了仅罚款20000元。

下面重点说一下调查取证方面存在的主要问题：调查取证能力需进一步加强，个别案卷复印件来源不清，既未注明出处、取证日期，也未在复印件上面注明与原件核对无异；行政处罚所收集的证据材料基本是证明违法行为发生的证据，对反映当事人违法行为的具体情节、主客观原因、社会危害程度等证据材料收集较少。部分案卷的询问笔录中，执法人员的询问不够全面、具体，内容表述不够规范、准确，逻辑关系不强。

3. 调查取证方面存在的主要问题

（1）缺当事人基本情况的证据。

当事人基本情况的证据十分重要。如其组织形式，究竟是法人还是其他组织，是公司法人还是非公司法人，是合伙企业还是独资企业，关系到能否独立承担法律责任；又如当事人的住所和现居所，关系到如何送达法律文书方为有效；再如，自然人违法时的年龄和精神状况，关系到该行为人是否具备行政法律责任能力，是否应当处罚或从轻、减轻处罚。自然人是否文盲，关系到制作询问笔录或送达法律文书时是否应向其宣读并记录在案。

目前，这方面的调查取证问题不少。如当事人是自然人的，未查清其年龄、住所或现居所和文化程度，是否是个体工商户以及登记注册事项等基本情况；当事人是法人或其他组织的，未查清其注册时间、注册号、法定代表人或负责人、住所或经营场所、组织形式等注册事项。有的则未查清当事人是否具有经营主体资格的情况。如某无照经营案件，只在现场检查笔录中记明"未发现营业执照"，案卷内询问笔录等证据材料均未调查当事人是否有营业执照。又如处罚决定书认定违法主体是由集体性质变为个人独资性质的企业，但卷内企业登记资料中无个人独资性质的成立时间记载，当事人询问笔录中也无这方面的记录。

（2）缺违法行为是当事人所为的证据。

如处罚决定书认定某建筑安装工程有限公司为违法主体，但现场检查笔录记载的当事人以及现场拍摄的户外广告照片显示的都是某房地产开发公司，被询问人也是受该公司全权委托处理此事的该公司项目经理，卷宗内没有任何证据证明违法行为由建筑安装工程有限责任公司所为的证据，也无该公司可以替代房地产开发公司承担行政违法责任的证据；又如处罚决定书认定的违法主体是某自然人，但案卷中收集的证据只能认定违法主体是某镇卫生院门诊部；再如余某以供销分社的营业执照从事违法行为，办案机构认定供销分社为违法主体，但办案人员未向余某提取承包经营协议书等相关手续。

（3）缺案件来源证据。

如处罚决定书称，根据群众举报查处该案，可案卷中无举报记录。

（4）缺作案时间、地点的证据。

发案时间、发案地点与违法行为的发生时间、发生地并不一定相同。根据《行政处罚法》的规定，除法律另有规定，行政处罚由违法行为发生地的县级以上行政机关管辖；自违法行为发生之日起两年内未被发现的，不再给予行政处罚。另外，法律、法规和规章都有生效日期、修改日期和失效日期的问题，直接关系到个案的选择适用。因此，违法行为的发生时间和发生地是必须查清的案件事实。目前，这方面的问题在调查取证中没有引起足够的重视。如有的案卷中只有案发时间和案发地点，而无违法行为的发生时间和发生地点。

（5）处罚决定书的定性依据和行政处罚决定审批表不一致。

处罚决定书与行政处罚决定审批表上的的定性依据，应按适用法律的一致性原则，无条件一致,可有的办案人员却擅自更改,如处罚决定书的定性依据是《水法》,而行政处罚决定审批表上的定性依据则是《防洪法》。

(6)缺罚款数字依据。

处罚决定书上罚款数额的依据应是案件审批表上的相关数字。案件互审中,却发现有的案件并非如此,如《处罚决定书》称罚款25000元,而行政处罚审批表的罚款额则是30000元。

(二)法律适用方面

一是案卷中没有注明法律、法规、规章依据。二是有些法律文书书写简单,适用法律条款不完整。下面重点谈一下适用法律存在的主要问题。

(1)适用法律不完整。如立(销)案审批表中的立案理由部分,只适用实体法,即某行为违反了哪项法律、法规或规章的规定,不适用程序法,正确的适用规范应为既适用实体法,又适用程序法。

(2)定性依据和处罚依据不衔接。

(3)规避法律或法定依据。如定性依据是《水法》,而处罚依据除《水法》外,还适用了《防洪法》。

(4)适用法条不具体不明确。如处罚决定书没有明确指明适用哪一款。

(5)擅自改变法条内容。

(6)擅自不执行并处条款。如《产品质量法》第五十条规定:没收违法生产销售的产品,并处违法生产销售产品货值金额百分之五十以上三倍以下的罚款;有违法所得的并处没收违法所得。可有的案件在适用该条款时却只"罚"不"没"。

(7)擅自添加法律内容。如告知当事人有权陈述、申辩的法定依据是《行政处罚法》第三十二条,有权要求听证的是《行政处罚法》第四十二条。而有的行政处罚告知书或听证告知书却将"有相关法律规定"等实体法作为告知的法定依据。

(8)依据无明确授权的法规采取强制措施。

(9)有的法条明确规定,如果其他法律、法规有规定,从其规定。但具体适用中,却出现其他法律、法规有规定,执法人员不适用。

(10)对违法竞合行为,转致处罚依据不规范。如某案将定性处罚条款表述为"构成了《消费者权益保护法》第五十条第二项行为,违反了《产品质量法》第三十九条规定,属销售不合格商品违法行为,依据《产品质量法》某条特作如下处罚:……"就不妥,不妥在引用了《产品质量法》第三十九条属于多余。本案属于违法行为竞合,正确的表述应为"构成了《消费者权益保护法》第五十条第二项规定,属于……行为,依据《消费者权益保护法》第五十条规定,转致适用《产品质量法》第五十条规定……"另外,也可直接适用《产品质量法》的相关条款定性处罚。

(三)程序方面

一是有些决定书的作出超出了法定期限。二是案件未依法履行告知义务,或者履行告知义务有瑕疵。三是案件没有当事人的申辩、陈述内容的完整记载,也没有放弃陈述、申辩的记载,不能反映当事人的陈述、申辩权是否得到保障。四是案卷中普遍没有注明执法人员的执法证件号码或是缺少证件复印件;五是处罚案卷的调查询问笔录中无向当事人出示执法证件记载。

当前程序执法上主要有以下问题：

(1)未亮证执法。执法人员现场检查时没有出示证件，表明执法身份。

(2)乱填询问时间。如某擅自取水案由于主观随意乱填办案时间，致使同样办案人员在同一时间出现在两个询问现场。

(3)同时询问两个当事人。根据《工商行政管理机关行政处罚程序暂行规定》(以下简称《规定》)第十九条的规定，询问应当个别进行，而有的同一份《询问笔录》中有两个当事人签字。

(4)询问笔录未逐页让当事人签名。询问笔录经核对无误后，由被询问人逐页在笔录上签名或者盖章，而有的笔录未逐页让被询问人签名。

(5)就地封存的违法物品让当事人保管，未让其出具保证书。就地封存物品由当事人自己保管的，应当由当事人出具保证书，而有的执法人员未照此办理。

(6)未依法履行审批手续。其表现：

①已结案件的立案审批表中的“局领导意见”栏为空白，表明该案件未经局领导批准立案；

②采取登记保存等强制措施未按规定报局长、分管局长审批。

③处罚决定书决定罚没3700元，而罚没收据只有2500元，尚有1200元没有执行，卷宗内无缓缴的相关手续。

④解除行政强制措施，应当经局长批准；在行政强制措施解除后，将由办案机关或第三人保管的物品交与当事人时，水行政机关应制作对依法查扣物品进行处理情况的书面记录。现实办案中，有的执法人员未依法履行上述手续，如打井设备返还未办理审批手续，未下达返还通知。

(7)文书应盖公章而未盖。如立案审批表中，“承办机构意见”栏没有加盖办案机构公章。

(8)程序倒置。主要表现：

①根据相关规定，行政处罚决定审批表是已经调查终结，由承办人员写出主要案情及处理意见并由核审机构进行核审的内部性文书。这表明行政处罚决定审批表的日期不能在调查终结报告的日期之前。然而，有的案件在这方面却相反，如某案的调查终结报告的落款日期是7月6日，而行政处罚核审日期却是7月5日。

②应先制作处罚决定书而后送达，而案件互审中发现有的案件并非如此。如处罚决定书制作时间是9月23日，而送达回证的送达时间和当事人签收时间是9月22日。

(9)剥夺当事人的陈述、申辩权。如某案6月22日送达行政处罚告知书，当事人未声明放弃陈述、申辩，且三日期限未满，就于6月24日下达处罚决定书，并于6月25日送达当事人。

(10)下达行政处罚告知书，未制作送达回证。

(11)送达回证未注明收件人和当事人的关系。送达回证的“受送达人”一栏，填写该文书所指的当事人的姓名或名称；“备注”一栏主要是记载送达过程中出现的情况，如文书是由当事人以外的其他人签收的，其中的缘由；当事人拒收的情况等内容。而有的执法人员对当事人以外的人签收送达回证，未注明收件人与当事人的关系。

(12)告知的罚款数额与案件处理审批表上罚款数额不一致。如告知罚款100元，而案件处理审批表中批准的罚款是1000元。

(13)未交待申请复议权限。

(14)超前罚没。如《处罚决定书》的送达日期是2012年8月16日,而代收罚款收据的开票日期是2012年8月15日。

(15)同意当事人分期缴纳罚款时,没有使用《分(延)期缴纳罚(没)款通知书》。

(16)违章处理物品。主要表现:

①根据《行政处罚法》第五十三条第一款的规定,没收的物品应当依法拍卖或按有关规定处理,然而有的执法人员却自行处理。

②没收物品和处理物品无物品没收单和物品处理记录。

(四)文书制作方面

一是勘验、检查笔录制作不规范,没有客观、准确、完整的记录,而是加入了主观评价或是仅记录了存在的主要问题。二是案卷中缺少送达回证,或送达回证上无单位印章、无送达时间、执法人员备注不规范等。三是表述错误。

表述错误主要表现在以下几方面:

(1)符号或字体使用不当,如处罚决定书年份括号应当使用六角号“〔〕”,而不少单位却使用方括号“[]”;处罚决定书的字体未按《国家行政机关公文格式》(GB/T9704—1999)的规定使用3号仿宋字。

(2)名称前后不一。如现场检查笔录“检查人”栏注明的检查人员姓名和尾部检查人员签名的人不一致。

调查终结报告中,当事人名称前后不一致。按照证据统一性的原则,当事人的称谓必须前后一致,不得前面用企业字号名称,后面用企业负责人姓名。而有的文书前后矛盾,如首部当事人是某有限公司,尾部当事人又变为汤某。

(3)定性或告知违法事实的表述错误。如行政处罚告知书告知当事人的均是已经确认的违法事实,可有的告知书却使用了“涉嫌”一词。

(4)证据形态表述错误。如某处罚决定书称:“有违法事实的物证在卷”,但翻遍案卷既无实物,又无照片、物证可言。

(5)期限表述错误。如:误将复议期限60日写为15日。

处罚决定书中申请强制执行期限表述有误。《中华人民共和国行政诉讼法》第六十六条规定:“公民、法人或者其他组织对具体行政行为在法定期限内不提起诉讼又不履行的,行政机关可以申请人民法院强制执行。”由此可见,申请人民法院强制执行,应在当事人接到处罚决定书之日起三个月后。然而,有的执法人员对此理解片面,在处罚决定书尾部交待诉权时称:当事人应自收到本决定书之日起十五日内到……缴纳罚款。逾期安阳市水利局将依据……申请人民法院强制执行;有的处罚决定书则称当事人应自收到本处罚决定书之日起十五日内……缴纳罚款,逾期……加处罚款,同时申请人民法院强制执行。这里的“逾期”和“同时”表述不妥,容易使人误认为是当事人自收到处罚决定书之日起第十六天就可以申请人民法院强制执行。实际上,如当事人既不申请复议、诉讼,又不履行处罚决定的,强制执行的时间应在当事人的三个月诉讼期届满后,方可申请人民法院强制执行。

(6)处罚告知的用语不当。如行政处罚告知书的告知内容是准备对当事人作何处罚的意见,可有的办案人员却将“拟”作出写成“决定”作出。

（五）归档装订方面

行政执法案卷制作、归档需进一步规范，个别案卷存在材料大小不一、新旧文书混用等问题。有的单位卷宗编号、卷皮制作、目录填写、文书排列、页码编序不规范，甚至有些卷宗无页码。

（六）结案标准方面

由于大多数案件水利部门都无强制执行权，所以对当事人不能按期履行处罚决定书内容的案件，在复议、诉讼和催告履行期届满后，我们均及时向有管辖权的法院申请强制执行，但由于法院担心案件执行率问题，常常不出具案件受理通知书，致使水行政处罚案卷中缺少法院受理的书面凭证，行政权向司法权移交的书证缺失。办案人员对结案标准的认识存在分歧，一种意见认为只有法院将行政处罚（处理）决定书载明的内容全部执行完，该案件才能结案；另一种意见认为，只要行政机关按期向法院申请强制执行，法院受理，行政权向司法权移交就认为可以结案。

二、办案过程中常见问题

办案过程中常见问题主要由以下几种。

（1）进行检查和调查不出示检查证件或者少于两人；

（2）如何按证据互相证明（证据链）的原则开展调查取证心中没有底、分不清调查取证的先后顺序；

（3）什么时期什么案件什么情况下对什么人员需要了解什么，可以且应当采取什么行政强制措施不清楚；

（4）不及时报请立案，采取行政强制措施事先不报请局长同意；

（5）制作笔录时不如实记录被询问人的陈述；

（6）证据材料和文书签名盖章不齐全；

（7）不及时将有关法律文书送达，甚至不告知当事人依法享有的权利和义务，如：不将行政处罚告知书和听证告知书送达当事人，从而剥夺当事人的陈述权、申辩权、听证权；

（8）对告知文书送达后当事人没有在期限内提出陈述、申辩和听证的不及时制作《行政处罚决定书》；

（9）对案卷材料，特别是对证据不喜欢按先形式后内容进行全面审查，在事实不清、证据不足、适用错误、程序违法、定性不准、存在逻辑错误的情况下仍然报送结案；

（10）作出处罚决定时在自由裁量权内随意性较大，不能充分体现公平、公正的原则，处罚结果与违法情节脱节，有时在相同案件对比时明显失公正。

（11）字迹潦草、卷面不整、不及时开具罚没收据、不及时对处罚决定的执行情况进行掌握。

办案的根本就是办证据。在理论上，所有的案件都有可能受到司法审查，也就是行政诉讼。我们常常说要办铁案，经得起诉讼的才是铁案。而打官司就是打证据。根据法律规定，行政机关进入诉讼程序一般情况下是不能再去收集证据，所以所有的证据都必须在办案过程中加以取得。当前行政机关在办案中收集证据主要在现场检查和制作询问笔录中完成。现在有一句话很流行，就是“细节决定成败”，而在办案过程中我们应争取做到“四清”、“五会”，即“依据清、程序清、事实清、思路清”；“会发现案源，会询问，会固定证据，会做思想工作,会协调内外关系”。

很多同仁分不清违法与非法、作出与做出、根据和依据,现将全国人民代表大会常务委员会法制工作委员会《关于印送〈立法技术规范(试行)(二)〉的函》(法工委发〔2011〕5号)中有关“法律常用词语规范”的内容提供参考学习。

附:

法律常用词语规范

一、作出与做出

“作出”多与决定、解释等词语搭配使用。

“做出”多与成绩等名词词语搭配使用。

二、违法与非法

“违法”一般用于违反法律强制性规范的行为。

示例1:被检查单位或者个人拒不停止违法行为,造成严重水土流失的,报经水行政主管部门批准,可以查封、扣押实施违法行为的工具及施工机械、设备等(《水土保持法》第四十三条)。

“非法”通常情况下也是违法,但主要强调缺乏法律依据的行为。

示例1:非法占有高度危险物造成他人损害的,由非法占有人承担侵权责任。所有人、管理人不能证明对防止他人非法占有尽到高度注意义务的,与非法占有人承担连带责任(《侵权责任法》第七十五条)。

三、注销、吊销和撤销

“注销”用于因一些法定事实出现而导致的取消登记在册的事项或者已经批准的行政许可等。

示例1:有下列情形之一的,行政机关应当依法办理有关行政许可的注销手续:

(1)行政许可有效期届满未延续的;

(2)赋予公民特定资格的行政许可,该公民死亡或者丧失行为能力的;

(3)法人或者其他组织依法终止的;

(4)行政许可依法被撤销、撤回,或者行政许可证件依法被吊销的;

(5)因不可抗力导致行政许可事项无法实施的;

(6)法律、法规规定的应当注销行政许可的其他情形(《行政许可法》第七十条)。

“吊销”作为一种行政处罚,用于有权机关针对违法行为,通过注销证件或者公开废止证件效力的方式,取消违法者先前已经取得的许可证件。

示例1:城乡规划编制单位取得资质证书后。不再符合相应的资质条件的,由原发证机关责令限期改正;逾期不改正的,降低资质等级或者吊销资质证书(《城乡规划法》第六十三条)。

“撤销”用于有权机关取消依法不应颁发的行政许可或者发出的文件、设立的组织机构,也可以用于取消资质、资格等。

示例 1:城乡规划主管部门违反本法规定作出行政许可的,上级人民政府城乡规划主管部门有权责令其撤销或者直接撤销该行政许可(《城乡规划法》第五十七条)。

四、根据与依据

引用宪法、法律作为立法依据时,用“根据”。

示例 1:为了加强国防建设,完善国防动员制度,保障国防动员工作的顺利进行,维护国家的主权、统一、领土完整和安全,根据宪法,制订本法(《国防动员法》第一条)。

示例 2:省、自治区、直辖市的人民代表大会常务委员会根据本法,结合本行政区域的实际情况,制订实施办法(《村民委员会组织法》第四十条)。

适用其他法律或者本法的其他条款时,用“依据"。

示例 1:提供的统计资料不能满足需要时,国防动员委员会办事机构可以依据《中华人民共和国统计法》和国家有关规定组织开展国防动员潜力专项统计调查(《国防动员法》第十九条)。

示例 2:对反垄断执法机构依据本法第二十八条、第二十九条作出的决定不服的,可以先依法申请行政复议;对行政复议决定不服的,可以依法提起行政诉讼(《反垄断法》第五十三条)。

五、谋取与牟取

“谋取”是中性词,可以谋取合法利益,也可以谋取非法利益。“牟取”是贬义词,表示通过违法行为追求利益。

关于《行政强制法》中几个疑难问题的解读

十一届全国人大常委会第二十一次会议于 2011 年 6 月 30 日通过了《行政强制法》,并于 2012 年 1 月 1 日实施。《行政强制法》从开始酝酿制订到表决通过,前后历时 12 年,是一部规范行政强制的设定和实施,保护公民、法人和其他组织的合法权益,促进和监督行政机关依法履行职责的重要法律。目前中国行政强制制度存在两个方面的问题:一是“乱”,包括“乱”设行政强制和“滥”用行政强制,侵害了公民、法人或者其他组织的合法权益;二是“软”,就是行政机关的强制手段不足,执法不力,对有些违法行为不能有效制止,有些行政决定不能得到及时执行。因此,制订《行政强制法》,既要治“乱”、治“滥”,也要治“软”。

《行政处罚法》、《行政许可法》和《行政强制法》并称为“行政法典三部曲”。前两部法律早已实施多年,学界已经进入修改的调研中,《行政强制法》的颁布实施标志着中国对行政权力的限制、公民权利的保障有更为完整的法律体系。

行政强制是一个较为常见的行政行为,在行政处罚法中略有涉及,法院的司法解释有涉及,但长期以来并没有形成一个法律。因为,行政强制种类多,不同种类间差别大,法律层面的共性比较少。下面就从十二个方面进行具体阐述。

一、《行政强制法》的法律属性

（1）《行政强制法》是一部行政性法律，非民商法、刑法。

《行政强制法》是中国继《行政处罚法》、《行政许可法》、《行政复议法》、《行政诉讼法》和《国家赔偿法》之后的又一部规范行政法关系的行政基本法。《行政强制法》的制订在前几部行政基本法的基础上，对行政强制（权）行为作了进一步规范，应当说，是在新的起点上，对中国特色社会主义法律体系的进一步完善，具有深远的历史意义。

在行政法体系中属于行政行为法，调整的是两种具体行政行为，一为行政强制措施，往往是服务于行政处罚的前置阶段和程序；一为行政强制执行，往往是将行政处罚所确立的义务满足与实现的最后一道行政执法程序。当然，行政强制执行也常常将行政征收、行政裁决等行政法上确立实体义务的具体行政行为得以实现。

（2）《行政强制法》是一部行政程序法。

程序法与实体法是相对应而存在的一个概念。应当说，《行政强制法》中既有实体规范，也有程序规范，它更主要的还是一部行政程序法。行政实体法是规范行政法当事人实体职权、权利、义务的法律规范的总和。而行政程序法则是规范行政主体行使职权的方式、步骤、顺序、时限的程序及行政相对人如何实现实体权利、义务的程序法律规范的总和。应当说，《行政强制法》最主要的贡献是将行政主体实施行政强制措施、行政强制执行的程序法制化程度、系统化程度大大提高了一步，体现在第十八条集中规范实施行政强制措施的程序，第四章规范行政机关强制执行程序，尤其是代履行的程序，第五章申请法院执行的程序等。

在行政法中，实体规范与程序规范常常交织在一起，同时存在于一个法律文件之中。目前，在主权国家范围内鲜有从实体上制订一部完整、统一、系统的成文实体法法典的成功先例，但在程序上规范行政行为、制订统一的行政程序法典的已有成功的立法先例，而且中国的湖南省也已制订地方行政程序规定的规章。

（3）法律位阶上，《行政强制法》为非基本法律，因为其制订主体是全国人大常委会。

基本法律与非基本法律的效力在《宪法》、《立法法》中虽然没有等级差别的明确规定，但是根据《宪法》第六十二条第（十一）项的规定，全国人大有权改变或撤销全国人大常委会不适当的决定，因而可以认为基本法律高于非基本法律。在六大行政基本法中，《行政处罚法》、《行政诉讼法》属于基本法律，《行政许可法》、《行政强制法》、《行政复议法》和《国家赔偿法》属于非基本法律的位阶。根据《立法法》第七十九条的规定："法律的效力高于行政法规、地方性法规、规章。"

（4）《行政强制法》是调整行政强制的基本法、一般法（龙头法）。

基本法与特别法、单行法相对应。《行政强制法》中涉及与已经立法的单行法律、行政法规、地方性法规、部门规章、地方规章关于行政强制规定的关系，在某些制度设计上是将其全部废止，予以统一，还是部分废止而保留一部分继续生效，抑或是全部保留其效力呢？这需要作大量的立法基础性工作。如《行政强制法》第二十五条第一款规定："查封、扣押的期限不得超过三十日；情况复杂的，经行政机关负责人批准，可以延长，但是延长期限不得超过三十日。法律、行政法规另有规定的除外。"《行政强制法》给单行法留有继续生效的空间只能是中央一级的两类法律规范：法律和为行政法规，其他的规范性文件如果与《行政强制法》的上述规定不一致将被废止。该款的规定与本法第九条、第十条的规定保持一致。

(5)在功能、性质上,《行政强制法》更多的表现为权力制约法与权利保护法。

《行政强制法》既规范、约束作为公权力的行政强制权,又保护行政相对人的合法权益,兼顾了行政权力和公民权利,既有对行政强制权的规范、约束,又保护相对人的合法权益。

《行政强制法》的一大立法特色是规范与监督行政机关已经享有的行政强制措施权和行政强制执行权,除强制程度较弱的代履行这种强制执行方式外,没有再普遍地赋予行政机关新的行政强制权,而主要通过一系列的程序规范约束行政强制权。如本法中设定的行政机关实施行政强制措施与行政强制执行作为义务的"应当"就有 75 处之多;设定行政机关禁止义务的"不得"有 28 处之多,使得行政机关的法定义务在《行政强制法》共 71 个条文中就达 103 个之多。

现将《行政强制法》中较为重要的"不得"的规定归纳如下:①第十条第四款:"法律、法规以外的其他规范性文件不得设定行政强制措施。"②第十七条:"行政强制措施由法律、法规规定的行政机关在法定职权范围内实施。行政强制措施权不得委托。依据《行政处罚法》的规定行使相对集中行政处罚权的行政机关,可以实施法律、法规规定的与行政处罚权有关的行政强制措施。行政强制措施应当由行政机关具备资格的行政执法人员实施,其他人员不得实施。"③第二十三条:"查封、扣押限于涉案的场所、设施或者财物,不得查封、扣押与违法行为无关的场所、设施或者财物;不得查封、扣押公民个人及其所扶养家属的生活必需品。当事人的场所、设施或者财物已被其他国家机关依法查封的,不得重复查封。"④第二十九条:"冻结存款、汇款应当由法律规定的行政机关实施,不得委托给其他行政机关或者组织;其他任何行政机关或者组织不得冻结存款、汇款。冻结存款、汇款的数额应当与违法行为涉及的金额相当;已被其他国家机关依法冻结的,不得重复冻结。"⑤第四十三条:"行政机关不得在夜间或者法定节假日实施行政强制执行。但是,情况紧急的除外。行政机关不得对居民生活采取停止供水、供电、供热、供燃气等方式迫使当事人履行相关行政决定。"⑥第四十五条第二款:"加处罚款或者滞纳金的数额不得超出金钱给付义务的数额。"⑦第四十九条:"划拨的存款、汇款以及拍卖和依法处理所得的款项应当上缴国库或者划入财政专户。任何行政机关或者个人不得以任何形式截留、私分或者变相私分。"⑧第五十一条第三款:"代履行不得采用暴力、胁迫以及其他非法方式。"

同时,《行政强制法》的另外一个立法价值取向就突出保护了行政强制措施和行政强制执行相对人的合法权益,体现了以人为本、执法为民的理念。如:①在总则部分既确立了行政强制的比例(适当)原则,又确立了行政强制中贯穿教育与强制相结合的原则。第十六条第二款还明确违法行为情节显著轻微或没有明显社会危害的可以不采取行政强制措施。规定强制执行前应当事先催告当事人自行履行义务,同时明确了执行和解制度。②全面确立的受行政强制权侵害的公民、法人或者其他组织享有救济的法定途径。公民、法人或者其他组织不仅享有陈述事实、申辩理由的权利,申请行政复议、提起诉讼、要求赔偿的权利,同时确立公民、法人或者其他组织因人民法院在强制执行中有违法行为或者扩大强制执行范围受到损害的,也有权依法要求赔偿。③上述"不得"中体现的以人为本、关注民生的人文精神和人文关怀,如不得查封、扣押与违法行为无关的场所、设施或者财物;不得查封、扣押公民个人及其所扶养家属的生活必需品。除情况紧急外,行政机关不得在夜间或者法定节假日实施行政强制执行。行政机关不得对居民生活采取停止供水、供电、供热、供燃气等方式迫使当事人履行相关行政决定。明确规定执行错误的应当恢复原状或返还财物,不能恢复原状或返还财物的,应当依法予以赔偿。

二、关于强拆问题

(一)对行政机关的行政强制执行的禁止性规定

(1)行政机关不得在夜间或者法定节假日实施行政强制执行。但是,情况紧急的除外。

(2)行政机关不得对居民生活采取停止供水、供电、供热、供燃气等方式迫使当事人履行相关行政决定。

(二)对违法的建筑物、构筑物、设施的处理

对违法的建筑物、构筑物、设施等需要强制拆除的,应当由行政机关予以公告,限期当事人自行拆除。当事人在法定期限内不申请行政复议或者提起行政诉讼,又不拆除的,行政机关可以依法强制拆除。

解析及观点:根据《中华人民共和国环境噪声污染防治法》的规定,"夜间"是指北京时间22时至次日凌晨6时之间。根据《国务院关于修改〈全国年节及纪念日放假办法〉的决定(第二次修订)》"法定节假日"共三类,分别是全体公民放假、部分公民放假、少数民族习惯节日。过去,个别部门和单位为了迫使当事人履行相关行政决定,对当事人采取停止供水、供电、供热、供燃气等粗暴方式,本法明令禁止。

这次《行政强制法》的出台,跟房地产强拆出现的问题有重要关系。强拆出现了许多问题,但是自杀自焚者毕竟少数,而且并不当然有理,在征地拆迁中,业主阻挠拆迁才是常态。真正的讲,房地产强拆出现的问题是行政机关执行力不足,而不是行政机关乱作为。

这次立法,媒体宣传重点之一是"行政机关不得对居民生活采取停止供水、供电、供热、供燃气等方式迫使当事人履行相关行政决定"很不解。如果拆迁决定是合法的话,采取停水、停电等方式,避免了直接冲突,更避免了肢体冲突。行政机关不得停水、停电,那么对违章建筑和拆迁区域还得保障供水供电了。而禁止采用这种间接的和平的强迫方式,是要鼓励采用肢体冲突的方式来强迁吗?十分不解。

第四十四条 "对违法的建筑物、构筑物、设施等需要强制拆除的,应当由行政机关予以公告,限期当事人自行拆除。当事人在法定期限内不申请行政复议或者提起行政诉讼,又不拆除的,行政机关可以依法强制拆除"。最后是可以"依法强制拆除"。那么,得依什么法?

但是"第十一条 法律对行政强制措施的对象、条件、种类作了规定的,行政法规、地方性法规不得作出扩大规定。法律中未设定行政强制措施的,行政法规、地方性法规不得设定行政强制措施。"也就是说,只有全国人大才有权对怎么强拆作出规定。

而全国人大在行政强制法里面不规定怎么强制拆除,还有哪个法会规定怎么强制拆除。强制法不规定怎么强制拆除,可谓一个笑话。

三、行政强制的体系

(一)行政强制分类

答:行政强制可分为行政强制措施和行政强制执行。

行政强制措施是指行政机关在行政管理过程中,为制止违法行为、防止证据损毁、避免危害发生、控制危险扩大等情形,依法对公民的人身自由实施暂时性限制,或者对公民、法人或者其他组织的财产实施暂时性控制的行为。

行政强制执行是指行政机关或者行政机关申请人民法院,对不履行行政决定的公民、法人或者其他组织,依法强制履行义务的行为。

行政强制措施与行政强制执行见下表。

行政强制措施与行政强制执行

项目	适用目的	主要方式	基本特征	救济途径
强制措施	①为调查而强制; ②为预防而强制; ③为征用而强制	对人强制扣留、隔离、疏散;对物强制检验、查封、扣押、冻结;对场所强制隔离、查封	临时性,非惩罚性	对其不服可以起诉
强制执行	为实现另一行为确定的义务而强制	间接强制如代履行、执行罚;直接强制如划拨、收缴、拍卖	替代性,有时带惩罚性	执行有错的诉执行行为,执行内容有错的诉执行内容

行政强制执行的种类见下表

行政强制执行的种类

种类	代履行	执行罚	直接强制
含义	他人代履行,义务人承担费用	收取强制金,促使义务人履行	间接强制难达目的时方可采用
注意	人身性义务不可适用代履行	主要适用于原义务不可替代或属于不作为义务的情况	涉及人身自由或使用武器的,应由执行警察职能的机关实施

(二)行政强制措施与行政强制执行异同

《行政强制法》将行政强制措施与行政强制执行作为调整对象,合并规范在一部法典之中,该法共七章七十一条,2012 年 1 月 1 日起施行。

行政强制措施是指行政机关在行政活动中,为制止违法行为、防止证据损毁、避免危害发生、控制危险扩大等情形,依法对公民的人身自由或者对公民、法人或者其他组织的财产实施暂时性控制的具体行政行为。行政强制执行则指行政机关作为执行主体对相对人不履行行政法上的义务时,实施的强迫其履行该义务的活动,这是对行政强制执行的狭义理解,而广义上的理解在执行主体上还包括人民法院。《行政强制法》所采用的是广义理解。在中国的国情下,以采用广义的理解更为适宜,因为中国的大部分行政机关没有强制执行权而需要通过申请人民法院予以执行。目前单行法律中主要赋予了涉及外部紧急公共利益的少数行政机关享有执行权,如公安、工商、税务、审计、财政、外汇、海关等。行政强制执行是由有权机关将具体行政行为设定的义务运用国家强制力予以满足与实现的活动,主要有直接强制与采取加处罚款或滞纳金、代履行的间接强制两类,而具体的强制执行措施又包括强制拘留、提取、划拨存款、扣缴、抵缴、迁出与退出、拆除、收兑、变卖等,在对财产的执行措施时常常与查封、扣押、变卖一起表述,但这里只有变卖才是执行措施,而查封、扣押是行政强制措施,极易混淆。在实现一定的义务状态这一点上,行政强制执行与行政强制措施相近,但是两者实现的由行政行为所确立的义务的性质不同,前者往往是一个经过争讼的、作为实体结论的义务,往往还主要是行政处罚确立的义务;而后者则是一个仅具有程序法意义上的义务。两者在主体的范围、采取的法定理由、实施的程序、方式及方法上均存在重大差异。晚近以来,行政法学界有将两者合称行政强制并一起研究的趋势,这也正是立法机关采取将两者一起规范而制订《行政强制法》的主要理由。

具体说来,行政强制措施与行政强制执行的差异表现如下:

第一,实施的法定理由不同。行政强制措施实施的法定理由是为制止违法行为、防止证据损毁、避免危害发生、控制危险扩大等情形;而行政强制执行的实施是基于行政相对人拒绝履行行政决定设定的义务。

第二,在范围上,前者远比后者要宽得多。行政强制措施远比行政强制执行的范围要宽得多,凡有行政处罚权的行政机关,均有事前采取行政强制措施的法定职权;而行政强制执行权则需要单行法律的明确授权。目前,行政机关享有自行强制执行权的仅限于履行紧急外部行政职能的十几个行政部门,如公安、工商、税务、海关、审计、财政、外汇、专利、质监以及作出强制拆除决定的规划部门所属的县级人民政府等。其他行政机关则需向人民法院申请强制执行相对人不履行义务的行政决定。

第三,两者对公民权益影响程度不同,行政强制执行比行政强制措施重得多、危害大得多。行政强制执行的滥用将是一种行政暴力,会直接导致对公民权益的损害;而行政强制措施则相对较弱,往往只是对相对人权益的某种程度的限制,而不是剥夺。从学理上说,行政拘留这种行政处罚是对公民人身自由的一种实体上的剥夺,而之前的传唤、留置盘问则只是对该公民人身自由的一种限制。

第四,法定种类、方式上不同。行政强制措施主要有限制人身自由的行政强制措施和限制财产流通的行政强制措施两大类。限制人身自由的行政强制措施主要有盘问、留置盘查、传唤、扣留、管束或约束醉酒者的身体、强制收治、强制医学留观、强制隔离、强制戒毒、禁闭、“两指”以及没有上述法律依据的、事实上的强制措施,如办学习班、隔离审查、谈话等。限制财产流通的行政强制措施主要有查封场所、设施或者财务,扣押财物以及冻结存款或汇款等。行政强制执行的方式主要有强制划拨存款或汇款、强制拍卖或变卖财产、代履行、加处罚款或滞纳金等。如《行政处罚法》第五十一条:“当事人逾期不履行行政处罚决定的,作出行政处罚决定的行政机关可以采取下列措施:……(二)根据法律规定,将查封、扣押的财物拍卖或者将冻结的存款划拨抵缴罚款。”此项中的查封、扣押、冻结属于行政强制措施,拍卖和划拨才是行政强制执行(措施)。

第五,对证据掌握的程度不同。行政强制措施只要有初步证据就可以采取,只要主管行政机关发现行政相对人有违法的端倪、嫌疑就可以采取;但行政强制执行的实施则必须建立在充分、确凿的证据基础之上,如强制执行的行政决定合法有效、当事人拒不履行法定义务等。

第六,所处的行政阶段不同,尤其是与核心追究责任的具体行政行为——行政处罚的关联上。行政强制措施往往强调的是行政处罚的前置阶段和前置程序;而行政强制执行则强调的是行政处罚或其他实体上的为行政相对人设定权利义务的决定作出后将其动态实现其义务的过程。行政强制措施具有中间性、程序性、临时性的特点,它往往处在行政程序的中间环节;行政强制执行则通常是行政程序的最后一个阶段,是其终点。如《质量技术监督行政处罚程序规定》(质检总局第137号令)第二十三条规定:“质量技术监督部门在办理行政处罚案件中,可以依据法律、法规、规章的规定采取查封、扣押、封存等行政强制措施。经调查,不需要继续采取行政强制措施的,应当及时解除行政强制措施。采取或者解除行政强制措施,应当经质量技术监督部门负责人批准。”

但行政强制执行却往往与之前的行政处罚相脱节,享有行政处罚权的行政机关不一定有强制执行权,原因是:一作为行政相对人的被处罚人自觉、自愿地履行了行政决定确定的义务,无需强制执行;二有行政机关申请人民法院强制执行的管道是畅通的,无需“事必躬亲”的自行执行。

行政强制的体系与一直以来的理论一样,分为强制措施和强制执行两类,共同规范之后对常见的几种具体行为进行规定。

但是,通过立法,许多行之多年的做法,总算有了法律依据。

四、事后补办领导审批

情况紧急,需要当场实施行政强制措施的,行政执法人员应当在24小时内向行政机关负责人报告,并补办批准手续。行政机关负责人认为不应当采取行政强制措施的,应当立即解除。

违法行为涉嫌犯罪应当移送司法机关的,行政机关应当将查封、扣押、冻结的财物一并移送,并书面告知当事人。

原来各专门法律对行政强制措施都有规定,必须先经领导审批,但是不现实,实际操作中都是事后补批的。现在该法将这个问题明确了。只是这个情况紧急难理解。难道情况不紧急,就一定要先回单位找领导签字,然后回到现场去把一两盒假药扣押住?估计一天内是办不成这个事的。

五、关于法律法规授权组织

《行政强制法》第二十二条没有与第七十条结合起来看,就会误解现在大量的事业单位或法定的内设机构如交警大队、工商所之类没有查封、扣押权。但是,何不把第二十二条写成查封、扣押应当由法律、法规规定的行政机关或法律行政法规授权的具有管理公共事务职能的组织实施。

第二十二条　查封、扣押应当由法律法规规定的行政机关实施,其他任何行政机关或者组织不得实施。

第七十条　法律行政法规授权的具有管理公共事务职能的组织在法定授权范围内,以自己的名义实施行政强制,适用本法有关行政机关的规定。

六、关于无主物品

《行政强制法》第二十二条至第二十八条规定了查封、扣押的程序,对当事人的保护相当全面细致。

无主物品,也就是物主逃避的,如何查封、扣押,这是实践中一个常见的长期困扰的问题。另外,物主拒不签字,也是常见问题。

七、关于查封、扣押期限与办案期限

查处一个违法行为，如果其中有采取查封、扣押措施的，那么这个案件的办案的期限就将由查封、扣押期限所决定。如有查封、扣押措施的案件，办案期限是三十日，领导可以延长三十日。如果有检测检验什么的，那么就另行计算。

第二十七条　对查封扣押期满后的处理情形，是列举不尽的，在期限内，违法事实还不清楚，那该怎么办？

第二十七条　行政机关采取查封、扣押措施后，应当及时查清事实，在本法第二十五条规定的期限内作出处理决定。对违法事实清楚，依法应当没收的非法财物予以没收；法律、行政法规规定应当销毁的，依法销毁；应当解除查封、扣押的，作出解除查封、扣押的决定。

第二十五条　查封、扣押的期限不得超过三十日；情况复杂的，经行政机关负责人批准，可以延长，但是延长期限不得超过三十日。法律、行政法规另有规定的除外。

延长查封、扣押的决定应当及时书面告知当事人，并说明理由。

对物品需要进行检测、检验、检疫或者技术鉴定的，查封、扣押的期间不包括检测、检验、检疫或者技术鉴定的期间。检测、检验、检疫或者技术鉴定的期间应当明确，并书面告知当事人。检测、检验、检疫或者技术鉴定的费用由行政机关承担。

《行政强制法》第二十五条规定，期限不超过三十个工作日，延长期限不超过三十个工作日。也就是说，行政机关从采取查封、扣押措施到作出最后处理决定累计不得超过六十个工作日。

八、强制执行

强制执行期限将是二年以上。

当事人在法定期限内不申请行政复议或者提起行政诉讼，又不履行行政决定的，没有行政强制执行权的行政机关可以自期限届满之日起三个月内，依法向人民法院申请强制执行。

行政机关申请人民法院强制执行前，应当催告当事人履行义务。催告书送达十日后当事人仍未履行义务的，行政机关可以向所在地有管辖权的人民法院申请强制执行；执行对象是不动产的，向不动产所在地有管辖权的人民法院申请强制执行。

《行政强制法》把强制执行作为一个完整的行政程序来处理，而不是行政处罚或其他行政行为的一部分。它设计了事先催告——送达催告书（公告六十日送达）——陈述申辩——复核——制作强制执行决定书——送达（公告六十日送达）——达成执行协议——不履行——申请法院强制执行……的无穷无尽的流程。一个完整的流程到法院动手去抓人或拆房或扣钱，至少二年。

当前，强制执行是另一个行政处罚之类行政行为的后续。如果算上行政处罚决定书送达生效，那么还有另外二年：

行政处罚事先告知——陈述申辩、听证——复核——作出决定——送达（公告六十日送达）——行政复议——行政诉讼（一审、二审）。

第三十五条　行政机关作出强制执行决定前，应当事先催告当事人履行义务。

第三十六条　当事人收到催告书后有权进行陈述和申辩。行政机关应当充分听取当事人的意见，对当事人提出的事实、理由和证据，应当进行记录、复核。当事人提出的事实、理由或者证据成立的，行政机关应当采纳。

第三十七条　经催告，当事人逾期仍不履行行政决定，且无正当理由的，行政机关可以作出强制执行决定。

第三十八条　催告书、行政强制执行决定书应当直接送达当事人。当事人拒绝接收或者无法直接送达当事人的，应当依照《中华人民共和国民事诉讼法》的有关规定送达。

第四十六条　行政机关依照本法第四十五条规定实施加处罚款或者滞纳金超过三十日，经催告当事人仍不履行的，具有行政强制执行权的行政机关可以强制执行。

没有行政强制执行权的行政机关应当申请人民法院强制执行。

第五十四条　行政机关申请人民法院强制执行前，应当催告当事人履行义务。催告书送达十日后当事人仍未履行义务的，行政机关可以向所在地有管辖权的人民法院申请强制执行；执行对象是不动产的，向不动产所在地有管辖权的人民法院申请强制执行。

在现行有效的水法律法规中，授予水行政机关一般水行政强制执行权的法律法规有：①《中华人民共和国水法》第六十五条第一款（水行政机关强制拆除）、第二款（水行政机关强制拆除）；②《中华人民共和国防洪法》第五十七条；③《中华人民共和国河道管理条例》第三十六条（防汛指挥部、强制清障）、第四十四条（没收非法所得），《取水许可和水资源费征收管理条例》第四十九条（组织拆除或者封闭）。在这些规定中，分别授予了水行政机关强制拆除、强制清障、没收违法所得等行政强制执行权。下面就结合水法律法规梳理一下水行政强制措施和水行政强制执行。

（一）水行政强制措施

（1）查封、扣押被检查单位或者个人拒不停止违法行为，造成严重水土流失实施违法行为的工具及施工机械、设备等。

法律依据：

《中华人民共和国水土保持法》第四十四条第二款："被检查单位或者个人拒不停止违法行为，造成严重水土流失的，报经水行政主管部门批准，可以查封、扣押实施违法行为的工具及施工机械、设备等。"

（2）其他行政强制措施。责令停止生产或者使用。

法律依据：

《中华人民共和国水法》第七十一条："建设项目的节水设施没有建成或者没有达到国家规定的要求，擅自投入使用的，由县级以上人民政府有关部门或者流域管理机构依据职权，责令停止使用，限期改正，处五万元以上十万元以下的罚款。"

《中华人民共和国防洪法》第五十九条第二款："违反本法第三十三条第二款规定，防洪工程设施未经验收，即将建设项目投入生产或者使用的，责令停止生产或者使用，限期验收防洪工程设施，可以处五万元以下的罚款。"

《中华人民共和国水土保持法》第五十四条："违反本法规定，水土保持设施未经验收或者验收不合格将生产建设项目投产使用的，由县级以上人民政府水行政主管部门责令停止生产或者使用，直至验收合格，并处五万元以上五十万元以下的罚款。"

（二）水行政强制执行

（1）加处罚款或者滞纳金。

法律依据：

《中华人民共和国行政处罚法》第五十二条："当事人逾期不履行行政处罚决定的，作出行政处罚决定的行政机关可以采取下列措施：（一）到期不缴纳罚款的，每日按罚款数额的百分之三加处罚款……"

《中华人民共和国水法》第七十条："拒不缴纳、拖延缴纳或者拖欠水资源费的，由县级以上人民政府水行政主管部门或者流域管理机构依据职权，责令限期缴纳；逾期不缴纳的，从滞纳之日起按日加收滞纳部分千分之二的滞纳金，并处应缴或者补缴水资源费一倍以上五倍以下的罚款。"

《中华人民共和国水土保持法》第五十七条："违反本法规定，拒不缴纳水土保持补偿费的，由县级以上人民政府水行政主管部门责令限期缴纳；逾期不缴纳的，自滞纳之日起按日加收滞纳部分万分之五的滞纳金，可以处应缴水土保持补偿费三倍以下的罚款。"

（2）限期恢复原状。

法律依据：

《中华人民共和国水法》第六十七条第二款："未经水行政主管部门或者流域管理机构审查同意，擅自在江河、湖泊新建、改建或者扩大排污口的，由县级以上人民政府水行政主管部门或者流域管理机构依据职权，责令停止违法行为，限期恢复原状，处五万元以上十万元以下的罚款。"

（3）代履行。

①强行拆除阻碍行洪的障碍物。

法律依据：

《中华人民共和国水法》第六十五条第一款："在河道管理范围内建设妨碍行洪的建筑物、构筑物，或者从事影响河势稳定、危害河岸堤防安全和其他妨碍河道行洪的活动的，由县级以上人民政府水行政主管部门或者流域管理机构依据职权，责令停止违法行为，限期拆除违法建筑物、构筑物，恢复原状；逾期不拆除、不恢复原状的，强行拆除，所需费用由违法单位或者个人负担，并处一万元以上十万元以下的罚款。"

②强行拆除违法建筑物、构筑物。

法律依据：

《中华人民共和国水法》第六十五条第二款："未经水行政主管部门或者流域管理机构同意，擅自修建水工程，或者建设桥梁、码头和其他拦河、跨河、临河建筑物、构筑物，铺设跨河管道、电缆，且防洪法未作规定的，由县级以上人民政府水行政主管部门或者流域管理机构依据职权，责令停止违法行为，限期补办有关手续；逾期不补办或者补办未被批准的，责令限期拆除违法建筑物、构筑物；逾期不拆除的，强行拆除，所需费用由违法单位或者个人负担，并处一万元以上十万元以下的罚款。"

③拆除或者封闭未取得取水申请批准文件而擅自建设的取水工程或者设施。

法律依据：

《取水许可和水资源费征收管理条例》第四十九条："未取得取水申请批准文件擅自建设取水工程或者设施的，责令停止违法行为，限期补办有关手续；逾期不补办或者补办未被批准的，责令限期拆除或者封闭其取水工程或者设施；逾期不拆除或者不封闭其取水工程或者设施的，由县级以上地方人民政府水行政主管部门或者流域管理机构组织拆除或者封闭，所需费用由违法行为人承担，可以处五万元以下罚款。"

④强行拆除未经批准擅自设立水文测站或者未经同意擅自在国家基本水文测站上下游建设影响水文监测的工程以及在水文测验河段保护范围内修建的构筑物、建筑物或者未经批准擅自修建的工程设施。

法律依据：

a.《中华人民共和国水文条例》第三十七条："未经批准擅自设立水文测站或者未经同意擅自在国家基本水文测站上下游建设影响水文监测的工程的，责令停止违法行为，限期采取补救措施，补办有关手续；无法采取补救措施、逾期不补办或者补办未被批准的，责令限期拆除违法建筑物；逾期不拆除的，强行拆除，所需费用由违法单位或者个人承担。"

b.《河南省水文条例》第三十条："违反本条例规定，在水文测验河段保护范围内修建构筑物、建筑物或者未经批准擅自修建工程设施的，由县级以上人民政府水行政主管部门责令停止违法行为，限期拆除违法建筑物、构筑物、工程设施，逾期不拆除的，强行拆除，处一万元以上五万元以下罚款；确因国家或者地方重要工程建设需要而修建的工程设施，限期补办手续，逾期未补办手续的，处一万元以上五万元以下罚款。"

⑤违法围海造地、围湖造地、围垦河道，既不恢复原状也不采取其他补救措施的，代为恢复原状或者采取其他补救措施，所需费用由违法者承担。

法律依据：

《中华人民共和国防洪法》第五十七条："违反本法第十五条第二款、第二十三条规定，围海造地、围湖造地、围垦河道的，责令停止违法行为，恢复原状或者采取其他补救措施，可以处五万元以下的罚款；既不恢复原状也不采取其他补救措施的，代为恢复原状或者采取其他补救措施，所需费用由违法者承担。"

⑥违法在河道、湖泊管理范围内从事工程设施建设活动，严重影响防洪的，责令限期拆除，逾期不拆除的，强行拆除，所需费用由建设单位承担。

法律依据：

《中华人民共和国防洪法》第五十八条："违反本法第二十七条规定，未经水行政主管部门对其工程建设方案审查同意或者未按照有关水行政主管部门审查批准的位置、界限，在河道、湖泊管理范围内从事工程设施建设活动的，责令停止违法行为，补办审查同意或者审查批准手续；工程设施建设严重影响防洪的，责令限期拆除，逾期不拆除的，强行拆除，所需费用由建设单位承担；影响行洪但尚可采取补救措施的，责令限期采取补救措施，可以处一万元以上十万元以下的罚款。"

⑦逾期不清理在水土保持方案确定的专门存放地以外的区域倾倒砂、石、土、矸石、尾矿、废渣等，代为治理，所需费用由违法行为人承担。

法律依据：

《中华人民共和国水土保持法》第五十五条："违反本法规定，在水土保持方案确定的专门存放地以外的区域倾倒砂、石、土、矸石、尾矿、废渣等的，由县级以上地方人民政府水行政主管部门责令停止违法行为，限期清理，按照倾倒数量处每立方米十元以上二十元以下的罚款；逾期仍不清理的，县级以上地方人民政府水行政主管部门可以指定有清理能力的单位代为清理，所需费用由违法行为人承担。"

⑧逾期不治理开办生产建设项目或者从事其他生产建设活动造成水土流失的，代为治理，所需费用由违法行为人承担。

法律依据：

《中华人民共和国水土保持法》第五十六条："违反本法规定，开办生产建设项目或者从事其他生产建设活动造成水土流失，不进行治理的，由县级以上人民政府水行政主管部门责令限期治理；逾期仍不治理的，县级以上人民政府水行政主管部门可以指定有治理能力的单位代为治理，所需费用由违法行为人承担。"

(4)其他强制执行方式。

强制执行拒不服从统一调度和指挥的水库、水电站、拦河闸坝等工程的管理单位以及其他经营工程设施的经营者。

法律依据：

《中华人民共和国抗旱条例》第六十条："违反本条例规定，水库、水电站、拦河闸坝等工程的管理单位以及其他经营工程设施的经营者拒不服从统一调度和指挥的，由县级以上人民政府水行政主管部门或者流域管理机构责令改正，给予警告；拒不改正的，强制执行，处1万元以上5万元以下的罚款。"

在这些规定中，分别授予了水行政机关强制拆除、强制清障、没收违法所得等行政强制执行权。

九、执行协议

实施行政强制执行，行政机关可以在不损害公共利益和他人合法权益的情况下，与当事人达成执行协议。执行协议可以约定分阶段履行；当事人采取补救措施的，可以减免加处的罚款或者滞纳金。

学习汇报：在执行中行政机关与当事人达成协议，既保证了行政决定的执行，又减少了社会冲突，符合构建社会主义和谐社会的要求。当事人确有经济困难，需要延期或者分期缴纳罚款的，应当提出书面申请，并提交证明材料，填写《延(分)期缴纳罚没款审批表》、《延(分)期缴纳罚没款保证书》。作出延分期缴纳罚没款决定，其期限应当明确，不能含糊不清，一般以不超过三个月为宜。

《行政强制法》设计了执行协议制度，即"在不损害公共利益和他人合法权益的情况下"，行政机关必须应你要求达成执行协议。而这个理由，也不是通常的"一次性履行确有困难的"，也就是说即使被处罚人很有钱，符合条件的也要分期。因此，今后，大部分罚款类的执行都要分期了。

而分期还有更大的好处，如果到时不履行，也不过"恢复执行"，也没有多收滞纳金或违约金什么的，有利无害。

第四十二条　实施行政强制执行，行政机关可以在不损害公共利益和他人合法权益的情况下，与当事人达成执行协议。执行协议可以约定分阶段履行；当事人采取补救措施的，可以减免加处的罚款或者滞纳金。

执行协议应当履行。当事人不履行执行协议的，行政机关应当恢复强制执行。

十、关于加处罚款或滞纳金

按《行政处罚法》，到期不履行加处罚款每日百分之三，一年是11倍，当然极为可怕。

《行政强制法》第四十五条："行政机关依法作出金钱给付义务的行政决定，当事人逾期不履行的，行政机关可以依法加处罚款或者滞纳金。加处罚款或者滞纳金的标准应当告知当事人。加处罚款或者滞纳金的数额不得超出金钱给付义务的数额。”

而一般人如果未按期履行，总是有个不能在几天内解决的原因，一般都是超过一个月以上。但是，33 天就已经翻一倍了，34 天之后何时交就无所谓了。那就一年后再交吧，没区别。

十一、怎么加处罚款

目前一般的做法是直接在行政处罚决定书中告知逾期不缴纳加处每日百分之三罚款。但是也有法院为了不执行加处罚款，理解为应当在逾期后再行作出一个加处罚款的决定。

而《行政强制法》显然没有解决这个问题。第四十五条把加处罚款变成一种行政机关的“可以”的裁量行为。而第四十六条则明显把加处罚款作为一个单独的强制执行行为了。

《行政强制法》第四十六条　行政机关依照本法第四十五条规定实施加处罚款或者滞纳金超过三十日，经催告当事人仍不履行的，具有行政强制执行权的行政机关可以强制执行。

《行政强制法》第五十三条　当事人在法定期限内不申请行政复议或者提起行政诉讼，又不履行行政决定的，没有行政强制执行权的行政机关可以自期限届满之日起三个月内，依照本章规定申请人民法院强制执行。本条规定的申请执行期限，与最高人民法院关于执行《中华人民共和国行政诉讼法》若干问题的解释第八十八条规定的“行政机关申请人民法院强制执行其具体行政行为，应当自被执行人的法定起诉期限届满之日起 180 日内提出。”为段，《行政强制法》规定的申请执行期限仅为三个月。关于可申请执行的人民法院，《行政强制法》第五十四条规定，行政机关申请人民法院强制执行前，应当催告当事人履行义务。催告书送达十日后当事人仍未履行义务的，行政机关可以向所在地有管辖权的人民法院申请强制执行；执行对象是不动产的，向不动产所在地有管辖权的人民法院申请强制执行。根据此规定，具体向哪个人民法院申请强制执行，应看人民法院对申请执行的案件有无管辖权。比如专利行政处罚案件，一般就只能由省会城市的中级人民法院管辖，在特定情况下，才能由最高人民法院指定的其他人民法院管辖。

原来按法院司法解释是 180 天内，现在改为三个月内。逾期不履行的要行政机关先催告然后申请法院。

十二、执行申请费

《行政强制法》第六十条　行政机关申请人民法院强制执行，不缴纳申请费。强制执行的费用由被执行人承担。

安阳市贯彻实施《中华人民共和国水法》、《河南省实施〈中华人民共和国水法〉办法》情况的总结与思考

《中华人民共和国水法》、《河南省实施〈中华人民共和国水法〉办法》(以下简称一法一办法)实施以来，安阳市水利工作紧紧围绕全市经济社会发展大局，努力践行科学发展观，大力弘扬红旗渠精神，坚持兴利除害结合，开源节流并重，防汛抗旱并举，不断加大水利投入力度，着力解决民生水利问题。“十一五”以来，特别是2011年中央水利工作会议召开以来，全市水利基建投资连创新高，共争取到省以上投资13.5亿元，累计完成水利建设投资32.4亿元，是“十五”时期的10倍，达到历史最高水平，水利事业实现了跨越式发展。水利在抗御水旱灾害、保障工农业生产和城乡生活用水、促进经济社会发展等方面发挥了重要作用，多项工作走在了全省甚至全国的前列。安阳市连续18年夺得全省农田水利基本建设“红旗渠精神”杯，安阳市水利局也先后荣获全国水利系统先进集体、全国水利文明单位、全国调处水事纠纷创建平安边界先进集体、全国水利系统水资源管理先进集体、全国水利系统“五五”普法和依法治水先进单位等多项荣誉，并四次荣立集体二等功。

一、贯彻实施一法一办法取得的成绩

(1)水利政策逐步完善，水资源管理工作亮点频现。为推动一法一办法的深入实施，市委、市政府先后出台了《关于加快水利改革发展的实施意见》、《安阳市洹河管理办法》、《安阳市南海泉域水资源保护管理办法》、《安阳市地温空调和地热井取水管理办法》、《安阳市城市防洪排涝管理办法》、《安阳市节水三同时管理办法》等一系列规范性文件，使安阳市各项水事活动做到了有法可依、有章可循，为实施依法治水提供了较为完善的法律和政策保障，提升了水资源和水利工程的管理水平。

一是水资源管理制度得到落实。取水许可、水资源有偿使用、建设项目水资源论证、总量控制和定额管理制度等《水法》规定的四项基本制度得到普遍推行，水资源费征收工作取得突破性进展，十年累计征收水资源费近4亿元，连续多年在全省名列前茅。

二是节约用水和节水型社会建设取得初步成效。安阳市被水利部确定为全国第三批节水型社会建设试点，围绕试点工作，深入开展了计划用水管理，严格执行节约用水管理政策法规，取得了显著成绩：市区计划用水单位达到了1550家，城市计划用水管理率达到92%；工业用水重复利用率达到80%，年节水量达到8.52亿立方米。全市亩均灌溉用水量由2004年的242立方米下降到2011年的177立方米，农业节水效果显著。

三是水资源保护力度不断加大。完成了全市水功能区划定，并对全市24个水功能区进行了水质监测。累计封闭市区水井210眼，地下水位自2002年起呈逐年回升趋势，年均回升1.37米，有效地保护了地下水资源；初步完成了入河排污口普查登记和洹河、洪水河和茶店河水域纳污能力核定工作。目前全市水域水质逐步好转。

四是地温地热水资源管理全国领先。安阳市在全省率先出台了管理办法，设立了专管机构，组建了专业公司，统一开发运作，严格审批和监管，保证了地温地热水资源的安全和可持续利用。安阳市水资源管理工作受到水利部的高度关注，全国流域水资源工作会议、黄河

流域水政工作会议先后在安阳市召开，水利部还委托安阳市代为起草全国性的地温地热水资源管理办法，并邀请安阳市在中国和丹麦两国水利部门联合举办的地下水资源管理研讨班上作专题介绍。

（2）水利综合执法改革成效明显，水利管理能力得到加强。2006 年，安阳市在全国模式不一、全省没有先例的情况下，积极开展探索和实践，建立了“集中水行政处罚权和强制执行权”的执法新模式，实现了新突破，被水利部确定为全国唯一一家地市级水利综合执法联系点，2013 年又被确定为水利综合执法示范点。通过深入持久地开展水资源、水工程和水生态三个专项执法活动，为可持续发展水利事业提供了重要保障。

一是依法决策能力进一步增强。各级水行政主管部门健全工作规则和议事规则，完善决策程序，实现了依法决策、科学决策和民主决策。

二是水行政执法能力进一步加强。截至目前，全市已成立支队 1 个、大队 5 个，共有水政监察员 342 人，逐步形成了集水法规宣传、水行政监察、水事案件查处、水利规费征收、水资源保护于一体的水行政执法体系。自 2002 年以来，全市共受理各类水事违法案件 670 起，结案 610 起，结案率 90% 以上，挽回直接经济损失近 900 万元，维护了正常的水事秩序。

三是预防和化解水事纠纷的能力进一步提高。坚持预防为主、预防和调处相结合的方针，不断完善水事纠纷预防和调处机制，妥善解决了漳河和淇河省、市际水事纠纷，维护了群众合法权益，促进了区域经济协调发展。

四是水行政管理行为进一步规范。深化水行政审批制度改革，采取高效便民措施，积极推行政务公开，政府职能转变迈出重要步伐，管理相对人的满意度大幅提高。

五是水利社会管理和公共服务职能进一步强化。最严格的水资源管理制度逐步确立，水域岸线管理得到加强，水利安全生产和建设市场监管不断强化，应对水利突发事件和风险的能力明显增强。

（3）基础设施建设全面加强，防洪除涝和供水保障能力显著提高。我们紧抓国家加大水利投入的机遇，不断加快水利工程建设步伐。南水北调安阳段在全省率先开工并加快推进，创造了全国瞩目的“安阳速度”，累计完成征迁投资 7.12 亿元，共移交工程用地 2.7 万亩，积极搞好施工协调，确保了工程顺利实施，2014 年汛后可实现通水。彰武、南海、汤河等 16 座病险水库除险加固工程完成投资 3.09 亿元，圆满实现了中央用 3 年时间完成全国大中型和重点小型病险水库除险加固的目标。目前全市又有 94 座小型水库列入国家新一轮规划，34 座正在紧张施工之中。漳南、红旗渠、跃进渠等 5 大灌区技改工程完成投资 1.7 亿元，改善和恢复灌溉面积 40 万亩，新增粮食生产能力 4000 多万。总投资 1.11 亿元的 8 条中小河流治理项目先后获批，黄庄河、茶店坡沟、硝河主体已完成，其余 5 条近期将开工建设。投资 2.1 亿元新建了马家岩水库，年可向红旗渠补水 4540 万立方米。开挖疏浚渠道 250 多公里，成功实现了多年来引黄入内的愿望，内黄、滑县 47 万亩农田浇上了黄河水。同时，水利工程还保证了安阳钢铁、大唐安阳电厂、安阳化肥厂、沙钢安阳永兴钢铁和中联钢铁等一大批骨干企业的生产用水，保证了安阳市城市居民生活用水和城市生态用水。高标准的水利工程、完善的防洪供水体系，为安阳市的经济社会发展做出了重要贡献，在应对水旱灾害中发挥了不可替代的减灾效益，成功战胜了 2009 年和 2010 连年冬春连旱。

（4）农田水利基本建设深入开展，农村水利条件得到全面改善。安阳市以“红旗渠精神”杯竞赛为动力，广泛组织，深入发动，坚持不懈地大搞农田水利基本建设，积极引导群众投工投资投劳，截至目前，全市有效灌溉面积达到447万亩，旱涝保收田面积达到334万亩，节水灌溉面积达到334万亩，集中供水工程270处，为全市粮食连续10年增产丰收打下了坚实基础。特别是在政府实事农村居民安全饮水问题上，市委、市政府连续8年列入十个方面实事。截至2011年年底，全市共争取资金5.1亿元，兴建供水工程800多处，解决了农村150万人的饮水不安全问题，让群众吃上了放心水。安阳市又争取到1.62亿元，将再解决34万人的饮水不安全问题。滑县农民李玉战作为中国最基层的代表，在联合国召集的水与卫生亚洲地区对话会上，就安阳市解决饮水安全问题作了典型发言。先后争取水土保持投资1.06亿元，防治范围1169平方公里，林州市和安阳县列入"国家水土保持重点建设工程规划"项目县，利用国家投资1000余万元，2个小流域综合治理项目分获国家和省级水保科技示范园。发放移民后扶资金1.4亿元，实施移民扶持项目投资3069万元，促进了移民工作的开展。农村水利条件得到全面提高，初步形成了沟相通、渠相联、旱能浇、涝能排的防洪除涝抗旱减灾体系和水资源供给保障体系。在全省农田水利基本建设"红旗渠精神"杯竞赛中，安阳市连续18年夺杯，市委书记张笑东两次上台领奖，并作为全省18个地市中唯一的代表在省主会场作典型发言。同时，安阳市还被授予"红旗渠精神"杯竞赛20周年"先进省辖市"。

(5)城市水生态环境建设加快推进，城市水系建设实现新的突破。我们把城市水系建设作为新时期水利建设的重点和亮点来抓，结合水资源现状，确定了"一渠、三河、六湖"城市水系建设三年计划。与岳城水库签订了年引水1.6亿立方米的引供水协议，成功地将境外地表水调入了市区。截至目前，城市水系建设共启动项目23个，已全部完成或完成主体22个，累计完成投资13.17多亿元，其中市财政投资9833.3万元，争取上级投资和自筹12.19亿元。城建三年计划水系规划建设的实施，强化了城市水系网络功能，大大改善了城市环境，树立了城市形象，提升了城市品位，在市区初步形成了东西南北中5大水系景观，东区：中轴线市民文化活动中心水系景观，2011年7月投入运行以来，大量安阳市民和外地客人纷纷前来参观游览，已成为安阳市民休闲娱乐的一个亮点，广受赞誉。西部：长20公里、宽300米集生态、保护、景观于一体的南水北调绿色生态走廊，全部配套工程建成后，将成为提升城市形象的"西部彩虹"。南部：中州路至长江大道5.3公里长的洪河水系景观，防洪标准由原来不足5年一遇提高到了50年一遇，解决了市区南部城区的防洪排涝问题，使昔日的臭水沟变成了现在的景观河，加快了沿岸的经济发展。北部：殷墟至高速公路长12公里、宽90米的洹河水系景观，在建的于曹闸完工后将进一步提升洹河亲水能力。中部：护城河与坑塘相互贯通的水域景观。5大水系在市区形成6210亩的水面景观，安阳市城市水系景观总体框架基本形成，对安阳市建设秀美宜居城市起到了极大的推动作用。

(6)扎实推进一法一办法的学习宣传，提高全社会水法制观念和水危机意识。为抓好法治学习宣传，我们先后印发了"四五"、"五五"、"六五"普法规划，制订了年度法制宣传教育计划，成立组织，投入150余万元，统筹安排，周密部署，推动水法规进机关、进乡村、进社区、进学校、进企业、进单位，水利法制宣传的广度和深度不断拓展，社会公众的法律素质和法治观念明显增强。

二、贯彻实施一法一办法中存在的主要问题

(1)水利投入稳定增长机制尚未完全建立。各级财政用于水利的投资小、增长慢。

2011 年中央一号文提出要从土地出让收益中提取 10% 用于农田水利建设，从城市建设维护税中划出一定比例用于城市防洪排涝和水源工程建设的相关政策还未完全落实到位。

(2)防洪除涝工程标准低。全市仍有 90 多座水库还存在不同程度的病险情况，部分河道和水闸防洪标准偏低，特别是城市排水管网建设滞后，安全隐患大。根据洪水发生的频率，安阳市发生洪涝灾害的概率越来越高。一旦遇到强降雨，极有可能遭受重大损失。

(3)水资源管理和保护工作基础薄弱。最严格的水资源管理制度尚未完全建立，一些地区水资源开发利用已经明显突破了可利用量上限，水功能区达标率总体上明显偏低，一些河流入河排污量已经超过纳污能力，水资源利用效率和效益不高，浪费水现象依然不同程度的存在等。

三、下一步工作打算

(1)建立稳定的水利投入增长机制。水利事关民族振兴和社会经济可持续发展，中央、省委 2011 年 1 号文件和市委 2011 年 18 号文件已明确提出要从土地出让收益中提取 10% 用于农田水利建设，从城市建设维护税中划出一定比例用于城市防洪排涝和水源工程建设，加大公共财政对水利的投入，下一步就是抓好落实。

(2)加强防洪除涝工程建设，保证防洪安全。结合安阳市病险水库多、部分河道和水闸防洪标准低、城市排水管网建设滞后、安全隐患大的情况，要科学规划、统筹安排，有计划、有目的地着力加强中小河流治理、小型病险水库除险加固、山洪灾害防治、病险水闸除险加固等防洪薄弱环节建设，有效提高防洪除涝标准，切实保障安阳市的防洪安全。

(3)强化水资源管理和保护，实现水资源可持续利用。全面落实最严格的水资源管理制度，划定水资源开发利用控制、用水效率控制、水功能区限制纳污控制“三条红线”，建立水资源管理责任与考核制度，扭转水资源过度开发、粗放利用、污染严重的局面，努力形成有利于水资源节约和保护的经济结构、生产方式和消费模式，全面提高水资源利用效率和效益。

(4)进一步加强普法宣传，推进依法治水。继续把一法一办法作为“六五”普法的重点，通过广泛深入的宣传，全面提高全民、全社会珍惜水、保护水、节约水的自觉性。进一步提高执法人员素质，努力建立一支廉洁、高效、有力的水政执法队伍，提高依法治水的能力。健全权责明确、行为规范、监督有效的水行政执法体系，提升水行政执法和水利社会管理能力，做到机构健全、人员稳定、保障有力。强化水利综合执法，积极开展各种专项执法检查，加大对水事违法案件的查处力度，做到有法必依、执法必严、违法必究，使一法一办法得到全面贯彻执行，为全市水利事业发展保驾护航。

一起河道溺水案件引发的思考

案情：2013 年 7 月 26 日下午，张某和四位女伴一起到小南海(南海泉河道)游玩。当时河道正值汛期，水位高，水流急。期间，张某及其同伴一起下河道游泳，张某因自信会游泳，所以没有使用游泳圈，不幸溺水，当人们把张某救上岸后，张某已经不省人事，经安阳县总医院抢救无效死亡。张某的父母为原告，起诉该河道的管理单位安阳市南海泉域管理处（被告）侵犯生命权纠纷一案，安阳市水利局系被告安阳市南海泉域管理处的上级行政主管部门。这是发生在南海泉域河道内一起真实案件，该案件经过一审、二审甚至再审程序，下面就以当事人的情况把案件进行梳理。以便引起河道管理者的思考。

附：相关法律文书

民事起诉状

原告：张父，男，汉族，1970 年 10 月 3 日生，住安阳县铜冶镇南街村

原告：张母，女，汉族，1971 年 10 月 3 日生，住安阳县铜冶镇南街村

被告：安阳市水利局

地址：安钢大道 159 号

法定代表人：江某

职务：局长

被告：安阳市南海泉域管理处

地址：安阳县善应镇路北

负责人：胡某

诉讼请求

（1）请求人民法院依法判令两被告赔偿两原告医疗费、死亡赔偿金、丧葬费，精神抚慰金合计 380634.6 元（清单附后）。

（2）本案诉讼费由被告承担。

事实与理由

2013 年 7 月 26 日下午，原告之子张某和四位女同伴一块去小南海游玩，到了小南海主泉区，有两位女同学买了游泳衣，租了游泳圈先下了水，张某因会游泳就没有租游泳圈随后也下了水，各自游了一会后，因乔石想往北岸去，为安全起见，就借了其中一个女同学的游泳圈套在自己身上往河中游去。游着游着，张某突然被吸入下水道，游泳圈也被甩出去向东漂去，张某手扒着管道口寻求救助，游玩的人们见状都急忙去救，但因水流太急，吸力太大拉不上来，张某就从管道的西口被冲到东口，冲出几十米远。当人们把张某救上岸时，张某已不省人事。人们有的赶紧人工急救，有的打了安阳县医院“120”电话，过了一会儿，“120”急救车将张某接走，但为时已晚，张某最终未能被救活。

两原告之子张某和四位女同伴去游玩的地方是小南海主泉区，该区域岸边有卖游泳衣的，有出租游泳圈的，也有出租小游船的，更有卖吃的等，非常热闹，是夏季游玩的好去处。此区域属于被告安阳市水利局下属单位安阳市南海泉域管理处管辖。水中的河堤是该管理处为招揽游客而专门修筑的，河北侧的管道低于河中石头。河水小时水可从管道内流出，河

水大时会将西侧管道口淹入水下的管道口,就会被吸入,被急流冲走。河两岸没有设置显著的警示标志,只有两个空牌。

据悉,今年夏季以来,已有7人先后被吸入管道内,幸运的是除张某之外,其他六人没有生命危险。7月29日,原告去找被告管理处要求赔偿时,见河边已有了警示标志,听该处人员说,管口防护罩正在制作,很快就会安装上,可惜自己儿子的生命却再也无法挽回,被告又不予赔偿。

鉴于上述,两被告作为河堤的修筑者和管理者,未对有安全隐患的管道口安装防护装置,也未在河两侧显著位置设置警示标志,致使两原告之子丧失了年轻的生命,望人民法院依法判决,为两原告讨回公道,抚慰两原告受伤的心灵。

此致

安阳县人民法院

具状人:张父

张母

2013年7月30日

河南省安阳县人民法院

民 事 判 决 书

〔2013〕安民初字第01676号

原告张父,男,1970年10月3日出生,汉族,农民,住安阳县铜冶镇南街村,是死者张某之父,身份证号41052219701008888.

原告张母,女,1971年10月3日出生,汉族,农民,住址同上,是死者张某之母,身份证号41052219711008888.

二原告共同委托代理人徐某,河南本伟律师事务所律师。

二原告共同委托代理人户某,河南本伟律师事务所律师助理。

被告安阳市水利局,住所地为安阳市殷都区安钢大道369号,组织机构代码00557740-7

法定代表人江某,职务局长。

委托代理人杨某、王某,河南鼎维律师事务所律师。

被告安阳市南海泉域管理处,住所地河南省安阳市安钢大道369号,组织机构代码76783388-6

法定代表人胡某,职务处长。

委托代理人杨某、王某,河南鼎维律师事务所律师。

原告张母、张父诉被告安阳市水利局、安阳市南海泉域管理处生命纠纷一案,本院于2013年8月12日受理后,依法由审判员刘某独任审批,公开开庭进行了审理。原告及其委托代理人徐某、户某,被告安阳市水利局,安阳市南海泉域管理处的委托代理人杨某、王某到庭参加诉讼。本案现已审理终结。

原告诉称,2013 年 7 月 26 日二原告之子张某与同学一块到被告管理的小南海水库里玩耍时溺水死亡。被告管理的小南海水库边,没有防护措施与警示标志,与二原告之子张某的死亡有一定的因果关系,二被告应承担 80% 的责任,为此请求:①请求被告承担医疗费、丧葬费死亡赔偿金、精神损害抚慰金总额 475793.3 元的 80% 即 380634.6 元;②诉讼费由被告负担。

被告安阳市水利局、安阳市南海泉管理处辩称:①二原告没有证据证明二被告是事故水库的所有人和管理人,应驳回二原告的诉讼请求;②二原告要求二被告赔偿无法律依据,被告对进入该水库玩耍的人不负有安保义务,且多处设有警示标志,不存在任何过错,不应承担赔偿责任;③二原告之子作为限制行为能力人,二原告作为监护人未尽到监护责任是造成事故的原因,让被告承担责任于法无据;④被告不是受益人,不应承担任何责任。

经审理查明,2013 年 7 月 26 日下午,二原告之子张某与同学到小南海水库玩耍时,被吸入被告安阳市南海泉域管理处埋到水库里的隧道,当人们把张某救上岸后,张某已经不省人事,经安阳县总医院抢救无效死亡。该水库系被告安阳市南海泉域管理处管理,被告安阳市水利局系被告安阳市南海泉域管理处的上级行政主管部门。原告之子张某生于 1996 年 04 月 25 日。上为本案事实。

上述事实有原告提供的派出所证明,安阳县铜冶镇南街居民委员会证明,户口薄,安阳县总医院证明书,居民死亡医学证明书,现场照片,光盘,以及原、被告当庭陈述所证实。所有证据均经质证、认证,可以作为认定本案事实的依据。

本院认为,二原告之子张某到被告安阳市南海泉域管理处管理的水库玩耍时,不慎溺水身亡,现原告要求被告安阳市南海泉域管理处赔偿其子因死亡所造成的损失,因被告安阳市南海泉域管理处作为该水库的管理人未尽到管理义务,设置警示标识不明,存在一定过错,与二原告之子张某的死亡存在一定因果关系,应承担相应责任,即赔偿医疗费、死亡赔偿金、丧葬费、精神损害抚慰金共计 475793.3 元的 30% 即 142737.99 元为宜。被告安阳市水利局作为被告安阳市南海泉域管理处管理的上级行政主管部门,不是直接的侵权人,没有过错,不应承担赔偿责任,故二原告请求被告安阳市水利局承担赔偿责任,理由不足,本院不予支持。二原告之子张某作为限制行为能力人在明知下水玩耍有危险,下水玩耍导致身亡,存在重大过错,应承担主要责任。被告安阳市南海泉域管理处辩称其不是该水库的管理人和设有警示标志,不存在过错,不应承担赔偿责任的理由不足,本院不予采信。依照《中华人民共和国侵权责任法》第二条、第三条、第六条、第十六条、第二十六条、《中华人民共和国民事诉讼法》第六十四条之规定,判决如下:

一、被告安阳市南海泉域管理处于本判决生效后十日内赔偿原告养父、养母因其子张某死亡所造成的医疗费、丧葬费、死亡赔偿金、精神损害抚慰金共计 475793.3 元的 30%,即 142737.99 元;

二、驳回原告的其他诉讼请求。

如果未按本判决制定的期间履行给付金钱义务,应当按照《中华人民共和国民事诉讼法》第二百五十三条之规定,加倍支付延迟履行期间的债务利息。

案件受理费 7010 元,减半收取 3505 元,由原告张父、张母承担 2453.5 元,被告安阳市南海泉域管理处承担 1051.5 元。

如不服本判决,可在判决书送达之日起十五日内,向本院递交上诉状,并按对方当事人的人数提出副本，上诉于河南省安阳市中级人民法院。

期满不上诉或上诉二审裁判后判决生效，双方当事人必须自觉履行，否则本院将依据对方当事人的申请予以执行，当事人应当依据《中华人民共和国民事诉讼法》第二百三十九条的规定，在法定期限内申请执行，逾期不申请，本院将视为放弃权利。

审判员 刘某

二〇一三年十月二十五日

书记员郭某

上诉状

上诉人：安阳市南海泉域管理处，住所地安阳县善应镇路北。

法定代表人：胡某

职务：处长

被上诉人：张父，男，1970 年 10 月 3 日生，汉族，住安阳县铜冶镇南街村。

被上诉人：张母，女，1971 年 10 月 3 日生，汉族，住址同上。

原审被告：安阳市水利局，住所地安钢大道东段。

法定代表人：江某

职务：局长。

上诉人因与被上诉人人身损害赔偿一案，不服安阳县人民法院〔2013〕安民初字第 01676 号民事判决，现提出上诉。

上诉请求：

请求依法撤销安阳县人民法院〔2013〕安民初字第 01676 号民事判决，驳回被上诉人的诉讼请求。

上诉理由：

一、安阳县人民法院〔2013〕安民初字第 01676 号民事判决（以下简称一审判决）认定事实不清。

（1）本案事发地点为南海泉区的自然河道，一审判决却认定事发地点为水库，南海水库的管理单位是安阳市彰武南海水库管理局，上诉人没有权利和责任管理水库，该认定与客观事实相矛盾。

（2）根据《安阳市南海泉水资源保护管理办法》（安政〔2008〕13 号）第八条的规定，河道的安全不属于答辩人负责，不应当为此承担法律责任。上诉人作为南海泉的管理者，已经尽到了法律规定的义务，一审判决认定上诉人没有尽到管理义务，没有任何证据证实，属实认定事实不清。

（3）南海泉区的河道两岸，设置有多处警示标志，位置和大小均十分醒目，该标志设置多年，一审判决认定警示标志不明显与事实不符。同时，死者作为限制民事行为能力人，对河道的危险性具有基本的判断能力，根本无需警示标志提醒警告，因此死亡的发生与警示标志的设立没有直接关系。

(4)死者张某年龄已经超过14周岁，未满18周岁，属于限制民事行为能力人。南海泉河道是天然形成的河道，而且发生时间又是在汛期，在河道内嬉戏玩耍的危险性不言而喻。死者作为民事行为能力人，对河道的危险性具有基本的判断能力，毕竟河道不是娱乐场所，具有相当的危险性。死者置自身危险予不顾，在水里与多人玩耍，是导致死亡发生的主要原因。一审判决没有对死者自身是否应当承担相应的民事责任，没有作出认定和判决，属实认定事实不清。

(5)监护人即本案原告应当对监护不力承担法律责任。

死者作为限制民事行为能力人，监护人对其应当负有监护责任。作为监护人不但不阻止死者危险行为，还一同与死者在河道内玩耍，由此可见乔石的死亡与监护不力有直接关系，其应当对应当乔石死亡，承担监护不力的法律责任。

(6)施救的人员应当对乔石的死亡承担赔偿责任。

施救的人员对张某错误的施救行为，也是造成张某死亡的重要原因。因为管道直径达1米，成年人通过没有任何问题；而管道长度仅有9米，通过时间仅需几秒钟，根本不会发生窒息的情况。被上诉人诉状自认，一共7个人经过管道，仅有乔石死亡，证实该管道的设置本身是没有危险性的，如果没有人员阻碍，死者完全可以快速通过管道。因此，施救的人员对张某错误的施救行为，造成死者无法快速顺利通过管道，致使死者长时间被搁置在管道口，最后窒息死亡。一审判决没有认定，属于认定事实不清。

二、一审判决适用法律错误。

一审判决基于事实认定不清，错误的适用侵权法第2、3、6、16、26条的规定，而判决上诉人承担30%民事赔偿责任，属于适用法律错误。

综上所述，上诉人认为，一审判决认定事实不清、适用法律错误，应当依法撤销并驳回被上诉人的诉讼请求。

此　　致

安阳市中级人民法院

上诉人：安阳市南海泉域管理处

2013年12月10日

河南省安阳市中级人民法院

民事判决书

〔2014〕安中民二终字第352号

上诉人：(原审被告)安阳市南海泉域管理处。住所地：河南省安阳市安钢大道369号。

法定代表人:胡某,职务处长

委托代理人:杨某,河南鼎维律师事务所律师

被上诉人(原审原告):张父,男,1970 年 10 月 3 日出生,汉族,农民,住安阳县铜冶镇南街村,系死者乔石之父。

被上诉人(原审原告):张母,女,1971 年 10 月 3 日出生,汉族,农民,住址同上,系死者之母。

委托代理人张三,男,1969 年 4 月 20 日出生,汉族,住安阳市平原路 177 号院二区 7 号楼 7 单元 7 号。

原审原告:安阳市水利局,住所地安阳市殷都区安钢大道 369 号。

法定代表人:江某,职务局长

上诉人安阳市南海泉域管理处因与被上诉人张父、张母、原审被告安阳市水利局生命纠纷一案,不服河南省安阳县人民法院〔2013〕安民初字第 01676 号民事纠纷,向本院提起上诉。本院受理后,依法组成合议庭开庭进行了审理。上诉人安阳市南海泉域管理处的委托代理人杨某,被上诉人及其委托代理人到庭参加诉讼。原审原告安阳市水利局经本院传票传唤未到庭。本案现已审理终结。

原审法院经审理查明,2013 年 7 月 26 日下午,二原告之子张某与同学到小南海水库玩耍时,被吸入安阳市南海泉域管理处埋到水库里的管道,人们把张某救上岸后,张某已经不省人事,经安阳县总医院抢救无效死亡。该水库系被告安阳市南海泉域管理处管理,安阳市水利局系安阳市南海泉域管理处的上级行政主管部门。张某生于 1997 年 04 月 25 日。

原审法院认为,张某到安阳市南海泉域管理的水库玩耍时,不慎溺水身亡,现原告要求被告安阳市南海泉域管理处赔偿其子因死亡造成的损失,因安阳市南海泉域管理处作为该水库的管理人未尽到管理义务,设置警示标志不明显,存在一定的过错,与二原告之子张某的死亡存在一定因果关系,应承担相应责任。即赔偿医疗费、死亡赔偿金、丧葬费、精神损害抚慰金共计 475793.3 元的 30%,即 142737.99 元为宜。安阳市水利局作为安阳市南海泉域管理处管理的上级行政主管部门,不是直接的侵权人,没有过错,不应承担赔偿责任,故二原告请求被告安阳市水利局承担赔偿责任,理由不足,不予支持。张某作为限制行为能力人在明知下水玩耍有危险,下水玩耍导致身亡,存在重大过错,应承担主要责任。安阳市南海泉域管理处辩称其不是该水库的管理人和设有警示标志,不存在过错,不应承担责任的理由不足,不予采信。依照《中华人民共和国侵权责任法》第二条、第三条、第六条、第十六条、第二十六条,《中华人民共和国民事诉讼法》第六十四条之规定,判决:一、被告安阳市南海泉域管理处于本判决生效后十日内赔偿原告因其子张某死亡所造成的医疗费、丧葬费、死亡赔偿金、精神损害抚慰金共计 475793.3 元的 30%,即 142737.99 元;二、驳回原告的其它诉讼请求。

宣判后,上诉人安阳市南海泉域管理处不服上诉称:(1)本案事发地点是南海泉区的自然河道,不是水库,一审判决认定事发地点为水库,但是南海水库的管理单位是安阳市彰武南海水库管理局,我方没有权利和责任管理水库,并且河道的安全不属于我方负责,故不应为此承担责任。(2)南海泉区的河道两岸设置多处警示标志且十分醒目,死者作为具有民事行为能力的人,对河道的危险性应有基本的判断能力,故其自身也应承担相应的民事责任的危险性应有基本的判断能力,故其自身也应承担相应的民事责任。(3)张某的死亡,其监

护人应承担监护不力的责任。施救人员对乔石的错误施救行为也是导致其死亡的重要原因。综上,原审法院认定事实不清,适用法律错误,我方不应承担30%法的责任。原审错误的使用侵权责任法。请二审法院驳回被上诉人的诉请。

被上诉人辩称,上诉人承建的排水管道,对于安全问题有管理责任。河道边的警示标志是事发后补上的,且排水管口隐蔽于水中,不易被发现,严重威胁着人民生命安全,是发生事故的原因。张某将满18周岁,也携带着救生圈,对自己的安全又足够的认识,不应承担民事责任。原审适用法律正确,要求驳回上诉,维持原判。

原审被告安阳市水利局没有陈诉意见。

经本院审理查明的事实与原审法院查明的事实一致。

本院认为,本案的二审焦点是南海泉域管理处是否应当承担责任?事故地点的水域虽然有拦水坝,但不是通常水的水库。该河道归南海泉管理处管理,其在河道上设置了拦水坝,在拦水坝上有排水管道,水流在排水管道附近会突然增加流速。张某在游泳到了排水管道附近时被突然增加的水流吸到了排水管边缘,且感到了恐慌,并死死的抓住排水管壁,造成溺水死亡。该水域经常有人在此游泳,南海泉域管理处应当预料到在排水管附近突发的水流给游泳的人造成的恐慌,并应采取适当的措施,防止事故的发生。但是南海泉域管理处疏于管理 ,对事故的发生有一定的过错。因此,原审依据侵权责任法的有关条款酌定判决南海泉域管理处承担30%的责任并无不当。综上,南海泉域管理处的上诉理由均不能成立。本院不予支持。原审判决认定事实清楚,适用法律正确。依照《中华人民共和国民事诉讼法》第一百七十条第一款第(一)项之规定,判决如下:

驳回上诉,维持原判。

二审案件受理费1051.5元,由上诉人安阳市南海泉域管理处负担。

本判决为终审判决

审判长　赵某
审判员　张某
审判员　田某

二〇一四年三月十九日

民事再审申请书

申请再审人:安阳市南海泉域管理处,住所地安阳县善应镇路北。法定代表人:胡某,职务处长

被申请人:张父,男,1970年10月3日生,汉族,住安阳县铜冶镇南街村。

被申请人:张母,女,1971年10月3日生,汉族,住址同上。

原审被告:安阳市水利局,住所地:安钢大道东段。

法定代表人:江某,局长。

原审法院及案号:一审安阳县人民法院〔2013〕安民初字第01676号民事判决书,二审

安阳市中级人民法院〔2013〕安中民二终字第352号民事判决书，现提出再审申请。

申请再审人与被申请人因生命权纠纷一案，不服安阳市中级人民法院于2014年3月19日作出的〔2013〕安中民二终字第352号已生效民事判决书，向安阳市中级人民法院提出申请再审。

请求事项：

请求依法撤销安阳县人民法院〔2013〕安民初字第01676号民事判决书，和安阳市中级人民法院〔2013〕安中民二终字第352号民事判决书，并驳回被申请人的诉讼请求。

事实与理由：

被申请人的儿子即死者张某，于1997年4月25日出生。在2013年7月26日下午，死者和四位女伴一起到小南海(南海泉河道)游玩。当时河道正值汛期，水位高，水流急。期间，死者及其同伴一起下河道游泳，死者因自信会游泳，所以没有使用游泳圈，不幸溺水死亡。

被申请人向安阳县人民法院提起诉讼，该院作出〔2013〕殷民初字第01676号民事判决书，判决如下：一、申请人一次性赔偿被申请人死亡赔偿金、丧葬费、精神抚慰金共计47579.3元的30%，即142737.99元。二、驳回被申请人的其他诉讼请求。申请人不符该判决，上诉于安阳市中级人民法院，该院于2013年3月19日作出的〔2013〕安中民二终字第352号民事判决书，判决如下：驳回上诉，维持原判。

现申请人不服上述一、二审判决，申请再审，理由如下：

(1)本案事故发生地点为南海泉区的自然河道。而河道的功能是为了河流的行洪输水，不是供公众活动和集散的公共场所。在此情形下，要求河道管理者承担与公共场所管理者相同的保障义务，没有法律依据。况且公共安全保障义务也不能任意扩张。例如：一对夫妇河中捕鱼，不慎溺水身亡。其家属以该河道管理所没有设立明确警示标志，未尽到管理义务为由，将该河道管理所诉诸法院，要求被告赔偿。于是就有了“长江黄河也要树安全标志?”的疑问。此疑问是出自被告的一段耐人寻味的答辩：“该河是一条长达几十公里又远离居民区的天然河流，勿须设立标志，也无法设立标志，公民不注意自我保护，出了事就归咎他人，那岂不是连长江、黄河也要加盖?”最后，法院是以受害人死亡系自身过错，被告无过错为由，驳回了原告起诉。公共场所管理者的安全保障义务应是谨慎的注意义务而非宽泛的安全保障义务，对无需设、无法设安全警示标志的，过分扩大管理者的义务，将导致滥诉现象的发生，所以让安阳市南海泉域管理处承担责任于法于理都不成立。

《中华人民共和国侵权责任法》第三十七条规定，宾馆、商场、银行、车站、娱乐场所等公共场所的管理人或者群众性活动的组织者，未尽到安全保障义务，造成他人损害的，应当承担侵权责任。因第三人的行为造成他人损害的，由第三人承担侵权责任；管理人或者组织者未尽到安全保障义务的，承担相应的补充责任。根据该规定，安全保障义务指的是行为人基于诚实信用原则产生的对与其有一定的“社会接触”的不特定的社会公众的人身和财产安全，所负担的保护和关照的法定义务。

《中华人民共和国侵权责任法》要求承担安全保障义务的管理者应是公共场所的管理人。对于河道是否是公共场所，《中华人民共和国河道管理条例》没有做出明确规定，《中华人民共和国侵权责任法》也未给予界定。

广东省东莞市第一人民法院法官黄薇在《从溺水案件谈侵权责任法中的安全保障义

务》中提出，侵权责任法中的公共场所可以理解为对外开放、允许社会公众自由进出，并可在其内参加或从事与该公共场所宗旨有关的活动的场所。同时她认为一个区域能否成为公共场所，要看是否符合对外性、管理性和地域特定性三个基本特征。

水利部《关于对黄河主河道是否为公共场所等问题的批复》支持了这个观点。该批复指出，《中华人民共和国河道管理条例》第二条规定，本条例适用于中华人民共和国领域内的河道（包括湖泊、人工水道、行洪区、蓄洪区、滞洪区）。其中，行洪区和人工河道是属于作为行洪输水通道的河道，其功能是行洪输水，不是供行人使用的通道，也不同于通常意义上的车站、码头、民用航空站等供公众活动和集散的公共场所。黄河治导线范围内的区域是黄河主河道，是行洪输水通道。河道主管机关在主河道内从事挖河疏浚工作，是为了保证行洪的通畅，没有设置明显标志和采取安全措施防止他人损害的义务。因此，包括黄河主河道在内的河道不宜认定为公共场所。

从案例分析，多地人民法院在判决中也认为自然河道不属于公共场所。2002 年 10 月 9 日，河南省洛阳市中级人民法院在〔2002〕洛民终字第 1367 号民事判决书认定，黄河主河道的功能是河流的行洪输水，不是供公众活动和集散的公共场所。2004 年 12 月 1 日，河南省焦作市中级人民法院在〔2004〕焦民终字第 884 号民事判决书中指出，事故发生的地点在沁河河道范围内，而河道的功能是河流的行洪输水，不是供公众活动和集散的公共场所。在此情形下，要求河道管理者承担与公共场所管理者相同的保障义务，没有法律依据。

（2）本案事故发生地点为南海泉区的自然河道，一审判决却认定事发地点为水库，南海水库的管理单位是安阳市彰武南海水库管理局，上诉人没有权利和责任管理水库，该认定与客观事实相矛盾。

（3）根据《安阳市南海泉水资源保护管理办法》（安政〔2008〕13 号）第八条的规定，河道的安全不属于答辩人负责，不应当为此承担法律责任。上诉人作为南海泉的管理者，已经尽到了法律规定的义务，一审判决认定上诉人没有尽到管理义务，没有任何证据证实，属于认定事实不清。

（4）南海泉区的河道两岸，设置有多处警示标志，位置和大小均十分醒目，该标志设置多年，一审判决认定警示标志不明显与事实不符。同时，死者作为限制民事行为能力人，对河道的危险性具有基本的判断能力，根本无需警示标志提醒警告，因此死亡的发生与警示标志的设立没有直接关系。

（5）死者张某年龄已经超过 14 周岁，未满 18 周岁，属于限制民事行为能力人。南海泉河道是天然形成的河道，而且发生时间又是在汛期，在河道内嬉戏玩耍的危险性不言而喻。死者作为限制民事行为能力人，对河道的危险性具有基本的判断能力，毕竟河道不是娱乐场所，具有相当的危险性。死者置自身危险予不顾，在水里与多人玩耍，是导致死亡发生的主要原因。一审判决没有对死者自身是否应当承担相应的民事责任，做出认定和判决，属于认定事实不清。

（6）监护人即本案原告应当对监护不力承担法律责任。

死者作为限制民事行为能力人，监护人对其应当负有监护责任。作为监护人不但不阻止死者的危险行为，还一同与死者在河道内玩耍，由此可见张某的死亡与监护不力有直接关系，其应当对张某死亡承担监护不力的法律责任。

（7）张某的死亡原因不明，到底是什么原因引起的死亡，事实不清，也没有相应的证据证明，需进一步查证。施救的人员施救方法不当，也应当对张某的死亡承担赔偿责任。

施救的人员对张某错误的施救行为，也是造成张某死亡的重要原因。因为管道直径达1米，成年人通过没有任何问题；而管道长度仅有9米，通过时间仅需几秒钟，根本不会发生窒息。被上诉人在起诉状中自认，当时一共7个人经过管道，仅有张某死亡，这也从另一方面证实该管道的设置本身是没有危险性的；如果没有人员主动拉住死者，死者完全可以快速通过管道，根本不会发生死亡。因此，施救的人员对张某错误的施救行为，造成死者无法快速顺利通过管道，致使死者长时间被搁置在管道口，最后窒息死亡。一审判决没有认定，属于认定事实不清。

综上，原一、二审判决适用法律及认定事实错误，证据不足。根据相关法律规定，特向贵院提出再审申请，望依法裁判。

此致

申请再审人：安阳市南海泉域管理处

2014年4月1日

以上是原被告及诉讼代理人有关的起诉状、答辩状、再审申请书和一审、二审法院的判决书。至于河南省高级人民法院最终如何判决还没有最终结论。从以上案件来看，河道的管理部门怎么做才能规避诉讼中的败诉风险呢？如何做好防范工作呢？

如果河道位于人群密集、人流量较大的地方，就符合地域特定性的特征，属于公共场所。同时，法律不禁止公众对河道在一定范围内有利用和通行等行为，这就要求河道管理者对进入河道活动的人员有责任依法进行管理。此时，河道管理者基于河道对不特定的人群构成了安全威胁，而需要承担相应的保障责任，做好风险防范工作。

一是消除河道自然风险的责任。河道管理者对河道设施的管理是法定义务，对有缺陷的设施应及时维修，不能及时维修的，应设立相应的警示标志，提示设施因缺陷而存在的风险。由于设施缺陷的风险属当事人难以预见的内容，如果河道管理者不设警示标志，对当事人因该风险受到的伤害应承担相应的赔偿责任。

二是消除河道人为风险的责任。人类活动造成河道自然状况发生变化，产生不确定的风险。受经济利益的驱使，人们开发利用河道的活动越来越多，如挖砂、淘金、修建养殖设施或码头等。河道管理者应依法管理涉河开发利用建设活动，对产生风险的，应及时要求有关责任主体消除风险。如果因河道管理者管理疏忽，或处理不及时，未在合理期限内消除河道中的人为风险，对当事人因该风险受到的伤害应承担相应的民事赔偿责任。

三是实施告知行为的责任。对于成为公共场所的河道而言，管理者应当提示告知存在的潜在危险和危险因素（如告知水深不要靠近）。

如果没有尽到上述三种管理责任和注意义务，造成损害结果的，要依其过错程度承担相应的民事责任。

综上所述，无论是否承担安全保障义务，从加强河道管理的角度来看，河道管理者都要进一步明确河道、水库和水塘的所有人、使用人和管理人，明确管理的权利、义务和责任，保证河道、水库和水塘正常的维护和管理；要在危险的河道、水库和水塘周边，加装能够足以防止少年儿童不慎落水的防护栏杆、危险标志牌等；对存在溺水安全隐患的河道、水库和水塘周边要安排人员经常开展巡查，采取有效措施防止危险的发生；要结合水法宣传、学校暑期安全教育等形式，积极开展宣传、教育活动，提高沿河群众对该问题的重视程度。

河道管理者在河道事件引发的人身损害赔偿案件中的责任分担，目前仍是争议问题。本书通过对一起真实的河道诉讼案件的分析，认为河道虽然不能认定为公共场所，但其仍具有一定的开放性，并因此提出河道管理者承担民事赔偿责任的依据，指出河道管理者在河道管理中具有一定的警示义务，负有管理者责任，进而围绕河道管理者的警示义务，提出了判处河道管理者承担赔偿责任时的法律适用原则，这些法律适用原则，在保护受害人权益的同时，充分兼顾了河道管理者的权益，既有利于保护河道管理者依法履行管理职权不受外来干扰，减轻诉讼负担，又有利督促河道管理者充分履行管理职责，保护人民群众的生命和财产安全。

关于水利工程管理范围内建设项目管理工作的思考

为进一步规范安阳市区水利工程管理范围内建设项目管理，确保水利工程良性运行。根据《中华人民共和国水法》、《中华人民共和国防洪法》、《河南省水利工程管理条例》等法律法规规定，结合安阳市水利工程管理现状，研究提出市区水利工程管理范围内建设项目如何管理建议：

一、安阳市市区主要水利工程概况及其管理范围的界定

安阳市市属水利工程主要有位于市区西南的彰武南海水库，控制流域面积970平方公里，总库容1.8亿立方米；主要河流有流经市区的洹河、洪水河和市区东部的茶店河；渠道主要有漳南渠、幸福渠、万金渠、胜利渠、五八渠、六六渠等。市属水利工程管理单位担负着安阳市区的防汛安全，同时担负着安钢、电厂、省化肥厂、永兴钢铁、市第五水厂等单位的工业和生活供水任务以及安阳市郊、安阳县的农田灌溉、排涝、抗旱、补源、河道开发利用等多种职能，设计灌溉面积63.7万亩，有效灌溉面积19万亩，在生态供水、城市水系景观中发挥着重要作用，为安阳市经济社会可持续发展做出了重要贡献。

根据《中华人民共和国水法》、《中华人民共和国防洪法》、《中华人民共和国河道管理条例》、《河南省水利工程管理条例》等水法律法规规定，安阳市水利工程具体管理范围为：

（一）河道管理范围

《中华人民共和国河道管理条例》第二十条规定“有堤防的河道，其管理范围为两岸堤防之间的水域、沙洲、滩地（包括可耕地）、行洪区，两岸堤防及护堤地。无堤防的河道，其管理范围根据历史最高洪水位或者设计洪水位确定。河道的具体管理范围，由县级以上地方人民政府负责划定。”及《安阳市洹河管理办法》的相关规定。

（1）安阳河。“无堤防的河道，其管理范围为设计洪水位线外20米；无设计洪水位线的河段，其管理范围为河口线外20米。”护堤地为背河堤脚外5米，临河堤脚外3米；险工堤段护堤地，应适当加宽，一般为背河堤脚外8米，临河堤脚外5米。”

(2)洪水河、金线河等河道。管理范围按照《中华人民共和国河道管理条例》相关规定执行。

(二)彰武、南海水库大坝管理范围

(1)大坝及其他设施占地；

(2)主坝下游坡脚外:大型水库(彰武、南海水库等)为200米,中型水库为100米,小型水库为50米；

(3)副坝下游坡脚外:大型水库(彰武、南海水库等)为100米,中型水库为50米；

(4)大坝两端至山的分水岭之间；

(5)沿库岸迁赔高程线以内；

(6)输、泄水建筑物边线外50米。

(三)渠道的管理范围

市区主要渠道有:万金渠、漳南干渠、幸福渠、五八渠、胜利渠、六六渠等渠道。

有坡脚的大型灌区干渠渠道的管理范围为背水坡脚外各划3~5米,中型灌区的干渠及大型灌区干渠的支渠,背水坡脚外各划2~3米,深挖方或高填土渠段,可以适当加宽,无坡脚渠段根据测算管理范围为渠口线外15米。

(四)市区内排洪沟等设施管理范围

规划各沟渠沿城市道路明沟布设时,建设项目退离沟渠不得少于15米;靠近路一侧以绿化带控制(安阳市城市防洪排涝规划》第17条)。

二、水利工程管理范围内建设项目分类

(一)按照建设项目性质分类

分为水利工程建设项目和非水利工程建设项目

(二)按照占用水利工程时间长短分类

分为永久性占用建设项目和临时性占用建设项目

(1)在水利工程(包括河道、渠道等水利工程设施)管理范围内进行永久性占用水利工程建设的,属于永久性占用建设项目。

(2)在水利工程(包括河道、渠道等水利工程设施)管理范围内进行临时性占用水利工程建设的,属于临时性占用建设项目。

三、建设项目审批管理规定

(一)水利工程建设项目

水利工程建设项目占用水利工程管理范围的

新的水利工程开工项目与原有水利工程交叉,在水利工程(包括河道、渠道等水利工程设施)管理范围内进行工程建设、施工作业占用原有水利工程的,不论永久性占用和临时性占用,均按照《安阳市河道管理范围内建设项目审批实施办法》进行审批管理。

法律依据:《国务院对确需保留的行政审批项目设定行政许可的决定》(国务院令第412号)第173项、《河南省水利工程管理条例》第十条、第十一条。

(二)非水利工程建设项目

(1)非水利工程建设项目永久性占用水利工程管理范围的非水利工程建设项目在水利

工程管理范围内开工建设永久性占用水利工程的管理,经相关管理单位拿出初审意见后,由市局建设管理科进行审查,报主管局长审定,作出是否同意建设的许可。审批材料一式四份,分别由局建设管理科、水政监察支队、管理单位和当事人存档备查。

法律依据:《中华人民共和国水法》第三十八条、《中华人民共和国防洪法》第二十七条第一款、〈中华人民共和国河道管理条例〉第二条、《河南省实施〈中华人民共和国防洪法〉办法》第十六条、《河南省水利工程管理条例》第十条、第十一条。

(2)非水利工程建设项目临时性占用水利工程管理范围的:

①对于临时性占用项目,统一列入审批范围,按正常程序审批,审批后有效期为两年。到期后重新审批,由管理单位监管和签定相关占用协议,过期不审批的,视为违章建筑,由水政监察支队负责处理。②制定《安阳市河道(渠道)管理范围临时占用申请表》,按照规定程序由各相关管理部门签署意见后,作出是否同意占用的许可。(详表附后)

法律依据:《中华人民共和国水法》第三十八条、《中华人民共和国防洪法》第二十七条第一款、《中华人民共和国河道管理条例》第二条、《河南省实施〈中华人民共和国防洪法〉办法》第十六条、《河南省水利工程管理条例》第二十一条:“在水利工程管理范围内进行建设的,应当按照保护水利工程安全的要求提出设计,按水利工程管理权限报水行政主管部门审核同意……”

四、关于临时占用水利工程管理范围内地段划定问题

对于水利工程管理范围是否可以临时占用,由管理单位和局建设与管理科研究后统一划定,确定哪些水利工程管理范围可以审批临建,哪些水利工程管理范围不可以审批临建,作为今后行政审批的依据。

五、安阳市水工程管理范围内临时性建设项目管理现状

安阳市水工程经过多年建设和管理,已步入快速、良性化发展轨道,无论新开工的水利建设项目和在水工程管理范围内的建设项目,都制定了一套较为详细的审批管理办法。按照老的违章建筑逐步解决,新的违章建筑坚决制止的思路。安阳市水利局水行政执法人员将一步加大执法力度制止新的违章建筑发生,对老的违章建筑积极和法院协调逐步申请法院强制执行。由于土地所有权属不清、管理保护范围模糊,且未进行立标定界,致使很多违章建筑物、构筑物无法界定和监管。特别是近年来随着经济社会发展,市区和近郊部分单位和群众受经济利益驱动,水工程管理范围内临时性建设项目呈上升趋势,主要表现为侵占水工程管理范围,私搭、乱建等现象,给基层水管单位管理带来极大不便,对水工程正常运行构成安全威胁,也出现了一些涉及水工程管理范围的人身伤害民事赔偿案件。

安阳市水利局对水工程管理范围内临时性建设项目(主要为违章建筑)现在的处理方法主要有:

(1)由管理单位和当事人签订临时占用协议,收取一定水工程占用费后,同意其建设和占用;

(2)报送局水政监察支队按法律程序处罚后申请人民法院强制拆除违章建筑。

从管理结果来看,第一种做法当事人在交纳一两年占用费后,由于收取占用费数额不是太高,管理单位人事变动等原因,大多数当事人拒绝再缴纳以后费用,造成征收被动,甚至引

发民事纠纷和诉讼;第二种做法是在移交法院强制执行后,走法律程序时间较为缓慢,当法律文书到期后当事人房屋已建成,执行难度加大、成本增高,加之案件当事人多为个人,且处罚金额不大,特别是涉及群众利益的法院执行起来尤其慎重,积极性不高,无形中造成难以执行的局面。

六、规范水工程管理范围内临时性建设项目的意见

(一)划定临时性建设项目许可建设区域

对于一些临时性建设项目在水工程管理范围内是否可以占用,由管理单位和局建管科抽调专业人员研究后统一划定,确定哪些水工程管理范围内可以审批临建,哪些水工程管理范围内不可以审批临建。

(二)拟定方案

为规范水工程管理范围内临时性建设项目管理秩序,确保水工程的正常运行和管理,提出以下方案进行探讨:

(1)建立健全临时性建设项目审批制度,对查处的违章建筑和临建项目按照制度规定进行管理。

①法律依据:根据《中华人民共和国水法》第三十八条:"在河道管理范围内建设桥梁、码头和其他拦河、跨河、临河建筑物、构筑物,铺设跨河管道、电缆,应当符合国家规定的防洪标准和其他有关的技术要求,工程建设方案应当依照防洪法的有关规定报经有关水行政主管部门审查同意。"和《河南省水利工程管理条例》第二十一条:"在水利工程管理范围内进行建设的,应当按照保护水利工程安全的要求提出设计,按水利工程管理权限报水行政主管部门审核同意"等相关法律法规规定,不论永久性和临时性建设项目,均应经水行政主管部门审核同意。

②管理办法:制定《安阳市河道(渠道)临时占用申请表》,按照规定程序由各相关管理部门签署意见后,作出是否占用的许可。(详表附后)

③临时性建设项目占用有效期为两年,两年期满后,根据具体情况需继续占用的应重新办理审批手续。

④临时性建设项目占用审批流程:申请人到市行政便民服务中心(水利局窗口)提出申请,需提交建设项目图纸、占用水工程范围等相关资料;工程管理单位拿出初审意见;安阳市水利局相关科室进行审查和核实;安阳市水利局主管领导进行审批;安阳市水利局相关科室根据局领导意见作出是否同意工程建设的许可,许可后办理相关手续;工程管理单位负责施工建设项目的监督工作。

(2)对于查处的违章建筑和其他临时性建设项目,由水管单位收取限期拆除保证金,逾期不拆除的予以强行拆除,保证金不再退回,冲抵拆除费用。

对于查处的违章建筑和其他临时性建设项目,由水管单位责令当事人限期自行拆除违章建筑,水管单位执法人员负责对当事人送达违章建筑自行拆除保证金文书,保证金数额根据执法人员现场勘验违章建筑占用水工程管理范围面积,按每平方米30—80元的标准收取,保证金由水管单位负责收取,并责令当事人写出自行拆除保证书;凡逾期不拆除的,依法予以强行拆除,保证金不再退回,冲抵拆除费用,有效遏制水工程违法案件的发生。

(3)仍旧沿用过去由管理单位和当事人签订相关临时占用协议,收取一定占用费后,同

意其建设。

事实上,这种以收代管收取水工程占用费的做法目前没有法律依据,也不利于水工程的规范化管理,当事人在交纳一段时间占用费后,由于种种原因,大多数当事人拒绝再缴纳以后费用,造成征收被动,无形中增大了管理难度和成本,使许多案件仍得移交水政监察支队处理,处理过程中还容易造成管理权和处罚权上的矛盾。

(4)水工程和河道管理范围立标定界是构建现代水工程管理体系的重要内容。建议安阳市参照河北省的做法,对水工程和河道管护范围划定并立标定界。

(5)根据《河南省水利工程管理条例》第三十四条、第三十五条、第三十六条规定:水利工程管理单位有独立的经营自主权。水利工程管理单位在确保工程的安全和正常运行的前提下,应当积极利用管理范围内的水土资源,因地制宜,发展多种经营,提高水利工程的综合效益。大中型水利工程,由工程管理单位统一经营管理;国有小型水利工程的经营管理方式,由其主管部门决定。集体所有的水利工程的经营方式,由该集体经济组织决定。集体所有的水利工程可以承包、租赁、拍卖。

以上方案,请水利同仁们决策时参考,以便尽快规范水工程管理范围内临建管理秩序,促进水工程安全运行良性循环。

附:

《安阳市河道(渠道)管理范围临时占用申请表》

安阳市河道(渠道)管理范围临时占用申请表

类型：No：

<table>
<tr><td>申请单位(人)</td><td colspan="3"></td></tr>
<tr><td>单 位 地 址</td><td colspan="3"></td></tr>
<tr><td>联 系 人</td><td></td><td>联系电话</td><td></td></tr>
<tr><td colspan="4">申请事由：</td></tr>
<tr><td colspan="4">申请占用单位(人)应承担的责任：
1、必须无条件、无偿服从河道(渠道)规划、改造；
2、爱护周围河道(渠道)和其它水利工程设施；
3、凡申请批准临时占用的，到期必须恢复原状；
4、涉及规划、市政等部门的，由申请方自行办理相关手续。
5、因规划改造、渠道坍塌、洪水等因素造成的一切损失自负。

申请单位(盖章)
年　月　日</td></tr>
<tr><td>受理时间</td><td>年　月　日</td><td>办结时间</td><td>年　月　日</td></tr>
<tr><td colspan="4">便民中心意见：
经对申请人提交的材料进行形式审查，认为提交的材料齐全，符合法定形式，给予受理。请按照规定审批流程进行实质审查、审批。

经办人：____________　　年　月　日</td></tr>
</table>

续 表

承办单位意见（8个工作日）	河道(渠道)及实施现场勘察情况及意见[由局主管科室和河道(渠道)管理单位共同勘察,需附现场图]： 勘察人员签字： 年 月 日
	工程管理部门意见： 年 月 日
	水管单位意见： 年 月 日
水利局审批意见	承办人意见：(2个工作日) 年 月 日
	局工管科意见：(5个工作日) 年 月 日
	局领导批示：(3个工作日) 年 月 日
备 注：	

单位印章